西南地区大型灌区工程环境影响研究

——以云南省保山市潞江坝灌区为例

冯慧娟　杨振冰　郭雅静　张　晶　叶凯敏

麻乐乐　陈春锦　马洪图　张紫畅　　著

黄河水利出版社

·郑州·

内 容 提 要

灌区工程建设是提高抗旱减灾能力、保障粮食安全的需要，是巩固提升脱贫攻坚成果、实现乡村振兴战略的需要，是提高水资源利用效率、实现灌区现代化的需要。本书以西南地区大型灌区工程为研究对象，以云南省保山市潞江坝大型灌区工程为例进行灌区工程建设对环境影响的研究。通过工程分析、生态现状调查、环境质量现状监测分析、水环境模型预测、声环境模型预测等，研究了大型灌区工程建设对区域乃至流域的生态环境影响，提出减轻不良环境影响的保护措施、监测措施、管理措施等，最终得出研究结论。

本书可以作为从事水利设计、环境保护研究等行业人员的工具书，也可供科研或大专院校相关专业师生参考使用。

图书在版编目(CIP)数据

西南地区大型灌区工程环境影响研究：以云南省保
山市潞江坝灌区为例/冯慧娟等著. —郑州：黄河水
利出版社,2023.9
ISBN 978-7-5509-3749-9

Ⅰ.①西… Ⅱ.①冯… Ⅲ.①灌区-水利工程-环境
影响-研究-保山 Ⅳ.①TV632.743

中国国家版本馆 CIP 数据核字(2023)第 190225 号

组稿编辑：贾会珍　电话：0371-66028027　E-mail：110885539@ qq.com

责任编辑　乔韵青　　　　　　责任校对　杨秀英
封面设计　黄瑞宁　　　　　　责任监制　常红昕
出版发行　黄河水利出版社
　　　　　地址：河南省郑州市顺河路49号　邮政编码：450003
　　　　　网址：www.yrcp.com　E-mail：hhslcbs@ 126.com
　　　　　发行部电话：0371-66020550
承印单位　河南新华印刷集团有限公司
开　　本　787 mm×1 092 mm　1/16
印　　张　29.75
字　　数　724 千字
版次印次　2023 年 9 月第 1 版　　2023 年 9 月第 1 次印刷

定　　价　158.00 元

前　言

云南省保山市潞江坝灌区位于云南省保山市怒江干流区,是滇西边境扶贫灌溉工程中的重点灌区,灌区设计灌溉面积 63.47 万亩(1 亩 = 1/15 hm²,下同),工程任务为新建云南省保山市潞江坝灌区,以农业灌溉为主,结合乡镇供水,为巩固拓展区域脱贫攻坚成果创造条件。

潞江坝灌区工程由干热河谷灌片、三岔灌片、烂枣灌片、施甸灌片和水长灌片组成,涉及保山市隆阳区、施甸县和龙陵县,共 1 区 2 县 12 个乡镇,其中隆阳区 4 个乡镇、施甸县 5 个乡镇、龙陵县 3 个乡镇。灌区设计灌溉面积 63.47 万亩,其中新增灌溉面积 8.05 万亩,改善灌溉面积 19.50 万亩,恢复灌溉面积 12.47 万亩,保灌面积 23.45 万亩。

至设计水平年 2035 年,潞江坝灌区多年平均总需水量 24 455 万 m³,其中生活需水量 2 447 万 m³,工业需水量 1 820 万 m³,农业需水量 20 188 万 m³;工程建设后灌区总供水量为 23 199 万 m³,缺水总量为 1 256 万 m³,均为农业缺水,缺水率 5.1%。灌区工程建设后,2035 年灌区多年平均新增供水量 10 815 万 m³,其中通过已建工程节水改造和渠系配套供水挖潜新增供水量 9 113 万 m³。本次新建工程新增供水量 1 702 万 m³,其中新增生活供水量 233 万 m³(乡镇生活供水量 62 万 m³,农村生活供水量 171 万 m³)、工业供水量 23 万 m³、农业供水量 1 446 万 m³。

工程建设内容包括:①新建水源水库工程 2 座,分别为八萝田水库和芒柳水库;②骨干灌溉渠系工程建设总长 528.95 km(其中现状利用 253.3 km,本次建设渠道总长 275.65 km);③拟建拦河取水坝共 17 座(新建 5 座,重建 3 座,已建取水坝维修加固 9 座);④新建泵站工程 1 座,为杨三寨泵站;⑤拟建骨干排水渠系工程 2 条,总长 7.13 km。

工程建设征地总面积为 620.45 hm²。其中,永久占地总面积 167.99 hm²,临时占地总面积 452.46 hm²。占地类型主要为耕地、园地,林地、农村宅基地、交通运输用地、水域及水利设施用地。

自 2021 年 8 月开始,环境影响研究项目组多次深入现场对评价区的地形地貌、气象水文、陆生生态、水生生态、水、气、声、土壤环境质量现状等情况进行了详细的调查。在环境现状调查与工程分析的基础上,根据工程主要内容及环境影响特点,对评价因子进行筛选,确定本项目的研究重点为生态环境影响、地表水环境影响、施工期影响。

针对评价重点,开展了潞江坝灌区工程陆生生态环境影响专题研究和水生生态环境影响专题研究;同时对研究范围内地表水、地下水、大气、声、土壤等环境现状进行监测。

本书编写人员及任务分工如下:第 1 章、第 2 章、第 3 章、第 10 章由冯慧娟、杨振冰、郭雅静编写;第 4 章由马洪图、张紫畅编写;第 5 章、第 8 章、第 9 章由张晶、叶凯敏、陈春锦编写;第 6 章、第 7 章由麻乐乐编写。

本研究历时 3 年多,在研究过程中,得到了水利部水利水电规划设计总院、云南省水利厅、保山市政府、保山市生态环境局、保山市水务局、保山市自然资源与规划局、保山市林业和草原局、保山市隆阳区政府、保山市施甸县政府、保山市龙陵县政府、保山市生态环境局隆阳分局、保山市生态环境局施甸分局、保山市生态环境局龙陵分局等单位的大力支持,以及协作单位武汉市伊美净科技发展有限公司、云南坤环检测技术有限公司等单位的大力支持和协助,在此一并致以诚挚的谢意。

作　者

2023 年 6 月

目 录

第 1 章 总 则

1.1 项目基本情况

潞江坝灌区位于保山市怒江干流两岸,地理位置为东经 98°43′~99°20′、北纬 24°19′~25°57′,涉及保山市隆阳区的芒宽乡、潞江镇、杨柳乡、蒲缥镇,施甸县的太平镇、水长乡、由旺镇、仁和镇和甸阳镇(县城),龙陵县的镇安镇、腊勐镇、碧寨镇等,共 1 区 2 县 12 个乡镇。

保山市的隆阳区、施甸县及龙陵县均为滇西南沿边贫困地区,人均水资源及土地资源丰富,人口密度低、光热条件好,发展潜力大;潞江坝灌区不仅是云南省水稻、甘蔗、咖啡的主产地,更是全国重要的粮食生产基地、国家级糖料基地、省级香料烟生产基地、小粒咖啡生产基地、油料生产基地、杧果生产基地,但由于潞江坝灌区地处边疆少数民族地区,水利等基础设施较差,生态环境较脆弱,地区经济相对落后,群众生产生活水平仍旧不高。近年来国家脱贫攻坚政策和措施大力实施,保山市最后一批贫困人口已在 2019 年度全部脱贫,但巩固提升扶贫攻坚成果的任务仍然严峻。

潞江坝灌区是滇西边境扶贫灌溉工程中的重点灌区,已列入《全国水利改革发展"十三五"规划》(发改农经〔2016〕2674 号)、《云南省水利发展规划(2016—2020 年)》(云政办发〔2017〕25 号)和《云南省供水安全保障网规划》(水规计〔2016〕236 号)、《保山市城市总体规划(2017—2035 年)纲要》中确定的新建大型灌区工程,借助国家及水利部提出的治水重点,建设潞江坝灌区工程对促进灌区及区域经济的发展具有重要的意义。

1.2 研究目的

根据潞江坝灌区工程特性,结合项目所在区域环境背景特征,进行本工程环境影响研究,具有以下几点意义:

(1)通过实地踏勘、生态与环境质量现状补充监测、背景资料的收集与调查,评价分析工程水文水资源、水环境、空气环境、声环境、生态环境现状,识别区域环境功能要求、生态环境敏感目标及区域存在的主要环境问题。

(2)根据工程施工方法、工程性质、灌区工程运行特点,研究分析工程施工、运行对水源区、受水区、退水区造成的环境影响。分析工程建设与周边环境敏感区域的区位关系,判别工程建设的相关符合性。

(3)针对工程施工和运行给环境带来的不利影响,根据现有的经济技术条件,制定切实可行的对策和减免措施,既促进工程地区生态环境的良性发展,又能保证工程的顺利施工和正常运行,充分发挥工程的供水效益、灌溉效益、社会效益,促进工程区域生态环境的良性发展。

(4)制订工程施工期和运行期环境监测计划,便于及时掌握工程对环境的实际影响程度,为工程环境管理提供科学依据。

(5)制订工程建设环境监理与管理计划,明确各方环境保护任务和职责,为环境保护措施的实施提供制度保障。

(6)明确环境影响研究结论,为工程的方案论证、环境管理和项目决策提供科学依据。

1.3 编制依据

1.3.1 法律法规

(1)《中华人民共和国环境保护法》(2015 年 1 月);

(2)《中华人民共和国环境影响评价法》(2018 年 12 月);

(3)《中华人民共和国水污染防治法》(2018 年 1 月);

(4)《中华人民共和国大气污染防治法》(2018 年 10 月);

(5)《中华人民共和国环境噪声污染防治法》(2021 年 12 月);

(6)《中华人民共和国固体废物污染环境防治法》(2020 年 4 月);

(7)《中华人民共和国水土保持法》(2011 年 3 月);

(8)《中华人民共和国土地管理法》(2020 年 1 月);

(9)《中华人民共和国野生动物保护法》(2022 年 12 月修订);

(10)《中华人民共和国野生植物保护条例》(2017 年 10 月);

(11)《基本农田保护条例》(2020 年 11 月修订);

(12)《中华人民共和国自然保护区条例》(2017 年 10 月);

(13)《中华人民共和国河道管理条例》(2018 年 3 月第四次修正);

(14)《风景名胜区条例》(2006 年 12 月)。

1.3.2 部委规章及规范性文件

(1)《中共中央　国务院关于加快水利改革发展的决定》(2011 年中央一号文件);

(2)《国务院关于实行最严格水资源管理制度的意见》(国发〔2012〕3 号);

(3)《产业结构调整指导目录》(2021 年 12 月修正);

(4)《全国生态环境保护纲要》(2000 年 11 月);

(5)《国务院关于印发中国水生生物资源养护行动纲要的通知》(国发〔2006〕9 号);

(6)《关于进一步加强水生生物资源保护严格环境影响评价管理的通知》(环发〔2013〕86 号);

(7)《农用地土壤环境管理办法(试行)》(环境保护部、农业部令第 46 号);

(8)《关于印发城市轨道交通、水利(灌区工程)两个行业建设项目环境影响评价文件审批原则的通知》(环办环评〔2018〕17 号);

(9)《关于印发〈水电水利建设项目河道生态用水、低温水和过鱼设施环境影响评价技术指南(试行)〉的函》(环评函〔2006〕4 号);

(10)《土壤污染防治行动计划》(2016 年 5 月);

(11)中共中央办公厅、国务院办公厅联合印发的《关于在国土空间规划中统筹划定落

实三条控制线的指导意见》(2019 年 11 月);

(12)《关于生态环境领域"放管服"改革,推动经济高质量发展的指导意见》(环规财〔2018〕86 号);

(13)《国家重点保护野生植物名录》(2021 年 8 月);

(14)《国家重点保护野生动物名录》(2021 年 2 月);

(15)《中国生物多样性红色名录》;

(16)《自然资源部办公厅关于北京等省(区、市)启用"三区三线"划定成果作为报批建设项目用地用海依据的函》(自然资办函〔2022〕2207 号);

(17)《水利建设项目(引调水工程)环境影响评价文件审批原则(试行)》。

1.3.3 地方性法规和规章

(1)《云南省环境保护条例》(2004 年 6 月);

(2)《云南省陆生野生动物保护条例》(2014 年 7 月);

(3)《云南省环境影响评价区域评估技术要求(试行)》(2022 年 8 月);

(4)《云南省环境影响评价维管束及植被现状调查技术要求(试行)》(2022 年 9 月);

(5)《云南省农业环境保护条例》(1997 年 6 月);

(6)《云南省第一批省级重点保护野生植物名录》(2010 年修订);

(7)《云南省森林条例》(2003 年 2 月);

(8)《云南省土地管理条例》(1999 年 9 月);

(9)《云南省实施〈中华人民共和国水法〉办法》(2005 年 5 月修订);

(10)《云南省建设项目环境保护管理规定》(云南省政府令第 105 号)(2002 年 1 月);

(11)《云南省人民政府关于实行最严格水资源管理制度的意见》(云政发〔2012〕126 号);

(12)《云南省水污染防治工作方案》(云政发〔2016〕3 号);

(13)《云南省水利厅关于划分省级水土流失重点预防区和重点治理区的公告》(第 49 号);

(14)《云南省生物多样性保护条例》(2018 年 9 月);

(15)《云南省珍贵树种保护条例》(2002 年 1 月);

(16)《云南省生物物种红色名录》(2017 年);

(17)《云南省生态系统名录》(2018 年);

(18)《云南省生物多样性保护战略与行动计划(2012—2030 年)》。

1.3.4 相关规划及政策性文件

(1)《全国重要江河湖泊水功能区划》(国函〔2011〕167 号);

(2)《云南省主体功能规划》(云政发〔2014〕1 号);

(3)《云南省生态功能区划》(2009 年);

(4)《云南省水功能区划》(2014 年修订);

(5)《保山市水功能区划》(2016 年);

(6)《关于印发云南省高原特色现代农业产业发展规划(2016—2020 年)的通知》(云政办发〔2017〕7 号)。

1.3.5　各类保护区规划、区划

（1）《高黎贡山国家级自然保护区总体规划》；
（2）《云南省小黑山省级自然保护区总体规划》；
（3）《保山博南古道省级风景名胜区总体规划（2021—2035 年）》（征求意见稿）；
（4）《保山市养殖水域滩涂规划》（2018—2030 年）。

1.3.6　技术规范与标准

（1）《建设项目环境影响评价技术导则　总纲》（HJ 2.1—2016）；
（2）《环境影响评价技术导则　水利水电工程》（HJ/T 88—2003）；
（3）《环境影响评价技术导则　地表水环境》（HJ 2.3—2018）；
（4）《环境影响评价技术导则　地下水环境》（HJ 610—2016）；
（5）《环境影响评价技术导则　生态影响》（HJ 19—2022）；
（6）《环境影响评价技术导则　大气环境》（HJ 2.2—2018）；
（7）《环境影响评价技术导则　声环境》（HJ 2.4—2021）；
（8）《环境影响评价技术导则　土壤环境（试行）》（HJ 964—2018）；
（9）《建设项目环境风险评价技术导则》（HJ 169—2018）；
（10）《生物多样性观测技术导则》（HJ 710—2014）；
（11）《污水监测技术规范》（HJ/T 91.1—2019）；
（12）《地表水环境质量监测技术规范》（HJ 91.2—2022）
（13）《地下水环境监测技术规范》（HJ/T 164—2020）；
（14）《饮用水水源保护区划分技术规范》（HJ 338—2018）；
（15）《土壤环境监测技术规范》（HJ/T 166—2004）；
（16）《水污染治理工程技术导则》（HJ 2015—2012）；
（17）《含油污水处理工程技术规范》（HJ 580—2010）；
（18）《环境噪声与振动控制工程技术导则》（HJ 2034—2013）；
（19）《固体废物处理处置工程技术导则》（HJ 2035—2013）；
（20）《环境工程设计文件编制指南》（HJ 2050—2015）；
（21）《水利水电工程环境保护概估算编制规程》（SL 359—2006）；
（22）《水利水电工程环境保护设计规范》（SL 492—2011）。

1.4　环境要素执行标准

1.4.1　环境质量标准

1.4.1.1　水环境

　1.地表水环境

本工程主要涉及怒江水系芒牛河、老街子河、水长河、罗明坝河、施甸河和勐梅河等。依据水功能区划资料确定本次涉及河流地表水功能及保护类别。

　　根据原国家环境保护总局《关于加强水环境功能区水质目标管理有关问题的通知》（环办函〔2003〕436 号），评价范围内隆阳区其他没有划定水功能区的河流执行《地表水环境质量标准》（GB 3838—2002）Ⅲ类标准。

　　本工程主要涉及范围水功能区见表 1-1、表 1-2。

表 1-1　潞江坝灌区工程涉及云南省水功能区

序号	一级水功能区名称	二级水功能区名称	水系	河流	范围		长度 km	水质目标（2030 年）
					起始断面	终止断面		
1	怒江保山—龙陵保留区	—	怒江	怒江	保山勐古	最终出境口	261.3	Ⅱ
2	施甸河施甸开发利用区	施甸河饮用、农业用水区	怒江	施甸河	源头	蒋家寨水库坝址	2.1	Ⅱ
3		施甸河施甸农业、工业用水区	怒江	施甸河	蒋家寨水库坝址	由旺镇由旺	24.8	Ⅲ

表 1-2　潞江坝灌区工程涉及保山市水功能区

序号	一级水功能区名称	二级水功能区名称	水系	河流/湖库	范围		长度/面积/（km/km²）	水质目标（2030 年）
					起始断面	终止断面		
1	怒江隆阳—龙陵保留区	—	怒江	怒江	勐古渡口	万马河入口	255.4	Ⅱ
2	孙足河隆阳保留区	—	怒江	孙足河	上坪子东	小河村	15.0	Ⅱ
3	孙足河隆阳开发利用区	孙足河隆阳农业、工业用水区	怒江	孙足河	小河村	栗柴坝渡口	22.6	Ⅲ
4	李扎河隆阳保留区	—	怒江	李扎河	杞木林	入怒江口	21.4	Ⅲ
5	勐来河隆阳保留区	—	怒江	勐来河	一碗水梁子	入怒江口	36.0	Ⅱ
6	水长河施甸—隆阳源头水保护区	—	怒江	水长河	源头	红岩水库	6.3	Ⅱ
7	水长河隆阳开发利用区	红岩水库隆阳饮用、农业用水区	怒江	水长河	红岩水库	红岩水库大坝	0.75	Ⅱ
8		水长河隆阳农业、工业用水区	怒江	水长河	红岩水库大坝	罗明河汇口	35.4	Ⅲ
9	水长河隆阳保留区	—	怒江	水长河	罗明河汇口	入怒江口	3.7	Ⅲ

续表 1-2

序号	一级水功能区名称	二级水功能区名称	水系	河流	范围		长度 km	水质目标（2030年）
					起始断面	终止断面		
10	阿夏寨河隆阳保留区	—	怒江	阿夏寨河	源头	入水长河	17.4	Ⅱ
11	罗明坝河隆阳保留区	—	怒江	罗明坝河	阿享寨东	下河湾	20.2	Ⅲ
12	罗明坝河隆阳开发利用区	罗明坝河隆阳农业、工业用水区	怒江	罗明坝河	下河湾	入水长河	20.0	Ⅲ
13	大海坝水库隆阳开发利用区	大海坝水库隆阳饮用、农业用水区	怒江	大海坝水库	大海坝水库起始	大海坝水库大坝	1.25	Ⅱ
14	小海坝水库隆阳开发利用区	小海坝水库隆阳饮用、农业用水区	怒江	小海坝水库	小海坝水库起始	小海坝水库大坝	1.37	Ⅱ
15	烂枣河施甸—隆阳保留区	—	怒江	烂枣河	源头	入怒江口	28.6	Ⅱ
16	明子山水库隆阳开发利用区	明子山水库隆阳饮用、农业用水区	怒江	明子山水库	明子山水库起始	明子山水库大坝	0.91	Ⅱ
17	勐梅河龙陵源头水保护区	—	怒江	勐梅河	源头	烧灰处	5.5	Ⅱ
18	勐梅河龙陵开发利用区	勐梅河龙陵农业、工业用水区	怒江	勐梅河	烧灰处	入怒江口	28.7	Ⅲ
19	八〇八水库龙陵开发利用区	八〇八水库龙陵饮用、农业用水区	怒江	八〇八水库	水库起始	水库大坝	0.7	Ⅱ
20	三岔河龙陵源头水保护区	—	怒江	三岔河	源头梨头	三岔河水库起始	8.0	Ⅱ
21	三岔河龙陵开发利用区	三岔河龙陵农业、工业用水区	怒江	三岔河水库	三岔河水库起始	入勐梅河口	0.35	Ⅱ
22	施甸河施甸开发利用区	施甸河施甸饮用、农业用水区	怒江	施甸河	源头	蒋家寨水库大坝	2.1/0.4	Ⅱ
23		施甸河农业、工业用水区	怒江	施甸河	蒋家寨水库大坝	由旺镇由旺	27.4	Ⅲ
24	施甸河施甸保留区	—	怒江	施甸河	由旺镇由旺	入怒江口	26.4	Ⅲ
25	红谷田水库施甸开发利用区	红谷田水库施甸饮用、农业用水区	怒江	红谷田水库	红谷田水库起始	红谷田水库大坝		Ⅱ
26	鱼洞水库施甸开发利用区	鱼洞水库施甸农业、工业用水区	怒江	鱼洞水库	鱼洞水库起始	鱼洞水库大坝		Ⅲ

序号	一级水功能区名称	二级水功能区名称	水系	河流	范围		长度 km	水质目标 (2030年)
					起始断面	终止断面		
27	乌木龙河施甸保留区	—	怒江	乌木龙河	源头	入怒江口	21.5	Ⅲ
28	阿贡田水库隆阳开发利用区	阿贡田水库隆阳饮用、农业用水区	怒江	阿贡田水库	阿贡田水库起始	阿贡田水库大坝		Ⅱ

本项目主要涉及河流所在水功能区及执行标准详见表1-3,潞江坝灌区地表水水环境质量标准限值见表1-4。

表 1-3　本项目主要涉及河流所在水功能区及执行标准

序号	河流/水库	一级水功能区名称	二级水功能区名称	范围		执行标准
				起始断面	终止断面	
1	怒江	怒江隆阳—龙陵保留区	—	勐古渡口	万马河入口	Ⅱ
2	芒牛河	—		源头	入怒江口	Ⅲ
3	老街子河	—		源头	入怒江口	Ⅲ
4	勐来河	勐来河隆阳保留区	—	一碗水梁子	入怒江口	Ⅱ
5	水长河	水长河施甸—隆阳源头水保护区	—	源头	红岩水库起始	Ⅱ
6	红岩水库	水长河隆阳开发利用区	红岩水库隆阳饮用、农业用水区	红岩水库起始	红岩水库大坝	Ⅱ
7	水长河		水长河隆阳农业、工业用水区	红岩水库大坝	罗明河汇口	Ⅲ
8	水长河	水长河隆阳保留区	—	罗明河汇口	入怒江口	Ⅲ
9	罗明坝河	罗明坝河隆阳保留区	—	阿享寨东	下河湾	Ⅲ
10	罗明坝河	罗明坝河隆阳开发利用区	罗明坝河隆阳农业、工业用水区	下河湾	入水长河	Ⅲ
11	烂枣河	烂枣河施甸—隆阳保留区	—	源头	入怒江口	Ⅱ
12	勐梅河	勐梅河龙陵源头水保护区	—	源头	烧灰处	Ⅱ
13	勐梅河	勐梅河龙陵开发利用区	勐梅河龙陵农业、工业用水区	烧灰处	入怒江口	Ⅲ
14	施甸河	施甸河施甸开发利用区	施甸河施甸饮用、农业用水区	源头	蒋家寨水库大坝	Ⅱ
15	施甸河		施甸河农业、工业用水区	蒋家寨水库大坝	由旺镇由旺	Ⅲ
16	施甸河	施甸河施甸保留区	—	由旺镇由旺	入怒江口	Ⅲ

表 1-4 潞江坝灌区地表水水环境质量标准限值 单位:mg/L

项目	指标		Ⅱ类	Ⅲ类
基本项目	水温/℃		人为造成的环境水温变化应限制在: 周平均最大温升≤1;周平均最大温降≤2	
	pH(无量纲)		6~9	
	溶解氧	≥	6	5
	高锰酸盐指数	≤	4	6
	化学需氧量(COD)	≤	15	20
	五日生化需氧量 BOD_5	≤	3	4
	氨氮(NH_3-N)	≤	0.5	1.0
	总磷(以 P 计)	≤	0.1 (湖、库 0.025)	0.2 (湖、库 0.05)
	总氮(湖、库,以 N 计)	≤	0.5	1.0
	铜	≤	1.0	1.0
	锌	≤	1.0	1.0
	氟化物(以 F⁻计)	≤	1.0	1.0
	硒	≤	0.01	0.01
	砷	≤	0.05	0.05
	汞	≤	0.000 05	0.000 1
	镉	≤	0.005	0.005
	铬(六价)	≤	0.05	0.05
	铅	≤	0.01	0.05
	氰化物	≤	0.05	0.2
	挥发酚	≤	0.002	0.005
	石油类	≤	0.05	0.05
	阴离子表面活性剂	≤	0.2	0.2
	硫化物	≤	0.1	0.2
	粪大肠杆菌(个/L)	≤	2 000	10 000
补充项目	硫酸盐(SO_4^{2-})		250	
	氯化物(Cl^-)		250	
	硝酸盐(N)		10	
	铁		0.3	
	锰		0.1	

2.地下水环境

本工程地下水环境执行《地下水质量标准》(GB/T 14848—2017) Ⅲ类标准,详见表 1-5。

表 1-5 潞江坝灌区地下水环境质量标准

项目	单位	Ⅲ类标准限值
Na^+	mg/L	≤200
K^+	mg/L	—
Ca^{2+}	mg/L	—
Mg^{2+}	mg/L	—
CO_3^{2-}	mg/L	—
HCO_3^-	mg/L	—
pH	无量纲	6.5~8.5
氨氮	mg/L	≤0.50
硝酸盐	mg/L	≤20.0
亚硝酸盐	mg/L	—
总硬度(以 $CaCO_3$ 计)	mg/L	≤450
挥发性酚类	mg/L	≤0.002
氰化物	mg/L	≤0.05
氟化物	mg/L	≤1.0
溶解性总固体	mg/L	≤1 000
硫酸盐	mg/L	≤250
总大肠菌群	mg/L	≤3.0
细菌总数	mg/L	≤100
氯化物	mg/L	≤250
铁	mg/L	≤0.3
锰	mg/L	≤0.1
铜	mg/L	≤1.0
高锰酸钾指数	mg/L	≤3.0
砷	mg/L	≤0.05
汞	mg/L	≤0.001
铬(六价)	mg/L	≤0.05
硒	mg/L	≤0.01
铅	mg/L	≤0.01
镉	mg/L	≤0.005

1.4.1.2　环境空气

项目所在区域为农村地区,工程执行《环境空气质量标准》(GB 3095—2012)二级标准,详见表1-6。

表 1-6　潞江坝灌区环境空气质量标准

序号	污染物项目	平均时间	浓度限值 二级	单位
1	SO$_2$	年平均	60	μg/m^3
		24 h 平均	150	
		1 h 平均	500	
2	NO$_2$	年平均	40	
		24 h 平均	80	
		1 h 平均	200	
3	TSP	年平均	200	
		24 h 平均	300	
4	PM$_{10}$	年平均	70	
		24 h 平均	150	
5	PM$_{2.5}$	年平均	35	
		24 h 平均	75	
6	CO	24 h 平均	4	mg/m^3
		1 h 平均	10	
7	臭氧	日最大 8 h 平均	160	μg/m^3
		1 h 平均	200	

1.4.1.3　声环境

项目所在区域为农村地区,执行《声环境质量标准》(GB 3096—2008)1 类标准。具体标准值见表1-7。

表 1-7　潞江坝灌区声环境质量标准　　　　　　　　　　　　单位:dB(A)

类别	等效声级	
	昼间	夜间
Ⅰ类	55	45

1.4.1.4　土壤环境

灌区永久占地范围外土壤环境评价采用《土壤环境质量　农用地土壤污染风险管控标准(试行)》(GB 15618—2018)。具体标准值见表1-8。

表 1-8　潞江坝灌区农用地土壤污染风险筛选值(基本项目)　　　　单位:mg/kg

序号	污染物项目		风险筛选值			
			pH≤5.5	5.5<pH≤6.5	6.5<pH≤7.5	pH>7.5
1	镉	水田	0.3	0.4	0.6	0.8
		其他	0.3	0.3	0.3	0.6
2	汞	水田	0.5	0.5	0.6	1.0
		其他	1.8	1.8	2.4	3.4
3	砷	水田	30	30	25	20
		其他	40	40	30	25
4	铅	水田	80	100	140	240
		其他	70	90	120	170
5	铬	水田	250	250	300	350
		其他	150	150	200	250
6	铜	果园	150	150	200	200
		其他	50	50	100	100
7	镍		60	70	100	190
8	锌		200	200	250	300

　　灌区永久占地范围内土壤环境评价采用《土壤环境质量　建设用地土壤污染风险管控标准(试行)》(GB 36600—2018)。具体标准值见表 1-9。

表 1-9　潞江坝灌区建设用地土壤污染风险筛选值一览　　　　单位:mg/kg

序号	污染物项目	筛选值(第二类用地)
重金属和无机物		
1	砷	60
2	镉	65
3	铬(六价)	5.7
4	铜	18 000
5	铅	800
6	汞	38
7	镍	900
挥发性有机物		
8	四氯化碳	2.8
9	氯仿	0.9
10	氯甲烷	37

续表 1-9

序号	污染物项目	筛选值（第二类用地）
11	1,1-二氯乙烷	9
12	1,2-二氯乙烷	5
13	1,1-二氯乙烯	66
14	顺-1,2-二氯乙烯	596
15	反-1,2-二氯乙烯	54
16	二氯甲烷	616
17	1,2-二氯丙烷	5
18	1,1,1,2-四氯乙烷	10
19	1,1,2,2-四氯乙烷	6.8
20	四氯乙烯	53
21	1,1,1-三氯乙烷	840
22	1,1,2-三氯乙烷	2.8
23	三氯乙烯	2.8
24	1,2,3-三氯丙烷	0.5
25	氯乙烯	0.43
26	苯	4
27	氯苯	270
28	1,2-二氯苯	560
29	1,4-二氯苯	20
30	乙苯	28
31	苯乙烯	1 290
32	甲苯	1 200
33	间二甲苯+对二甲苯	570
34	邻二甲苯	640
半挥发性有机物		
35	硝基苯	76
36	苯胺	260
37	2-氯酚	2 256
38	苯并[a]蒽	15
39	苯并[a]芘	1.5
40	苯并[b]荧蒽	15
41	苯并[k]荧蒽	151

序号	污染物项目	筛选值(第二类用地)
42	䓛	1 293
43	二苯并[a,h]蒽	1.5
44	茚并[1,2,3-cd]芘	15
45	萘	70

1.4.2 污染物排放标准

1.4.2.1 水污染物

地表水Ⅱ类水质水域禁止新建排污口;外排地表Ⅲ类水质水域须处理达到《污水综合排放标准》(GB 8978—1996)中表 4 一级标准;外排地表Ⅳ类水域须处理达到《污水综合排放标准》(GB 8978—1996)中表 4 二级标准。

工程施工期生产废水和生活污水应尽可能达标后综合利用。工程施工期产生的废污水经处理后回用于车辆冲洗、施工场地洒水降尘、绿化、建筑施工或农灌。用于车辆冲洗、施工场地洒水降尘、绿化、建筑施工的其水质应满足《城市污水再生利用 城市杂用水水质》(GB/T 18920—2020)相应的水质标准要求,回用于农灌的执行《农田灌溉水质标准》(GB 5084—2021),详见表 1-10。

表 1-10 废水排放标准及农灌回用标准

标准名称	用途	项目		标准值
《城市污水再生利用 城市杂用水水质》（GB/T 18920—2020）	车辆冲洗	pH		6.0~9.0
		浊度/NTU	≤	5
		BOD$_5$/(mg/L)	≤	10
		氨氮/(mg/L)	≤	5
	城市绿化、道路清扫、建筑施工	pH		6.0~9.0
		浊度/NTU	≤	10
		BOD$_5$/(mg/L)	≤	10
		氨氮/(mg/L)	≤	8
《农田灌溉水质标准》（GB 5084—2021）	水田作物灌溉	pH		5.5~8.5
		悬浮物/(mg/L)	≤	80
		BOD$_5$/(mg/L)	≤	60
		COD$_{Cr}$/(mg/L)	≤	150
	旱地作物灌溉	pH		5.5~8.5
		悬浮物/(mg/L)	≤	100
		BOD$_5$/(mg/L)	≤	100
		COD$_{Cr}$/(mg/L)	≤	200

运行期各管理分局运行管理人员的生活污水排放执行《污水综合排放标准》(GB 8978—1996)三级标准,纳入当地区(县)排水系统。

1.4.2.2　大气污染物

施工期大气污染物排放标准执行《大气污染物综合排放标准》(GB 16297—1996),根据水利工程施工期的污染特性,按无组织排放浓度限值计,详见表1-11。

表 1-11　大气污染物排放标准　　　　　　　　单位:mg/m³

污染物	TSP	SO$_2$	NO$_2$
排放浓度值	1.0	0.4	0.12

1.4.2.3　噪声

施工期噪声参照执行《建筑施工场界环境噪声排放标准》(GB 12523—2011)表1中排放限值。运行期执行《工业企业厂界环境噪声排放标准》(GB 12348—2008)Ⅰ类标准。详见表1-12。

表 1-12　潞江坝灌区工程噪声排放标准　　　　　　单位:dB(A)

时期	执行标准	适用区域	昼间	夜间
施工期	《建筑施工场界环境噪声排放标准》(GB 12523—2011)	场界四周	70	55
运行期	《工业企业厂界环境噪声排放标准》(GB 12348—2008)	其他区域	55	45

1.4.2.4　固体废弃物

项目建设产生的一般工业固体废物参照执行《一般工业固体废物贮存和填埋污染控制标准》(GB 18599—2020)。

1.5　研究范围及时段

1.5.1　地表水环境

地表水研究范围为灌区范围内河流水系、输配水渠道、排水渠,重点评价受工程调度运行和灌溉退水影响的河段,详见表1-13。

表 1-13　地表水环境研究范围

类型	名称	研究范围		研究河段长度/水库面积/(km/km²)	与工程的关系	研究重点
		起点	终点			
水源区	八萝田水库	库尾	入怒江汇合口	0.25	新建水库水源工程	水文情势、水温影响
	芒柳水库	库尾	入怒江汇合口	0.28	新建水库水源工程	水文情势、水温影响
	老街子河	八萝田水库坝址	入怒江汇合口	2	新建八萝田水库	水文情势,八萝田水库坝下减水河段2 km

续表 1-13

类型	名称	研究范围		研究河段长度/水库面积/（km/km²）	与工程的关系	研究重点
		起点	终点			
水源区	芒牛河	芒柳水库坝址	入怒江汇合口	3.5	新建芒柳水库	水文情势,芒柳水库坝下减水河段 3.5 km
	水长河	水长坝取水断面	入怒江汇合口	21.6	新建水长坝	水文情势,水长坝坝下减水河段 1.8 km
	麻河	雷山坝取水断面	入罗明坝河汇合口	17.8	新建雷山坝、重建瘦马坝	水文情势,雷山坝坝下减水河段 1.4 km
	烂枣河	登高坝取水断面	入怒江汇合口	6.1	新建道街坝、登高坝	水文情势,登高坝坝下减水河段 1.6 km,道街坝坝下减水河段 1.5 km
	小河	溶洞坝取水断面	入烂枣河汇合口	8.6	新建溶洞坝	水文情势,溶洞坝坝下减水河段 1.5 km
	罗明坝河	橄榄坝取水断面	入水长河汇合口	21.7	重建橄榄坝	水文情势
	吾来河	楼子坝取水断面	入怒江河口	3.3	重建楼子坝	水文情势
	麻河	瘦马坝取水断面	入罗明坝河汇合口	18.6	重建瘦马坝	水文情势
	红岩水库	库尾	杨三寨泵站取水断面	0.75	新建杨三寨泵站	水文情势
受退水区	怒江	怒江入灌区范围	怒江出灌区范围	185.1	干热河谷灌片、烂枣灌片退水河段	退水水质影响
	水长河	源头	入怒江汇合口	27.8	水长灌片退水河段	退水水质影响
	勐梅河	源头	入怒江汇合口	34.6	三岔灌片退水河段	退水水质影响
	施甸河	源头	入怒江汇合口	52.5	施甸灌片保场排水渠、仁和中排水渠退水河段	退水水质影响
	烂枣河	源头	入怒江汇合口	33.5	烂枣灌片退水河段	退水水质影响
	蒲缥河	源头	入水长河汇合口	26.3	水长灌片退水河段	退水水质影响
	罗明坝河	源头	入水长河汇合口	33.7	水长灌片退水河段	退水水质影响
	麻河	源头	入罗明坝河汇合口	19.5	水长灌片退水河段	退水水质影响

1.5.2　地下水环境

地下水环境研究范围为2座新建水库淹没区、枢纽区及渠系工程两侧外延200 m的范围。

1.5.3　生态环境

生态环境影响评价充分体现生态完整性和生物多样性保护要求,涵盖评价项目全部活动的直接影响区域和间接影响区域。评价范围依据评价项目对生态因子的影响方式、影响程度和生态因子之间的相互影响和相互依存关系确定。综合考虑评价项目与项目区的气候过程、水文过程、生物过程等生物地球化学循环过程的相互作用关系,以评价项目影响区域所涉及的完整气候单元、水文单元、生态单元、地理单元界限为参照边界。

1.5.3.1　陆生生态

1.水源工程和灌溉渠系工程

陆生生态评价范围为新建八萝田水库、芒柳水库库尾至坝址下游两侧第一山脊线以内区域,灌溉渠道中心线两侧300 m范围,评价范围不涉及三江并流世界自然遗产和高黎贡山国家级自然保护区,新建泵站、取水坝、临时施工区等工程布置区域外延300 m范围。卫片解译数据以陆生生态评价范围为解译范围。

2.受水区

评价范围以灌片边界确定,分为干热河谷灌片、三岔灌片、水长灌片、烂枣灌片、施甸灌片等。

1.5.3.2　水生生态

水生生态评价范围与地表水环境评价范围一致,为灌区范围内河流水系等,包括老街子河、芒牛河、水长河、麻河、烂枣河、小河、罗明坝河、吾来河等,重点为新建八萝田水库、芒柳水库库区及其下游地区。

1.5.4　土壤环境

根据《环境影响评价技术导则　土壤环境(试行)》(HJ 964—2018),本工程土壤环境研究范围为:2座新建水库工程枢纽区及淹没区外扩2 km范围;1处新建泵站工程,17处新建、重建或维修取水坝工程占地范围外扩2 km范围;275.65 km骨干灌溉渠系工程、7.13 km骨干排水渠工程占地范围两侧外扩2 km。

1.5.5　环境空气和声环境

研究范围为工程建设征地边界外200 m范围,施工公路两侧各200 m范围,专项设施复建区外200 m范围内,对于周边的村庄等敏感点适当扩大评价范围,包括八萝田村、线家寨、蒲庄、香树村、张贡村、芒柳村、敢顶村、吾来村、农庄、窑洞坝等,共计62个村庄。

1.5.6　研究时段

研究时段:分施工期和运行期。

现状水平年:陆生生态环境、水生生态环境、地表水环境质量、土壤环境质量、地下水环境质量、环境空气质量、声环境质量等以2021年现状调查、现状采样检测为基准。

预测水平年:工程设计水平年为2035年,因此运营期预测水平年为2035年。

1.6　研究重点

本工程为生态影响类项目,工程依托现有水源工程及部分渠系,包括水源工程、灌溉渠系工程、排水渠系工程、信息化工程4类,工程建设对生态环境、水环境、声环境、大气环境等造成不同程度的影响,评价进一步结合工程特点和项目区环境特征,从以下7个方面考虑评价重点:

(1)新建水库大坝阻隔和供水引起的水文情势变化、水生生态影响;

(2)水库淹没和工程占地对陆生生态的影响;

(3)水库蓄水、灌区退水对水环境的影响;

(4)施工期生产生活废水、扬尘和废气、噪声、固体废物、水土流失等影响;

(5)水资源开发利用及工程方案环境合理性分析;

(6)新建水库的水质预测及供水水质保障性分析;

(7)提出切实可行的减缓、保护和恢复等生态环境保护措施。

1.7　环境保护目标

1.7.1　环境敏感保护目标

1.7.1.1　高黎贡山世界自然遗产

高黎贡山世界自然遗产为三江并流世界自然遗产组成部分之一,主要保护对象为怒江、澜沧江、金沙江及其流域内山脉主要为高黎贡山组成的丰富的自然景观及其独特而丰富的地质地貌、生物多样性,经工程与高黎贡山世界自然遗产范围叠图核查,工程建设不涉及高黎贡山世界自然遗产,维修衬砌芒宽西大沟与世界自然遗产边界最近距离980 m,工程对高黎贡山世界自然遗产无影响。

1.7.1.2　高黎贡山国家级自然保护区

高黎贡山国家级自然保护区主要保护对象为中山湿性常绿阔叶林、季风常绿阔叶林生态系统和羚羊、白眉长臂猿、多种兰科植物等珍稀野生动植物。高黎贡山国家级自然保护区的国家一级、二级保护植物共有135种。其中,国家一级保护植物有须弥红豆杉、杏黄兜兰、虎斑兜兰、光叶珙桐等6种,国家二级保护植物有桧叶白发藓、蛇足石杉、食用莲座蕨、金毛狗、中华桫椤、贡山三尖杉、云南樖、长蕊木兰、长喙厚朴、长柱重楼、大理铠兰、雅致杓兰、束花石斛、云南黄连、滇桐等129种。国家一级、二级保护动物232种。其中,国家一级野生动物有高黎贡白眉长臂猿、怒江金丝猴、菲氏叶猴、贡山羚牛、云豹、白尾梢虹雉、黄胸鹀等48种,国家二级野生动物有猕猴、短尾猴、小熊猫、黑熊、水鹿、红鬣羚、巨松鼠、血雉等148种。经工程与高黎贡山国家级自然保护区范围叠图核查,工程建设不涉及高黎贡山国家级自然保护区,维修衬砌芒宽西大沟与高黎贡山国家级自然保护区最近投影距离约1 700 m,保护区位于工程西侧,工程对高黎贡山国家级自然保护区无影响。

小黑山省级自然保护区主要保护对象为以中山湿性常绿阔叶林为主的森林生态系统,以白眉长臂猿、绿孔雀、菲氏叶猴为代表的动物资源和以疣粒野生稻、长蕊木兰、须弥红豆杉、桫椤为代表的植物资源。经工程与小黑山省级自然保护区范围叠图核查,工程建设不涉及小黑山省级自然保护区,维修衬砌团结大沟与小黑山省级自然保护区古城山子保护区最近投影距离约 1 700 m,保护区位于工程西北方向,工程对小黑山省级自然保护区无影响。

1.7.1.3　风景名胜区

保山博南古道省级风景名胜区主要保护对象为以博南古道为主线,周边地史景观、自然景观、人文景观,永昌文化及民族风情等。工程建设不涉及保山博南古道省级风景名胜区,维修衬砌芒宽西大沟与保山博南古道省级风景名胜区最近投影距离约 750 m,风景名胜区位于工程西南侧,工程对保山博南古道省级风景名胜区无影响。

1.7.1.4　水产种质资源保护区

怒江中上游特有鱼类国家级水产种质资源保护区,主要保护对象为怒江中上游特有鱼类,经工程与怒江中上游特有鱼类国家级水产种质资源保护区范围核查,工程建设不涉及怒江中上游特有鱼类国家级水产种质资源保护区,保护区位于本灌区上游怒江州,不在本灌区范围内,工程与怒江中上游特有鱼类国家级水产种质资源保护区相距约 13 km,对怒江中上游特有鱼类国家级水产种质资源保护区无影响。

1.7.1.5　饮用水源保护区

潞江坝灌区工程周边分布有生态保护红线,14 处饮用水水源保护区(2 处为"千吨万人"饮用水、源地,12 处为乡镇饮用、水源地)。距离工程较近的有小滥坝水库水源地、芒宽河饮用水水源地、猪头山龙洞水源地、明子山水库水源地、岔河龙洞水源地。其中,八〇八金河引水渠维修衬砌和干河引水渠维修衬砌段位于水源地下游,距离水源地最近距离约 1 km,施工对水源地无影响;芒宽西大沟维修衬砌段位于芒宽河饮用水水源地下游,维修衬砌段距离水源地最近距离大于 1 km,施工对水源地无影响;芒勒大沟维修衬砌段位于猪头山龙洞水源地下游,维修衬砌段距离水源地最近距离大于 500 m,新建芒柳干管位于猪头山龙洞下游,距离猪头山龙洞最近距离约 800 m,工程对水源地无影响;八〇八金河引水渠维修衬砌段和干河引水渠维修衬砌段位于水源地下游,距离水源地最近距离约 1 km,施工对水源地无影响;摆达大沟穿越水源地,但维修衬砌段位于水源地下游,距离水源地最近距离约 1.3 km,施工对水源地无影响。

1.7.1.6　生态保护红线

潞江坝灌区工程周边分布有"怒江下游水土保持生态红线区"和"滇西北高山峡谷生物多样性维护与水源涵养生态红线区"。新建水库工程、干渠工程、提水泵站工程、取水坝工程等永久工程均不涉及生态保护红线。新建水库工程坝址区(八萝田水库)距离生态保护红线最近约 190 m,新建八萝田干渠(管)工程与生态保护红线最近投影距离约 860 m,新建提水泵站工程距离红线最近约 100 m,新建取水坝(道街坝)工程距离红线最近约 180 m。

施工营区和渣场、料场等临时工程不涉及生态保护红线。距离生态保护红线最近的施工营区为烂枣单元 3#工区,距离约 140 m;距离生态保护红线最近渣场为施甸单元 2#渣场,距离约 300 m;八萝田水库石料场距离生态保护红线最近投影距离约 80 m。

部分地埋管及相应施工道路涉及生态保护红线,新建地埋管工程量较小,施工时间较短,施工结束后尽快对埋管进行填埋,进行植被恢复,对生态保护红线影响较小,地埋管工程和施工道路涉及红线情况见 4.9.5 节。

1.7.1.7　施甸善洲省级森林自然公园(规划中)

灌区范围内还分布有施甸善洲省级森林自然公园(规划中),灌区工程中东蚌兴华单元新建大落坑管穿越规划中的施甸善洲省级森林自然公园。

根据工程特点和周边区域自然环境状况,确定工程建设环境敏感保护目标见表 1-14,地表水环境保护目标见表 1-15,潞江坝灌区工程环境空气、声环境敏感保护对象详见表 1-16。

表 1-14 工程评价范围内主要环境敏感保护目标一览

环境类别	类型	名称	保护对象	与工程位置关系	影响性质
生态环境	世界自然遗产	高黎贡山世界自然遗产（三江并流世界自然遗产组成部分之一）	怒江、澜沧江、金沙江及其流域内山脉主要为高黎贡山组成的丰富的自然景观及其独特而丰富的地质地貌、生物多样性	工程建设不直接占用，维修村砌芒宽西大沟与世界自然遗产边界最近距离980 m	无影响
	自然保护区	高黎贡山国家级自然保护区	中山湿性常绿阔叶林、季风常绿阔叶林生态系统和羚羊、白眉长臂猿，多种兰科植物等珍稀野生珍稀动植物；高黎贡山国家级自然保护区的国家一级、二级保护植物共有135 种，其中，国家一级保护植物有须弥红豆杉、杏黄兜兰、虎斑兜兰、光叶珙桐等6 种，国家二级保护植物有桫椤叶片发藓、蛇足石杉、食用莲座蕨、金毛狗、中华桫椤、贡山三尖杉、云南榧、长蕊木兰、长喙厚朴、长柱重楼、大理铠兰、雅致杓兰、束花石斛、云南黄连、滇桐等129 种；国家一级、二级保护动物232 种，其中，国家一级野生动物有高黎贡白眉长臂猿、怒江金丝猴、菲氏叶猴、贡山羚牛、云豹、白尾梢虹雉、黄胸鹀等48 种，国家二级野生动物有猕猴、短尾猴、黑熊、黑鹿、红腹锦鸡、巨松鼠、血雉等148 种	维修村砌芒西大沟与高黎贡山国家级自然保护区最近投影距离约1.7 km，保护区位于工程西侧	无影响
		小黑山省级自然保护区	中山湿性常绿阔叶林为主的森林生态系统，以白眉长臂猿、绿孔雀、菲氏叶猴为代表的动物资源和以疣粒野生稻、长蕊木兰、须弥红豆杉、桫椤为代表的植物资源	维修村砌团结大沟与小黑山省级自然保护区古城山子保护区最近投影距离约1.7 km，保护区位于工程西北方向	无影响
	水产种质资源保护区	怒江中上游特有鱼类国家级水产种质资源保护区	怒江中上游特有鱼类	保护区位于本灌区上游怒江州，不在本灌区范围内，工程与怒江中上游特有鱼类国家级水产种质资源保护区相距约13 km	无影响

续表1-14

环境类别	类型	名称	保护对象	与工程位置关系	影响性质
	风景名胜区	保山博南古道省级风景名胜区	以博南古道为主线，周边地史景观，自然景观，人文景观，永昌文化及民族风情等	维修村砌芒宽西大沟与保山博南古道省级风景名胜区最近投投影距离约750 m，风景区位于工程西南侧	无影响
生态环境	生态保护红线	怒江下游水土保持生态红线区	水土保持	新建水库工程、干渠工程、提水泵站工程、取水坝工程等永久工程均不涉及生态保护红线。施工营区和渣场、料场等临时工程不涉及生态保护红线。距离生态保护红线最近的施工营区为烂枣单元3#工区，距离约140 m；距离生态保护红线最近渣场为八萝田水库单元2#渣场，距离约300 m；八萝田水库单元2#渣场，距离生态保护红线最近影响石料场距离约80 m。部分地埋管道及相应施工道路涉及生态保护红线，新建地埋管工程量较小，施工时间较短，施工结束后对埋管进行填埋，植被恢复	施工期间间接影响和直接影响
		滇西北高山峡谷生物多样性维护与水源涵养生态红线区	生物多样性维护		
	水生生态	重点保护野生鱼类	国家二级保护动物4种：长丝黑鮡，后背鲈鲤，巨魾，角鱼；云南省级保护动物云纹鳗鲡	位于怒江干流，工程建设不直接影响	间接影响
		珍稀濒危鱼类	《中国生物多样性红色名录》7种：极危（CR）：半刺结鱼；易危（VU）：怒江裂腹鱼，巨魾，长丝黑鮡，角鱼，后背鲈鲤；近危（NT）：云纹鳗鲡	位于怒江干流，工程建设不直接影响	间接影响
		鱼类重要生境	怒江干流，支流汇入口等	工程建设不直接占用	间接影响

续表 1-14

环境类别	类型	名称	保护对象	与工程位置关系	影响性质
生态环境	陆生生态	重点保护植物	国家二级保护植物金荞麦(7 处 88 丛)、红椿(3 株,古树)、大理茶、千果榄仁(古树)	位于灌片范围内,工程不占用	间接影响
		珍稀濒危野生植物	濒危(EN)1 种:红豆树(古树);易危(UV)4 种:大理茶、密花豆、红椿、千果榄仁;中国特有植物 51 种	位于灌片范围内,工程不占用	无影响
		古树名木	受工程影响较明显的古树主要有 81 株(位于新建干管线路上的有 1 株,位于八萝田水库淹没区的有 1 株,位于施工临时施工道路或施工区范围内的有 9 株,维修衬砌渠道旁的有 9 株,其他 31 株位于临时施工道路施工道路布置范围周外)	位于工程布置 10 m 范围内	直接涉及或间接影响
		重点保护野生动物	国家一级 3 种:黑鹳、乌雕和黄胸鹀;国家二级 29 种:红漂护雉、白鹇、白腹锦鸡、褐翅鸦鹃、凤头蜂鹰、黑翅鸢、黑鸢、红隼、斑头鸺鹠等;云南省级 3 种:滇蛙、双团棘胸蛙和孟加拉眼镜蛇	主要分布于高黎贡山国家级自然保护区和小黑山省级自然保护区内以及评价区内的水域、灌丛、草地、山林等各类生境中	工程占地、施工活动影响
		珍稀濒危野生动物	濒危(EN)5 种:乌雕、黄胸鹀、双团棘胸蛙、孟加拉眼镜蛇、王锦蛇;易危(VU)7 种:云南臭蛙、灰鼠蛇、黑鹳、栗树鸭、豹猫、白尾鹨、喜马拉雅水麝鼩	主要分布于灌区周边的水域、灌丛、草地、山林等环境较好的生境中	工程无直接影响
		特有动物	4 种:华西雨蛙、滇蛙、云南攀蜥、黄腹山雀		
地表水环境		地表水评价范围内河流、水库的水体水质、水温、水文情势;坝下河段水资源利用、生态用水	地表水Ⅱ、Ⅲ类水体	工程施工期产生的生产生活废污水,运行期排放的少量生活污水;水库蓄水;农田退水;水文情势	施工期、运行期

续表 1-14

环境类别	类型	名称	保护对象	与工程位置关系	影响性质
地表水环境	"千吨万人"集中式饮用水水源地	饮用水源保护区水源	工程已全部避让饮用功能的芒宽三滴水水源、施甸县蒋家寨水库水源,现状为龙陵县备用水源地的八〇八水库,现状有人饮功能的白龙潭水源等,占地范围不涉及划定的饮用水水源保护区和实际有人饮功能的水源;灌区水资源配置利用了饮用水水源保护区内水质	无直接影响
	乡镇饮用水水源地		保护区内水源,但对水质无直接影响	
地下水环境	地下水平均范围内地下水水质、水量	地下水Ⅲ类区域	工程评价区内水文地质单元	施工期、运行期
声环境、环境空气	评价区内各个环境敏感点	声环境 1 类,大气环境二级	工程占地地区、渠系工程、排水工程两侧 200 m 范围内	施工期
社会环境	生产安置人口	生产生活水平不低于工程建设前	规划水平年生产安置总人口为 894 人,搬迁安置总人口为 143 人	施工期、运行期
	隆阳区、施甸县、龙陵县	灌区范围内	主要涉及 12 个乡镇	运行期

表 1-15 地表水环境保护目标一览

序号	类型	保护对象	保护要求	与工程位置关系	影响性质
1	评价范围内河流水库	八萝田水库及坝下减水河段	维护河流及水库水环境质量,减小新建水库对坝下河段水文情势影响	新建水库水源工程	八萝田水库面积 0.25 km²,坝下减水河段 2 km,回水长度 1.13 km
2		芒柳水库及坝下减水河段		新建水库水源工程	芒柳水库面积 0.28 km²,坝下减水河段 3.5 km,回水长度 1.01 km
3		水长河	维护河流水环境质量,减小新建取水坝对坝下河段水文情势影响	新建水长坝、水长灌片退水河段	水文情势、退水影响
4		麻河		新建雷山坝、重建瘦马坝	水文情势
5		烂枣河		新建道街坝、登高坝,烂枣灌片退水河段	水文情势、退水影响
6		小河		新建溶洞坝	水文情势
7		罗明坝河	维护河流水域功能,水环境质量不低于现状水质,水质满足水功能区划的水质要求	重建橄榄坝、水长灌片退水河段	退水影响
8		麻河		重建瘦马坝、水长灌片退水河段	退水影响
9		怒江		干热河谷灌片、烂枣灌片退水河段	退水影响
10		勐梅河		三岔灌片退水河段	退水影响
11		施甸河		施甸灌片退水河段,保场排水渠、仁和中排水渠退水河段	退水影响
12		蒲缥河		水长灌片退水河段	退水影响
13	"千吨万人"水源地	小滥坝水库	维护小滥坝水库水源地水质	八〇八金河引水渠维修衬砌段距一级水源保护区 1.0 km	无影响
14	乡镇水源地	猪头山龙洞	维护乡镇水源地水质	芒勒大沟维修衬砌段距二级水源保护区 500 m,新建芒柳干管距二级水源保护区 800 m	无影响
15		岔河龙洞		摆达大沟重建段距二级水源保护区 1.3 km	无影响
16		明子山水库		明子山北干渠维修衬砌段距二级水源保护区 1.2 km	无影响
17		芒宽河水源地		芒宽西大沟维修衬砌段距二级水源保护区 1 km	无影响

表 1-16 潞江坝灌区工程环境空气、声环境敏感保护对象一览

灌片	工程内容	保护对象	功能	概况	与工程区位置关系	最近距离/m	保护要求
干热河谷灌片	八萝田水库	八萝田村	居住	约 50 户 200 人	施工道路	5	《环境空气质量标准》（GB 3095—2012）二级标准、《声环境质量标准》（GB 3096—2008）1 类标准
	八萝田水库	线家寨	居住	约 26 户 104 人	八萝田水库	110	
	芒柳干管	蒲庄	居住	约 31 户 124 人	新建管道工程附近	200	
	香树沟	香树村	居住	约 40 户 160 人	渠系工程	98	
	芒柳西大沟	张贡村	居住	约 29 户 116 人	渠系工程	100	
	芒柳干管	芒柳村	居住	约 26 户 104 人	管道工程	173	
	敢顶电站大沟	敢顶村	居住	约 47 户 188 人	渠系工程	166	
	八萝田干渠	吾来村	居住	约 24 户 136 人	渠系工程	171	
	楼子田沟	农庄	居住	约 64 户 256 人	渠系工程	64	
	八萝田干渠	窑洞坝	居住	约 63 户 252 人	渠系工程	20	
	八萝田干渠	西亚村	居住	约 43 户 172 人	渠系工程	55	
三岔灌片	摆达大沟	摆达村	居住	约 21 户 84 人	渠系工程	158	
	摆达大沟	团坡	居住	约 33 户 132 人	渠系工程	76	
	烂坝寨/大龙供水管并行段	白泥塘村	居住	约 31 户 124 人	管道工程	153	
	八〇八淘金河引水渠	淘金河村	居住	约 17 户 68 人	渠系工程	200	
	松白大沟	长箐村	居住	约 19 户 76 人	渠系工程	54	
	松白大沟	新和村	居住	约 23 户 92 人	渠系工程	156	
	松白大沟	邦迈村	居住	约 14 户 56 人	渠系工程	72	
烂枣灌片	东蚌大沟	东蚌村	居住	约 44 户 176 人	渠系工程	63	
	兴华大沟	上独家村	居住	约 20 户 80 人	渠系工程	44	
	兴华大沟	下独家村	居住	约 19 户 76 人	渠系工程	189	
	登高双沟	登高村	居住	约 78 户 312 人	渠系工程	113	
施甸灌片	蒋家寨水库西干渠	乌邑村	居住	约 36 户 144 人	渠系工程	141	
	蒋家寨水库西干渠	英村	居住	约 16 户 64 人	渠系工程	200	
	蒋家寨水库西干渠	永平村	居住	约 42 户 168 人	渠系工程	164	
	蒋家寨水库西干渠	西山村	居住	约 32 户 128 人	渠系工程	5	
	施甸坝干管	上角里村	居住	约 26 户 104 人	管道工程	194	
	施甸坝干管	下角里村	居住	约 49 户 196 人	管道工程	125	
	施甸坝干管	小李家村	居住	约 72 户 288 人	管道工程	5	

续表 1-16

灌片	工程内容	保护对象	功能	概况	与工程区位置关系	最近距离/m	保护要求
	仁和中排水渠	绿林村	居住	约26户104人	清排水渠	170	
	仁和中排水渠	棉花村	居住	约27户108人	排水渠	50	
	蒋家寨水库西干渠	苏家村	居住	约56户224人	渠系工程	196	
	联通西灌管	躲安村	居住	约46户184人	管道工程	5	
	保场排水渠	何家村	居住	约24户136人	排水渠	103	
	保场排水渠	独家村	居住	约17户68人	排水渠	73	
	鱼洞东干渠	四大庄村	居住	约80户320人	渠系工程	140	
	鱼洞东干渠	常村村	居住	约42户168人	渠系工程	118	
	鱼洞东干渠	银川村	居住	约46户184人	渠系工程	40	
	鱼洞西干渠	沈家村	居住	约67户268人	渠系工程	40	
	鱼洞东干渠	罗家村	居住	约43户172人	渠系工程	139	
	鱼洞西干渠	土官村	居住	约48户192人	渠系工程	21	
施甸灌片	鱼洞东干渠	木榔村	居住	约43户172人	渠系工程	96	
	鱼洞东干渠	下陈家村	居住	约30户120人	渠系工程	20	
	鱼洞东干渠	上陈家村	居住	约30户120人	渠系工程	45	
	鱼洞东干渠	坡脚村	居住	约22户88人	渠系工程	62	
	鱼洞西干渠	张家村	居住	约52户208人	渠系工程	149	
	鱼洞东干渠	李家村	居住	约36户144人	渠系工程	120	
	鱼洞西干渠	周家庄	居住	约26户104人	渠系工程	14	
	水长水库西支渠	下村	居住	约32户128人	渠系工程	28	
	水长水库西支渠	上村	居住	约25户100人	渠系工程	3	
	三块石引水管	凤鸡寨上寨	居住	约20户80人	渠系工程	5	
	三块石引水管	凤鸡寨下寨	居住	约20户80人	渠系工程	5	
	水长水库东支渠	水长村	居住	约23户92人	渠系工程	200	
水长灌片	红岩水库西干渠	杨三寨村	居住	约48户192人	渠系工程	134	
	溶洞灌溉渠	水井村	居住	约12户48人	渠系工程	172	
	马街引水渠	张家庄	居住	约26户104人	施工临时道路	13	
	鱼塘坝	鱼和村	居住	约39户156人	取水坝	59	
	西干一支渠	墩子地	居住	约10户40人	渠系工程	179	

续表 1-16

灌片	工程内容	保护对象	功能	概况	与工程区位置关系	最近距离/m	保护要求
水长灌片	西干二支渠	白岩	居住	约 40 户 160 人	渠系工程	23	
	大坟墓沟	大坟墓	居住	约 30 户 120 人	渠系工程	5	
	南大沟支渠	平安寨	居住	约 32 户 128 人	渠系工程	70	
	溶洞灌溉渠	横水塘	居住	约 20 户 80 人	渠系工程	60	

1.7.2 环境功能保护目标

1.7.2.1 生态环境

保护工程研究区内陆生生态系统完整性;保护生态公益林和基本农田;采取必要的手段保护工程占地范围内的重点动植物,尽量降低工程施工和运行对陆生动植物的影响;施工结束后,尽量恢复植被以降低对陆生植物的影响。保护怒江及其支流鱼类的水生生境,维护工程区域内水生生物的多样性。采取水土保持工程措施和植物措施治理工程新增水土流失,使工程区治理后的水土保持水平达到或超过工程建设前的水平。

1.7.2.2 水环境

1.地表水

施工期,保护研究范围内的水体水质,使其相应满足水功能区划要求的《地表水环境质量标准》(GB 3838—2002)Ⅱ、Ⅲ类标准,施工期间各类废污水经处理后回用或综合利用,不外排。

运行期加强水库、引水工程取水口上游区域的污染源和污染物排放控制,保证水库库区及水库下游河道水质满足水功能区划要求;各水库、引水工程合理调度运行,满足取水坝下游河道生态、环境、社会等各项用水需求;工程受水区退水要满足退水区污染物总量控制要求。

2.地下水

施工期和运行期,新建水源工程、渠系工程、排水工程线路区地下水质不因工程建设和运行而降低,地下水质满足《地下水质量标准》(GB/T 14848—2017)Ⅲ类标准;不因工程建设运行产生环境水文地质问题,减少工程对新建水源工程渠系工程、排水工程线路区地下水的影响,不因地下水位变化影响居民用水。

1.7.2.3 环境空气

加强施工管理,对施工期大气污染源进行防治,大气污染物排放满足《大气污染物综合排放标准》(GB 16297—1996)表 2 中无组织排放监控浓度限值要求,使评价范围内环境空气质量满足《环境空气质量标准》(GB 3095—2012)中二级标准。

1.7.2.4 声环境

降低交通噪声和施工噪声对工程区域声环境质量的影响,使评价范围内村庄的声环境质量达到《声环境质量标准》(GB 3096—2008)1 类标准。

1.8 环境影响识别

1.8.1 环境影响要素识别

根据工程的类型、性质、主要工程组成情况,以及评价区的环境现状,工程建设对评价区域环境的影响,对工程建设可能涉及的环境要素及影响进行初步判别,见表 1-17。

表 1-17 工程可能涉及的环境要素及影响初步判别

环境组成与环境要素		施工期	运行期
生态环境	陆生生态	■S	▲L
	水生生态	▲S	▲L◆
	陆生及爬行动物	▲S	▲L
	水土保持	●S	□L
	土地利用	■S	○L
	景观	■S	□/■L
地表水环境	河流水文情势	▲S	△/▲L
	水质	▲S	▲L
	水资源利用	■S	○L
地下水环境	地下水文地质条件	▲S	□L
土壤环境		■S	▲L◆
环境空气、声环境		■S	

注:表中"○/●"表示"有利/不利"较大程度影响;"□/■"表示"有利/不利"中等程度影响;"△/▲"表示"有利/不利"轻微程度影响;空白表示影响甚微或没有影响;S 表示短期影响;L 表示长期影响;"◆"表示"影响累积"。

从表 1-17 可以看出,工程的建设对环境的影响既有有利方面也有不利方面。工程产生的不利影响多集中在施工期,主要表现为生态环境和水环境影响。有利影响多在运行期有所体现,主要表现为灌区水资源利用影响。

1.8.2 评价因子筛选

对受本工程影响的环境要素进行分类、识别、归纳,经初步识别和筛选,确定本项目影响涉及的环境因子见表 1-18。

表 1-18　工程影响涉及的环境因子识别分类

环境要素		评价类型	评价因子
施工期	工程污染源	水污染源	生活污水、混凝土拌和系统冲洗废水、机械冲洗废水、基坑排水、隧洞排水
		大气污染源	施工爆破粉尘、交通扬尘、混凝土拌和粉尘、施工机械和车辆燃油废气
		噪声污染源	固定声源噪声、流动声源噪声
		固体废物	工程弃渣、施工人员生活垃圾
		生态因子	陆生生态、水生生态
	地表水	现状评价	水温、pH、溶解氧、高锰酸盐指数、COD、BOD_5、总氮、氨氮、总磷、铁、锰、铜、锌、硒、砷、汞、镉、铬(六价)、铅、氟化物、氰化物、挥发酚、石油类、阴离子表面活性剂、硫化物、氯化物、硫酸盐、硝酸盐、粪大肠菌群等
		影响分析	对河道水文情势、地表水水质的影响
	地下水	现状评价	K^+、Na^+、Ca^{2+}、Mg^{2+}、CO_3^{2-}、HCO_3^-、Cl^-、pH、氨氮、硝酸盐、亚硝酸盐、总硬度、挥发性酚类、氰化物、氟化物、砷、汞、六价铬、硒、铅、镉、铁、锰、铜、溶解性总固体、高锰酸盐指数、硫酸盐、总大肠菌群、细菌总数
		影响评价	地下水水质、水位影响
	大气环境	现状评价	TSP、PM_{10}、SO_2、NO_2、$PM_{2.5}$、CO、O_3(8H)
		影响分析	施工粉尘、施工燃油废气、交通扬尘对环境空气影响
	声环境	现状评价	等效连续 A 声级
		影响分析	固定点源噪声、流动线源噪声、震动影响
	固体废物	影响分析	施工弃渣、生活垃圾影响
	土壤环境	现状评价	pH、砷、镉、铬、铜、铅、汞、镍、锌、含盐量
		影响分析	施工废水对土壤的影响
	底泥	现状评价	pH、铜、铅、锌、镉、铬、砷、汞、镍、六六六(α-BHC,β-BHC,γ-BHC,δ-BHC)、滴滴涕(PP'-DDE、OP'-DDT、PP'-DDD、PP'-DDT)等
	陆生生态环境	现状评价	物种分布范围、种群数量、种群结构、行为等;生境面积、质量、连通性等;生物群落的物种组成、群落结构等;生态系统的植被覆盖度、生产力、生物量、生态系统功能等;生物多样性的物种丰富度、均匀度、优势度等;生态敏感区的主要保护对象、生态功能等;自然景观的景观多样性、完整性等
		影响分析	工程占地、水库淹没及渠系阻隔等对上述因子的影响
	水生生态环境	现状评价	水生生物分布范围、种群数量、种群结构、行为等;水生生境面积、质量、连通性等;水生生物群落的物种组成、群落结构等;水生生态系统的生物量、生态系统功能等;水生生物多样性的物种丰富度、均匀度、优势度等
		影响分析	工程占地、水库淹没及渠系阻隔等对上述因子的影响

续表 1-18

环境要素		评价类型	评价因子
运行期	工程污染源	水污染源	灌溉及村镇退水、管理人员生活污水
		噪声污染源	泵站设备运行噪声
		固体废物	管理人员生活垃圾
		生态因子	工程占地、水库淹没及渠系阻隔等
	地表水	影响分析	对水资源利用、河道水文情势、地表水水质、下游灌溉水温的影响
	地下水	影响分析	地下水水质、水位影响
	声环境	影响分析	提水泵房噪声影响
	固体废物	影响分析	管理人员生活垃圾影响
	土壤环境	影响分析	对土壤盐化、潜育化、土壤资源、环境质量影响
	生态环境	影响分析	工程运行后工程占地、水库淹没及渠系阻隔等对陆生生态、水生生态的影响

1.9 研究方法和工作程序

1.9.1 研究方法

本书采用以下研究、评价技术方法：

(1)环境现状调查：采用资料收集、现场勘察与监测、专家和公众咨询等方法。

(2)工程分析：采用类比分析、查询有关资料和全过程分析等技术方法，生态影响评价采用相关分析、生态系统评价和景观生态学评价方法等。

(3)环境影响预测研究：采用类比定性分析、数学模型、叠图法、遥感技术等定量分析方法。

1.9.2 工作程序

本工程的环境影响研究工作分为三个阶段：第一阶段为准备阶段，研究设计文件和环保法规，进行环境现状初步调查和初步的工程分析，进行环境影响因子识别和筛选，确定研究范围和研究重点，在此基础上编制研究工作方案；第二阶段为正式工作阶段，进行环境现状详查、环境现状评价、工程分析、环境影响预测和研究；第三阶段为报告编制阶段，制定环境影响减缓措施、监测计划、投资估算及管理规划，得出环境影响研究结论，并在此基础上编制环境影响研究报告。

第 2 章　工程概况

2.1　地理位置

潞江坝灌区位于保山市怒江干流两岸,地理位置为东经 98°43′~99°20′、北纬 24°19′~25°57′,涉及保山市隆阳区的芒宽乡、潞江镇、杨柳乡、蒲缥镇,施甸县的太平镇、水长乡、由旺镇、仁和镇和甸阳镇,龙陵县的镇安镇、腊勐镇、碧寨镇等,共 1 区 2 县 12 个乡镇。

2.2　工程任务

潞江坝灌区工程建设任务是新建云南省保山市潞江坝灌区,以农业灌溉为主,结合村镇供水,为保山市实现高质量跨越发展、开启现代化建设新征程创造条件。

2.2.1　农业灌溉

通过建设完善的灌排系统,改善灌溉条件,新增灌溉面积 8.05 万亩,改善灌溉面积 19.50 万亩,恢复灌溉面积 12.47 万亩,保灌面积 23.45 万亩,使潞江坝灌区设计灌溉面积达到 63.47 万亩。

2.2.2　村镇供水

通过优化灌区水资源配置,供给人饮供水总量 2 447 万 m^3,提高村镇供水保证率,保障灌区范围内 44.25 万人城乡生活用水。其中,新建八萝田水库和芒柳水库,可新增村镇供水 258 万 m^3($P=95\%$),保障隆阳区的芒宽乡及潞江镇 6.24 万人生活用水安全。

2.3　灌区范围及设计标准

2.3.1　灌区范围及分区

2.3.1.1　灌溉范围

潞江坝灌区位于怒江两岸,西部以高黎贡山分水岭为界,东部为怒山分水岭,北部和南部分别为保山市的北部及南部市域界,涉及保山市 1 区 2 县 12 个乡镇,设计灌溉面积 63.47 万亩(常规灌溉面积 39.88 万亩,高效节水灌溉面积 23.59 万亩)。其中:现有水利设施保灌面积 23.45 万亩,改善灌溉面积 19.50 万亩,恢复灌溉面积 12.47 万亩,新增灌溉面积 8.05 万亩,自流灌溉面积 60.66 万亩,提灌面积 2.81 万亩。

2.3.1.2　灌溉分区

结合潞江坝灌区流域水系、水利工程分布、气候及农作物种植特点,将灌区分为 5 个灌片,分别为隆阳区的干热河谷灌片,水长灌片及烂枣灌片,施甸县的施甸灌片,龙陵县的三岔灌片。分区内根据水源工程联系又进一步细分为 14 个计算单元。各计算分区基本情况见表 2-1。

表 2-1　潞江坝灌区分单元基本情况　　　　　　　单位:万亩

序号	分区名称	单元名称	面积			
			设计灌溉面积	现状有效灌面	现状保灌面积	2019 年实灌面积
1		合计	63.47	48.88	23.47	53.53
2	干热河谷灌片	梨澡单元	0.27	0.08		0.08
3		芒宽坝单元	7.37	6.39	1.03	6.93
4		潞江坝单元	15.04	12.78	6.05	13.62
5		小计	22.68	19.25	7.08	20.63
6	三岔灌片	三岔河单元	5.08	4.83	2.93	5.41
7		八〇八单元	6.98	4.43	1.01	5.05
8		小计	12.06	9.26	3.94	10.46
9	水长灌片	橄榄单元	0.39	0.14		0.15
10		小海坝单元	1.99	1.47	0.58	1.64
11		大海坝单元	1.64	0.87	0.26	0.97
12		阿贡田单元	7.71	6.55	6.55	7.04
13		水长河单元	1.18	0.73	0.60	0.81
14		蒲缥坝单元	3.90	1.54	0.79	1.74
15		小计	16.81	11.30	8.78	12.35
16	烂枣灌片	烂枣单元	3.44	2.35	1.10	2.58
17		东蚌兴华单元	1.66	1.10	0.25	1.20
18		小计	5.10	3.45	1.35	3.78
19	施甸灌片	施甸单元	6.82	5.62	2.32	6.31

2.3.2　设计水平年及设计标准

2.3.2.1　设计水平年

根据云南省《保山市城市总体规划》(2017—2035 年)及国民经济发展情况,结合工程 2025 年前建成,设计水平年按工程建成后 5~10 年考虑。即现状基准年为 2019 年,设计水平年为 2035 年。

2.3.2.2　设计标准

1.农业灌溉设计保证率

根据《灌溉与排水工程设计标准》(GB 50288—2018),本灌区农业种植以旱地作物为主,农业常规灌溉保证率取 75%,高效节水灌溉设计保证率取 85%。

2.村镇生活和工业供水设计保证率

本项目结合当地水资源条件及经济社会发展情况,村镇生活和工业供水设计保证率取95%。

3.排水标准

灌区排水设计暴雨重现期为10年一遇,水田2 d暴雨3 d排至耐淹水深,水浇地1 d降雨24 h排除。

2.4　总体布局及建设内容

2.4.1　灌区总体布局及规模

潞江坝灌区位于保山市怒江两岸,以怒江支流为主要水源,灌面高程为600~2 000 m,涉及保山市的隆阳区、施甸县及龙陵县,设计灌溉面积为63.47万亩(常规灌溉面积39.88万亩,高效节水灌溉面积23.59万亩)。

潞江坝灌区工程共布局水源工程67座。其中,水库工程21座,取水坝工程40座,泵站工程6座;配套骨干灌溉渠系100条,总长775.82 km;排水渠系85条,灌面内排水长度469.56 km。

2.4.1.1　水库工程

灌区共布设骨干水库工程21座,总兴利库容14 078万 m³。其中:中型水库10座,总兴利库容11 026万 m³;小(1)型水库11座,总兴利库容3 052万 m³。潞江坝灌区分灌片水库工程总体布局见表2-2。

表2-2　潞江坝灌区分灌片水库工程总体布局

序号	水库名称	所在灌片	工程规模	建设性质	兴利水位/m	兴利库容/万 m³	供水任务
一	合计(21座)					14 078	
1	小海坝水库	水长灌片	中型	现状利用	2 343	1 023	灌溉、人饮
2	大海坝水库		中型	现状利用	2 331	1 397	灌溉、人饮
3	阿贡田水库		中型	在建,单独立项	1 354	1 353	灌溉、人饮
4	红岩水库		中型	现状利用	1 454	930	灌溉、人饮、工业
5	刘家海子水库		小(1)型	现状利用	1 389	93	灌溉、工业
6	明子山水库	烂枣灌片	中型	现状利用	1 097	976	灌溉、人饮
7	大浪坝水库		小(1)型	现状利用	2 030	264	灌溉、人饮
8	八萝田水库	干热河谷灌片	小(1)型	本次新建	955	444	灌溉、人饮
9	芒柳水库		小(1)型	本次新建	984	466	灌溉、人饮
10	上坪河水库		小(1)型	现状利用	894	141	灌溉、人饮
11	景康水库		小(1)型	拟建,单独立项	862	202	灌溉、人饮
12	那么水库		小(1)型	现状利用	869	104	灌溉、人饮
13	小地方水库		中型	在建,单独立项	2 160	918	灌溉、人饮

续表 2-2

序号	水库名称	所在灌片	工程规模	建设性质	兴利水位/m	兴利库容/万 m³	供水任务
14	蒋家寨水库		小(1)型	现状利用	1 823	755	灌溉、县城供水
15	鱼洞水库		中型	现状利用	2 009	1 077	灌溉、水长工业园区
16	朝阳水库	施甸灌片	小(1)型	现状利用	1 635	151	水长工业园区
17	红谷田水库		中型	现状利用	1 966	1 011	灌溉、人饮
18	银川水库		小(1)型	现状利用	1 613	158	灌溉、人饮
19	三岔河水库		中型	现状利用	1 894	1 349	灌溉、发电
20	八〇八水库	三岔灌片	中型	现状利用	1 830	992	灌溉
21	小滥坝水库		小(1)型	现状利用	1 981	274	灌溉、人饮

2.4.1.2 取水坝工程

潞江坝灌区骨干引水工程形式为拦河取水坝,主要作用是适当抬高河道水位,使从河道取水的渠道工程得以自流引水。本次规划设计布局 40 座,其中现状利用 23 座,本次新建 5 座,重建 3 座,维修加固 9 座,见表 2-3。

表 2-3 取水坝工程布局表 单位:座

灌片名称	单元名称	现状利用	重建	维修加固	新建	合计
	梨澡单元	2				2
干热河谷灌片	芒宽坝单元	8	1	2		11
	潞江坝单元	4		2		6
	小计	14	1	4		19
	三岔河单元	2		1		3
三岔灌片	八〇八单元	1		3		4
	小计	3		4		7
	橄榄单元		1			1
	小海坝单元				1	1
	大海坝单元		1			1
水长灌片	阿贡田单元	3				3
	水长河单元	1		1	1	3
	蒲缥坝单元				1	1
	小计	4	2	1	3	10

续表 2-3

灌片名称	单元名称	现状利用	重建	维修加固	新建	合计
烂枣灌片	烂枣单元	1			2	3
	东蚌兴华单元	1				1
	小计	2			2	4
施甸灌片	施甸单元					0
合计		23	3	9	5	40

2.4.1.3 泵站工程

全灌区布设骨干泵站工程 6 座。按建设性质分,现状利用 5 座,新建 1 座。按所在灌片分,干热河谷灌片 5 座,水长灌片 1 座。泵站工程总体布局见表 2-4。

表 2-4 泵站工程总体布局

序号	工程名称	所在灌片	工程类型	性质	引水口 取水水源或工程	引水口 取水类型	出水口工程类型
1	小永泵站	干热河谷灌片	一级泵站	现状利用	怒江	河道有坝取水	高位水池
2	芒旦泵站		一级泵站	现状利用	怒江	河道有坝取水	高位水池
3	芒烘泵站		一级泵站	现状利用	怒江	河道无坝取水	高位水池
4	曼海泵站		一级泵站	现状利用	怒江	河道有坝取水	高位水池
5	热经所泵站		一级泵站	现状利用	怒江	河道无坝取水	高位水池
6	杨三寨泵站	水长灌片	一级泵站	新建	红岩水库	河道有坝取水	高位水池

2.4.1.4 骨干灌溉渠系工程

本次骨干灌溉渠系工程共布设 100 条,总长 775.82 km,其中现状利用 442.75 km;续建 1.43 km;重建 54.70 km;维修衬砌 41.80 km;近期拟建 66.03 km;新建 169.11 km。

分灌片骨干渠道工程总体布局情况见表 2-5。

表 2-5 分灌片骨干渠道工程总体布局

单元名称		新建	续建	重建	维修衬砌	现状利用	拟建	合计
合计		169.11	1.43	54.70	41.80	442.75	66.03	775.82
干热河谷灌片	梨澡单元				0.06	3.60		3.66
	芒宽坝单元	33.59		12.03	0.32	31.29		77.23
	潞江坝单元	32.05		1.07	1.13	26.01	32.96	93.22
	小计	65.64		13.10	1.51	60.90	32.96	174.11
三岔灌片	三岔河单元	0.38			2.34	81.91		84.63
	八〇八单元	21.28		6.32	3.60	56.62		87.82
	小计	21.66		6.32	5.94	138.53		172.45

续表 2-5

单元名称		新建	续建	重建	维修衬砌	现状利用	拟建	合计
水长灌片	橄榄单元				1.15	14.00		15.15
	小海坝单元			16.43	0.69	27.27		44.39
	大海坝单元			11.62	1.30	3.81		16.73
	阿贡田单元	15.25				25.56	33.07	73.88
	水长河单元			0.18	3.38	13.81		17.37
	蒲缥坝单元	26.49	1.43		7.51	20.59		56.02
	小计	41.74	1.43	28.23	14.03	105.04	33.07	223.54
烂枣灌片	烂枣单元			5.62	16.43	28.88		50.93
	东蚌兴华单元	2.98			0.99	22.65		26.62
	小计	2.98		5.62	17.42	51.53		77.55
施甸灌片	施甸单元	37.09		1.43	2.90	86.75		128.17

2.4.1.5 骨干排水渠系工程

全灌区共布设骨干排水渠系 85 条,均由天然河道构成,渠系总长 469.56 km,其中干排 15 条,长 154.77 km;支排 70 条,长 314.79 km,见表 2-6。按建设布局分,现状利用 83 条,总长 462.43 km;新建支渠 2 条,总长 7.13 km。

表 2-6 排水工程总体布局

序号	排水渠名称	建设性质	排水单元名称	所处位置	排水面积/万亩	灌区内长度/km
一	合计(85 条)					469.56
二	干排(15 条)					154.77
1	梨澡河	现状利用	梨澡单元	境内	2.90	4.39
2	麻河	现状利用	大海坝单元	过境	4.28	19.47
3	罗明坝河	现状利用	阿贡田单元	过境	10.71	17.85
4	小干河	现状利用	阿贡田单元	过境	2.38	7.15
5	鲁村沟	现状利用	阿贡田单元	境内	1.19	4.26
6	罗板河	现状利用	水长河单元	过境	2.64	4.18
7	旧寨河	现状利用	水长河单元	过境	1.94	3.46
8	水长河	现状利用	水长河单元	过境	2.28	18.30
9	蒲缥河	现状利用	蒲缥坝单元	过境	7.82	26.36
10	烂枣河	现状利用	烂枣单元	过境	1.87	6.14
11	麻郎河	现状利用	东蚌兴华单元	过境	1.25	2.60
12	施甸河	现状利用	施甸单元	过境	4.75	23.10

续表 2-6

序号	排水渠名称	建设性质	排水单元名称	所处位置	排水面积/万亩	灌区内长度/km
13	勐梅河	现状利用	三岔河单元	过境	7.28	11.06
14	烂坝寨河	现状利用	八〇八单元	过境	1.95	1.51
15	得寨河	现状利用	八〇八单元	过境	1.84	4.94
三	支排(70 条)					314.79
1	橄榄河	现状利用	橄榄单元	过境	0.52	2.21
2	罗明北沟	现状利用	小海坝单元	过境	1.32	3.06
3	罗明中沟	现状利用	小海坝单元	过境	0.61	2.04
4	罗明南沟	现状利用	小海坝单元	过境	0.50	3.26
5	麻河	现状利用	小海坝单元	过境	1.42	8.22
6	杨柳沟	现状利用	大海坝单元	过境	0.83	4.92
7	小干河	现状利用	大海坝单元	过境	0.78	2.43
8	麻河	现状利用	阿贡田单元	过境	1.85	3.78
9	红花河	现状利用	阿贡田单元	境内	1.28	4.51
10	平掌河	现状利用	阿贡田单元	境内	1.07	5.51
11	平地南沟	现状利用	阿贡田单元	境内	0.53	3.43
12	猫儿北沟	现状利用	阿贡田单元	境内	0.60	2.40
13	猫儿中沟	现状利用	阿贡田单元	境内	0.45	2.55
14	猫儿南沟	现状利用	阿贡田单元	境内	0.79	4.41
15	棠梨树河	现状利用	水长河单元	过境	0.70	5.16
16	水长河	现状利用	水长河单元	过境	0.82	6.59
17	罗板河	现状利用	蒲缥坝单元	过境	0.51	3.94
18	水井河	现状利用	蒲缥坝单元	过境	0.57	2.81
19	小河	现状利用	蒲缥坝单元	过境	0.67	8.06
20	双桥支沟	现状利用	蒲缥坝单元	过境	0.72	2.68
21	双桥河	现状利用	蒲缥坝单元	过境	0.71	7.09
22	长箐河	现状利用	烂枣单元	过境	0.76	2.89
23	烂枣河	现状利用	烂枣单元	过境	1.98	5.32
24	老白河	现状利用	东蚌兴华单元	过境	0.68	2.60
25	太平河	现状利用	东蚌兴华单元	过境	0.69	2.56
26	仁和中排水渠	本次新建	施甸单元	过境	1.33	3.11
27	保场排水渠	本次新建	施甸单元	过境	0.99	4.02
28	老街子河	现状利用	芒宽坝单元	过境	0.78	2.71

续表 2-6

序号	排水渠名称	建设性质	排水单元名称	所处位置	排水面积/万亩	灌区内长度/km
29	芒龙河	现状利用	芒宽坝单元	过境	1.07	4.41
30	拉仑河	现状利用	芒宽坝单元	过境	1.17	4.49
31	芒宽河	现状利用	芒宽坝单元	过境	0.97	5.01
32	吾来河	现状利用	芒宽坝单元	过境	1.65	3.88
33	敢顶河	现状利用	芒宽坝单元	过境	0.97	3.66
34	冷水河	现状利用	芒宽坝单元	过境	0.99	5.08
35	空广河	现状利用	芒宽坝单元	过境	1.26	7.34
36	烫习河	现状利用	芒宽坝单元	过境	0.64	3.56
37	党岗河	现状利用	芒宽坝单元	过境	0.57	3.47
38	芒黑河	现状利用	芒宽坝单元	过境	0.57	4.08
39	界河	现状利用	芒宽坝单元	过境	0.27	2.47
40	弯山河	现状利用	潞江坝单元	过境	0.55	2.99
41	芒牛河	现状利用	潞江坝单元	过境	2.10	5.57
42	热水河	现状利用	潞江坝单元	过境	0.94	3.03
43	琨崩河	现状利用	潞江坝单元	过境	0.51	2.49
44	普冲河	现状利用	潞江坝单元	过境	0.60	2.99
45	青龙河	现状利用	潞江坝单元	过境	0.49	2.78
46	山心河	现状利用	潞江坝单元	过境	0.41	3.50
47	芒掌河	现状利用	潞江坝单元	过境	0.79	3.24
48	芒勒河	现状利用	潞江坝单元	过境	0.85	4.35
49	菜园河	现状利用	潞江坝单元	过境	1.91	5.65
50	户南河	现状利用	潞江坝单元	过境	3.25	6.44
51	新寨子河	现状利用	潞江坝单元	过境	1.74	6.95
52	景坎河	现状利用	潞江坝单元	过境	1.37	5.01
53	芭蕉林河	现状利用	潞江坝单元	过境	1.92	6.53
54	南尤河	现状利用	潞江坝单元	过境	2.80	8.25
55	百花河	现状利用	潞江坝单元	过境	0.86	4.84
56	勐梅河	现状利用	三岔河单元	过境	0.95	6.50
57	龙塘河	现状利用	三岔河单元	过境	0.46	5.54
58	镇安河	现状利用	三岔河单元	过境	2.62	13.71
59	回欢河	现状利用	三岔河单元	过境	1.33	3.99
60	帮迈河	现状利用	三岔河单元	过境	1.92	3.35
61	木鱼河	现状利用	八〇八单元	过境	1.44	4.94

续表 2-6

序号	排水渠名称	建设性质	排水单元名称	所处位置	排水面积/万亩	灌区内长度/km
62	里勒河	现状利用	八〇八单元	过境	1.67	7.51
63	白坟寨河	现状利用	八〇八单元	过境	0.88	2.84
64	小寨河	现状利用	八〇八单元	过境	1.96	3.26
65	垭口河	现状利用	八〇八单元	过境	1.04	4.43
66	烂坝寨河	现状利用	八〇八单元	过境	0.91	3.95
67	得寨支	现状利用	八〇八单元	过境	0.93	4.10
68	得寨河	现状利用	八〇八单元	过境	0.91	8.99
69	柿子树河	现状利用	八〇八单元	过境	0.71	4.96
70	大龙洞河	现状利用	八〇八单元	过境	0.30	2.38

2.4.2　灌区建设内容

潞江坝灌区工程建设内容涉及1区2县,共计5个灌片,具体建设内容为:

(1)水源工程20座,其中:新建小(1)型水库工程2座,新建提水泵站1座,取水坝17座(新建5座,重建3座,维修加固9座)。

(2)灌溉渠(管)道工程65条,总长528.95 km,其中本次涉及建设长度275.65 km,包括新建19条,长169.11 km;续建配套渠道(衬砌和改造)46条,总长106.54 km。

(3)新建排水渠2条,即仁和中排水渠、保场排水渠,总长7.13 km。

各区(县)灌片建设内容及规模具体见表2-7。

表 2-7　云南省保山市潞江坝灌区工程建设内容及规模

县(区)	片区	项目		建筑物名称	新建长度/km	现状长度/km	续建配套长度/km	设计流量/(m³/s)
隆阳区	干热河谷灌片	新建水库工程	1	八萝田水库	总库容 500 万 m³,坝高 75.5 m,坝轴线长 361 m			
			2	芒柳水库	总库容 548 万 m³,坝高 77 m,坝轴线长 438 m			
				小计	总库容 1 048 万 m³			
		已建取水坝加固工程	1	芒林坝	坝高 0.72 m,水位 1 016.72 m,取水流量 0.35 m³/s			
			2	新光坝	坝高 0.24 m,水位 915.24 m,取水流量 0.19 m³/s			
			3	楼子坝	坝高 3.00 m,水位 1 006.50 m,取水流量 0.20 m³/s			
			4	香树坝	坝高 0.75 m,水位 1 024.75 m,取水流量 0.23 m³/s			
			5	坝湾坝	坝高 1.31 m,水位 1 011.12 m,取水流量 0.60 m³/s			
		新建渠(管)道工程	1	八萝田干渠	33.59			2.00
			2	芒柳干管	27.10			2.60
			3	赛马引水管	1.49			0.25
			4	百花支渠	3.47			0.18
				小计	65.65			

续表 2-7

县(区)	片区	项目		建筑物名称	新建长度/km	现状长度/km	续建配套长度/km	设计流量/(m³/s)
隆阳区	干热河谷灌片	已建渠道续建配套工程	1	芒宽西大沟		7.61	0.11	1.02
			2	横山大沟		3.60	0.06	0.14
			3	西亚线家寨灌溉渠	0.62		2.13	0.18
			4	芒林大沟			0.90	0.35
			5	芒林大沟南支	0.29		1.68	0.15
			6	新光四坝沟	2.00		0.75	0.19
			7	芒宽四坝沟	1.50		1.91	0.30
			8	楼子田沟			3.03	0.20
			9	敢顶电站大沟	1.20		1.83	0.23
			10	芒柳西大沟		10.00	0.59	0.16
			11	芒掌沟		1.87	0.18	0.31
			12	芒勒大沟			0.85	0.16
			13	香树沟		1.55	0.49	0.23
			14	老城沟		0.60	0.09	0.20
				小计		30.84	14.60	
	水长灌片	已建取水坝加固工程	1	橄榄坝	坝高 3.00 m,水位 1 618.00 m,取水流量 0.15 m³/s			
			2	瘦马坝	坝高 1.50 m,水位 2 098.23 m,取水流量 0.15 m³/s			
			3	鱼塘坝	坝高 0.86 m,水位 1 387.86 m,取水流量 0.14 m³/s			
		新建取水坝工程	4	雷山坝	坝高 3.00 m,水位 1 712.00 m,取水流量 0.20 m³/s			
			5	水长坝	坝高 3.00 m,水位 1 100.50 m,取水流量 0.12 m³/s			
			6	溶洞坝	坝高 3.00 m,水位 1 635.50 m,取水流量 0.41 m³/s			
		新建泵站工程	1	杨三寨泵站	提水流量 0.18 m³/s,净扬程 103 m,2 台,单机容量 185 kW			
		新建渠(管)道工程	1	西分干渠	0.32			0.36
			2	西干一支渠	6.18			0.22
			3	西干二支渠	3.76			0.11
			4	西干三支渠	4.99			0.24
			5	溶洞灌溉渠	19.54			0.41
			6	马街引水管	6.95			0.23
				小计	41.74			

续表 2-7

县(区)	片区	项目		建筑物名称	新建长度/km	现状长度/km	续建配套长度/km	设计流量/(m³/s)
隆阳区	水长灌片	已建渠道续建配套工程	1	茶花大沟			9.90	1.50
			2	南大沟		3.81	4.50	2.00
			3	红岩水库西干渠		3.59	7.51	0.92
			4	橄榄河引水渠	14.00		1.15	0.15
			5	大坟墓沟			5.47	0.15
			6	雷山沟		6.56	1.75	0.20
			7	瘦马沟			4.06	0.15
			8	南大沟支渠			4.36	0.28
			9	鱼塘沟		0.84	3.28	0.14
			10	水长支渠		6.19	0.28	0.12
			11	白胡子大沟		6.81	1.43	0.10
				小计		41.80	43.69	
	烂枣灌片	新建取水坝工程	1	道街坝	坝高 3.00 m,水位 829.00 m,取水流量 0.30 m³/s			
			2	登高坝	坝高 1.65 m,水位 862.65 m,取水流量 0.16 m³/s			
		已建渠道改造工程	1	大浪坝北大沟	1.71		6.91	0.21
			2	明子山水库南干渠	12.00		0.60	1.19
			3	明子山水库北干渠	7.83		0.30	1.00
			4	道街上大沟	0.91		8.04	0.30
			5	登高双沟	0.40		6.20	0.16
				小计	22.85		22.05	2.86
施甸县	烂枣灌片	新建渠(管)道工程	1	大落坑水库灌溉管	2.98			0.27
				小计	2.98			0.27
		已建渠道续建配套工程	1	兴华大沟		8.84	0.65	0.30
			2	东蚌大沟		8.82	0.35	0.20
				小计		17.66	1.00	0.50
	施甸灌片	新建渠(管)道工程	1	施甸坝干管	16.06	5.83		1.99
			2	连通东灌管	4.75			0.25
			3	连通西灌管	6.94			0.36
			4	蒋家寨引水管	3.96			0.91
			5	三块石引水管	5.39			0.38
				小计	37.10	5.83		3.89

续表 2-7

县(区)	片区	项目		建筑物名称	新建长度/km	现状长度/km	续建配套长度/km	设计流量/(m³/s)
施甸县	施甸灌片	已建渠道续建配套工程	1	蒋家寨水库西干渠		26.56	0.95	1.20
			2	鱼洞水库东干渠		17.70	0.80	1.50
			3	鱼洞水库西干渠		8.00	0.44	1.50
			4	小山凹水库灌渠		0.62	1.60	0.25
			5	水长水库东支		3.50	0.11	0.15
			6	水长水库西支		3.66	0.43	0.15
				小计		60.04	4.33	4.75
		新建排水渠工程	1	仁和中排水渠	3.115			5.01
			2	保场排水渠	4.015			3.73
				小计	7.13			8.74
龙陵县	三岔灌片	加固已建取水坝工程	1	团结坝	坝高 3.00 m,水位 1 753.00 m,取水流量 1.80 m³/s			
			2	金河坝	坝高 5.00 m,水位 2 040.00 m,取水流量 0.76 m³/s			
			3	干河坝	坝高 4.00 m,水位 2 039.00 m,取水流量 0.76 m³/s			
			4	碧寨坝	坝高 4.00 m,水位 1 044.00 m,取水流量 0.15 m³/s			
		新建渠(管)道工程	1	坝鸭塘水库引水管	0.38			0.10
			2	大龙供水管道	12.57			0.27
			3	烂坝寨灌溉管沟	8.72			0.24
				小计	21.67			0.61
		已建渠道续建配套工程	1	团结大沟		25.51	1.92	1.98
			2	松白大沟		17.88	8.01	2.05
			3	八〇八金河引水渠		4.20	2.60	0.76
			4	八〇八干河引水渠		3.91	0.40	0.76
			5	回欢大沟		7.52	0.25	0.15
			6	龙塘沟		5.40	0.17	0.13
			7	摆达大沟		1.94	5.82	0.23
			8	碧寨大沟		7.93	1.69	0.38
				小计		74.29	20.86	6.44

注:潞江坝灌区工程新建 2 座小(1)型水库,新建 1 座泵站,新建 5 座取水坝,新建 19 条输水渠(管)道总长 169.11 km,新建排水渠 2 条,总长 7.13 km;对现状已建 12 座取水坝工程进行维修加固改造;对现有 46 条已建渠道实施续建配套,总长 106.54 km。

2.5　工程组成

潞江坝灌区工程建设内容主要包括水库工程、提水泵站工程、取水坝工程、灌溉渠(管)道工程和骨干排水渠工程五大类,各类工程又由永久工程、施工临时工程、移民安置工程及环水保工程等项目组成,潞江坝灌区工程组成见表 2-8。

表 2-8　潞江坝灌区工程组成一览

项目组成	建设项目	单位	数量	备注
主体永久工程	水库工程	座	2	水库工程 2 座,均为小(1)型水库,总库容 1 048 万 m^3;兴利库容 973.16 万 m^3,设计年均供水量 1 407 万 m^3
	提水泵站工程	座	1	新建杨三寨泵站工程,供水任务为农业灌溉,设计提水流量为 0.18 m^3/s,设计年提水量为 22 万 m^3
	取水坝工程	座	17	新建、重建、维修加固取水坝共计 17 座,总取水流量 8.61 m^3/s,其中新建 5 座取水坝,分别为雷山沟、水长支渠、溶洞灌溉渠、道街上大沟、登高双沟;重建 3 座分别为橄榄河引水渠、瘦马沟、楼子田沟;维修加固 9 座
	灌溉渠(管)道工程	条	65	灌溉渠(管)道工程 65 条,总长 528.95 km,本次涉及的建设长度 275.65 km,其中新建渠(管)道 19 条,总长 169.11 km;续建配套渠道 46 条,总长 106.54 km
	骨干排水渠工程	条	2	新建仁和中排水渠、保场排水渠共计 7.13 km,排水面积 2.32 万亩
	永久道路工程	处	2	八萝田水库工程建设需新建永久道路长 1.65 km,新建桥梁 2 座。道路为三级双车道,路基宽 6.5 m,路面宽 6 m,采用混凝土路面。芒柳水库工程建设需新建永久道路长 2.5 km。道路为三级双车道,路面宽 6 m,采用混凝土路面
	永久生活办公区	处	2	八萝田水库和芒柳水库管理及仓储用房面积均为 100 m^2
施工临时工程	料场	处	6	2 处风化料场(八萝田水库和芒柳水库风化料场),1 处石料场(八萝田水库库区左岸石料场),3 处土料场(芒柳水库土料场 $1^#$、$2^#$、$3^#$),其余料源均外购
	渣场	处	7+6	芒柳水库枢纽 $1^#$弃渣场、施甸 $1^#$弃渣场、施甸 $2^#$弃渣场、施甸 $3^#$弃渣场、施甸 $4^#$弃渣场、八〇八单元 $1^#$弃渣场、八〇八单元 $2^#$弃渣场。潞江坝 $2^#$弃渣场、小海坝 $1^#$渣场、阿贡田 $1^#$弃渣场、橄榄 $1^#$弃渣场、大海坝 $1^#$弃渣场、大海坝 $2^#$弃渣场

续表 2-8

项目组成	建设项目		单位	数量	备注
施工临时工程	表土临时堆场		类	2	水库工程区堆场位于水库工程管理范围内,料场表土堆场在料场内一角,施工生产生活区表土分散堆放于各施工生产生活区,交通道路区表土沿线堆放,弃渣场表土堆存在弃渣场一角,渠系和排水工程表土沿线分段集中堆放
	生产生活营地		座	48	八萝田枢纽区 1 座、芒柳枢纽区 1 座,在输水线路工程沿线布置施工工厂区共 46 座,仓库根据需要就近设置在生产生活营地内;工程所需砂、石料均采用外购获得,不布置砂石加工系统;水库工程各施工区布置混凝土生产系统 1 座,承担混凝土拌和任务;输水线路工程沿线布置移动式拌和机承担混凝土拌和任务
	综合加工厂				工程所需砂石料均采用外购获得,不布置砂石加工系统。施工工厂区布置在综合施工区以内,主要由钢筋加工厂、木材加工厂、钢管加工厂和综合保修及设备停放场等组成
	施工道路		km	225.76	设计总长约 225.76 km,其中水库工程施工道路总长为 24.70 km,输水线路工程施工道路总长为 201.06 km。铺设临时钢板 6 044.22 t
	施工导流		处	19	新建八萝田水库采用围堰一次性截断河床、左岸导流隧洞泄流的导流方式,导流标准采用 10 年一遇,洪峰流量为 59.9 m³/s;新建芒柳水库采用围堰一次性截断河床、右岸导流隧洞泄流的导流方式,导流标准采用 10 年一遇,相应洪峰流量为 82.5 m³/s。杨三寨泵站为泵船形式,无导流设计的 17 处新建、重建及维修加固取水坝施工导流采用围堰一次性截断河床、导流隧洞泄流的导流方式,导流标准采用 5 年一遇枯水期洪水。其他跨河(沟)建筑物施工导流标准采用枯水期 5 年一遇洪水,交叉建筑物采用分期导流的导流方式,充分利用枯水期施工
	施工供风	空压机	台	75	八萝田水库 5 台 20 m³/min 固定式,芒柳水库 2 台 10 m³/min 固定式,3 台 3 m³/min 移动式;线路区总计 65 台移动式空压机
	施工用水	离心水泵	台	48	八萝田和芒柳各库区均配离心水泵 1 台,线路区各工区均配离心水泵 1 台
	施工用电		km	4	水库工程拟定由附近变电站接引 10 kV 供电线路至工程施工区,总长度约 4 km。输水线路施工用电拟采用柴油发电机供电为主

续表 2-8

项目组成	建设项目		单位	数量	备注
	智慧水利工程		项	1	以灌区闸门控制系统、流量监测系统以及灌区水雨情、墒情、地下水情、气象信息、视频信息等自动化监测为基础,融合计算机技术、通信技术、软件技术、"3S"技术、数据库技术等,深入开发利用灌区现有资源,通过先进的技术手段来提高灌区信息采集和处理的准确性及传输的时效性,做出及时、准确的反馈和预测,为灌区管理部门提供科学的决策依据,全面提升灌区经营管理的效率和效能
移民安置工程	建设征地		hm²	620.45	永久征地 167.99 hm²,临时占地 452.46 hm²
	移民安置		人	1 008	基准年生产安置人口为 1 169 人;搬迁安置人口为 105 人
	专项设施复建	交通	km	7.313	复建农村公路 7.313 km
		输变电	km	18.356	复建 35 kV 输电线路 5.412 km,复建 10 kV 输电线路 12.944 km
		通信	km	19.750	通信线路 19.750 km
环水保工程	施工期环境保护工程				八萝田和芒柳水库混凝土拌和站设置 2 座中和沉淀池和 2 座清水池,98 台移动混凝土拌和机附近各设置 1 个移动式铁槽作为沉淀池和回用水池。 机械修配保养厂四周布置排水沟,收集含油废水至隔油沉淀池。 2 座水库工区设置环保厕所 9 套(4 坑位);线路每个工区设置 1 套 4 坑位环保厕所(线路区共计 46 套环保厕所),采用湿法作业,并对场区进行洒水降尘。 2 座水库工区设置垃圾桶 32 个,并配备 2 台 3 m³ 勾臂式垃圾装卸车,每天对垃圾进行回收转运。 施工过程中产生的弃土弃渣等建筑废料和生产废料送至选定的弃渣场,并做好拦挡、排水和植树绿化等措施。 施工期间禁止捕捞鱼类,施工生产生活废污水经处理后回用
	生态流量下放措施		处	7	2 座新建水库通过生态放水管下泄生态流量,同时设置生态流量在线监控设备;5 座新建取水坝运行期通过冲沙闸下泄生态流量,同时设置测流系统测定上下游水位、过闸流量

续表 2-8

项目组成	建设项目	单位	数量	备注
环水保工程	饮用水水源保护区划定	处	2	工程建成后将八萝田水库和芒柳水库划定为饮用水水源保护区,并对八萝田水库上游养鸡场进行搬迁
	分层取水措施	处	2	2 座新建水库采取分层取水措施
	生态沟渠	处	3	在仁和中排水渠—保场排水渠设置具有生态拦截功能的生态沟渠系统
	运行期监测			运行期对灌区范围内部分地下水的水质、水量进行监测
	水保工程			由挡墙、截排水沟等工程措施及植物措施组成

2.6　工程布置及主要建筑物

2.6.1　工程特性

潞江坝灌区工程可行性研究阶段工程特性见表 2-9。

表 2-9　云南省保山市潞江坝灌区工程可行性研究阶段工程特性

序号及名称	单位	数量	备注
一、水文			
1.利用的水文系列年限			
径流	年	60	1960—2019 年
洪水	年	31	暴雨图集(1977—2007 年)
2.代表河流年径流量			
苏帕河	亿 m³	6.23	朝阳站断面、多年平均
老街子河	亿 m³	0.41	八萝田水库坝址、多年平均
芒牛河	亿 m³	0.62	芒柳水库坝址、多年平均
3.气温	℃	15.80	多年平均
4.降雨	mm	1 347	多年平均
3.多年平均输沙量			
老街子河	万 t	2.22	八萝田水库坝址、多年平均
芒牛河	万 t	2.11	芒柳水库坝址、多年平均
二、工程规模			
1.灌区面积			
设计灌溉面积	万亩	63.47	
2.设计保证率			
农业灌溉	%	75	

续表 2-9

序号及名称	单位	数量	备注
集镇、农村供水	%	95	
3.水平年			
现状年		2019 年	
设计水平年		2035 年	
4.需水量	万 m³	26 760	$P=75\%$
农业	万 m³	22 493	
工业	万 m³	1 820	
大生活	万 m³	2 447	
5.供水量	万 m³	26 760	$P=75\%$
蓄水工程	万 m³	17 170	
引水工程	万 m³	9 301	
提水工程	万 m³	289	
三、建设内容及规模			
1.灌溉渠(管)道工程	km	275.65	65 条
2.排水工程	km	7.13	2 条,均为新建
3.泵站工程	座	1	新建杨三寨泵站
4.水库工程	座	2	新建
4.1 八萝田水库			
坝址多年平均径流量	万 m³	4 057.00	
总库容	万 m³	500.13	
兴利库容	万 m³	478.91	
死库容	万 m³	13.19	
调洪库容	万 m³	77.89	
结合库容	万 m³	69.86	
死水位	m	912.50	
正常蓄水位	m	956.00	
汛限水位	m	953.00	
设计洪水位($P=2\%$)	m	956.00	
校核洪水位($P=0.1\%$)	m	956.32	
灌溉面积	万亩	6.62	
4.2 芒柳水库			
坝址以上流域面积	km²	42.18	

续表 2-9

序号及名称	单位	数量	备注
坝址多年平均径流量	万 m³	6 238	
总库容	万 m³	548.32	
兴利库容	万 m³	488.86	
死库容	万 m³	22.9	
调洪库容	万 m³	132.83	
结合库容	万 m³	96.27	
死水位	m	950.00	
正常蓄水位	m	984.00	
汛限水位	m	980.00	
设计洪水位($P=2\%$)	m	984.00	
校核洪水位($P=0.1\%$)	m	985.38	
灌溉面积	万亩	8.13	
5.取水坝工程	座	17	
6.田间灌溉工程	万亩	36.78	
四、主要建筑物			
1.水库			
1.1 八萝田水库		黏土心墙风化料坝	
地震动参数设计值		$0.235\,g$	
抗震设防烈度		Ⅷ度	
顶部高程	m	957.5	
最大坝高	m	75.5	
坝长	m	360.5	
1.2 芒柳水库		黏土心墙风化料坝	
地震动参数设计值		$0.25\,g$	
抗震设防烈度		Ⅷ度	
顶部高程	m	986	
最大坝高	m	77	
坝长	m	438	
2.泵站			
设计流量	m³/s	0.18	
装机	MW	0.37	
扬程	m	103	

续表 2-9

序号及名称	单位	数量	备注
3.取水坝	座	17	
设计流量	m³/s	0.12~1.8	
坝高	m	0.24~5.0	
五、施工			
施工工期	月	54	
六、建设征地及移民安置			
工程总占地	亩	9 307	
其中:永久占地	亩	2 520	
临时占地	亩	6 787	
七、工程投资指标			
工程总投资	万元	303 277.40	

2.6.2 水库工程

根据水源工程总体布局结果,本次新建八萝田水库及芒柳水库,工程任务均为灌溉和供水。

拟建八萝田水库位于芒宽乡老街子河,工程任务为农业灌溉和城镇供水,设计供水范围为芒宽坝单元的北部及中部。其中,农业灌溉补水范围为芒宽坝单元烫习河以北区域,设计灌溉面积为 6.62 万亩;村镇供水范围为芒宽镇及沿线 9 个行政村(西亚村、芒龙村、新光村、吾来村、敢顶村、空广村、烫习村、白花林村、芒合村),2035 年设计供水人口共 4.6 万人,其中集镇人口 1.78 万人,农村人口 2.82 万人;大牲畜 0.91 万头,小牲畜 6.73 万头。

八萝田水库为小(1)型水库工程,其工程特性及主要建筑物基本情况见表 2-10。

表 2-10 新建水库工程特性

项目	八萝田水库	芒柳水库
工程性质	新建	新建
坝址所在位置	芒宽乡	潞江镇
工程任务	农业灌溉和村镇供水	农业灌溉及农村人饮供水
调节特性	不完全年调节	不完全年调节
坝址以上流域面积/km²	26.10	42.18
坝址多年平均径流量/万 m³	4 057	6 238
死水位/m	912.5	950
正常蓄水位/m	956	984
汛限水位/m	953.00	980.00

续表 2-10

项目		八萝田水库	芒柳水库
设计洪水位（$P=2\%$）/m		956.00	984.00
校核洪水位（$P=0.1\%$）/m		956.32	985.38
灌溉面积/万亩		6.62	8.13
总库容/万 m^3		500.13	548.32
兴利库容/万 m^3		478.91	488.86
死库容/万 m^3		13.19	22.90
隧洞进水口形式		平洞分层取水	平洞分层取水
导流洞进口高程/m		905.00	892.00
底层进水口高程/m		911.50	949
上层进水口高程/m		933.50	966.8
大坝	坝型	黏土心墙风化料坝	黏土心墙风化料坝
	坝顶结构	坝顶高程 957.5 m，坝顶长 360.5 m，坝顶宽 6.0 m，最大坝高 75.5 m，坝顶上游侧设 1.2 m 高防浪墙	坝顶高程 986.00 m，上游侧设有 1.0 m 高防浪墙，防浪墙墙顶高程 987.00 m。坝顶长 438.0 m，最大坝高 77.0 m
	坝坡结构	大坝上游及下游设三级变坡，坡比为 1:2.0，变坡处设 2.0 m 宽戗台	上游三级变坡，坡比依次为 1:2.5、1:2.75、1:3.0，变坡处分别设 2.0 m 宽马道；下游三级变坡，坡比依次为 1:2.25、1:2.5、1:1.5，高程 957.00 m 变坡处设 2.0 m 宽马道，高程 927.0 m 变坡处设 3.0 m 宽马道
	护坡	上游坝坡采用混凝土预制块护坡，混凝土预制块下设过渡料垫层。下游坝坡设固土混凝土框格，网格内回填耕植土后铺草皮护坡	上游坝坡采用 12 cm 厚 C20 混凝土预制块护坡，混凝土预制块下设 20 cm 厚混合砂垫层。下游坝坡设网格梁草皮护坡，网格梁为 C20 混凝土结构。框格内回填 20 cm 厚腐殖土后植草护坡
溢洪道		溢洪道布置于左岸坝肩，为正槽有闸控制溢洪道，平面呈折线布置，全长 388.5 m，由进水渠、控制段、泄槽段、底流消能段、出水渠段组成。控制段按宽顶堰设计，堰宽 12.0 m，设 3 道 4.0 m（宽）平板闸门	布置于左坝肩，为正槽设闸控制溢洪道，平面呈折线布置，全长 657 m，由进水渠、控制段、泄槽段、底流消能段、出水渠段及河道护砌段组成

续表 2-10

项目		八萝田水库	芒柳水库
导流输水放空洞	布置	导流输水放空洞布置于左岸山体内,平面呈折线,全长 592 m(平距)。由进口明渠段、取水隧洞、控制闸室段、导流输水隧洞段、出口调流阀室、出口陡槽段、消力池段、出口尾水明渠段等组成,明渠后天然河道进行护砌	导流输水放空洞布置于拦河坝右岸山体,平面上呈折线形,全长 537.90 m(平距)。导流输水放空洞由进口明渠段、底层取水隧洞与导流隧洞共用、上层取水隧洞、竖井段、有压洞身段、出口调流阀室、出口陡槽段、消力池段、出口尾水明渠段组成,明渠后天然河道进行护砌
	特性	进口明渠段长 20.0 m,底坡为 0,取水隧洞长 470.5 m,底坡为 0.02,出口调流阀室段长 10.0 m,出口陡槽段长 40.0 m,底坡为 1/5.4,出口消力池段长 35.0 m,底坡为 0,出口明渠段长 42 m,底坡为 1/50。明渠后与溢洪道尾水渠相接	其中进口明渠段长 20.0 m,底坡为 0,上层取水隧洞长 34.0 m,底坡为 0.01,隧洞为城门洞形,尺寸为 1.8 m×2.2 m。导流隧洞洞身段长 425.9 m,其中 D0+20.00~D0+105.90 段,底坡为 0,D0+105.900~D0+445.90 段,底坡为 0.02,出口调流阀室段长 15.0 m,底坡为 0,出口陡槽段长 40.0 m,底坡为 1/1.6,出口消力池段长 35.0 m,底坡为 0,出口明渠段长 38 m,底坡为 1/50。明渠后天然河道进行护砌,长 99.66 m。导流隧洞洞径为 2.5 m(宽)×3.2 m(高)的城门洞型,取水时上、下层取水隧洞径为 1.8 m(宽)×2.2 m(高)的城门洞型

芒柳水库坝址位于拟建于潞江镇北部的芒牛河上,工程任务为农业灌溉及农村人饮供水。水库设计供水范围为潞江坝的缺水集中区域,即芒牛河—南至户赧河段,设计灌溉面积 8.13 万亩,并为丛岗、芒柳、张贡、丙闷、芒棒、新寨 6 个村供水,2035 年设计供水人口 1.64 万人,大牲畜 0.38 万头、小牲畜 4.04 万头。

芒柳水库为小(1)型水库工程,其工程特性及主要建筑物基本情况见表 2-10。

2.6.3　取水坝工程

适当抬高水位、便于引水渠能自流引水的拦河取水工程,是本灌区的主要引水水源工程形式,取水坝主要工程任务为灌溉供水。本灌区拟建拦河取水坝共 17 座,按建设性质分,新建 5 座,重建 3 座,已建取水坝维修加固 9 座。取水坝为当地材料坝,采用当地材料做成折线型的低堰,堰顶修圆增加过流能力。

新建、重建、维修加固取水坝 17 座,总取水流量 8.61 m³/s。其中,新建 5 座取水坝,分别为雷山坝、水长坝、溶洞坝、道街坝、登高坝;重建 3 座分别为橄榄坝、瘦马坝、楼子坝;维修加固 9 座。

新建取水坝根据河道自流引水口位置合理布设,取水坝坝高依据引水渠渠道水位按自流引水拟定,维修加固及重建的取水坝沿用原设计规模。取水坝建设内容及规模见表2-11。

表 2-11　取水坝建设内容及规模

序号	取水坝名称	建设性质	所在灌片名称	所在渠道名称	所在河流	取水口设计流量/(m³/s)	坝高/m
1	橄榄坝	重建	水长灌片	橄榄河引水渠	罗明坝河	0.15	3
2	雷山坝	新建	水长灌片	雷山沟	麻河	0.20	3
3	瘦马坝	重建	水长灌片	瘦马沟	麻河	0.15	1.5
4	水长坝	新建	水长灌片	水长支渠	水长河	0.14	3
5	溶洞坝	新建	水长灌片	溶洞灌溉渠	小河	0.41	3
6	道街坝	新建	烂枣灌片	道街上大沟	烂枣河	0.30	3
7	登高坝	新建	烂枣灌片	登高双沟	烂枣河	0.16	1.65
8	楼子坝	重建	干热河谷灌片	楼子田沟	吾来河	0.20	3
9	鱼塘坝	维修加固	水长灌片	鱼塘沟	鱼塘河	0.14	0.86
10	芒林坝	维修加固	干热河谷灌片	芒林大沟	芒林大沟	0.35	0.72
11	新光坝	维修加固	干热河谷灌片	新光四坝沟	拉仑河	0.19	0.24
12	香树坝	维修加固	干热河谷灌片	香树沟	菜园河	0.23	0.75
13	坝湾坝	维修加固	干热河谷灌片	坝湾水库引水渠	坝湾河	0.60	1.31
14	团结坝	维修加固	三岔灌片	团结大沟	镇安河	2.24	3
15	金河坝	维修加固	三岔灌片	八〇八金河引水渠	淘金河	1.50	5
16	干河坝	维修加固	三岔灌片	八〇八干河引水渠	干河	1.50	4
17	碧寨坝	维修加固	三岔灌片	碧寨大沟	得寨河	0.15	4

2.6.4　提水泵站工程

潞江坝灌区拟新建杨三寨泵站,属于水长灌片的蒲缥坝单元,隶属隆阳区蒲缥镇。该泵站布置为一级泵站,从红岩水库取水;泵站出口为新建高位水池。杨三寨泵站工程供水任务为农业灌溉,其设计提水流量为 0.18 m³/s,设计净扬程 103 m,设计年提水量为 22 万 m³。杨三寨泵站进出水池水位及设计扬程见表2-12。

表 2-12　杨三寨泵站进出水池水位及设计扬程　　　　　　　　　　　　单位:m

分项	进水池水位特征/m			出水池水位/m			设计扬程/m		
	设计运行	最高水位	最低水位	设计运行水位	最高水位	最低水位	设计运行扬程	最高扬程	最低扬程
数值	1 452.13	1 454.50	1 436.80	1 555.00	1 556.00	1 552.50	103	119	98

杨三寨泵站采用浮坞泵船取水,浮坞泵船布置于红岩水库左岸库尾岸边水面,随水库水位改变而上下起伏。岸边厂区尺寸为 30 m×15 m(长×宽),含 1 座摇臂支墩、管理+办公室、

休息室、卫生间等,厂区地面高程 1 460.00 m,设交通道路直达厂区。

浮坞泵船采用单级单摇臂式,泵船主要由船体、泵房、摇臂输水管、摇臂接头及支撑结构等组成。泵船船体材料为钢材,船体平面尺寸 16.2 m×7.2 m(长×宽),船上安装 2 台卧式离心泵(2 台工作,无备用),单机容量 185 kW,总装机容量 370 kW。2 台机组共用 1 支摇臂系统,摇臂长度约为 43.0 m,取水水位范围为 1 436.80~1 454.50 m。岸边设 1 座摇臂支墩,最大尺寸为 4 m×3 m×4 m(长×宽×高),支墩顶高程 1 460.00 m。出水管线全长约 1 100 m,设计提水流量 0.18 m³/s。

泵船上的出水管接到岸边摇臂支墩管道出口法兰处,出水系统末端为高位水池,净尺寸 8 m×8 m×6 m(长×宽×高),设 1 座检修阀井、1 座放空阀井、1 座出水口控制阀井和 1 支 DN500 溢流管。出水管线全程采用埋地式,根据地势起伏,在管线上设 5 座排气阀井和 5 座排水阀井。

2.6.5　灌溉渠(管)道工程

本次灌溉渠(管)道工程建设涉及 65 条干支渠,总长 528.95 km。其中,现状利用 253.30 km;本次建设渠(管)道总长 275.65 km,包括新建渠道 169.11 km、已建渠道维修衬砌 50.40 km、续建渠道 1.43 km(白胡子大沟)、重建渠道 54.71 km。新建渠(管)道 19 条,共计 169.11 km,详见表 2-13。

2.6.5.1　新(续)建渠道布置

1.西分干渠

西分干渠位于阿贡田单元,属配套的灌溉渠道,为新建灌溉渠道,自阿贡田西分干渠引水,整体垂直等高线自南向北布设,末一分为二,分别供水给西干一支渠和西干二支渠。线路建筑物形式以明渠为主,渠道沿线主要建筑物有涵洞 3 座、节制闸 1 座。渠长 0.32 km,设计流量为 0.36 m³/s。

2.八萝田水库干渠

八萝田水库干渠属芒宽坝灌片配套的灌溉渠道,为新建灌溉渠道,灌溉面积为 6.22 万亩。渠道沿线主要建筑物有压力管道 1 条(3 段)、倒虹吸 1 座、水闸 4 座、涵洞 12 座、渡洪槽 13 座、改造水池 1 座。

3.西干一支渠

西干一支渠属阿贡田单元配套的灌溉渠道,为新建灌溉渠道,自阿贡田西分干渠引水,灌溉面积为 0.43 万亩。线路建筑物形式以明渠为主,沿线主要建筑物有取水闸 1 座、涵洞 11 座、渡洪槽 7 座、斗门 2 座、退水闸 1 个。渠长约 6.18 km,设计流量 0.22 m³/s

4.西干二支渠

西干二支渠属阿贡田单元配套的灌溉渠道,为新建灌溉渠道,自西分干渠末端引水,灌溉面积为 0.23 万亩。渠道沿线主要建筑物有水闸 1 座、涵洞 2 座、斗门 4 个、农桥 1 座。渠长 3.76 km,设计流量 0.11 m³/s。

5.西干三支渠

西干三支渠属阿贡田单元配套的灌溉渠道,为新建灌溉渠道,自阿贡田西分干渠引水,灌溉面积为 0.49 万亩。线路建筑物形式以明渠为主,渠道沿线主要建筑物有水闸 1 座、涵洞 3 座、农用桥 2 座、斗门 4 座。渠长 4.99 km,设计流量 0.24 m³/s。

表 2-13　骨干渠系建设规模

序号	渠道名称	型式	设计灌溉面积/万亩	设计桩号		涉及渠道设计渠长/km							流量/(m³/s)	
						本次建设长度					现状利用	合计		
				起点	终点	新建	续建	重建	维修衬砌	小计			设计	加大
一	总计(65条)					169.11	1.43	54.71	50.40	275.65	253.30	528.95		
二	干渠(18条)					77.06	0	18.37	26.58	122.01	146.15	268.16		
1	茶花大沟	渠道	0.57	0+000.00	9+897.00			9.90		9.90		9.90	1.50	1.95
2	南大沟	渠道	1.64	0+000.00	8+317.00			4.50		4.50	3.81	8.31	2.00	2.60
3	西分干渠	渠道	0.67	0+000.00	0+320.00	0.32				0.32	0	0.32	0.36	0.49
4	红岩水库西干渠	渠道	1.28	0+000.00	11+103.00				7.51	7.51	3.59	11.10	0.92	1.20
5	大浪坝北大沟	渠道	0.39					3.47	3.44	6.91	1.71	8.62		
	渠首—长青河				4+480.00				2.48	2.48	2.00	4.48	0.21	0.28
	长青河—渠尾			4+480.00	8+619.00				4.14	4.14		4.14	0.10	0.14
6	明子山水库南干渠	渠道	1.24	0+000.00	12+600.00				0.60	0.60	12.00	12.60	1.19	1.55
7	明子山水库北干渠	渠道	0.86	0+000.00	8+130.00				0.30	0.30	7.83	8.13	1.00	1.30
8	蒋家箐水库西干渠	渠道	0.55	0+000.00	27+510.00				0.95	0.95	26.56	27.51	1.20	1.56
9	鱼洞水库东干渠	渠道	1.79	0+000.00	18+500.00				0.80	0.80	17.70	18.50	1.50	1.95
10	鱼洞水库西干渠	渠道	0.51	0+000.00	8+444.00				0.44	0.44	8.00	8.44	1.50	1.95
11	施甸坝干管	管道	1.70			16.06				16.06	5.83	21.89		
	管首—红谷田支管		1.00	0+000.00	11+638.00	11.64				11.64		11.64	1.30	1.30
	红谷田支管—管尾		0.70	11+638.00	21+887.00	4.42				4.42	5.83	10.25	1.99	1.99
12	八萝田干渠	渠道+管道 (12.15+21.44)	6.62			33.59				33.59		33.59		

续表 2-13

序号	渠道名称	型式	设计灌溉面积/万亩	设计桩号		涉及渠道设计渠长/km							流量/(m³/s)	
				起点	终点	本次建设长度					现状利用	合计	设计	加大
						新建	续建	重建	维修衬砌	小计				
	渠首—芒林大沟	管道		0+000.00	6+075.00	6.08				6.08		6.08	2.00	2.60
	芒林大沟—西大沟二支	管道		6+075.00	12+948.00	6.87				6.87		6.87	1.55	2.02
	西大沟二支—敢顶大沟	管道		12+948.00	21+442.43	8.49				8.49		8.49	0.79	1.07
	敢顶大沟—渠尾	渠道		21+442.43	33+590.64	12.15				12.15		12.15	0.37	0.50
13	芒宽西大沟	渠道	1.06	0+000.00	7+719.70				0.11	0.11	7.61	7.72	1.02	1.33
14	芒柳干管	管道	8.13			27.10				27.10		27.10		
	渠首—琨崩河			0+000.00	7+598.00	7.60				7.60		7.60	2.60	2.60
	琨崩河—山心河			7+598.00	14+451.00	6.85				6.85		6.85	2.10	2.10
	山心河—菜园河			14+451.00	23+019.00	8.57				8.57		8.57	2.00	2.00
	菜园河—户南河			23+019.00	27+095.00	4.08				4.08		4.08	1.50	1.50
15	团结大沟	渠道	2.10						1.92	1.92	25.51	27.43		
	渠首—茅草地村路			0+000.00	17+248.00				17.25	17.25		17.25	1.98	2.58
	茅草地村路—竹河			17+248.00	22+767.00			0.50	5.52	5.52		5.52	1.62	2.10
	竹河—渠尾			22+767.00	27+431.00				4.66	4.66		4.66	0.89	1.16
16	松台大沟	渠道	5.02	0+000.00	25+892.00	0	0	0	8.01	8.01	17.88	25.89	2.05	2.67
17	八〇八金河引水渠	渠道	3.17	0+000.00	6+800.00	0	0	0.50	2.10	2.60	4.20	6.80	0.76	0.99
18	八〇八干河引水渠	渠道	3.17	0+000.00	4+310.00	0	0		0.40	0.40	3.91	4.31	0.76	0.99
三	支渠(47条)					92.05	1.43	36.34	23.82	153.64	107.15	260.79		

续表 2-13

序号	渠道名称	型式	设计灌溉面积/万亩	设计桩号		涉及渠道设计渠长/km							流量/(m³/s)	
				起点	终点	本次建设长度					现状利用	合计	设计	加大
						新建	续建	重建	维修衬砌	小计				
1	横山大沟	渠道	0.27	0+000.00	3+661.00				0.06	0.06	3.60	3.66	0.14	0.19
2	橄榄河引水渠	渠道	0.34	0+000.00	15+150.00				1.15	1.15	14.00	15.15	0.15	0.20
3	大坟塋沟	渠道	0.31	0+000.00	5+473.00			5.47		5.47		5.47	0.15	0.20
4	雷山沟	渠道	0.33	0+000.00	8+309.00			1.06	0.69	1.75	6.56	8.31	0.20	0.27
5	瘦马沟	渠道	0.27	0+000.00	4+060.00			2.76	1.30	4.06		4.06	0.15	0.20
6	南大沟支渠	渠道	0.72	0+000.00	4+355.00			4.36		4.36		4.36	0.28	0.37
7	西干一支渠	渠道	0.43	0+000.00	6+181.43	6.18				6.18		6.18	0.22	0.30
8	西干二支渠	渠道	0.23	0+000.00	3+758.00	3.76				3.76		3.76	0.11	0.15
9	西干三支渠	渠道+管道(2.35+2.64)	0.49	0+000.00	4+990.00	4.99				4.99		4.99	0.24	0.32
10	鱼塘沟	渠道	0.36	0+000.00	4+116.00			0.18	3.10	3.28	0.84	4.12	0.14	0.19
11	水长支渠	渠道	0.31	0+000.00	6+474.00				0.28	0.28	6.19	6.47	0.12	0.16
12	白胡子大沟	渠道	0.19	0+000.00	8+241.00		1.43			1.43	6.81	8.24	0.10	0.14
13	溶洞灌溉渠	渠道+管道(17.87+1.67)	0.64	0+000.00	19+540.00	19.54				19.54		19.54	0.41	0.55
14	马街引水管	管道	0.48	0+000.00	6+950.00	6.95				6.95		6.95	0.23	0.23
15	道街上大沟	渠道	0.56	0+000.00	8+953.00			2.15	5.89	8.04	0.91	8.95	0.30	0.41
16	登高双沟	渠道	0.31	0+000.00	6+600.00				6.20	6.20	0.40	6.60	0.16	0.22
17	兴华大沟	渠道	0.58	0+000.00	9+493.00				0.65	0.65	8.84	9.49	0.30	0.41

续表 2-13

序号	渠道名称	型式	设计灌溉面积/万亩	设计桩号		涉及渠道设计渠长/km							流量/(m³/s)	
						本次建设长度					现状利用	合计		
				起点	终点	新建	续建	重建	维修衬砌	小计			设计	加大
18	东蚌大沟	渠道	0.39	0+000.00	9+168.00				0.35	0.35	8.82	9.17	0.20	0.27
19	大洛坑水库灌溉管	管道	0.53	0+000.00	2+975.00	2.98				2.98		2.98	0.27	0.27
20	小山凹水库灌渠	渠道	0.01	0+000.00	2+220.00			1.00	0.60	1.60	0.62	2.22	0.25	0.34
21	水长水库东支	渠道	0.07	0+000.00	3+610.00				0.11	0.11	3.50	3.61	0.15	0.20
22	水长水库西支	渠道	0.05	0+000.00	4+080.00			0.43		0.43	3.66	4.09	0.15	0.20
23	连通东灌管	管道	0.45	0+000.00	4+753.00	4.75				4.75		4.75	0.25	0.25
24	连通西灌管	管道	0.75	0+000.00	6+935.00	6.94				6.94		6.94	0.36	0.36
25	蒋家寨引水管	管道	0.50	0+000.00	3+957.00	3.96				3.96		3.96	0.91	0.91
26	三块石引水管	管道	0.50	0+000.00	5+392.00	5.39				5.39		5.39	0.38	0.38
27	西亚线家寨灌溉渠	渠道	0.31	0+000.00	2+750.00			2.13		2.13	0.62	2.75	0.18	0.24
28	芒林大沟	渠道	0.51	0+000.00	0+903.00			0.90		0.90		0.90	0.35	0.47
29	芒林大沟南支	渠道	0.30	0+000.00	1+968.00			1.68		1.68	0.29	1.97	0.15	0.20
30	新光四坝沟	渠道	0.40	0+000.00	2+752.00			0.62	0.13	0.75	2.00	2.75	0.19	0.26
31	芒冤四坝沟	渠道	0.40	0+000.00	3+408.00			1.83	0.08	1.91	1.50	3.41	0.30	0.41
32	楼子田沟	渠道	0.41	0+000.00	3+033.00			3.03		3.03	0	3.03	0.20	0.27
33	敢顶电站大沟	渠道	0.42	0+000.00	3+032.00			1.83		1.83	1.20	3.03	0.23	0.31
34	芒柳西大沟	渠道	0.45	0+000.00	10+591.76			0.59		0.59	10.00	10.59	0.16	0.22
35	芒掌沟	渠道	0.45	0+000.00	2+046.00				0.18	0.18	1.87	2.05	0.31	0.42

续表 2-13

序号	渠道名称	型式	设计灌溉面积/万亩	设计桩号		涉及渠道设计渠长/km						合计	流量/(m³/s)	
						本次渠道建设长度					现状利用			
				起点	终点	新建	续建	重建	维修衬砌	小计			设计	加大
36	赛马引水管	管道	0.42	0+000.00	1+494.00	1.49				1.49	0	1.49	0.25	0.25
37	芒勒大沟	渠道	0.30	0+000.00	0+853.00				0.85	0.85	0	0.85	0.16	0.22
38	香树沟	渠道	0.40	0+000.00	2+037.00			0.44	0.05	0.49	1.55	2.04	0.23	0.31
39	老城沟	渠道	0.36	0+000.00	0+691.00			0.04	0.05	0.09	0.60	0.69	0.20	0.27
40	百花支渠	渠道+管道 (2.21+1.26)	0.37	0+000.00	3+466.00	3.47				3.47	0	3.47	0.18	0.24
41	回欢大沟	渠道	0.32	0+000.00	7+767.00				0.25	0.25	7.52	7.77	0.15	0.20
42	龙塘沟	渠道	0.29	0+000.00	5+570.00				0.17	0.17	5.40	5.57	0.13	0.18
43	坝鸭塘水库引水管	管道	0.29	0+000.00	0+375.00	0.38				0.38	0	0.38	0.10	0.10
44	大龙供水管道	管道	0.47	0+000.00	12+566.00	12.57				12.57	0	12.57	0.27	0.27
45	摆达大沟	渠道	0.31	0+000.00	7+759.00			5.82		5.82	1.94	7.76	0.23	0.31
46	烂坝寨灌溉管	管道	0.43	0+000.00	8+715.00	8.72				8.72	0	8.72	0.24	0.24
47	碧寨大沟	渠道	0.82	0+000.00	9+620.00				1.69	1.69	7.93	9.62	0.38	0.51

6.溶洞灌溉渠

溶洞灌溉渠属蒲缥坝单元配套的灌溉渠道,为新建灌溉渠道,自水井河新建取水坝进行引水,灌溉面积为0.64万亩。渠道沿线主要建筑物有水闸5座、倒虹吸1座、渡槽2座、渡洪槽29座、涵洞28座、农用桥9座、斗门15个。渠长19.54 km,设计流量0.41 m³/s。

7.百花支渠

百花支渠属潞江坝单元配套的灌溉渠道,为新建灌溉渠道,自百花干渠末端引水,灌溉面积0.37万亩。线路建筑物形式以明渠为主,渠道沿线主要建筑物有水闸2座、渡洪槽4座、涵洞4座、农用桥2座、斗门4个,渠长3.47 km,设计流量0.18 m³/s。

8.白胡子大沟

白胡子大沟属蒲缥坝单元配套的灌溉渠道,为新建灌溉渠道,渠道沿线主要建筑物有水闸1座、渡洪槽1座、涵洞1座、农用桥2座。渠长1.43 km,设计流量0.10 m³/s。

2.6.5.2　维修加固及重建渠道

1.茶花大沟

茶花大沟属小海坝单元的现有渠道,对其进行重建,设计流量为1.50 m³/s,总长为9.90 km。

2.南大沟

南大沟属大海坝单元的现有渠道,对其进行维修衬砌,设计流量为2.00 m³/s。全长8.31 km。采用全段全断面防渗衬砌,新建节制闸1座、渡洪槽1座。

3.红岩水库西干渠

红岩水库西干渠属蒲缥坝单元的现有渠道,对其进行维修衬砌,设计流量为0.92 m³/s。维修衬砌采用全断面防渗衬砌,修复坍塌部位。新建水闸2座、斗门2个、农桥3座、渡洪槽1座。

4.大浪坝北大沟

大浪坝北大沟属烂枣灌片的现有渠道,对其进行维修衬砌。建筑物形式以明渠为主,另有涵洞、倒虹吸等。现状利用段长1.71 km,对局部破坏的渠壁渠顶抹面和底板混凝土衬砌段长3.44 km,浆砌石渠道拆除重衬砌段长3.47 km。新建农桥2座,重建涵洞4座,新建渡洪槽5座。

5.明子山水库南干渠

明子山水库南干渠属烂枣灌片的现有渠道,对其进行维修衬砌。维修段全长12.60 km,设计流量1.19 m³/s。现状利用段长12.00 m,对渠壁渠顶抹面和底板混凝土衬砌段、单侧衬砌段长或浆砌石渠道拆除重衬砌段长0.6 km。重建涵洞1座,新建3个斗门、3座农桥、4座渡洪槽。

6.明子山水库北干渠

明子山水库北干渠属烂枣灌片的现有渠道,对其进行维修衬砌。设计流量1.00 m³/s。维修衬砌段长0.30 km,现状利用段长7.83 m。新建农桥1座,新建斗门2个,新建渡洪槽2座。

7.蒋家寨水库西干渠

蒋家寨水库西干渠属施甸灌片的现有渠道,对其进行维修衬砌,设计流量为1.20 m³/s。新建水闸2座、斗门5个、农桥4座、渡洪槽2座。

8. 鱼洞水库东干渠

鱼洞水库东干渠,现状渠道为三面光衬砌,断面尺寸 1.2 m×1.6 m,总体状况较好,仅有部分较陡渠段存在渗漏问题。对渠道渗漏段进行防渗处理,局部损坏段进行拆除重建。维修加固涵洞 13 座,新建农桥 8 座,新建水闸 5 座,新建斗门 3 个。

9. 鱼洞水库西干渠

鱼洞水库西干渠自鱼洞水库取水,渠道全长 8.44 km。现状渠道为三面光衬砌,断面尺寸 1.2 m×1.6 m,总体状况较好,局部有损坏。对变窄的渠道进行减糙处理,局部损坏段进行拆除重建,维修加固涵洞 7 座,新建农桥 2 座,新建水闸 4 座,新建斗门 3 个。

10. 芒宽西大沟

芒宽西大沟起始端连接芒宽西大沟取水坝,止于楼子田村附近,设计流量 1.02 m³/s。全程为沿等高线依山势开挖修筑的人工输水线路,维修治理段全长 7.72 km,局部损坏挡墙段维修,对于沿线存在滑塌的边坡加固处理。新建农桥 2 座、斗门 2 个、渡洪槽 2 座。

11. 团结大沟

团结大沟属三岔河单元的现有渠道,对其进行维修衬砌,总长为 27.43 km。新建节制闸 3 座、涵洞 2 座、渡洪槽 2 座、农桥 4 座。

12. 松白大沟

松白大沟属于八〇八灌片的现有渠道,对其进行维修衬砌,设计流量为 2.05 m³/s,总长为 25.89 km。新建水闸 2 座、渡洪槽 2 座、农桥 4 座。

13. 八〇八金河引水渠

八〇八金河引水渠属八〇八灌片的现有渠道,对其进行维修衬砌,设计流量为 0.76 m³/s,总长为 6.80 km。新建渡洪槽 1 座。

14. 八〇八干河引水渠

八〇八干河引水渠属八〇八灌片的现有渠道,对其进行维修衬砌,设计流量为 0.76 m³/s,总长为 4.31 km。

15. 水长水库东支渠

水长水库东支渠起自水长水库,线路总长度为 3.61 km,设计流量 0.15 m³/s,加大流量 0.20 m³/s。对水长水库东支渠局部损坏挡墙段维修,对于沿线存在滑塌的边坡加固处理。新建节制闸 1 座。

16. 水长水库西支渠

水长水库西支渠属于灌溉渠道工程中的支渠,为维修衬砌工程。线路总长度为 4.09 km,设计流量 0.15 m³/s,加大流量 0.20 m³/s。主要对水长水库西支渠局部损坏挡墙段维修,对于沿线存在滑塌的边坡加固处理,新建节制闸 1 座。

17. 西亚线家寨灌溉渠

西亚线家寨灌溉渠为维修衬砌工程,线路建筑物形式为明渠。本工程属于八萝田水库坝址配套输水线路,自八萝田水库坝址下游取水口处起始,线路总长度为 2.75 km。主要对西亚线家寨灌溉渠局部损坏挡墙段维修,对于沿线存在滑塌的边坡加固处理,新建退水闸 1 座,重建涵洞 4 座,新建农桥 1 座,新建斗门 1 个。

18.芒林大沟

芒林大沟起始于芒龙小河取水坝处,线路总长度为0.90 km。主要对芒林大沟局部损坏挡墙段维修,对于沿线存在滑塌的边坡加固处理,新建退水闸1座,重建涵洞4座,新建农桥1座,新建斗门1个。

19.芒林大沟南支

芒林大沟南支位于芒林大沟中上游,自芒林大沟渠道末端处起始,线路总长度为1.97 km。主要对芒林大沟南支0+000~1+231土渠段进行衬砌,对桩号1+231~1+518渠段局部损坏挡墙段维修,对于沿线存在滑塌的边坡加固处理。新建分水闸1座,重建涵洞4座,新建农桥1座,新建斗门1个。

20.新光四坝沟

新光四坝沟自新光村西北侧处拉伦河起始,线路总长度为2.75 km。主要对新光四坝沟0+548~2+576渠段破损段采用混凝土进行修复。对0+000~0+548、2+576~2+752土渠段进行衬砌,新建分水闸1座,重建涵洞2座。

21.芒宽四坝沟

芒宽四坝沟自芒宽三坝村西北侧处芒宽河起始,线路总长度为3.41 km。主要对芒宽四坝沟0+000~1+582渠段破损段采用混凝土进行修复。对1+582~2+346土渠段进行衬砌,新建分水闸1座,重建涵洞2座,新建农桥2座,新建斗门1个。

2.6.5.3　新建管道布置

1.施甸坝干管

施甸坝干管主要利用已建设管线,在已建施甸坝干管和红谷田支管的基础上,新建延长施甸坝干管,通过在干管末端分支新建的连通西灌渠和连通东灌渠控灌浅山区1.70万亩灌面。管道全长21.89 km,其中管首—红谷田支管全长11.64 km,设计流量1.3 m^3/s,红谷田支管—管尾全长10.25 km,设计流量1.99 m^3/s。

2.芒柳干管

芒柳干管属潞江坝单元配套的灌溉管道,为新建灌溉管道,灌溉面积8.13万亩。干管自芒柳水库输水隧洞取水,整体自北向南布设,沿途穿越河流13处,管道全长27.10 km。干管共分四段,各段设计流量分别为2.60 m^3/s、2.10 m^3/s、2.00 m^3/s、1.50 m^3/s。

3.连通东、西灌管

连通东、西灌管起点为施甸坝干管末端,主要任务是控制施甸浅山区灌面,连通东灌管设计流量0.25 m^3/s,长度4.75 km,主要是满足灌片灌溉需要,中间布置分水口与田间工程相连接。连通西灌管设计流量0.36 m^3/s,长度6.94 km,中间布置分水口与田间工程相连接。

4.蒋家寨、三块石引水管

蒋家寨引水管设计流量为0.91 m^3/s,三块石引水管设计流量为0.38 m^3/s,起点为蒋家寨水库、三块石水库现有灌溉取水洞,蒋家寨引水管沿施甸河右岸布置,三块石引水管沿施甸河支流东河左岸布置,终点位于现有施甸坝干管。

5.大落坑水库灌溉管

大落坑水库灌溉管设计灌溉面积0.5万亩,管线设计流量0.27 m^3/s,长度2.98 km,起点位于大落坑水库,管道沿大落坑水库下游河道右侧沿西南方向布置,在青龙山大沟附近折向西北方向,终点位于青龙山村附近,中间布置分水口与田间工程相连接。

6.赛马引水管

赛马引水管任务为将新寨大沟水引入赛马水库,增加赛马水库供水能力。赛马引水管设计流量 0.25 m³/s,长度 1.49 km,起点为赛马水库西南侧新寨大沟,在新寨大沟设置连接井,通过管线沿最短直线布置,避开地面附着物,终点进入赛马水库。

7.大龙供水管道与烂坝寨灌溉管沟

大龙供水管道与烂坝寨灌溉管沟两条管线任务为灌溉,新增和改善灌溉面积共 0.9 万亩。都属于八〇八单元。具体布置如下:①干管:两条管线同槽布置,大龙供水管设计流量为 0.27 m³/s,烂坝寨灌溉管设计流量为 0.24 m³/s。干管接水库现有输水隧洞出口,管道沿岭岗河下游河岸经过白泥塘村,在阿石寨村南侧河底河三岔口处结束。②大龙分水管:起点为干管末端,向东北方向经过坪子地村至大龙村结束,控制大龙灌面,灌溉面积 0.47 万亩。③烂坝寨分水管:起点为干管末端,管道向东南经过满散村,至烂坝寨北侧结束,控制烂坝寨灌面,灌溉面积 0.43 万亩。大龙供水管总长 12.57 km。根据管线周边灌面情况,设置分水口,分水口接支管,支管及以下部分归入田间工程。

8.坝鸭塘水库引水管

坝鸭塘水库引水管任务为将帮别大沟水引入坝鸭塘水库。引水管设计流量 0.10 m³/s,长度 0.38 km,起点位于帮别村北侧 200 m 处,在帮别大沟旁设置首部取水池,通过管线沿最短直线布置,避开地面附着物至坝鸭塘水库。

9.马街引水管

马街引水管属蒲缥坝单元配套的灌溉管道,任务为将红岩水库西干渠多余水量引至双桥水库附近。引水管自红岩水库西干渠末端新建水池进行取水,自东南向西北布设,穿越河流 3 次,管道全长 6.95 km,设计流量均为 0.23 m³/s,终点位于双桥水库东北侧半山坡上,新建 500 m³ 高位水池一座。

2.6.6 骨干排水渠工程

本次拟新建骨干排水渠 2 条,均属于施甸单元,排水渠设计排涝标准采用 10 年一遇。主要承担施甸河以东、官市街河以北、一道桥河以南的 2.32 万亩灌面排水,并分 2 个汇入口各自汇入施甸河,解决坝区田间排水无出路问题。2 条排水渠均利用已有沟道修建排水渠。

2.6.6.1 仁和中排水渠

仁和中排水渠为官市街河和宏图河区间的排水支渠,起始于老关庙,自东南向西北布设,终止于菠萝村菠萝闸处,穿越 229 省道流入施甸河内,全长 3.15 km,设计流量 5.01 m³/s,排水面积 1.33 万亩。排水渠沿线根据需要设置人行桥 16 座。

2.6.6.2 保场排水渠

保场排水渠起始于菠萝村,自南向北布设,终至小独家村处,穿越 229 省道流入施甸河内,全长 4.015 km,设计流量 3.73 m³/s,排水面积 0.99 万亩。排水渠沿线根据需要设置人行桥 12 座。

新建排水渠现状见图 2-1,骨干排水工程建设规模见表 2-14。

图 2-1　新建排水渠现状

表 2-14　骨干排水工程建设规模

序号	排水渠名称	建设性质	排水单元	排水面积/万亩	建设长度/km	10%排涝流量/(m³/s)
1	仁和中排水渠	新建	施甸单元	1.33	3.115	5.01
2	保场排水渠	新建	施甸单元	0.99	4.015	3.73

2.6.7　智慧水利工程

本次潞江坝灌区信息化建设根据灌区的实际情况和管理需求,以灌区闸门控制系统、流量监测系统以及灌区水雨情、墒情、地下水情、气象信息、视频信息等自动化监测为基础,融合计算机技术、通信技术、软件技术、3S(地理信息系统 GIS、全球卫星定位系统 GPS、遥感系统 RS)技术、数据库技术等,深入开发和广泛利用灌区现有资源,通过先进的技术手段来提高灌区信息采集和处理的准确性以及传输的时效性,做出及时、准确的反馈和预测,为灌区管理部门提供科学的决策依据,全面提升灌区经营管理的效率和效能,实现灌区管理、调度、运行的现代化、信息化、精细化。

2.7　施工组织设计

2.7.1　施工条件

2.7.1.1　外购物资来源供应条件

本工程所需外来建筑材料主要有水泥、钢筋、钢材、木材、钢管、火工材料和油料等。水泥、钢筋和钢材可由昆明市或当地县市的建材市场采购,择优选择当地生产企业生产的产品。木材、柴油、汽油可从当地县市相应企业购买。炸药等火工材料由当地公安部门或民爆器材厂专供。

2.7.1.2　水、电、通信条件

1.施工和生活用水

本工程项目数量多,且分布较分散。工程附近的各种河道、沟渠等水源,均可作为施工

用水水源。施工时,各施工区可根据不同的高程条件,采用提水或自流的方式向施工区供水。生活用水可与附近村庄共用水源,距离村庄较远的工作面可采用水车拉水解决,施工用水和生活用水能满足工程要求。

2.施工用电

工程区现有供电网络较发达,35 kV 变电站分布密集。施工用电电源可由各变电站和附近村镇就近引接,并尽量采取永临结合的方式进行输电线路的规划布置,可满足施工和生活用电要求。枢纽区网电与自发电的比例为 97∶3,输水线路网电与自发电的比例为 9∶1。

3.施工通信

工程区现有移动通信网络覆盖较广,移动通信信号较好,能够满足工程施工通信的要求。

4.修配加工条件

工程区距离县市区的距离较近,隆阳区、施甸县和龙陵县现有的社会修配企业能够满足本工程施工机械设备的大修要求,施工现场仅进行简单的设备维修即可。

2.7.2　施工导流、截流及初期蓄水

本项目涉及施工导流的主要工程为水源工程和渠(管)系工程等。

(1)水源工程中水库、取水坝等工程施工受水流影响需施工导流;杨三寨泵站为泵船形式,无需导流设计。

(2)渠(管)系工程主要为灌溉渠道和管道工程。穿越河道、冲沟的交叉建筑物施工安排在枯水期进行,施工受水流影响需进行施工导流。

2.7.2.1　八萝田水库

1.导流标准

导流标准采用全年 10 年一遇,相应洪峰流量为 59.9 m³/s。

2.度汛标准

度汛标准选为 20 年一遇洪水标准,相应的洪峰流量为 71.5 m³/s,度汛水位为 918.80 m。

3.导流方式及时段

拦河坝施工导流采用围堰一次性截断河床、左岸导流隧洞泄流的导流方式。

工程于第 1 年 3 月初开工,同年 12 月初河道截流。自第 1 年 12 月初河道截流,至第 4 年 12 月初导流洞下闸,导流时段共 35.5 个月。

4.截流

八萝田水库截流时段选择枯水期的 12 月。工程截流标准采用 12 月 10 年一遇月平均流量,为 1.03 m³/s。此时上游水位为 905.28 m。工程截流时分流建筑物为导流隧洞,由于截流流量不大,截流采用两岸进占、单戗立堵方式。

5.初期蓄水

根据施工总进度安排,导流隧洞下闸时间安排在第 4 年 12 月初,第 5 年 4 月底完成导流隧洞永久封堵堵头施工,初期蓄水时间持续 5 个月。导流隧洞下闸设计流量采用 12 月 10 年一遇($P=10\%$)的月平均流量 1.03 m³/s,水位 905.28 m,相应水深为 0.29 m(导流隧洞进口高程为 905.00 m)。隧洞进口挡水设施洪水标准采用与汛期大坝施工期洪水标准一致,确定为 20 年一遇,相应入库洪峰流量 71.5 m³/s,相应的水位为 918.80 m。

6.施工期生态基流

八萝田水库坝址下游生态流量要求为汛期 0.39 m³/s、非汛期 0.18 m³/s,工程施工期间应予保障。导流隧洞施工期间由原河床下泄生态基流;导流隧洞过流期间由导流隧洞下泄生态基流;导流隧洞下闸后,利用水泵抽水下泄流量,以保证下游生态用水需求。

2.7.2.2　芒柳水库

1.导流标准

芒柳水库导流标准采用全年 10 年一遇洪水标准,相应洪峰流量为 82.5 m³/s。

2.度汛标准

芒柳水库度汛标准选为 20 年一遇洪水标准,相应的洪峰流量为 99.98 m³/s。

3.导流方式及时段

芒柳水库拦河坝施工导流采用围堰一次性截断河床、右岸导流隧洞泄流的导流方式。自第 1 年 11 月中旬河道截流,至第 5 年 2 月初导流洞下闸蓄水,导流时段共 39 个月。

4.截流

芒柳水库截流时段选择在枯水期的 11 月中旬。工程截流标准采用 11 月中旬 10 年一遇月平均流量,为 2.62 m³/s。本工程截流时分流建筑物为导流隧洞,由于截流流量不大,截流采用两岸进占、单戗立堵方式。

5.初期蓄水

根据施工总进度安排,导流隧洞下闸时间安排在第 5 年 2 月初,第 5 年 5 月底完成导流隧洞永久封堵堵头施工,初期蓄水时间持续 4 个月。导流隧洞下闸设计流量采用 2 月 10 年一遇($P=10\%$)的月平均流量,1.23 m³/s,水位 940.34 m,相应水深为 0.34 m(导流隧洞进口高程为 940.00 m)。隧洞进口挡水设施洪水标准采用与汛期大坝施工期洪水标准一致,确定为 20 年一遇,相应入库洪峰流量 100.0 m³/s,相应的水位为 954.00 m。

6.施工期生态基流

芒柳水库坝址下游生态流量要求汛期 0.6 m³/s,非汛期 0.24 m³/s,工程施工期间应予保障。导流隧洞施工期间由原河床下泄生态基流;导流隧洞过流期间由导流隧洞下泄生态基流;导流隧洞下闸后,洞内架管,以保证下游生态用水需求。

2.7.2.3　取水坝工程

1.导流标准

新(重)建取水坝(共 8 座)施工导流标准采用 5 年一遇枯水期洪水,维修加固取水坝(共 9 座)施工导流标准采用最枯月 5 年一遇洪水。

2.导流方式及时段

根据水工建筑物的布置、地形及地质条件,道街坝采用围堰一次拦断河床明渠导流方式;其余取水坝采用分期导流方式。对于导流方式为明渠导流的取水坝,施工期安排在一个枯水期;对于导流方式为分期导流的取水坝,分 2 个枯水期施工。各取水坝导流方式和导流时段见表 2-15。

3.导流程序

分期导流:12 月初开始填筑一期围堰,12 月中旬将围堰填筑至设计高程;12 月中旬至次年 4 月中旬,利用束窄后的河床过水,在围堰的保护下进行一期取水坝工程施工,4 月底拆除围堰。

表 2-15 各取水坝导流方式和导流时段

序号	名称	导流方式	导流时段	备注
1	鱼塘坝	分期导流	12 月	
2	芒林坝	分期导流	12 月	
3	新光坝	分期导流	12 月	
4	香树坝	分期导流	12 月	
5	坝湾坝	分期导流	12 月	
6	团结坝	分期导流	12 月	
7	金河坝	分期导流	12 月	
8	干河坝	分期导流	12 月	
9	碧寨坝	分期导流	12 月	
10	雷山坝	分期导流	12 月至次年 4 月	二期混凝土纵向围堰
11	水长坝	分期导流	12 月至次年 4 月	
12	溶洞坝	分期导流	12 月至次年 4 月	
13	道街坝	围堰一次拦断河床明渠泄流	12 月至次年 4 月	
14	登高坝	分期导流	12 月至次年 4 月	二期混凝土纵向围堰
15	橄榄坝	分期导流	12 月至次年 4 月	二期混凝土纵向围堰
16	瘦马坝	分期导流	12 月至次年 4 月	
17	楼子坝	分期导流	12 月至次年 4 月	

次年 12 月初开始填筑二期围堰,12 月中旬将围堰填筑至设计高程。12 月中旬至次年 4 月中旬,利用已完成的取水坝泄流,在围堰的保护下进行二期取水坝工程施工,4 月底拆除围堰。

围堰一次拦断河床,明渠泄流:11 月中旬明渠开挖,12 月初填筑围堰;12 月中旬至次年 4 月中旬,明渠过水,在围堰的保护下进行取水坝工程施工,4 月底拆除围堰,回填明渠。

2.7.2.4 跨河(沟)建筑物

本工程跨河交叉建筑物包括埋管、倒虹吸、渡槽、管桥、埋涵和闸等,施工期间需进行施工导流。根据施工进度安排,为降低导流工程临时工程量,施工时间安排在枯水期。

1.导流标准

鉴于跨河(沟)建筑物工程量较小,且施工周期短,洪水淹没后不会导致严重后果,故施工导流标准采用枯水期 5 年一遇洪水。

2.导流方式及时段

交叉建筑物采用分期导流的导流方式,充分利用枯水期施工,导流时段为枯水期(12 月至次年 4 月)。

2.7.3 料场布置

2.7.3.1 建筑材料需求量

本工程的建设内容划分为水库工程和输水线路工程,其中水库工程所需建筑材料主要包括混凝土骨料、过渡料、反滤料、坝体和排水棱体堆石填筑料、坝体黏土心墙填筑料(黏土料),以及浆砌石块石料;灌溉渠(管)道等其他工程分为14个灌片单元,工程所需建筑材料主要包括混凝土骨料、块石料及砂料。

经计算,本工程需要混凝土骨料67.42万 m³(压实方),反滤料17.63万 m³(压实方),过渡料19.85万 m³(压实方),坝体风化堆石料326.65万 m³(压实方),块石料40.07万 m³(压实方),黏土料74.56万 m³(压实方),砂料12.85万 m³(压实方)。

工程主要天然建筑材料净需要量见表2-16。

表2-16 主要天然建筑材料净需要量汇总 单位:万 m³

序号	工程名称	混凝土骨料	反滤料	过渡料	堆石填筑料	块石料	黏土料	砂料
		压实方						
1	八萝田水库	4.41	7.40	9.62	79.94	21.22	24.54	
2	芒柳水库	5.81	10.23	10.23	246.71	10.04	50.02	
3	输水管线工程	57.17				8.81		12.85
4	临时工程	0.03						
	合计	67.42	17.63	19.85	326.65	40.07	74.56	12.85

2.7.3.2 八萝田水库料源规划

1.土料和风化填筑料

八萝田水库土料场,位于水库淹没范围内,分布高程920~956.5 m,占地类型主要为耕地,开采面积约11.6万 m²,距坝址0.5 km,运距短,交通较方便。

八萝田水库风化场,位于水库淹没范围内,分布高程917~957 m,占地类型主要为耕地,开采面积约11.6万 m²,距坝址0.5 km,运距短,交通较方便。

2.左岸风化块石料场

该料场位于八萝田水库库区左岸垭口处,距离八萝田水库坝址区直线距离约600 m,有乡村土路连接,交通较便利。料场地表高程995~1 056 m,山坡四周坡度20°~40°,山顶坡度15°~20°,地表植被较茂密,石料储量约45.2万 m³。

3.砂砾料、外购块石料

灌区工程所用的砂砾料全部通过外购解决,周边的商品料场有大墩子料场、周源管业料场、大红山料场,以上料场均为现有合法开采料场,料源充足,能够满足施工要求。结合八萝田水库工程位置与商品料场所在地,八萝田水库砂砾料及外购块石料选用商品料,推荐料厂为大墩子料场。料场至水库运距为14~18 km。

2.7.3.3 芒柳水库料源规划

1.土料和风化填筑料

芒柳1#土料场位于坝址右坝肩,距坝址0.1~0.6 km,占地类型主要为耕地,其次为林地,面积 8.604 万 m^2,厚度不均匀,有用层平均可采厚度为 2.5 m 左右。

芒柳 2# 土料场位于工程区西南部,距坝址 5~6 km,占地类型主要为耕地,面积 14.463 万 m^2,厚度不均匀,有用层平均可采厚度为 2.0 m 左右。

芒柳 3# 土料场位于龙井村北面山地,距推荐坝址 14~15 km,占地类型主要为园地,面积 9.15 万 m^2,厚度不均匀,有用层平均可采厚度为 4.5 m 左右。

芒柳水库风化填筑料料场位于芒柳村西北方 120 m 山体,运距 1.6 km,约为 70%园地、30%林地,平均厚度 28.6 m,开采面积 3.12 万 m^2。

2.石料场

芒柳水库未设石料场。

3.砂砾料、外购块石料

同八萝田水库。

2.7.3.4　其他水库工程料源规划

其他水库工程及输水线路砂料及外购块石料选用商品料,输水线路工程选用的商品料场至工程区的综合运距为 40.2 km。

2.7.4　施工交通

2.7.4.1　对外交通条件

潞江坝灌区范围涉及保山市隆阳区、龙陵县和施甸县 3 个区(县)。工程区内有杭瑞高速 G56、保泸高速 G5613、泸瑞线 G320 和省道 229 经过,对外交通相对较为便利。此外,工程沿线附近有国道 G357、G219,省道 S230、S233、S235;国道、省道与工程区均有县道、乡道及村道连接,建材及机械设备运输进场较方便。保山市有保山云瑞机场,对外联系较便利。从保山市隆阳区出发,沿杭瑞高速约 110 km 可至龙陵县;从保山市隆阳区出发,沿杭瑞高速、省道 229 约 61 km 可到达施甸县。施工所需主要物资有水泥、钢材、木材、油料、火工材料、工程设备等。工程所需物资大部分由保山市调入,外来物资主要通过公路运抵工地。

2.7.4.2　八萝田水库交通规划

八萝田水库位于隆阳区芒宽乡八萝田村附近的老街子河上,隆阳区距芒宽乡约 108 km,从保山市隆阳区出发,沿保泸高速、省道 230 约 120 km 可至坝址附近。八萝田水库左岸有乡道经过,右岸需新修上坝路;导流洞出口后期改造供水阀室,需新修永久道路;需新修导流洞进口闸室交通桥至坝顶永久道路。永久道路路面宽 6.0 m,混凝土路面,永临结合,道路标准为场内三级道路。坝址下游分别修建临时施工道路至导流洞进出口、消力池出口至临时生产生活区和大坝填筑道路。临时路面采用泥结碎石路面,永久道路后期改为混凝土路面。坝址下游和溢洪道需新建永久交通桥,以连接右岸永久交通至左岸导流洞出口阀室,交通桥宽 6.0 m,八萝田水库工程场内施工道路汇总见表 2-17。

2.7.4.3　芒柳水库交通规划

芒柳水库位于隆阳区芒柳村北东侧附近,隆阳区城区至潞江镇 55 km,为杭瑞 G56,潞江镇至芒柳村 20 km,为省道 S230,芒柳村至上坝址 1.5 km,为混凝土路面。芒柳水库右岸有村道经过,水库建成后,淹没部分村道,需要改建道路,根据工程布置特点及现场实际地形,施工场内交通结合枢纽区、施工营地及地方道路改扩建统一规划,永久道路路面宽 6.0 m,

表 2-17　八萝田水库工程场内施工道路汇总

项目		单位	长度	路面宽度	路基宽度	路面结构	备注
八萝田水库	B1 路	m	500	6	6.5	水泥混凝土	右岸上坝路,永临结合
	B2 路	m	500	3.5	4.5	水泥混凝土	导流洞出口路,新修,永临结合
	B3 路	m	1 200	6	6.5	泥结碎石、水泥混凝土	左岸上坝路,新修,前段为临时路,末段 150 m 为永久路
	B4 路	m	400	3.5	4.5	泥结碎石	导流洞出口消力池路,新修
	B5 路	m	500	6	6.5	水泥混凝土	生产生活区,新修,永临结合
	B6 路	m	950	6	6.5	泥结碎石	至石料场后段路,改扩建
	B7 路	m	1 200	6	6.5	泥结碎石	大坝开挖填筑低线路,新修
	B8 路	m	2 600	6	6.5	泥结碎石	左岸石料场开采路前段,改扩建
	B9 路	m	300	6	6.5	泥结碎石	右岸现状路与 B1 连接路,新修
	其他	m	500	3.5	4.5	泥结碎石	
	跨溢洪道永久桥	座	1	—	6	—	桥长 30 m,永久
	坝下交通桥	座	1	—	6	—	桥长 40 m,永久
合计		km	8.65				

施工临时道路路面宽 5.5 m,局部设置错车道以满足施工要求,场内主要道路标准为三级道路,芒柳水库工程场内施工道路汇总见表 2-18。

表 2-18　芒柳水库工程场内施工道路汇总

项目		单位	长度	路面宽度	路基宽度	路面结构	备注
芒柳水库	S1 路	m	2 500	6	6.5	混凝土路面	右岸上坝路及进村路,新修,永久
	S2 路	m	100	6	6.5	混凝土路面	桥至溢洪道消力池,新修,永久
	S3 路	m	200	6	6.5	泥结碎石路面	桥至拦河坝坝脚,新修,永久
	S4 路	m	800	6	6.5	泥结碎石路面	芒柳村至溢洪道尾端,扩建,永久
	S5 路	m	4 500	6	6.5	混凝土路面	赛格村至上坝路,扩建,永久
	S6 路	m	300	6	6.5	泥结碎石路面	上坝路至隧洞出口,扩建,永久
	S7 路	m	6 500	5	5.5	泥结碎石路面	黏土料场及风化料场开采道路、拦河坝清基、回填路
合计		km	14.90				

2.7.4.4　其他水利工程交通规划

输水线路工程施工考虑沿线路平行布置 1 条施工辅道,以满足土石方、混凝土、管道、钢材、模板和施工机械等物资的运输需求。辅道设计路面结构形式与进场道路一致。输水线路工程施工道路汇总见表 2-19。

表 2-19 输水线路工程施工道路汇总

项目		单位	数量	路面宽度	路基宽度	路面结构	备注
橄榄单元	临时施工道路	m	1 117	6	6.5	泥结碎石	至临时施工区及弃渣场
	施工辅道	m	2 827	3.5	4.5	泥结碎石	沿线路施工道路
	铺设临时钢板	t	0				
小海坝单元	临时施工道路	m	480	6	6.5	泥结碎石	至临时施工区及弃渣场
	施工辅道	m	1 929	3.5	4.5	泥结碎石	沿线路施工道路
	铺设临时钢板	t	737				宽 1.5 m,厚 12 mm,沿线路
大海单元	临时施工道路	m	1 480	6	6.5	泥结碎石	至临时施工区及弃渣场
	施工辅道	m	0				
	铺设临时钢板	t	737				宽 1.5 m,厚 12 mm,沿线路
阿贡田单元	临时施工道路	m	1 363	6	6.5	泥结碎石	至临时施工区及弃渣场
	施工辅道	m	3 180	3.5	4.5	泥结碎石	沿线路施工道路
	铺设临时钢板	t	0				
水长河单元	临时施工道路	m	240	6	6.5	泥结碎石	至临时施工区及弃渣场
	施工辅道	m	725	3.5	4.5	泥结碎石	沿线路施工道路
	铺设临时钢板	t	177				宽 1.5 m,厚 12 mm,沿线路
蒲缥坝单元	临时施工道路	m	1 026	6	6.5	泥结碎石	至临时施工区及弃渣场
	施工辅道	m	7 807	3.5	4.5	泥结碎石	沿线路施工道路
	铺设临时钢板	t	295				宽 1.5 m,厚 12 mm,沿线路

续表 2-19

项目		单位	数量	路面宽度	路基宽度	路面结构	备注
烂枣单元	临时施工道路	m	2 976	6	6.5	泥结碎石	至临时施工工区及弃渣场
	施工辅道	m	2 042	3.5	4.5	泥结碎石	沿线路施工道路
	铺设临时钢板	t	604				宽1.5 m,厚12 mm,沿线路
东蚌兴华单元	临时施工道路	m	2 551	6	6.5	泥结碎石	至临时施工工区及弃渣场
	施工辅道	m	3 278	3.5	4.5	泥结碎石	沿线路施工道路
	铺设临时钢板	t	147				宽1.5 m,厚12 mm,沿线路
施甸单元	临时施工道路	m	5 354	6	6.5	泥结碎石	至临时施工工区及弃渣场
	施工辅道	m	50 215	3.5	4.5	泥结碎石	沿线路施工道路
	铺设临时钢板	t	737				宽1.5 m,厚12 mm,沿线路
芒宽坝单元	临时施工道路	m	6 470	6	6.5	泥结碎石	至临时施工工区及弃渣场
	施工辅道	m	33 945	3.5	4.5	泥结碎石	至工作面道路
	铺设临时钢板	t	1 813				宽1.5 m,厚12 mm,沿线路
潞江坝单元	临时施工道路	m	1 800	6	6.5	泥结碎石	至临时施工工区及弃渣场
	施工辅道	m	29 488	3.5	4.5	泥结碎石	沿线路施工道路
	铺设临时钢板	t	133				宽1.5 m,厚12 mm,沿线路
三岔河单元	临时施工道路	m	2 792	6	6.5	泥结碎石	至临时施工工区及弃渣场
	施工辅道	m	8 181.8	3.5	4.5	泥结碎石	沿线路施工道路
	铺设临时钢板	t	74				宽1.5 m,厚12 mm,沿线路
八〇八单元	临时施工道路	m	8 879	6	6.5	泥结碎石	至临时施工工区及弃渣场
	施工辅道	m	20 914	3.5	4.5	泥结碎石	沿线路施工道路
	铺设临时钢板	t	590				宽1.5 m,厚12 mm,沿线路

2.7.5 土石方平衡及渣场布置

2.7.5.1 土石方平衡

工程土石方开挖量共计 746.33 万 m^3（自然方，其中土方 582.83 万 m^3，石方 163.50 万 m^3），土石方回填共计 709.21 万 m^3（自然方，其中土方 554.01 万 m^3，石方 155.20 万 m^3），外购 15.71 万 m^3，共产生弃渣 52.83 万 m^3（自然方），折合 72.78 万 m^3（松方）。

潞江坝灌区水库工程土石方平衡计算成果见表 2-20，潞江坝灌区渠系及其他工程土石方平衡见表 2-21。

2.7.5.2 渣场规划

弃渣全部运至指定 13 处弃渣场，其中芒柳水库 1 座弃渣场，线路区 12 座弃渣场，弃渣场均不涉及生态保护红线、公益林、基本农田。渣场特性详见表 2-22。

2.7.5.3 表土剥离及保存利用

1.表土平衡

结合项目区现场情况及工程建设布局、施工特点，部分区域表土厚度不超过 0.2 m 或施工扰动深度不超过 0.2 m，该范围内的表土采取原地保护即可，如管理范围、施工作业带区、施工生产生活区非硬化区域等可不进行表土剥离。共剥离保护表土 61.93 万 m^3。

主体设计已考虑对渠系及排水工程永久开挖区域进行分层开挖，但傍山渠道多为林地，地势陡峭，表层土厚度较浅，因此该部分表土不进行分层剥离。

埋管区域均采用分层开挖的形式，对占用耕园地、林地的区域先将表土剥离，剥离的表土临时堆放于管道两侧施工作业带沿线临时堆土区域，待完工后将表层土回填至管道两侧绿化区域。其中，占用耕地和园地部分由移民专业考虑复耕，占用林地区域均先将表层土剥离，完工后分层回填，埋管沿线表土可得到有效的保护利用。

根据"建设征地及移民安置"章节内容，工程临时占用的耕地和园地在使用结束后采取复垦措施，对占压范围内的腐殖土进行剥离并集中存放，待施工结束后，将剥离的表土回填至占压扰动区域，并进行土地平整。复耕区域共需复耕覆土 48.78 万 m^3。

根据植被恢复需要，本方案补充在施工前期对各防治分区占用林草地区域进行表土剥离，待施工结束后，将剥离的表土回填至绿化区域，并进行土地平整。经统计计算，各防治分区共需绿化表土 22.83 万 m^3。

本工程在建设过程中高度重视当地表土资源，对可剥离的区域尽可能剥离利用，单独存放、单独防护，对无需剥离的表土也加以原地保护，严禁机械车辆随意碾压。通过以上措施，经统计，工程区可利用表土量为 71.62 万 m^3，后期绿化和复耕表土需求量为 71.62 万 m^3，表土利用时优先考虑本区就近回覆，见表 2-23。经复核，工程区剥离、收集的表土量能满足后期绿化和复耕覆土的需求。

表2-20　潞江坝灌区水库工程土石方平衡计算成果

单位:万 m³

项目名称	开挖量			回填量			调入量				调出量				外购	弃方			弃方(松方)			弃渣去向
	土方	石方	小计	土方	石方	小计	土方	石方	小计	来源	土方	石方	小计	去向	石方	土方	石方	小计	土方	石方	小计	
①大坝	6.06	11.01	17.07	36.77	92.34	129.11	30.70	84.85	115.55	②③④⑤	0	3.52	3.52	②④	15.71							
②溢洪道	1.19	9.79	10.98	0.72	0.03	0.75	0	0.03	0.03	①	0.47	9.78	10.25	①								
③导流放空洞	0.58	6.15	6.73	0.04	0	0.04					0.54	6.15	6.69	①								
④围堰	1.79	0	1.79	0.37	7.12	7.49	0.37	7.12	7.49	⑤①	1.79	0	1.79	①								
⑤料场	28.27	56.83	85.10	0	0.00	0					28.27	72.55	100.82	①④								
小计	37.89	83.78	121.67	37.90	99.49	137.39	31.07	92.00	123.07		31.07	92.00	123.08		15.71							
⑥大坝	56.28	6.73	63.01	282.75	14.55	297.30	246.03	7.82	253.85	⑦⑧⑨⑩	0.52	0	0.52	⑪		19.04	0	19.04	25.33		25.33	芒柳1#弃渣场
⑦溢洪道	10.04	4.56	14.60	0.75	0	0.75					7.16	3.56	10.72	⑥		2.13	1.00	3.13	2.83	1.33	4.16	
⑧导流放空洞	2.85	2.09	4.94	0	0.04	0.04					1.71	2.09	3.80	⑥		1.09	0	1.09	1.46		1.46	
⑨料场	247.62		247.62	17.65	0	17.65					229.97	0	229.97	⑥		1.28	0	1.28	1.70		1.70	
⑩交通道路	8.47	2.16	10.63								7.20	2.16	9.36	⑥								
⑪围堰	0.18	0.05	0.23	0.52	0	0.52	0.52		0.52	⑥						0.18	0.05	0.23	0.23	0.06	0.29	
小计	325.44	15.59	341.03	301.67	14.59	316.26	246.55	7.82	254.37		246.56	7.81	254.37			23.72	1.05	24.77	31.55	1.39	32.94	
合计	363.33	99.37	462.70	339.57	114.08	453.65	277.62	99.82	377.44		277.63	99.81	377.44		15.71	23.72	1.05	24.77	31.55	1.39	32.94	弃渣场

水源工程区　八萝田水库　芒柳水库

表 2-21　潞江坝灌区渠系及其他工程土石方平衡

单位：万 m³

项目名称		开挖量			回填量			调入量				调出量				弃方			弃方（松方）		
		土方	石方	小计	土方	石方	小计	土方	石方	小计	来源	土方	石方	小计	去向	土方	石方	小计	土方	石方	小计
灌溉渠道	①干热河谷灌片	99.16	22.45	121.61	98.98	16.32	115.30									0.18	6.14	6.32	0.24	8.90	9.14
	②三岔灌片	31.46	8.55	40.01	30.76	6.62	37.38					0.02		0.02	⑦	0.68	1.93	2.61	0.88	2.80	3.68
	③水长灌片	38.99	15.97	54.96	38.51	11.54	50.05	0.04		0.04	⑧	0.52		0.52	⑧⑩		4.43	4.43	0.01	6.43	6.44
	④烂枣灌片	9.71	3.32	13.03	9.16	0.61	9.77	0.02		0.02	⑨					0.56	2.71	3.27	0.73	3.93	4.66
	⑤施甸灌片	32.82	8.50	41.32	32.01	6.04	38.05									0.81	2.46	3.27	1.05	3.57	4.62
	小计	212.14	58.79	270.93	209.42	41.13	250.55	0.06		0.06		0.54		0.54		2.23	17.67	19.90	2.91	25.63	28.54
滚水坝	⑥干热河谷灌片	0.38	1.28	1.66	0.37		0.37									0.01	1.28	1.29	0.02	1.86	1.88
	⑦三岔灌片	0.32	0.91	1.23	0.35		0.35	0.02		0.02	②						0.91	0.91		1.32	1.32
	⑧水长灌片	0.55	1.69	2.24	0.51		0.51	0.02		0.02	③	0.04		0.04	③	0.02	1.69	1.71	0.02	2.45	2.47
	⑨烂枣灌片	0.32	0.92	1.24	0.30		0.30					0.02		0.02	④		0.92	0.92		1.33	1.33
	小计	1.57	4.80	6.37	1.53		1.53	0.04		0.04		0.06		0.06		0.03	4.80	4.83	0.04	6.96	7.00
泵船	⑩水长灌片	1.13	0.35	1.48	1.63		1.63	0.49		0.49	③						0.35	0.35		0.50	0.50
排水渠	施甸灌片	4.65	0.18	4.83	1.87		1.87									2.78	0.18	2.96	3.54	0.27	3.81
合计		219.49	64.12	283.61	214.45	41.13	255.58	0.59	0	0.59		0.60	0	0.60		5.04	23.00	28.04	6.49	33.36	39.85

表 2-22 工程弃渣特性

弃渣场名称	位置	渣场容量/万m³	堆渣量/万m³	渣场面积/hm²	堆渣最大高度/m	堆渣坡比	弃渣场类型	渣场级别	占地类型	失事危害程度
芒柳水库1#弃渣场	菲样村西南向600 m处冲沟	34.89	32.94	10.24	44	1:2.5	沟道型	4	林地	无危害
潞江坝单元2#渣场	输水干管4.5 km右侧冲沟内	45.98	10.66	3.88	38	1:3	沟道型	4	林地	无危害
橄榄单元1#弃渣场	橄榄河引水渠北侧冲沟内	5.65	5.12	0.99	6	1:3	沟道型	5	林地,园地	无危害
小海坝单元1#弃渣场	茶花大沟北侧1.0 km冲沟内	3.63	1.02	0.9	19	1:3	沟道型	5	林地	无危害
大海坝单元1#弃渣场	南大沟支渠西侧1.0 km冲沟	1.59	0.50	0.59	14	1:3	沟道型	5	林地	无危害
大海坝单元2#弃渣场	南大沟支渠西侧1.0 km冲沟内	1.51	0.33	0.6	8	1:3	沟道型	5	林地,园地	无危害
阿贡田单元1#弃渣场	西干三支渠西侧1.0 km冲沟	18.00	9.54	3.04	12	1:3	沟道型	5	林地,园地	无危害
八〇八单元1#弃渣场	龙陵县腊勐镇松柏大沟（猪食凹）	1.34	1.24	0.38	19	1:3	沟道型	5	林地,园地	无危害
八〇八单元2#弃渣场	龙陵县腊勐镇松柏大沟（高家梁子）	2.60	2.50	0.55	19	1:2.5	沟道型	5	林地,园地	无危害
施甸单元1#弃渣场	水长水库东支渠东侧1.5 km处废弃料坑内	3.54	3.47	8.57	2	1:2.5	坡地型	5	园地	无危害
施甸单元2#弃渣场	小山凹水库灌渠西侧800 m处	2.65	2.5	5.65	2	1:2.5	坡地型	5	林地,园地	无危害
施甸单元3#弃渣场	蒋家寨水库西干渠西侧2.5 km处	1.50	1.23	1.89	19	1:2.5	沟道型	5	林地,园地	无危害
施甸单元4#弃渣场	三块石引水管西侧800 m天然沟谷处	1.46	1.23	3.2	19	1:2.5	沟道型	5	林地,园地	无危害
		124.34	72.28	40.48						

表 2-23　工程区表土平衡　　　　　　　　　　　　　　单位:万 m³

工程分区		可剥离、收集表土量	后期绿化、复耕覆土				
			表土回覆量	调入		调出	
				数量	来源	数量	去向
水源工程区	①水库工程区	7.03	5.76			1.27	②
	②料场	10.36	10.36				
	③施工生产生活区	0.90	1.10	0.20	④		
	④交通道路区	1.12	0.92			0.20	③
	⑤弃渣场	1.97	1.97				
	⑥工程永久办公区	0.25	0.25				
	小计	21.63	20.36	0.20		1.47	
灌溉渠(管)道工程区	⑦渠(管)线工程区	30.65	28.29			2.36	②、⑧、⑨、⑩
	⑧施工生产生活区	4.71	6.65	1.94	⑦		
	⑨交通道路区	7.12	8.73	1.61	⑦		
	⑩弃渣场区	7.51	7.59	0.08	⑦		
	小计	49.99	51.26	3.63		2.36	
合计		71.62	71.62	3.83		3.83	

2.表土剥离

为满足后期复耕和绿化覆土的需要,对工程的临时占地中土层较厚、较肥沃的区域进行表土剥离,其中耕地表土可剥离厚度 20~45 cm,林草地和园地表土可剥离厚度 20~30 cm,共剥离表土 71.62 万 m³(自然方)。其中,施工生产生活区、弃渣场区、临时道路等地形开阔、坡度较缓的区域采用以 74 kW 推土机机械推土的方法,将表层土集中推至各区单独堆放;对于其他推土机施工较困难的区域采用人工配合 1 m³ 挖掘机开挖的方式开挖表土。表土剥离后一般就近堆放,部分区域地形不满足堆放要求,采用 2.0 m³ 挖掘机装运表土,5 t 自卸汽车运至附近施工营地或弃渣场内临时堆放。

3.表土临时堆存

工程区大部分区域地形较陡,项目建设区周边区域涉及公益林和基本农田,同时为了尽量减少扰动土地面积,水源工程区剥离、收集的表土就近集中临时堆存在各分区占地范围内;由于灌溉渠(管)道工程施工期较长,同时工程周边区域涉及公益林和基本农田,弃渣场、施工生产生活区和交通道路区的表土就近临时堆存于输水线路沿线各个工程分区内一角或平缓高处,主体工程区表土需沿线分段集中堆放,并采取必要的防护措施。表土堆场规划见表 2-24。

2.7.5.4　表土利用与保护

各区表土临时堆存于各工程区内,不另设临时堆土场,其中弃渣场区和施工生产生活区为点状区域,表土可临时堆存于场内一角或平缓高处;输水线路、交通道路等线性工程表土需沿道路沿线分段集中堆放。工程不另设表土临时堆土场,均位于相应工程征占地范围内,

表2-24 表土堆场规划

工程分区		剥离、收集表土量/万 m³	绿化、复耕覆土/万 m³	表土临时堆存量/万 m³	表土平均堆高/m	表土临时堆场面积/hm²	表土堆放位置
水源工程区	水库工程区	7.03	5.76	7.03	2~3	2.35	水库工程管理范围内
	料场	10.36	10.36	10.36		3.45	料场内一角
	施工生产生活区	0.90	1.10	0.90		0.30	分散堆放于各施工生产生活区
	交通道路区	1.12	0.92	1.12		0.37	沿线堆放
	弃渣场	1.97	1.97	1.97		0.66	弃渣场一角
	工程永久办公区	0.25	0.25	0.25		0.08	
	小计	21.63	20.36	21.63		7.21	
渠道及排水工程区	灌溉渠(管)道工程区	30.65	28.29	30.65	2~3	10.22	渠系和排水工程沿线分段集中堆放
	施工生产生活区	4.71	6.65	4.71	3.00	1.57	沿线工区集中堆放
	交通道路区	7.12	8.73	7.12	3.00	2.37	道路沿线一侧堆放
	弃渣场区	7.51	7.59	7.51	3.00	2.50	各渣场内集中堆放
	小计	49.99	51.26	49.99		16.66	
合计		71.62	71.62	71.62		23.87	

注:表土堆场均位于相应工程征占地范围内,不另行征地。

不另行征地。剥离的表土主要用于复耕工程及植被恢复工程覆土,施工期间,对表土临时堆存场应进行袋装土临时挡护和密目网苫盖防止表土流失。

2.7.6 施工生产生活区规划

2.7.6.1 水库施工生产生活区规划

潞江坝灌区八萝田水库和芒柳水库各设置施工生产生活区1处。具体见表2-25。

表2-25 水库工程施工生产生活区布置特性

序号	工程区类型	名称	数量	建筑面积/m²	占地面积/m²	高峰人数	占地类型
1	水库工程区	八萝田水库	1	400	10 000	390	耕地、园地和林地
2		芒柳水库	1	900	8 000	450	

2.7.6.2 其他水库工程临时施工生产生活区规划

潞江坝灌区其他水库工程临时施工生产生活区按各灌溉单元进行设置,具体见表2-26。

表 2-26　其他水利工程施工生产生活区布置特性　　　　　　　单位:万 m²

工程项目		占地面积数量	占地类型
橄榄单元	临时生产生活区	0.65	
小海坝单元	临时生产生活区	1.17	
大海坝单元	临时生产生活区	0.94	
阿贡田单元	临时生产生活区	0.65	
水长河单元	临时生产生活区	0.55	
蒲缥坝单元	临时生产生活区	1.90	
烂枣单元	临时生产生活区	1.99	耕地、园地和林地
东蚌兴华单元	临时生产生活区	0.79	
施甸单元	临时生产生活区	4.13	
芒宽坝单元	临时生产生活区	3.26	
潞江坝单元	临时生产生活区	2.30	
三岔河单元	临时生产生活区	2.06	
八〇八单元	临时生产生活区	3.46	

2.7.6.3　砂石料加工厂

本工程水源工程及渠系工程所需砂石骨料和块石料由工程附近的石料场外购供应,不再单独设置砂石料加工系统。

2.7.6.4　混凝土拌和系统

水库工程的建筑物较为集中,其余较为分散。水库工程拌和系统集中布置。每个水库的附近布置 1 座混凝土拌和站用于拌制混凝土(生产能力为 30 m³/h)。

渠系工程和取水坝工程所需骨料外购,混凝土搅拌机根据建筑物特点进行布置,5 个灌片(14 个灌溉单元)共布设 98 台 0.4 m³ 混凝土搅拌机,其中干热河谷灌片布设 32 台;三岔灌片布设 20 台;水长灌片布设 28 台;烂枣灌片布设 7 台;施甸灌片布设 11 台(见表 2-27)。

表 2-27　混凝土拌和系统布置情况

序号	工程/灌片	设备/设施	生产能力/(m³/h)	数量/(套/台)
1	八萝田水库	混凝土拌和站	30	1
2	芒柳水库	混凝土拌和站	30	1
3	干热河谷灌片	混凝土搅拌机	0.4	32
4	三岔灌片	混凝土搅拌机	0.4	20
5	水长灌片	混凝土搅拌机	0.4	28
6	烂枣灌片	混凝土搅拌机	0.4	7
7	施甸灌片	混凝土搅拌机	0.4	11

2.7.6.5　综合加工厂

在各生产生活区内设置综合加工厂和机械停放场,综合加工厂包含钢筋加工厂、木材加工厂。渠系工程主要采用中小型常规机械施工,输水线路附近乡镇具有一定的机修、汽修能力,到各施工点交通方便,距离较近,可满足本工程施工机械设备的大修要求,施工现场仅进行简单的设备维修即可。

2.7.7　施工工艺

2.7.7.1　水库工程

水库工程主要建筑物包括拦河坝、溢洪道、导流放空隧洞等,拦河坝坝型均为黏土心墙坝。主要施工内容包括土石方开挖、基础处理、坝体填筑、混凝土浇筑等。

1.拦河坝施工

拦河坝主要施工程序为:导流→坝基开挖→基础处理→坝体填筑→坝面工程。

土石方明挖:主要为坝肩及河床的土石方开挖。土方采用74 kW推土机配合2 m³挖掘机开挖,15 t自卸汽车运输,用于回填的土料运至临时堆料场,其余运至弃渣场。石方开挖采用潜孔钻机钻孔,自上而下开挖,边坡采用预裂爆破,石渣翻至坡脚。部分开挖料作为围堰填筑,剩余渣料用2 m³挖掘机装、15 t自卸汽车运至弃渣场弃置。

固结灌浆:采用150型潜孔钻钻孔,卧式浆液搅拌机制备浆液,BW-250型灌浆泵灌浆。

帷幕灌浆:采用150型地质钻机钻孔,灌浆方法采用自上而下灌浆法,灌浆方式采用循环式,卧式浆液搅拌机制备浆液,BW-250型灌浆泵灌浆。

混凝土浇筑:采用混凝土拌和站拌制混凝土,10 t自卸汽车水平运输,上部混凝土履带起重机吊3 m³混凝土罐入仓,下部混凝土溜槽入仓,插入式振捣器振捣;喷混凝土采用混凝土喷射机施工。

风化料填筑:风化料由2 m³挖掘机装15 t自卸汽车运至大坝,88 kW推土机平料,20 t振动平碾压实,边角处辅以蛙式打夯机及夯板进行夯实。

黏土料填筑:土料由2 m³挖掘机挖装15 t自卸汽车运上坝,进占法卸料,12 t羊角碾压实,边角处辅以蛙式打夯机及夯板进行夯实。分期施工时,需搭接好碾压边坡,接缝坡度不宜陡于1:3,高差不宜超过15 m。

反滤料填筑:外购成品料,8 t自卸汽车运至大坝,88 kW推土机平料,20 t振动平碾压实,边角处辅以蛙式打夯机及夯板进行夯实。

坝面工程:块石采用8 t自卸汽车运至施工点附近,人工抬运至使用点,人工砌筑。预制混凝土板在混凝土预制厂生产加工,10 t载重汽车水平运输,10 t汽车起重机配合人工吊装。

2.溢洪道施工

溢洪道主要施工程序为:基础开挖→基础处理→混凝土浇筑→土石方回填。

土石方明挖:土方采用人工配合2 m³挖掘机开挖,石方由风钻钻孔爆破开挖。部分开挖渣料就近堆放,用于回填,其余渣料用2 m³挖掘机装15 t自卸汽车弃至弃渣场。

浆砌石:块石采用8 t自卸汽车运至施工点附近,人工抬运50 m至使用点,0.4 m³砂浆搅拌机制备砂浆,人工砌筑。

混凝土浇筑:采用混凝土拌和站拌制混凝土,15 t 自卸汽车水平运输,上部混凝土履带起重机吊 3 m³ 混凝土罐入仓,下部混凝土溜槽入仓,组合钢模立模,人工绑扎钢筋,振捣器振捣密实。

土石方回填:利用就近堆放的渣料,采用 2 m³ 挖掘机挖填并压实。

3.导流放空隧洞施工

导流放空隧洞主要施工程序为:进出口明挖支护→隧洞洞挖及一次支护→衬砌、灌浆→后期改造。

土石方明挖:土方采用人工配合 1 m³ 挖掘机开挖,石方由风钻钻孔爆破开挖。需要回填利用的开挖渣料就近堆放,其余开挖渣料采用 1 m³ 挖掘机装 8 t 自卸汽车运至弃渣场弃置。

洞挖石方:采用风钻钻孔,全断面开挖,周边光面爆破。开挖渣料由扒渣机装矿车运至洞口,转 1 m³ 挖掘机装 10 t 自卸汽车运至弃渣场弃置。

土石方回填:利用就近堆放的渣料,采用 1 m³ 挖掘机挖填,振动夯压实。

喷混凝土:采用混凝土拌和站拌制混凝土,3 m³ 混凝土罐车运输,湿喷法进行施工,混凝土喷射机进行喷射施工。

砂浆锚杆:采用 YT28 风钻钻孔,0.8 m³ 混凝土搅拌机制备砂浆,SP-80 型风动注浆器注浆,人工安设锚杆。

混凝土衬砌:混凝土衬砌按先底板后边墙的顺序浇筑,采用混凝土拌和系统成品混凝土,3 m³ 混凝土罐车运输至工作面附近,经 HBT30 型混凝土输送泵入仓,组合钢模立模,人工绑扎钢筋,振捣器振捣密实。

回填灌浆:在衬砌混凝土达到 70% 设计强度后进行。回填灌浆孔采用预埋灌浆管成孔,灌浆前用风钻扫孔,200 L 立式双层浆液搅拌机制备浆液,BW200 型灌浆泵灌浆。

固结灌浆:在回填灌浆结束 7 d 后进行。采用一次灌浆法、单孔灌浆,灌浆前采用风钻扫孔,200 L 立式双层浆液搅拌机制备浆液,BW200 型灌浆泵灌浆。

2.7.7.2　取水坝工程

土石方明挖:土方采用人工配合 1 m³ 挖掘机开挖,石方由风钻钻孔爆破开挖,开挖渣料就近堆放,用于场地平整。

砂石垫层:砂石料外购,人工铺设,2.8 kW 蛙夯夯实。

混凝土浇筑:采用 0.4 m³ 移动式拌和机制备混凝土,1 t 机动翻斗车水平运输,上部混凝土履带起重机吊 1.6 m³ 混凝土罐入仓,下部混凝土溜槽入仓,组合钢模立模,人工绑扎钢筋,振捣器振捣密实。

土石方回填:利用就近堆放的渣料,采用 1 m³ 挖掘机挖填并压实。

2.7.7.3　灌溉渠(管)系工程

1.灌溉渠系工程

本工程的灌溉渠系工程建设性质包括新建、续建、重建、维修衬砌等。工程建设内容主要为土石方开挖、浆砌石砌筑、混凝土浇筑和土石方回填等。

灌溉渠系工程主要施工程序为:基础开挖、基础处理→浆砌石底板和挡墙砌筑→混凝土底板浇筑→土石方回填。

土石方明挖:土方采用人工配合 1 m³ 挖掘机开挖,石方由风钻钻孔爆破开挖。回填利用的开挖渣料就近堆放,其余开挖渣料采用 1 m³ 挖掘机装 8 t 自卸汽车运至弃渣场弃置。

浆砌石砌筑:块石采用 8 t 自卸汽车运至施工点附近,人工抬运至使用点,0.4 m³ 砂浆搅拌机制备砂浆,人工砌筑。

混凝土浇筑:采用 0.4 m³ 混凝土搅拌机就近制备混凝土,经溜槽入仓,振捣器振捣密实。

土石方回填:利用就近堆放的渣料,采用 1 m³ 挖掘机挖填并压实。

2.灌溉管系工程

本工程的灌溉管系工程主要施工程序为:土石方开挖→中粗砂回填→管道安装→土石方回填→试运行。

土石方开挖:土方开挖主要采用 1 m³ 挖掘机挖土,74 kW 推土机推土至临时堆料处,用于回填。石方开挖采用风钻钻孔爆破,74 kW 推土机推运至临时堆料处,用于回填。为减少沿线所修施工道路与弃土的干扰,避免雨季洪水对开挖基坑造成威胁,将弃土堆至线路一侧,堆高不大于 3.0 m。槽底原状地基土不得扰动,机械开挖时槽底预留 300 mm 土层,由人工开挖至设计高程,整平。

土石方回填:埋管段土石方回填分为管座基础回填、管侧回填、沟槽带回填及表土回填 4 个部分。管座基础回填料采用中粗砂,材料外购,人工摊铺,2.8 kW 蛙夯夯实;管侧回填利用开挖料,为防止管道侧向位移,管道两侧要对称回填夯实,2.8 kW 蛙夯压实配合人工分层夯实;沟槽带回填利用开挖料,采用 74 kW 推土机推土、平土,74 kW 拖拉机碾压,局部配合2.8 kW 蛙夯夯实。表土回填利用开挖料,无需压实,采用 74 kW 推土机推土、整平并预留沉降量。

管道安装:管道全部采用钢管,管径范围 0.4~0.7 m,单节管道重量 0.5~0.9 t,因此管道采用 20 t 平板车运输,8 t 汽车起重机吊装。钢管采用人工焊接,管道安装前,应清除接口污物,对接后施工现场焊接。

混凝土浇筑:根据浇筑强度的高低,混凝土采用 0.4 m³ 移动式拌和机生产,1 t 机动翻斗车水平运输,人工立模,溜槽入仓浇筑,2.2 kW 插入式振捣器振捣。

2.7.7.4 排水渠系工程

排水渠系工程施工内容主要为渠道开挖,施工时采用 1 m³ 挖掘机开挖,装 8 t 自卸汽车,弃至指定弃土场。

2.7.7.5 交叉建筑物施工

渠道和管道工程在线路布置时,尽量避免与铁路、公路、河流、城镇等交叉频繁,如沿线不可避免需穿河、穿路,交叉建筑物需采用以下施工措施。

1.穿越公路、铁路

渠道需穿越公路、铁路时,线路布置优先考虑从公路、铁路下方的桥涵穿越,并保证下穿位置的桥涵跨度和高度满足要求。穿越县道、乡道时,具备断路施工条件的采用明挖后修建涵洞下穿公路。断路施工时需修建临时辅道满足原公路通行要求,施工完成后及时回填路基、路面,按原标准恢复原有公路。

土石方明挖：土方采用人工配合 1 m³ 挖掘机开挖，石方由风钻钻孔爆破开挖。需要回填利用的开挖渣料就近堆放，其余开挖渣料采用 1 m³ 挖掘机装 8 t 自卸汽车运至弃渣场弃置。

混凝土浇筑：涵洞主要采用混凝土箱涵形式，0.4 m³ 移动式拌和机制备混凝土，1 t 机动翻斗车水平运输，上部混凝土履带起重机吊 1.6 m³ 混凝土罐入仓，下部混凝土直接入仓，组合钢模立模，人工绑扎钢筋，振捣器振捣密实。

土石方回填：利用就近堆放的渣料，采用 1 m³ 挖掘机挖填，蛙夯压实。

2.穿越河流、冲沟

渠道跨越河流、冲沟处一般采用渡槽形式，以保证交叉建筑物的结构稳定，同时满足河流及冲沟的行洪要求。跨越地形相对平缓、非汛期河道流量较小的河流，可采用倒虹吸的穿越方式。

土石方明挖：土方采用人工配合 1 m³ 挖掘机开挖，石方由风钻钻孔爆破开挖。需要回填利用的开挖渣料就近堆放，其余开挖渣料采用 1 m³ 挖掘机装 8 t 自卸汽车运至弃渣场弃置。

浆砌块石：块石采用 8 t 自卸汽车运至施工点附近，人工抬运至使用点，0.4 m³ 砂浆搅拌机制备砂浆，人工砌筑。

槽身、排架混凝土：采用 0.4 m³ 混凝土搅拌机就近制备混凝土，经 HBT30 型混凝土输送泵入仓，组合钢模立模，振捣器振捣密实。

承台桩基造孔及混凝土：采用 Z22-300 型冲击钻成孔，泥浆护壁。人工绑扎钢筋笼，采用 5 t 汽车起重机吊装钢筋笼入孔。采用 0.4 m³ 混凝土搅拌机就近制备混凝土，孔口自卸漏斗入仓。

土石方回填：利用就近堆放的渣料，采用 1 m³ 挖掘机挖填并压实。

2.7.7.6　管道穿城工程施工

在施工过程中合理布置临时堆土、堆管，减少开挖、铺管、回填等工序的时间间隔，减小土地占用时间。空间较小地段可采取倒退施工，沟槽开挖采用加固土体或其他支护措施进行垂直开挖，尽量减小管槽开挖宽度。在施工影响范围内对既有设施采取有效支护措施，不妨碍其正常使用功能和结构安全。对于穿越道路、河道及不便于明挖地段可采取顶管或水平定向钻等非开挖铺管方式施工，减少对周边环境和建筑设施的影响。施工中采取临时洒水等措施，防止车辆通过时尘土飞扬。土方运输车辆配备篷布或其他有效措施以防止泥土洒漏。施工期选在白天或人流量较少的时间段，禁止在晚间施工，并选择低噪声高效率的施工机械设备。合理布置临时排水通道和有效排水措施，施工用水应处理后再外排，或统一外运至生态环境敏感区以外。

2.7.8　施工进度

根据工程建设内容及施工条件、施工强度等进行施工进度安排，拟定施工总工期为 54 个月，第 1 年 1 月开工，第 5 年 6 月底工程完工。具体如下：

八萝田水库总工期为 52 个月，其中施工准备期为 8.5 个月，主体工程施工期为 41.5 个月，完建期为 2 个月。

芒柳水库总工期为 54 个月,其中施工准备期为 10.5 个月,主体工程施工期为 41.5 个月,完建期为 2 个月。

芒宽坝施工单元包括灌溉渠管工程、排水渠工程及取水坝工程,施工时间为第 1 年 6 月至第 5 年 2 月,工期为 45 个月。

潞江坝施工单元包括灌溉渠管工程及排水渠工程,施工时间为第 2 年 1 月至第 4 年 3 月,工期为 27 个月。

三岔河施工单元包括灌溉渠管工程及取水坝工程,施工时间为第 3 年 6 月至第 5 年 1 月,工期为 20 个月。

八〇八施工单元包括灌溉渠管工程及取水坝工程,施工时间为第 2 年 6 月至第 5 年 2 月,工期为 33 个月。

橄榄施工单元包括灌溉渠管工程及取水坝工程,施工时间为第 1 年 12 月至第 3 年 4 月,工期为 17 个月。

小海坝施工单元包括灌溉渠管工程及取水坝工程,施工时间为第 2 年 12 月至第 4 年 12 月,工期为 25 个月。

大海坝施工单元包括灌溉渠管工程及取水坝工程,施工时间为第 2 年 12 月至第 4 年 4 月,工期为 17 个月。

阿贡田施工单元包括灌溉渠管工程及排水渠工程,施工时间为第 2 年 12 月至第 5 年 2 月,工期为 27 个月。

水长河施工单元包括灌溉渠管工程及取水坝工程,施工时间为第 1 年 12 月至第 3 年 4 月,工期为 17 个月。

蒲缥坝施工单元包括灌溉渠管工程、泵船工程及取水坝工程,施工时间为第 1 年 8 月至第 4 年 4 月,工期为 33 个月。

烂枣施工单元包括灌溉渠管工程及取水坝工程,施工时间为第 1 年 12 月至第 3 年 4 月,工期为 17 个月。

东蚌兴华施工单元包括灌溉渠管工程,施工时间为第 1 年 12 月至第 2 年 4 月,工期为 5 个月。

施甸施工单元包括灌溉渠管工程及排水渠工程,施工时间为第 1 年 12 月至第 4 年 4 月,工期为 29 个月。

梨澡施工单元包括灌溉渠管工程,施工时间为第 2 年 12 月至第 3 年 4 月,工期为 5 个月。

2.8　建设征地及移民安置

2.8.1　工程占地

潞江坝灌区工程建设征地总面积为 620.45 hm²。其中,征收土地总面积 167.99 hm²,征用土地总面积 452.46 hm²。占地类型见表 2-28。

表 2-28　工程占地情况统计　　　　　　　　　　　　单位:hm²

（一）	土地类型	合计	水库工程区			其他水利工程区
			小计	水库区	枢纽区	
		620.45	142.11	51.97	90.14	478.34
1	永久占地	167.99	81.29	51.97	29.32	86.70
1.1	耕地	59.24	27.20	21.24	5.96	32.04
	水田	23.62	16.21	13.80	2.41	7.41
	水浇地	0.29	0	0	0	0.29
	旱地	35.33	10.99	7.44	3.55	24.34
1.2	园地	33.55	26.41	14.28	12.13	7.14
	果园	33.55	26.41	14.28	12.13	7.14
1.3	林地	67.23	23.78	14.07	9.71	43.45
	乔木林	43.99	16.75	11.04	5.71	27.24
	灌木林	23.24	7.03	3.03	4.00	16.21
1.4	草地	0.46				0.46
1.5	住宅用地	1.17	0.33	0.29	0.04	0.84
	农村宅基地	1.17	0.33	0.29	0.04	0.84
1.6	交通运输用地	2.15	0.39	0.32	0.07	1.76
	农村道路用地	2.15	0.39	0.32	0.07	1.76
1.7	水域及水利设施用地	4.19	3.18	1.77	1.41	1.01
	河流水面	4.09	3.18	1.77	1.41	0.91
	内陆滩涂	0.10				0.10
1.8	其他土地					
	未利用用地					
2	临时占地	452.46	60.82		60.82	391.64
2.1	耕地	187.33	10.23		10.23	177.10
	水田	73.03	3.67		3.67	69.36
	水浇地	0.43	0		0	0.43
	旱地	113.87	6.56		6.56	107.31
2.2	园地	120.88	34.29		34.29	86.59
	果园	120.88	34.29		34.29	86.59
2.3	林地	114.87	14.72		14.72	100.15
	乔木林	86.12	9.77		9.77	76.36
	灌木林	28.75	4.95		4.95	23.80

续表 2-28

（一）	土地类型	合计	水库工程区			其他水利工程区
			小计	水库区	枢纽区	
		620.45	142.11	51.97	90.14	478.34
2.4	草地	6.45	0.09		0.09	6.36
2.5	住宅用地	5.97	1.16		1.16	4.81
	农村宅基地	5.97	1.16		1.16	4.81
2.6	交通运输用地	7.45	0.15		0.15	7.30
	农村道路用地	7.45	0.15		0.15	7.30
2.7	水域及水利设施用地	9.44	0.18		0.18	9.26
	河流水面	9.37	0.18		0.18	9.19
	内陆滩涂	0.07				0.07
2.8	其他土地	0.07				0.07
	未利用地	0.07				0.07

2.8.2　生产安置

2.8.2.1　农业生产安置人口

潞江坝灌区工程现状年生产安置人口为 1 169 人,其中水库淹没影响区 376 人,枢纽工程建设区 206 人、其他水利工程区 587 人,见表 2-29。按自然增长率 8‰计,规划水平年农业生产安置人口为 1 192 人,其中水库淹没区 388 人,枢纽工程建设区 207 人、输水工程区 597 人。全部采取直接补偿,由所在村民小组自行调剂土地的方式进行安置。

表 2-29　潞江坝灌区工程生产安置人口计算

县（区）	乡（镇）	村	组	生产安置人口（一次性补偿基准年）/人
建设征地区				1 169
淹没影响区				376
隆阳区	芒宽乡	西亚村民委员会	山坡田	11
隆阳区	芒宽乡	西亚村民委员会	线家寨	1
隆阳区	芒宽乡	西亚村民委员会	里八萝	52
隆阳区	芒宽乡	西亚村民委员会	外八萝	107
隆阳区	潞江镇	芒柳村民委员会	芒市寨	4
隆阳区	潞江镇	芒柳村民委员会	上丛干	5
隆阳区	潞江镇	芒柳村民委员会	大岭子	118
隆阳区	潞江镇	芒柳村民委员会	下丛干	24

续表 2-29

县(区)	乡(镇)	村	组	生产安置人口(一次性补偿基准年)/人
隆阳区	潞江镇	芒柳村民委员会	新赛林	47
隆阳区	潞江镇	芒柳村民委员会	河坝子	7
枢纽工程建设区				206
隆阳区	芒宽乡	西亚村民委员会	山坡田	4
隆阳区	芒宽乡	西亚村民委员会	线家寨	28
隆阳区	芒宽乡	西亚村民委员会	里八萝	15
隆阳区	芒宽乡	西亚村民委员会	外八萝	3
隆阳区	潞江镇	芒柳村民委员会	芒市寨	1
隆阳区	潞江镇	芒柳村民委员会	上丛干	78
隆阳区	潞江镇	芒柳村民委员会	大岭子	6
隆阳区	潞江镇	芒柳村民委员会	下丛干	58
隆阳区	潞江镇	芒柳村民委员会	新赛林	5
隆阳区	潞江镇	芒柳村民委员会	河坝子	8
其他水利工程区				587
隆阳区	蒲缥镇	双河村民委员会		33
隆阳区	蒲缥镇	石亩河村民委员会		36
隆阳区	蒲缥镇	水井村民委员会		45
隆阳区	蒲缥镇	罗板村民委员会		50
隆阳区	潞江镇	白花村民委员会		11
隆阳区	潞江镇	坝湾村民委员会		3
隆阳区	潞江镇	禾木村民委员会		1
隆阳区	杨柳乡	法水村民委员会		5
隆阳区	杨柳乡	阿东村民委员会		2
隆阳区	杨柳乡	杨柳村民委员会		2
隆阳区	杨柳乡	马湾村民委员会		8
隆阳区	杨柳乡	联合村民委员会		33
隆阳区	瓦房乡	徐掌村民委员会		1
隆阳区	芒宽乡	吾来村民委员会		5
隆阳区	芒宽乡	敢顶村民委员会		100
隆阳区	芒宽乡	空广村民委员会		4
隆阳区	芒宽乡	新光村民委员会		1

续表 2-29

县（区）	乡（镇）	村	组	生产安置人口（一次性补偿基准年）/人
隆阳区	芒宽乡	烫习村民委员会		85
施甸县	仁和镇	中和村民委员会		3
施甸县	仁和镇	复兴村民委员会		7
施甸县	仁和镇	勒平村民委员会		10
施甸县	仁和镇	张家村民委员会		29
施甸县	仁和镇	菠萝村民委员会		34
施甸县	仁和镇	查邑村民委员会		6
施甸县	仁和镇	苏家村民委员会		11
施甸县	仁和镇	土官村民委员会		25
施甸县	仁和镇	五楼村民委员会		34
龙陵县	碧寨乡	碧寨村民委员会		2
龙陵县	镇安镇	八〇八社区村民委员会		1

2.8.2.2 一次性货币补偿方案

一次性货币补偿安置是指不需配置土地资源,采取一次性货币补偿的方式,将土地补偿资金发放至移民所在村民集体经济组织。

由于近年来农村居民的生产生活渠道在不断拓宽,除土地种植业收入外,还可以通过外出务工、经商等渠道来进行谋生,因此在移民意愿征求过程中,大部分农户倾向于一次性货币补偿安置方式。

根据移民生产安置意愿调查,共计发放意愿调查表 120 份,收回 118 份,回收率 98%。生产安置方式全部选择一次性货币补偿。现状移民家庭收入来源呈现多元化、不再单一依靠农业且收入中农业所占比例逐年下降,农村劳动力大都是中老年,年轻劳动力减少,意愿调查结果符合现状移民实际状况。生产安置不新增占地。

2.8.3 搬迁安置

2.8.3.1 搬迁安置人口

潞江坝灌区工程现状年直接征占住房的人口为 27 户 105 人,其中水库淹没影响区 45 人,其他工程建设区 60 人;规划水平年搬迁安置总人口为 107 人,其中水库淹没影响区 46 人,枢纽工程建设区 61 人。对其进行补偿后,分散后靠在原村民小组进行安置。

2.8.3.2 安置方案

根据《云南省保山市潞江坝灌区工程可行性研究阶段建设征地移民安置规划报告》及云南省搬迁安置办公室关于潞江坝灌区工程可行性研究建设征地移民安置规划报告的审核意见,工程涉及搬迁规模较小且比较分散,不需要集中安置,根据移民意愿,规划全部采取分散安置。

结合环境容量分析结果,根据移民意愿和地方政府意见,本项目搬迁安置均为就近后靠分散安置,对搬迁移民影响较小,通过移民基础设施补偿费可改善人畜饮水条件,有效解决其生活用电等问题。

根据移民搬迁安置意愿调查,淹没及枢纽区共计发放意愿调查表 27 份,收回 27 份,回收率 100%,搬迁安置方式全部选择后靠分散安置。潞江坝灌区工程建设征地搬迁安置去向见表 2-30。

表 2-30　潞江坝灌区工程建设征地搬迁安置去向

县(区)	乡(镇)	村	组	搬迁安置人口		搬迁安置去向
				基准/户	基准/人	分散后靠安置
建设征地区(合计)				27	105	105
淹没影响区(小计)				12	45	45
隆阳区	芒宽乡	西亚村民委员会	外八萝	9	35	35
隆阳区	芒宽乡	西亚村民委员会	深沟	1	2	2
隆阳区	潞江镇	芒柳村民委员会	大岭子	1	5	5
隆阳区	潞江镇	芒柳村民委员会	河坝子	1	3	3
枢纽工程建设区(小计)				0	0	0
其他水利工程区(小计)				15	60	60
隆阳区	杨柳乡	杨柳村民委员会		2	5	5
隆阳区	芒宽乡	敢顶村民委员会		2	8	8
施甸县	仁和镇	张家村民委员会		4	17	17
施甸县	仁和镇	菠萝村民委员会		6	25	25
龙陵县	镇安镇	八〇八社区村民委员会		1	5	5

2.8.4　专业项目设施

建设征地影响农村公路 6.80 km(水库工程区 2.34 km,其他水利工程区 4.46 km);复建水库工程区农村公路 1.55 km(八萝田水库 1.03 km,芒柳水库 0.52 km)。建设征地影响 35 kV 输电线路 2.17 km,全部位于水库工程区,采取复建处理;影响 10 kV 输电线路 12.41 km(水库工程区 7.06 km,其他水利工程区 5.35 km),采取复建处理;影响低压线路 17.95 km(水库工程区 7.47 km,其他水利工程区 10.48 km),采取复建处理。建设征地影响各类通信线路 74.77 km(水库工程区 28.60 km,其他水利工程区 46.17 km),采取复建处理。详见表 2-31。

表 2-31　潞江坝灌区工程专业项目复建情况　　　单位:km

项目	工程类型		影响长度	复建长度
农村公路	水库工程区	八萝田水库	1.18	1.03
		芒柳水库	1.16	0.52
	其他水利工程区		4.46	复建

续表 2-31

项目	工程类型		影响长度	复建长度
35 kV 输电线路	水库工程区	八萝田水库	2.17	1.5
		芒柳水库		2.5
10 kV 输电线路	水库工程区	八萝田水库	7.06	1.9
		芒柳水库		1.4
	其他水利工程区		5.35	复建
低压线路	水库工程区	八萝田水库	7.47	0.9
		芒柳水库		0.3
	其他水利工程区		10.48	复建
通信线路	水库工程区		28.60	复建
	其他水利工程区		46.17	复建

2.9　工程运行管理

保山市潞江坝灌区管理局属于保山市大型灌区工程建设管理中心下设的二级单位,在潞江坝灌区管理局下设隆阳区、施甸县、龙陵县管理分局,分别管理隆阳区、施甸县、龙陵县内的灌区工程。各管理分局下设乡镇农民用水户协会,协会以下设灌区内各村用水户小组,见图 2-2。

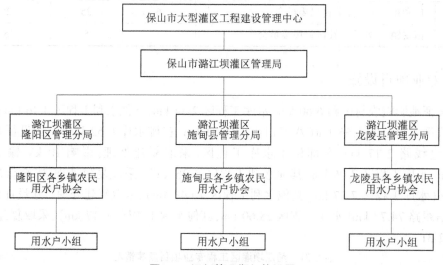

图 2-2　运行管理期机构设置

潞江坝灌区工程管理机构人员由管理局人员和用水户协会组成,管理局人员按专职人员配备,在已有人员编制的基础上,按实际需求新增人员编制。

本灌区工程设计灌溉面积 63.47 万亩,根据水利部《水利工程管理单位定岗标准(试点)》(2004)中"大中型灌区工程管理单位定员级别"的规定,云南省保山市潞江坝灌区属大(2)型灌区,定员级别为 3 级。

经测算,共需新增人员编制 18 人。

保山市大型灌区工程建设管理中心及潞江坝灌区管理局机关人员新增编制 8 人,均位于市区,无新增管理用房要求。

隆阳管理分局新增编制 5 人,其中隆阳管理分局 1 人,位于市区,无新增管理用房要求,八萝田水库管理站 2 人,芒柳水库管理站 2 人,位于水库现场。根据《水利工程管理单位定岗标准》(试点)的规定,按人均 50 m² 计,初拟八萝田水库和芒柳水库的管理及仓储用房面积均为 100 m²;杨三寨泵站不新增管理人员,由红岩水库管理人员代管理。

施甸管理分局新增编制 2 人,位于县城,无新增管理用房要求。

龙陵管理分局新增编制 3 人,位于县城,无新增管理用房要求。

第 3 章　工程分析

3.1　与相关政策法律法规符合性分析

3.1.1　国家产业政策符合性分析

2010 年 12 月 31 日,中共中央、国务院发布的《关于加快水利改革发展的决定》提出:在保护生态和农民利益前提下,加快水能资源开发利用,统筹兼顾防洪、灌溉、供水、发电、航运等功能……。根据国家发展和改革委员会 2020 年 1 月 1 日实施的《产业结构调整指导目录(2019 年本)》,农田建设与保护工程(含高标准农田建设、水利高效节水灌溉整治等)、土地工程(含高标准农田建设、水利高效节水灌溉整治等)、土地综合整治属于其中的鼓励类项目。

云南省保山市潞江坝灌区工程为农田水利工程,符合国家产业政策。

3.1.2　与“三先三后”原则的符合性分析

3.1.2.1　关于“先节水后调水”原则

本次在水资源配置及需水预测时,对节水予以充分考虑。

农业灌溉用水方面,潞江坝灌区现状灌溉水利用系数 0.48,规划水平年通过灌区的渠系配套、节水改造及田间配套工程,配合其他农业节水措施,2035 年综合灌溉水利用系数提高至 0.72,高于云南省及全国 2030 年农田灌溉水利用系数发展目标 0.6(预测其 2035 年为 0.65);农业灌溉用水量 296 m³/亩,接近于保山市及云南省平均水平。

工业用水方面,2035 年潞江坝灌区工业用水弹性系数为 0.28,工业万元增加值用水量为 23 m³/万元,低于云南省 2030 年工业用水定额指标 40 m³/万元及 2035 年预测值 35 m³/万元。

生活用水方面,2035 年潞江坝灌区乡镇、农村居民生活用水量分别控制在 118 L/(人·d)和 98 L/(人·d),均低于保山市和云南省的水平。居民生活使用节水器具普及率提高,自来水厂及管网损失率降低。

综上所述,本工程较充分地考虑了节水要求,符合“先节水后调水”原则。

3.1.2.2　关于“先治污后通水”原则

潞江坝灌区工程受水区主要为怒江保山段及其支流,其主要河流既是受水区的供水水源,也是区域各类废污水的主要受纳水体。根据污水处理厂现状及规划资料,经水质预测,潞江坝灌区建成后,枯水年 5 个预测断面的水质均能达到相应水质标准,由于灌溉期集中在 4—8 月,各断面各项水质指标在 5—8 月达到最大值,随后由于灌溉期结束以及河流自净作用,各断面水质呈好转趋势。本工程的建设满足“先治污后通水”原则。

3.1.2.3　关于"先环保后用水"原则

本工程进行水资源配置和需水预测时,首先充分考虑节水相关要求,通过工程建设,结合工程供水区当地水资源,在优先满足水源区下游生态流量及生产、生活用水的前提下,水资源得到了合理利用。工程尽可能避让了各种环境敏感区,降低工程对地表环境的影响。

工程建成运行后,工程供水区涉及各河流"一河一策"等相关水环境保护要求和治理措施;工程通水前,确保工程供水的村镇污水处理设施满足污水处理要求,实现增水不增污,满足"先环保后用水"原则。

3.1.3　与"四水四定"原则的符合性分析

3.1.3.1　关于"以水定城"原则

参照潞江坝灌区规划水平年综合水平,结合涉及区(县)近年来实际经济发展、用水节水水平等情况,预测 3 个涉及区(县)2035 年用水总量为 6.21 亿 m³,其中生活用水量 1.36 亿 m³,农业灌溉用水量 4.07 亿 m³,工业用水量 0.68 亿 m³,环卫绿化用水量 0.10 亿 m³。

根据潞江坝灌区水资源配置方案成果,潞江坝灌区工程隆阳区涉及潞江镇、芒宽乡、蒲缥镇、杨柳乡等 5 个乡镇,规划水平年 2035 年,通过供需平衡分析,潞江坝灌区涉及隆阳区的总用水量为 1.53 亿 m³。施甸县涉及甸阳镇、仁和镇、由旺镇、水长乡、太平镇等 5 个乡镇,规划水平年 2035 年灌区总用水量为 0.49 亿 m³。龙陵县涉及镇安镇、碧寨乡、腊勐镇等 3 个乡镇,规划水平年 2035 年灌区总用水量为 0.36 亿 m³。

潞江坝灌区各县用水总量未超规划年用水总量指标,隆阳区灌区用水总量占全县用水指标的 43.71%,施甸县灌区用水总量占全县用水指标的 33.79%,龙陵县灌区用水总量占全县用水指标的 20.57%,均未超各县用水总量指标,满足"以水定城"原则。

3.1.3.2　关于"以水定地、以水定人和以水定产"原则

潞江坝灌区现状灌溉水利用系数 0.48,规划水平年通过灌区的渠系配套、节水改造及田间配套工程,配合其他农业节水措施,2035 年综合灌溉水利用系数提高至 0.72,高于云南省及全国 2030 年农田灌溉水利用系数发展目标 0.6(预测其 2035 年为 0.65);农业灌溉用水量 296 m³/亩,接近于保山市及云南省平均水平。生活用水方面,2035 年潞江坝灌区乡镇、农村居民生活用水量分别控制在 118 L/(人·d)和 98 L/(人·d),均低于保山市和云南省的水平。居民生活使用节水器具普及率提高,自来水厂及管网损失率降低。工业用水方面,2035 年潞江坝灌区工业用水弹性系数 0.28,工业万元增加值用水量为 23 m³/万元,低于云南省 2030 年工业用水定额指标 40 m³/万元及 2035 年预测值 35 m³/万元。

设计水平年 2035 年,潞江坝灌区多年平均总需水量 24 455 万 m³,其中:生活需水量 2 447 万 m³,工业需水量 1 820 万 m³,农业需水量 20 188 万 m³;工程建设后灌区总供水量为 23 199 万 m³,缺水总量为 1 256 万 m³,均为农业缺水,缺水率 5.1%。灌区工程建设后,2035 年灌区多年平均新增供水量 10 815 万 m³,其中通过已建工程节水改造和渠系配套供水挖潜新增供水 9 113 万 m³,本次新建工程新增供水 1 702 万 m³,其新增生活供水量 233 万 m³(乡镇生活供水 62 万 m³、农村生活供水 171 万 m³)、工业供水量 23 万 m³、农业供水 1 446 万 m³。工程建设满足"以水定地、以水定人和以水定产"原则。

3.1.4　与最严格水资源管理制度符合性分析

《云南省人民政府关于实行最严格水资源管理的意见》(云政发〔2012〕126 号)、《云南

省人民政府办公厅关于印发〈云南省实行最严格水资源管理制度考核办法〉的通知》（云政办函〔2013〕132号）、《保山市实行最严格水资源管理制度考核工作组办公室关于印发水资源管理"三条红线"控制指标分解工作的函》（保水〔2016〕91号），工程区所在的保山市隆阳区、施甸县、龙陵县最严格水资源管理"三条红线"指标见表3-1。

表3-1　最严格水资源管理"三条红线"指标

区（县）	用水总量控制目标		用水效率控制目标	水功能区达标控制指标
隆阳区	2017年	≤3.36亿m³		
	2020年	≤3.45亿m³		
	2030年	≤3.50亿m³	2016年万元工业增加值用水量较2015年下降10%；2016年农田灌溉水有效利用系数0.490	2030年省控及以上监测断面达到或好于Ⅲ类水体比例100%
施甸县	2017年	≤1.41亿m³		
	2020年	≤1.44亿m³		
	2030年	≤1.45亿m³		
龙陵县	2017年	≤1.68亿m³		
	2020年	≤1.73亿m³		
	2030年	≤1.75亿m³		

3.1.4.1　用水总量合理性分析

1.用水总量红线指标

根据保山市水资源管理"三条红线"控制指标分解，灌区涉及的隆阳区、施甸县、龙陵县2030年的用水总量控制指标为6.70亿m³，其中：隆阳区3.50亿m³、施甸县1.45亿m³、龙陵县1.75亿m³。本次潞江坝灌区年用水量合计2.32亿m³。

2.区域用水总量对比

潞江坝灌区建成后，涉及3个区（县）规划水平年2035年用水总量为6.21亿m³，扣除再生水利用水量0.10亿m³后为6.11亿m³，小于用水总量红线控制指标6.70亿m³；隆阳区、施甸县及龙陵县的用水总量均在用水总量控制目标范围内。

潞江坝灌区建成后涉及区、县用水总量与目标值对比情况见表3-2。

表3-2　用水总量控制情况　　　　　　　　　　　　　　　　　单位：亿m³

涉及区、县	2030年用水总量控制指标	本次预测2035年用水量（扣除再生水利用量）	
		用水总量	其中：潞江坝灌区用水量
隆阳区	3.50	3.39	1.40
施甸县	1.45	1.37	0.50
龙陵县	1.75	1.35	0.42
合计	6.70	6.11	2.32

3.1.4.2　用水效率合理性分析

1.潞江坝灌区规划水平年用水指标

2035年，潞江坝灌区多年平均农业灌溉用水量为296 m³/亩，工业增加值用水量为

23 m³/万元,乡镇、农村居民生活用水量分别控制在 118 L/(人·d)和 98 L/(人·d),全灌区农业综合灌溉水利用系数为 0.72,工业用水弹性系数为 0.28,万元 GDP 用水量为156 m³/万元,人均 GDP 为 4.2 万元/人。各指标详见表 3-3。

表 3-3　潞江坝灌区规划水平年用水指标情况

农业灌溉用水量/(m³/亩)	工业增加值用水量/(m³/万元)	万元 GDP 用水量/(m³/万元)	居民生活用水量/[(L/(人·d))]		农业综合灌溉水利用系数	工业用水弹性系数
			乡镇	农村		
296	23	156	118	98	0.72	0.28

2.相关规划用水指标要求

根据《保山市水利发展"十三五"规划》,2020 年,保山市全市供用水总量应控制在12.47 亿 m³ 以内,万元国内生产总值用水量、万元工业增加值用水量较 2015 年分别降低25%和29%,即分别降至 147 m³/万元和 47 m³/万元。并据此预期 2030 年分别降至88 m³/万元和41 m³/万元。

3.用水指标对比

潞江坝灌区现状灌溉水利用系数 0.48,规划水平年通过灌区的渠系配套、节水改造及田间配套工程,配合其他农业节水措施,2035 年综合灌溉水利用系数提高至 0.72,高于云南省及全国 2030 年农田灌溉水利用系数发展目标 0.6(预测其 2035 年为 0.65);农业灌溉用水量296 m³/亩,接近于保山市及云南省平均水平,低于全国平均水平。

灌区 2035 年工业万元增加值用水量为 23 m³/万元,低于云南省 2030 年工业用水定额指标 40 m³/万元及 2035 年预测值 35 m³/万元;乡镇居民生活用水量 118 L/(人·d)和农村居民生活用水量 98 L/(人·d),均低于保山市和云南省的指标水平,略高于全国平均水平。

综上所述,潞江坝灌区农业和工业用水指标均优于区域相关规划指标,居民生活用水指标与云南省和全国指标基本相当,总的来说,潞江坝灌区 2035 年的主要用水效率指标符合相关规划控制要求,用水指标是合理的。

3.1.4.3　水环境功能区限制纳污分析

根据《云南省水功能区划》,潞江坝灌区工程范围内涉及的 3 个水功能区均为河流型。根据《保山市水功能区划》,潞江坝灌区工程范围内涉及一级水功能区 28 个,其中河流型 20个、湖库型 8 个。

2020 年在保证《中共保山市委　保山市人民政府关于全面加强生态环境保护坚决打好污染防治攻坚战的实施意见》《保山市环境保护"十三五"规划(2016—2020 年)》《保山市人民政府关于印发保山水污染防治工作方案的通知》等相关规划水污染措施、农业污染措施等全面实施后,灌区内水环境得到全面的治理和改善,潞江坝灌区灌溉退水,减少农药化肥施用量,采用有机肥料和节水灌溉技术,对于在严格落实以上环保措施的条件下,潞江坝灌区水质基本可以满足水功能区水质标准,水资源配置方案可以满足水功能区限制纳污红线要求。

3.1.5　与《中华人民共和国水污染防治法》符合性分析

根据《中华人民共和国水污染防治法》第二十七条规定,国务院有关部门和县级以上地方人民政府开发、利用和调节、调度水资源时,应当统筹兼顾,维持江河的合理流量和湖泊、水库及地下水体的合理水位,保障基本生态用水,维护水体的生态功能。

第六十五条~六十七条规定:"禁止在饮用水水源一级保护区内新建、改建、扩建与供水设施和保护水源无关的建设项目;已建成的与供水设施和保护水源无关的建设项目,由县级以上人民政府责令拆除或者关闭。禁止在饮用水水源一级保护区内从事网箱养殖、旅游、游泳、垂钓或者其他可能污染饮用水水体的活动"。"禁止在饮用水水源二级保护区内新建、改建、扩建排放污染物的建设项目;已建成的排放污染物的建设项目,由县级以上人民政府责令拆除或者关闭""禁止在饮用水水源准保护区内新建、扩建对水体污染严重的建设项目;改建建设项目,不得增加排污量。"

云南省潞江坝灌区工程任务:以农业灌溉为主,结合村镇供水,为巩固区域脱贫实现现代化创造条件。水资源配置中优先保障新建水源工程及已建调蓄水源工程等水源工程下游基本生态用水,维护水体的基本生态功能。

原有渠道的局部渠段位于饮用水水源保护区范围内,但工程及所有临时设施均不在饮用水水源保护区内,且保护区范围内渠系不进行施工,因此工程对饮用水水源保护区无直接影响。

综上所述,本工程与《中华人民共和国水污染防治法》是相符的。

3.2 与相关功能区划的符合性分析

3.2.1 与《云南省主体功能区规划》的符合性

根据 2014 年 1 月颁布实施的《云南省主体功能区规划》,潞江坝灌区工程范围内多数为农产品主产区和省级重点开发区,少数分布有禁止开发区,经将工程与云南省主体功能区划进行叠图分析,工程及灌片不涉及云南省主体功能区规划中的禁止开发区和限制开发区,工程及灌片所在位置主要为农产品主产区,其功能定位是保障粮食产品和主要农产品供给安全的基地,农产品主产区要以大力发展高原特色农业为重点,切实保护耕地,稳定粮食生产,发展现代农业,增强农业综合生产能力,有效增强农产品供给保障能力,确保国家粮食安全和食品安全,其发展方向和开发原则:切实加强农业基础设施、装备建设。以农田水利基础设施建设为主,突出抓好以水浇地、坡改梯和中低产田改造为重点的高稳产农田建设,加强大中型灌区续建配套和节水改造,提高人工增雨抗旱和防雹减灾的作业能力。

潞江坝灌区工程目的是增强区域农业综合生产能力,加强农业基础设施建设,与《云南省主体功能区规划》对该区域的主体功能定位和开发原则完全一致,因此工程与主体功能区划相符。

评价建议,在工程实施过程中,注意开发方式和时序,尽量减少对区域生态系统的破坏,充分考虑生态环保的要求,避开区域内小范围的禁止开发区,水资源的重新分配考虑开发河流的生态需求,保障生态需水,尽可能采取生态友好型取水方式。

3.2.2 与《云南省生态功能区规划》的符合性

根据《云南省生态功能区规划》,潞江坝灌区工程范围所在区域涉及Ⅱ2-1怒江下游中山山原农业生态功能区和Ⅲ7-2高黎贡山、怒江河谷生物多样性保护生态功能区。

Ⅱ2-1怒江下游中山山原农业生态功能区,主要生态特征以中山山原地貌为主,主要生态环境问题是土地不合理利用带来的生态破坏和环境污染。主要生态系统服务功能是以多种经济作物为主的生态农业,保护措施与发展方向是调整产业结构,发展蔗糖和热带水果等经济作物,保护基本农田,保障商品粮生产。

Ⅲ7-2高黎贡山、怒江河谷生物多样性保护生态功能区,主要生态特征以中山峡谷地貌为主。主要生态问题是生境破碎化带来对生物多样性的威胁。主要生态系统服务功能以中山湿性常绿阔叶林和扭角羚动物等珍稀动物的生物多样性保护,保护措施与发展方向是加强自然保护区的管理,保护山地垂直生态系统的完整性,防止生境破碎化,适度发展江边热作和生态旅游。

潞江坝灌区工程的实施为农业生态功能区提供水源保障,为经济作物发展提供充足的水源保障,保护基本农田,符合Ⅱ2-1怒江下游中山山原农业生态功能区发展方向;灌区工程线路使水系连通、灌区连片,可以有效减缓生境破碎化对生态环境造成的影响,符合Ⅲ7-2高黎贡山、怒江河谷生物多样性保护生态功能区的发展方向,因此本灌区工程实施符合《云南省生态功能区规划》。

3.3　与怒江流域综合规划成果的符合性分析

3.3.1　与《怒江流域综合规划(征求意见稿)》的符合性

潞江坝灌区是怒江流域综合规划中重点灌溉工程。在水利部长江水利委员会2016年7月编制的《怒江流域综合规划》中指出,潞江坝灌区位于怒江中游段保山市隆阳区西南部的潞江、芒宽、蒲缥、杨柳三乡一镇,是怒江流域最为宽阔、平缓干热河谷坝和云南省重要热区开发示范区,土地面积1 588 km²,耕地面积39.7万亩。潞江坝灌区以大、小海坝水库、明子山水库及怒江支流引水工程等为主要供水水源。该区域地貌、降雨量分布的差异性较大,不同区域的水源工程各异,宜采取分片方式解决。因灌溉设施不足,且缺乏调蓄工程,区域内干旱缺水现象普遍,对农作物生长及农业发展影响较大。应按照"突出重点、统筹兼顾、因地制宜、量力而行"的原则,充分发挥现有工程作用,开源节流并举,大力推广节水灌溉新技术,通过新建灌溉工程和对现有灌区工程进行续建配套改造,扩大灌溉面积,提高灌溉保证率,增加农牧业产量。潞江坝灌区由于建设年代久远,渠道衬砌段少,灌溉水利用系数0.46,水量损失大。规划兴建泸水水利枢纽、赛格水库、小地方水库,配合已建水源工程来解决灌区水源问题。

本次保山市潞江坝灌区工程是《怒江流域综合规划》中的一部分,流域综合规划正在编制过程中,本工程内容将全部列入怒江流域综合规划,本灌区工程与《怒江流域综合规划》是相符的。

3.3.2　与《怒江流域综合规划环境影响报告书(征求意见稿)》的符合性分析

《怒江流域综合规划环境影响报告书(征求意见稿)》提出的目标如下:

(1)在保护生态环境、维护河流健康的前提下,合理开发利用和保护水资源,通过增加有效供水、控制需求、强化节水、合理调配,使流域内缺水状况得到改善,2020 年遇中等干旱年仅有少量缺水。通过合理配置工业、农业、生活、生态用水量,并提高生态用水。

(2)流域内水功能区主要控制指标达标率达到 95%以上,污染物入河量全部控制在功能区纳污能力范围内,水环境呈良性发展。

(3)维系流域水生生物的多样性和完整性;保护流域内复杂、独特的水生态环境,流域水生态状况明显改善,不同类型的生境得到有效保护;完善流域内西藏羌塘、云南高黎贡山、南滚河、龙陵小黑山、永德大雪山及镇康南捧河等自然保护区,那曲沼泽湿地和聂荣、安多沼泽湿地等重要湿地的监督管理;流域生态环境全面改善,生态系统趋向良性循环;基本实现流域水资源的持续利用。

(4)通过新建灌溉工程和现有工程配套改造,扩大灌溉面积,提高灌溉保证率,合理开发和保护土地资源,提高农牧业产量。工程实施中尽量减少占地面积,防止水土流失,并做好复耕和绿化措施,提高土地利用率。

保山市潞江坝灌区范围内水质现状较好;工程通过优化调整避开了高黎贡山自然保护区、小黑山自然保护区、博南古道省级风景名胜区等;通过新建灌区工程和配套改造,扩大灌区面积,提高了灌溉保障率,合理开发和保护土地资源,与怒江流域综合规划环评保护目标等相符。

3.4 与潞江坝灌区工程规划的符合性分析

3.4.1 与《云南省保山市潞江坝灌区工程规划》的符合性

2019 年 3 月,中水北方勘测设计研究有限责任公司编制了《云南省保山市潞江坝灌区工程规划》。规划中指出:潞江坝灌区规划灌溉面积 65.42 万亩,工程位于保山市怒江两岸,以怒江一级支流及干流为主要水源,灌面高程在 600~2 000 m,涉及保山市的隆阳区、施甸县及龙陵县。灌区大部分灌片集中连片,极少部分相对分散,规划以已建小(1)型水库及中型水库为主要节点,以已建灌排渠系工程为基本框架,进行合理分区、分灌片统筹布局。规划阶段潞江坝灌区共布设骨干水源工程 77 座,其中蓄水水源工程 22 座、引水工程 45 座、提水工程 7 座、连通工程 3 座。骨干渠系 101 条,总长 837.10 km。排水渠系 86 条,灌面内排水长度 587.33 km。

本次保山市潞江坝灌区工程是《云南省保山市潞江坝灌区工程规划》的延续,可研阶段在原规划基础上进行了进一步优化,未突破原规划内容,因此本灌区工程与《云南省保山市潞江坝灌区工程规划》是相符的。

3.4.2 与《云南省保山市潞江坝灌区工程规划环境影响报告书》的符合性

《云南省保山市潞江坝灌区工程规划环境影响报告书》及审查意见中提出的意见和目标包括以下七点:

(1)水源工程应重点关注项目建设对水文情势、河流连续性、水生生态、鱼类栖息生境等的影响,并在进一步深化设计报告的前提下复核与最终公布的云南省生态保护红线的相对位置关系。

（2）建设项目环评阶段应重点关注渠系和连通工程施工期对水环境、水生生态、陆生生态、环境敏感区的影响。进一步复核工程与生态保护红线的相对位置关系，优化调整线路布置，避让生态保护红线及饮用水源保护区等环境敏感目标。

（3）项目环评阶段关注农业面源污染问题，进一步预测分析工程建设对区域怒江干流、主要支流施甸河、水长河等的影响，预测规划年重要断面水环境，制订灌溉和退水渠道的跟踪评价计划，重点关注清淤疏浚弃渣等对渣场土壤及生态环境的影响。

（4）项目环境影响评价阶段应避让周边的环境敏感区，工程规划新建赛格干渠（芒柳干渠）涉及猪头山龙洞地下水饮用水源保护区一级保护区及二级保护区。下阶段应进一步优化选线，合理进行施工布置，避开水源保护区，施工衬砌渠道应优化施工布置，尽量避开水源保护区，不对水源保护区产生不利影响。建议芒勒大沟维修衬砌段和摆达大沟维修衬砌段水源地内不施工，以避免对地下水源地产生影响。

（5）规划部分维修衬砌段位于生态保护红线内，在可研阶段，应进一步优化各规划维修衬砌工程的施工布置，尽量避让生态保护红线，尽可能减少工程对生态环境的影响。

（6）审查意见要求，加强规划范围内水生态及鱼类生境保护，规划新建水库要采取相应的水生态保护措施和鱼类保护措施。

（7）审查意见要求，落实环境要素的跟踪监测计划，特别关注水生态和地表水环境质量的变化趋势。

本报告对工程规划环境影响报告书及审查意见中的意见和目标回应如下：

（1）新建八萝田水库工程和芒柳水库工程及其他水源工程均按要求下泄生态流量，对于灌区内新建的小型水库水源（芒柳水库、八萝田水库），要求汛期（6—10月）生态流量下泄不低于多年平均流量的30%，非汛期（11月至次年5月）生态流量下泄按照多年平均流量的10%和90%保证率最枯月平均流量取外包后下泄。根据计算，生态流量取90%保证率最枯月流量，芒柳水库非汛期生态流量达到多年平均的14%，八萝田水库非汛期生态流量达到多年平均的14.6%。新建取水坝和重建取水坝均按多年平均10%下泄生态流量。新建杨三寨泵站取水对红岩水库下游河道水温情势影响，红岩水库按照汛期多年平均的30%下泄生态流量，非汛期按照多年平均的10%下泄生态流量。新建水库所在河流老街子河和芒牛河河长较短、流量较小，无法保证鱼类在上游完成完整生活史，工程对老街子河和芒牛河水生生态影响较小。

已将优化调整后的工程内容与"三区三线"文件中的生态保护红线核对位置关系，灌区灌面均不涉及生态保护红线，新建水库工程、提水泵站工程、取水坝工程均不涉及生态保护红线，施工营区和渣场、料场等临时工程不涉及生态保护红线。部分施工道路涉及生态保护红线，涉及红线的施工道路为位于生态保护红线内的已有道路，不在生态保护红线内新增占地。部分新建地下埋管工程涉及生态保护红线，新建地下埋管工程量较小，施工时间较短，施工结束后尽快对埋管进行填埋，进行植被恢复，对生态保护红线影响较小。

（2）工程施工期生产生活废水全部回用，不外排，对水环境、水生生态、陆生生态等几乎无影响，本工程中新建2个水库，工区混凝土生产系统共设置2座中和沉淀池和2座清水池，线路区每台拌和机配置一套移动式铁槽收集废水，经处理后上清液进行回用或洒水除尘。进一步复核了工程与生态保护红线的相对位置关系，经优化调整，工程不涉及生态保护红线及饮用水源保护区等环境敏感目标。

（3）本研究报告进一步预测分析了工程建设对区域怒江干流、主要支流施甸河、水长河等的影响，预测了规划年重要断面水环境，制订灌溉和退水渠道的跟踪评价计划。工程选取水长河入怒江断面、勐梅河入怒江断面、施甸河入怒江断面、怒江红旗桥断面、怒江干流出灌区断面等 5 个断面作为典型断面对农业面源污染进行了退水水质预测。经预测，5 个预测断面的水质均能达到相应水质标准，由于灌溉期集中在 4—8 月，各断面各项水质指标在 5—8 月达到最大值，随后由于灌溉期结束及河流自净作用，各断面水质呈好转趋势。相应提出灌溉和退水渠道的跟踪评价计划，具体为在八萝田水库和芒柳水库各设置 1 个监测断面；施甸河、水长河、勐梅河汇入怒江前 100 m 各设置 1 个监测断面；施甸坝排渠尾设置 1 个监测断面。

（4）经过对工程优化调整，新建芒柳干管已避让猪头山龙洞地下水饮用水源保护区一级保护区及二级保护区。芒柳干管距离猪头山龙洞最近距离约 800 m，位于猪头山龙洞下游，施工期废水回用不外排，不会对水源保护区产生不利影响。经复核，芒勒大沟维修衬砌段和摆达大沟维修衬砌段均不在水源地内，水源地内渠道较好，不进行施工活动，不会对水源地产生影响。

（5）在可研阶段进一步优化了工程的施工布置，施工营区和渣场、料场等临时工程不涉及生态保护红线，避让了生态保护红线。部分施工道路涉及生态保护红线，涉及红线的施工道路为位于生态保护红线内的已有道路，不在生态保护红线内新增占地，不会对生态保护红线产生影响。部分新建地下埋管工程涉及生态保护红线，新建地下埋管工程量较小，施工时间较短，施工结束后尽快对埋管进行填埋，进行植被恢复，对生态保护红线影响较小。

（6）本研究报告经过实际调查及工程建设对水生生态的影响分析，水库建成蓄水后，水位抬高，水位线以下植物将被淹没，同时被淹地带的土壤中所浸出的营养物质也进入水体，一些外源性的营养物质被积留于库内，使得库内水体中的营养物质在总量上大于建库前天然河流的含量，为库中的浮游生物提供充足的营养物质，为以浮游生物为食的鱼类提供了充足的食物来源，建坝蓄水后，水域面积得到拓宽，为鱼类的栖息活动提供较为广阔的场所。

工程建设后库区水流变缓，泥沙沉积，透明度升高，有利于浮游藻类对光能的利用，浮游藻类现存量的升高，相应地库区鱼类资源量会升高。坝下河段内流量将有一定程度减少。八萝田水库坝下约 2.5 km 入怒江，芒柳水库坝后约 3 km 入怒江，老街子河和芒牛河本身支流不发育，水量较小，河道无法保证鱼类完成生活史，工程建设对河流水生生态影响不大。经论证，在按要求下泄生态流量的情况下，不会对水生生态系统产生影响。

（7）本研究报告按环境要素提出了跟踪监测计划，特别关注水生态和地表水环境质量变化趋势。根据工程实际布置，本报告按要素提出相应跟踪监测计划，地表水环境主要监测施工生产生活废水，水库、取水坝等涉水工程所在河道水质；地下水主要监测工程周边地下水源地；施工期和运行期土壤监测 12 个监测点位，包括了工程占地范围内和 2 座水库周边占地范围外，主要监测土壤环境变化；提出了环境空气和声环境监测计划，其中在工程周边设置大气跟踪监测点 5 个，声环境跟踪监测点 10 个。

总体来说，工程通过优化调整避开了高黎贡山自然保护区、小黑山自然保护区、博南古道省级风景名胜区、饮用水源保护区等敏感区；项目阶段预测分析了工程建设对区域主要地表水域的影响；通过优化施工布置尽可能避让生态保护红线，减少了工程对生态环境的影响。

3.5　与《保山市"三线一单"》的符合性分析

3.5.1　生态保护红线

潞江坝灌区工程周边的生态保护红线类型为"怒江下游水土保持生态红线区"和"滇西北高山峡谷生物多样性维护与水源涵养生态红线区"。经叠图分析,本灌区灌面均不涉及生态保护红线,新建水库工程、提水泵站工程、取水坝工程均不涉及生态保护红线。施工营区和渣场、料场等临时工程不涉及生态保护红线,且本工程为供水设施建设,符合县级以上国土空间规划的线性基础设施、供水设施建设以及对已有的合法水利设施运行维护改造的活动,属允许类活动,工程与《关于加强生态保护红线管理的通知(试行)》是相符合的。

根据《自然资源部　生态环境部　国家林业和草原局关于加强生态保护红线管理的通知(试行)》(自然资发〔2022〕142 号)中,在符合法律法规的前提下,仅允许以下对生态功能不造成破坏的有限人为活动第六条,必须且无法避让、符合县级以上国土空间规划的线性基础设施、通信和防洪、供水设施建设和船舶航行、航道疏浚清淤等活动;已有的合法水利、交通运输等设施运行维护改造。潞江坝灌区部分地下埋管及相应施工道路涉及生态保护红线,工程建成后按要求进行迹地恢复,对生态保护红线影响较小,其中输水地下埋管为符合县级以上国土空间规划的线性基础设施、供水设施,维修衬砌临时施工道路为对已有合法水利、交通运输等设施运行维护改造,属允许类活动。工程与《自然资源部　生态环境部　国家林业和草原局关于加强生态保护红线管理的通知(试行)》(自然资发〔2022〕142 号)是相符合的。

3.5.2　环境质量底线

根据《保山市"三线一单"生态环境分区管控实施方案》,到 2025 年,全市水环境质量总体优良,集中式饮用水水源水质保持稳定,纳入国家和省级考核的地表水监测断面水质优良率稳步提升,地表水国控断面的优良水体达到或优于Ⅲ类比例为 100%,县级以上集中式饮用水水源水质达到或优于Ⅲ类比例为 100%;环境空气质量稳中向好,中心城市和各县(市)环境空气质量稳定达到国家二级标准,优良率保持稳定,达到省级下达的考核目标要求;全市土壤环境质量稳中向好,农用地和建设用地土壤环境安全得到有效保障,土壤环境风险得到有效控制,污染地块安全利用率达 90% 以上。

本项目施工期产生的废污水经治理措施处理后回用或达标排放,施工期产生的粉尘采取洒水等抑尘措施,噪声采取源头降噪、隔声措施等,对环境的影响较小。运行期根据退水水质预测,预计不会对灌区地表水质造成大的影响,对区域环境影响较小,环境质量可以保持现有水平。因此,本项目符合环境质量底线要求。

3.5.3　资源利用上限

为全面落实最严格水资源管理制度,推进节水型社会建设,水资源配置应最大限度节水,符合区域用水总量红线指标。根据水资源配置,预测 2035 年隆阳区用水总量为

3.47 亿 m^3,其中潞江坝灌区用水总量为 1.40 亿 m^3,保山坝灌区用水总量为 1.96 亿 m^3(城镇生活用水 0.76 亿 m^3,工业用水 0.37 亿 m^3,农村生活用水 0.13 亿 m^3,农业用水 0.70 亿 m^3),隆阳区其他地区用水 0.11 亿 m^3。

潞江坝灌区建成后,涉及 3 个区(县)规划水平年 2035 年用水总量为 6.21 亿 m^3,扣除再生水利用水量 0.10 亿 m^3 后为 6.11 亿 m^3,小于用水总量红线控制指标 6.70 亿 m^3;隆阳区、施甸县及龙陵县的用水总量均在用水总量控制目标范围内。因此,本项目满足资源利用上限要求。

3.5.4　生态环境准入清单

根据《保山市人民政府关于印发保山市"三线一单"生态环境分区管控实施方案的通知》,全市共划分 51 个生态环境管控单元,分为优先保护、重点管控和一般管控 3 类。其中,优先保护单元 15 个,包含生态保护红线、一般生态空间和饮用水水源地;重点管控单元 31 个,包含开发强度高、污染物排放强度大、生态环境问题相对集中的区域,大气环境布局敏感区、弱扩散区和矿产资源开发区域;一般管控单元 5 个,为优先保护、重点管控单元之外的区域。

本灌区工程涉及上述 3 类管控单元,工程不涉及饮用水水源保护区。

优先保护单元中,生态保护红线优先保护单元的管控要求为:按照国家生态保护红线有关要求进行管控;一般生态空间优先保护单元的管控要求为:以保护和修复生态环境、提供生态产品为首要任务,参照主体功能区中重点生态功能区的开发和管制原则进行管控,加强资源环境承载力控制,防止过度垦殖、放牧、采伐、取水、渔猎、旅游等对生态功能造成损害,确保自然生态系统稳定;涉及占用一般生态空间的开发活动应符合法律法规规定,没有明确规定的,加强论证和管理;未纳入生态保护红线的各类自然保护地按照相关法律法规规定进行管控。

重点管控单元中,保山市水长蒲缥工业聚集区重点管控单元和保山市水长华兴工业聚集区重点管控单元管控要求为:推广国家鼓励的工业节水工艺、技术和装备,提高水资源利用效率、工业用水重复率和中水回用率;优化能源结构,加强能源清洁利用;提高土地利用效率,节约集约利用土地资源。施甸县大气环境布局敏感重点管控单元管控要求为:优化产业布局,加强大气污染排放管控,严格论证新建和扩建钢铁、石化、化工、焦化、建材、有色冶炼等高污染项目,确保大气环境质量达标。

一般管控单元管控要求为:畜禽养殖按《畜禽规模养殖污染防治条例》等法律法规执行,力争做到雨污分流,并配套污染物处置设施;加强水电站生态流量保障工程建设,维持水体基本生态用水需求,重点保障枯水期生态基流;严格管控类农用地,不得在特定农产品禁止生产区域种植食用农产品;安全利用类农用地,应制定受污染耕地等安全利用方案,降低农产品超标风险;落实生态环境保护基本要求,项目建设和运行应满足产业准入、总量控制、排放标准等管理规定。

本项目施工中"三废"均得到了合理处置,运行期对区域环境基本无影响,工程新建八萝田水库和芒柳水库及新建取水坝下放生态流量均符合上述三类管控单元的相关要求。

3.6　与其他相关规划协调性分析

3.6.1　与《保山市水资源保护规划》协调性分析

保山市水务局于 2017 年 2 月编制完成了《保山市水资源保护规划》,规划目标是:2020 年城镇供水水源地水质全面达标、地下水无超采;主要江河湖泊水生态系统得到基本保护,河湖生态水量得到基本保证;基本建成水资源保护和河湖健康保障体系。规划 2030 年,水功能区主要控制指标达标率为 95% 以上;主要污染物入河总量全部控制在水功能区纳污能力范围之内,水库、湖泊等水体富营养化状况得到明显改善,水环境呈良性发展;城镇和乡镇供水水源地表水质全面达标;集中式地下水饮用水水源地全面达标,地下水无超采;主要江河湖泊水生态系统得到全面保护,河湖生态水量得到全面保障;建立完善的水资源保护和河湖健康保障体系,保障水资源和水生态系统的良性循环,以水资源可持续利用支撑经济社会的可持续发展。

云南省保山市潞江坝灌区工程通过新建水源工程、灌溉渠系工程和排水工程等措施优化区域水资源配置,为规划区域经济社会发展提供支撑,工程结合环境保护要求,对区域内水源工程提出下放和退补生态用水量等需求,有利于水资源和水生态系统的良性循环,与水资源保护规划目标基本一致。

3.6.2　与《保山市环境保护"十四五"规划(2021—2025 年)》的协调性分析

《保山市环境保护"十四五"规划(2021—2025 年)》总体目标,到 2025 年全市生态环境质量总体保持优良,国控、省控地表水水质断面优良率达 90.9% 以上,县级及以上集中式饮用水水源地水质达标率为 100%,城市空气质量优良率为 99.2% 以上。受污染耕地安全利用率和污染地块安全利用率保持 100%。

重点推进保山东河、施甸大河、昌宁右甸河等坝区段流域内城镇生活污染及农业农村面源污染治理,切实改善城镇河流水环境质量。完善农村垃圾清运体系,以集中与分散处理相结合的方式,加快农村垃圾处理设施建设,因地制宜建设完善农村污水处理设施,构建农村污水就地处理体系。

云南省潞江坝灌区工程为非污染类工程,工程实施后运行期不产生污染物,灌区内提倡高效节水技术,减少农药化肥的施用量,采用有机肥料,各水库下游的生态环境需水量综合考虑了坝址下游的生态用水、环境用水和生产生活用水等需求,下放下游河道生态用水,改善了灌区河流生态环境。

因此,云南省潞江坝灌区工程建设与《保山市环境保护"十四五"规划(2021—2025 年)》是相符的。

3.6.3　与《保山市林业和草原"十四五"保护发展规划》协调性分析

根据《保山市林业和草原"十四五"保护发展规划》,到 2025 年,保山林业和草原发展的主要目标是:

(1)生态安全屏障更加稳固。围绕森林、草原、湿地等重要生态系统,以山水林田湖草系统治理为主线,组织实施重要生态系统保护和修复重大工程,着力推进国土山川绿化、森林质量精准提升、草原保护和修复、湿地保护和修复,加强林草资源监督管理,提高生态系统整体固碳能力,提升自然生态系统质量和稳定性。全市森林覆盖率达 70.5%,新增森林蓄积量 1 000 万 m³,森林蓄积量 1.34 亿 m³;湿地保护率 60%以上;草原综合植被覆盖度 80%以上;重点野生动植物种类保护率达 90%;自然保护地面积占国土面积的 12%以上,生态安全屏障更加稳固。

(2)林草产业体系更加发达。深入践行"绿水青山就是金山银山"理念,深化供给侧结构性改革,以构建林草现代化产业体系为目标,打造世界一流绿色"三张牌",不断壮大坚果、特色经济林、林下经济、生态旅游、森林康养、观赏苗木等特色产业,优质林草产品供给能力不断增强,持续巩固拓展生态脱贫成果并助推乡村振兴。林草产业总产值达到 260 亿元。

(3)林业生态公共服务更趋完善。绿色惠民、公平共享、服务水平不断增强,优质生态产品和林产品更加丰富,不断满足人民对优美生态环境的需要。创建国家森林城市 1 个,森林乡村 160 个,村庄绿化覆盖率 50%,人居生态环境显著改善。生态文化更加繁荣,生态文明理念深入人心。

潞江坝灌区工程实施对林地及林木资源将产生一定损失,工程区以减少占地为原则,减少林地的占用,灌区工程可利用工程占用、淹没林地的补偿费,一级水土保持专项中有关生态补偿和治理的投资实施当地和异地造林或恢复植被,总体上不会对区域森林覆盖率造成明显影响。水源工程实施,库区内水域面积的增大对水量进行调蓄利用,改变局部区域的水湿、气候条件,对区域指标恢复、生态环境保护有一定正向作用。因此,潞江坝灌区工程与《保山市林业和草原"十四五"保护发展规划》是相符的。

3.6.4 与《云南省"十四五"高原特色现代农业发展规划》的协调性分析

根据《云南省"十四五"高原特色现代农业发展规划》,"十四五"时期,云南高原特色现代农业发展要按照"保供固安全、振兴畅循环"的定位思路,把握好重点目标任务和支撑保障,着力推动农业从增产导向转向提质导向,实现高质量发展。"十四五"时期,云南高原特色农业发展的总体目标是:在确保粮食等主要农产品有效供给基础上,以做"绿色食品牌"为抓手,深入推进农业供给侧结构性改革,加快农业产业转型升级,不断提升农业现代化水平,促进农民收入持续稳定增长,实现一定水平的农业高质高效农民富裕富足。规划提出加强高标准农田建设,到 2025 年,全省新建 1 500 万亩、改造提升 550 万亩高标准农田。大力发展现代农业,开展水稻、玉米、麦类、马铃薯等主要粮食作物及茶叶、花卉、蔬菜、水果、咖啡、中药材等经济作物绿色品种选育和应用技术研究。到 2025 年,农作物种质资源及畜禽遗传材料保存总量达 16 万份以上,培育农作物新品种 200 个以上,畜禽新品种(配套系)2 个以上,水产新品种 2 个以上,建设一批标准化、规模化优质农作物种子和畜禽水产良种生产基地,主要农作物良种覆盖率达 98%,国家级、省级畜禽遗传资源保护率达到 90%以上。

云南省保山市潞江坝灌区工程实施后将给区域农业生产尤其是特色农业生产创造条件,可增加区域内咖啡等耗水作物的种植面积,有利于推进云南省高原特色现代农业产业发展。本工程通过优化配置水资源,解决灌区缺水问题,促进当地经济社会高质量发展。

云南省保山市潞江坝灌区工程与《云南省"十四五"高原特色现代农业发展规划》是相协调的。

3.7　工程方案的环境合理性分析

3.7.1　八萝田水库工程方案环境合理性分析

八萝田水库枢纽永久性主要建筑物级别为 4 级,次要建筑物级别为 5 级。50 年一遇设计入库洪峰流量为 87.2 m³/s,1 000 年一遇校核入库洪峰流量为 137.9 m³/s。

坝址选择环境合理性:坝址选择主要取决于环境条件、地形和地质条件,同时结合枢纽布置、水库淹没、技术经济条件、建筑材料情况(分布、储量、质量)、施工条件等因素。八萝田水库拟定上、下两个坝址均无环境制约因素,根据坝址综合比选,选定下坝址作为推荐坝址。

施工环境合理性:工程料场、施工场地、施工生产生活区、混凝土拌和系统均不占用基本农田、生态保护红线和生态公益林。水库工区位于坝址下游,占地类型主要为耕地、园地和林地。施工生产生活区与工程区距离合适,不涉及生态保护红线等环境敏感区,施工生产生活区布置环境合理。混凝土拌和系统位于水库工区范围内,到施工点运距合适,不涉及生态保护红线等环境敏感区,八萝田水库坝址距离八萝田村最近距离约 500 m,对八萝田村影响较小。

3.7.2　芒柳水库工程方案环境合理性分析

芒柳水库枢纽工程挡水建筑物、泄水建筑物和引输水建筑物级别为 4 级,次要建筑物级别为 5 级。50 年一遇设计入库洪峰流量为 123.21 m³/s,1 000 年一遇校核入库洪峰流量为 184.83 m³/s。

坝址选择环境合理性:芒柳水库有上、下两个坝址可以选择,下坝址位于芒柳村上游约 0.3 km,拟定上、下两个坝址均无环境制约因素,根据坝址综合比选,选定上坝址为芒柳水库推荐坝址。

施工环境合理性:工程料场、施工场地、施工生产生活区、混凝土拌和系统均不占用基本农田、生态保护红线和生态公益林。水库工区位于坝址下游,占地类型主要为耕地、园地和林地。施工生产生活区与工程区距离合适,不涉及生态保护红线等环境敏感区,施工生产生活区布置环境合理。混凝土拌和系统位于水库工区范围内,到施工点运距合适,不涉及生态保护红线等环境敏感区,芒柳水库坝址附近最近村庄距离约 970 m,与附近村庄均有一定距离,不会对周围居民生活环境产生大的影响,从环境角度分析,混凝土拌和系统布设位置具有环境合理性。

3.7.3　其他水利工程方案环境合理性分析

工程共布置弃渣场 13 处,其中输水骨干工程布置 12 处。弃渣场类型有平地型和沟道型 2 种。弃渣场布设避开生态保护红线等环境敏感区,满足环保要求。

潞江坝灌区其他水库施工工区包含仓库、综合施工区、生产区和生活区等,施工生产生活区与工程区距离合适,不涉及生态保护红线等环境敏感区,施工生产生活区布置环境合理。

施工布置应根据区域地形条件尽可能少占用耕地,避开不利边坡条件和洪水,也避免可能产生滑坡、冲毁和淹没、环境污染等不当的施工布置。设计过程中,施工布置充分考虑了环境保护和安全施工的要求,施工布置均主动避让了生态保护红线等环境敏感区,施工布置环境角度基本合理。综上所述,工程施工总布置具有环境合理性。建议下阶段进一步优化工区布置,并尽量依托社会资源和租用民房,减少土地占用和环境影响。

3.8　工程施工期分析

3.8.1　水污染源分析

3.8.1.1　施工扰动

1.施工导流活动对地表水环境的影响

本项目涉水工程主要为新建水库、取水坝工程和跨河沟的交叉建筑物,施工方式采用导流截流,导流建筑物主要为施工围堰,工程导流围堰施工期间,将对涉及水体产生一定扰动,导致局部施工河段水体 SS 上升。

2.水库施工对地表水环境的影响

2 座新建水库要求汛期(6—10 月)生态流量下泄不低于多年平均流量的 30%,非汛期(11 月至次年 5 月)生态流量下泄按照多年平均流量的 10% 和 90% 保证率,最枯月平均流量取外包后下泄。根据工程调算,非汛期生态流量取 90% 保证率最枯月流量,即八萝田水库汛期下泄 0.39 m^3/s,非汛期下泄 0.18 m^3/s;芒柳水库汛期下泄 0.60 m^3/s,非汛期下泄 0.24 m^3/s。

2 座新建水库大坝工程实施期间由导流隧洞下放生态用水。初期蓄水阶段,导流隧洞下闸后蓄水至水库死水位之前,采取水泵抽水措施来保证生态流量正常下泄。达到水库死水位之后,通过生态基流管下泄生态流量。因此,初期蓄水对下游水生态环境影响较小。

3.取水坝施工对地表水环境的影响

为了减缓取水坝工程对河流水文情势的影响,5 座新建取水坝(其中溶洞坝从白胡子、小寨子、水井 3 个溶洞取水)拟按照多年平均的 10% 下泄生态流量。其中道街坝采用围堰一次拦断河床明渠导流方式,施工期通过导流明渠过流;其余取水坝采用分期导流方式,施工期通过原河道和导流明渠过流,上游来水全部下泄,不会对坝下水文情势产生不利影响。

3.8.1.2　施工期水污染源

1.混凝土拌和系统冲洗废水

根据施工组织设计,在水库工程各施工区布置混凝土生产系统 1 座,共 2 座承担混凝土拌和任务;输水线路工程沿线布置 0.4 m^3/0.8 m^3 移动式拌和机承担混凝土拌和任务,共 98 台。

固定式拌和站冲洗废水 1.5 m^3/次,移动式混凝土搅拌机冲洗用水 0.5 m^3/次,废水产生系数 0.8,高峰期每天 2 班,每班冲洗一次,混凝土拌和系统废水经处理后回用于施工区洒水降尘。混凝土拌和系统冲洗废水中含有较高的悬浮物且含粉率较高,废水呈碱性,pH 为

11~12。根据水利工程施工区混凝土拌和系统生产废水悬浮物浓度资料,拌和系统废水悬浮物浓度约 5 000 mg/L。

水库工程施工区混凝土拌和系统冲洗废水产生量及污染物产生情况见表3-4。

表 3-4　水库工程施工区混凝土拌和系统冲洗废水产生情况一览

序号	施工工区	型号	数量	生产能力/ (m³/h)	班次	冲洗水量 (m³/次)	废水量/ (m³/d)	污染物产生量 SS/(kg/d)
1	八萝田水库工区	HZS 25	1	25	2	1.5	2.4	12
2	芒柳水库工区	HZS 25	1	25	2	1.5	2.4	12

各灌片单元输水线路施工区混凝土拌和系统冲洗废水总产生量及污染物产生情况见表3-5。

表 3-5　输水线路施工区混凝土拌和系统冲洗废水产生情况一览

序号	灌片单元	数量	班次	冲洗水量/(m³/次)	废水量/(m³/d)	污染物产生量 SS/(kg/d)
1	芒宽坝单元	14	2	0.5	11.2	56
2	潞江坝单元	18	2	0.5	14.4	72
3	三岔河单元	5	2	0.5	4.0	20
4	八〇八单元	15	2	0.5	12.0	60
5	橄榄单元	2	2	0.5	1.6	8
6	小海坝单元	5	2	0.5	4.0	20
7	大海坝单元	3	2	0.5	2.4	12
8	阿贡田单元	7	2	0.5	5.6	28
9	水长河单元	6	2	0.5	4.8	24
10	蒲缥坝单元	5	2	0.5	4.0	20
11	烂枣单元	5	2	0.5	4.0	20
12	东蚌兴华单元	2	2	0.5	1.6	8
13	施甸坝单元	6	2	0.5	4.8	24
14	梨澡单元	5	2	0.5	4.0	20
	合计	98			78.4	392

2.机修含油废水

本工程施工期间,工程区距离县市区的距离较近,隆阳区、施甸县和龙陵县现有的社会修配企业能够满足本工程施工机械设备的大修要求,施工现场仅进行简单的设备维修即可。施工机械在保养冲洗过程中将产生一定的含油废水,主要污染物成分为石油类和悬浮物,废水排放方式为间歇性排放。

工程共需要配备机械 1 948 台,按照冲洗一台机械用水 0.25 m³/次、产污率90%、每 5 d 冲洗一次计算,则高峰期机械冲洗废水总产生量 87.66 m³/d。汽车冲洗废水污染物以石油类和悬浮物为主,石油类产生浓度约 40 mg/L,悬浮物浓度为 2 000 mg/L。

具体各施工工区污水及污染物产生情况见表 3-6。

表 3-6 灌区工程机械施工废水及污染物产生情况

工程类型	单元	机械数量/辆	废水量/(m³/d)	污染物产生量/(kg/d)	
				石油类	SS
水库工程	八萝田水库	136	6.08	0.24	12.24
	芒柳水库	84	3.78	0.15	7.56
其他水利工程	芒宽坝单元	259	11.66	0.47	23.31
	潞江坝单元	292	13.14	0.53	26.28
	三岔河单元	98	4.41	0.18	8.82
	八〇八单元	209	9.41	0.38	18.81
	橄榄单元	39	1.76	0.07	3.51
	小海坝单元	99	4.46	0.18	8.91
	大海坝单元	46	2.07	0.08	4.14
	阿贡田单元	117	5.27	0.21	10.53
	水长河单元	112	5.04	0.20	10.08
	蒲缥坝单元	95	4.28	0.17	8.55
	烂枣单元	127	5.72	0.23	11.43
	东蚌兴华单元	35	1.58	0.06	3.15
	施甸坝单元	98	4.41	0.18	8.82
	梨澡单元	102	4.59	0.18	9.18
合计		1 948	87.66	3.51	175.32

3.基坑排水

本工程基坑排水主要来源于水库工程和输水线路工程采用施工导截流工程。其中:八萝田水库和芒柳水库施工期间采用围堰一次性截断河床、左岸导流隧洞泄流的导流方式;取水坝和跨河建筑物采用分期围堰分期导流,产生基坑排水,主要为 SS。基坑排水分为初期排水和经常性排水两部分,初期排水是排除基坑积水、基岩及截流戗堤渗水等,经常性排水主要排除围堰、基岩渗水和施工弃水、降水等。经常性排水量与初期排水量相比较小,经常性排水强度估算为 81.67~137.50 m³/h。基坑排水水质较好,排水中主要污染物为悬浮物,一般浓度在 2 000 mg/L,基坑排水对河流水质影响不大。

4.隧洞排水

八萝田水库和芒柳水库施工时采用围堰一次性截断河床、导流隧洞泄流的导流方式。隧洞排水主要由隧洞内施工生产废水和洞室内地下渗水组成。隧洞排水中不含有毒物质,但悬浮物含量较高,浇筑混凝土时 pH 会较高。类比同类已建工程监测结果,本工程施工高峰期隧洞排水主要污染物浓度为悬浮物 100~5 000 mg/L,pH 为 8~10。

5.生活污水

根据施工组织设计,本项目共布设 48 个施工生活区,其中水库工程共设置 2 个生活区,输水线路工程共设置 46 个生活区。

生活废水包括施工人员洗涤、食堂排水和卫生用水。根据施工组织设计,本项目八萝田水库工程高峰期施工人员 390 人,芒柳水库工程高峰期施工人员 450 人,线路工区施工人员 6 890 人。根据云南省地方标准《用水定额》(DB53/T 168—2019),参照农村居民生活用水定额集中供水,按每人用水量 90 L/d,排放率按 80%计,灌区工程高峰期日生活污水总产生量为 556.56 m³/d,污染物产生量 COD、BOD_5、氨氮和 SS 分别为 166.97 kg/d、83.49 kg/d、11.18 kg/d 和 83.49 kg/d,见表 3-7。

表 3-7　灌区各施工区生活污水及污染物产生情况

工程类型	灌片	单元	施工区	高峰人数/人	废水量/(m³/d)	污染物产生量/(kg/d)			
						COD	BOD_5	氨氮	SS
水库工程		梨澡单元	八萝田水库工区	390	28.08	8.42	4.21	0.56	4.21
		潞江坝单元	芒柳水库工区	450	32.40	9.72	4.86	0.65	4.86
其他水利工程	干热河谷灌片	芒宽坝单元	芒宽坝 1#工区	150	10.80	3.24	1.62	0.22	1.62
			芒宽坝 2#工区	170	12.24	3.67	1.84	0.24	1.84
			芒宽坝 3#工区	150	10.80	3.24	1.62	0.22	1.62
			芒宽坝 4#工区	150	10.80	3.24	1.62	0.22	1.62
			芒宽坝 5#工区	150	10.80	3.24	1.62	0.22	1.62
			芒宽坝 6#工区	200	14.40	4.32	2.16	0.29	2.16
		潞江坝单元	潞江坝 1#工区	150	10.80	3.24	1.62	0.22	1.62
			潞江坝 2#工区	100	7.20	2.16	1.08	0.14	1.08
			潞江坝 3#工区	130	9.36	2.81	1.40	0.19	1.40
			潞江坝 4#工区	130	9.36	2.81	1.40	0.19	1.40
			潞江坝 5#工区	120	8.64	2.59	1.30	0.17	1.30
	三岔灌片	三岔河单元	三岔河 1#工区	150	10.80	3.24	1.62	0.22	1.62
			三岔河 2#工区	150	10.80	3.24	1.62	0.22	1.62
			三岔河 3#工区	150	10.80	3.24	1.62	0.22	1.62
			三岔河 4#工区	150	10.80	3.24	1.62	0.22	1.62
		八〇八单元	八〇八 1#工区	150	10.80	3.24	1.62	0.22	1.62
			八〇八 2#工区	160	11.52	3.46	1.73	0.23	1.73
			八〇八 3#工区	160	11.52	3.46	1.73	0.23	1.73
			八〇八 4#工区	100	7.20	2.16	1.08	0.14	1.08
			八〇八 5#工区	130	9.36	2.81	1.40	0.19	1.40
			八〇八 6#工区	120	8.64	2.59	1.30	0.17	1.30
			八〇八 7#工区	130	9.36	2.81	1.40	0.19	1.40

续表 3-7

工程类型	灌片	单元	施工区	高峰人数/人	废水量/（m³/d）	污染物产生量/（kg/d）			
						COD	BOD₅	氨氮	SS
其他水利工程	水长灌片	橄榄单元	橄榄 1# 工区	200	14.40	4.32	2.16	0.29	2.16
		小海坝单元	小海坝 1# 工区	150	10.80	3.24	1.62	0.22	1.62
			小海坝 2# 工区	200	14.40	4.32	2.16	0.29	2.16
		大海坝单元	大海坝 1# 工区	130	9.36	2.81	1.40	0.19	1.40
			大海坝 2# 工区	150	10.80	3.24	1.62	0.22	1.62
		阿贡田单元	阿贡田 1# 工区	200	14.40	4.32	2.16	0.29	2.16
		水长河单元	水长河 1# 工区	170	12.24	3.67	1.84	0.24	1.84
		蒲缥坝单元	蒲缥坝 1# 工区	150	10.80	3.24	1.62	0.22	1.62
			蒲缥坝 2# 工区	150	10.80	3.24	1.62	0.22	1.62
			蒲缥坝 3# 工区	100	7.20	2.16	1.08	0.14	1.08
			蒲缥坝 4# 工区	130	9.36	2.81	1.40	0.19	1.40
	烂枣灌片	烂枣单元	烂枣 1# 工区	170	12.24	3.67	1.84	0.24	1.84
			烂枣 2# 工区	130	9.36	2.81	1.40	0.19	1.40
			烂枣 3# 工区	150	10.80	3.24	1.62	0.22	1.62
			烂枣 4# 工区	130	9.36	2.81	1.40	0.19	1.40
		东蚌兴华单元	东蚌兴华 1# 工区	250	18.00	5.40	2.70	0.36	2.70
	施甸灌片	施甸单元	施甸 1# 工区	200	14.40	4.32	2.16	0.29	2.16
			施甸 2# 工区	170	12.24	3.67	1.84	0.24	1.84
			施甸 3# 工区	170	12.24	3.67	1.84	0.24	1.84
			施甸 4# 工区	150	10.80	3.24	1.62	0.22	1.62
			施甸 5# 工区	130	9.36	2.81	1.40	0.19	1.40
			施甸 6# 工区	120	8.64	2.59	1.30	0.17	1.30
			施甸 7# 工区	120	8.64	2.59	1.30	0.17	1.30
			施甸 8# 工区	120	8.64	2.59	1.30	0.17	1.30
合计				7 730	556.56	166.97	83.49	11.18	83.49

3.8.2 生态环境

3.8.2.1 对植被和土地利用现状的影响

潞江坝灌区工程占地包括淹没占地、工程永久占地和工程临时占地。占用各种土地面积共计 620.45 hm²，其中永久占地及淹没占地面积为 167.99 hm²，临时占用土地面积为 452.46 hm²。占用自然植被中的常绿阔叶林、落叶阔叶林、暖温性针叶林、竹林、稀树灌木草丛和灌丛 6 种植被类型;人工植被中的水田、旱地、园地和人工林。淹没占地与永久占地产生的影响效应相似,均使现有植被发生不可恢复性的破坏,土地利用形式发生永久性的改变,而临时占地可在施工结束后通过人工措施恢复原有的植被及土地利用方式。

3.8.2.2　对动植物资源的影响

本工程建设将征占 620.45 hm² 土地,坝基开挖、库盆清理、料场开采、输水管、渠及施工道路修筑等施工活动,将不可避免地使征地范围内的地表植被、植物资源、土壤等受到破坏,造成征占地范围部分植物个体死亡,少量动物栖息环境破坏。

3.8.2.3　对水生生物的影响

涉水工程建设存在各种机械在水中作业,声、光、电等物理因素对施工河段鱼类栖息、生长、繁殖和迁移有不利影响;施工期会造成坝址局部河段水体浑浊,透明度降低,水质下降;围堰排水施工将使围堰段鱼类死亡或被滥捕;筑坝蓄水将导致坝下河段大幅度减水,甚至脱水,威胁鱼类的生存。局部河段鱼类时段性的影响将导致物种数量和种群密度的下降。但是涉水工程完工或停止,水质可在较短的时间内自行修复。通过严格管理,规范施工,大部分影响是可防、可控和可逆的。

3.8.2.4　对环境敏感区的影响

根据工程布置与环境敏感区叠图,本工程范围内新建工程不涉及自然保护区、风景名胜区等环境敏感区,新建工程最大程度避开水源地,工程不涉及饮用水源保护区。潞江坝灌区工程新建水库工程、干渠工程、提水泵站工程、取水坝工程等永久工程均不涉及生态保护红线。

临时用地中施工营区和渣场、料场等临时工程不涉及生态保护红线,不会对生态保护红线的主导功能和性质造成显著影响。部分地埋管及相应施工道路涉及生态保护红线,新建地埋管工程量较小,施工时间较短,施工结束后尽快对埋管进行填埋,进行植被恢复,对生态保护红线影响较小。

3.8.3　环境空气

灌区工程实施对环境的空气影响主要集中于工程施工期,运行期基本无大气污染物排放。本工程水源工程及渠系工程所需砂石骨料和块石料由靠近工程附近的石料场外购供应,不单独设置砂石料加工系统,结合灌区工程特点,工程施工期大气污染物质主要是施工扬尘、施工机械及运输车辆产生废气的排放。

3.8.3.1　施工扬尘

施工期土石方开挖与填筑及施工结束后临时设施拆除均会造成粉尘、扬尘等环境空气污染;混凝土拌和会产生粉尘和扬尘;建筑材料若运输、装卸、储存方式不当,可能造成泄漏,产生扬尘和粉尘污染。总悬浮颗粒物(TSP)是主要污染物,产生强度与施工、运输方式、气象条件有关,无覆盖堆存、大风天气时扬尘影响较大。

3.8.3.2　交通运输扬尘

施工交通运输扬尘主要集中于施工进场道路和场内道路,在干燥天气情况下,车辆行驶容易产生扬尘。车辆行驶产生的扬尘,在完全干燥情况下,可按下列经验公式计算:

$$Q = 0.123(v/5)(W/6.8)^{0.85}(P/0.5)^{0.75} \qquad (3\text{-}1)$$

式中:Q 为车辆行驶的扬尘,kg/(km·辆);v 为车辆速度,km/h;W 为车辆载重,t;P 为道路表面粉尘量,kg/m²。

施工区载重汽车主要载重为 8~15 t,本次源强预测按载重量 15 t 计算,车辆行驶速度 20 km/h 计,计算不同工况下车辆扬尘情况见表 3-8。

表 3-8　不同工况下车辆扬尘情况　　　　　　　单位:kg/(辆·km)

车速/(km/h)	不同道路表面粉尘量(kg/m²)情况下车辆扬尘					
	0.1	0.2	0.3	0.4	0.5	1
5	0.07	0.12	0.16	0.20	0.24	0.41
10	0.14	0.24	0.33	0.41	0.48	0.81
15	0.22	0.36	0.49	0.61	0.72	1.22
20	0.29	0.48	0.66	0.82	0.96	1.62

3.8.3.3　施工燃油及爆破废气

工程废气主要来源于施工爆破、施工机械和交通运输等方面。柴油在燃烧过程中将产生 CO、NO_2、SO_2、C_mH_n 等污染物质。炸药在爆炸过程中产生高温、高压膨胀气体(炮烟),其中除含有大量粉尘外,还含有 CO、NO_2、C_mH_n 等污染物。据相关资料介绍,柴油燃烧、炸药爆炸过程中污染物产生量见表 3-9。

表 3-9　单位油料燃烧、炸药爆炸污染物产生量　　　　　单位:kg

有害物质	TSP	CO	NO_2	SO_2	C_mH_n
燃烧 1 t 柴油排放量	0.31	29.349	48.263	3.522	4.826
爆炸 1 t 炸药排放量	—	44.66	3.518	—	0.036 8

灌区工程施工期燃油、炸药使用量见表 3-10,由此推算灌区工程施工期大气污染物产生量,见表 3-11。

表 3-10　灌区工程燃油、炸药使用量

燃油、炸药	水库工程	输水线路工程	合计
油料/万 t	1.03	0.89	1.92
炸药/t	323	366	689

表 3-11　灌区工程施工期大气污染物产生量　　　　　　单位:t

有害物质	TSP	CO	NO_2	SO_2	C_mH_n
水库工程—油料	3.19	302.29	497.11	36.28	49.71
水库工程—炸药	—	14.43	1.14	—	0.01
输水线路工程—油料	2.76	261.21	429.54	31.35	42.95
输水线路工程—炸药	—	16.35	1.29	—	0.01
合计	5.95	594.28	929.08	67.63	92.68

3.8.4　声环境

灌区工程施工期噪声主要来源于土石方开挖、混凝土拌和系统、钢筋模板综合加工厂、混凝土搅拌等有噪声产生的单元。

3.8.4.1　固定声源噪声

混凝土生产系统噪声主要来源于混凝土搅拌机。单台混凝土搅拌机 5 m 处的噪声为 85~90 dB(A)。

3.8.4.2　交通噪声

根据项目的施工组织设计,施工期项目主体和导流工程施工高峰期土方开挖及土石方开挖与填筑主要以 12~15 t 自卸汽车为主。重型载重汽车的噪声为 75~90 dB(A),声源呈线形分布,源强与行车速度及车流量密切相关,按运输过程中有两部运土卡车通过同一地点计,噪声源强为 96 dB(A)。施工期主要噪声源强度见表 3-12。

表 3-12　施工期主要噪声源强度一览

序号	施工机械	单位	数量	源强/dB(A)
固定声源	1~2 m³ 挖掘机	台	101	75~95
	立爪装岩机	台	3	75~95
	74~132 W 推土机	台	21	85~96
	12~20 t 振动碾	台	9	85~96
	8~12 t 羊角碾	台	4	85~96
	2.8 kW 蛙式打夯机	台	45	80~85
	HBT30 型混凝土输送泵	台	2	90~110
	1 t 机动翻斗车	辆	20	75~95
	5 t 汽车起重机	台	1	75~95
	150 型地质钻机	台	19	75~95
	卧式浆液搅拌机	台	20	90~110
	BW-250 型灌浆泵	台	24	90~110
	手持式风钻	套	149	120~125
	74 kW 拖拉机	台	75	75~95
	0.4 m³ 砂浆搅拌机	台	389	90~110
	0.4/0.8 m³ 混凝土搅拌机	台	98	90~110
	2.2 kW 振捣器	台	220	85~90
流动声源	8~15 t 自卸汽车	辆	736	75~90
	3~6 m³ 混凝土罐车	辆	4	75~90
	10 t 载重汽车	辆	5	75~90
	电瓶机车配(斗车/矿车)	套	3	85~94

3.8.5　固体废物

工程施工期产生的固体废弃物包括工程弃渣(原有渠道拆料)和施工人员生活垃圾。

工程土石方开挖量共计 746.33 万 m³(自然方,其中土方 582.83 万 m³,石方 163.50 万 m³),土石方回填共计 709.21 万 m³(自然方,其中土方 554.01 万 m³,石方 155.20 万 m³),外购 15.71 万 m³,共产生弃渣 52.83 万 m³(自然方),折合 72.78 万 m³(松方)。弃渣全部运至指定 13 处弃渣场。工程弃渣对环境的影响主要表现在占压植被、影响工程区景观,弃渣未及时清运堆存或处置不当极易造成水土流失,增加河流泥沙含量,影响河道行洪和水利设施的正常运行。

灌区工程渠道修复重建过程中需对破损部位进行拆除重建,将产生少量建筑垃圾,建筑垃圾若不及时清运将挤占场地,对工程施工和道路通行产生影响。

施工期间产生的生活垃圾按每人每天排放 1 kg 计算,施工人数为八萝田水库工区施工人员 390 人,芒柳水库工区施工人员 450 人,线路区施工人员 1 400 人,产生了按 1 kg/(人·d)计工程施工期间共产生生活垃圾 3 227.4 t,生活垃圾若不妥善收集处置,将降低工程区环境卫生质量,垃圾变质产生的渗滤液会对土壤和地下水产生不利影响,进入河流将对河流水质产生影响。

3.8.6　移民安置环境影响

灌区工程现状年涉及移民搬迁人口 105 人,为八萝田水库和芒柳水库淹没区及其他工程可能涉及的搬迁,拟在原村民小组内进行分散后靠安置;工程生产安置人口 1 169 人。根据工程区土地资源状况及受影响农户反馈意见和地方政府初步意见,生产安置采取直接补偿,由所在村民小组自行调剂土地的方式进行安置;搬迁安置人口对其进行补偿后,在原村小组进行分散后靠安置。

3.9　工程运行期分析

3.9.1　水环境

3.9.1.1　工程运行

(1)设计水平年 2035 年,潞江坝灌区多年平均总需水量 24 455 万 m³,其中生活需水量 2 448 万 m³,工业需水量 1 820 万 m³,农业灌溉需水量 20 187 万 m³;工程建设后灌区总供水量为 23 199 万 m³,缺水总量为 1 256 万 m³,均为农业缺水,缺水率 6.2%。灌区工程建设后,2035 年灌区多年平均新增供水量 10 815 万 m³,其中通过已建工程节水改造和渠系配套供水挖潜新增供水 9 113 万 m³,本次新建工程新增供水 1 702 万 m³(其中新增生活供水 233 万 m³,新增工业供水 23 万 m³,新增农业供水 1 446 万 m³)。灌区建成后可充分发挥现有水利设施的作用和效益,提高灌区供水质量及保证率。灌区各单元用水规模和结构见表 3-13。

表 3-13 潞江坝灌区 2035 年工程后供需水量平衡成果汇总（多年平均）

单位：万 m³

序号	统计分区	净需水量				毛需水量				供水量			
		生活	工业	农业	合计	生活	工业	农业	合计	蓄水工程	引水工程	提水工程	合计
	合计	2 118	1 572	14 473	18 163	2 448	1 820	20 187	24 455	14 757	8 185	257	23 199
一	按灌溉源分区												
二													
1	梨澡单元	22	0	21	43	25	0	26	51	0	46	3	49
2	芒宽坝单元	233	35	1 537	1 805	280	42	2 060	2 382	652.9	1 506	32	2 191
3	潞江坝单元	359	37	3 409	3 805	413	43	4 740	5 196	2 099	2 861	81	5 041
4	干热河谷灌片 小计	614	72	4 967	5 653	718	85	6 826	7 629	2 752	4 413	116	7 281
5	三岔河单元	156	26	1 277	1 459	180	30	1 844	2 054	751	1 215	0	1 966
6	八〇八单元	192	39	1 502	1 733	221	46	2 074	2 341	1 034	1 121	88	2 243
7	三岔灌片 小计	348	65	2 779	3 192	401	76	3 918	4 395	1 785	2 336	88	4 209
8	橄榄单元	21	0	74.6	96	25	0	110	135	53	69	0	122
9	小海坝单元	101	0	296	397	116	0	406	522	489	0	0	489
10	大海坝单元	51	48	270	369	58	56	380	494	447	0	0	447
11	阿贡田单元	161	0	1 708	1 869	185	0	2 440	2 625	1 930	454	0	2 384
12	水长河单元	22	0	200	222	25	0	278	303	124	146	0	270
13	蒲漂坝单元	241	519	707	1 467	277	600	1 039	1 916	1 505	268	50	1 823
14	水长灌片 小计	597	567	3 256	4 420	686	656	4 653	5 995	4 548	937	50	5 535
15	烂枣单元	123	0	891	1 014	141	0	1 179	1 320	1 086	130	0	1 216
16	东蚌兴华单元	57	0	327	384	66	0	439	505	129	369	3	501
17	烂枣灌片 小计	180	0	1 218	1 398	207	0	1 618	1 825	1 215	499	3	1 717
18	施甸灌片	379	868	2 253	3 500	436	1 003	3 172	4 611	4 457	0	0	4 457
三	按行政区分区												
1	隆阳区	1 334	639	9 114	11 086	1 546	741	12 658	14 945	8 384	5 480	168	14 032
2	施甸县	436	868	2 581	3 885	502	1 003	3 611	5 116	4 586	369	3	4 959
3	龙陵县	348	66	2 779	3 192	401	76	3 918	4 395	1 785	2 336	88	4 209

（2）八萝田水库和芒柳水库的建成运行，改变了坝址上、下游河段水文情势，若不下放生态流量，将造成下游河道产生减脱水现象。但在下放生态流量后，本工程建设对坝址下游河段生态环境的不利影响将得以减缓。

（3）工程建成后由于库区上游污染源的汇入及水库蓄水后流速变缓，污染物容易富集，可能引起八萝田水库和芒柳水库库区水质不达标及富营养化等问题。

（4）水库蓄水后，水位抬高，将改变河流的水文情势和水温垂向分布情况，水生生物及鱼类资源种类和分布也将发生变化。

（5）水面面积和深度比蓄水前有所增加，使库区小范围内气温、湿度等气象因子发生变化，可改善库区局地气候，有利于喜暖植物越冬和经济植物生长。

3.9.1.2 灌区退水

根据工程的供水对象，灌区退水主要来源于灌溉退水、城市生活、工业用水及农村生活产生的退水等。灌溉退水一般随降雨和灌区的退水进入各灌片的沟渠，然后进入支流、干流水系，城市生活及工业用水产生的废水经污水处理厂收集处理后排入河流，农村生活排水一般未经处理直接排入地表水体或经过化粪池处理后排入地表水体。

1.灌区退水量

1）灌溉退水

灌区灌溉退水主要来源于渠道渗漏损失、田间渗漏损失以及稻田的落干排水。根据灌区的作物种植结构、灌溉制度、各级灌溉输水利用系数对灌溉回归水进行核算。

（1）输水损失及渗漏。根据各灌片规划水平年的渠系水综合利用系数，计算统计潞江坝灌区的输水损失及渗漏量，统计结果见表 3-14。设计枯水年输水损失约 1 949.13 万 m^3。输水损失大部分为渗漏损失，约占 70%，这部分水量回归于灌区内水系最终汇入怒江，每年约 1 364.39 万 m^3。另外一小部分蒸发损失或入渗深层地下水。

（2）稻田田间渗漏水量。水稻与其他作物相比，耗水量最大，灌溉方式全部采用"薄、浅、湿、晒"的科学淹灌技术。根据水稻灌溉制度，水稻种植除分蘖后期和黄熟期外，泡田期及其他生长期均需要维持稻田一定的水深，水稻种植会产生稻田田间渗漏排水以及稻田的落干排水。根据工程设计资料，设计水平年水稻的田间渗漏水量为 1 101.22 万 m^3。

（3）水稻落干排水量。灌区干热河谷区Ⅵ-3 区水稻的种植时间为 3 月 1 日至 7 月 26 日，滇西南Ⅲ-1 区和Ⅲ-3 区水稻的种植时间为 3 月 21 日至 9 月 1 日。在水稻的分蘖期和黄熟期要进行落干排水。经分析计算，水稻落干排水需将淹深约 10 mm 的表面水层排干，每次按 1 d 排干计算排水强度，则设计水平年灌区水稻的稻田落干排水总量为 84.58 万 m^3。

（4）灌溉退水总量。经计算，灌区设计枯水年退水总量为 2 550.19 万 m^3，详见表 3-14，灌溉逐月退水量见表 3-15。

2）城镇生活退水

潞江坝灌区范围内城镇仅有施甸县城区，城镇生活用水量包括城镇居民生活用水量、城镇公共用水量（含三产）和城镇内河道外生态环境用水量。设计水平年城镇生活供水量 436 万 m^3，根据《保山市城市总体规划（2013—2030 年）》，污水量产污系数采用 80%，参考《全国水环境容量核定技术指南》，入河系数取 0.8。经计算设计水平年城镇生活退水量为 279.04 万 m^3。

单位:万 m³/a

表 3-14 设计枯水年灌溉回归水统计

灌片	单元	损失总量	输水损失		田间渗漏量	水稻落干排水量	灌溉回归水总量
			蒸发及深层渗漏损失	浅层渗漏回归			
干热河谷灌片	梨澡单元	0.62	0.19	0.44	0.00	0.00	0.44
	芒宽坝单元	96.94	29.08	67.86	104.09	8.84	180.79
	潞江坝单元	511.10	153.33	357.77	188.40	16.00	562.17
	小计	608.67	182.59	426.07	292.49	24.84	743.40
三岔灌片	三岔河单元	224.00	67.20	156.80	107.55	8.46	272.81
	八〇八单元	192.70	57.81	134.89	170.23	11.39	316.51
	小计	416.70	125.01	291.69	277.78	19.85	589.32
水长灌片	橄榄单元	13.50	4.05	9.45	5.47	0.42	15.34
	小海坝单元	33.69	10.11	23.58	15.29	1.16	40.03
	大海坝单元	33.86	10.16	23.70	16.13	1.23	41.06
	阿贡田单元	215.13	64.54	150.59	109.69	8.80	269.08
	水长河单元	21.90	6.57	15.33	11.50	0.87	27.70
	蒲缥坝单元	135.30	40.59	94.71	112.21	8.53	215.45
	小计	453.38	136.02	317.36	270.29	21.01	608.66
烂枣灌片	烂枣单元	46.15	13.85	32.30	67.80	5.15	105.25
	东蚌兴华单元	40.73	12.22	28.51	19.76	1.50	49.77
	小计	86.88	26.07	60.81	87.56	6.65	155.02
施甸灌片	施甸单元	383.51	115.05	268.46	173.10	12.23	453.79
合计		1 949.13	584.74	1 364.39	1 101.22	84.58	2 550.19

表3-15 设计枯水年灌溉逐月退水量统计

单位：万 m³/a

灌片	单元	1月	2月	3月	4月	5月	6月	7月	8月	9月	10月	11月	12月
干热河谷灌片	梨澡单元	0.04	0.04	0.04	0.04	0.04	0.04	0.04	0.04	0.04	0.04	0.04	0.04
	芒宽坝单元	5.65	5.65	5.65	24.22	46.76	40.35	24.22	5.65	5.65	5.65	5.65	5.65
	潞江坝单元	29.81	29.81	29.81	63.41	104.21	92.61	63.41	29.81	29.81	29.81	29.81	29.81
	小计	35.50	35.50	35.50	87.67	151.01	133.00	87.67	35.50	35.50	35.50	35.50	35.50
三岔灌片	三岔河单元	13.07	13.07	13.07	31.01	53.82	49.06	34.39	13.07	13.07	13.07	13.07	13.07
	八〇八单元	11.24	11.24	11.24	11.24	53.86	58.79	72.32	41.61	11.24	11.24	11.24	11.24
	小计	24.31	24.31	24.31	42.25	107.68	107.85	106.70	54.68	24.31	24.31	24.31	24.31
水长灌片	橄榄单元	0.79	0.79	0.79	1.73	2.66	2.93	1.51	1.00	0.79	0.79	0.79	0.79
	小海坝单元	1.97	1.97	1.97	4.61	7.19	7.96	3.98	2.55	1.97	1.97	1.97	1.97
	大海坝单元	1.98	1.98	1.98	4.76	7.49	8.30	4.10	2.59	1.98	1.98	1.98	1.98
	阿贡田单元	12.55	12.55	12.55	31.03	49.08	54.03	30.12	16.95	12.55	12.55	12.55	12.55
	水长河单元	1.28	1.28	1.28	3.34	5.36	5.62	2.73	1.71	1.28	1.28	1.28	1.28
	蒲缥坝单元	7.89	7.89	7.89	27.29	46.22	51.87	22.67	12.16	7.89	7.89	7.89	7.89
	小计	26.46	26.46	26.46	72.76	118.00	130.71	65.11	36.96	26.46	26.46	26.46	26.46
烂枣灌片	烂枣单元	2.69	2.69	2.69	2.69	21.20	21.73	27.17	13.61	2.69	2.69	2.69	2.69
	东蚌兴华单元	2.38	2.38	2.38	2.38	7.78	7.93	9.52	5.56	2.38	2.38	2.38	2.38
	小计	5.07	5.07	5.07	5.07	28.98	29.66	36.69	19.17	5.07	5.07	5.07	5.07
施甸灌片	施甸单元	22.37	22.37	22.37	22.37	60.69	74.27	79.85	60.01	22.37	22.37	22.37	22.37
合计		113.71	113.71	113.71	230.12	466.36	475.49	376.03	206.32	113.71	113.71	113.71	113.71

3) 工业退水

潞江坝灌区目前规模以上工业企业主要集中在水长灌片的蒲缥工业园区和施甸灌片的华兴工业园区,蒲缥片区重点发展非金属矿物制品业(石材)作为主导产业,华兴片区培育扶持生物产业,打造保山市重要的生物技术创新、生物产品开发、生物企业孵化、生物产品出口的重要基地。灌区内其他地区主要是以农业和农产品集散、加工为主的乡镇企业,仅有小型个体企业,无大型工业,整体工业发展水平较低,工业用水量较小。设计水平年灌区工业供水量 1 820 万 m³,污水量产污系数采用 80%,入河系数取 0.8,则工业退水总量为 1 164.7 万 m³,各灌溉分区工业退水量见表 3-16。

表 3-16　灌区工业退水量　　　　　　　　　　单位:万 m³

灌溉分区		供水量	退水量
干热河谷灌片	梨澡单元	0	0
	芒宽坝单元	42	26.9
	潞江坝单元	43	27.5
	小计	85	54.4
三岔灌片	三岔河单元	30	19.2
	八〇八单元	46	29.4
	小计	76	48.6
水长灌片	橄榄单元	0	0
	小海坝单元	0	0
	大海坝单元	56	35.8
	阿贡田单元	0	0
	水长河单元	0	0
	蒲缥坝单元	600	384.0
	小计	656	419.8
烂枣灌片	烂枣单元	0	0
	东蚌兴华单元	0	0
	小计	0	0
施甸灌片		1 003	641.9
总计		1 820	1 164.7

4) 农村生活退水

潞江坝灌区涉及 12 个乡镇共 745 个自然村,农村生活用水量包括农村居民生活用水量和牲畜用水量。设计水平年灌区农村生活供水量 2 011 万 m³,农村生活排水系数取 0.6,污染物入河系数一般研究认为在 0.4~0.7,本次取 0.5。农村生活退水系数按 0.3 计,则农村生活退水总量为 603.3 万 m³,各灌溉分区农村生活退水量见表 3-17。

表 3-17　灌区农村生活退水量　　　　　　　　　　单位:万 m³

灌溉分区		供水量	退水量
干热河谷灌片	梨澡单元	26	7.8
	芒宽坝单元	279	83.7
	潞江坝单元	413	123.9
	小计	718	215.4
三岔灌片	三岔河单元	180	54.0
	八〇八单元	221	66.3
	小计	401	120.3
水长灌片	橄榄单元	24	7.2
	小海坝单元	116	34.8
	大海坝单元	58	17.4
	阿贡田单元	185	55.5
	水长河单元	25	7.5
	蒲缥坝单元	277	83.1
	小计	685	205.5
烂枣灌片	烂枣单元	141	42.3
	东蚌兴华单元	66	19.8
	小计	207	62.1
施甸灌片		0	0
总计		2 011	603.3

2.灌区退水污染负荷

1) 灌溉退水

灌溉退水的水质主要由土壤中原有的氮、磷等可溶性营养物质和农业生产中所使用的农药和化肥来决定。灌溉将使土壤中的养分溶出并随回归水进入地表和地下水体,对水质造成影响。

根据当地农业局提供的资料,灌区内耕地所施用的农药、化肥种类和用量如下:农田施用化肥的种类主要有(按折纯量计)氮肥(水稻 8~16 kg/亩、玉米 14~18 kg/亩、薯类 8~20 kg/亩、甘蔗 22~30 kg/亩)、磷肥(水稻 4~7 kg/亩、玉米 4~8 kg/亩、薯类 4~10 kg/亩、甘蔗 13~16 kg/亩)。

对于化肥中氮、磷的流失,采用农田肥料流失系数法对氨氮、总氮、总磷进行估算。一般农作物对氮的吸收利用率为35%左右,其余的部分将滞留在土壤中,土壤中的氮在运输过程中会发生沿程消耗,消耗系数约为70%,则约有19.5%的氮随田间退水流失。磷肥流失系数:一般作物对磷肥的当季吸收利用率为20%左右,土壤中磷的消耗系数为95%,约4%的磷随田间退水流失。NH_3-N 流失系数:NH_3-N 流失量按照 TN 流失量的10%估算。灌溉退水污染物入河量 COD 采用"标准农田法"估算,产污系数为 COD 10 kg/(亩·a),入河系数按 30% 进行估算。

根据工程建设前后各灌溉单元作物种植结构计算单位面积化肥施用量以及相应的流失系数,从而得出灌区范围 COD、氨氮、总磷设计水平年的污染负荷,见表 3-18。

表 3-18　灌区灌溉退水污染负荷

灌片	单元	退水量/万 m³	污染负荷/(t/a)		
			COD	NH₃-N	TP
干热河谷灌片	梨澡单元	0.44	11.45	1.32	0.99
	芒宽坝单元	180.79	312.64	34.78	26.57
	潞江坝单元	562.17	638.02	71.27	54.37
	小计	743.40	962.11	107.37	81.93
三岔灌片	三岔河单元	272.81	217.33	23.54	17.97
	八〇八单元	316.51	299.36	32.83	25.31
	小计	589.32	516.69	56.39	43.28
水长灌片	橄榄单元	15.34	17.16	1.85	1.29
	小海坝单元	40.03	87.07	9.52	6.67
	大海坝单元	41.06	71.80	7.81	5.49
	阿贡田单元	269.08	335.27	36.84	28.91
	水长河单元	27.70	51.66	5.62	3.95
	蒲缥坝单元	215.45	144.20	13.52	10.18
	小计	608.66	707.15	75.16	56.49
烂枣灌片	烂枣单元	105.25	145.93	15.97	12.12
	东蚌兴华单元	49.77	70.73	7.69	5.55
	小计	155.02	216.77	23.66	17.67
施甸灌片	施甸单元	453.79	295.80	29.65	22.70
合计		2 550.19	2 698.52	292.23	222.07

2) 城镇生活退水

潞江坝灌区范围内施甸县城区设计水平年城镇生活退水量为 279.04 万 m³。施甸县现状年有 1 座城市污水处理厂,为施甸县污水处理厂。规划扩建施甸县城区污水处理厂至 2 万 t/d,处理后出水达到一级 A 标后排放。考虑最不利边界条件,城镇生活退水污染物浓度采用《城镇污水处理厂污染物排放标准》(GB 18918—2002)中一级 A 标准。经计算,设计水平年城镇生活退水污染负荷见表 3-19。

表 3-19　灌区城镇生活退水污染负荷

退水类别	退水量/万 m³	污染负荷/(t/a)		
		COD	NH₃-N	TP
城镇生活退水	279.04	139.52	14.0	1.40

3）工业退水

设计水平年灌区工业供水量 1 820 万 m³，污水量产污系数采用 80%，入河系数取 0.8，则工业退水总量为 1 164.7 万 m³。

蒲缥工业园区规划设置 2 座污水处理厂，其中：南部污水处理厂规模为 0.8 万 m³/d，北部污水处理厂远期规模 2.5 万 m³/d。华兴工业园区规划在片区西北方向施甸河边建设 1 座污水处理厂，远期规模 1.2 万 m³/d。污水处理厂尾水要求处理达到《城镇污水处理厂污染物排放标准》（GB 18918—2002）一级标准 A 标。考虑最不利边界条件城镇生活退水污染物浓度采用《城镇污水处理厂污染物排放标准》（GB 18918—2002）中一级 A 标准。经计算，设计水平年各灌溉分区工业退水污染负荷见表 3-20。

表 3-20 灌区工业退水污染负荷

灌溉分区		退水量/万 m³	污染负荷/(t/a)		
			COD	NH$_3$-N	TP
干热河谷灌片	梨澡单元	0	0	0	0
	芒宽坝单元	26.9	13.4	1.3	0.13
	潞江坝单元	27.5	13.8	1.4	0.14
	小计	54.4	27.2	2.7	0.27
三岔灌片	三岔河单元	19.2	9.6	1.0	0.10
	八〇八单元	29.4	14.7	1.4	0.14
	小计	48.6	24.3	2.4	0.24
水长灌片	橄榄单元	0	0	0	0
	小海坝单元	0	0	0	0
	大海坝单元	35.8	17.9	1.8	0.18
	阿贡田单元	0	0	0	0
	水长河单元	0	0	0	0
	蒲缥坝单元	384.0	192.0	19.2	1.92
	小计	419.8	209.9	21.0	2.10
烂枣灌片	烂枣单元	0	0	0	0
	东蚌兴华单元	0	0	0	0
	小计	0	0	0	0
施甸灌片		641.9	321.0	32.1	3.21
总计		1 164.7	582.4	58.2	5.82

4）农村生活退水

农村生活退水总量为 603.0 万 m³，农村生活退水成分中 COD、氨氮、总磷的浓度值约为 250 mg/L、25 mg/L、2.5 mg/L。经计算，设计水平年各灌溉分区农村生活退水污染负荷见表 3-21。

表 3-21　灌区农村生活退水污染负荷

灌溉分区		退水量/万 m³	污染负荷/（t/a）		
			COD	NH₃-N	TP
干热河谷灌片	梨澡单元	7.8	19.5	2.0	0.20
	芒宽坝单元	83.7	209.3	20.9	2.09
	潞江坝单元	123.9	309.7	31.0	3.10
	小计	215.4	538.5	53.9	5.39
三岔灌片	三岔河单元	54.0	135.0	13.5	1.35
	八〇八单元	66.3	165.0	16.5	1.65
	小计	120.3	300.0	30.0	3.00
水长灌片	橄榄单元	7.2	18.0	1.8	0.18
	小海坝单元	34.8	87.0	8.7	0.87
	大海坝单元	17.4	43.5	4.4	0.44
	阿贡田单元	55.5	138.8	13.9	1.39
	水长河单元	7.5	18.8	1.9	0.19
	蒲缥坝单元	83.1	207.7	20.7	2.07
	小计	205.5	513.8	51.4	5.14
烂枣灌片	烂枣单元	42.3	105.8	10.6	1.06
	东蚌兴华单元	19.8	49.5	4.9	0.49
	小计	62.1	155.3	15.5	1.55
施甸灌片		0	0	0	0
总计		603.3	1 507.6	150.8	15.08

3.灌区退水污染负荷汇总

根据以上计算所得规划年污染源负荷综合统计,结果详见表 3-22。灌区规划年 COD、NH₃-N、TP 污染负荷分别为 4 928.04 t/a、515.23 t/a、244.37 t/a,灌区 COD、NH₃-N 和 TP 污染负荷主要来源于灌溉回归水污染。

表 3-22　规划年各灌片污染负荷综合统计

灌片	污染源	COD		NH₃-N		TP	
		污染负荷/（t/a）	比例/%	污染负荷/（t/a）	比例/%	污染负荷/（t/a）	比例/%
干热河谷灌片	工业污染源	27.2	1.8	2.7	1.6	0.27	0.3
	农村生活污染	538.5	35.2	53.9	32.9	5.39	6.2
	灌溉回归水污染	962.11	63.0	107.37	65.5	81.93	93.5
	小计	1 527.81	100.0	163.97	100.0	87.59	100.0

续表 3-22

灌片	污染源	COD		NH₃-N		TP	
		污染负荷/(t/a)	比例/%	污染负荷/(t/a)	比例/%	污染负荷/(t/a)	比例/%
三岔灌片	工业污染源	24.3	2.9	2.4	2.7	0.24	0.5
	农村生活污染	300	35.7	30	33.8	3	6.5
	灌溉回归水污染	516.69	61.4	56.39	63.5	43.28	93.0
	小计	840.99	100.0	88.79	100.0	46.52	100.0
水长灌片	工业污染源	209.9	14.7	21	14.3	2.1	3.3
	农村生活污染	513.8	35.9	51.4	34.8	5.14	8.1
	灌溉回归水污染	707.15	49.4	75.16	50.9	56.49	88.6
	小计	1 430.85	100.0	147.56	100.0	63.73	100.0
烂枣灌片	工业污染源	0	0	0	0	0	0.0
	农村生活污染	155.3	41.7	15.5	39.6	1.55	8.1
	灌溉回归水污染	216.77	58.3	23.66	60.4	17.67	91.9
	小计	372.07	100.0	39.16	100.0	19.22	100.0
施甸灌片	城镇生活污水污染	139.52	18.4	14	18.5	1.4	5.1
	工业污染源	321	42.4	32.1	42.4	3.21	11.8
	农村生活污染	0	0	0	0	0	0.0
	灌溉回归水污染	295.8	39.2	29.65	39.1	22.7	83.1
	小计	756.32	100.0	75.75	100.0	27.31	100.0
合计		4 928.04	—	515.23	—	244.37	—

3.9.1.3 管理人员生活污水

根据潞江坝灌区运行管理机构设置情况,潞江坝灌区工程管理机构人员由管理局人员和用水户协会组成,管理局人员按专职人员配备,在已有人员编制的基础上,按实际需求新增人员编制。用水户协会为用水户志愿兼职参加。

经测算共需新增人员编制 18 人,其中:保山市大型灌区工程建设管理中心及潞江坝灌区管理局机关人员新增编制 8 人,隆阳管理分局新增编制 5 人(包括隆阳管理分局 1 人、八萝田水库管理站 2 人、芒柳水库管理站 2 人),施甸管理分局新增编制 2 人,龙陵管理分局新增编制 3 人,杨三寨泵站不新增管理人员,由红岩水库管理人员代管理。隆阳管理分局设置在隆阳区城区,施甸管理分局设置在施甸县城,龙陵管理分局设置在龙陵县城。

根据云南省地方标准《用水定额》(DB53/T 168—2019),按每人用水量 110 L/d,排放率按 80% 计,则运行期灌片输水系统工程管理人员生活污水产生量约为 1.584 m³/d。生活污水中 COD 浓度 300 mg/L、BOD₅ 浓度 150 mg/L、氨氮浓度 20 mg/L、悬浮物浓度 150 mg/L,污染物产生量 COD、BOD₅、氨氮、SS 分别为 0.476 kg/d、0.237 kg/d、0.033 kg/d、0.237 kg/d。

运营期管理分局生活污水来源于管理人员食堂废水及粪便污水等,管理人员产生的少量生活污水均纳入当地区(县)污水管网,由区(县)污水处理厂处理。水库管理站生活污水产生量小且水质简单,建议可建设三格化粪池,对化粪池进行防渗处理,管理人员生活污水排入管理站化粪池,化粪池定期清理,粪便作为农用肥料外运。灌区管理局生活污水和污染物产生情况见表3-23。

表3-23 灌区管理局生活污水和污染物产生情况

管理局	新增人员/人	废水量/(m³/d)	污染物产生量/(kg/d)			
			COD	BOD₅	氨氮	SS
潞江坝灌区管理局	8	0.704	0.211	0.106	0.014	0.106
隆阳管理分局	1	0.088	0.027	0.013	0.002	0.013
施甸管理分局	2	0.176	0.053	0.026	0.004	0.026
龙陵管理分局	3	0.264	0.079	0.040	0.005	0.040
八萝田水库管理站	2	0.176	0.053	0.026	0.004	0.026
芒柳水库管理站	2	0.176	0.053	0.026	0.004	0.026
合计	18	1.584	0.476	0.237	0.033	0.237

3.9.2 生态环境

3.9.2.1 对植被和土地利用的影响

本工程运行不会对自然植被造成持续不利影响。工程临时占地随着保护措施的落实将得到恢复,工程运行期,土地利用将受灌区水量调配影响,水田和旱地面积比例将会有一定变化。

3.9.2.2 对动植物资源的影响

工程运行不会对动植物资源造成持续不利影响,水库淹没和输水管、渠布置可能会对陆生脊椎动物造成一定阻隔影响。

3.9.2.3 对水生生物的影响

水库拦河坝建成后,破坏了河流水生生态的完整性,坝体将原来的河流生态系统分割成坝上和坝下两个部分,造成鱼类生境的片断化,阻断了鱼类上、下迁移的通道,将造成种群基因交流的阻隔,降低种族生存繁衍的活力。坝前水文条件变化和坝后减脱水也将对鱼类的生存环境造成影响,对鱼类资源种类、数量和分布造成一定影响。此外,工程将新建水源工程,筑坝引水将使坝下河段来水减少,给水生生物生境带来不利影响。

3.9.2.4 对环境敏感区的影响

在严格落实环保、水保措施和主管部门意见的基础上,工程运行不会对敏感区造成不利影响,不会对生态保护红线面积、主导功能和性质造成不利影响。

工程运行期,农业灌溉效益的提升将对农业生产起到有利影响,工程运行将优化区域水资源配置,退补生态用水量,有利于生态环境的恢复和改善。

3.9.3 声环境

灌区工程新建提水泵站1座,即杨三寨提水泵站,工程运行期噪声主要来自提水泵站,提水泵站噪声一般在 75~85 dB(A),根据工程总体布置,拟建泵站外延 200 m 范围内无村庄和居民点分布,泵站周边房屋与泵站最近距离约 650 m,因此运行期噪声对外环境基本无影响。

3.9.4　固体废物

　　灌区工程建成后,在潞江坝灌区管理局下设隆阳区、施甸县、龙陵县管理分局,分别管理隆阳区、施甸县、龙陵县内的灌区工程。经测算共需新增人员编制 18 人。按照管理人员每人每天产生生活垃圾 1 kg 计,每月新增生活垃圾产生量为 0.54 t。保山市大型灌区工程建设管理中心及潞江坝灌区管理局机关新增人员及各县区分局新增管理人员生活垃圾交由当地县区环卫部门处理,八萝田水库管理站和芒柳水库管理站人员生活垃圾交由当地乡镇环卫工人定期清洁处理,不会对周围环境产生影响。

第 4 章 环境现状与评价

4.1 自然环境现状

4.1.1 地理位置

保山市位于云南省西部,地理坐标位于东经 98°05′21″~100°02′23″,北纬 24°08′06″~25°51′42″。东邻大理,南连临沧,西接德宏,北部与怒江州毗邻,西北部和西南部与缅甸交界。辖区含隆阳区、施甸县、腾冲市、龙陵县、昌宁县共一区一市三县 74 个乡镇和街道办事处。保山市是滇西政治、经济、文化中心,也是历代郡、府、司、署所在地,为"古南方丝路"重要驿站,位居滇缅公路要冲,距省会昆明 498 km,西部至中缅边境 234 km。

潞江坝灌区位于保山市怒江干流区,其西部边界为高黎贡山分水岭,东部以怒山分水岭为界,北部和南部分别为保山市的北部及南部市域界,地理位置为东经 98°71′~99°03′、北纬 24°12′~25°64′,区域土地面积 5 763 km²(其中本次规划潞江坝灌区范围占所在区域土地面积的 18.4%),其中接近 96% 的区域为山区,不到 4% 的区域为坝区,该区域包括隆阳区全区土地面积的近 40%、施甸县的 68%、龙陵县的约 90%。

4.1.2 地形地貌

保山市属滇西横断山系切割山峡谷区,地貌以山地为主。此外,还有盆地地貌、河谷地貌、岩溶地貌、火山地貌等类型。保山市地处横断山脉滇西纵谷南端,地势高耸,山高谷深,高黎贡山和怒山山脉绵延全境。全市地形地貌极为复杂,是一个以山地高原地形为主的地区,主要山脉有高黎贡山、怒山和云岭,呈南北走向,总的趋势是北高南低,高低悬殊,海拔在 535.0~3 780.9 m,最高点为腾冲市境内高黎贡山的大脑子峰,海拔 3 780.9 m,最低点位于龙陵县西南与芒市、缅甸交界处的万马河口,海拔 535.0 m,垂直高差 3 245.9 m,境内山川多呈南北走向,河流沿断裂带强烈下切,山川相间,镶嵌着大小不一、形态各异的盆地(俗称坝子),大于 1.0 km² 的坝子有 78 个,海拔多在 800~1 700 m。

4.1.3 水文气象

4.1.3.1 气候特征

保山市地处低纬高原,位于横断山系的南端,西北是东西走向的青藏高原,东部有西北—东南走向的云岭、无量山、哀牢山。区内三大山脉间并行三大水系,高耸的高黎贡山和深切的怒江纵贯全境,成为地域气候上的分界线。起伏的地势和多样的地形,形成"一山分四季,十里不同天"的立体气候。气候类型有北热带、南亚热带、中亚热带、北亚热带、南温带、中温带和高原气候共 7 个气候类型。其特点是:气温的年变化小、日变化大,干湿季节分明。

保山市多年年平均气温为 15.8 ℃(2 县 1 区政府所在地的国家基本气象站数据,隆阳区资料年限为 1960—2017 年,施甸县资料年限为 1964—2017 年,龙陵县资料年限为 1960—2013 年,下同)。其中,隆阳区最高气温为 32.4 ℃,出现在 5 月;最低气温为−3.8 ℃,出现在 1 月;多年平均相对湿度为 73%;多年平均风速为 1.5 m/s;多年平均日照时数为 2 404 h;多年平均年降水量为 964 mm;多年平均水面蒸发量为 1 582 mm。施甸县最高气温为 33.8 ℃,出现在 6 月;最低气温为−3.2 ℃,出现在 1 月;多年平均相对湿度为 72%;多年平均风速为 1.34 m/s;多年平均日照时数为 2 228 h;多年平均年降水量为 963 mm;多年平均水面蒸发量为 1 863 mm。龙陵县最高气温为 31 ℃,出现在 7 月;最低气温为−4.8 ℃,出现在 1 月;多年平均相对湿度为 85%;多年平均风速为 1.51 m/s;多年平均日照时数为 2 110 h;多年平均年降水量为 2 071 mm;多年平均水面蒸发量为 1 486 mm。

4.1.3.2 径流

根据《云南省保山市潞江坝灌区工程水资源论证报告书》,潞江坝灌区怒江干流以东的水长河、罗明坝河和烂枣河等流域内设计断面采用北庙站为参证站;怒江干流以东的施甸河和乌木龙河等流域内设计断面采用鱼洞水库站为参证站;怒江干流以西、高黎贡山以东的老街子河、镇安河和苏帕河等流域内设计断面采用朝阳水文站为参证站。

北庙站位于北庙水库坝下游约 400 m 处,区间面积较小,区间基本无耗水,因此北庙站实测径流还原量仅计北庙水库的库容变量及蒸发增损、渗漏损失。基于资料条件还原 1961 年、1963—2019 年实测月径流,其中 1990—2019 年有引水影响,对还原成果进行修正。1962 年天然年径流通过插补延长方法求得。

鱼洞水库 1975 年前没有水位、流量资料,2000 年后水库扩建增加了引流区,入库径流还原系列使用 1975—2000 年(直接采用 2001 年"鱼洞水库扩建配套工程初步设计"时经省级专家评审通过的还原成果),但仅有 26 年,不能满足规范和代表性要求,须进行插补延长。鱼洞水库站 1975—2000 年径流过程与降水过程具有较好的同步性,故选择建立水库年降水径流关系插补延长径流系列,点绘鱼洞水库水文年径流深与降水的相关关系,鱼洞水库降水径流相关点据呈明显的带状分布,相关关系较好,相关线性方程为 $R = 0.351\ 3P + 14.009$。插补延长鱼洞站 1960—1974 年和 2001—2019 年天然径流系列,插补后径流年份为 1960—2019 年。

朝阳站位于苏帕河流域,有 1979—2009 年实测径流资料。上游茄子山水库 1999 年 9 月建成并正式蓄水运行,故朝阳站 1979—1998 年实测径流为天然径流,之后因受茄子山水库的调蓄影响,已非天然状态,需插补此段的径流系列。根据水文计算,插补延长朝阳站 1960—1978 年和 1999—2019 年天然径流系列。插补后径流年份为 1960—2019 年。

保山市潞江坝灌区范围内的径流主要由降水产生,径流量的分布变化规律与降水量的变化规律基本相应,6—10 月为汛期,11 月至次年 5 月为非汛期,枯洪季水量悬殊,径流主要集中于汛期,枯季水量少。潞江坝灌区工程新建重建水源工程径流计算成果见表 4-1。

4.1.3.3 暴雨洪水

根据云南省暴雨气候区划,潞江坝灌区属滇西南多暴雨区,暴雨受西南暖湿气流的影响,主要由冷锋低槽、冷锋切变及孟加拉湾低压等天气系统造成,其暴雨具有明显季节性。暴雨主要发生在 6—10 月,其中以 7—9 月出现最多。受地形、水汽输送等条件的影响,暴雨笼罩范围小,多以单点暴雨为主,暴雨时空分布不均。

表 4-1　潞江坝灌区工程新建重建水源工程径流计算成果

序号	工程区域	所在灌片	工程类型	水库名称	建设性质	流域面积/km²	均值/万m³	C_v	C_s/C_v	设计值/万m³				
										P=5%	P=25%	P=50%	P=75%	P=95%
1	怒江右岸	干热河谷灌片	水库工程	八萝田水库	新建	26.1	4 057	0.21	2	5 553	4 595	3 998	3 455	2 765
2	怒江右岸	干热河谷灌片	水库工程	芒柳水库	新建	42.2	6 211	0.22	2	8 616	7 071	6 112	5 244	4 147
3	怒江左岸	水长灌片	取水工程	橄榄河	重建	26.9	1 460	0.25	2	2 107	1 687	1 429	1 200	916
4	怒江左岸	水长灌片	取水工程	雷山沟	新建	17.7	1 136	0.25	2	1 639	1 312	1 112	933	712
5	怒江左岸	水长灌片	取水工程	瘦马沟	重建	1.8	222	0.25	2	321	257	218	183	140
6	怒江左岸	水长灌片	取水工程	水长支渠	新建	85.4	3 433	0.25	2	4 955	3 967	3 362	2 822	2 153
7	怒江左岸	水长灌片	取水工程	溶洞灌溉渠	新建	9.1	400	0.25	2	577	462	391	328	251
8	怒江左岸	烂枣灌片	取水工程	道街上大沟	新建	125.1	5 515	0.22	2	7 651	6 278	5 427	4 656	3 682
9	怒江左岸	烂枣灌片	取水工程	登高双沟	新建	89.5	3 962	0.22	2	5 496	4 511	3 899	3 345	2 645
10	怒江右岸	干热河谷灌片	取水工程	楼子田沟	重建	18.9	2 747	0.22	2	3 811	3 127	2 703	2 319	1 834

洪水均由暴雨形成,地区分布及发生时间与暴雨基本一致。洪水多发生于7—9月,少数年份发生在6月或10月。一般情况下,发生全流域大暴雨的概率较小,多为区域性洪水。洪水具有陡涨陡落、单峰尖瘦、峰高量小、历时短的特点。一次洪水历时在1 d左右,根据区域暴雨洪水特性,确定设计洪水历时取24 h。

1.水库工程洪水设计成果

根据水文计算,为工程安全考虑,同时参考邻近的已建水库工程(均为瞬时单位线法计算设计洪水),新建水库的设计洪峰、洪量成果及设计洪水过程线见表4-2、图4-1、图4-2。

表4-2 潞江坝灌区工程新建水库工程洪水计算成果

工程名称	项目	不同频率设计值								
		$P=$ 0.1%	$P=$ 0.2%	$P=$ 0.33%	$P=$ 0.5%	$P=$ 2%	$P=$ 3.3%	$P=$ 5%	$P=$ 10%	$P=$ 20%
八萝田水库	$Q/(\text{m}^3/\text{s})$	138	127	119	112	87.2	78.5	71.5	59.9	45.6
	$W_{24\,h}/万\ \text{m}^3$	398	364	342	325	251	226	205	171	130
芒柳水库	$Q/(\text{m}^3/\text{s})$	185	175	161	150	123	106	100	82.5	59.5
	$W_{24\,h}/万\ \text{m}^3$	616	584	531	492	401	340	318	262	192

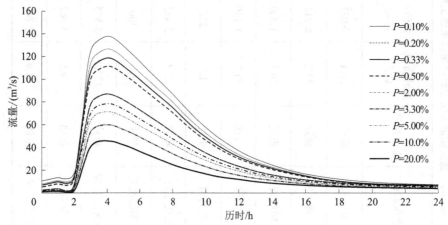

图4-1 八萝田水库不同频率设计洪水过程线

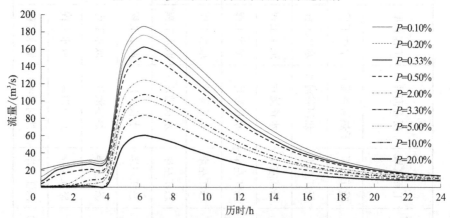

图4-2 芒柳水库不同频率设计洪水过程线

2.新建重建取水坝工程洪水设计成果

灌区重建取水坝3处,分别为橄榄河引水渠、瘦马沟及楼子田沟;新建取水坝5处,分别为雷山沟、水长支渠、溶洞灌溉渠以及道街上大沟和登高双沟。新建重建取水坝洪水设计成果见表4-3。

表4-3　潞江坝灌区工程新建重建取水坝工程洪水计算成果

序号	名称	性质	流域面积/km²	洪峰流量/(m³/s)		
				$P=5\%$	$P=10\%$	$P=20\%$
1	橄榄河	重建	26.9	83.3	70.1	50.7
2	雷山沟	新建	17.7	56.9	48.2	35.0
3	瘦马沟	重建	1.8	7.9	6.7	4.8
4	水长支渠	新建	85.4	181	152	107
5	溶洞灌溉渠	新建	9.1	47.7	40.5	29.4
6	道街上大沟	新建	125.1	200	167	115
7	登高双沟	新建	89.9	143	120	83.8
8	楼子田沟	重建	18.9	64.9	54.6	40.1

4.1.3.4 泥沙

本次针对新建坝址控制流域内泥沙侵蚀模数的综合取值方法如下:以已有相关工程报告和调查数据为参考基础,将新建水库坝址控制流域面积对应《云南省土壤侵蚀模数图(2000年)》中泥沙侵蚀强度,以面积比法加权计算,最后根据坝址上游降水和植被情况综合确定各新建水库所在区域泥沙侵蚀模数的综合取值,见表4-4。

表4-4　灌区新建水库基本信息及泥沙侵蚀模数

序号	工程名称	建设性质	流域面积/km²	泥沙侵蚀模数/[t/(km²·a)]
1	八萝田水库	新建	26.1	700
2	芒柳水库	新建	42.20	250

根据水库坝址控制流域内泥沙侵蚀模数综合取值,考虑全面积产沙求得水库控制流域内入库泥沙总量,推悬比按照20%取值,计算得到各新建水库多年平均入库总沙量、悬移质和推移质沙量,结果见表4-5。

表4-5　灌区新建水库入库沙量　　　　　　　　　　　单位:万t

序号	工程名称	质量		
		入库总沙量	悬移质沙量	推移质沙量
1	八萝田水库	1.631	1.359	0.272
2	芒柳水库	1.16	0.966	0.194

4.1.4 河流水系

保山市水系发达,河流众多,纵横交错,河流分属于澜沧江、怒江、伊洛瓦底江三大流域,澜沧江、怒江、大盈江、瑞丽江四个水系,均为国际河流。

境内流域面积大于 1 000 km² 的河流共有 6 条,分别为澜沧江、怒江、勐波罗河、瑞丽江、大盈江、南底河;流域面积在 500~1 000 km² 的河流有 6 条,分别为龙川江(界头小江)、大勐统河、水长河、苏帕河、施甸河、罗闸河;100~500 km² 的河流共有 34 条。境内分布有集水面积大于 100 km² 的主要一级支流有罗闸河(右甸河)、黑惠江、漕涧河(瓦窑河)、永平大河、勐波罗河、水长河、苏帕河、施甸河、勐梅河、勐来河、滥枣河、公养河、孙足河、李扎河、绿根河、乌木龙河、大盈江(槟榔江)、瑞丽江(龙川江)等 18 条。保山境内开发利用价值较大的重要河流包括怒江、澜沧江、大盈江、瑞丽江,支流勐波罗河、古永河、水长河等。

本次潞江坝灌区范围内涉及怒江干流及其 109 条中小型河流,见表 4-6。

表 4-6　工程区范围内河流名录

序号	河流名称	县(区)	序号	河流名称	县(区)
1	老街子河	隆阳区	25	青龙河	隆阳区
2	芒龙河	隆阳区	26	山心河	隆阳区
3	芒林大沟	隆阳区	27	黄连河	龙陵县
4	拉仑河	隆阳区	28	芒掌河	隆阳区
5	芒宽河	隆阳区	29	南浒河	隆阳区
6	吾来河	隆阳区	30	芒勒河	隆阳区
7	敢顶河	隆阳区	31	菜园河	隆阳区
8	老沟	隆阳区	32	坝湾河	隆阳区
9	电站引水沟	隆阳区	33	户赧河	隆阳区
10	冷水沟	隆阳区	34	新寨子河	隆阳区
11	空广河	隆阳区	35	景坎河	隆阳区
12	烫习河	隆阳区	36	库老河	隆阳区
13	澡塘河	隆阳区	37	芭蕉林河	隆阳区
14	岗党河	隆阳区	38	那么沟	隆阳区
15	芒岗河	隆阳区	39	岗良河	隆阳区
16	芒黑河	隆阳区	40	户冲河	隆阳区
17	界河	隆阳区	41	户冲河(赧亢河)	龙陵县
18	弯山河	隆阳区	42	百花河	隆阳区
19	芒牛河	隆阳区	43	勐梅河	龙陵县
20	芒市河	隆阳区	44	竹河	龙陵县
21	热水河	隆阳区	45	龙塘河	龙陵县
22	琨崩河	隆阳区	46	邦迈河	龙陵县
23	沙磨河	隆阳区	47	老表河	龙陵县
24	普冲河	隆阳区	48	镇安河	龙陵县

续表 4-6

序号	河流名称	县（区）	序号	河流名称	县（区）
49	木鱼河	龙陵县	80	鲁村沟	隆阳区
50	里勒河	龙陵县	81	麻河	隆阳区
51	大箐沟	龙陵县	82	平掌河	隆阳区
52	干河	龙陵县	83	罗明坝河	隆阳区
53	镇安淘金河	龙陵县	84	杨柳沟	隆阳区
54	白坟寨河	龙陵县	85	小干河	隆阳区
55	腊勐小寨河	龙陵县	86	水长河	隆阳区
56	垭口河	龙陵县	87	鱼塘河	隆阳区
57	烂坝寨河	龙陵县	88	旧寨河	施甸县
58	摆达河	龙陵县	89	蒲缥河	隆阳区
59	得寨河	龙陵县	90	罗板小河	隆阳区
60	柿子树河	龙陵县	91	双桥小河	隆阳区
61	大龙洞河	龙陵县	92	水井河	隆阳区
62	天宁寺河	龙陵县	93	晓平河	隆阳区
63	隔界河	隆阳区	94	棠梨树河	隆阳区
64	拉攀河	隆阳区	95	烂枣河	隆阳区
65	梨澡河	隆阳区	96	长箐河	隆阳区
66	沙地河	隆阳区	97	老白河	隆阳区
67	瓦河沟	隆阳区	98	太平河	施甸县
68	山头河	隆阳区	99	麻榔河	施甸县
69	勐赖河	隆阳区	100	中寨河	施甸县
70	党西大河	隆阳区	101	宏图河	施甸县
71	桂花河	隆阳区	102	小箐河	施甸县
72	瓦房上沟	隆阳区	103	施甸河	施甸县
73	勐林河	隆阳区	104	思拉河	施甸县
74	掌扫河	隆阳区	105	上寨河	施甸县
75	橄榄河	隆阳区	106	新寨河	龙陵县
76	徐掌河	隆阳区	107	袁寨河	施甸县
77	罗明坝河	隆阳区	108	乌木龙河	施甸县
78	红花河	隆阳区	109	油寨河	施甸县
79	白沙河	隆阳区			

本次新建水源工程包括 2 座小型水库,八萝田水库位于老街子河,芒牛水库位于芒牛河,均属于干热河谷灌片。灌区其他灌片涉及较大的河流有罗明坝河、水长河、烂枣河、施甸河等。

4.1.4.1　老街子河

老街子河位于隆阳区,属于怒江右岸一级支流,自西向东流入怒江,河道全长仅12.2 km,流域面积 26.1 km²,河床平均坡降 16.95‰。现状开发利用程度较低,无其他已建水资源开发利用工程。八萝田水库所在河段(老街子河)见图 4-3。

图 4-3　八萝田水库所在河段(老街子河)

4.1.4.2　芒牛河

芒牛河位于隆阳区潞江镇,属于怒江的右岸一级支流,起始于摆老塘,自西向东进入怒江,河道全长仅 15.48 km,流域面积 42.18 km²,河床平均坡降 12.49‰。现状开发利用程度较低,无其他已建水资源开发利用工程。

4.1.4.3　罗明坝河-水长河

水长河系怒江左岸一级支流,下游段称水长河,上游段称蒲缥河,发源于施甸县水长乡王家山,主干流自东南流向西北,途经蒲缥坝子、打板箐、小新寨、三家村、下午旗等地后,在罗明坝的小河口附近纳入南北向的罗明坝河,再由东向西行 3.5 km 后汇入怒江。流域面积699.3 km²,主河道长 45.2 km,河床比降 12‰,天然落差 239 m,多年平均流量 9.99 m³/s,水能理论蕴藏量 39 MW,规划电站 1 座,规划装机 20 MW,已在建电站 1 座,开发装机容量20 MW。

罗明坝河为水长河右岸最大支流,发源于保山市隆阳区杨柳乡的阿亨寨山凹,河源海拔约 2 500 m。罗明坝河流向先由东向西,到田头后改为由北向南,途经象山寨、河弯街后与东西向的马河交汇,再继续由北向南进入罗明坝子。罗明坝河流域面积为 302 km²,主河道全长 40.7 km,河道平均坡度 29‰。

4.1.4.4　烂枣河

烂枣河为怒江左岸的一级支流,发源于施甸县的凹子头山,河流由南向北经过郭家山、红圈地,到过羊桥后流向呈东南向西北流,流经阿壁山、核桃坪、白土田、澡堂村、李坝子等地后水流调头由东北流向西南,最后在潞江镇的辛家山脚汇入怒江。烂枣河流域面积214.3 km²,全长 31.6 km,河道比降 45‰。

4.1.4.5　施甸河

施甸河为怒江左岸一级支流,发源于施甸坝东南土锅山麓,流向自南向北,纵贯施甸坝流至由旺,经狮、象两山峡谷转向西南至乌木榔山嘴处汇入怒江。流域面积 658.4 km²,河道全长 62.05 km,平均比降 2.44%,天然落差 352 m,多年平均流量 8.2 m³/s。全程沿线汇集山川溪流 32 条,主要支流 11 条,施甸河上游和下游河段弯曲;中游河段贯穿施甸坝子,河道平坦,较为顺直。整个流域位于东经 99°01′~99°17′,北纬 24°39′~25°00′的范围内。流域南部与怒江的二级支流姚关河流域相近,东部与怒江一级支流枯柯河流域相邻,北部与保山东河流域和蒲缥河流域相接,西以怒江为界与龙陵相望。

4.1.5　自然灾害

潞江坝灌区地处低纬度高原地带,地势西北高,东南低,山脉广布,降水分布东西差异大。低温、雪灾、干旱、大风、冰雹、洪涝等自然灾害及次生衍生灾害,各种病虫害等危害频繁发生。

据统计,1949—2019 年潞江坝灌区涉及的 3 个区(县)总灾次 98 次,其中:旱灾 36 次(重灾 31 次),洪灾 62 次(重灾 58 次),平年每三年就有两年旱灾。近年来灾害以 2009—2010 年秋冬春旱灾最为严重,由于从 2009 年 10 月上旬至 2010 年 5 月前均无有效降雨,全市各地陆续开始发生旱情,一直持续到 5 月中旬,干旱时间长达 7 个月,形成秋冬春夏初连旱,为百年不遇特大干旱。潞江坝灌区范围内的 23 个乡镇全部为受灾区,其中灌区范围内的怒江两岸干热河谷区 10 个乡镇是全市受灾最为严重的地区,重灾区几乎全部处于该区域。百年大旱时期,潞江坝灌区范围内受灾面积达 53 413.3 hm²,其中轻灾 25 533.3 hm²,重灾 17 026.67 hm²,绝收 10 853.3 hm²;造成 14.85 万人、7.44 万头大牲畜饮水困难;因旱受灾直接经济总损失达 8.61 亿元。

4.1.6　水土流失

根据《云南省水土流失调查成果公告》,工程所涉及的隆阳区、龙陵县及施甸县土地总面积为 9 606.25 km²,水土流失面积为 3 004.94 km²,占土地总面积的 31.28%。其中:轻度流失面积 1 875.51 km²,占土地总面积的 19.52%;中度流失面积 563.57 km²,占土地总面积的 5.87%;强烈流失面积 293.82 km²,占土地总面积的 3.06%;极强烈流失面积 200.55 km²,占土地总面积的 2.09%;剧烈流失面积 71.49 km²,占土地总面积的 0.74%,见表 4-7。

表 4-7　项目区水土流失现状统计

行政区划		隆阳区	龙陵县	施甸县	合计
土地总面积/km²		4 855.51	2 795.79	1 954.95	9 606.25
微度侵蚀	面积/km²	3 303.89	2 021.98	1 275.44	6 601.31
	占国土面积/%	68.04	73.32	65.24	68.72
水土流失	面积/km²	1 551.62	773.81	679.51	3 004.94
	占国土面积/%	31.96	27.68	34.76	31.28

续表 4-7

	行政区划		隆阳区	龙陵县	施甸县	合计
强度分级	轻度	面积/km²	1 081.14	483.77	310.6	1 875.51
		占土地总面积/%	69.68	62.52	45.71	19.52
	中度	面积/km²	293.68	100.94	168.95	563.57
		占土地总面积/%	18.93	13.04	24.86	5.87
	强烈	面积/km²	96.83	89.48	107.51	293.82
		占土地总面积/%	6.24	11.56	15.82	3.06
	极强烈	面积/km²	67.65	63.03	69.87	200.55
		占土地总面积/%	4.36	8.15	10.28	2.09
	剧烈	面积/km²	12.32	36.59	22.58	71.49
		占土地总面积/%	0.79	4.73	3.32	0.74

根据《水利部办公厅关于印发〈全国水土保持区划(试行)〉的通知》,项目区属于西南岩溶区,根据《全国水土保持规划(2015—2030年)》和《云南省水土保持规划(2016—2030年)》,所涉及的隆阳区、龙陵县及施甸县均属西南诸河高山峡谷国家级水土流失重点治理区。

结合工程占地的土壤、地形地貌、植被覆盖等情况,项目区现有植被整体情况良好,现状土壤侵蚀模数约为 1 500 t/(km²·a),水土流失以轻度水力侵蚀为主。项目区所在区域属于全国土壤侵蚀类型 Ⅱ 级区划的西南岩溶区,土壤容许流失量为 500 t/(km²·a)。

4.2 水环境质量现状

4.2.1 污染源现状

4.2.1.1 灌区范围污染源现状

1.点源污染现状

根据保山市第二次污染源普查,规划区规模以上排污口合计 7 处,主要分布在施甸县,本次灌区规划范围内入河排污口统计结果见表 4-8。

表 4-8 规划区入河排污口情况统计

序号	排污口名称	县(区、市)	排污口类型	污水入河(湖、库)方式	受纳水体名称
1	施甸县污水处理厂入河排污口市政生活污水排污口	施甸县	生活污水排污口	暗管	施甸河
2	施甸县老麦乡集镇混合污废水排污口	施甸县	混合污废水排污口	人工明渠	施甸河
3	施甸县酒房乡集镇混合污废水排污口	施甸县	混合污废水排污口	人工明渠	怒江

续表 4-8

序号	排污口名称	县(区、市)	排污口类型	污水入河(湖、库)方式	受纳水体名称
4	施甸县由旺镇黄家店与施七公路岔路口混合污废水排污口	施甸县	混合污废水排污口	人工明渠	水长河
5	施甸县太平镇太平村混合污废水排污口	施甸县	混合污废水排污口	暗管	太平河
6	施甸康丰糖业有限责任公司龙坪分公司排水口企业(工厂)排污口	施甸县	工业废水排污口	暗管	怒江
7	施甸县施甸河入怒江河口混合污废水排污口	施甸县	混合污废水排污口	天然明渠	怒江

2.面源污染现状

1)农村生活污染

潞江坝灌区现状年农村生活需水量 1 486 万 m³,包括农村居民生活用水量和牲畜用水量。农村生活排水系数取 0.6,污染物入河系数一般研究认为在 0.4~0.7,本次取 0.5。农村生活退水系数按 0.3 计,则农村生活退水总量为 445.8 万 m³。农村生活退水成分中 COD、氨氮、总磷的浓度值约为 250 mg/L、25 mg/L、2.5 mg/L。经计算,设计水平年各灌溉分区农村生活退水污染负荷见表 4-9。

表 4-9 现状年农村生活退水污染负荷统计

灌片	单元	退水量/万 m³	污染负荷/(t/a) COD	NH₃-N	TP
干热河谷灌片	梨澡单元	6.6	16.5	1.6	0.16
	芒宽坝单元	40.8	102.0	10.2	1.02
	潞江坝单元	79.8	199.5	20.0	2.00
	小计	127.2	318.0	31.8	3.18
三岔灌片	三岔河单元	40.2	100.5	10.1	1.01
	八〇八单元	48.9	122.3	12.2	1.22
	小计	89.1	222.8	22.3	2.23
水长灌片	橄榄单元	6.3	15.7	1.5	0.15
	小海坝单元	30.9	77.3	7.7	0.77
	大海坝单元	15.0	37.5	3.8	0.38
	阿贡田单元	51.0	127.5	12.8	1.28
	水长河单元	6.6	16.5	1.7	0.17
	蒲缥坝单元	66.9	167.3	16.7	1.67
	小计	176.7	441.8	44.2	4.42

续表4-9

灌片	单元	退水量/万 m^3	污染负荷/(t/a)		
			COD	NH_3-N	TP
烂枣灌片	烂枣单元	36.3	90.6	9.1	0.91
	东蚌兴华单元	16.5	41.3	4.1	0.41
	小计	52.8	131.9	13.2	1.32
施甸灌片	施甸单元	0	0	0	0
合计		445.8	1 114.5	111.50	11.15

2）灌溉回归水污染

现状年灌溉回归水污染负荷计算方法同3.9.1.2。灌区灌溉退水主要来源于渠道渗漏损失、田间渗漏损失以及稻田的落干排水。主要根据灌区的作物种植结构、灌溉制度，各级灌溉输水利用系数对灌溉回归水进行核算。

（1）退水量。

①输水损失及渗漏。根据各灌片现状年渠系水综合利用系数，计算统计潞江坝灌区的输水损失及渗漏量，统计结果见表4-10。现状年输水损失约3 304.22万 m^3。输水损失大部分为渗漏损失，约占70%，这部分水量回归于灌区内水系最终汇入怒江，这部分回归水量约2 312.96万 m^3。另外一小部分蒸发损失或入渗深层地下水。

②稻田田间渗漏水量。水稻种植会产生稻田田间渗漏排水。根据工程设计资料，现状年水稻的田间渗漏水量为1 991.02万 m^3。

③水稻落干排水量。经分析计算，水稻落干排水需将淹深约10 mm的表面水层排干，每次按1 d排干计算排水强度则现状年灌区水稻的稻田落干排水总量为118.16万 m^3。

④灌溉退水总量。经计算，灌区现状年退水总量为4 422.14万 m^3。

（2）退水污染负荷。

根据灌区内各行业供水量及污染负荷统计，现状水平年灌区各灌片COD、NH_3-N、TP污染负荷分别为3 952.2 t/a、405.6 t/a、226.9 t/a，见表4-11。

4.2.1.2 新建水库汇水区污染源

1.八萝田水库

根据收集资料及现场查勘，八萝田水库上游汇水区范围内污染源为八萝田村一个养鸡场。八萝田村农村生活污水及养鸡场畜禽养殖废水现状散排入附近沟渠，最后汇入老街子河。

1）八萝田村污染负荷

八萝田村现有人口593人，农村居民生活用水定额为60 L/(人·d)，农村生活退水系数按0.3计。经计算八萝田村生活污水量为0.39万 m^3。农村生活退水成分中COD、氨氮、总磷的浓度值约为250 mg/L、25 mg/L、2.5 mg/L。经计算，八萝田村生活退水COD、氨氮、总磷污染负荷分别为0.975 t/a、0.098 t/a、0.009 t/a。

表4-10　现状年灌溉回归水统计

单位：万 m³/a

灌片	单元	输水损失			田间渗漏量	水稻落干排水量	灌溉回归水总量
		损失总量	蒸发及深层渗漏损失	浅层渗漏回归			
干热河谷灌片	梨漤单元	2.77	0.83	1.94	2.84	0.12	4.90
	芒宽坝单元	571.46	171.44	400.02	259.79	15.45	675.26
	潞江坝单元	1 008.84	302.65	706.19	245.58	18.43	970.20
	小计	1 583.07	474.92	1 108.15	508.21	34.00	1 650.36
三岔灌片	三岔河单元	223.16	66.95	156.21	199.10	12.06	367.37
	八〇八单元	132.77	39.83	92.94	306.59	15.95	415.48
	小计	355.93	106.78	249.15	505.69	28.01	782.85
水长灌片	橄榄单元	21.54	6.46	15.08	2.97	0.32	18.37
	小海坝单元	49.96	14.99	34.97	31.22	1.77	67.96
	大海坝单元	61.39	18.42	42.97	18.48	1.32	62.77
	阿贡田单元	319.87	95.96	223.91	131.86	9.69	365.46
	水长河单元	60.61	18.18	42.43	18.48	1.14	62.05
	蒲缥坝单元	213.84	64.15	149.69	164.70	10.53	324.92
	小计	727.21	218.16	509.05	367.71	24.77	901.53
烂枣灌片	烂枣单元	247.39	74.22	173.17	106.73	6.62	286.52
	东蚌兴华单元	50.00	15.00	35.00	49.96	2.65	87.61
	小计	297.38	89.22	208.17	156.69	9.27	374.13
施甸灌片	施甸单元	340.62	102.18	238.44	452.72	22.11	713.27
合计		3 304.22	991.26	2 312.96	1 991.02	118.16	4 422.14

表 4-11　现状水平年灌区各灌片污染负荷统计

单位：t/a

灌片	城镇生活污水污染			工业污染源			农村生活污染			灌溉回归水污染			合计		
	COD	NH$_3$-N	TP	COD	NH$_3$-N	TP	COD	NH$_3$-N	TP	COD	NH$_3$-N	TP	COD	NH$_3$-N	TP
干热河谷灌片	0	0	0	17.9	1.8	0.2	318	31.8	3.18	851.7	92.3	82.2	1 187.7	125.9	85.6
三岔灌片	0	0	0	18.6	1.9	0.2	222.8	22.3	2.23	461.5	46.4	40.3	702.9	70.6	42.7
水长灌片	0	0	0	72.6	7.3	0.7	441.8	44.2	4.42	635.2	64.1	51.6	1 149.6	115.6	56.7
烂枣灌片	0	0	0	0	0	0	132.0	13.2	1.32	192.4	19.9	17.1	324.4	33.1	18.4
施甸灌片	127.9	17.0	2.1	188.2	18.8	1.9	0	0	0	271.5	24.6	19.5	587.6	60.4	23.5
合计	127.9	17.0	2.1	297.3	29.8	3.0	1 114.7	111.5	11.15	2 412.3	247.3	210.6	3 952.2	405.6	226.9

2）养鸡场

养鸡场现有鸡约 500 只,小牲畜用水定额 12 L/(只·d),退水系数按 0.3 计。经计算养鸡场污水量为 0.066 万 m³。畜禽养殖退水成分中 COD、氨氮、总磷的浓度值约为 400 mg/L、80 mg/L、8.0 mg/L。经计算,养鸡场退水 COD、氨氮、总磷污染负荷分别为 0.26 t/a、0.05 t/a、0.005 t/a。

2.芒柳水库

根据收集资料及现场查勘,芒柳水库上游汇水区范围内污染源为河坝子村。河坝子村生活污水现状散排入附近沟渠,最后汇入芒牛河。

河坝子村现有人口 308 人,农村居民生活用水定额为 60 L/(人·d),农村生活退水系数按 0.3 计。经计算八萝田村生活污水量为 0.20 万 m³。农村生活退水成分中 COD、氨氮、总磷的浓度值约为 250 mg/L、25 mg/L、2.5 mg/L。经计算,八萝田村生活退水 COD、氨氮、总磷污染负荷分别为 0.50 t/a、0.05 t/a、0.005 t/a。

4.2.1.3　主要退水河流污染源统计

灌区范围内梨澡单元、芒宽坝单元、潞江坝单元、八〇八单元、烂枣灌片退入怒江干流,橄榄坝单元、大海坝单元、小海坝单元、阿贡田单元、水长河单元、蒲缥坝单元退入水长河,三岔单元退入勐梅河,施甸灌片退入施甸河。经统计,各主要河流污染负荷见表 4-12。

表 4-12　主要河流污染负荷统计

序号	河流	污染负荷/(t/a)		
		COD	NH₃-N	TP
1	怒江	2 016.9	168.4	92.4
2	水长河	974.2	119.1	64.9
3	勐梅河	381.8	30.9	17.0
4	施甸河	579.3	87.3	52.6
合计		3 952.2	405.7	226.9

4.2.2　区域水资源与开发利用状况调查

4.2.2.1　区域水资源量

据保山市水资源公报统计数据,2010—2019 年,保山市平均降水量 1 378 mm,折合降水总量 262.48 亿 m³。2019 年保山市平均降水量 1 275 mm,折合降水总量 243.23 亿 m³,属偏枯年份。全市水资源总量为 124.68 亿 m³,其中隆阳区、施甸县以及龙陵县的水资源总量为 48.17 亿 m³,其中:隆阳区水资源总量 20.07 亿 m³,施甸县 5.55 亿 m³,龙陵县 22.55 亿 m³。各类蓄水工程蓄水量 4.05 亿 m³,其中:隆阳区 1.28 亿 m³,施甸县 0.55 亿 m³,龙陵县 1.15 亿 m³。

2010—2019 年,潞江坝灌区范围内(保山市怒江干流区)多年平均水资源总量为 18.50 亿 m³,可利用水资源量为 6.70 亿 m³。2019 年潞江坝灌区研究区域水资源总量为 17.03 亿 m³,其中涉及隆阳区水资源总量 4.99 亿 m³,施甸县 2.01 亿 m³,龙陵县 10.03 亿 m³。

区域可利用水资源量为 11.79 亿 m³,其中隆阳区 1.99 亿 m³,施甸县 1.08 亿 m³,龙陵县3.63 亿 m³。

2010—2019 年研究区域多年可利用水资源总量变化趋势见图 4-4。2019 年研究区域分区水资源量见表 4-13。

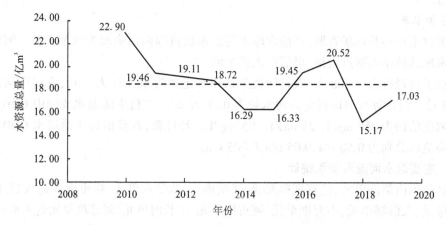

图 4-4　2010—2019 年研究区域水资源总量变化趋势

表 4-13　2019 年研究区域分区水资源量　　　　单位:亿 m³

统计区		地表水资源量	地下水资源量	重复计量	水资源总量	水资源可利用量
合计		17.03	7.31	7.31	17.03	6.70
分位置	怒江以东	5.01	2.15	2.15	5.01	1.60
	怒江以西	12.01	5.16	5.16	12.01	5.10
分行政区	隆阳区	4.99	2.14	2.14	4.99	1.99
	施甸县	2.01	0.86	0.86	2.01	1.08
	龙陵县	10.03	4.31	4.31	10.03	3.63

4.2.2.2　区域水资源开发利用现状

根据 2010—2019 年近 10 年的实际统计数据,保山市河道外多年平均总用水量为 112 063 万 m³,其中 2019 年河道外总供水量 112 385 万 m³,包括生活用水 12 493 万 m³、农业用水 86 519 万 m³、工业用水 11 090 万 m³ 以及环卫绿化用水 2 283 万 m³。

2010—2019 年,潞江坝灌区范围河道外多年平均总用水量为 21 607 万 m³,按用水户分:生活用水 2 129 万 m³,农业用水 16 419 万 m³,工业用水 2 931 万 m³,环卫绿化用水 128 万 m³。按工程分:蓄水工程供水 7 774 万 m³,引水工程供水 12 329 万 m³,提水工程供水 1 504万 m³。2019 年河道外总供水量为 21 668 万 m³,其中蓄水工程供水量 10 900 万 m³,引水工程供水量 10 070 万 m³,提水工程供水量 698 万 m³。

灌区范围内水资源开发利用现状见表 4-14 和表 4-15,用水总量多年变化趋势见图 4-5。

表 4-14　研究区域 2010—2019 年水资源开发现状　　　单位:万 m³

年份	分水源			分工程			
	地表水	地下水	合计	蓄水工程	引水工程	提水工程	合计
2010	19 378	323	19 701	4 545	14 028	1 128	19 701
2011	21 518	335	21 853	6 416	14 334	1 103	21 853
2012	21 658	335	21 993	6 404	14 482	1 107	21 993
2013	22 012	335	22 347	6 578	14 674	1 095	22 347
2014	20 389	335	20 724	6 082	13 564	1 078	20 724
2015	20 701	296	20 997	8 153	11 885	959	20 997
2016	21 640	296	21 936	8 153	12 823	960	21 936
2017	22 381	263	22 644	10 900	10 966	778	22 644
2018	21 932	268	22 200	9 606	11 858	736	22 200
2019	21 322	346	21 668	10 900	10 070	698	21 668
10 年平均			21 607				21 607

表 4-15　研究区域 2010—2019 年水资源利用现状　　　单位:万 m³

年份	农业灌溉	林木渔畜	工业	城镇公共	城镇生活	环卫绿化	合计
2010	14 761	552	2 873	186	1 283	46	19 701
2011	15 784	1 034	3 047	260	1 684	43	21 852
2012	15 639	1 020	3 328	280	1 680	47	21 994
2013	15 626	1 125	3 605	292	1 647	52	22 347
2014	15 087	995	1 986	920	1 670	67	20 725
2015	15 363	673	2 855	235	1 808	62	20 996
2016	14 892	1 081	3 740	361	1 775	85	21 934
2017	15 496	1 540	3 181	402	1 963	62	22 644
2018	14 839	2 002	2 557	448	1 982	372	22 200
2019	14 577	2 105	2 138	417	1 991	440	21 668
10 年平均							21 607

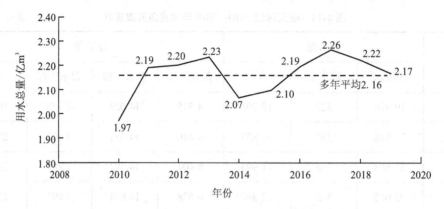

图 4-5　研究区域 2010—2019 年用水总量变化趋势

4.2.2.3　现状耗水量

2010—2019 年,潞江坝灌区研究区域多年平均耗水总量为 12 049 万 m^3,其中农业灌溉和林木渔畜年耗水量 10 132 万 m^3,占耗水总量的 82.53%;工业耗水量 709 万 m^3,城镇综合(公共和生活)用水 1 080 万 m^3,环卫绿化用水 128 万 m^3;综合耗水率 56.16%。

2019 年,研究区域内耗水总量为 12 478 万 m^3,其中农业灌溉和林木渔畜耗水量 10 298 万 m^3,占耗水总量的 82.53%;工业耗水量 556 万 m^3,占耗水总量的 4.45%;城镇大生活(公共、生活、环卫绿化)用水 1 624 万 m^3,占耗水总量的 13.02%;综合耗水率 57.59%。

研究区域 2010—2019 年耗水量统计结果见表 4-16。

表 4-16　研究区域 2010—2019 年耗水量统计　　　　　单位:万 m^3

年份	农业灌溉	林木渔畜	工业	城镇公共	城镇生活	环卫绿化	合计
2010	9 106	453	678	48	789	46	11 120
2011	9 663	845	794	67	1 048	43	12 460
2012	9 572	834	868	72	1 033	47	12 426
2013	9 564	916	697	75	966	52	12 270
2014	9 230	814	701	60	971	67	11 843
2015	9 163	445	742	63	1 009	62	11 484
2016	8 882	782	699	94	964	85	11 506
2017	9 568	817	684	105	1 088	62	12 324
2018	9 377	994	671	118	1 049	372	12 581
2019	9 327	971	556	110	1 073	441	12 478
10 年平均	9 345	787	709	81	999	128	12 049

4.2.2.4　水资源开发利用程度和现状用水水平

2010—2019 年,潞江坝灌区研究区域平均水资源总量为 18.50 亿 m^3,平均河道外水资源开发利用量为 2.16 亿 m^3,人均水资源占有量 2 653 m^3/人,水资源开发利用率 11.85%,低于保山市平均水平 13.15%。现有蓄水工程地表径流调节能力均远低于全国(17.6%)和云南省(18.7%)平均水平。人均综合用水量 265 m^3/人,低于保山市平均值 381 m^3/人;单位 GDP 用水量为 147 m³/万元,低于保山市平均值 160 m³/万元;农业灌溉亩均用水量265 m³/亩,高于保山市平均值约 10 个百分点。

2019 年,灌区范围内人均水资源占有量为 2 398 m³/人,水资源开发利用率12.73%,人均综合用水量 305 m³/人,单位 GDP 用水量为 152 m³/万元,农业灌溉亩均用水量254 m³/亩。研究区域 2010—2019 年现状用水水平见表 4-17。

表 4-17　研究区域 2010—2019 年现状用水水平情况

年份	人均综合用水量/(m³/人)	单位 GDP 用水量/(m³/万元)	农业灌溉亩均用水量/(m³/亩)	人均居民生活用水量/[L/(人·d)]		单位工业增加值用水量/(m³/万元)
				城镇	农村	
2010	230	173	235	62	52	131
2011	257	202	273	77	88	115
2012	258	178	272	78	89	104
2013	249	142	273	78	96	69
2014	240	123	218	73	88	62
2015	242	113	249	76	70	62
2016	235	101	291	88	69	57
2017	320	176	316	93	71	98
2018	313	113	266	91	89	46
2019	305	152	254	93	87	79
10 年平均	265	147	265	81	80	82

4.2.2.5　水资源开发利用存在的问题

1.存在工程性缺水问题

潞江坝灌区研究区域 2010—2019 年平均水资源总量为 18.50 亿 m³,人均水资源量2 653 m³,高于全国平均水平;但是区域水资源存在显著的时空分布不均、丰枯变化大的特点;枯季(11月至次年 5 月)降水量较少,仅占年降水的 20%左右;雨季 6—10 月降水量较多,占年降水的 80%左右,雨季来水多以洪水形式出现,旱季来水量少。同时区域水资源量空间分布不均,西部水资源量多而东部水资源量少。

由于灌区范围内怒江干流河段目前尚未批复有任何拦河坝(闸、站),可对其进行规模化的开发利用。两岸支流缺乏足够的调蓄水源工程、丰水片和枯水片缺乏连通调水工程,造成两岸耕地用水困难。据统计,研究区域内现有水利工程 303 座,其中水库工程 103 座,引提水工程 78 座。2010—2019 年研究区域多年平均河道外供水量为 2.10 亿 m³,对应缺水率36.1%,河道外水资源开发利用率仅 10.56%,存在工程性缺水问题。

2.灌区水资源开发利用难度较大

潞江坝灌区虽属水资源较丰富地区,但水资源时空分布不均,丰枯变化大,灌区地形狭长,北高南低,两岸高中间低,怒江从灌区中部最低处流过,水低田高,大规模地开发利用怒江干流水资源难度大。

在《怒江流域规划》中，原规划在怒江干流上兴建泸水枢纽和赛格枢纽解决潞江坝灌区隆阳区两岸临江灌面用水问题。基于怒江生态保护等因素，对怒江干流水资源进行较大规模的开发利用工程一直未能实现。因此，本次潞江坝灌区水源工程主要以开发怒江两岸支流为主；在支流上修建蓄水工程或引、提水工程，通过蓄丰补枯并配合优化调度，对两岸支流水资源量进行合理开发利用，以满足灌区的用水需求。

3.骨干工程老化失修，供水保证率低、水资源存在浪费问题

灌区范围内已有渠道工程多建于 20 世纪五六十年代，骨干水利工程设计标准普遍偏低，设施不配套，工程年久失修，老化损坏，制约着灌区工程效益的正常发挥；渠道衬砌率较低，渠道输水存在渗漏损失，缺乏田间配套工程，平均渠系水利用系数较低，为 0.45，农业灌溉高额耗水与高度缺水并存，造成有限的水资源大量浪费，严重影响了农业生产持续发展。

4.存在城镇用水挤占农业用水、农业用水挤占生态用水的现象

潞江坝灌区范围内分布有施甸县城和 10 个集镇区，随着城市工业化和城镇化的推进，城镇生活和工业用水需求的比重逐渐提高，导致城市供水矛盾日益突出，生活、生产需水得不到满足，存在挤占农业用水和生态用水的问题，导致农业实灌面积缩减、河道干枯长度和时段增加。

5.灌溉工程管理水平较为落后，不能适应现代化农业发展的需求

目前区域内已建中小型灌区共 31 处，各灌区问题总体相似，即工程管理水平相对落后，用水户节水意识不强。水利管理机制不协调，灌区管理各自为政，水库间存在排涝及灌水之间的纠纷，对灌区协调蓄水、供水、排涝的统一调度等造成一定的难度，现有管理机制不能适应未来灌区管理工作。

4.2.3 地表水环境现状

4.2.3.1 国控断面水质

潞江坝灌区评价范围内有国控断面 1 个，为红旗桥断面，根据《保山市环境状况公报》和保山市生态环境局发布的主要河流水质监测数据，2015—2021 年，红旗桥断面水质均为Ⅱ类，水功能区划为Ⅱ类，达到水功能要求，见表 4-18。

表 4-18　潞江坝灌区国控断面地表水水质情况统计

年份	所在流域	断面名称	所在水体	水质状况	执行标准	达标情况	断面级别
2015	怒江	红旗桥	怒江	Ⅱ	Ⅱ	达标	国家级
2016	怒江	红旗桥	怒江	Ⅱ	Ⅱ	达标	国家级
2017	怒江	红旗桥	怒江	Ⅱ	Ⅱ	达标	国家级
2018	怒江	红旗桥	怒江	Ⅱ	Ⅱ	达标	国家级
2019	怒江	红旗桥	怒江	Ⅱ	Ⅱ	达标	国家级
2020	怒江	红旗桥	怒江	Ⅱ	Ⅱ	达标	国家级
2021	怒江	红旗桥	怒江	Ⅱ	Ⅱ	达标	国家级

4.2.3.2 饮用水水源地水质

根据 2020 年保山市饮用水水源地划分方案监测结果,潞江坝灌区评价范围内饮用水水源地水质水功能区划为Ⅲ类,根据水质监测数据,除个别水源地总氮(不参评)超标外,其他均达标,见表 4-19。

表 4-19 潞江坝灌区集中式饮用水水质情况统计

水源地级别	序号	县区名称	乡镇名称	水源地名称	水源地类型	水环境功能类别	达标情况
"千吨万人" 水源地	1	施甸县	由旺镇	银川水库	水库型	Ⅲ类	达标
	2	龙陵县	镇安镇	小滥坝水库	水库型	Ⅲ类	达标
乡镇水源地	3	隆阳区	芒宽乡	芒宽河	河流型	Ⅲ类	达标
	4	隆阳区	杨柳乡	大海坝水库	水库型	Ⅲ类	达标
	5	隆阳区	杨柳乡	小海坝水库	水库型	Ⅲ类	达标
	6	隆阳区	潞江镇	明子山水库	水库型	Ⅲ类	达标
	7	隆阳区	潞江镇	猪头山龙洞	地下水型	Ⅲ类	达标
	8	隆阳区	蒲缥镇	大浪坝水库	水库型	Ⅲ类	达标
	9	施甸县	太平镇	石房水库	水库型	Ⅲ类	达标
	10	施甸县	老麦乡	红谷田水库	水库型	Ⅲ类	达标
	11	施甸县	老麦乡	一道桥水库	水库型	Ⅲ类	达标
	12	施甸县	老麦乡	柳沟水库	水库型	Ⅲ类	达标
	13	施甸县	何元乡	上寨水库	水库型	Ⅲ类	达标
	14	龙陵县	碧寨乡	岔河龙洞	地下水型	Ⅲ类	达标

4.2.3.3 地表水补充监测

1.第一期补充监测

2021 年 4 月,中水北方勘测设计研究有限责任公司委托云南坤环检测技术有限公司对评价区地表水环境进行了补充监测,监测结果如下。

1)监测点位

本次地表水监测在评价范围内怒江及其主要支流、规划新建水库坝址处共布设 10 个监测点位,监测点布置情况见表 4-20。

表 4-20 第一期地表水监测点位布置情况

断面编号	河流		监测点位	经度/(°)	纬度/(°)	水质目标
W1	怒江	干流	入灌区断面	98.876 081 720 3	25.550 142 106 7	Ⅱ
W2	怒江	干流	出灌区断面	99.000 683 397 1	24.447 125 722 8	Ⅱ
W3	老街子河	支流	八萝田水库坝址	98.867 687 343 3	25.536 382 051 8	Ⅲ

续表 4-20

断面编号	河流		监测点位	经度/(°)	纬度/(°)	水质目标
W4	勐来河	支流	羊沟水库坝址 （规划阶段）	99.105 009 585 5	25.322 189 409 9	Ⅲ
W5	芒牛河	支流	芒柳水库坝址	98.831 293 138 7	25.155 094 797 8	Ⅲ
W6	水长河	支流	水长河源头断面	99.072 491 421 4	24.953 095 990 3	Ⅱ
W7	水长河	支流	水长河入怒江前 河口断面	98.859 108 536 3	25.161 076 601 5	Ⅲ
W8	施甸河	支流	施甸河源头断面	99.222 146 038 5	24.697 195 477 7	Ⅱ
W9	施甸河	支流	施甸河入怒江前 河口断面	99.052 577 951 7	24.698 278 585 6	Ⅲ
W10	勐梅河	支流	勐梅河入怒江前 河口断面	98.937 108 072 6	24.786 714 588 1	Ⅲ

2) 监测因子

补充监测水质指标主要包括水温、pH、溶解氧、高锰酸盐指数、化学需氧量、五日生化需氧量、氨氮、总磷、总氮、铜、锌、氟化物、硒、砷、汞、镉、六价铬、铅、氰化物、挥发酚、石油类、阴离子表面活性剂、硫化物、粪大肠菌群等。

3) 监测时段和频率

2021 年 4 月 22—24 日连续监测 3 d，每天 1 次。

4) 现状评价

地表水质监测结果详见表 4-21。可以看出，按照《地表水环境质量标准》（GB 3838—2002），W3、W6、W8 断面溶解氧不满足Ⅱ类水水质标准，但达到了Ⅲ类水质标准；W1、W2、W6、W8 断面总氮不满足Ⅱ类水水质标准，但达到了Ⅲ类水质标准，其他因子均能达到Ⅱ类水质标准。其中，芒柳水库（W5 断面）和八萝田水库（W3 断面）水质满足集中式生活饮用水地表水源五项指标要求。

2.第二期补充监测

2021 年 9 月，云南坤环检测技术有限公司对评价区地表水环境进行了补充监测，监测结果如下。

1) 监测点位

本次地表水监测在评价范围内怒江及其主要支流、规划新建水库坝址处共布设 21 个监测点位，监测点布置情况见表 4-22。

2) 监测因子

补充监测水质指标主要包括水温、pH、溶解氧、SS、高锰酸盐指数、化学需氧量、五日生化需氧量、氨氮、总磷、总氮、铜、锌、氟化物、硒、砷、汞、镉、六价铬、铅、氰化物、挥发酚、石油类、阴离子表面活性剂、硫化物、粪大肠菌群等。

表 4-21　第一期补充监测断面地表水监测结果统计

单位：mg/L

序号	监测项目	采样日期（年-月-日）	W1:怒江入灌区断面	W2:怒江出灌区断面	W3:老街子河八萝田水库坝址	W4:勐来河羊沟水库坝址	W5:芒牛河芒柳（莽格）水库坝址	W6:水长河源头断面	W7:水长河入怒江前河口断面	W8:施甸河源头断面	W9:施甸河入怒江前河口断面	W10:勐梅河入怒江前河口断面	III类水质量标准	III类标准限值
1	水温/℃	2021-04-22	12.3	13.1	12.1	11.4	12.5	14.2	12.1	13.3	13.2	11.8	—	—
		2021-04-23	12.8	12.7	10.4	12	11.9	13.1	13	12.1	13.5	12.4		
		2021-04-24	13.4	12.4	11.3	11.5	12.4	13.5	12.4	12.8	11.9	11.5		
2	pH	2021-04-22	7.13	7.28	7.43	7.54	7.64	7.89	7.12	7.38	7.73	7.64	6~9	6~9
		2021-04-23	7.18	7.31	7.45	7.56	7.62	7.86	7.14	7.36	7.78	7.68		
		2021-04-24	7.15	7.33	7.46	7.53	7.67	7.88	7.16	7.35	7.75	7.65		
3	溶解氧	2021-04-22	6.4	6.8	5.8	5.4	6.1	5.4	5.8	5.7	5.4	6.1	6	5
		2021-04-23	6.5	6.7	5.9	5.4	6.2	5.7	6.1	5.9	5.2	6.4		
		2021-04-24	6.7	6.8	5.7	5.3	6.4	5.5	5.9	5.4	5.5	5.9		
4	高锰酸盐指数	2021-04-22	1.3	1.5	1.5	1.3	2.1	2	2.7	2.1	1.3	1.8	4	6
		2021-04-23	1.4	1.4	1.6	1.3	2.2	1.9	2.5	2.2	1.4	1.6		
		2021-04-24	1.3	1.3	1.6	1.3	2	1.9	2.3	2	1.4	1.7		
5	化学需氧量	2021-04-22	4L	4L	4	4	4	4	7	6	4L	4	15	20
		2021-04-23	4L	4L	4	4	4	4	6	6	4L	4		
		2021-04-24	4L	4L	5	5	4	4	7	7	4L	4		
6	五日生化需氧量	2021-04-22	0.5L	0.5L	0.9	0.8	1	0.9	1.4	1.2	0.5L	0.9	3	4
		2021-04-23	0.5L	0.5L	0.8	0.8	0.8	0.8	1.3	1.1	0.5L	1		
		2021-04-24	0.5L	0.5L	1	1.1	0.8	0.9	1.4	1.4	0.5L	0.8		
7	氨氮	2021-04-22	0.025L	0.025L	0.041	0.025L	0.035	0.073	0.076	0.035	0.247	0.025L	0.5	1
		2021-04-23	0.025L	0.025L	0.047	0.025L	0.044	0.082	0.07	0.041	0.256	0.025L		
		2021-04-24	0.025L	0.025L	0.035	0.025L	0.041	0.079	0.067	0.038	0.244	0.025L		

注："检出限+L"表示检测结果低于方法检出限，下同。

续表 4-21

序号	监测项目	采样日期(年-月-日)	W1:怒江入灌区断面	W2:怒江出灌区断面	W3:老街子河入萝田河水库坝址	W4:勐来河羊沟水库坝址	W5:芒牛河芒柳(蒙格)水库坝址	W6:水长河源头断面	W7:水长河入怒江前河口断面	W8:施甸河源头断面	W9:施甸河入怒江前河口断面	W10:勐梅河入怒江前河口断面	II类水质标准	III类标准限值
8	总磷	2021-04-22	0.03	0.02	0.02	0.02	0.03	0.03	0.04	0.04	0.03	0.12	0.1	0.2
		2021-04-23	0.04	0.04	0.04	0.05	0.06	0.05	0.07	0.07	0.06	0.13		
		2021-04-24	0.03	0.03	0.03	0.03	0.04	0.03	0.06	0.06	0.05	0.11		
9	总氮	2021-04-22	0.72	0.68	0.26	0.33	0.43	0.78	0.98	0.81	0.98	0.52	0.5	1
		2021-04-23	0.83	0.87	0.39	0.45	0.48	0.88	0.91	0.96	0.91	0.65		
		2021-04-24	0.78	0.72	0.31	0.35	0.44	0.86	0.8	0.89	0.96	0.49		
10	铜	2021-04-22	0.001L	0.001L	0.001L	0.001L	0.001L	0.001L	0.001L	0.001L	0.001L	0.001L		1
		2021-04-23	0.001L	0.001L	0.001L	0.001L	0.001L	0.001L	0.001L	0.001L	0.001L	0.001L		
		2021-04-24	0.001L	0.001L	0.001L	0.001L	0.001L	0.001L	0.001L	0.001L	0.001L	0.001L		
11	锌	2021-04-22	0.05L	0.05L	0.05L	0.05L	0.05L	0.05L	0.05L	0.05L	0.05L	0.05L		1
		2021-04-23	0.05L	0.05L	0.05L	0.05L	0.05L	0.05L	0.05L	0.05L	0.05L	0.05L		
		2021-04-24	0.05L	0.05L	0.05L	0.05L	0.05L	0.05L	0.05L	0.05L	0.05L	0.05L		
12	氟化物	2021-04-22	0.1	0.13	0.07	0.05	0.16	0.14	0.15	0.09	0.19	0.23		1
		2021-04-23	0.08	0.16	0.09	0.06	0.19	0.15	0.17	0.11	0.22	0.25		
		2021-04-24	0.07	0.14	0.06	0.08	0.2	0.17	0.16	0.1	0.24	0.27		
13	硒	2021-04-22	0.4L	0.4L	0.4L	0.4L	0.4L	0.4L	0.4L	0.4L	0.4L	0.4L	0.01	
		2021-04-23	0.4L	0.4L	0.4L	0.4L	0.4L	0.4L	0.4L	0.4L	0.4L	0.4L		
		2021-04-24	0.4L	0.4L	0.4L	0.4L	0.4L	0.4L	0.4L	0.4L	0.4L	0.4L		
14	砷	2021-04-22	0.3L	0.3L	0.3L	0.3L	0.3L	0.3L	0.3L	0.3L	0.3L	0.3L	0.05	
		2021-04-23	0.3L	0.3L	0.3L	0.3L	0.3L	0.3L	0.3L	0.3L	0.3L	0.3L		
		2021-04-24	0.3L	0.3L	0.3L	0.3L	0.3L	0.3L	0.3L	0.3L	0.3L	0.3L		

续表 4-21

序号	监测项目	采样日期(年-月-日)	W1:怒江入灌区断面	W2:怒江出灌区断面	W3:老街子河八萝田水库坝址	W4:勐来河羊沟水库坝址	W5:芒牛河芒柳(箐格)水库坝址	W6:水长河源头断面	W7:水长河入怒江前河口断面	W8:施甸河源头断面	W9:施甸河入怒江前河口断面	W10:勐梅河入怒江前河口断面	II类水质标准	III类标准准限值
15	汞	2021-04-22	0.04L	0.04L	0.04L	0.04L	0.04L	0.04L	0.04L	0.04L	0.04L	0.04L		
		2021-04-23	0.04L	0.04L	0.04L	0.04L	0.04L	0.04L	0.04L	0.04L	0.04L	0.04L	0.00005	0.0001
		2021-04-24	0.04L	0.04L	0.04L	0.04L	0.04L	0.04L	0.04L	0.04L	0.04L	0.04L		
16	镉	2021-04-22	0.001L	0.001L	0.001L	0.001L	0.001L	0.001L	0.001L	0.001L	0.001L	0.001L		
		2021-04-23	0.001L	0.001L	0.001L	0.001L	0.001L	0.001L	0.001L	0.001L	0.001L	0.001L		0.005
		2021-04-24	0.001L	0.001L	0.001L	0.001L	0.001L	0.001L	0.001L	0.001L	0.001L	0.001L		
17	六价铬	2021-04-22	0.004L	0.004L	0.004L	0.004L	0.004L	0.004L	0.004L	0.004L	0.004L	0.004L		
		2021-04-23	0.004L	0.004L	0.004L	0.004L	0.004L	0.004L	0.004L	0.004L	0.004L	0.004L		0.05
		2021-04-24	0.004L	0.004L	0.004L	0.004L	0.004L	0.004L	0.004L	0.004L	0.004L	0.004L		
18	铅	2021-04-22	0.010L	0.010L	0.010L	0.010L	0.010L	0.010L	0.010L	0.010L	0.010L	0.010 L		
		2021-04-23	0.010L	0.010L	0.010L	0.010L	0.010L	0.010L	0.010L	0.010L	0.010L	0.010 L	0.01	0.05
		2021-04-24	0.010L	0.010L	0.010L	0.010L	0.010L	0.010L	0.010L	0.010L	0.010L	0.010 L		
19	氧化物	2021-04-22	0.004L	0.004L	0.004L	0.004L	0.004L	0.004L	0.004L	0.004L	0.004L	0.004L		
		2021-04-23	0.004L	0.004L	0.004L	0.004L	0.004L	0.004L	0.004L	0.004L	0.004L	0.004L	0.05	0.2
		2021-04-24	0.004L	0.004L	0.004L	0.004L	0.004L	0.004L	0.004L	0.004L	0.004L	0.004L		
20	挥发酚	2021-04-22	0.0006	0.0006	0.0003	0.0005	0.0005	0.0004	0.0003	0.0006	0.0008	0.0006		
		2021-04-23	0.0004	0.0006	0.0003	0.0005	0.0004	0.0005	0.0003	0.0004	0.0005	0.0005	0.002	0.005
		2021-04-24	0.0003	0.0005	0.0005	0.0006	0.0004	0.0005	0.0004	0.0003	0.0005	0.0006		
21	石油类	2021-04-22	0.01L	0.01	0.01	0.01	0.01	0.02	0.01	0.01	0.01	0.01		
		2021-04-23	0.01L	0.01	0.01	0.01	0.01	0.02	0.01	0.01	0.01	0.01		0.05
		2021-04-24	0.01L	0.01	0.01	0.01	0.01	0.02	0.01	0.01	0.01	0.01		

续表 4-21

序号	监测项目	采样日期（年-月-日）	W1:怒江入灌区断面	W2:怒江出灌区断面	W3:老街子河八萝田水库坝址	W4:勐来河羊沟水库坝址	W5:芒牛河芒柳(赛格)水库坝址	W6:水长河源头断面	W7:水长河入怒江前河口断面	W8:施甸河源头断面	W9:施甸河入怒江前河口断面	W10:勐梅河入怒江前河口断面	II类水质标准	III类标准限值
22	阴离子表面活性剂	2021-04-22	0.05L	0.05L	0.05L	0.05L	0.05L	0.05L	0.05L	0.05L	0.05L	0.05L	0.2	
		2021-04-23	0.05L	0.05L	0.05L	0.05L	0.05L	0.05L	0.05L	0.05L	0.05L	0.05L		
		2021-04-24	0.05L	0.05L	0.05L	0.05L	0.05L	0.05L	0.05L	0.05L	0.05L	0.05L		
23	硫化物	2021-04-22	0.009	0.006	0.011	0.012	0.009	0.013	0.006	0.012	0.009	0.011	0.1	0.2
		2021-04-23	0.006	0.009	0.009	0.011	0.01	0.006	0.011	0.011	0.012	0.009		
		2021-04-24	0.009	0.009	0.01	0.013	0.015	0.012	0.019	0.006	0.009	0.011		
24	粪大肠菌群（MPN/L）	2021-04-22	未检出	未检出	未检出	未检出	未检出	未检出	未检出	未检出	未检出	未检出	2000	10000
		2021-04-23	未检出	未检出	未检出	未检出	未检出	未检出	未检出	未检出	未检出	未检出		
		2021-04-24	未检出	未检出	未检出	未检出	未检出	未检出	未检出	未检出	未检出	未检出		

表 4-22　第二期地表水监测点位布置情况

断面编号	河流		监测点位	经度/°	纬度/°	水功能区划水质类别
W1	怒江	干流	入灌区断面	98.876 081 720 3	25.550 142 106 7	Ⅱ
W2	怒江	干流	出灌区断面	99.000 683 397 1	24.447 125 722 8	Ⅱ
W3	怒江	干流	芒牛河与怒江交界处	98.848 260 904 90	25.145 519 070 00	Ⅱ
W4	怒江	干流	隆阳区和龙陵县交界处	98.943 337 299 30	24.791 634 398 50	Ⅱ
W5	老街子河	支流	八萝田水库坝址	98.866 005 421 50	25.536 177 958 40	Ⅲ
W6	芒牛河	支流	芒柳水库坝址	98.831 293 138 70	25.155 094 797 80	Ⅲ
W7	水长河	支流	水长坝工程处	98.985 519 742 90	25.105 088 261 60	Ⅲ
W8	水长河	支流	水长河与罗明坝河交界处	98.880 713 505 30	25.155 632 404 70	Ⅲ
W9	蒲缥河	支流	红岩水库	99.050 862 954 70	24.966 426 038 90	Ⅱ
W10	蒲缥河	支流	蒲缥工业园区下游	98.997 175 682 50	25.052 050 714 80	Ⅲ
W11	罗明坝河	支流	阿贡田水库坝址	98.935 046 139 50	25.273 712 641 70	Ⅱ
W12	施甸河	支流	施甸河源头断面	99.198 578 125 00	24.705 634 960 30	Ⅱ
W13	施甸河	支流	施甸县城下游	99.168 421 211 60	24.778 555 719 00	Ⅲ
W14	施甸河	支流	施甸坝干管工程处	99.105 994 691 70	24.863 150 236 90	Ⅲ
W15	施甸河	支流	施甸河入怒江汇合口上游 100 m	99.052 698 344 30	24.694 047 997 20	Ⅲ
W16	勐梅河	支流	镇安镇下游	98.836 710 970 70	24.738 670 033 80	Ⅲ
W17	麻河	支流	雷山坝工程处	98.992 225 995 50	25.218 812 929 90	Ⅲ
W18	小河	支流	小河取水坝工程处	99.046 476 830 90	25.037 107 249 10	Ⅲ
W19	烂枣河	支流	登高坝工程处	98.939 994 344 10	24.960 831 079 20	Ⅲ
W20	芒林大沟	支流	芒林坝工程处	98.819 897 945 6	24.721 430 103 9	Ⅱ
W21	镇安河	支流	团结坝工程处	98.854 554 907 3	25.497 655 804 5	Ⅲ

W5、W6、W9、W11 监测项目除上述 24 项外,还监测硫酸盐、氯化物、硝酸盐、铁、锰、叶绿素 a 共 6 项指标。

3)监测时段

2021 年 9 月 2—4 日连续监测 3 d,每天 1 次。

4)现状评价

地表水质监测结果详见表 4-23、表 4-24。可以看出,W1、W2、W3、W4、W9、W11、W12、W19、W20 断面的汞指标不满足《地表水环境质量标准》(GB 3838—2002)Ⅱ类水水质标准,但达到了Ⅲ类水水质标准,各监测断面总氮指标均不满足Ⅱ类水水质标准,但达到了Ⅲ类水水质标准,其他因子均能达到《地表水环境质量标准》(GB 3838—2002)Ⅱ类水质标准。其中芒柳水库(W6 断面)和八萝田水库(W5 断面)水质满足集中式生活饮用水地表水源五项指标要求。

对比第一期水温监测结果,由于太阳辐射气温升高,怒江入灌区断面 9 月较 4 月水温监测结果平均升高 8.3 ℃,怒江出灌区断面升高 7.6 ℃,老街子河八萝田水库坝址升高 7.3 ℃,芒牛河芒柳(赛格)水库坝址升高 9.2 ℃,施甸河源头断面升高 5.6 ℃,施甸河入怒江前河口断面升高 8.3 ℃。

表4-23 第二期补充监测断面地表水监测结果统计（一）

单位:mg/L

序号	检测项目	采样时间(年-月-日)	W1:入灌区断面	W2:出灌区断面	W3:芒牛河与怒江交界处	W4:隆阳区和龙陵县交界处	W5:八萝田水库坝址	W6:芒柳水库坝址	W9:红岩水库	W11:阿贡田水库坝址	W12:施甸河源头断面	W19:登高坝工程处	W20:芒林坝工程处	II类标准限值	III类标准限值
1	水温/℃	2021-09-02	21.3	20.4	19.9	22.4	19.8	21.4	18.3	19.7	17.9	21.4	17.1	—	—
		2021-09-03	21.5	19.5	22.4	21.5	17.5	20.7	18.7	20	18.6	21.8	17.4		
		2021-09-04	20.4	21.1	21.8	23	18.4	22.3	18.5	20.1	18.4	21	17		
2	pH	2021-09-02	7.14	7.57	6.37	7.43	6.88	7.43	8.04	7.58	7.33	8.08	7.43	6~9	6~9
		2021-09-03	7.11	7.51	6.42	7.39	6.84	7.41	8	7.54	7.38	8.11	7.45		
		2021-09-04	7.13	7.54	6.39	7.41	6.87	7.46	8.03	7.57	7.36	8.12	7.41		
3	溶解氧	2021-09-02	6.8	6.4	7.1	7.9	7.9	7.2	7.2	6.9	6.9	7.3	6.7	6	5
		2021-09-03	6.5	6.5	7.4	7.5	7.5	7.7	7.1	7	7.3	7.1	6.9		
		2021-09-04	6.7	6.2	7.2	7.7	7.8	7.4	7.5	6.7	7.1	7.6	6.6		
4	悬浮物	2021-09-02	23	34	42	37	18	18	21	31	37	48	26	—	—
		2021-09-03	26	31	40	36	19	21	24	29	39	48	26		
		2021-09-04	27	38	40	38	21	22	25	33	39	44	28		
5	高锰酸盐指数	2021-09-02	0.9	2.1	1.8	1.7	2.7	2.3	2	2.9	1.3	1.3	1.4	4	6
		2021-09-03	0.8	2	1.5	1.6	2.6	2.4	2.2	2.7	1.5	1.4	1.6		
		2021-09-04	1.1	1.7	1.7	1.4	2.4	2	2.6	2.8	1.2	1.5	1.8		
6	化学需氧量	2021-09-02	4L	6	4L	4L	5	6	8	10	4L	5	5	15	20
		2021-09-03	4L	6	4L	4L	5	7	9	9	4L	5	5		
		2021-09-04	4L	7	4L	4L	4	7	7	10	4L	6	4		
7	五日生化需氧量	2021-09-02	0.5L	1.1	0.5L	0.5L	1.2	1.4	1.6	2.1	0.5L	1.1	1.1	3	4
		2021-09-03	0.5L	1.3	0.5L	0.5L	0.9	1.2	1.8	1.9	0.5L	1	1.1		
		2021-09-04	0.5L	1.2	0.5L	0.5L	1	1.1	1.5	2.2	0.5L	1.2	0.9		

续表 4-23

序号	检测项目	采样时间(年-月-日)	W1:人灌区断面	W2:出灌区断面	W3:芒牛河与怒江交界处	W4:隆阳区和龙陵县交界处	W5:八萝田水库坝址	W6:芒柳水库坝址	W9:红岩水库	W11:阿贡田水库坝址	W12:施甸河源头河断面	W19:登高坝工程处	W20:芒林坝工程处	II类标准限值	III类标准限值
8	氨氮	2021-09-02	0.1	0.176	0.085	0.19	0.08	0.042	0.309	0.095	0.038	0.061	0.061	0.5	1
		2021-09-03	0.119	0.171	0.064	0.2	0.066	0.05	0.28	0.104	0.038	0.068	0.038		
		2021-09-04	0.123	0.147	0.08	0.161	0.061	0.047	0.276	0.08	0.03	0.047	0.057		
9	总磷	2021-09-02	0.03	0.03	0.18	0.04	0.04	0.02	0.02	0.12	0.02	0.05	0.04	0.1	0.2
		2021-09-03	0.04	0.04	0.19	0.05	0.06	0.03	0.04	0.12	0.05	0.07	0.06		
		2021-09-04	0.03	0.03	0.19	0.05	0.05	0.03	0.03	0.11	0.03	0.07	0.04		
10	总氮	2021-09-02	0.72	0.75	0.69	0.51	0.64	0.47	0.76	0.86	0.62	0.59	0.72	0.5	1
		2021-09-03	0.74	0.79	0.78	0.62	0.75	0.62	0.94	0.89	0.67	0.62	0.74		
		2021-09-04	0.64	0.73	0.74	0.58	0.66	0.56	0.83	0.79	0.64	0.54	0.73		
11	铜	2021-09-02	0.04L	0.04L	0.04L	0.04L	0.04L	0.04L	0.04L	0.04L	0.04L	0.04L	0.04L	1.0	1
		2021-09-03	0.04L	0.04L	0.04L	0.04L	0.04L	0.04L	0.04L	0.04L	0.04L	0.04L	0.04L		
		2021-09-04	0.04L	0.04L	0.04L	0.04L	0.04L	0.04L	0.04L	0.04L	0.04L	0.04L	0.04L		
12	锌	2021-09-02	0.009L	0.009L	0.009L	0.009L	0.009L	0.009L	0.009L	0.009L	0.009L	0.009L	0.009L	1.0	1
		2021-09-03	0.009L	0.009L	0.009L	0.009L	0.009L	0.009L	0.009L	0.009L	0.009L	0.009L	0.009L		
		2021-09-04	0.009L	0.009L	0.009L	0.009L	0.009L	0.009L	0.009L	0.009L	0.009L	0.009L	0.009L		
13	氟化物	2021-09-02	0.1	0.11	0.12	0.11	0.05	0.05	0.12	0.31	0.09	0.07	0.08	1.0	1
		2021-09-03	0.13	0.14	0.15	0.14	0.08	0.09	0.15	0.27	0.11	0.09	0.11		
		2021-09-04	0.15	0.16	0.17	0.16	0.1	0.11	0.17	0.29	0.13	0.11	0.1		
14	硒/(μg/L)	2021-09-02	0.4L	0.4	0.4L	0.4L	0.4L	0.4L	0.4L	0.4L	0.4L	0.4L	0.4L	10	10
		2021-09-03	0.4L	0.4	0.4L	0.4L	0.4L	0.4L	0.4L	0.4L	0.4L	0.4L	0.4L		
		2021-09-04	0.4L	0.4	0.4L	0.4L	0.4L	0.4L	0.4L	0.4L	0.4L	0.4L	0.4L		

续表 4-23

序号	检测项目	采样时间(年-月-日)	W1:入灌区断面	W2:出灌区断面	W3:芒牛河与怒江交界处	W4:隆阳区和龙陵县交界处	W5:八萝田水库坝址	W6:芒柳水库坝址	W9:红岩水库	W11:阿贡田水库坝址	W12:施甸河源头断面	W19:登高坝工程处	W20:芒林坝工程处	Ⅱ类标准限值	Ⅲ类标准限值限值
15	砷/(μg/L)	2021-09-02	0.4	0.7	0.6	0.5	0.8	0.6	0.5	0.7	0.6	0.7	0.7	50	50
		2021-09-03	0.4	0.6	0.6	0.6	0.7	0.5	0.3L	0.7	0.6	0.7	0.7		
		2021-09-04	0.4	0.7	0.6	0.6	0.8	0.6	0.3L	0.7	0.6	0.8	0.7		
16	汞/(μg/L)	2021-09-02	0.06	0.07	0.08	0.09	0.1	0.04L	0.08	0.1	0.09	0.06	0.06	0.05	0.1
		2021-09-03	0.07	0.08	0.08	0.09	0.1	0.04L	0.09	0.1	0.09	0.06	0.07		
		2021-09-04	0.08	0.08	0.09	0.09	0.1	0.04L	0.09	0.1	0.09	0.06	0.06		
17	镉	2021-09-02	0.001L	0.001L	0.001L	0.0010L	0.001L	0.001L	0.001L	0.001L	0.001L	0.001L	0.001L	0.005	0.005
		2021-09-03	0.001L	0.001L	0.001L	0.001L	0.001L	0.001L	0.001L	0.001L	0.001L	0.001L	0.001L		
		2021-09-04	0.001L	0.001L	0.001L	0.001L	0.001L	0.001L	0.001L	0.001L	0.001L	0.001L	0.001L		
18	铬(六价)	2021-09-02	0.004L	0.004L	0.004L	0.004L	0.004L	0.004L	0.004L	0.004L	0.004L	0.004L	0.004L	0.05	0.05
		2021-09-03	0.004L	0.004L	0.004L	0.004L	0.004L	0.004L	0.004L	0.004L	0.004L	0.004L	0.004L		
		2021-09-04	0.004L	0.004L	0.004L	0.004L	0.004L	0.004L	0.004L	0.004L	0.004L	0.004L	0.004L		
19	铅	2021-09-02	0.010L	0.010L	0.010L	0.010L	0.010L	0.010L	0.010L	0.010L	0.010L	0.010L	0.010L	0.01	0.05
		2021-09-03	0.010L	0.010L	0.010L	0.010L	0.010L	0.010L	0.010L	0.010L	0.010L	0.010L	0.010L		
		2021-09-04	0.010L	0.010L	0.010L	0.010L	0.010L	0.010L	0.010L	0.010L	0.010L	0.010L	0.010L		
20	氧化物	2021-09-02	0.004L	0.004L	0.004L	0.004L	0.004L	0.004L	0.004L	0.004L	0.004L	0.004L	0.004L	0.05	0.2
		2021-09-03	0.004L	0.004L	0.004L	0.004L	0.004L	0.004L	0.004L	0.004L	0.004L	0.004L	0.004L		
		2021-09-04	0.004L	0.004L	0.004L	0.004L	0.004L	0.004L	0.004L	0.004L	0.004L	0.004L	0.004L		
21	挥发酚	2021-09-02	0.0003L	0.0003L	0.0003L	0.0003L	0.0003L	0.0003L	0.0003L	0.0003L	0.0003L	0.0003L	0.0003L	0.002	0.005
		2021-09-03	0.0003L	0.0003L	0.0003L	0.0003L	0.0003L	0.0003L	0.0003L	0.0003L	0.0003L	0.0003L	0.0003L		
		2021-09-04	0.0003L	0.0003L	0.0003L	0.0003L	0.0003L	0.0003L	0.0003L	0.0003L	0.0003L	0.0003L	0.0003L		

续表 4-23

序号	检测项目	采样时间(年-月-日)	W1:人灌区断面	W2:出灌区断面	W3:芒牛河与怒江交界处	W4:隆阳区和龙陵县交界处	W5:八萝田水库坝址	W6:芒柳水库坝址	W9:红岩水库	W11:阿贡田水库坝址	W12:施甸河源头断面	W19:登高坝工程处	W20:芒林坝工程处	II类标准限值	III类标准限值
22	石油类	2021-09-02	0.01L	0.01L	0.01L	0.01L	0.01L	0.01L	0.01L	0.01L	0.01L	0.02	0.03	0.05	0.05
		2021-09-03	0.01L	0.01L	0.01L	0.01L	0.01L	0.01	0.01L	0.01L	0.01L	0.02	0.02		
		2021-09-04	0.01L	0.01L	0.01L	0.01L	0.01L	0.01L	0.01L	0.01L	0.01L	0.03	0.02		
23	阴离子表面活性剂	2021-09-02	0.05L	0.05L	0.05L	0.05L	0.05L	0.05L	0.05L	0.05L	0.05L	0.05L	0.05L	0.2	0.2
		2021-09-03	0.05L	0.05L	0.05L	0.05L	0.05L	0.05L	0.05L	0.05L	0.05L	0.05L	0.05L		
		2021-09-04	0.05L	0.05L	0.05L	0.05L	0.05L	0.05L	0.05L	0.05L	0.05L	0.05L	0.05L		
24	硫化物	2021-09-02	0.005L	0.005L	0.005L	0.005L	0.005L	0.005L	0.005L	0.005L	0.005L	0.005L	0.005L	0.1	0.2
		2021-09-03	0.005L	0.005L	0.005L	0.005L	0.005L	0.005L	0.005L	0.005L	0.005L	0.005L	0.005L		
		2021-09-04	0.005L	0.005L	0.005L	0.005L	0.005L	0.005L	0.005L	0.005L	0.005L	0.005L	0.005L		
25	粪大肠菌群(MPN/L)	2021-09-02	未检出	未检出	未检出	未检出	未检出	未检出	未检出	1.5×10^{2}	未检出	未检出	未检出	2 000	10 000
		2021-09-03	未检出	未检出	未检出	未检出	未检出	未检出	未检出	1.4×10^{2}	未检出	未检出	未检出		
		2021-09-04	未检出	未检出	未检出	未检出	未检出	未检出	未检出	1.4×10^{2}	未检出	未检出	未检出		
26	硫酸盐	2021-09-02	—	—	—	—	8L	8L	8L	9	—	—	—	250	
		2021-09-03	—	—	—	—	8L	8L	8L	11	—	—	—		
		2021-09-04	—	—	—	—	8L	8L	8L	10	—	—	—		
27	氯化物	2021-09-02	—	—	—	—	10L	10L	10L	10L	—	—	—	250	
		2021-09-03	—	—	—	—	10L	10L	10L	10L	—	—	—		
		2021-09-04	—	—	—	—	10L	10L	10L	10L	—	—	—		
28	硝酸盐	2021-09-02	—	—	—	—	0.3	0.25	0.21	0.32	—	—	—	10	
		2021-09-03	—	—	—	—	0.34	0.29	0.21	0.34	—	—	—		
		2021-09-04	—	—	—	—	0.33	0.27	0.19	0.34	—	—	—		

续表 4-23

序号	检测项目	采样时间（年-月-日）	W1:人灌区断面	W2:出灌区断面	W3:芒牛河与怒江交界处	W4:隆阳区和龙陵县交界处	W5:八萝田水库坝址	W6:芒柳水库坝址	W9:红岩水库	W11:阿贡田水库坝址	W12:施甸河源头断面	W19:登高坝工程处	W20:芒林坝工程处	IV类标准限值	III类标准限值
29	铁	2021-09-02	—	—	—	—	0.02	0.05	0.02	0.09	—	—	—	0.3	
		2021-09-03	—	—	—	—	0.02	0.08	0.02	0.1	—	—	—		
		2021-09-04	—	—	—	—	0.02	0.06	0.02	0.09	—	—	—		
30	锰	2021-09-02	—	—	—	—	0.01L	0.01	0.011L	0.02	—	—	—	0.1	
		2021-09-03	—	—	—	—	0.01L	0.01	0.011L	0.02	—	—	—		
		2021-09-04	—	—	—	—	0.01L	0.01	0.011L	0.02	—	—	—		
31	叶绿素 a	2021-09-02	—	—	—	—	0.002L	0.002L	0.002L	0.002L	—	—	—	—	
		2021-09-03	—	—	—	—	0.002L	0.002L	0.002L	0.002L	—	—	—		
		2021-09-04	—	—	—	—	0.002L	0.002L	0.002L	0.002L	—	—	—		

表 4-24　第二期补充监测断面地表水监测结果统计（二）

单位：mg/L

序号	检测项目	采样时间（年-月-日）	W7:水长坝工程处	W8:水长河与罗明明河交界处	W10:蒲缥工业园区下游	W13:施甸县城下游	W14:施甸坝干管工程处	W15:施甸河入怒江汇合口上游100 m	W16:镇安镇下游	W17:雷山坝工程处	W18:小河取水坝工程处	W19:登高坝工程处	W21:团结坝工程处	III类标准限值
1	水温/℃	2021-09-02	16.4	19.4	17.8	19.4	20.4	21.4	19.4	18.4	20.6	—	17.9	—
		2021-09-03	17	19.8	18.1	19.7	20.1	20.9	19.1	18.7	20.3	—	18.4	
		2021-09-04	16.7	19.3	18	19.3	20.3	21.3	19.2	18.5	20.5	—	18.1	
2	pH（无量纲）	2021-09-02	7.78	7.26	7.23	7.94	7.38	7.54	7.06	6.98	7.06	—	7.07	6~9
		2021-09-03	7.74	7.31	7.19	7.9	7.42	7.59	7.11	6.94	7.01	—	7	
		2021-09-04	7.77	7.28	7.2	7.92	7.37	7.57	7.09	6.93	7.05	—	7.02	
3	溶解氧	2021-09-02	6.5	7	6.7	6.3	6.6	6.8	7.4	7.2	6.4	—	6.8	5
		2021-09-03	6.8	7.4	6.4	6.1	6.9	7.2	7.7	7.1	6.9	—	6.7	
		2021-09-04	6.9	7.1	6.5	6.5	6.7	6.9	7.7	7.2	6.6	—	6.5	

续表 4-24

序号	检测项目	采样时间(年-月-日)	W7:水长坝工程处	W8:水长河与罗明坝河交界处	W10:蒲缥工业园区下游	W13:施甸县城下游	W14:施甸坝干管工程处	W15:施甸河入怒江汇合口上游100 m	W16:镇安镇下游	W17:富山坝工程处	W18:小河取水坝工程处	W21:团结坝工程处	III类标准限值
4	悬浮物	2021-09-02	22	43	15	31	29	33	27	24	34	34	—
		2021-09-03	24	41	16	33	31	36	30	26	34	32	
		2021-09-04	23	41	19	33	31	34	29	37	36	31	
5	高锰酸盐指数	2021-09-02	1.1	1.7	2.9	2	2	1.7	1.7	3	0.5L	1.9	6
		2021-09-03	1	1.5	3	2.3	1.8	1.5	1.5	2.7	0.5L	1.6	
		2021-09-04	0.8	1.6	2.7	2.1	2.2	1.6	1.6	2.8	0.5L	1.6	
6	化学需氧量	2021-09-02	4L	4L	11	9	8	7	7	11	5	6	20
		2021-09-03	4L	4L	12	7	8	5	5	13	4	5	
		2021-09-04	4L	4L	10	8	6	5	5	12	6	5	
7	五日生化需氧量	2021-09-02	0.5L	0.5L	2.4	1.9	1.7	1.4	1.4	2.3	0.5L	1.2	4
		2021-09-03	0.5L	0.5L	2.5	1.5	1.6	1.2	1.2	2.6	0.5L	1.2	
		2021-09-04	0.5L	0.5L	2.2	1.6	1.3	1.1	1.1	2.6	0.5L	1.3	
8	氨氮	2021-09-02	0.025L	0.042	0.09	0.057	0.066	0.08	0.066	0.052	0.071	0.092	1
		2021-09-03	0.025L	0.038	0.09	0.061	0.064	0.095	0.052	0.038	0.09	0.104	
		2021-09-04	0.025L	0.057	0.095	0.052	0.085	0.076	0.059	0.038	0.076	0.066	
9	总磷	2021-09-02	0.07	0.04	0.06	0.1	0.12	0.11	0.06	0.18	0.02	0.06	0.2
		2021-09-03	0.09	0.06	0.09	0.11	0.14	0.13	0.08	0.19	0.04	0.09	
		2021-09-04	0.08	0.06	0.07	0.1	0.12	0.12	0.07	0.19	0.03	0.08	
10	总氮	2021-09-02	0.36	0.62	0.91	0.82	0.91	0.95	0.72	0.78	0.84	0.75	1
		2021-09-03	0.44	0.64	0.97	0.88	0.97	0.98	0.57	0.83	0.88	0.89	
		2021-09-04	0.51	0.51	0.94	0.87	0.93	0.93	0.62	0.79	0.86	0.8	

续表 4-24

序号	检测项目	采样时间(年-月-日)	W7:水长坝工程处	W8:水长河与罗明坝河交界处	W10:蒲缥工业园区下游	W13:施甸县城下游	W14:施甸干管工程处	W15:施甸河入怒江汇合口上游100 m	W16:镇安镇下游	W17:雷山坝工程处	W18:小河取水坝工程处	W21:团结坝工程处	Ⅲ类标准限值
11	铜	2021-09-02	0.04L	0.04L	0.04L	0.04L	0.04L	0.04L	0.04L	0.04L	0.04L	0.04L	1
		2021-09-03	0.04L	0.04L	0.04L	0.04L	0.04L	0.04L	0.04L	0.04L	0.04L	0.04L	
		2021-09-04	0.04L	0.04L	0.04L	0.04L	0.04L	0.04L	0.04L	0.04L	0.04L	0.04L	
12	锌	2021-09-02	0.009L	0.009L	0.009L	0.009L	0.009L	0.009L	0.009L	0.009L	0.009L	0.009L	1
		2021-09-03	0.009L	0.009L	0.009L	0.009L	0.009L	0.009L	0.009L	0.009L	0.009L	0.009L	
		2021-09-04	0.009L	0.009L	0.009L	0.009L	0.009L	0.009L	0.009L	0.009L	0.009L	0.009L	
13	氟化物	2021-09-02	0.1	0.14	0.11	0.07	0.25	0.15	0.18	0.19	0.06	0.1	1
		2021-09-03	0.14	0.17	0.14	0.1	0.24	0.16	0.19	0.21	0.07	0.13	
		2021-09-04	0.16	0.19	0.15	0.09	0.22	0.18	0.17	0.23	0.05	0.18	
14	硒 (mg/L)	2021-09-02	0.4L	0.4L	0.4L	0.4L	0.4L	0.4L	0.4L	0.4L	0.4L	0.4L	10
		2021-09-03	0.4L	0.4L	0.4L	0.4L	0.4L	0.4L	0.4L	0.4L	0.4L	0.4L	
		2021-09-04	0.4L	0.4L	0.4L	0.4L	0.4L	0.4L	0.4L	0.4L	0.4L	0.4L	
15	砷 (mg/L)	2021-09-02	0.7	0.6	0.3L	0.7	0.8	0.6	0.5	0.4	0.4	0.5	50
		2021-09-03	0.7	0.6	0.3L	0.7	0.6	0.7	0.4	0.4	0.4	0.5	
		2021-09-04	0.7	0.3L	0.3L	0.7	0.6	0.7	0.4	0.4	0.5	0.5	
16	汞 (mg/L)	2021-09-02	0.04L	0.04L	0.08	0.09	0.1	0.05	0.05	0.06	0.06	0.07	0.1
		2021-09-03	0.04L	0.04L	0.09	0.09	0.09	0.05	0.05	0.07	0.06	0.07	
		2021-09-04	0.04L	0.04L	0.09	0.1	0.1	0.05	0.05	0.06	0.06	0.07	
17	镉	2021-09-02	0.001L	0.001L	0.001L	0.001L	0.001L	0.001L	0.001L	0.001L	0.001L	0.001L	0.005
		2021-09-03	0.001L	0.001L	0.001L	0.001L	0.001L	0.001L	0.001L	0.001L	0.001L	0.001L	
		2021-09-04	0.001L	0.001L	0.001L	0.001L	0.001L	0.001L	0.001L	0.001L	0.001L	0.001L	

续表 4-24

序号	检测项目	采样时间(年-月-日)	W7:水长坝工程处	W8:水长河与罗明坝河交界处	W10:蒲缥工业园区下游	W13:施甸县城下游	W14:施甸坝干管工程处	W15:施甸河入怒江汇合口上游100 m	W16:镇安镇下游	W17:雷山坝工程处	W18:小河取水坝工程处	W21:团结坝工程处	III类标准限值
18	铬(六价)	2021-09-02	0.004L	0.004L	0.004L	0.004L	0.004L	0.004L	0.004L	0.004L	0.004L	0.004L	0.05
		2021-09-03	0.004L	0.004L	0.004L	0.004L	0.004L	0.004L	0.004L	0.004L	0.004L	0.004L	
		2021-09-04	0.004L	0.004L	0.004L	0.004L	0.004L	0.004L	0.004L	0.004L	0.004L	0.004L	
19	铅	2021-09-02	0.010L	0.010L	0.010L	0.010L	0.010L	0.010L	0.010L	0.010L	0.010L	0.010L	0.05
		2021-09-03	0.010L	0.010L	0.010L	0.010L	0.010L	0.010L	0.010L	0.010L	0.010L	0.010L	
		2021-09-04	0.010L	0.010L	0.010L	0.010L	0.010L	0.010L	0.010L	0.010L	0.010L	0.010L	
20	氰化物	2021-09-02	0.004L	0.004L	0.004L	0.004L	0.004L	0.004L	0.004L	0.004L	0.004L	0.004L	0.2
		2021-09-03	0.004L	0.004L	0.004L	0.004L	0.004L	0.004L	0.004L	0.004L	0.004L	0.004L	
		2021-09-04	0.004L	0.004L	0.004L	0.004L	0.004L	0.004L	0.004L	0.004L	0.004L	0.004L	
21	挥发酚	2021-09-02	0.0003L	0.0003L	0.0003L	0.0003L	0.0003L	0.0003L	0.0003L	0.0003L	0.0003L	0.0003L	0.005
		2021-09-03	0.0003L	0.0003L	0.0003L	0.0003L	0.0003L	0.0003L	0.0003L	0.0003L	0.0003L	0.0003L	
		2021-09-04	0.0003L	0.0003L	0.0003L	0.0003L	0.0003L	0.0003L	0.0003L	0.0003L	0.0003L	0.0003L	
22	石油类	2021-09-02	0.01	0.01L	0.01	0.02	0.02	0.01L	0.02	0.02	0.02	0.01	0.05
		2021-09-03	0.01	0.01L	0.02	0.01	0.03	0.01L	0.01	0.02	0.02	0.01	
		2021-09-04	0.02	0.01L	0.02	0.02	0.03	0.01L	0.01	0.03	0.02	0.01	
23	阴离子表面活性剂	2021-09-02	0.05L	0.05L	0.05L	0.05L	0.05L	0.05L	0.05L	0.05L	0.05L	0.05L	0.2
		2021-09-03	0.05L	0.05L	0.05L	0.05L	0.05L	0.05L	0.05L	0.05L	0.05L	0.05L	
		2021-09-04	0.05L	0.05L	0.05L	0.05L	0.05L	0.05L	0.05L	0.05L	0.05L	0.05L	
24	硫化物	2021-09-02	0.005L	0.005L	0.005L	0.005L	0.005L	0.005L	0.005L	0.005L	0.005L	0.005L	0.2
		2021-09-03	0.005L	0.005L	0.005L	0.005L	0.005L	0.005L	0.005L	0.005L	0.005L	0.005L	
		2021-09-04	0.005L	0.005L	0.005L	0.005L	0.005L	0.005L	0.005L	0.005L	0.005L	0.005L	
25	粪大肠菌群(MPN/L)	2021-09-02	未检出	未检出	2.1×10^2	未检出	未检出	未检出	未检出	未检出	未检出	未检出	10 000
		2021-09-03	未检出	未检出	2.0×10^2	未检出	未检出	未检出	未检出	未检出	未检出	未检出	
		2021-09-04	未检出	未检出	1.9×10^2	未检出	未检出	未检出	未检出	未检出	未检出	未检出	

4.2.4　地下水环境现状

4.2.4.1　监测点位

分别在新建水库、已建水库、取水坝、泵站周边、水源保护区、周边居民饮用水井布设监测点,共计 8 个,分别测定水质和水位。地下水测点经纬度见表 4-25。

表 4-25　地下水监测点位

断面编号	灌片	名称	经度/(°)	纬度/(°)
D1	干热河谷灌片	八萝田水库上游	98.862 887 86	25.539 219 6
D2		八萝田水库下游	98.871 009 59	25.531 923 99
D3		芒柳水库上游	98.822 963 14	25.163 369 54
D4		芒柳水库下游	98.835 580 25	25.152 275 92
D5		猪头山龙洞	98.829 572 1	24.982 245 33
D6	三岔灌片	岔河龙洞	98.986 138 01	24.600 760 1
D7		八〇八金河引水渠取水坝	98.894 524 48	24.655 659 56
D8	水长灌片	杨三寨泵站(红岩水库)	99.046 396 52	24.962 654 47

4.2.4.2　监测因子

K^+、Na^+、Ca^{2+}、Mg^{2+}、CO_3^{2-}、HCO_3^-、Cl^-、SO_4^{2-}、pH、氨氮、硝酸盐、亚硝酸盐、挥发性酚类、氰化物、砷、汞、六价铬、总硬度、铅、氟、镉、铁、锰、溶解性总固体、高锰酸盐指数、硫酸盐、氯化物、总大肠菌群、细菌总数耗氧量,共 29 项指标。

4.2.4.3　监测时段和频率

2021 年 9 月 2—3 日连续监测 2 d,每天 1 次。

4.2.4.4　现状评价

地下水监测点监测结果详见表 4-26。根据表 4-26,所有监测点均能满足《地下水质量标准》(GB/T 14848—2017)Ⅲ类标准限值。

4.3　陆生生态

为掌握评价区陆生生态现状,项目合作单位武汉市伊美净科技发展有限公司分别于 2021 年 7—8 月和 2022 年 5 月对工程区及周边区域开展了陆生生态调查工作。

4.3.1　调查与评价方法

4.3.1.1　调查方法

1.资料搜集法

收集整理本规划所涉及区域现有的生物多样性资料,包括评价范围内各个县市的县志、统计年鉴以及林业和草原局、生态环境局、水务局、农业农村局、国土资源局等部门提供的相关资料,并参考资源调查报告及相关科研论文。

表 4-26 地下水监测点监测结果统计

单位:mg/L

序号	检测项目	采样时间(年-月-日)	D1:八萝田水库上游	D2:八萝田水库下游	D3:芒柳水库上游	D4:芒柳水库下游	D5:猪头山龙洞(芒勒大沟、芒柳干管)	D6:岔河龙洞	D7:八〇八金河引水渠取水坝	D8:杨三寨泵站(红岩水库)周边	Ⅲ类标准限值
1	pH	2021-09-02	7.04	7.43	7.14	7.92	7.24	7.26	7.44	6.87	6.5~8.5
		2021-09-03	7.07	7.47	7.11	7.9	7.2	7.3	7.41	6.84	
2	氨氮	2021-09-02	0.025L	0.076	0.119	0.028	0.025L	0.1	0.025L	0.025L	0.50
		2021-09-03	0.025L	0.057	0.095	0.033	0.025L	0.083	0.025L	0.025L	
3	硝酸盐	2021-09-02	0.16	0.27	0.52	0.32	0.12	0.44	0.2	0.14	20.0
		2021.09.03	0.18	0.27	0.5	0.31	0.12	0.42	0.21	0.13	
4	亚硝酸盐	2021-09-02	0.005	0.004	0.003L	0.007	0.028	0.003L	0.007	0.07	1.00
		2021-09-03	0.006	0.006	0.003L	0.008	0.031	0.003L	0.01	0.072	
5	挥发酚	2021-09-02	0.0003L	0.0003L	0.0003L	0.0003L	0.0003L	0.0003L	0.0003L	0.0003L	0.002
		2021-09-03	0.0003L	0.0003L	0.0003L	0.0003L	0.0003L	0.0003L	0.0003L	0.0003L	
6	氰化物	2021-09-02	0.002L	0.002L	0.002L	0.002L	0.002L	0.002L	0.002L	0.002L	0.05
		2021-09-03	0.002L	0.002L	0.002L	0.002L	0.002L	0.002L	0.002L	0.002L	
7	砷	2021-09-02	0.7	0.5	0.5	0.5	0.5	0.4	0.4	0.5	0.01
		2021-09-03	0.4	0.5	0.4	0.5	0.5	0.4	0.4	0.5	
8	汞	2021-09-02	0.04L	0.04L	0.04L	0.04	0.04	0.05	0.05	0.06	0.001
		2021-09-03	0.05	0.04L	0.05	0.05	0.05	0.06	0.06	0.06	
9	六价铬	2021-09-02	0.004L	0.004L	0.004L	0.004L	0.004L	0.004L	0.004L	0.004L	0.05
		2021-09-03	0.004L	0.004L	0.004L	0.004L	0.004L	0.004L	0.004L	0.004L	

续表 4-26

序号	检测项目	采样时间（年-月-日）	D1:八萝田水库上游	D2:八萝田水库下游	D3:芒柳水库上游	D4:芒柳水库下游	D5:猪头山龙洞（芒勒大沟、芒柳干管）	D6:盆河龙洞	D7:八〇八金河引水渠取水坝	D8:杨三寨泵站（红岩水库）周边	Ⅲ类标准限值
10	总硬度	2021-09-02	223	113	123	119	202	186	114	243	450
		2021-09-03	230	115	124	121	203	185	115	237	
11	铅	2021-09-02	2.5L	2.5L	2.5L	2.5L	2.5L	2.5L	2.5L	2.5L	0.01
		2021-09-03	2.5L	2.5L	2.5L	2.5L	2.5L	2.5L	2.5L	2.5L	
12	氟化物	2021-09-02	0.05	0.07	0.06	0.05	0.14	0.09	0.11	0.19	1.0
		2021-09-03	0.07	0.11	0.08	0.07	0.16	0.1	0.13	0.21	
13	镉	2021-09-02	3.5	0.5L	0.5L	0.5L	0.5L	0.5L	0.5L	0.5L	0.005
		2021-09-03	3.3	0.5L	0.5L	0.5L	0.5L	0.5L	0.5L	0.5L	
14	铁	2021.09.02	0.02	0.13	0.02	0.07	0.04	0.03	0.135	0.01	0.3
		2021-09-03	0.02	0.142	0.02	0.07	0.05	0.02	0.154	0.01	
15	锰	2021-09-02	0.01L	0.01L	0.01	0.01L	0.01L	0.01L	0.01L	0.01L	0.10
		2021-09-03	0.01L	0.01L	0.01	0.01L	0.01L	0.01L	0.01L	0.01L	
16	溶解性总固体	2021-09-02	312	356	412	408	488	468	432	760	1000
		2021-09-03	314	359	413	410	489	470	434	762	
17	耗氧量（COD$_{Mn}$）	2021-09-02	1.12	1.07	1.91	2.09	0.6	0.5	1.26	1.5	3.0
		2021-09-03	0.93	1.02	1.8	1.95	0.66	0.42	1.1	1.69	
18	硫酸盐	2021-09-02	8L	8L	8L	8L	8L	8L	8L	52	250
		2021-09-03	8L	8L	8L	8L	8L	8L	8L	57	

续表4-26

序号	检测项目	采样时间(年-月-日)	D1:八麦田水库上游	D2:八麦田水库下游	D3:芒柳水库上游	D4:芒柳水库下游	D5:猪头山龙洞(芒勒大沟、芒柳干管)	D6:岔河龙洞	D7:八○八金河引水渠取水坝	D8:杨三寨泵站(红岩水库)周边	III类标准限值
19	氯化物	2021-09-02	10L	10L	10L	10L	10L	10L	10L	91	250
		2021-09-03	10L	10L	10L	10L	10L	10L	10L	95	
20	总大肠菌群(MPN/100 mL)	2021-09-02	未检出	12	13	15	未检出	未检出	13	未检出	3.0
		2021-09-03	未检出	17	17	12	未检出	未检出	17	未检出	
21	细菌总数(CFU/mL)	2021-09-02	35	60	70	20	20	50	50	20	100
		2021-09-03	50	70	60	60	30	30	60	20	
22	氯离子	2021-09-02	4.76	1.4	1.37	1.51	2.88	1.38	1.46	86.9	—
		2021-09-03	4.76	1.4	1.39	1.51	2.98	1.46	1.48	86.7	
23	硫酸根离子	2021-09-02	2.37	1.95	1.84	1.93	6.47	1.96	3.27	47.2	—
		2021-09-03	2.32	1.94	1.87	1.92	6.39	1.95	3.35	47.3	
24	钾离子	2021-09-02	0.9	0.65	0.69	0.64	1.69	0.71	0.53	116	—
		2021-09-03	0.93	0.67	0.72	0.68	1.73	0.72	0.53	116	
25	钠离子	2021-09-02	4.28	2.17	1.61	2.35	5.86	1.37	2.39	65	200
		2021-09-03	5.04	2.36	1.83	2.56	5.93	1.39	2.42	63.5	
26	钙离子	2021-09-02	78.7	4.6	8.14	6.68	49.8	30.4	3.9	40.6	—
		2021-09-03	77	5.22	8.56	7.58	49.7	30.7	3.97	37.6	
27	镁离子	2021-09-02	7.84	0.41	0.68	0.53	18.6	2.34	1.08	34	—
		2021-09-03	8.07	0.39	0.66	0.5	18.7	2.18	1.16	34.2	
28	碳酸根	2021-09-02	5	5L	5L	5L	20	10	5L	36	—
		2021-09-03	6	5L	5L	5L	18	13	5L	40	
29	重碳酸根	2021-09-02	250	15	25	22	230	92	15	412	—
		2021-09-03	260	14	28	21	240	91	14	410	

2. 现场勘察法

1）陆生植物及植被

参考《生物多样性观测技术导则 陆生维管植物》（HJ 710.1—2014）、《全国植物物种资源调查技术规定（试行）》等，主要采用样线/样带调查法。

根据评价区地形地貌、坡度坡位、海拔等特点，结合卫星遥感图片、地形图、林相图等资料，按照施工布置确定调查点位，在每个调查点设置 3 个调查线路（分别设置水平样线和垂直样线），在调查时采取随机样方法调查植物群落状况。力求调查点和调查线路基本代表工程影响范围内的所有生境，确保调查数据和采集标本的真实可靠。水平样线的调查内容包括记录沿线的植被类型、生境概况、植物种类及其个体数目和人为干扰现状，记录方式有现场调查、咨询记录、数码拍摄记录等。通过沿线踏勘选择合适的垂直样线，并为样地调查提供参考。根据选定的垂直样线，顺着山坡垂直向上，沿线记录物种分布及植被类型的变化，同时选择典型的群落样地，进行样方调查。根据工程布置情况及区域环境状况、群系组成及结构等，2021 年 7 月和 2022 年 5 月现场调查共设置了 86 个样方，涵盖针叶林、阔叶林、竹林、灌丛、灌草丛、人工植被等评价区常见且具有代表性的类型。

对重点保护野生植物、古树名木等调查采取资料收集、野外调查、访问调查和市场调查等相结合的方法进行。

2）陆生动物

参照《生物多样性观测技术导则 陆生哺乳动物》（HJ 710.3—2014）、《生物多样性观测技术导则 鸟类》（HJ 710.4—2014）、《生物多样性观测技术导则 爬行动物》（HJ 710.5—2014）、《生物多样性观测技术导则 两栖动物》（HJ 710.6—2014）、《全国动物物种资源调查技术规定（试行）》等陆生动物调查方法主要采用样线和访问调查法对评价区陆生动物进行调查。

两栖类与爬行类样线法调查：调查方法以样线法为主，具体操作为：3 人一组，样线左右两侧各 1 人负责观察寻找，剩余 1 人负责记录，调查人员沿选定的路线匀速前进，一般行进速度为 2 km/h。在实地调查过程中，仔细搜寻样线两侧的两栖动物和爬行动物，并使用奥维互动地图软件或轨迹记录仪对物种进行定位，详细记录动物发现位点的地理坐标、海拔、生境及航迹等信息，对物种实体及其生境进行拍照。尽量不采集标本，对当场不能辨认的物种，采集 1~2 只带回住所进行鉴定，并于鉴定后放生。

鸟类样线法调查：在每个调查点依据生境类型和地形布设样线，各样线互不重叠；样线长度以 1~3 km 为宜。通过望远镜、数码摄像机、数码相机等观察样带两侧约 200 m 以内的鸟类，辅以鸟类鸣叫声、飞行姿势、生态习性和羽毛等辨认。仔细记录发现鸟类的名称、数量、距离中线的距离，并利用奥维互动地图软件或轨迹记录仪记录鸟类物种发现点的经纬度、海拔、生境、样带长度及航迹等信息。如未观察到鸟类，但能听到鸟类鸣叫声的，借助录音笔记录其鸣声，以此作为识别物种的依据。

哺乳类样线法调查：哺乳类调查与鸟类调查同时进行。调查时统计样线两边的哺乳类足迹、粪便、叫声及活体的活动情况等,并在发现动物实体或其痕迹时,利用奥维互动地图软件或轨迹记录仪记录动物名称、数量、痕迹种类及地理位置、运动轨迹等信息。

3.专家和公众咨询法

咨询有关专家、通过走访当地林业局及访问当地居民,详细调查两栖、爬行动物、鸟类、哺乳动物种类,并提供图谱予以确认;此外走访农贸市场等了解物种种类,然后根据特征进行物种判定或查阅资料确定访问到的物种。

4.3.1.2　生态影响预测方法

1.相关分析法

通过观测物种对某一特定干扰的反应,建立相关关系,预测建设项目可能产生的影响。除利用已有的研究成果,也可以通过对已有类似建设项目的影响分析获得,进而用于拟建项目的生态影响预测与评价。选取的用于建立相关关系的项目在工程性质、工艺和规模等方面应与拟建项目基本相当,所在区域的环境背景、生态因子相似,且项目建成已有一定时间,所产生的影响已基本全部显现。

(1)根据现状调查和工程分析确定目标物种和拟建项目施工和运行产生的干扰因素;

(2)结合拟建项目特点选择已有类似项目;

(3)观测已有类似项目施工和运行过程中目标物种对某一特定干扰因素的反应,建立相关关系;

(4)基于相关关系分析,预测拟建项目对目标物种的影响。

2.生境适宜度评价方法

生境适宜度评价是通过分析目标物种的生境要求及其与当地自然环境的匹配关系,建立适合的生境评价模型,对某一区域的物种生境进行适宜度分析。

生境适宜度评价的工作步骤如下:

(1)明确目标物种,即受工程影响的珍稀濒危野生动物等;

(2)分析物种的生境条件,明确影响种群分布及行为的限制因素或主导因素;

(3)根据评价要素收集、准备相应地理数据,建立各项影响因素的评价准则,借助 GIS 技术完成数据的空间分析处理,进行各单项因素的适宜度评价;

(4)根据一定的评价准则借助 GIS 技术进行各单因素叠加分析;

(5)根据模型模拟结果,综合评价工程所在区域的生境现状;

(6)叠加拟建工程,对生境适宜度变化情况进行预测;

(7)提出优化选址选线方案以及生态保护措施。

3.生态系统评价方法

1)植被覆盖度

植被覆盖度可用于定量分析评价范围内的植被现状。

基于遥感估算植被覆盖度可根据区域特点和数据基础采用不同的方法,如植被指数法、回归模型、机器学习法等。

植被指数法主要是通过对各像元中植被类型及分布特征的分析,建立植被指数与植被覆盖度的转换关系。采用归一化植被指数(NDVI)估算植被覆盖度的方法如下:

$$FVC = \frac{NDVI - NDVI_s}{NDVI_v - NDVI_s}$$

式中:FVC 为所计算像元的植被覆盖度;NDVI 为所计算像元的 NDVI 值;$NDVI_v$ 为纯植物像元的 NDVI 值;$NDVI_s$ 为完全无植被覆盖像元的 NDVI 值。

2)生物量

生物量是指一定地段面积内某个时期生存着的活有机体的重量。不同生态系统的生物量测定方法不同,可采用实测与估算相结合的方法。

地上生物量估算可采用植被指数法、异速生长方程法等进行计算。基于植被指数的生物量统计法是通过实地测量的生物量数据和遥感植被指数建立统计模型,在遥感数据的基础上反演得到评价区域的生物量。

评价区植被生物量数据借用中国科学院生态环境研究中心专家建立的我国森林生物量的基本参数,并以其对内蒙古自治区植被推算的平均生物量作为本次植被生物量估算的基础,参考《我国森林植被的生物量和净生产量》(方精云等,1996 年)、《中国森林生态系统的生物量和生产力》(冯宗炜等,1999 年)、《中国森林生物量与生产力的研究》(肖兴威,2005 年)、《中国森林植被净生产量及平均生产力动态变化分析》(林业科学研究,2014 年)、《全国立木生物量方程建模方法研究》(曾伟生,2011 年)、《全国立木生物量建模总体划分与样本构成研究》(曾伟生等,2010 年)、《中国不同植被类型净初级生产力变化特征》(陈雅敏等,2012 年)等资料,并根据当地的实际情况作适当调整,估算出评价区内各植被类型的平均生物量。

4.景观生态学评价方法

景观生态学主要研究宏观尺度上景观类型的空间格局和生态过程的相互作用及其动态变化特征。景观格局是指大小和形状不一的景观斑块在空间上的排列,是各种生态过程在不同尺度上综合作用的结果。景观格局变化对生物多样性产生直接而强烈影响,其主要原因是生境丧失和破碎化。

景观变化的分析方法主要有三种:定性描述法、景观生态图叠置法和景观动态的定量化分析法。目前较常用的方法是景观动态的定量化分析法,主要是对收集的景观数据进行解译或数字化处理,建立景观类型图,通过计算景观格局指数或建立动态模型对景观面积变化和景观类型转化等进行分析,揭示景观的空间配置以及格局动态变化趋势。

景观指数是能够反映景观格局特征的定量化指标,分为三个级别,代表三种不同的研究尺度,即斑块级别指数、斑块类型级别指数和景观级别指数,常采用 FRAGSTATS 等景观格局分析软件进行计算分析。景观要素的多样性通过景观多样性指数与景观均匀度指数进行测度,景观破碎化程度通过斑块破碎度指数测度。

景观多样性指数反映了斑块数目的多少以及斑块之间的大小变化,计算公式为

$$H' = -\sum_{i=1}^{m}(P_i \ln P_i)$$

式中:H' 为景观多样性指数;P_i 为斑块类型 i 所占景观面积的比例;m 为斑块类型数量。

景观均匀度指数反映了景观中各类斑块类型的分布平均程度,计算公式为

$$E' = \frac{H'}{H_{max}} = \frac{-\sum(P_i \ln P_i)}{\ln n}$$

式中:E' 为景观均匀度指数;H' 为景观多样性指数;H_{max} 为景观多样性指数最大值;n 为景观中最大可能的斑块类型数。

当 E' 趋于 1 时,景观斑块分布的均匀程度也趋于最大。

斑块破碎度指数的计算公式为

$$F = \frac{N_p - 1}{N_C}$$

式中:F 为斑块破碎度指数,F 值域为 $[0,1]$,F 值越大,景观破碎化程度越大;N_p 为被测区域中景观斑块总数量;N_C 为被测区域总面积与最小斑块面积的比值。

4.3.2 生态功能定位

潞江坝灌区工程位于云南省保山市,主要涉及保山市隆阳区、施甸县、龙陵县,根据《全国生态功能区划》,该区为全国重要生态功能区内滇西北高原生物多样性保护与水源涵养重要区。该区的主要生态问题有:森林资源过度利用,原始森林面积锐减,次生低效林面积大,生物多样性受到不同程度的威胁,水土流失和地质灾害严重。生态保护主要措施有:加快自然保护区建设和管理力度;加强封山育林,恢复自然植被;开展小流域生态综合整治,防止地质灾害;提高水源涵养林等生态公益林的比例;调整农业结构,发展生态农业,适度发展牧业;在山区实施生态移民。

根据《云南省生态功能区划》(2009),评价区属于Ⅱ高原亚热带南部常绿阔叶林生态区—Ⅱ2 临沧山原季风常绿阔叶林生态亚区—Ⅱ2-1 怒江下游中山山原农业生态功能区,Ⅲ高原亚热带北部常绿阔叶林生态区—Ⅲ7 滇西中山山原半湿润常绿阔叶林、暖性针叶林生态亚区—Ⅲ7-2 高黎贡山、怒江河谷生物多样性保护生态功能区,具体工程所属生态功能区及各区主要生态问题见表 4-27。

4.3.3 土地利用现状

根据《土地利用现状分类》(GB/T 21010—2017)及第三次全国国土调查数据,对灌区土地进行分类。考虑对生态环境的影响分析,关注自然植被及人工植被占地,本书将商服用地、工矿仓储用地、住宅用地、公共管理与公共服务用地、特殊用地、交通运输用地统一解译为建设用地。灌区土地利用现状见表 4-28。

表 4-27 评价区所属生态功能区划（根据《云南省生态功能区划》（2009））

生态功能分区单元			所在区域与面积	主要生态特征	主要生态环境问题	生态环境敏感性	主要生态系统服务功能	保护措施与发展方向	各生态功能区工程情况
生态区	生态亚区	生态功能区							
II 高原亚热带南部常绿阔叶林生态区	II2 临沧山原季风常绿阔叶林生态亚区	II2-1 怒江下游中山山原农业生态功能区	施甸,昌宁县的大部分地区,永德县西部,镇康县东部地区,龙陵县东部地区,面积7 272.66 km²	以中山山原地貌为主。大部分地区年降雨量在1 200 mm以上,地带性植被为季风常绿阔叶林。地带性土壤主要为红壤和黄壤	土地不合理利用带来的生态破坏和环境污染	土壤侵蚀高度敏感	以多种经济作物为主的生态农业	调整产业结构,发展蔗糖和热带水果等经济作物,保护基本农田,保障商品粮生产	施甸灌片,三岔灌片,烂枣灌片南部
III 高原亚热带北部常绿阔叶林生态区	III7 滇西中山山原半湿润常绿阔叶林、暖性针叶林生态亚区	III7-2 高黎贡山、怒江河谷生物多样性保护生态功能区	隆阳区西部,与腾冲、泸水、云龙县接壤的地区,总面积为3 336.55 km²	以中山峡谷地貌为主。降雨量怒江河谷为800~900 mm,高黎贡山1 000~4 000 mm。植被类型丰富,土壤类型主要是红壤、黄壤、亚高山草甸土,垂直分布明显	生境破碎化带来对生物多样性的威胁	土壤侵蚀高度敏感,生境高度敏感	以中山湿性常绿阔叶林和羚牛、角羚等珍稀动物为主的生物多样性保护	加强自然保护区的管理,保护山地垂直生态系统的完整性,防止生境破碎化,适度发展怒江边热作产业和生态旅游	干热灌片西缘,水长灌片

表 4-28　灌区土地利用现状情况

一级类	二级类	面积/hm²	比例/%	斑块/个	比例/%
林地	乔木林地	7 137.73	18.67	3 264	12.40
	灌木林地	6 512.24	17.04	2 322	8.82
	其他林地	689.88	1.80	570	2.17
	竹林地	300.58	0.79	789	3.00
园地	茶园	64.50	0.17	91	0.35
	果园	2 786.94	7.29	2 286	8.68
	其他园地	2 534.99	6.63	1 454	5.52
草地	其他草地	1 682.30	4.40	395	1.50
耕地	旱地	8 400.10	21.98	6 060	23.02
	水田	3 958.63	10.36	2 010	7.64
	水浇地	173.29	0.45	130	0.49
水域及水利设施用地	水库水面	144.53	0.38	24	0.09
	坑塘水面	40.39	0.11	217	0.82
	河流水面	290.00	0.76	127	0.48
	养殖坑塘	7.79	0.02	29	0.11
	沟渠	80.54	0.21	541	2.06
	内陆滩涂	62.63	0.16	51	0.19
	水工建筑用地	32.33	0.08	51	0.19
建设用地		3 254.93	8.52	5 227	19.86
其他土地		69.56	0.18	686	2.61
合计		38 223.88	100.00	26 324	100.00

4.3.4　植被及植物资源

4.3.4.1　调查时间

技术人员于 2021 年 7 月 10—20 日,对潞江坝灌区工程所涉及的新建八萝田水库、芒柳水库、泵站、取水坝及渠系等区域,秉承科学性、典型性、代表性等原则,设置 77 个调查点,调查点由于受龙陵县疫情影响,实际调查 63 个,设置调查样方数量 69 个,样线 2 条。

2022 年 5 月 10—15 日,技术人员对潞江坝灌区龙陵县范围内工程进行了补充调查,设置调查点位 15 个。此外,根据现有古树名木资料,对工程 10 m 范围内的古树名木进行了现场复核,并对周边的施工布置区域进行了调查。共计调查样方 17 个,样线 2 条。

4.3.4.2　调查范围

调查范围为新建八萝田水库、芒柳水库评价范围,输水灌溉渠道中心线两侧 300 m 范围,新建泵站、取水坝、临时施工区等工程布置区域外延 300 m 范围。

4.3.4.3　调查内容

调查范围内维管植物物种种类、分布、生境,重点物种、入侵植物概况、主要植被类型及其分布情况等。

4.3.4.4　调查方法

1.维管植物调查

在植物生长旺盛的典型地段按照一定的距离和长度预设适当数量的调查线路;同时根据生境类型(如阴/阳坡、山脊/山坡/山谷、不同植被类型等)划分调查类型区,在不同类型区内预设适当数量和长度的调查线路;通过徒步行走对预设线路开展调查,生长于河流和大型湖泊等水域的水生维管植物的调查可借助船舶等工具。在每条调查线路上随时记录沿途观察到的植物种类、生活型和物候期等信息;野外难以识别的物种,则采集植物标本,拍摄植物及其生境照片,待调查结束后将相关材料带回室内进行鉴定;记录线路起点和终点的地理位置信息(包括经纬度、海拔);将上述相关信息记录于野生维管植物线路调查记录表。当调查线路不能连续行走时,可采取分段线路的方式。同时,还应利用具有轨迹记录功能的软件或仪器记录调查线路轨迹。

重要物种相关信息调查记录参照《环境影响评价技术导则 生态影响》(HJ 19—2022)附录 B 中的"重要野生植物调查结果统计表"。入侵植物的判定可咨询有关专家或参照《云南省外来入侵物种名录》、"中国外来入侵物种信息系统"等资料中的相关信息。

2.植被调查

1)调查区域的筛选与确定

在调查开展前,收集相关的地方植物志、科考报告、文献、高清遥感影像、林业调查数据等基础资料,充分掌握评价区域的地理位置、水热条件、地形地貌、植被覆盖等基本情况。其次应用 GIS 技术判读调查范围内植被分布情况。最后结合高清遥感图像和调查范围实际情况,并根据本项目新建水库、泵站、取水坝、渠系内工程建设等重点影响区域,选取具有代表性的斑块作为实地调查区域。

2)样方调查与数据统计

根据工程建设影响范围,并结合现场调查实际情况,项目组在水库、泵站、取水坝、渠系等工程沿线,共设置 86 个样方,评价区样方设置情况统计见表 4-29。

表 4-29　评价区样方设置情况统计表

序号	群落类型	工程位置	经纬度	海拔/m	坡向	坡度/(°)
2021 年						
1	杉木-西南金丝梅-蒿群丛	蒋家寨水库附近	99°12′36.83″E,24°40′57.83″N	1 865	南	5
2	木棉-车桑子-白茅群丛	蒋家寨水库附近	99°12′41.11″E,24°40′53.81″N	1 843	南	5
3	云南松-车桑子-黄茅群丛	三块石引水管取水口附近	99°11′42.94″E,24°39′16.32″N	1 933	西南	5
4	云南松-羊蹄甲-类芦群丛	三块石引水管附近	99°11′42.94″E,24°39′16.32″N	1 845	北	15
5	云南松-车桑子-白茅群丛	三块石引水管附近	99°11′46.69″E,24°39′54.79″N	1 845	—	—
6	云南松-花椒-野古草群丛	三块石引水管小热水塘附近	99°10′48.83″E,24°41′29.81″N	1 760	西南	10
7	猩猩草群丛	施甸干管新建段附近	99°10′32.98″E,24°45′26.80″N	1 484	南	5
8	土荆芥群丛	蒋家寨水库西干渠附近	99°09′54.55″E,24°45′09.23″N	1 514	西北	5
9	农业植被	蒋家寨水库西干渠附近	99°09′51.88″E,24°45′11.47″N	1 516	—	—
10	柳杉-小鞍叶羊蹄甲-类芦群丛	红谷田水库附近	99°12′34.45″E,24°48′57.88″N	1 702	东南	5
11	云南松-羊蹄甲-类芦群丛	施甸干管小山凹附近	99°07′35.94″E,24°51′32.65″N	1 472	—	—
12	密蒙花-茅叶荩草群丛	红谷田水库附近	99°12′05.02″E,24°49′05.73″N	1 655	北	5
13	马缨丹-芒群丛	鱼洞东干渠坡脚村附近	99°07′04.31″E,24°53′10.69″N	1 508	—	—
14	云南松-车桑子-黄茅群丛	鱼洞东干渠	99°07′48.15″E,24°51′39.70″N	1 474	—	—

续表 4-29

序号	群落类型	工程位置	经纬度	海拔/m	坡向	坡度/(°)
15	台湾相思-羊蹄甲-狗牙根群丛	已建鱼洞水库附近	99°06′00.08″E,24°54′10.32″N	1 535	西南	5
16	农业植被	已建水长水库附近	99°11′42.94″E,24°39′16.32″N	1 933	—	—
17	黄花稔群丛	水长水库西干渠附近	99°11′42.94″E,24°39′16.32″N	1 537	—	—
18	羊蹄甲-芒群丛	红岩水库附近	99°02′47.91″E,24°58′08.78″N	1 403	—	—
19	羊蹄甲-芒群丛	红岩水库附近	99°11′42.94″E,24°39′16.32″N	1 933	—	—
20	蔓荆-节节草群丛	红岩西干渠干沟河附近	98°59′58.23″E,25°01′09.39″N	1 390	—	—
21	紫茎泽兰群丛	红岩西干渠附近	98°59′53.95″E,25°01′11.24″N	1 402	—	—
22	金合欢-芒群丛	红岩西干渠黄土坡附近	98°59′30.35″E,25°01′18.19″N	1 433	—	—
23	紫茎泽兰群丛	新建白胡子大沟大平地附近	98°58′40.33″E,25°05′15.19″N	1 382	—	—
24	类芦群丛	新建白胡子大沟大平地附近	98°58′46.51″E,25°05′21.02″N	1 389	—	—
25	蔓荆-白茅群丛	新建白胡子大沟附近	98°55′56.69″E,24°57′43.10″N	819	东南	5
26	金合欢-白花鬼针草群丛	道街上大沟新建滚水坝附近	98°56′06.19″E,24°57′46.07″N	827	西南	20
27	水蓼群丛	道街上大沟新建滚水坝附近	98°56′08.13″E,24°57′46.93″N	830	—	—
28	清香木-类芦群丛	登高双沟新建滚水坝附近	98°56′23.23″E,24°57′36.00″N	895	—	—
29	羊蹄甲-芒群丛	溶洞灌溉渠新建滚水坝附近	99°02′48.10″E,25°02′13.74″N	1 646	西南	10
30	水麻-芒群丛	溶洞灌溉渠新建滚水坝附近	99°02′38.54″E,25°02′13.82″N	1 600	南	3
31	云南松-西南金丝梅-蕨群丛	小海坝水库附近	99°01′31.08″E,25°15′29.83″N	2 367	西南	15

续表 4-29

序号	群落类型	工程位置	经纬度	海拔/m	坡向	坡度/(°)
32	鼠曲草群丛	小海坝水库附近	99°01′35.29″E,25°13′31.98″N	2 351	南	5
33	狐尾藻群丛	小海坝水库附近	99°11′42.94″E,24°39′16.32″N	2 369	—	—
34	旱冬瓜-羊蹄甲-野古草群丛	大海坝水库附近	99°01′35.29″E,25°13′31.98″N	2 351	—	—
35	木荷-野蔷薇-野古草群丛	大海坝水库附近	99°01′23.94″E,25°13′23.12″N	2 407	西南	10
36	西南金丝梅-芒群丛	旧寨坝水库附近	99°01′21.23″E,25°11′39.13″N	2 310	南	3
37	云南松-银合欢-黄背草群丛	旧寨坝水库附近	99°01′20.46″E,25°11′32.98″N	2 304	西	5
38	桉树-接骨木-紫茎泽兰群丛	已建南大沟支渠附近	98°59′46.31″E,25°10′59.11″N	2 166	南	3
39	紫茎泽兰群丛	已建南大沟支渠附近	98°59′30.28″E,25°10′44.01″N	2 093	西	5
40	水麻-类芦群丛	罗明东沟附近	98°54′12.97″E,25°10′22.93″N	771	—	—
41	密蒙花-荩草群丛	规划锦康水库附近	98°51′04.62″E,24°53′48.28″N	889	—	—
42	蔓荆-旱茅群丛	新城干渠附近	98°50′27.06″E,24°52′00.66″N	997	南	20
43	油箣竹-腺毛莓-狗牙根群丛	新城干渠附近	98°50′25.49″E,24°51′58.70″N	990	西南	5
44	云南松-羊蹄甲-类芦群丛	已建那摩水库附近	98°52′02.75″E,24°51′27.88″N	1 389	东北	20
45	经果林	已建那摩水库附近	98°52′03.42″E,24°51′25.22″N	857	东南	10
46	清香木-飞扬草群丛	那摩水库附近	98°52′50.35″E,24°51′29.68″N	785	北	5
47	飞扬草群丛	已建那摩水库附近	98°52′46.10″E,24°51′28.85″N	805	—	—
48	猪屎豆群丛	已建那摩水库附近	98°52′46.80″E,24°51′32.21″N	804	—	—
49	经果林	春风园泵站附近	98°54′01.88″E,24°51′31.44″N	761	—	—
50	猩猩草群丛	春风园泵站附近	98°53′58.75″E,24°51′32.87″N	764	—	—
51	金合欢-类芦群丛	新建水长支渠附近	98°57′13.53″E,25°06′32.95″N	1 059	—	—
52	清香木-类芦群丛	新建水长支渠附近	98°57′15.76″E,25°06′31.16″N	1 074	—	—

续表 4-29

序号	群落类型	工程位置	经纬度	海拔/m	坡向	坡度/(°)
53	构树群丛	新建水长支渠附近	98°57′03.02″E,25°06′45.62″N	1 063	西南	3
54	麻楝-银合欢-狗牙根群丛	已建瓦房大沟附近	99°02′19.27″E,25°18′47.27″N	2 222	西南	5
55	旱冬瓜-马桑-紫茎泽兰群丛	羊沟东干渠附近	99°04′50.73″E,25°20′48.18″N	1 952	南	3
56	云南松-银合欢-竹叶草群丛	羊沟东干渠附近	99°04′54.23″E,25°20′45.61″N	2 008	西南	10
57	经果林	羊沟东干渠附近	99°04′48.97″E,25°20′37.89″N	1 948	—	—
58	灰楸-羊蹄甲-狗牙根群丛	赛格干渠终点附近	98°49′55.84″E,25°04′04.33″N	790	东南	15
59	猩猩草群丛	赛马引水管附近	98°50′03.25″E,24°59′14.42″N	896	—	—
60	金合欢-猪屎豆群丛	上坪河水库附近	98°50′21.21″E,24°59′18.32″N	868	西	5
61	密蒙花-茅叶荩草群丛	八萝田干渠附近	98°51′47.32″E,25°19′03.17″N	858	东北	3
62	构树-荩草群丛	芒柳水库附近	98°49′42.68″E,25°09′32.82″N	980	—	—
63	羊蹄甲-紫茎泽兰群丛	芒柳水库附近	98°49′54.33″E,25°09′12.12″N	952	北	5
64	构树-紫茎泽兰群丛	芒柳水库附近	98°49′55.24″E,25°09′24.19″N	941	—	—
65	小蓬草群丛	芒柳水库淹没区附近	98°49′34.98″E,25°09′37.85″N	1 007	—	—
66	经果林	八萝田水库淹没区	98°52′01.13″E,25°31′56.12″N	907	—	—
67	狗牙根群丛	芒西大沟怒江口附近	99°04′54.23″E,25°20′45.61″N	745	—	—
68	水麻-鳞毛蕨群丛	八萝田干渠-芒林电站大沟交叉附近	99°04′54.23″E,25°20′45.61″N	2 008	西南	10
69	经果林	八萝田干渠-芒宽西大沟交叉附近	98°51′46.57″E,25°25′27.37″N	884	—	—

续表 4-29

序号	群落类型	工程位置	经纬度	海拔/m	坡向	坡度/(°)
			2022 年			
70	云南松-银合欢-竹叶草群丛	团结大沟营头附近	98°50′53.81″E,24°47′28.32″N	1 676	东	10
71	云南松-银合欢-薹草群丛	团结大沟户帕村附近	98°50′26.77″E,24°48′02.43″N	1 860	西南	10
72	木荷-清香木-野古草群丛	团结大沟木瓜村附近	98°49′29.38″E,24°45′20.36″N	1 673	西北	5
73	旱冬瓜-羊蹄甲-野古草群丛	维修团结大沟附近	98°49′07.90″E,24°43′30.67″N	1 764	西南	5
74	杉木-南烛-芒萁群丛	三岔河水库附近	98°48′38.93″E,24°41′59.36″N	1 866	—	—
75	油簕竹-腺毛莓-紫茎泽兰群丛	八〇八干渠维修淘金河引水渠附近	98°52′31.95″E,24°40′30.57″N	1 986	东北	10
76	杉木-西南金丝梅-里白群丛	八〇八水库附近	99°04′54.23″E,25°20′45.61″N	2 041	西南	5
77	云南松-车桑子-白茅群丛	八〇八水库附近	98°52′30.91″E,24°41′02.51″N	2 022	东南	30
78	云南松-清香木-野古草群丛	八〇八引水干渠终点附近	98°53′43.44″E,24°40′28.94″N	2 084	东北	15
79	类芦群丛	松柏大沟红树梁子附近	98°57′53.23″E,24°40′28.52″N	1 836	东北	5
80	杉木-火棘-芒萁群丛	松柏大沟余家寨附近	98°57′51.53″E,24°40′33.08″N	1 826	东	10
81	云南松-清香木-苣草群丛	新建烂寨坝供水管附近	99°00′09.80″E,24°37′57.07″N	1 548	西北	10
82	类芦群丛	新建烂寨坝供水管附近	99°00′31.51″E,24°37′55.68″N	1 488	—	—

续表 4-29

序号	群落类型	工程位置	经纬度	海拔/m	坡向	坡度/(°)
83	云南松-栎-薹草群丛	维修摆达大沟附近	98°58′30.54″E,24°36′13.87″N	1 956	西南	5
84	油簕竹-金合欢-狗牙根群丛	碧寨大沟附近	99°01′45.93″E,24°35′46.49″N	957	西南	5
85	金合欢-苋草群丛	芒柳水库坝址附近	98°49′48.80″E,25°09′20.09″N	949	东北	5
86	金合欢-猪屎豆群丛	芒宽单元 1#临时工区附近	98°52′43.06″E,25°32′24.07″N	791	东	10

3)植被类型的划分

就实地调查得到的群丛样方记录表,按照相应的植被分类方法和体系对其进行划分。云南植被类型广义上分为自然植被和人工植被,其中自然植被主要类型(植被型和植被亚型)的划分详见植被现状章节,人工植被的类型则直接采用其群丛名称。根据上述划分结果,进一步梳理出植被分类系统表。

4)植被类型图的制作

资料准备阶段:参考调查区域植被图或其他专门性植被图、土地利用/覆盖数据等,基于高清遥感影像勾绘植被分布斑块,并叠加调查区域地形及拟进行调查的路线、样地和样方的空间位置。

植被预分类制图阶段:基于高清卫星影像数据,结合调查区域环境因子的数字化图层,运用 GIS 空间分析技术进行调查区域植被监督分类和预制图。

野外填图阶段:在野外调查过程中,参照预分类的调查区域植被图,现场检验和校对不同图斑对应实际观察到的植被群系或群丛信息。

综合制图阶段:参考植物志、科考报告、文献等资料,根据野外实地调查情况和制图区域特点,制作美观、高精度、符合制图要求的植被类型分布图。

4.3.4.5　植被现状

1.植被区划

根据《云南植被》(吴征镒,1987),评价区属于Ⅱ亚热带常绿阔叶林区域——ⅡA 西部(半湿润)常绿阔叶林亚区域——ⅡAi 高原亚热带南部季风常绿阔叶林地带——ⅡAi-1 滇西南中山山原河谷季风常绿阔叶林区——ⅡAi-1b 临沧原红锥、印栲林、刺斗石栎林亚区、ⅡAii 高原亚热带北部常绿阔叶林地带——ⅡAii-2 滇西横断山半湿润常绿阔叶林区——ⅡAii-2c 滇西中山山原云南松林、云南铁杉林亚区,见表 4-30。

表 4-30　工程评价区植被区划一览(根据《云南植被》(1987 年))

植被区域	植被亚区域	植被地带	植被区	植被亚区	工程区域
Ⅱ 亚热带常绿阔叶林区域	Ⅱ A 西部(半湿润)常绿阔叶林亚区域	Ⅱ Ai 高原亚热带南部季风常绿阔叶林地带	Ⅱ Ai-1 滇西南中山山原河谷季风常绿阔叶林区	Ⅱ Ai-1b 临沧原红锥、印栲林、刺斗石栎林亚区	干热河谷灌片、水长灌片
		Ⅱ Aii 高原亚热带北部常绿阔叶林地带	Ⅱ Aii-2 滇西横断山半湿润常绿阔叶林区	Ⅱ Aii-2c 滇西中山山原云南松林、云南铁杉林亚区	三岔灌片、施甸灌片

Ⅱ Ai-1b 临沧原红锥、印栲林、刺斗石栎林亚区为怒江东侧的广大中山山原,区域内季风常绿阔叶林很少保存,目前以云南松分布较为广泛,荒山草坡常见有红木荷、旱冬瓜、麻栎、栓皮栎等散生。干热河谷中海拔 1 200 m 以下多见以攀枝花、水锦树、余甘子等为代表的稀树灌丛草地,霸王鞭等组成的肉质灌丛也较多。本亚区内山原和盆地农作物以玉米、水稻为主,冬季作物以小麦较多;旱地较多。经济作物中茶园面积较大,低海拔谷地以甘蔗、棉花为主要的经济产物,也是重要的紫胶产区。

Ⅱ Aii-2c 滇西中山山原云南松林、云南铁杉林亚区内云南松林是现存面积最大的森林植被,海拔 1 000 m 左右的河谷到 2 800 m 的山地都有广泛分布,常与木荷、石栎、高山栲等混交或与旱冬瓜混交。海拔 1 500~2 400 m 分布的常绿阔叶林主要为高山栲、石栎和樟科树种。华山松多见于海拔 1 900~2 500 m 的温凉湿润、土层较厚的山坡。本亚区内旱冬瓜林分布较广,多见于海拔 1 600~2 500 m 的温暖而较阴湿的山坡。在怒江峡谷等干热河谷内,海拔于 1 300 m 以下,多见以黄茅为主的旱性禾草草丛,散生的灌木有虾子花、毛算盘子、余甘子、灰毛浆果楝等,散生的乔木常见有攀枝花、千张纸、清香木、金合欢,组成干热河谷稀树灌丛草地。本亚区高原盆地农田植被以一年两熟为主,水稻、玉米、小麦、油菜、蚕豆为主要农田作物,经济林木以茶树种植面积大;保山蚕桑业也有一定基础。果树以梨、桃、李、苹果、花红、杏等栽培较多。

2.植被分类系统

根据《云南植被》的分类系统,遵循群落本身的综合特征进行植被分类的原则,按植物群落的种类组成、群落结构、群落外貌、动态和生态地理分布等对评价区内现状植被进行合理的分类。本书采用 3 个主级分类单位,即植被型、植被亚型、群系。

3.主要植被类型

根据《中国植被》《云南植被》等区域主要植被著作和文献,结合现场调查情况,输水沿线区主要植被类型可划分为 3 个植被型组、5 个植被型、9 个植被亚型、14 个群系,详见表 4-31、表 4-32。除表中自然植被外,评价区内还分布有马缨丹灌丛、紫茎泽兰灌丛、小蓬草灌丛等外来入侵植物形成的群落。

表4-31 评价区主要植被类型

植被型组	植被型	植被亚型	群系	群丛	分布区域	样方数量	工程占用情况 面积/hm²	比例/%
				自然植被				
针叶林	暖性针叶林		云南松林	云南松-车桑子-黄茅群丛	山地,丘陵广泛分布	10	21.17	0.62
				云南松-花椒-野古草群丛				
				云南松-西南金丝梅-蕨群丛				
				云南松-金合欢-黄背草群丛				
				云南松-羊蹄甲-类芦群丛				
				云南松-银合欢-竹叶草群丛				
				云南松-银合欢-薹草群丛				
				云南松-清香木-苔草群丛				
				云南松-栎-蒿草群丛				
阔叶林	落叶阔叶林		旱冬瓜林	旱冬瓜-羊蹄甲-野古草群丛	广泛分布	3	5.77	0.62
				旱冬瓜-马桑-紫茎泽兰群丛				
				旱冬瓜-羊蹄甲-狗牙根群丛				
	常绿阔叶林		木荷林	木荷-蔷薇-野古草群丛	山地丘陵区域,常与云南松混生,龙陵县山地较多	3	13.75	0.62
				木荷-清香木-野古草群丛				
灌丛和草丛	草丛	干热性稀树灌木草丛	含木棉、车桑子的中草草丛	木棉-车桑子-白茅群丛	山丘,荒草坡	3	0.13	0.02
		暖温性稀树灌木草丛	含云南松、羊蹄甲的中草草丛	云南松-羊蹄甲-类芦群丛	广泛分布	6	0.21	0.02
		干热性草丛	紫茎泽兰草丛	紫茎泽兰群丛	路旁,荒地广泛分布	4	0.10	0.02
		暖热性草丛	猩猩草草丛	猩猩草群丛	路旁,田边	3	0.02	0.02

续表 4-31

植被型组	植被型	植被亚型	群系	群丛	分布区域	样方数量	面积/hm²	比例/%
灌丛和灌草丛	灌丛	暖性石灰岩灌丛	蔓荆灌丛	蔓荆-节节草群丛 蔓荆-白茅群丛 蔓荆-旱茅群丛	山坡路旁	3	1.81	0.36
			构树灌丛	构树-旱茅群丛 构树-紫茎泽兰群丛	路旁	3	3.12	0.36
			密蒙花灌丛	密蒙花-茅叶荩草群丛 密蒙花-荩草群丛	路旁,沟谷	3	1.97	0.36
			金合欢灌丛	金合欢-芒群丛 金合欢-白花鬼针草群丛 金合欢-类芦群丛 金合欢-猪屎豆群丛 金合欢-荩草群丛	怒江河谷分布较多	6	6.96	0.36
		干热灌丛	羊蹄甲灌丛	羊蹄甲-芒群丛 羊蹄甲-紫茎泽兰群丛	路旁,林缘	3	5.89	0.36
			清香木灌丛	清香木-类芦群丛 清香木-飞扬草群丛	山坡,沟谷,林下	3	2.60	0.36
			水麻灌丛	水麻-芒群丛 水麻-类芦群丛 水麻-鳞毛蕨群丛	河沟,山坡,林缘	3	0.89	0.36
耕地农作植被								
草本类型	大田作物型			玉米地,烟草田				
木本类型	用材林			人工杉木林	龙陵县,潞江坝灌片	4	59.24	0.47
				人工油籥竹林	龙陵山地分布较为常见	3	3.31	0.62
	经济林型			人工柔林	村落,田边		0.00	0.00
				人工核桃林	施甸灌片			
	果园型			人工柑果林、人工龙眼林、人工咖啡林、人工柑橘林、人工茶林	龙陵县灌片区域 潞江坝灌片,水长灌片		33.55	0.62

表4-32 自然植被群落结构特征

植被型组	植被型	植被亚型	群系	分布区域	乔木层			灌木层			草本层			其他植物
					郁闭度	高度/m	常见种	盖度/%	高度/m	常见种	盖度/%	高度/m	常见种	
针叶林	暖性针叶林	暖温性针叶林	云南松林 Form. Pinus yunnanensis	山地,丘陵广泛分布	0.4~0.7	8~12	多次生纯林,伴生少量旱冬瓜,麻栎,杉木等	15~30	1.5~2.5	银合欢,清香木,虾子花,甜糠柴,岗柃等	20~45	0.3~0.4	蕨,野古草,紫荆泽兰,羽芒菊,老鹳草属,柳叶菜属等	西番莲等
阔叶林	落叶阔叶林	桤木林	旱冬瓜林 Form. Alnus nepalensis	广泛分布	0.5~0.8	10~15	旱冬瓜,檀树,油茆竹,栎等	15~30	1.5~2.5	羊蹄甲,密蒙花,臭荚蒾等	20~45	0.2~0.5	野古草,笑话,琉璃草,牛膝,菊,酸模,野艾蒿等	
	常绿阔叶林	中山湿性常绿阔叶林	木荷林 Form. Schima superba	山地,丘陵广泛分布,龙陵县山地较多	0.5~0.8	6~10	木荷,云南松,黄连木,杉木等	15~30	1.5~3.0	羊蹄甲,素馨花,腺茅莓,木薯,麻疯树等	20~35	0.5~1.0	狗牙根,蓖麻,地果,紫荆泽兰,蒿草,麻等	
灌丛和灌草丛	稀树灌木草丛		含云南松,车桑子的白茅草丛 Form. Pinus yunnanensis, Dodonaea viscosa, Imperata cylindrica	河滩,路旁	0.1	4~7	云南松	5~15	1.2~2.0	车桑子,珠花,羊蹄甲等	60~80	0.3~0.4	白茅,狗牙根,紫茎泽兰等	
	干热性稀树灌木草丛		含云南松,羊蹄甲的类芦草丛 Form. Pinus yunnanensis,Bauhinia purpurea,Neyraudia reynaudiana	广泛分布	0.1	5~7	云南松	5~10	0.8~3.5	羊蹄甲,合欢,麻疯树等	65~80	0.7~2.0	类芦,苦草,紫茎泽兰,天胡荽,小鱼眼草等	

续表 4-32

植被型组	植被型	植被亚型	群系	分布区域	乔木层 郁闭度	乔木层 高度/m	乔木层 常见种	灌木层 盖度/%	灌木层 高度/m	灌木层 常见种	草本层 盖度/%	草本层 高度/m	草本层 常见种	其他植物
灌丛和灌草丛	稀树灌木草丛	热性草丛	紫茎泽兰草丛 Form. Ageratina adenophora	路旁、荒地广泛分布	—	—	—	—	—	—	60~80	0.3	紫茎泽兰、猩猩草、牡蒿、莀草、鬼针草、猩猩草、节节草、小蓬草等	—
		暖热性草丛	猩猩草草丛 Form. Euphorbia cyathophora	路旁、田边	—	—	—	—	—	—	65~80	0.2~0.4	猩猩草、白花鬼针草、黄花稔、求米草、茅叶荩草等	—
	灌丛	暖性石灰岩灌丛	蔓荆灌丛 Form. Vitex trifolia	山坡路旁	—	—	—	55~75	1.5~2.5	蔓荆、银合欢、楝等	30~50	0.2~0.4	节节草、车前、老鹳草属、猩猩草、鬼针草等	
			构树灌丛 Form. Broussonetia papyrifera	路旁	—	—	—	50~80	1.5~2.5	构树、金合欢、麻疯树、木蓝、拔毒散、腺序番荔枝等	30~40	0.2~0.4	紫茎泽兰、地果、龙舌兰、节节草、羽芒菊等	
			密蒙花灌丛 Form. Buddleja officinalis	路旁、沟谷	—	—	—	50~78	1~2	密蒙花、楚天花、清香木、黄连木、红泡刺藤、沙针	40~50	0.3	茅叶荩草、灰苞蒿、沿阶草、少花龙葵、酢浆草、紫茎泽兰、鳢肠等	
			金合欢灌丛 Form. Acacia farnesiana	广泛分布	—	—	—	50~80	1.0~3.0	金合欢、灰楸、麻疯树、构树、蔓荆、小鞍叶羊蹄甲等	30~40	0.2~0.4	白花鬼针草、蒺藜、野艾蒿、野菊、猩猩草等	层间植物有黄精、萝藦等
		常绿阔叶灌丛 典型常绿阔叶灌丛	羊蹄甲灌丛 Form. Bauhinia spp.	路旁、林缘	—	—	—	50~70	1.0~2.0	羊蹄甲、楚天花、马桑等	30~45	0.2~0.4	紫茎泽兰	
			清香木灌丛 Form. Pistacia weinmannifolia	山坡、沟谷、林下	—	—	—	60~70	1.0~2.5	清香木、蔓荆、金合欢、麻楝、柚木等	30~40	0.4~0.6	类芦、鸢尾叶狗尾草、紫茎泽兰、小蓬草、蒺藜等	
			水麻灌丛 Form. Debregeasia orientalis	河沟、山沟、林缘	—	—	—	55~80	1.0~2.0	水麻、密蒙花、羊蹄甲等	30~40	0.3~0.5	芒、粽叶芦、地果、黄花稔、紫荆泽兰、龙舌兰等	

4.主要植被类型描述

1）针叶林

植被类型为暖性针叶林。植被亚型为暖温性针叶林,群系为云南松林。云南松林在滇中高原的山地分布极广,在北纬23°~29°、东经97°~106°30′,与我国东部的马尾松林形成明显的对应。云南松在滇中南山地一般分布在1 500~1 800 m,主要分布在阳坡和半阳坡,分布地区的土壤主要为山地红壤。评价区内云南松林主要分布在山地、丘陵区域,郁闭度常在0.5~0.7,高8~20 m,乔木层常为结构简单的云南松纯林,部分区段乔木层混生有旱冬瓜、栎类等。灌木层常不发达,盖度10%~30%,高2.0~5.0 m,常见种类有车桑子、花椒、西南金丝梅、金合欢、羊蹄甲、清香木等种类。草本层盖度在30%~50%,优势种类主要为禾本科草本,以黄茅、野古草、黄背草、类芦、竹叶草、莎草等占优势,高度常可达到0.7~0.9 m,其他伴生种类还有莎草、矛叶莎草、蕨等。层间植物多见有西番莲等。

2）阔叶林

（1）落叶阔叶林。植被亚型为桤木林,群系为旱冬瓜林。旱冬瓜林在云南分布广泛,常常以小片纯林出现,分布海拔在1 000~3 000 m。所在区域生境中温湿润,一般在近山地沟谷边,土层深厚,坡度平缓。在评价区范围内常分布较多,常见于海拔1 300~2 500 m的阴坡及半阴坡或水湿条件较好的地段上。乔木层郁闭度常在0.7~0.8,高5~8 m,主要由旱冬瓜组成,胸径10~15 cm,树冠伸展,彼此不太接近,偶混生少量云南松。灌木较为稀疏,偶见有珍珠花、羊蹄甲、马桑等种类零星分布。草本层郁闭度可达80%,常见有野古草、狗牙根、蕨、竹叶草、防风、野棉花、白茅等,近林缘等处常分布有紫茎泽兰等外来入侵植物。

（2）常绿阔叶林。主要为中山湿性常绿阔叶林。这类常绿阔叶林主要分布于滇中高原南、北侧的山脉中山地带,高黎贡山、怒江分水岭海拔2 000~2 700 m的山地也有分布。常以山茶科、壳斗科、樟科等种类组成。

评价区内木荷林主要分布在山地丘陵。乔木层郁闭度0.6~0.8,高6~10 m,优势种类为木荷,其次为栎类,其他还有云南松、黄连木等。灌木层盖度不高,高1.5~3.0 m,种类常见有蔷薇、清香木、沙针、野牡丹、卫矛属、瑞香属、珍珠花、柃木属、南烛、悬钩子属等。草本层盖度50%~70%,高在0.1~0.4 m,种类常见有野古草、薹草、野茼蒿、紫茎泽兰、小鱼眼草、马鞭草等。

3）灌丛和灌草丛

（1）草丛。

①干热性稀树灌木草丛。本植被亚型的植物种类组成多为热带成分、亚热带成分,属干热河谷植被类型,评价区主要分布在怒江的河谷区域。含木棉-车桑子的中草草丛以草本层为主,评价区内草本层优势种类主要为白茅,树木种类主要为木棉、羊蹄甲、清香木、车桑子等。草本层盖度常在80%左右,高度在0.3~0.5 m,主要以禾本科植物种类为主,常见有黄背草、旱茅、狗牙根、芸香草、野古草一级酢浆草、蟛蜞菊、紫茎泽兰等种类。

②暖温性稀树灌木草丛。这一类稀树灌木草丛广泛分布在云南的中部、北部、西北部、东北部及东南部的广大山地上。

评价区内含云南松-羊蹄甲的中草草丛在山丘、荒草坡较为常见,群落以草丛为主要层,多为中草草丛,常见为类芦,高0.5~1.5 m,盖度在80%以上,常见草本植物种类有野古草、矛叶莎草、额灌草、知风草、黄背草、糙野青茅、芸香草等。此外,还有鬼针草、香茶菜、蒿属种类。灌木层常种类稀少,盖度较小,不形成层,散生的矮小灌木种类常见有羊蹄甲、马桑、水红木、珍珠花等。稀树主要为云南松,郁闭度较低,高在10 m以下,或偶见尼泊尔桤木、麻栎等。

③干热性草丛。紫茎泽兰为外来入侵植物，原产于墨西哥，自 19 世纪作为一种观赏植物在世界各地引种，目前在我国南部到中部地区均有分布，以云南、四川、广西、广东等地入侵情况较为严重。该类型常成片分布在林缘、荒草地，草本层盖度 70%～80%，高 0.3～0.5 m，伴生种类常见有节节草、小蓬草、狗尾草、猩猩草、马鞭草、黄鹌菜等种类。

④暖热性草丛。猩猩草原产于美洲热带地区，喜温暖干燥和阳光充足的地方。评价区内主要见于田边、路旁、撂荒地等。盖度 40%～70%，高 0.2～0.5 m，伴生种类常见有白花鬼针草、黄花稔、矛叶荩草、小鱼眼草、牛筋草、凹头苋等。

（2）灌丛。

①暖性石灰岩灌丛。

蔓荆灌丛主要见于山坡路旁，盖度在 55%～75%，高度常在 1.5～2.5 m，主要种类为蔓荆，伴生种类还有银合欢、麻楝、拔毒散、悬钩子属、木蓝属等植物种类。草本层盖度 30%～50%，高 0.2～0.4 m，主要种类有节节草、车前草、老鹳草属、猩猩草、蟛蜞菊等。

构树灌丛多见于支流两岸或丘陵山地下部，分布区域常受人为活动干扰较大。盖度常在 50%～80%，高 1.5～3.0 m，伴生种类主要有构树、金合欢、麻风树、木蓝、拔毒散、腺茅莓等。草本层盖度 30%～40%，高 0.2～0.4 m，主要种类有紫茎泽兰、地果、龙舌兰、节节草、羽芒菊等。

密蒙花灌丛常见于山坡下位，多见于阳坡、半阳坡。盖度常在 50%～80%，高 1.0～2.0 m，常见伴生种类有梵天花、清香木、黄连木、红泡刺藤、沙针等。草本层盖度 40%～50%，高 0.2～0.4 m，常见种类主要有茅叶荩草、灰苞蒿、沿阶草、少花龙葵、酢浆草、紫茎泽兰、鳢肠等。

②干热灌丛。

金合欢灌丛在怒江河谷及两岸山坡分布较多，是评价区内较为常见的种类。灌木层盖度 50%～80%，高度 1.0～3.0 m，伴生种类常见有灰楸、麻风树、构树、蔓荆、小鞍叶羊蹄甲等。草本层盖度 30%～40%，高 0.2～0.4 m，主要常见种类有白花鬼针草、蓖麻、野艾蒿、野菊、猩猩草等。层间植物常见有黄精、萝藦属种类等。

羊蹄甲灌丛在评价区内分布路旁、林缘，灌木层盖度 50%～70%，高 1.0～2.0 m，主要伴生种类有羊蹄甲、梵天花、马桑、车桑子、花椒属等。草本层盖度 30%～45%，高 0.2～0.4 m，主要种类有芒、紫茎泽兰、小蓬草、土荆芥、蜈蚣草、狗牙根等。

清香木灌丛为热带地区常见的灌丛种类。灌木层盖度 60%～70%，高 1.0～2.5 m，伴生主要种类有清香木、蔓荆、金合欢、麻楝、柚木等。草本层盖度 30%～40%，高 0.3～0.6 m，伴生主要种类有类芦、棕叶狗尾草、紫茎泽兰、小蓬草、蓖麻等。

水麻灌丛常成小片分布在山坡或林缘。灌木层盖度 55%～80%，伴生种类常见有密蒙花、羊蹄甲等。草本层盖度 30%～40%，高 0.3～0.5 m，伴生主要种类有芒、棕叶芦、地果、黄花稔、紫荆泽兰、龙舌兰等。

评价范围内耕地农作植被主要有大田作物类型，主要种类为玉米、烟草等；此外林木类型有用材林、经济林、果园等。用材林主要为人工杉木林、人工油籁竹林等，杉木林常见于龙陵山地，竹林常见于村落、田间；经济林以桑为主，主要见于施甸灌片；果木林是区域内分布面积最大、范围最广的类型，主要包括人工核桃林、人工杧果林、人工龙眼林、人工咖啡林、人工柑橘林、人工茶林等，其中核桃林主要见于龙陵县中低山山地，其他林主要分布于潞江坝灌片、水长灌片、干热河谷灌片等区域。

5.植被分布特点

本工程为灌区工程，工程影响区域以耕地、果木林等为主，受人为活动干扰较大，原生植被已不复存在,多为云南松、旱冬瓜等形成的片状次生林。区域内海拔在 700~2 000 m,分布最为广泛的自然植被类型为云南松林,或含有云南松、银合欢等木本植物的稀树灌木草丛。区域内由于受人为农业种植活动的影响,自然植被水平分布规律不甚明显,垂直分布规律大致可从河滩至山地,呈现一定的自然分布规律,在怒江干流,河流底质多为沙质或石砾,几乎无水生植物生长,在部分水库或支流河湾等,分布有狐尾藻、眼子菜类的沉水植物;河滩地常分布有土荆芥、水蓼、狗牙根、白茅、鼠曲草等草本植物,以及水麻、密蒙花等灌丛;地势继续往上,路旁坡地常分布有类芦、黄花稔、猩猩草、飞扬草等草本植物及金合欢、羊蹄甲类、西南金丝梅等灌木类型,云南松、旱冬瓜、灰楸等乔木类型在山坡等地片状分布。评价区域内大片的平缓阶地等处,连续或不连续地分布有耕作农田,除玉米外,以龙眼、杧果、柿、澳洲坚果、咖啡、柑橘、茶、核桃等各类经济果木林为主,遍布在山坡、路旁,在施甸灌片常见有桑田、藕田等,这些是潞江坝灌区主要的农林产品。

6.主要植被类型面积

根据卫星影片解译和现场调查情况,评价区主要植被类型面积见表 4-33。评价区自然植被以云南松面积最大,为 3 434.21 hm²;其次为木荷林,为 2 230.55 hm²;以金合欢灌丛为代表的阔叶灌丛面积为 6 512.24 hm²,占评价区总面积比例为 17.04%。此外,人工植被在评价区内占重要位置,农田面积为 12 532.02 hm²,经果林面积 5 386.43 hm²,面积之和占评价区的 46.88%。

表 4-33　评价区主要植被类型面积

类型	面积/hm²	比例/%
1.云南松林	3 434.21	8.98
2.杉木林	537.52	1.41
3.旱冬瓜林	935.45	2.45
4.木荷林	2 230.55	5.84
5.油簕竹林	300.58	0.79
6.白茅灌草丛	673.44	1.76
7.类芦灌草丛	1 078.24	2.82
8.紫茎泽兰草丛	513.22	1.34
9.猩猩草草丛	107.28	0.28
10.蔓荆灌丛	506.27	1.32
11.构树灌丛	873.18	2.28
12.密蒙花灌丛	552.50	1.45
13.金合欢灌丛	1 951.40	5.11
14.羊蹄甲灌丛	1 650.42	4.32
15.清香木灌丛	729.36	1.91
16.水麻灌丛	249.11	0.65
17.经果林	5 386.43	14.09
18.农业植被	12 532.02	32.79
19.水域	658.21	1.72
20.建设用地	3 254.93	8.52
21.其他土地	69.56	0.18
合计	38 223.88	100.00

7.项目占地区植被情况

现场调查整理,工程项目占地区植被情况见表4-34。

表 4-34 工程项目占地区植被情况

水库工程		
工程区	植被类型	现场照片
八萝田坝址区	该区域土地利用类型为耕地、林地、草地,耕地主要种植咖啡、柑橘等经济果木,山坡以稀树灌木草丛为主,常见为羊蹄甲、银合欢、类芦、白茅等	
八萝田淹没区	该区域以耕地为主,周边有少量的林地、草地,耕地主要种植玉米,还有咖啡、杧果等,周边有零星分布油簕竹、银合欢、羊蹄甲、飞扬草等	
芒柳坝址区	该区域河流右岸为山坡草地,主要以羊蹄甲、水麻、银合欢、构树、小蓬草、荩草,左岸相对平缓,为耕地,主要种植玉米、香蕉、杧果、柑橘等	
芒柳淹没区	该区域河流两岸较为平坦开阔,多为耕地,主要种植杧果、咖啡、玉米、香蕉等,河流两岸常见植物有银合欢、羊蹄甲、麻风树、蓖麻等	

续表 4-34

引水工程		
溶洞坝(新建)	该区域水流较小,河道周边以草本植被为主,常见有水麻、紫茎泽兰、龙舌兰、猪屎豆、棕叶芦、地果等	
道街坝(新建)	该区域为山溪河流,河道石块较多,两旁植被以灌丛、草丛为主,常见有银合欢、羊蹄甲、车桑子、构树、麻风树、黄果茄、水蓼、白花鬼针草等	
登高坝(新建)	该区域为山溪河流,河道石块较多,两旁植被以灌丛、草丛为主,常见有银合欢、马缨丹、清香木、柚木、蓖麻、小蓬草等	
干渠工程		
新建		
八萝田干渠(管)	该区域在八萝田干渠上槽子附近,该区域主要为农田,种植杞果、柑橘、澳洲坚果等	
	该区域位于八萝田干渠西亚村附近,区域以耕地为主,主要种植玉米、咖啡、杞果等,周边常见植物主要有柚木、小鞍叶羊蹄甲、飞扬草、类芦、紫菀、荩草等	

续表 4-34

芒柳干管	该区域位于赛格干渠起点附近,该区域主要为农田,种植玉米、香蕉、柑橘、龙眼等	
施甸坝干管	该区域位于大竹蓬村附近,该区域主要为菜地和道路、沟渠,菜地种植白菜、玉米等,河道旁有清香木、银合欢等	

续建

白胡子大沟	该区域为自然沟谷区域,自然植被主要为灌丛、草丛,以银合欢、羊蹄甲、类芦、紫茎泽兰等占优势	

维修衬砌

鱼洞水库东干渠	该区域为已建渠道,两旁常见有云南松、油簕竹、花椒等,还种植桑、玉米,常见植物有马缨丹、胡桃、蔓荆、金合欢、紫茎泽兰、类芦等	
芒宽西大沟	该区域渠道两旁为杂木草丛,常见植物有银合欢、蔓荆、马桑、水麻、香蕉、紫茎泽兰、类芦、鼠曲草等	

续表 4-34

支渠工程

新建

溶洞灌溉渠	该区域靠近溶洞滚水坝附近,河道周边以草本植被为主,常见有水麻、紫茎泽兰、龙舌兰、猪屎豆、棕叶芦、地果等	
三块石引水管	该区域在三块石水库西北侧,该区域主要为耕地和草地,种植玉米、烟草等,周边有龙舌兰、蓝桉、紫茎泽兰、类芦、刚莠竹等	
赛马引水管(起点段)	该区域主要为土路草地,周边植被主要为灌丛、草丛,常见有类芦、紫茎泽兰、紫菀等	
赛马引水管(大队水库段)	该区域靠近大队水库,主要种植澳洲坚果,周边草地主要有白茅、类芦、异颖草、狗牙根、鼠麴草等	
维修衬砌		
道街上大沟	该区域河道两侧主要为灌丛、草丛,常见植物有水麻、马桑、水蓼、悬钩子、蔓荆、紫茎泽兰、苋草等	

续表 4-34

登高双沟	该区域河道两侧主要为灌丛、草丛，常见有羊蹄甲、清香木、密蒙花、类芦、柳叶菜、水蓼、荨麻科等	
水长水库东支	该区域现状渠道两侧常见植物有悬钩子属、白茅、牛筋草、黄背草、少花龙葵等	
水长水库西支	该区域现状为耕地、草地，主要种植水稻、玉米、桑等，周边常见植物有楝、臭椿、紫茎泽兰、小蓬草等	
西亚线家寨灌溉渠	该区域周边为耕地、草地，耕地主要种植咖啡，常见植物有水麻、小蓬草、艾蒿、腺毛莓、小鱼眼草、白车轴草等	
芒林大沟	该区域沟渠两旁种植少量垂柳，周边主要为耕地，种植玉米、水稻，常见植物有凹头苋、节节草、狗牙根、柳叶菜、黄花稔、梵天花等	

续表 4-34

楼子田沟	该区域周边主要为耕地、草地,耕地主要种植玉米,周边主要有土荆芥、小蓬草、类芦、车桑子、麻风树、银合欢、密蒙花等	
芒掌沟	该区域周边主要为耕地、草地,耕地主要种植玉米、咖啡、香蕉等,周边主要有西南金丝梅、紫茎泽兰、牛筋草、酸模、柳叶菜、野菊、老鹳草、小花琉璃草等	
骨干排水渠		
保场排水渠附近	该区域河段人为活动较多,渠道两侧主要为垂柳、油簕竹、芭蕉、莲子草、鸭跖草、白苞猩猩草等	

8.植物物种多样性

了解潞江坝灌区工程评价范围内植物群落的物种多样性现状,以定量化的物种多样性指数进行测度,常用的测度指数包括重要值在内的群落物种丰富度、Shannon-Wiener 指数、Simpson 多样性指数和均匀度指数(Pielou 指数),见表 4-35。

表 4-35 潞江坝灌区主要森林群落乔木层物种多样性指数统计

乔木层	物种丰富度	物种多样性		均匀度
	Margalef 指数	Shannon-Wiener 指数	Simpson 多样性指数	Pielou 指数
云南松林	1.941 1	1.689 1	0.651 5	0.658 5
杉木林	0.970 5	0.911 1	0.387 8	0.468 2
旱冬瓜林	0.729 3	1.344 8	0.647 4	0.835 6
木荷林	0.834 1	1.152 6	0.572 5	0.716 1
油簕竹林	0.822 1	0.329 0	0.122 6	0.183 6

区域内分布最多、最广的云南松林,物种丰富度 Shannon-Winer 指数最高、物种多样性 Simpson 多样性指数最高,且物种分布相对均匀。杉木林、油簕竹林乔木层数量最多的种类分别为杉木、油簕竹,占绝对优势,导致其物种丰富度、Shannon-Winer 指数、Simpson 多样性相对较低,可见杉木、油簕竹群落中物种数量较少、个体分布不甚均匀,多样性较低。

4.3.4.6　维管束植物现状

1.植物多样性分析

通过鉴定现场调查采集的植物标本,以及对评价区历年积累的植物区系资料系统的整理,得出评价区主要有维管束植物 702 种(含种下分类等级,下同),隶属于 125 科 449 属,其中野生维管束植物 124 科 425 属 667 种。评价区野生维管束植物科属种数分别占评价区维管束植物科属种总数的 99.20%、94.65% 和 95.30%,分别占云南省野生维管束植物科属种总数的 41.47%、19.83% 和 4.02%,分别占全国野生维管植物科属种总数的 29.52%、12.34%、2.13%(见表 4-36)。

表 4-36　评价区主要野生维管束植物种类组成统计

区域	蕨类植物			种子植物						维管束植物		
				裸子植物			被子植物					
	科	属	种	科	属	种	科	属	种	科	属	种
野生	13	28	35	3	3	4	108	394	630	124	425	667
云南省	59	158	1 500	10	32	81	230	1 953	15 000	299	2 143	16 581
全国	63	224	2 600	11	36	190	346	3 184	28 500	420	3 444	31 290
占云南省比例%	22.03	17.72	2.33	30.00	9.38	4.94	46.96	20.17	4.20	41.47	19.83	4.02
占全国比例%	20.63	12.50	1.35	27.27	8.33	2.11	31.21	12.37	2.21	29.52	12.34	2.13

2.植物区系分析

根据《中国种子植物区系地理》(吴征镒,2011),评价区属于Ⅲ东亚植物区—ⅢE 中国-喜马拉雅植物亚区—ⅢE13 云南高原地区—ⅢE13a 滇中高原亚地区。

1)属的区系成分分析

属往往在植物区系研究中作为划分植物区系地理的标志或依据,统计分析评价区野生维管植物属的地理成分具有重要意义。蕨类植物属按《中国植物志》(第一卷)陆树刚关于中国蕨类植物属的分布区类型(2004 年),种子植物属按照吴征镒关于中国种子植物属的分布区类型系统(1991 年、1993 年),将评价区野生维管植物 425 属划分为 14 个分布区类型(见表 4-37)。

表 4-37　评价区野生维管束植物属的分布区类型

属的分布区类型	评价区内属数	占评价区非世界分布总属数比例/%
1.世界分布	47	—
2.泛热带分布	107	28.31
3.热带亚洲和热带美洲间断分布	24	6.35
4.旧世界热带分布	25	6.61
5.热带亚洲至热带大洋洲分布	28	7.41
6.热带亚洲至热带非洲分布	25	6.61
7.热带亚洲分布	37	9.79

续表 4-37

属的分布区类型	评价区内属数	占评价区非世界分布总属数比例/%
第 2~7 项热带分布	246	65.08
8.北温带分布	60	15.87
9.东亚和北美洲间断分布	21	5.56
10.旧世界温带分布	18	4.76
11.温带亚洲分布	4	1.06
12.地中海、西亚至中亚分布	5	1.32
13.中亚分布	0	0
14.东亚分布	20	5.29
第 8~14 项温带分布	128	33.86
15.中国特有分布	4	1.06
合计	425	100.00

由表 4-37 可知,评价区 425 属野生维管束植物可分为世界分布、热带分布(第 2~7 项)、温带分布(第 8~14 项)和中国特有分布 4 个大类,其中热带分布属、温带分布属、中国特有分布属分别占评价区野生维管束植物非世界分布总属数的 65.08%、33.86%、1.06%。在热带分布型中,以泛热带分布属最多,占评价区野生维管植物非世界分布总属数的 28.31%,其他热带分布属所占比例较少;在温带分布型中,北温带分布属居首位,其次是东亚分布属,分别占评价区野生维管束植物非世界分布总属数的 15.87%、5.29%,其他温带分布属所占比例较少,无中亚分布类型。

2)特有成分分析

评价区主要分布有中国特有的巴豆藤属、牛筋条属、杉木属、喜树属等 4 个属。

3)区系特点

评价区处于横断山脉滇西纵谷南端,怒江从中间穿过,背靠高黎贡山,境内地形复杂多样,整个地势自西北向东南延伸倾斜,平均海拔在 1 800 m 左右。评价区内存在一定的人为干扰,可耕作土地多已开垦进行种植,但在零散分布的山地中,保留了相对丰富的植物种类。

(1)植物区系组成成分相对丰富。评价区自然环境相对较好,植物区系组成成分较为丰富。据统计,评价区有维管束植物 125 科 449 属 702 种,其中野生维管束植物 124 科 425 属 667 种,评价区野生维管束植物科属种数分别占评价区维管束植物科属种总数的99.20%、94.65% 和95.01%,占云南省野生维管束植物科属种总数的 41.47%、19.83% 和 4.03%,占全国野生维管束植物科属种总数的 29.52%、12.34%、2.13%,评价区野生维管束植物相对较丰。

(2)地理成分复杂、联系广泛。从属的分布型来看,评价区野生维管束植物属包含有我国野生维管束植物属 14 个分布区类型,有世界分布、热带分布、温带分布和中国特有分布 4 个大类,其中世界分布属有 1 个类型、热带分布属有 6 个类型、温带分布属有 6 个类型、中国特有分布属有 1 个类型。可见,评价区维管束植物区系的地理成分较复杂。

评价区维管束植物区系与世界其他各地的维管束植物区系有着广泛联系,主要表现在各种连续和间断分布上。从属的分布型统计中可以看出,在与热带地区的联系上,与泛热带最为密切;在与温带地区的联系上,与北温带地区联系最为密切,其次是东亚分布,东亚分布在评价区植物区系中具有重要的意义,这说明了评价区植物区系与喜马拉雅和日本区系间存在一定的联系。在与间断分布地区的联系上,由于东亚和北美分布成分所占比例最高,因而与东亚和北美成分联系最为密切。

（3）具有明显的热带性质，以泛热带分布成分为主。通过对评价区植物区系的统计可知，评价区有热带分布属246属、温带分布属128属，分别占评价区野生维管束植物非世界分布总属数的65.08%、33.86%，在14个属的分布区类型中泛热带分布属所含属数最多，为107属，占评价区野生维管束植物非世界分布总属数的28.31%，由此可知，评价区植物区系具有明显的热带性质，泛热带成分突出。

3.重要植物物种

重要植物物种包括国家及地方重点保护野生植物名录所列的物种，《中国生物多样性红色名录——高等植物卷》中列为极危（critically endangered）、濒危（endangered）和易危（vulnerable）的物种，国家和地方政府列入拯救保护的极小种群物种，特有种以及古树名木等。

4.3.4.7 重要植物物种及生境现状调查与评价

1.重点保护野生植物

根据《国家重点保护野生植物名录》（2021年9月7日公布），根据区域植物调查、古树名木等相关资料，评价区内分布有国家二级保护植物红椿（12株）、大理茶（39株，古树群10处）、千果榄仁（1株）等，均为古树，除施甸县3株红椿外，其他种类均距离工程50 m以上，受工程间接影响较小。

根据古树名木资料，国家二级保护野生植物千果榄仁古树位于隆阳区潞江镇丙闷社区，编号541，地理坐标东经98.831 073°、北纬25.068 025°，海拔747 m，与工程芒柳干管最近水平距离约80 m。该古树位于丙闷社区山路路旁，周边分布主要树木种类有香椿、滇朴、木棉等，林木间隙主要种类有麻风树、云实、厚皮树等，树下间隙有开垦，种植茶、杧果、龙眼等种类，区域受人为活动干扰较大，已几乎不存在热带季雨林的群落结构，后续植被演替将持续受人为干预或进行开垦种植，仅保留千果榄仁等古大树木，见图4-6。

（a）千果榄仁与芒柳干管位置及周边情况 （b）千果榄仁附近现场照片

图4-6 千果榄仁周边及现场照片

根据古树名木资料，国家二级保护野生植物大理茶主要分布在龙陵县镇安镇镇北社区、大水沟村、芒告村、八〇八社区、镇东村和腊勐镇大亚口社区、长岭岗村等处，附近工程主要为维修衬砌回欢大沟、松白大沟，距离工程最近的大理茶在大垭口社区，距离维修衬砌松白大沟52 m。

根据现场调查结果，发现国家二级保护野生植物金荞麦7处约88丛，红椿（古树）3株，具体分布地点及生长情况见表4-38、图4-7。

此外，评价区内还分布有银杏（古树1株）、翠柏（古树1株）、红豆树（古树1株），均为栽培，不列入重点保护野生植物名录范畴。

表4-38　重要野生植物调查结果统计

序号	物种名称	保护级别	濒危等级	特有种（是/否）	极小种群野生植物（是/否）	株数/丛数	分布区域	地理坐标	资料来源	工程占用情况（是/否）	与工程的位置关系
1						15丛	芒柳干渠终点、普冲河附近	98°49′32.80″E，25°04′06.91″N 海拔855 m	2021年7月调查	否	芒柳干渠段附近，直线距离约75 m
2						6丛	南大沟支渠	98°59′45.03″E，25°10′57.83″N 海拔2 148 m	2021年7月调查	否	维修南大沟支渠旁，直线距离约10 m
3						10丛	维修团结大沟	98°49′04.91″E，24°43′30.88″N 海拔1 777 m	2022年5月调查	否	距离维修村砌团结大沟直线距离40 m
4	金荞麦（Fagopyrum dibotrys）	国家二级	无危（LC）	否	否	5丛	八〇八单元临时施工道路	98°52′37.66″E，24°40′33.65″N 海拔1 989 m	2022年5月调查	是，部分占用	道路两侧均有分布
5						约40丛	维修八〇八海金河引水渠终点	98°53′34.13″E，24°40′33.06″N 海拔2 034 m	2022年5月调查	否	距离维修引水渠直线距离38 m
6						8丛	维修松白大沟	98°57′56.20″E，24°40′26.62″N 海拔1 812 m	2022年5月调查	否	距离维修松白大沟直线距离50 m
7						4丛	维修摆达大沟	98°59′00.29″E，24°36′38.38″N 海拔1 941 m	2022年5月调查	否	距离维修摆达大沟55m
8	红椿（Toona ciliata）	国家二级	易危（VU）	否	否	3株，古树	蒋家寨水库西干渠旁	99°09′35.68″E，24°45′32.88″N 海拔1 528 m	古树名木资料和2022年5月调查	是	位于西干渠旁便道步行

注：1.保护级别根据国家及地方正式发布的重点保护野生植物名录确定；2.濒危等级、特有种根据《中国生物多样性红色名录》确定。

(a)芒柳干渠普冲河 15 丛 (b)南大沟支渠 6 丛 (c)维修团结大沟

(d)维修八〇八淘金河引水渠 (e)维修八〇八淘金河引水渠终点 (f)维修八〇八淘金河
引水渠终点

(g)维修八〇八淘金河
引水渠终点 (h)维修八〇八淘金河引水渠终点 (i)维修松白大沟

(j)维修摆达大沟 (k)红椿 3 株(三级古树) (l)红椿 3 株(三级古树)

图 4-7　金荞麦、红椿生长情况

2.珍稀濒危和特有植物

依据《中国生物多样性红色名录——高等植物卷》(2013 年第 54 号)、《中国特有种子植物的多样性及其地理分布》(黄继红,马克平,陈彬,2014 年)、《云南植物志》等,结合本项目所在行政区内其他有关特有植物的相关资料,根据标本及文献资料查证,野外实地调查及访问调查,确定区域及周边地区分布有中国特有植物 51 种(详见表 4-39),有濒危 1 种(红豆树)、易危4种(大理茶、密花豆、红椿、千果榄仁)。结合项目征占地红线范围图及水库淹没范围图,通过资料查询、访问调查及现场实地调查,确认工程直接影响区分布的中国特有植物主要有节节草、桤木、火棘、乌泡子、美丽胡枝子、粗齿铁线莲、山麻杆、西南木蓝、小叶女贞、野拔子、接骨木等。未发现云南省极小种群植物。

表4-39　评价区主要珍稀濒危和特有植物名录

序号	中文名	拉丁名	濒危等级	中国特有
1	节节草	*Equisetum ramosissimum* subsp. *ranissimum*	无危(LC)	是
2	桤木	*Alnus cremastogyne*	无危(LC)	是
3	滇榛	*Corylus yunnanensis*	无危(LC)	是
4	羽脉山黄麻	*Trema levigata*	无危(LC)	是
5	南五味子	*Kadsura longipedunculata*	无危(LC)	是
6	新樟	*Neocinnamomum delavayi*	无危(LC)	是
7	粗齿铁线莲	*Clematis grandidentata* var. *grandidentata*	无危(LC)	是
8	偏翅唐松草	*Thalictrum delavayi* var. *delavayi*	无危(LC)	是
9	云南柃	*Eurya yunnanensis*	近危(NT)	是
10	金钩如意草	*Corydalis taliensis* var. *taliensis*	无危(LC)	是
11	球花溲疏	*Deutzia glomeruliflora*	无危(LC)	是
12	西南绣球	*Hydrangea davidii*	无危(LC)	是
13	木瓜	*Chaenomeles sinensis*	无危(LC)	是
14	牛筋条	*Dichotomanthus tristaniicarpa* var. *tristaniicarpa*	无危(LC)	是
15	华西小石积	*Osteomeles schwerinae* var. *schwerinae*	无危(LC)	是
16	火棘	*Pyracantha fortuneana*	无危(LC)	是
17	西南蔷薇	*Rosa murielae*	无危(LC)	是
18	川滇蔷薇	*Rosa soulieana* var. *soulieana*	无危(LC)	是
19	乌泡子	*Rubus parkeri*	无危(LC)	是
20	小雀花	*Campylotropis polyantha*	无危(LC)	是
21	小叶干花豆	*Fordia microphylla*	无危(LC)	是
22	西南木蓝	*Indigofera mairei*	无危(LC)	是
23	美丽胡枝子	*Lespedeza thunbergii* subsp. *Formosa*	无危(LC)	是
24	红豆树	*Ormosia hosiei*	濒危(EN)	是
25	密花豆	*Spatholobus suberectus*	易危(VU)	是
26	喜光花	*Actephila merrilliana*	无危(LC)	是
27	山麻杆	*Alchornea davidii*	无危(LC)	是
28	水油甘	*Phyllanthus rheophyticus*	无危(LC)	是

续表 4-39

序号	中文名	拉丁名	濒危等级	中国特有
29	黄连木	*Pistacia chinensis*	无危(LC)	是
30	翅子藤	*Loeseneriella merrilliana*	无危(LC)	是
31	粉叶五层龙	*Salacia glaucifolia*	近危(NT)	是
32	板凳果	*Pachysandra axillaris*	无危(LC)	是
33	三裂蛇葡萄	*Ampelopsis delavayana* var. *delavayana*	无危(LC)	是
34	短柄乌蔹莓	*Cayratia cardiospermoides*	无危(LC)	是
35	喜树	*Camptotheca acuminata*	无危(LC)	是
36	乌鸦果	*Vaccinium fragile* var. *fragile*	近危(NT)	是
37	小叶女贞	*Ligustrum quihoui*	无危(LC)	是
38	轮叶白前	*Cynanchum verticillatum*	无危(LC)	是
39	灯笼草	*Clinopodium polycephalum*	无危(LC)	是
40	野拔子	*Elsholtzia rugulosa*	无危(LC)	是
41	腺花香茶菜	*Isodon adenanthus*	无危(LC)	是
42	来江藤	*Brandisia hancei*	无危(LC)	是
43	伞花六道木	*Abelia umbellata*	无危(LC)	是
44	亮叶忍冬	*Lonicera ligustrina* var. *yunnanensis*	无危(LC)	是
45	接骨木	*Sambucus williamsii*	无危(LC)	是
46	密花荚蒾	*Viburnum congestum*	无危(LC)	是
47	羽裂黄鹌菜	*Youngia paleacea*	无危(LC)	是
48	百合	*Lilium brownii* var. *viridulum*	无危(LC)	是
49	长距玉凤花	*Habenaria davidii*	近危(NT)	是
50	密生薹草	*Carex crebra*	无危(LC)	是
51	大理茶	*Camellia taliensis*	易危(VU)	是

3.古树名木

根据《古树名木普查技术规范》(LY/T 2738—2016)(2017 年 1 月 1 日实施),并通过收集保山市境内古树名木及其分布情况资料确定。周边古树名木资源分布较为丰富,根据工程对周边的实际影响范围和影响程度,本次评价重点关注分布于渠系工程及其施工布置区周边 50 m 范围内的古树名木。各渠系工程和沿线施工布置图、新建水库外扩 50 m 范围内共有古树名木 204 株。其中 10 m 范围内有 81 株(见表 4-40),位于直接影响范围内的有 50 株(其中 1 株已自然死亡)。工程周边古树名木见图 4-8。

表 4-40 工程布置 10 m 范围内古树名木情况

序号	树种名称	生长状况	树龄/年	生长地点	经纬度/海拔	工程占用情况	与工程的位置关系
1	木棉（Bombax ceiba）	①树高 34 m；②胸径 340 cm；③生长状况正常	146	芒宽彝族傣族乡吾米村农庄小学农田	25°24′26.43″N，98°52′09.69″E，海拔 815 m	否	距离芒宽坝单元临时施工道路 8 m
2	胡桃（Juglans regia）	①树高 22 m；②胸径 300 cm；③生长状况正常	101	芒宽彝族傣族乡西亚社区团坡寨子中	25°31′35.65″N，98°52′26.12″E，海拔 788 m	是	距离新建八萝田干渠 3 m，芒宽坝单元施工临时施工道路范围内
3	木棉（Bombax ceiba）	①树高 18 m；②胸径 240 cm；③生长状况正常	100	潞江镇丙闷社区丙闷村榕树林	25°04′02.58″N，98°49′48.72″E，海拔 782 m	是	距离新建芒柳干管 10 m，芒宽坝单元临时施工道路范围内
4	杧果（Mangifera indica）	①树高 24 m；②胸径 420 cm；③生长状况正常	500	潞江镇新寨村小桥头老寨子	25°01′59.70″N，98°50′09.②5″E，海拔 766 m	是	距离新建芒柳干管 7 m，位于芒宽坝单元临时施工道路范围内
5	杧果（Mangifera indica）	①树高 21 m；②胸径 430 cm；③生长状况正常	500	潞江镇新寨村小桥头老寨子	25°02′00.37″N，98°50′08.50″E，海拔 763 m	是	距离新建芒柳干管 11 m，芒宽坝单元施工临时施工道路范围内
6	木棉（Bombax ceiba）	①树高 21 m；②胸径 420 cm；③生长状况正常	100	潞江镇张贡村攀枝花林	25°06′39.26″N，98°49′49.36″E，海拔 800 m	是	位于芒宽坝单元临时施工道路范围内
7	木棉（Bombax ceiba）	①树高 20 m；②胸径 420 cm；③生长状况正常	150	潞江镇芒棒社区龙井寨子脚	25°03′51.67″N，98°49′48.54″E，海拔 743 m	是	距离新建芒柳干管 2 m，位于芒宽坝单元临时施工道路范围内
8	木棉（Bombax ceiba）	①树高 17 m；②胸径 360 cm；③生长状况正常	100	潞江镇丙闷社区丙闷寨子	25°03′56.26″N，98°49′49.45″E，海拔 747 m	是	距离新建芒柳干管 2 m，位于芒宽坝单元临时施工道路范围内
9	菩提树（Ficus religiosa）	①树高 30 m；②胸径 720 cm；③生长状况正常	400	潞江镇张贡村琨宏河	25°05′37.04″N，98°50′04.30″E，海拔 717 m	是	距离新建芒柳干管 2 m，位于芒宽坝单元临时施工道路范围内

续表 4-40

序号	树种名称	生长状况	树龄/年	生长地点	经纬度/海拔	工程占用情况	与工程的位置关系
10	木棉 (Bombax ceiba)	①树高18 m; ②胸径380 cm;③生长状况正常	120	潞江镇丙闷社区丙闷路边	25°03′56.69″N, 98°49′48.99″E, 海拔744 m	是	距离新建芒柳干管2 m, 位于芒宽坝单元临时施工道路范围内
11	榕树 (Ficus microcarpa)	①树高14 m; ②胸径250 cm;③生长状况正常	150	潞江镇芒棒社区芒召大湾子公路路边	25°02′36.23″N, 98°50′00.08″E, 海拔747 m	否	距离新建芒柳干管17 m, 距离芒宽坝单元临时施工道路5 m
12	榕树 (Ficus microcarpa)	①树高14 m; ②胸径250 cm;③生长状况正常	150	潞江镇芒棒社区芒召大湾子公路边	25°02′36.23″N, 98°50′00.08″E, 海拔747 m	否	距离新建芒柳干管17 m, 距离芒宽坝单元临时施工道路5 m
13	高山榕 (Ficus altissima)	①树高20 m; ②胸径580 cm;③生长状况正常	400	潞江镇芒棒社区芒召寨子边	25°02′38.41″N, 98°49′58.07″E, 海拔762 m	是	距离新建芒柳干管8 m, 位于芒宽坝单元临时施工道路范围内
14	木棉 (Bombax ceiba)	①树高42 m; ②胸径400 cm;③生长状况正常	160	芒宽彝族傣族乡吾来村桥头灰谷田	25°23′48.69″N, 98°51′59.62″E, 海拔822 m	是	距离新建八萝田干渠10 m, 位于芒宽坝单元临时施工道路范围内
15	高山榕 (Ficus altissima)	①树高18 m; ②胸径210 cm;③生长状况正常	200	潞江镇坝湾村公路边	24°57′44.87″N, 98°51′10.56″E, 海拔845 m	是	距离新建芒柳干管3 m, 位于芒宽坝单元临时施工道路范围内
16	高山榕 (Ficus altissima)	①树高19 m; ②胸径520 cm;③生长状况正常	400	潞江镇芒棒村芒召寨子边	25°02′39.11″N, 98°49′57.83″E, 海拔774 m	否	距离新建芒柳干管23 m, 距离芒宽坝单元临时施工道路10 m
17	厚皮树(Lannea coromandelica (Houtt.) Merr.)	①树高15 m; ②胸径230 cm;③生长状况正常	120	潞江镇新寨小桥头聚色处	25°01′55.73″N, 98°50′10.15″E, 海拔778 m	是	距离新建芒柳干管10 m, 距离芒宽坝维修村砌芒柳7 m, 位于芒宽坝单元临时施工道路范围内
18	杧果 (Mangifera indica)	①树高24 m; ②胸径420 cm;③生长状况正常	500	潞江镇新寨小桥头老寨子	25°01′59.98″N, 98°50′09.48″E, 海拔763 m	否	距离新建芒柳干管14 m, 距离芒宽坝临时施工道路2 m

续表 4-40

序号	树种名称	生长状况	树龄/年	生长地点	经纬度/海拔	工程占用情况	与工程的位置关系
19	杧果（*Mangifera indica*）	①树高 19 m；②胸径 120 cm；③生长状况正常	300	潞江镇新寨村小桥头老寨子	25°02′00.01″N，98°50′09.46″E，海拔 764 m	否	距离新建杧干管 14 m，距离杧宽坝临时施工道路 2 m
20	杧果（*Mangifera indica*）	①树高 23 m；②胸径 420 cm；③生长状况正常	500	潞江镇新寨村小桥头老寨子	25°02′00.18″N，98°50′09.57″E，海拔 760 m	否	距离新建杧柳干管 16 m，距离杧宽坝单元临时施工道路 3 m
21	杧果（*Mangifera indica*）	①树高 21 m；②胸径 430 cm；③生长状况正常	500	潞江镇新寨村河边桥头华华寨子	25°02′03.06″N，98°50′09.00″E，海拔 740 m	否	距离新建杧柳干管 18 m，距离杧宽坝单元临时施工道路 6 m
22	杧果（*Mangifera indica*）	①树高 25 m；②胸径 170 cm；③生长状况正常	500	潞江镇新寨村小桥头老寨子	25°01′56.96″N，98°50′13.25″E，海拔 667 m	否	位于路旁，距离维修村砌面沟 5 m
23	杧果（*Mangifera indica*）	①树高 26 m；②胸径 180 cm；③生长状况正常	500	潞江镇新寨村小桥头老寨子	25°01′56.96″N，98°50′13.25″E，海拔 667 m	否	位于路旁，距离维修村砌面沟 5 m
24	杧果（*Mangifera indica*）	①树高 26 m；②胸径 180 cm；③生长状况正常	500	潞江镇新寨村小桥头老寨子	25°01′56.96″N，98°50′13.25″E，海拔 667 m	否	位于路旁，距离维修村砌面沟 5 m
25	南酸枣（*Choerospondias axillaris*）	①树高 13 m；②胸径 120 cm；③生长状况正常	120	潞江镇新寨村小桥头聚色处	25°01′56.12″N，98°50′10.26″E，海拔 775 m	否	距离新建杧干管 14 m，距离杧宽坝临时施工道路 2 m
26	杧果（*Mangifera indica*）	①树高 17 m；②胸径 180 cm；③生长状况正常	100	潞江镇芒棒村芒棒寨子头	25°03′32.84″N，98°49′48.53″E，海拔 768 m	是	距离新建杧柳干管 5 m，位于芒宽坝单元临时施工道路范围内
27	杧果（*Mangifera indica*）	①树高 17 m；②胸径 180 cm；③生长状况正常	100	潞江镇芒棒村芒棒寨子头	25°03′32.78″N，98°49′48.60″E，海拔 769 m	是	距离新建杧柳干管 7 m，位于芒宽坝单元临时施工道路范围内

续表 4-40

序号	树种名称	生长状况	树龄/年	生长地点	经纬度/海拔	工程占用情况	与工程的位置关系
28	木棉（Bombax ceiba）	①树高 18 m；②胸径 190 cm；③生长状况正常	100	潞江镇丙闷村丙闷榕树林	25°04′06.68″N，98°49′48.80″E，海拔 800 m	是	距离新建芒柳干管 5 m，位于芒宽坝单元施工临时施工道路范围内
29	木棉（Bombax ceiba）	①树高 17 m；②胸径 230 cm；③生长状况正常	100	潞江镇丙闷村丙闷榕树林	25°04′06.68″N，98°49′48.59″E，海拔 801 m	是	距离新建芒柳干管 13 m，位于芒宽坝单元施工临时施工道路范围内
30	木棉（Bombax ceiba）	①树高 18 m；②胸径 210 cm；③生长状况正常	100	潞江镇丙闷村丙闷榕树林	25°04′06.72″N，98°49′48.47″E，海拔 801 m	否	距离新建芒柳干管 15 m，距离芒宽坝单元施工临时施工道路 2 m
31	木棉（Bombax ceiba）	①树高 20 m；②胸径 280 cm；③生长状况正常	100	潞江镇丙闷村丙闷榕树林	25°04′04.02″N，98°49′49.40″E，海拔 798 m	是	距离新建芒柳干管 9 m，位于芒宽坝单元施工临时施工道路范围内
32	高山榕（Ficus altissima）	①树高 28 m；②胸径 540 cm；③生长状况正常	500	潞江镇新寨村芒长寨子	25°01′42.19″N，98°49′48.64″E，海拔 863 m	否	位于路旁，距离维修村砌芒掌沟 5 m
33	小叶榕（Ficus concinna）	①树高 25 m；②胸径 450 cm；③生长状况正常	500	潞江镇新寨村芒长寨子	25°01′42.19″N，98°49′48.64″E，海拔 863 m	否	位于路旁，距离维修村砌芒掌沟 5 m
34	木棉（Bombax ceiba）	①树高 20 m；②胸径 380 cm；③生长状况正常	200	潞江镇丙闷社区丙闷村榕树林	25°04′04.41″N，98°49′48.60″E，海拔 799 m	是	距离新建芒柳干管 13 m，靠近芒宽坝单元施工临时施工道路范围
35	高山榕（Ficus altissima）	①树高 27 m；②胸径 470 cm；③生长状况正常	188	芒宽彝族傣族乡吾来村安家寨	25°24′47.88″N，98°52′09.48″E，海拔 717 m	是	距离八萝田干管 8 m，位于芒宽坝单元施工临时施工道路范围内
36	木棉（Bombax ceiba）	①树高 12 m；②胸径 120 cm；③生长状况正常	100	潞江镇丙闷社区丙闷村榕树林	25°04′10.01″N，98°49′49.46″E，海拔 731 m	否	距离新建芒柳干管 17 m，距离芒宽坝单元施工临时施工道路 4 m

续表 4-40

序号	树种名称	生长状况	树龄/年	生长地点	经纬度/海拔	工程占用情况	与工程的位置关系
37	木棉（Bombax ceiba）	①树高 14 m；②胸径 200 cm；③生长状况正常	100	潞江镇丙闷社区丙闷村榕树林	25°04′09.94″N，98°49′49.59″E，海拔 758 m	否	距离新建芒柳干管 20 m，距离芒宽坝单元临时施工道路 7 m
38	木棉（Bombax ceiba）	①树高 14 m；②胸径 200 cm；③已自然死亡	100	潞江镇丙闷社区丙闷村榕树林	25°04′10.06″N，98°49′49.12″E，海拔 748 m	是	距离新建芒柳干管 7 m，位于芒宽坝单元临时施工道路范围内
39	杧果（Mangifera indica）	①树高 21 m；②胸径 280 cm；③生长状况正常	150	芒宽彝族傣族乡敢顶社区敢顶村大龙洞	25°22′15.60″N，98°51′50.23″E，海拔 760 m	是	位于新建八萝田干管线路上
40	南酸枣（Choerospondias axillaris）	①树高 12 m；②胸径 180 cm；③生长状况正常	100	潞江镇丙闷社区丙闷村榕树林	25°04′10.54″N，98°49′48.26″E，海拔 784 m	否	距离新建芒柳干管 16 m，距离芒宽坝单元临时施工道路 3 m
41	杧果（Mangifera indica）	①树高 30 m；②胸径 450 cm；③生长状况正常	300	芒宽彝族傣族乡烫习村烫习芒台	25°19′20.75″N，98°52′19.37″E，海拔 735 m	是	位于 6# 工区临时道路旁
42	木棉（Bombax ceiba）	①树高 20 m；②胸径 300 cm；③生长状况正常	200	芒宽彝族傣族乡烫习村烫习芒台	25°19′10.82″N，98°52′31.14″E，海拔 776 m	是	位于 6# 工区临时道路旁
43	木棉（Bombax ceiba）	①树高 15 m；②胸径 240 cm；③生长状况正常	150	潞江镇丙闷社区丙闷村榕树林	25°04′11.90″N，98°49′48.65″E，海拔 736 m	是	距离新建芒柳干管 2 m，位于芒宽坝单元临时施工道路范围内
44	木棉（Bombax ceiba）	①树高 14 m；②胸径 190 cm；③生长状况正常	100	潞江镇丙闷社区丙闷村榕树林	25°04′00.46″N，98°49′48.45″E，海拔 781 m	否	距离新建芒柳干管 20 m，距离芒宽坝单元临时施工道路 8 m
45	木棉（Bombax ceiba）	①树高 15 m；②胸径 140 cm；③生长状况正常	100	潞江镇丙闷社区丙闷村榕树林	25°04′12.42″N，98°49′48.64″E，海拔 761 m	是	距离新建芒柳干管 3 m，位于芒宽坝单元临时施工道路范围内

续表 4-40

序号	树种名称	生长状况	树龄/年	生长地点	经纬度/海拔	工程占用情况	与工程的位置关系
46	木棉（Bombax ceiba）	①树高 20 m；②胸径 280 cm；③生长状况正常	200	潞江镇丙闷社区丙闷村榕树林	25°04′02.00″N，98°49′49.21″E，海拔 782 m	是	距离新建芒柳干管 2 m，位于芒宽坝单元临时施工道路范围内
47	木棉（Bombax ceiba）	①树高 16 m；②胸径 270 cm；③生长状况正常	100	潞江镇丙闷社区丙闷村榕树林	25°04′01.43″N，98°49′48.79″E，海拔 782 m	是	距离新建芒柳干管 10 m，位于芒宽坝单元临时施工道路范围内
48	杧果（Mangifera indica）	①树高 21 m；②胸径 430 cm；③生长状况正常	500	潞江镇新寨村小桥头-老寨子	25°02′00.37″N，98°50′08.50″E，海拔 769 m	是	距离新建芒柳干管 10 m，位于芒宽坝单元临时施工道路范围内
49	木棉（Bombax ceiba）	①树高 17 m；②胸径 290 cm；③生长状况正常	100	潞江镇丙闷社区丙闷村榕树林	25°04′04.58″N，98°49′49.30″E，海拔 768 m	是	距离新建芒柳干管 7 m，位于芒宽坝单元临时施工道路范围内
50	木棉（Bombax ceiba）	①树高 16 m；②胸径 360 cm；③生长状况正常	110	潞江镇丙闷社区寨子边	25°04′00.62″N，98°49′48.50″E，海拔 781 m	否	距离新建芒柳干管 18 m，距离芒宽坝单元临时施工道路 6 m
51	木棉（Bombax ceiba）	①树高 16 m；②胸径 480 cm；③生长状况正常	250	潞江镇丙闷社区火把田	25°03′57.42″N，98°49′48.76″E，海拔 769 m	否	距离新建芒柳干管 15 m，距离芒宽坝单元临时施工道路 2 m
52	杧果（Mangifera indica）	①树高 24 m；②胸径 310 cm；③生长状况正常	200	芒宽彝族傣族乡西亚社区钱家寨子中	25°31′55.07″N，98°52′13.67″E，海拔 810 m	否	距离维修村砌西亚线钱家寨灌溉渠 5 m
53	木棉（Bombax ceiba）	①树高 33 m；②胸径 360 cm；③生长状况正常	144	芒宽彝族傣族乡吾来村桥头大东海坝	25°22′55.20″N，98°52′01.20″E，海拔 813 m	否	距离新建人萝田干渠 26 m，距离芒宽坝单元临时施工道路 8 m
54	杧果（Mangifera indica）	①树高 25 m；②胸径 280 cm；③生长状况正常	112	芒宽彝族傣族乡吾来村安家寨	25°25′01.20″N，98°52′18.12″E，海拔 770 m	是	位于芒宽坝单元临时施工道路旁

续表 4-40

序号	树种名称	树龄/年	生长地点	生长状况	经纬度/海拔	工程占用情况	与工程的位置关系
55	木棉 (Bombax ceiba)	180	潞江镇丙闷社区酸角树地	①树高20 m；②胸径450 cm；③生长状况正常	25°04′03.81″N，98°49′49.36″E，海拔802 m	是	距离新建芒柳干管8 m，位于芒宽坝单元临时施工道路范围内
56	木棉 (Bombax ceiba)	120	潞江坝镇丙闷村火把田	①树高16 m；②胸径310 cm；③生长状况正常	25°03′54.93″N，98°49′55.77″E，海拔769 m	是	位于潞江坝单元3#工区范围
57	木棉 (Bombax ceiba)	200	潞江镇丙闷社区丙闷榕树林	①树高19 m；②胸径220 cm；③生长状况正常	25°04′07.69″N，98°49′49.58″E，海拔760 m	否	距离新建芒柳干管18 m，距离芒宽坝单元临时施工道路6 m
58	木棉 (Bombax ceiba)	100	潞江镇丙闷社区丙闷榕树林	①树高16 m；②胸径130 cm；③生长状况正常	25°04′11.98″N，98°49′48.36″E，海拔772 m	是	距离新建芒柳干管10 m，位于芒宽坝单元临时施工道路范围内
59	木棉 (Bombax ceiba)	100	潞江镇丙闷社区丙闷榕树林	①树高15 m；②胸径280 cm；③生长状况正常	25°04′13.59″N，98°49′49.46″E，海拔730 m	否	距离新建芒柳干管21 m，距离芒宽坝单元临时施工道路10 m
60	木棉 (Bombax ceiba)	116	芒宽彝族傣族乡芒龙村红砖厂路边	①树高25 m；②胸径290 cm；③生长状况正常	25°28′55.77″N，98°52′16.70″E，海拔780 m	是	位于维修村砌芒林大沟南支劳
61	木棉 (Bombax ceiba)	160	芒宽彝族傣族乡芒龙村红砖厂路边	①树高19 m；②胸径400 cm；③生长状况正常	25°28′56.00″N，98°52′16.84″E，海拔782 m	否	距离维修村砌芒林大沟南支7 m
62	臭椿 (Ailanthus altissima)	100	潞江镇丙闷社区榕树林	①树高33 m；②胸径280 cm；③生长状况正常	25°04′03.06″N，98°49′48.50″E，海拔803 m	否	距离新建芒柳干管17 m，距离芒宽坝单元临时施工道路4 m
63	滇朴 (Celtis tetrandra)	200	潞江镇丙闷村榕树林	①树高27 m；②胸径400 cm；③生长状况正常	25°04′05.18″N，98°49′49.32″E，海拔795 m	是	距离新建芒柳干管8 m，位于芒宽坝单元临时施工道路范围内

续表 4-40

序号	树种名称	树龄/年	生长状况	生长地点	经纬度/海拔	工程占用情况	与工程的位置关系
64	木棉（Bombax ceiba）	100	①树高 16 m；②胸径 360 cm；③生长状况正常	潞江镇丙闷社区丙闷村榕树林	25°04′13.14″N，98°49′48.65″E，海拔 719 m	是	距离新建芒宽坝干管 2 m，位于芒宽坝施工单元临时施工道路范围内
65	木棉（Bombax ceiba）	120	①树高 17 m；②胸径 360 cm；③生长状况正常	潞江镇丙闷社区火把田	25°03′58.04″N，98°49′49.34″E，海拔 740 m	是	距离新建芒宽坝干管 2 m，位于芒宽坝施工单元临时施工道路范围内
66	高山榕（Ficus altissima）	124	①树高 20 m；②胸径 310 cm；③生长状况正常	芒宽彝族傣族乡吾来村沙坝	25°24′11.88″N，98°51′18.00″E，海拔 975 m	否	距离维修村砌楼田子沟 10 m
67	木棉（Bombax ceiba）	200	①树高 18 m；②胸径 190 cm；③生长状况正常	潞江镇丙闷社区丙闷榕树林	25°04′08.02″N，98°49′49.52″E，海拔 795 m	否	距离新建芒宽坝干管 17 m，距离芒宽坝施工单元临时施工道路 4 m
68	木棉（Bombax ceiba）	110	①树高 16 m；②胸径 320 cm；③生长状况正常	潞江镇丙闷社区寨子边	25°04′00.58″N，98°49′48.74″E，海拔 760 m	是	距离新建芒宽坝干管 12 m，位于芒宽坝施工单元临时施工道路范围内
69	木棉（Bombax ceiba）	100	①树高 15 m；②胸径 280 cm；③已死亡	潞江镇丙闷社区寨子边	25°04′00.13″N，98°49′48.83″E，海拔 666m	否	距离新建芒宽坝干管 16 m，距离芒宽坝施工单元临时施工道路 3 m
70	臭椿（Ailanthus altissima）	100	①树高 19 m；②胸径 240 cm；③生长状况正常	潞江镇丙闷社区榕树林	25°04′09.16″N，98°49′48.28″E，海拔 757 m	否	距离新建芒宽坝干管 16 m，距离芒宽坝施工单元临时施工道路 3 m
71	桤木（Alnus cremastogyne）	300	①树高 21 m；②胸径 420 cm；③生长状况正常	潞江镇丙闷社区龙王庙	25°04′30.64″N，98°49′49.52″E，海拔 740 m	是	距离新建芒宽坝干管 3 m，位于芒宽坝施工单元临时施工道路范围内
72	木棉（Bombax ceiba）	200	①树高 21 m；②胸径 520 cm；③生长状况正常	潞江镇芒旦社区党岗河	25°07′50.52″N，98°50′10.15″E，海拔 843 m	是	距离新建芒宽坝干管 2 m，位于芒宽坝施工单元临时施工道路范围内

续表 4-40

序号	树种名称	生长状况	树龄/年	生长地点	经纬度/海拔	工程占用情况	与工程的位置关系
73	黄连木 (Pistacia chinensis)	①树高 32 m; ②胸径 145 cm; ③生长状况正常	240	由旺镇源珠村委会新邑小组	24°52′55.08″N, 99°07′53.12″E, 海拔 1 446 m	是	位于维修村砌鱼洞鱼东干渠旁
74	黄连木 (Pistacia chinensis)	①树高 21 m; ②胸径 79 cm; ③生长状况正常	150	由旺镇源珠村委会沙沟一二组	24°53′00.35″N, 99°07′38.06″E, 海拔 1 463 m	是	位于维修村砌鱼洞鱼东干渠旁
75	黄连木 (Pistacia chinensis)	①树高 20 m; ②胸径 108 cm; ③生长状况正常	170	由旺镇永福村委会大村组	24°52′50.37″N, 99°05′59.02″E, 海拔 1 460 m	是	位于维修村砌鱼洞鱼西干渠旁
76	黄连木 (Pistacia chinensis)	①树高 15 m; ②胸径 70 cm; ③生长状况正常	200	仁和镇苏家村委会苏家组	24°49′41.05″N, 99°08′42.13″E, 海拔 1 477 m	是	位于维修村砌鱼洞鱼西干渠旁
77	黄连木 (Pistacia chinensis)	①树高 8 m; ②胸径 61 cm; ③生长状况正常	180	仁和镇苏家村委会苏家组	24°49′41.05″N, 99°08′42.13″E, 海拔 1 477 m	是	位于维修村砌鱼洞鱼西干渠旁
78	红椿 (Toona ciliata)	①树高 22 m; ②胸径 101 cm; ③生长状况正常	160	仁和镇瓦房村委会大山胸组	24°45′32.46″N, 99°09′36.35″E, 海拔 1 476 m	否	距离蒋家寨水库西干渠 3 m
79	红椿 (Toona ciliata)	①树高 27 m; ②胸径 92 cm; ③生长状况正常	150	仁和镇瓦房村委会大山胸组	24°45′32.46″N, 99°09′36.35″E, 海拔 1 476 m	否	距离蒋家寨水库西干渠 3 m
80	红椿 (Toona ciliata)	①树高 24 m; ②胸径 87 cm; ③生长状况正常	140	仁和镇瓦房村委会大山胸组	24°45′32.46″N, 99°09′36.35″E, 海拔 1 476 m	否	距离蒋家寨水库西干渠 3 m
81	聚果榕 (Ficus racemosa)	①树高 19 m; ②胸径 120 cm; ③生长状况正常	200	芒宽彝族傣族乡西亚社区外八罗小沟边	25°32′2.04″N, 98°51′49.86″E, 海拔 952 m	是	八罗田库区

(a)木棉　　　　　　　　　　　　(b)胡桃

(c)杧果　　　　　　　　　　　　(d)菩提树

(e)大叶榕　　　　　　　　　　　(f)南酸枣

(g)小叶榕　　　　　　　　　　　(h)臭椿

图 4-8　工程周边古树名木

（i）滇朴　　　　　　　　　　　　　　（j）木棉（已倒）

（k）臭椿　　　　　　　　　　　　　　（l）桤木

（m）聚果榕　　　　　　　　　　　　　（n）红椿 3 株

续图 4-8

4.外来入侵植物

通过现场调查,并根据《中国外来入侵种名单(第一批)》(2003)、《中国外来入侵种名单(第二批)》(2010)、《中国外来入侵种名单(第三批)》(2014)、《中国外来入侵种名单(第四批)》(2016),评价区内共发现外来入侵种 5 种,见表 4-41。

表 4-41　外来入侵植物一览

序号	植物名称	入侵种批次	多度	生态学特性	评价区内分布情况
1	紫茎泽兰 （Ageratina adenophora）	第一批	多	菊科多年生草本，花期 3—4 月，7—8 月为快速生长期。具有长久性土壤种子库；是强入侵性物种，具有高繁殖系数、生化感应作用、耐贫瘠和解磷解氮作用；传播途径多，有风媒传播、流水传播、动物传播、车载传播等。生命力强，适应性广，化感作用强烈，易成为群落中的优势种，甚至发展为单一优势群落。根状茎发达，可依靠强大的根状茎快速扩展蔓延。适应能力极强，干旱、瘠薄的荒坡隙地，甚至石缝和楼顶上都能生长	广泛分布
2	马缨丹 （Lantana camara）	第一批	中	马鞭草科直立或蔓性的灌木，全年开花。生长于海拔 80~1 500 m 的海边沙滩和空旷地区。常以蔓生枝着地生根进行无性繁殖。适应性强，常形成密集的单优群落，严重妨碍并排挤其他植物生存，是我国南方牧场、林场、茶园和橘园的恶性竞争者，其全株或残体可产生强烈的化感物质，严重破坏森林资源和生态系统。有毒植物，误食叶、花、果等均可引起牛、马、羊等牲畜以及人中毒	路旁坡地、林缘、村落周边
3	土荆芥 （Dysphania ambrosioides）	第二批	中	藜科一年生或多年生直立草本植物，花期和果期的时间都很长。入侵方式主要通过化感作用延迟伴生植物种子萌发，抑制根系生长	路旁坡地、河滩地
4	小蓬草 （Conyza canadensis）	第三批	中	菊科一年生草本，花期 5—9 月。该植物可产生大量瘦果，蔓延极快，对秋收作物、果园和茶园危害严重，为一种常见杂草，通过分泌化感物质抑制邻近其他植物的生长。该植物是棉铃虫和棉蜡象的中间宿主，其叶汁和捣碎的叶对皮肤有刺激作用	撂荒地，赛格水库附近成片
5	五爪金龙 （Ipomoea cairica）	第四批	少	旋花科多年生缠绕草本，以快速的无性繁殖为主，攀援性和分枝能力强，具有强的二氧化碳固定能力，耐旱、盐、热等热性强，在路旁、河岸、滩涂等生境易形成单优势种群。此外，其可通过化感作用降低伴生植物的叶绿素含量，影响伴生植物光合作用，从而抑制伴生种类的生长	施甸灌片较多

4.3.5　陆生动物资源

2021 年 7 月和 2022 年 5 月，武汉市伊美净科技发展有限公司专业技术人员对保山市潞江坝灌区工程评价区进行了 2 次实地调查。根据工程特点，选择典型生境，采用样线法对评价区内陆生动物进行了外业调查,并在工程所在区域的林业部门进行了座谈访问,在此基础上查阅并参考《中国两栖动物及其分布彩色图鉴》(费梁,叶昌媛等,2012 年)、《中国爬行纲动物分类厘定》(蔡波,王跃招等,2015 年)、《中国爬行动物图鉴》(中国野生动物保护协会,2002 年)、《中国鸟类分类与分布名录》(第三版)(郑光美主编,2017 年)、《中国哺乳动物多样性》(第 2 版)(蒋志刚,刘少英,2017 年)等以及关于本地区陆生野生脊椎动物类的相关文献资料《云南省两栖动物地理分布格局的聚类分析》(邝粉亮,刘宁等,2007 年)、《云南省爬行动物区系及地理区划》(何晓瑞,周希琴,2002 年)、《云南陆栖脊椎动物生态地理群及动物经济区的划分》(杨宇明,刘宁等,2010 年)、《云南珍稀野生动物的种类与分布》(罗铿馥,1998 年)》、《云南的兽类概况》(郑重,雷桂林,1989 年)、《云南省兽类多样性及保护物种概况》(黄婧雪,杨士剑等,2018 年)、《云南省保山市啮齿类动物组成及生物学调查》(刘洪光,朱应朝,2010 年)等,对评价区的野生动物资源现状得出综合结论。

4.3.5.1　评价区动物地理区划

本工程位于云南省保山市。根据《中国动物地理》(张荣祖主编,科学出版社,2011)中的中国动物地理区划,对工程所涉及的区域进行分析得出:评价区动物区划属于东洋界—西南区区—滇南山地亚区,工程区涉及 2 个动物地理省,即滇西南山地省—热带、亚热带森林动物群和滇南边地省—热带森林动物群。

4.3.5.2　评价区陆生动物多样性现状

根据实地考察及对相关资料的综合分析,评价区共有陆生野生脊椎动物 4 纲 28 目 96 科 288 种。评价区有国家一级保护动物 3 种,有国家二级保护动物 29 种,有云南省级重点保护野生动物 3 种。评价区两栖类、爬行类、鸟类、兽类各纲的种类组成、区系、保护等级参见表 4-42。

表 4-42　评价区陆生脊椎动物种类组成、区系和保护等级

种类组成				动物区系			保护等级		
纲	目	科	种	东洋种	古北种	广布种	国家一级	国家二级	云南省级
两栖纲	2	8	12	11	0	1	0	1	2
爬行纲	1	7	19	19	0	0	0	0	1
鸟纲	18	64	224	128	52	44	3	26	0
兽纲	7	17	33	27	0	6	0	2	0
合计	28	96	288	185	52	51	3	29	3

1.两栖类

1)种类、数量及分布

评价区两栖类有 2 目 8 科 12 种,评价区有国家二级保护野生两栖类 1 种,为红瘰疣螈(见图 4-9),有云南省级重点保护野生两栖类 2 种:滇蛙(*Dianrana pleuraden*)和双团棘胸蛙(*Gynandropaa yunnanensis*),评价区内野生两栖类中,优势种为黑眶蟾蜍(见图 4-10)、黑斑侧褶蛙、斑腿泛树蛙和泽陆蛙等,它们适应能力强,分布较广泛。

图 4-9　红瘰疣螈　　　　　　　　　　　图 4-10　黑眶蟾蜍

Tylototriton shanjing(何欢,2022 年 5 月)　　　　*Buttaphrynus melanostictus*(肖繁荣,2021 年 7 月)

2)区系类型

按区系类型分,评价区的两栖类有东洋种 11 种,占评价区两栖类总种数的 91.67%;广布种 1 种,占评价区两栖类总种数的 8.33%,这与评价区处于东洋界相符,两栖类的迁移能力不强,因此古北界成分难以跨越地理阻障而向东洋界渗透。

3)生态类型

根据两栖动物生活习性的不同,将评价区内的 12 种两栖动物分为以下 4 种生态类型:

(1)静水型(在静水或缓流中觅食):有红瘰疣螈、黑斑侧褶蛙、滇蛙和泽陆蛙,共 4 种,主要在评价区内水流较缓的水域,如河塘、水洼、稻田等处生活,相对适应一般强度的人为干扰,与人类活动关系较为密切。

(2)陆栖型(在陆地上活动觅食):包括黑眶蟾蜍和饰纹姬蛙 2 种,它们在评价区主要栖息于相对较为干燥的草地和居民区附近,对海拔和湿度等没有太大的限制性因素,在评价区分布相对广泛。主要食物为昆虫类,对人为干扰相对适应性比较强。

(3)溪流型(在流水中活动觅食):有小角蟾(*Megophrys minor*)、云南臭蛙(*Odorrana andersonii*)、绿点湍蛙(*Amolops viridimaculatus*)和双团棘胸蛙,共 4 种,主要分布在评价区内山涧溪流段。

(4)树栖型(在树上活动觅食,离水源较近的林子):包括华西雨蛙和斑腿泛树蛙 2 种,它们主要在评价区内临近水源的灌丛、水田及水域附近的高秆作物上活动。

2.爬行类

1)种类、数量及分布

评价区内野生爬行类共有 1 目 7 科 19 种,其中游蛇科的种类最多,有 9 种,占评价区内爬行动物总数的 47.37%。剧毒蛇类 3 种:山烙铁头蛇(*Ovophis monticola*)、白唇竹叶青蛇(*Trimeresurus albolabris*)和孟加拉眼镜蛇(*Naja kaouthia*)。评价区内未发现国家级重点保护野生爬行类;有云南省级重点保护野生爬行类 1 种:孟加拉眼镜蛇。其中,棕背树蜥(*Calotes emma*)、铜蜓蜥(见图 4-11)、王锦蛇、红脖颈槽蛇(*Rhabdophis nuchalis*)(见图 4-12)等为评价区内优势种,分布较广泛。

图 4-11 铜蜓蜥

Sphenomorphus indicus(肖繁荣,2021 年 7 月)

图 4-12 红脖颈槽蛇

Rhabdophis subminiatus(肖繁荣,2021 年 7 月)

2)区系类型

按照区系类型分,评价区内的野生爬行类均为东洋种,占评价区内野生爬行类总种数的 100%。与两栖类类似,评价区无古北界种分布,因为爬行类的迁移能力也不强,所以古北界成分难以跨越地理阻障而向东洋界渗透。

3)生态类型

根据爬行动物生活习性的不同,将评价区内的 19 种爬行动物分为以下 3 种生态类型:

(1)住宅型(在住宅区的建筑物中筑巢、繁殖、活动的爬行类):包括云南半叶趾虎和原尾蜥虎 2 种,主要在评价区内的建筑物如居民区附近活动,白天常隐蔽于墙缝或阴暗处,夜间出来活动,主要食物为蚊虫。

(2)灌丛石隙型(经常活动在灌丛下面、路边石缝中的爬行类):包括铜蜓蜥、云南攀蜥、丽棘蜥、棕背树蜥、大盲蛇(*Argyrophis diardii*)、山洛铁头蛇、孟加拉眼镜蛇、绿瘦蛇(*Ahaetulla prasina*)和颈槽蛇,共 9 种,它们的主要栖息环境为阳光比较充足的道路两侧灌草丛、石堆或开阔的环境地带,其对生境要求严格,适应人为干扰能力较弱。

(3)林栖傍水型(在山谷间有溪流的山坡上活动):包括白唇竹叶青蛇、过树蛇(*Dendrelaphis pictus*)、繁花林蛇、灰鼠蛇(*Ptyas korros*)、王锦蛇、腹斑腹链蛇、红脖颈槽蛇和滇西蛇(*Atretium yunnanensis*),共 8 种,它们主要在评价区内水域附近的山间林地、灌草地活动。评价区内林栖傍水型爬行类种类数量最多,此种生态类型构成了评价区内爬行类的主体,它们主要捕食蜥蜴、鼠类、鸟卵、蛙类等。

3.鸟类

1)种类、数量及分布

评价区内鸟类共有 18 目 64 科 224 种。其中,以雀形目鸟类最多,共 125 种,占评价区内鸟类总数的 55.8%。评价区内有国家一级保护鸟类 3 种,分别为黑鹳(*Ciconia nigra*)、乌雕(*Aquila clanga*)和黄胸鹀(*Emberiza aureola*);有国家二级保护鸟类 26 种,包括白鹇、白腹锦鸡、凤头蜂鹰(*Pernis ptilorhyncus*)、黑鸢(*Milvus migrans*)、红隼(*Falco tinnunculus*)、斑头鸺鹠(*Glaucidium cuculoides*)、白尾鹞(*Circus cyaneus*)和红嘴相思鸟(*Leiothrix lutea*)等;未发现有云南省级重点保护鸟类。其中,珠颈斑鸠、棕背伯劳、大山雀、白颊噪鹛、白鹡鸰、喜鹊、白喉红臀鹎(*Pycnonotus cafer*)、麻雀等为评价区内的优势种,数量较多。评价区内鸟类见图 4-13。

（a）牛背鹭+白鹭

（肖繁荣，2021 年 7 月）

（b）山斑鸠 *Streptopelia orcentalis*

（肖繁荣，2021 年 7 月）

（c）白颊噪鹛 *Garrulax sannio*

（肖繁荣，2021 年 7 月）

（d）家燕 *Hirundo rustica*

（肖繁荣，2021 年 7 月）

（e）黑喉红臀鹎 *Pycnonotus cafer*

（肖繁荣，2021 年 7 月）

（f）白鹡鸰 *Motacilla alba*

（肖繁荣，2021 年 7 月）

图 4-13　评价区内鸟类

（g）棕背伯劳 *Lanius schach*
（肖繁荣，2021 年 7 月）

（h）紫啸鸫 *Myophonus caeruleus*
（肖繁荣，2021 年 7 月）

（i）戴胜 *Upupa epops*
（肖繁荣，2021 年 7 月）

（j）鹊鸲 *Copsychus saularis*
（肖繁荣，2021 年 7 月）

（k）黑卷尾 *Dicrurus macrocercus*
（肖繁荣，2021 年 7 月）

（l）黑头奇鹛 *Heterophasia melanoleuca*
（肖繁荣，2021 年 7 月）

续图 4-13

（m）绿喉蜂虎 *Merops orientalis*

（肖繁荣,2021 年 7 月）

（n）褐翅鸦鹃 *Centropus sinensis*

（肖繁荣,2021 年 7 月）

（o）八哥 *Acridotheres cristatellus*

（肖繁荣,2021 年 7 月）

（p）红头穗鹛 *Stachyris ruficeps*

（肖繁荣,2021 年 7 月）

（q）黑水鸡 *Gallinula chloropus*

（何欢,2022 年 5 月）

（r）红耳鹎 *Pycnonotus jocosus*

（何欢,2022 年 5 月）

续图 4-13

（s）斑文鸟 *Lonchura punctulata*　　　　　　（t）麻雀 *Passer montanus*

（何欢，2022 年 5 月）　　　　　　　　　（何欢，2022 年 5 月）

续图 4-13

2）生态类型

根据鸟类生活习性的不同，将评价区内的 224 种野生鸟类分为以下 6 种生态类型：

（1）涉禽（嘴、颈和脚都比较长，脚趾也很长，适于涉水行进，不会游泳，常用长嘴插入水底或地面取食）：评价区分布的涉禽有鹤形目、鹈形目、鹳形目和鸻形目（除鸥科鸟类外）的部分种类，如小田鸡（*Zapornia pusilla*）、黑水鸡、灰鹤（*Grus grus*）、黑翅长脚鹬、池鹭、白鹭、牛背鹭、苍鹭、灰头麦鸡（*Vanellus cinereus*）、环颈鸻（*Charadrius alexandrinus*）、金眶鸻（*Charadrius dubius*）、鹤鹬（*Tringa erythropus*）、白腰草鹬（*Tringa ochropus*）等，共 35 种，它们在评价区内主要分布于河流两岸、水库岸边的滩涂，以及沼泽、水田等处。

（2）游禽（脚趾间有蹼，能游泳，在水中取食）：评价区分布的游禽有鹏䴘目、雁行目、鲣鸟目和鸻形目鸥科的部分种类，如赤麻鸭、赤膀鸭（*Anas strepera*）、绿翅鸭（*Anas crecca*）、斑嘴鸭、绿头鸭、小鹏䴘、凤头鹏䴘、普通鸬鹚（*Phalacrocorax carbo*）、普通海鸥（*Larus canus*）和西伯利亚银鸥（*Larus vegae*）等，共 19 种，它们在评价区内主要在水库、河流岸边活动、捕食，主要分布于水流较缓水深较深的水域中，如河面、水库、鱼塘等。

（3）陆禽（体格结实，嘴坚硬，脚强而有力，适于挖土，多在地面活动觅食）：评价区分布的陆禽有鸡形目和鸽形目的部分种类，如棕胸竹鸡、白鹇、环颈雉、白腹锦鸡、山斑鸠、火斑鸠、珠颈斑鸠和楔尾绿鸠（*Treron sphenurus*），共 8 种。白鹇和白腹锦鸡等重点保护野生鸟类在小黑山省级自然保护区内有记录，其主要栖息于常绿阔叶林、针阔叶混交林和针叶林中，活动范围较为隐秘，性机警，一般不常见；棕胸竹鸡和环颈雉主要分布于路边农田及灌丛中，偶尔也会到居民区附近活动，对人为干扰适应能力相对较强；珠颈斑鸠则常见于居民区，山斑鸠和火斑鸠在林地、灌丛以及农田区均可见，适应人为干扰能力较强。

（4）猛禽（具有弯曲如钩的锐利嘴和爪，翅膀强大有力，能在天空翱翔或滑翔，捕食空中或地下活的猎物）：评价区分布的猛禽有鹰形目、隼形目和鸮形目的部分种类，如黑翅鸢（*Elanus caeruleus*）、凤头蜂鹰、乌雕、松雀鹰、黑鸢、领角鸮（*Otus lettia*）、红角鸮（*Otus sunia*）、斑头鸺鹠和红隼等,共 14 种。它们栖息于开阔平原、草地、荒原和低山丘陵等地带,活动范围较广,偶尔在评价区上空游荡。猛禽处于食物链顶端,在生态系统中占有重要地位。它们在控制啮齿类动物的数量、维持环境健康和生态平衡方面具有不可替代的作用。由于数量稀少,我国将所有猛禽都列为国家重点保护鸟类。

(5)攀禽(嘴、脚和尾的构造都很特殊,善于在树上攀缘):评价区分布的攀禽有夜鹰目、鹃形目、犀鸟目、佛法僧目和啄木鸟目的部分种类,如普通夜鹰(*Caprimulgus indicus*)、白腰雨燕(*Apus pacificus*)、褐翅鸦鹃(*Centropus sinensis*)、噪鹃、四声杜鹃、戴胜、绿喉蜂虎(*Merops orientalis*)、蓝翡翠、普通翠鸟、大拟啄木鸟(*Megalaima virens*)、灰头绿啄木鸟(*Picus canus*)和大斑啄木鸟等,共 23 种。其中鹃形目和啄木鸟目种类主要分布于高大乔木林间,戴胜主要分布于居民区与农田区域,在评价区内较常见,蓝翡翠和普通翠鸟等主要在鱼塘、河流等地水域附近活动。

(6)鸣禽(鸣管和鸣肌特别发达,一般体形较小,体态轻捷,活泼灵巧,善于鸣叫和歌唱,且巧于筑巢):评价区分布的 125 种雀形目鸟类均为鸣禽,它们在评价区内广泛分布,主要生境为林地、农田、居民区或灌丛。经实地调查,黑卷尾、棕背伯劳、喜鹊、白喉红臀鹎、八哥、大嘴乌鸦、麻雀、白腰文鸟等鸣禽为评价区的优势种。

3)区系类型

按照区系类型分,将评价区内的野生鸟类分为 3 种区系类型:东洋种 128 种,占评价区鸟类总数的 57.14%;广布种 44 种,占评价区鸟类总数的 19.64%;古北种有 52 种,占评价区鸟类总数的 23.22%。

4)居留型

在评价区内鸟类中,留鸟 133 种,占评价区鸟类总数的 59.37%;夏候鸟 30 种,占评价区鸟类总数的 13.39%;冬候鸟 43 种,占评价区鸟类总数的 19.20%;旅鸟 18 种,占评价区鸟类总数的 8.04%。评价区内繁殖鸟(留鸟和夏候鸟)有 163 种,占评价区鸟类总数的 72.76%;非繁殖鸟(冬候鸟和旅鸟)61 种,占评价区鸟类总数的 27.24%,说明评价区分布的鸟类多为繁殖鸟类,大多数的鸟类在评价区繁殖。

4.兽类

1)种类、数量及分布

评价区内兽类共有 7 目 17 科 33 种。其中,以啮齿目最多,共有 13 种,占评价区内兽类总数的 39.39%。评价区有国家二级保护野生兽类 2 种,为黄喉貂(*Martes flavigula*)和豹猫(*Felis bengalensis*)。在评价区内,赤腹松鼠、黄鼬、小家鼠和褐家鼠等为优势种,数量较多。

2)区系类型

按照区系类型分,将评价区内兽类分为以下两类:东洋种 27 种,占评价区内兽类总数的81.82%;广布种 6 种,占评价区内兽类总数的 18.18%。可见,评价区兽类以东洋界成分占绝对优势,这与评价区地处东洋界相符。

3)生态类型

根据兽类生活习性的不同,将评价区内的 33 种野生兽类分为以下 4 种生态类型:

（1）半地下生活型（穴居型，主要在地面活动觅食、栖息、避敌于洞穴中，有的也在地下寻找食物）：此种类型的有中国鼩猬（*Neotetracus sinensis*）、白尾鼹（*Parascaptor leucura*）、小纹背鼩鼱（*Sorex bedfordia*）、微尾鼩（*Anourosorex squamipes*）、喜马拉雅水麝鼩（*Chimarrogale himalayica*）、臭鼩（*Suncus murinus*）、黄鼬、黄喉貂、黄腹鼬、鼬獾、巢鼠（*Micromys minutus*）、褐家鼠、小家鼠、针毛鼠（*Niviventer fulvescens*）、锡金小鼠（*Mus pahari*）、银星竹鼠（*Rhizomys pruinosus*）、中华竹鼠、马来豪猪（*Hystrix brachyuran*）和云南兔共20种，中国鼩猬、小纹背鼩鼱、微尾鼩、喜马拉雅水麝鼩等主要栖息于林灌田野，以昆虫、蚯蚓、蚂蚁等为主要食物；黄鼬、黄喉貂、黄腹鼬、云南兔等主要栖息于山地和平原，见于林缘、河谷、灌丛和草丘中，也常出没在村庄附近，夜行性，主要以啮齿类动物为食，性机警，在评价区主要分布于农田草丛及村庄附近；小家鼠、褐家鼠等鼠类具有家和野外两种习性，由于居民区生活垃圾比较多，食物资源比较丰富，因此密度相对较高，这些鼠类对人为干扰适应能力较强，为伴人而居的类群；马来豪猪栖息于森林和开阔田野、堤岸和岩石下挖大的洞穴，食性较杂，在评价区内数量很少。

（2）地面生活型（主要在地面上活动、觅食）：有野猪（*Sus scrofa*）和赤麂两种，野猪栖息环境多样，杂食性，一般在早晨和黄昏时分活动觅食，在主要评价区的林间，地面生活型的兽类在流域范围内较少见；赤麂对生境要求高，主要栖息于林地资源丰富的区域。

（3）岩洞栖息型（在岩洞中倒挂栖息的小型兽类）：有棕果蝠（*Rousettus leschenaultii*）、马铁菊头蝠（*Rhinolophus ferrumequinum*）、大足鼠耳蝠（*Myotis pilosus*）和小伏翼（*Pipistrellus tenuis*）共4种，它们在清晨和黄昏活动频繁，食物为空中飞翔的昆虫等，多栖息于乔木树冠或村落具有洞穴处，多在山洞中栖息，适应人为干扰能力较强，村落常见优势类群。

（4）树栖型（主要在树上栖息、觅食）：该类型有北树鼩（*Tupaia belangeri*）、花面狸、豹猫、隐纹花松鼠、赤腹松鼠（*Callosciurus erythraeus*）、珀氏长吻松鼠和霜背大鼯鼠（*Petaurista philippensis*）共7种，花面狸和豹猫等性机警，一般很少出没于人类活动的区域，主要分布在丘陵、山地等处；隐纹花松鼠、赤腹松鼠等松鼠科兽类主要活动于评价区内人为干扰较小的林中，抗人为干扰能力较弱。

4.3.5.3 重要野生动物

1.国家重点保护动物

评价区范围内陆生野生脊椎动物中，有国家一级保护动物3种，为黑鹳、乌雕和黄胸鹀，有国家二级保护动物有29种，分别为红瘰疣螈、白鹇、白腹锦鸡、褐翅鸦鹃、凤头蜂鹰、黑翅鸢、黑鸢、红隼、斑头鸺鹠、黄喉貂和豹猫等。

2.云南省级保护动物

云南省级重点保护野生动物有3种，为滇蛙、双团棘胸蛙和孟加拉眼镜蛇。

评价区国家和省级重点保护陆生野生动物名录见表4-43。

表 4-43　评价区国家和省级重点保护陆生野生动物名录

序号	物种名称	保护级别	濒危等级	特有种（是/否）	分布区域	资料来源	工程占用情况（是/否）
1	黑鹳（Ciconia nigra）	国家一级	VU	否	高黎贡山国家级自然保护区和	科考报告	否，生境距离距木工程 5 km 以上
2	乌雕（Aquila clanga）	国家一级	EN	否	小黑山省级自然保护区内有记录	科考报告	否，生境距离距木工程 5 km 以上
3	黄胸鹀（Emberiza aureola）	国家一级	EN	否	分布于掌近小黑山省级自然保护区的灌丛、草地附近	文献记录	否，生境距离距木工程 5 km 以上
4	红瘰疣螈（Tylototriton shanjing）	国家二级	NT	否	在评价区分布干长青水库、沙沟附近的水域中	现场调查	是，渠系工程及长青水库施工将占用其部分生境
5	白鹇（Lophura nycthemera）	国家二级	LC	否	高黎贡山国家级自然保护区和	科考报告	否，生境距离距木工程 5 km 以上
6	白腹锦鸡（Chrysolophus amherstiae）	国家二级	NT	否	小黑山省级自然保护区内有记录	科考报告	否，生境距离距木工程 5 km 以上
7	黑颈鸊鷉（Podiceps nigricollis）	国家二级	LC	否		文献记录	否，生境距离南大沟支渠约 200 m
8	水雉（Hydrophasianus chirurgus）	国家二级	NT	否	评价区内水源保护的水域中	文献记录	否，生境距离南大沟支渠约 300 m
9	白腰杓鹬（Numenius arquata）	国家二级	NT	否		文献记录	否，生境距离长水库西干渠约 200 m
10	楔尾绿鸠（Treron sphenurus）	国家二级	NT	否	评价区内的林地、灌草地有分布	文献记录	部分占用，工程占用的部分林地、灌草地会占用其部分栖息地
11	褐翅鸦鹃（Centropus sinensis）	国家二级	LC	否		现场调查	
12	灰鹤（Grus grus）	国家二级	NT	否	高黎贡山国家级自然保护区内有记录	科考报告	否，生境距离距木工程 5 km 以上

续表 4-43

序号	物种名称	保护级别	濒危等级	特有种（是/否）	分布区域	资料来源	工程占用情况（是/否）
13	黑翅鸢（Elanus caeruleus）	国家二级	NT	否		文献记录	
14	凤头蜂鹰（Pernis ptilorhyncus）	国家二级	NT	否		文献记录	
15	松雀鹰（Accipiter virgatus）	国家二级	LC	否		文献记录	
16	黑鸢（Milvus migrans）	国家二级	LC	否		文献记录	
17	普通鵟（Buteo japonicus）	国家二级	LC	否		现场调查	否，猛禽，活动范围广，在评价区内游荡，工程不会占用其栖息地
18	白尾鹞（Circus cyaneus）	国家二级	NT	否	猛禽，活动范围大，主要在评价区范围内的林地、林缘、开阔平原等各类生境中活动，在评价区广泛分布	文献记录	
19	领鸺鹠（Glaucidium brodiei）	国家二级	LC	否		文献记录	
20	领角鸮（Otus sunia）	国家二级	LC	否		文献记录	
21	斑头鸺鹠（Glaucidium cuculoides）	国家二级	LC	否		文献记录	
22	草鸮（Tyto longimembris）	国家二级	DD	否		文献记录	
23	红隼（Falco tinnunculus）	国家二级	LC	否		文献记录	
24	燕隼（Falco subbuteo）	国家二级	LC	否		文献记录	
25	游隼（Falco peregrinus）	国家二级	NT	否		文献记录	
26	红嘴相思鸟（Leiothrix lutea）	国家二级	LC	否	广泛分布于评价范围内各类生境中	文献记录	
27	银耳相思鸟（Leiothrix argentauris）	国家二级	NT	否		文献记录	
28	红喉歌鸲（Luscinia calliope）	国家二级	LC	否		文献记录	部分占用，工程占用的部分林地、灌草地会占用其部分栖息地
29	绿喉蜂虎（Merops orientalis）	国家二级	LC	否		现场调查	
30	白胸翡翠（Halcyon smyrnensis）	国家二级	LC	否	评价区内的山地森林和山脚平原河流、湖泊沿岸边，也出现于池塘、水库，沼泽和稻田等水域岸边	文献记录	

续表 4-43

序号	物种名称	保护级别	濒危等级	特有种（是/否）	分布区域	资料来源	工程占用情况（是/否）
31	黄喉貂（*Martes flavigula*）	国家二级	NT	否	评价区内的丘陵、山地处	文献记录	否，中小型兽类主要活动于敏感区的林间，活动范围广，工程不会占用其栖息生境
32	豹猫（*Felis bengalensis*）	国家二级	VU	否		文献记录	
33	滇蛙（*Dianrana pleuraden*）	云南省级	LC	是	评价区内的水塘、水沟、水稻田等静水水域	文献记录	部分占用，涉水工程施工会部分占用其栖息地
34	双团棘胸蛙（*Gymandropaa yunnanensis*）	云南省级	EN	否	评价区内的水沟、山间溪流内等流水水域	文献记录	
35	孟加拉眼镜蛇（*Naja kaouthia*）	云南省级	EN	否	评价区见于耕作区、路边、池塘附近、竹林区	文献记录	部分占用，工程占用的灌草丛会占用其部分栖息地

3.珍稀濒危及特有动物

根据《中国脊椎动物红色名录》，评价区野生动物中，被列为濒危(EN)的有5种，为乌雕、黄胸鹀、双团棘胸蛙、孟加拉眼镜蛇、王锦蛇。易危(VU)级别的有7种，其中两栖类1种，为云南臭蛙；爬行类1种，为灰鼠蛇；鸟类2种，为黑鹳和栗树鸭；兽类3种，为豹猫、白尾鼹和喜马拉雅水麝鼩。

评价区有中国特有动物4种，包括华西雨蛙、滇蛙、云南攀蜥和黄腹山雀。

4.3.6 生态系统现状

4.3.6.1 生态系统类型和组成

根据《中国生态系统》中的分类方法，将工程影响区域生态系统划分为森林生态系统、灌丛生态系统、草地生态系统、湿地生态系统、农田生态系统、城镇生态系统等，见表4-44。

表4-44 评价区生态系统现状统计

一级分类	二级分类	面积/hm²	比例/%
森林生态系统	阔叶林	3 466.59	9.07
	针叶林	3 971.73	10.39
	稀树林	689.88	1.80
灌丛生态系统	阔叶灌丛	6 512.24	17.04
草地生态系统	草丛	1 682.30	4.40
湿地生态系统	沼泽	62.63	0.16
	湖泊	192.70	0.50
	河流	370.54	0.97
农田生态系统	耕地	12 532.02	32.79
	园地	5 386.43	14.09
城镇生态系统		3 287.26	8.60
其他		69.56	0.18
合计		38 223.88	100.00

根据2021年的遥感卫星影像数据，对评价区的植被覆盖度指数进行归一化分析与计算后，评价区植被覆盖度等级划分及面积比例情况见表4-45。

表4-45 评价区植被覆盖度等级划分及面积比例

NDVI值	植被覆盖度等级	面积/hm²	面积比例/%
NDVI≤0.10	低覆盖度	3 882.52	10.16
0.10<NDVI≤0.25	较低覆盖度	1 915.68	5.01
0.25<NDVI≤0.50	中覆盖度	12 002.33	31.40
0.50<NDVI≤0.75	较高覆盖度	13 963.83	36.53
NDVI>0.75	高覆盖度	6 459.50	16.90

由表 4-45 可见,评价区较高植被覆盖度面积最大,占评价区总面积的 36.53%,中植被覆盖度以上区域面积约 32 425.66 hm²,占评价区总面积的 84.83%。结合植被覆盖度特征图及现场调查,评价区是农林产品种植的重要区域,可耕作土地几乎均已进行种植,未种植区域多分布云南松林、杉木林、旱冬瓜林、木荷林、金合欢、类芦灌草丛等。

4.3.6.2　生态系统结构

1.森林生态系统

评价区森林生态系统面积为 8 128.20 hm²,主要分布在未开垦种植的山坡、库区周边。

1)植物现状

评价区森林生态系统主要以云南松林(Form. *Pinus yunnanensis*)、木荷(Form. *Schima superba*)为主,在部分山坡、沟谷区域分布有旱冬瓜林(Form. *Alnus nepalensis*)。此外,未干扰较多的区域还片状分布有杉木林(Form. *Cunninghamia lanceolata*)、油簕竹林(Form. *Bambusa lapidea*)。

2)动物现状

森林不但为动物提供了大量食物,也是防御天敌的良好避难所,因此森林生态系统中分布着丰富的野生动物。评价区森林生态系统中分布的动物有树栖型两栖类,如斑腿泛树蛙(*Polypedates megacephalus*)和华西雨蛙(*Hyla chinensis*)等;林栖傍水型爬行类,如王锦蛇(*Elaphe carinata*)、繁花林蛇(*Boiga multomaculata*)、腹斑腹链蛇和红脖颈槽蛇(*Rhabdophis subminiatus*)等;鸟类中的猛禽,如黑鸢(*Milvus migrans*)、红隼(*Falco tinnunculus*)、松雀鹰(*Accipiter virgatus*)、斑头鸺鹠(*Glaucidium cuculoides*)等,陆禽如白鹇(*Lophura nycthemera*)、白腹锦鸡(*Chrysolophus amherstiae*)、山斑鸠(*Streptopelia orientalis*)、珠颈斑鸠(*Streptopelia chinensis*)等,攀禽如噪鹃(*Eudynamys scolopacea*)、四声杜鹃(*Cucolus micropterus*)、大斑啄木鸟(*Dendrocopos major*)以及大多数鸣禽等;兽类中赤麂(*Muntiacus vaginalis*)主要活动于森林生态系统内。此外,半地下生活型种类,如黄鼬(*Mustela sibirica*)、黄腹鼬(*Mustela kathiah*)、鼬獾(*Melogale moschata*)等,树栖型种类,如隐纹花松鼠(*Tamiops swinhoei*)、珀氏长吻松鼠(*Dremomys pernyi*)等也主要在森林生态系统中活动。

2.草地生态系统

评价区草地生态系统面积为 1 682.30 hm²,主要分布在未开垦种植的山坡、田埂、库区坡岸周边。

1)植物现状

评价区草地生态系统主要以稀树灌木草丛、灌丛等为主要植被。稀树灌木草丛主要有含木棉、虾子花的干热性中草草丛,包括猩猩草草丛(Form. *Euphorbia cyathophora*)等;还有含羊蹄甲的热性中草草丛,主要包括白茅草丛(Form. *Imperata cylindrica*)、类芦草丛(Form. *Neyraudia reynaudiana*)等。灌丛植被主要包括金合欢灌丛(Form. *Acacia farnesiana*)、羊蹄甲灌丛(Form. *Bauhinia* spp.)、清香木灌丛(Form. *Pistacia weinmannifolia*)、蔓荆灌丛(Form. *Vitex trifolia*)、密蒙花灌丛(Form. *Buddleja officinalis*)、水麻灌丛(Form. *Debregeasia orientalis*)、构树灌丛(Form. *Broussonetia papyrifera*)等。

2)动物现状

评价区灌丛和灌草丛生态系统内分布的动物常见的有灌丛石隙型爬行类,如铜蜓蜥

（*Sphenomorphus indicus*）、丽棘蜥（*Acanthosaura lepidogaster*）、山烙铁头蛇和孟加拉眼镜蛇（*Naja kaouthia*）等；鸟类中的陆禽，如环颈雉（*Phasianus colchicus*）、棕胸竹鸡（*Bambusicola fytchii*）等，鸣禽类的小云雀（*Alauda gulgula*）、小鸦、棕头鸦雀（*Paradoxornis webbianus*）等；兽类中常见的有黄鼬（*Mustela sibirica*）、褐家鼠（*Rattus novegicus*）、中华竹鼠（*Rhizomys sinensis*）等。

3.湿地生态系统

评价区湿地生态系统主要包括以怒江干流及其支流为主的河流水域、已建水库等湖泊湿地及怒江干流等较宽河谷区段的沙地滩涂，见图4-14。

（a）怒江干流湿地滩涂（八萝田干管附近）

（b）怒江干流水长河汇入口附近滩涂

（c）怒江干流汇入口明子山南渠道附近滩涂

（d）水长河上游鱼和村附近滩涂

图4-14　怒江干流及支流较宽河谷区段的沙地滩涂

1）植物现状

滩涂多为河流冲积、泥沙滞留堆积形成，滩涂表面植被覆盖率低，在5%以下，主要为禾本科草本；在支流及山溪性小溪沟等水域湿地两侧近水处生长有蓼属、禾本科、莎草科、柳叶菜等植物。本区域沉水植物主要分布于部分水库的浅水区域，水深通常在3 m以下，主要包括狐尾藻、眼子菜类等。

2）动物现状

湿地生态系统是湿地动物的重要栖息和觅食场所。根据现场调查，栖息于评价区湿地生态系统内的有静水型两栖类红瘰疣螈（*Tylototriton shanjing*）、黑斑侧褶蛙（*Pelophylax nigromaculata*）等。湿地生态系统是湿地鸟类的重要栖息和觅食场所，分布于评价区湿地生态系统内的鸟类主要包括游禽，如小䴙䴘（*Tachybaptus ruficollis*）、凤头䴙䴘（*Podiceps cristatus*）、绿头鸭（*Anas platyrhynchos*）、斑嘴鸭（*Anas poecilorhyncha*）、赤麻鸭（*Tadorna ferruginea*）、绿翅鸭（*Anas crecca*）等；涉禽，如苍鹭（*Ardea cinerea*）、白鹭（*Egretta garzetta*）、黑翅长脚鹬（*Himantopus himantopus*）、凤头麦鸡（*Vanellus vanellus*）、红脚鹬（*Tringa totanus*）和白腰草鹬（*Tringa ochropus*）等；傍水型鸟类，如普通翠鸟（*Alcedo atthis*）、褐河乌（*Cinclus pallasii*）、白顶溪鸲（*Chaimarrornis leucocephalus*）、红尾水鸲（*Rhyacornis fuliginosa*）等。

4.农田生态系统

农田生态系统是区域内面积较大的生态系统类型，主要分布在较平缓的山坡、阶地、沟谷区域，面积为 17 918.45 hm²。

1）植物现状

农田生态系统以栽培植物为主，主要为农作物、经济作物、经济果木林等。常见农作物主要有水稻、玉米、薯类等；经济作物主要有棉花、烟草等。经济果木林是区域内的重要栽培植物类型，主要包括龙眼、杧果、柿、澳洲坚果、咖啡、柑橘、茶、核桃等种类。

2）动物现状

评价区农田生态系统内植被类型单一，群系结构简单，植物种类较少，距离居民区较近而易受人为干扰，因此农田生态系统中动物种类不甚丰富。区域分布的野生动物种类较少，多以与人类伴居的动物为主，两栖类中常见的黑眶蟾蜍（*Buttaphrynus melanostictus*）、泽陆蛙（*Fejervarya multistriata*）、黑斑侧褶蛙等；爬行类中的云南攀蜥（*Japalura yunnanensi*）、腹斑腹链蛇（*Hebius modestum*）和红脖颈槽蛇等也偶尔出现在农田耕地中；鸟类中的常见鸣禽有八哥（*Acridotheres cristatellus*）、丝光椋鸟（*Spodiopsar sericeus*）、喜鹊（*Pica pica*）、乌鸫（*Turdus mandarinus*）等；兽类中的部分半地下生活型种类，主要为家野两栖的小型啮齿动物，如小家鼠、褐家鼠等。

5.城镇生态系统

工程区域城镇生态系统主要为周边的城镇、村落等人口聚居的片区，包括芒宽彝族傣族乡、瓦房彝族苗族乡、杨柳白族彝族乡、蒲缥镇、水长乡、龙陵县碧寨乡、腊勐镇、镇安镇、施甸县仁和镇等。城镇生态系统面积为 3 287.26 hm²。

1）植物现状

工程建设区域城市生态系统内植物多零星分布，主要为四旁树种和行道树，常见有蓝花楹（*Jacaranda mimosifolia*）、石楠（*Photinia serratifolia*）、紫薇（*Lagerstroemia indica*）、樟（*Cinnamomum camphora*）、台湾相思（*Acacia confusa*）等。

2）动物现状

城镇/村落生态系统内人为活动频繁，植物多零星分布，供动物觅食、栖息、繁殖的生境很少，因此该生态系统内生活的动物很多是适应能力强的物种。同时，由于有人类的庇护，动物可以逃避其天敌，因此也有一部分动物是喜傍人生活的，对人类依赖性较大的种类。城镇/村落生态系统内主要生活的动物有两栖类中陆栖型的黑眶蟾蜍；鸟类多为鸣禽，主要有家燕（*Hirundo rustica*）、麻雀、灰喜鹊（*Cyanopica cyana*）、灰椋鸟（*Sturnus cineraceus*）、北红尾鸲、金腰燕（*Hirundo daurica*）等以及常出现于住宅区的云南半叶趾虎（*Hemiphyllodactylus yunnanensis*)和原尾蜥虎(*Hemidactylus bowringii*)和各种鼠类等。

6.其他

其他生态系统主要是裸地、空闲地、设施农用地等,区域植被较少,多为草本类植物散生,入侵种紫茎泽兰、土荆芥等常见。

4.3.6.3 生态系统服务功能

潞江坝灌区为保山市重要的农业耕作区,区域内以中山山原、河谷、峡谷地貌为主,区域的生态系统服务功能主要表现为供给功能、调节、文化、支持等4个方面。

1.供给功能

评价区为保山市乃至云南省重要的农业生产和农产品提供区域,评价区内有园地5 386.43 hm²、耕地12 532.02 hm²,经济果木、粮食作物、经济作物丰富多样;此外,评价区内还分布有以怒江及其主要支流为主的重要水系,高黎贡山主体的中高山特殊生境,创造了区域独特的地理环境和自然条件,为诸多的生物资源提供了栖息场所,保存了良好的基因资源。

2.调节

评价区位于高黎贡山脚下,怒江穿堂而过,支流从两侧汇入,区域内森林植被主要分布在山地,森林、草地覆盖率达42.50%,自然植被对水土保持、水源涵养的控制,怒江及其支流对区域水质净化、洪水调蓄等各方面起到了重要的作用。

3.文化

工程位于富饶美丽的潞江坝,光照充足,终年无霜,一年四季草木青葱,这里被誉为"太阳与大地拥吻的地方"。在这里常年温暖肥沃的红色土壤上种植着人类赖以生存的玉米、棉花等,满足了人们正常的温饱生活的同时,还种植着各式各样丰富的杜果、香蕉、龙眼、柑橘等水果,还有品质最好的保山小粒咖啡,物质的富足和美丽的自然风光,以及彝族、傣族、白族等各民族文化在这里聚集,形成了潞江坝特有的民族文化。

4.支持

评价区所处的区域地理位置特殊,高黎贡山是生物多样性集中分布区域,怒江河谷形成的独特的干热河谷气候也是西南地区特有的气候条件,孕育了独特的干热河谷植被,形成了干热河谷生态系统。评价区独特的自然地理环境,为评价区内生物多样性的保护、土壤形成、养分循环等提供了基础支撑。

4.3.7 景观格局和自然体系生物量现状

4.3.7.1 景观格局现状

景观生态系统质量现状由生态评价范围内自然环境、各种生物以及人类社会之间复杂的相互作用来决定。从景观生态学结构与功能相匹配的理论来说,结构是否合理决定了景观功能的优劣,在组成景观生态系统的各类组分中,模地是景观的背景区域,它在很大程度上决定了景观的性质,对景观的动态起着主导作用。本评价范围模地主要采用传统的生态学方法来确定,即计算组成景观的各类拼块的优势度值(D_o),优势度值大的就是模地,优势度值通过计算评价范围内各拼块的重要值的方法判定某拼块在景观中的优势,由以下3种参数计算出:密度(R_d)、频度(R_f)和景观比例(L_p)。

密度(R_d)= 嵌块i的数目/嵌块总数×100%

频度(R_f)= 嵌块i出现的样方数/总样方数×100%(样方是以 1 km×1 km 为一个样方,

对景观全覆盖取样,并用 Merrington Maxine"t-分布点的面分比表"进行检验)。

景观比例(L_p)= 嵌块 i 的面积/样地总面积×100%

通过以上 3 个参数计算出优势度值(D_o):

优势度值(D_o)= {$(R_d+R_f)/2+L_p$}/2×100%

运用上述参数计算规划生态评价范围内各类拼块优势度值。

景观多样性指数反映了斑块数目的多少以及斑块之间的大小变化,计算公式为:

$$H' = -\sum_{i=1}^{m} (P_i \times \ln P_i)$$

式中:H' 为景观多样性指数;P_i 为斑块类型 i 所占景观面积的比例;m 为斑块类型数量。

景观均匀度指数反映了景观中各类斑块类型的分布平均程度,计算公式为:

$$E' = \frac{H'}{H_{max}} = \frac{-\sum (P_i \times \ln P_i)}{\ln n}$$

式中:E' 为景观均匀度指数;H' 为景观多样性指数;H_{max} 为景观多样性指数最大值;n 为景观中最大可能的斑块类型数。

当 E' 趋于 1 时,景观斑块分布的均匀程度也趋于最大。

斑块破碎度指数的计算公式为:

$$F = \frac{N_p - 1}{N_c}$$

式中:F 为斑块破碎度指数;N_p 为被测区域中景观斑块总数量;N_c 为被测区域总面积与最小斑块面积的比值;n 为景观中最大可能的斑块类型数;F 值域为 [0,1],F 值越大,景观破碎化程度越大。

评价区各斑块类型景观优势度见表 4-46。

表 4-46　评价区各斑块类型景观优势度

景观指数	耕地景观	园地景观	林地景观	草地景观	湿地景观	城镇和其他景观
斑块数 N_p/个	8 200	3 831	6 945	395	1 040	5 913
斑块平均面积 MPS/hm²	1.53	1.41	2.11	4.26	0.63	0.56
斑块总面积 CA/hm²	12 532.02	5 386.43	14 640.42	1 682.30	658.20	3 324.48
斑块密度 R_d/%	31.15	14.55	26.38	1.50	3.95	22.46
斑块频度 R_f/%	33.11	15.34	39.10	4.65	1.98	8.88
景观比例 L_p/%	32.79	14.09	38.30	4.40	1.72	8.70
优势度值(D_o)/%	32.46	14.52	35.52	3.74	2.34	12.18
香农多样性指数 SHDI	1.429 1					
香农均匀度指数 SHEI	0.797 6					
斑块破碎度指数 F	0.387 2					

4.3.7.2 自然体系生物量现状

根据现场调查和卫星影片解译,结合地表植被覆盖现状和植被立地情况,可将评价区生态体系划分为 7 个类型,各生态类型面积、平均生物量和总生物量见表 4-47。由表 4-47 可知,评价区生物量 2.97×10^5 t 占比最大的为阔叶林,占比 32.58%;其次为针叶林,占 23.05%;灌丛、草丛等也是区域自然植被生物量的重要组成部分;人工植被中,经济林生物量约为 1.14×10^5 t,占总生物量的 12.46%。

表 4-47　各植被类型生物量现状

植被类型	面积/hm²	面积比例/%	平均生物量/(t/hm²)	总生物量/t	总生物量比例/%
针叶林	3 971.73	10.39	53.04	210 660.29	23.05
阔叶林	3 466.59	9.07	85.87	297 675.65	32.58
经济林	5 386.43	14.09	21.13	113 815.24	12.46
灌丛	6 512.24	17.04	26.44	172 183.70	18.84
草丛	2 372.18	6.21	18.32	43 458.35	4.76
水生植被	658.20	1.72	1.20	789.84	0.09
农作物	12 532.02	32.79	6.00	75 192.11	8.23
合计	34 899.38	91.30	——	913 775.19	100.00

注:面积不包含建设用地和其他土地 3 324.48 hm²。

4.4　水生生态

4.4.1　采样点布设

为掌握研究区水生生态现状,项目组分别于 2021 年 7—8 月和 2022 年 5 月对工程区及周边区域开展了水生生态调查工作。调查范围为灌区渠系及灌区范围内的怒江干支流水域,重点为新建八萝田水库、芒柳水库库区及其下游地区。依据工程类型和特点以及工程区水系情况,共设置 13 个调查断面,包含水库工程、引水工程、骨干灌溉渠系工程和骨干排水渠系工程所在主要河流。各调查断面环境因子及现状见表 4-48,各采样断面现状见图 4-15。

表 4-48　各调查断面环境因子及现状

采样断面	经纬度	气温/℃ 7月	气温/℃ 5月	水温/℃ 7月	水温/℃ 5月	流速/(m/s) 7月	流速/(m/s) 5月	透明度/cm 7月	透明度/cm 5月	水深/m 7月	水深/m 5月	底质
1.小海坝水库	99°1′29.69″E, 25°15′15.05″N	26	27	24	25	0	0	70	60	5.0	5.0	沙石+淤泥
2.烂枣河	98°55′58.76″E, 24°57′31.07″N	24	29	22	23	0.6	0.4	40	见底	1.5	0.5	砾石
3.沙壋河	98°48′2.08″E, 25°5′39.39″N	29	28	25	23	0.4	0.3	见底	见底	0.4	0.3	砾石+沙石
4.芒牛河	98°48′35.44″E, 25°9′41.93″N	29	22	26	14	0.5	0.5	见底	见底	0.6	0.5	砾石+沙石
5.老街子河	98°51′4.43″E, 25°32′33.64″N	29	30	27	22	0.5	0.4	见底	见底	0.8	0.5	砾石
6.芒宽河	98°52′57.89″E, 25°27′0.51″N	30	28	26	19	0.1	0.2	见底	见底	0.2	0.3	砾石
7.芒龙河	98°50′37.35″E, 25°30′45.50″N	29	29	27	24	0.4	0.3	70	见底	0.8	0.6	砾石
8.施甸河	99°7′27.51″E, 24°51′5.91″N	26	28	25	21	0.4	0.2	30	20	1.5	1.5	砾石+沙石
9.童英河	98°50′28.23″E, 25°35′0.60″N	29	28	26	22	0.4	0.3	见底	见底	0.7	0.5	砾石
10.老街子河与怒江汇口	98°52′8.09″E, 25°31′48.55″N	29	30	26	21	0.3	0.5	30	30	1.5	2.0	砂石
11.水长河	98°59′48.22″E, 25°6′12.82″N	27	25	24	20	0.5	0.3	见底	见底	0.6	0.4	砾石
12.罗明坝河	98°53′25.61″E, 25°11′43.19″N	26	25	24	19	0.3	0.4	见底	见底	1.0	0.6	砾石+沙石
13.红岩水库	99°2′56.01″E, 24°57′51.32″N	29	28	27	24	0	0	50	50	5.0	5.0	沙石+淤泥

(a) 小海坝水库

(b) 烂枣河

(c) 沙摩河

(d) 芒牛河

(e) 老街子河

(f) 芒宽河

(g) 芒龙河

(h) 施甸河

图 4-15　各采样断面现状

（i）蛮英河　　　　　　　　　　　（j）老街子河与怒江汇口

（k）水长河　　　　　　　　　　　（l）罗明坝河

（m）红岩水库

续图 4-15

4.4.2　调查与评价方法

4.4.2.1　调查方法

本次调查方法严格遵循《环境影响评价技术导则　生态影响》（HJ 19—2022）、《环境影响评价技术导则　水利水电工程》（HJ/T 88—2003）、《淡水渔业资源调查规范　河流》（SC/T 9429—2019）、《内陆水域渔业自然资源调查手册》等进行调查、采样与检验。

4.4.2.2　浮游植物

1.采集、固定及沉淀

浮游植物的采集包括定性采集和定量采集。定性采集采用 25 号筛绢制成的浮游生物网在水中拖曳采集。定量采集则采用 2 500 mL 采水器取上、中、下层水样，经充分混合后，取 2 000 mL 水样(根据江水泥沙含量、浮游植物数量等实际情况决定取样量,并采用泥沙分离的方法),加入鲁哥氏液固定,经过 48 h 静置沉淀,浓缩并定容至约 30 mL,保存待检。一般同断面的浮游植物与原生动物、轮虫共一份定性、定量样品。以下为定量采集的详细介绍。

1)采样层次

水深在 3 m 以内、水团混合良好的水体,采表层(0.5 m)水样;水深 3~10 m 的水体,分别取表层(0.5 m)和底层(离底 0.5 m)两个水样;水深大于 10 m,隔 2~5 m 或更大距离采样1 个。

2)水样固定

计数用水样采样后应立即用 15 mL 鲁哥氏液加以固定(固定剂量为水样的 1%)。需长期保存样品,再在水样中加入 5 mL 左右福尔马林液。在定量采集后,同时用 25 号筛绢制成的浮游生物网进行定性采集,供观察鉴定种类用。采样时间应尽量在 1 d 的相近时间。

3)沉淀和浓缩

沉淀和浓缩需要在筒形分液漏斗中进行,但所需时间较长,在野外条件下,为节省时间,也可采取分级沉淀方法,即先在直径较大的容器(如 1 L 水样瓶)中经 24 h 的静置沉淀,然后用细小玻管(直径小于 2 mm)借虹吸方法缓慢地吸去 1/5~2/5 的上层清液,注意不能搅动或吸出浮在表面和沉淀的藻类(虹吸管在水中的一端可用 25 号筛绢封盖),再静置沉淀24 h,再吸去部分上清液。如此重复,使水样浓缩到 200~300 mL。然后仔细保存,以便带回室内做进一步处理。并在样品瓶上写明采样日期、采样点、采水量等。

2.样品观察及数据处理

室内先将样品浓缩、定量至约 30 mL,摇匀后吸取 0.1 mL 样品置于 0.1 mL 计数框内,在显微镜下按视野法计数,数量较少时全片计数,每个样品计数 2 次,取其平均值,每次计数结果与平均值之差应在 15% 以内,否则增加计数次数。

每升水样中浮游植物数量的计算公式如下:

$$N = \frac{C_s}{F_s \times F_n} \times \frac{V}{v} \times P_n$$

式中:N 为一升水中浮游植物的数量,ind./L;C_s 为计数框的面积,mm^2;F_s 为视野面积,mm^2;F_n 为每片计数过的视野数;V 为 1 L 水样经浓缩后的体积,mL;v 为计数框的容积,mL;P_n 为计数所得个数,ind.。

4.4.2.3　浮游动物

1.采集、固定及沉淀

1)原生动物和轮虫

原生动物和轮虫的采集包括定性采集和定量采集。定性采集采用 25 号筛绢制成的浮游生物网在水中拖曳采集,将网头中的样品放入 50 mL 样品瓶中,加福尔马林液 2.5 mL 进行固定。定量采集则采用 2 500 mL 采水器在不同水层中采集一定量的水样,经充分混合后,取 2 000 mL 的水样,然后加入鲁哥氏液固定,经过 48 h 以上的静置沉淀浓缩为标准样。同断面原生动物、轮虫与浮游植物共一份定性、定量样品。固定、沉淀和浓缩方法与浮游植物类似。

2）枝角类和桡足类

定性采集采用 13 号筛绢制成的浮游生物网在水中拖曳采集，将网头中的样品放入 50 mL 样品瓶中，加福尔马林液 2.5 mL 进行固定。定量采集则采用 2 500 mL 采水器在不同水层中采集一定量的水样，经充分混合后，取 10 L 的水样用 25 号筛绢制成的浮游生物网过滤后，将网头中的样品放入 50 mL 样品瓶中，加福尔马林液 2.5 mL 进行固定。

2.鉴定

1）原生动物

将采集的原生动物定量样品在室内继续浓缩到 30 mL，摇匀后取 0.1 mL 置于 0.1 mL 的计数柜中，盖上盖玻片后在 20×10 倍的显微镜下全片计数，每个样品计数 2 片；同一样品的计数结果与均值之差不得超过 15%，否则增加计数次数。定性样品摇匀后取 2 滴于载玻片上，盖上盖玻片后用显微镜检测种类。

2）轮虫

将采集的轮虫定量样品在室内继续浓缩到 30 mL，摇匀后取 1 mL 置于 1 mL 的计数柜中，盖上盖玻片后在 10×10 倍的显微镜下全片计数，每个样品计数 2 片；同一样品的计数结果与均值之差不得高于 15%，否则增加计数次数。定性样品摇匀后取 2 滴于载玻片上，盖上盖玻片后用显微镜检测种类。

3）枝角类

将采集的枝角类定量样品在室内继续浓缩到 10 mL，摇匀后取 1 mL 置于 1 mL 的计数柜中，盖上盖玻片后在 4×10 倍的显微镜下全片计数，每个样品计数 10 片。定性样品倒入培养皿中，在解剖镜下将不同种类挑选出来置于载玻片上，盖上盖玻片后用压片法在显微镜下检测种类。

4）桡足类

将采集的桡足类定量样品在室内继续浓缩到 10 mL，摇匀后取 1 mL 置于 1 mL 的计数柜中，盖上盖玻片后在 4×10 倍的显微镜下全片计数，每个样品计数 10 片。定性样品倒入培养皿中，在解剖镜下将不同种类挑选出来置于载玻片上，在显微镜下用解剖针解剖后检测种类。

3.浮游动物的现存量计算

单位水体浮游动物数量的计算公式如下

$$N = \frac{nv}{CV}$$

式中：N 为每升水样中浮游动物的数量，ind./L；V 为采样体积，L；C 为计数样品体积，mL；n 为计数所获得的个数，ind；v 为样品浓缩后的体积，mL。

原生动物和轮虫生物量的计算采用体积换算法。根据不同种类的体形，按最近似的几何形测量其体积。枝角类和桡足类生物量的计算采用测量不同种类的体长，用回归方程式求体重进行。

4.4.2.4 底栖动物

1.样品采集

底栖动物分三大类：水生昆虫、寡毛类、软体动物。依据断面长度布设采样点，用 Petersen 底泥采集器采集定量样品，每个采样点采泥样 2~3 个。软体动物定性样品用 D 形踢网(kick-net)进行采集,水生昆虫、寡毛类定性样品采集同定量样品。砾石底质无法用采泥器挖取的,捞取砾石用60目筛绢网筛洗或直接翻起石块在水流下方用筛绢网捞取。

2.样品处理和保存

(1)洗涤和分拣:泥样倒入塑料盆中,对底泥中的砾石,要仔细刷下附着其上的底栖动物,经40目分样筛筛选后拣出大型动物,剩余杂物全部装入塑料袋中,加少许清水带回室内,在白色解剖盘中用细吸管、尖嘴镊、解剖针分拣。

(2)保存:软体动物用5%甲醛或75%乙醇溶液;水生昆虫用5%甲醛固定数小时后再用75%乙醇保存;寡毛类先放入加清水的培养皿中,并缓缓滴数滴75%乙醇麻醉,待其身体完全舒展后再用5%甲醛固定,75%乙醇保存。

3.鉴定

软体动物鉴定到种,水生昆虫(除摇蚊幼虫)至少到科;寡毛类和摇蚊幼虫至少到属。

4.4.2.5　水生维管束植物

依据断面长度布设采样点。水生高等植物定量采用 $1 m^2$ 的采样框或 $0.1 m^2$ 的定量采样器采集,现场称取湿重。定性样品整株采集,包括植株的根、茎、叶、花和果实,样品力求完整,按自然状态固定在压榨纸中,压干保存待检。用照相的方法记录植被覆盖状况。

4.4.2.6　鱼类

1.鱼类种类组成

根据鱼类种类组成研究方法,在不同河段设置站点,对调查范围内的鱼类资源进行全面调查。采取捕捞、市场调查和走访相结合的方法,采集鱼类标本、收集资料、做好记录,标本用福尔马林固定保存。通过对标本的分类鉴定,资料的分析整理,编制出鱼类种类组成名录。

2.鱼类资源现状

鱼类资源量的调查采取社会捕捞渔获物统计分析结合现场调查取样进行。采用访问调查和统计表调查方法,调查资源量和渔获量。向评价区各市县渔业主管部门和渔政管理部门及渔民调查了解渔业资源现状以及鱼类资源管理中存在的问题。对渔获物资料进行整理分析,得出各工作站点主要捕捞对象及其在渔获物中所占比重、不同捕捞渔具渔获物的长度和重量组成,以判断鱼类资源状况。

3.鱼类生物学

鱼类标本尽量现场鉴定,进行生物学基础数据测定。必要时检查性别,取性腺鉴别成熟度。部分标本用5%的甲醛溶液固定保存。现场解剖获取食性和性腺样品,食性样品用甲醛溶液固定,性腺样品用波恩氏液固定。

4.鱼类"三场"

走访沿江居民和主要捕捞人员,了解不同季节鱼类主要集中地和鱼类种群组成,结合鱼类生物学特性和水文学特征,分析鱼类"三场"分布情况,并通过有经验的捕捞人员进行验证。

4.4.3　浮游植物

4.4.3.1　种类组成

1.2021年7月

2021年7月,项目组技术人员对评价区水域进行水生生态调查,13个调查点位共检出浮游藻类 5 门 68 种(属)。藻类中硅藻门藻类种(属)数最多,为 40 种(属),占 58.82%;蓝藻门 10 种(属),占 14.71%;绿藻门 16 种(属),占 23.53%;裸藻门、黄藻门各 1 种(属),分别占 1.47%,见表 4-49。评价区常见类群有曲壳藻(*Achnanthes* sp.)、简单舟形藻(*Navicula simplex*)、中间异极藻(*Gomphonema intricalum*)、缢缩异极藻头状变种(*Gomphonema constrictum* var. *Capitata*)、线形菱形藻(*Nitzschia linearis*)等。

表 4-49　2021 年 7 月调查各门藻类种数及比例

类别	硅藻门	蓝藻门	绿藻门	裸藻门	黄藻门	合计
种类数	40	10	16	1	1	68
百分比/%	58.82	14.71	23.53	1.47	1.47	100

2. 2022 年 5 月

2022 年 5 月,项目组技术人员对评价区水域进行水生生态调查,共检出浮游藻类 5 门 58 种(属)。藻类中硅藻门藻类种(属)数最多,为 33 种(属),占 56.89%;蓝藻门 8 种(属),占 13.79%;绿藻门 15 种(属),占 25.86%;甲藻门和黄藻门各 1 种(属),分别占 1.73%,见表 4-50。评价区常见类群有假鱼腥藻(*Pseudoanabaena* sp.)、席藻(*Phormidium* sp.)、水绵(*Spirogyra* sp.)、显喙舟形藻(*Navicula perrostrata*)和中型脆杆藻(*Fragilaria intermediate*)等。

表 4-50　2022 年 5 月调查各门藻类种数及比例

类别	硅藻门	蓝藻门	绿藻门	甲藻门	黄藻门	合计
种类数	33	8	15	1	1	58
百分比/%	56.89	13.79	25.86	1.73	1.73	100

4.4.3.2　密度和生物量

1. 2021 年 7 月

根据镜检浮游植物的种类、数量和测算的大小,计算出各采样点浮游植物的密度和生物量。各采样点位的藻类现存量(见表 4-51),采样点位的平均密度为 5.56×10^4 ind./L,其中小海坝水库密度最高,为 32.90×10^4 ind./L,红岩水库次之,为 16.49×10^4 ind./L;各采样点位平均生物量为 0.035 8 mg/L,红岩水库浮游植物生物量最高,为 0.119 9 mg/L,小海坝水库次之,为 0.113 4 mg/L。其他点位多为山涧溪流,水体流速较快,浮游植物含量较低。

2. 2022 年 5 月

采样点位的平均密度为 13.45×10^4 ind./L(见表 4-52),其中小海坝水库密度最高,为 25.27×10^4 ind./L,红岩水库次之,为 22.66×10^4 ind./L;各采样点位平均生物量为 0.159 9 mg/L,红岩水库浮游植物生物量最高为 0.496 7 mg/L,小海坝水库次之,为 0.211 6 mg/L。其他点位多为山涧溪流,水体流速较快,浮游植物含量较低。

表 4-51 2021 年 7 月调查评价区水体浮游植物密度（×10⁴ind./L）和生物量（mg/L）

种类		采样点位 1	2	3	4	5	6	7	8	9	10	11	12	13	平均值
蓝藻门	密度	23.04	1.00	2.40	0.16	0.76	0.30	0.72	3.58	1.72	0	0.64	0.80	10.24	3.49
	生物量	0.012 8	0.000 1	0.000 4	0.000 1	0.000 2	0.000 1	0.000 2	0.000 9	0.000 5	0	0.000 2	0.000 5	0.001 7	0.001 4
硅藻门	密度	2.25	0.30	1.36	0.48	0.76	0.48	1.74	1.99	0.66	0.40	0.56	0.22	3.04	1.10
	生物量	0.041 9	0.004 9	0.031 4	0.011 5	0.020 3	0.014 5	0.044 5	0.032 9	0.012 6	0.030 7	0.008 0	0.008 5	0.085 0	0.026 7
绿藻门	密度	5.94	0	0	0.36	0.08	0	0	1.06	0	0	0	0.06	3.13	0.82
	生物量	0.041 9	0	0	0.001 4	0.000 3	0	0	0.004 0	0	0	0	0.000 1	0.025 2	0.005 6
其他门	密度	1.68	0	0	0.24	0	0	0.06	0	0	0	0	0	0.08	0.16
	生物量	0.016 8	0	0	0.002 4	0	0	0.000 6	0.000 3	0	0	0	0	0.008 0	0.002 2
合计	密度	32.90	1.30	3.76	1.24	1.60	0.78	2.52	6.63	2.38	0.40	1.20	1.09	16.49	5.56
	生物量	0.113 4	0.005 0	0.031 8	0.015 4	0.020 9	0.014 5	0.045 3	0.038 2	0.013 1	0.030 7	0.008 1	0.009 1	0.119 9	0.035 8

表 4-52 2022 年 5 月调查评价区水体浮游植物密度（×10⁴ind./L）和生物量（mg/L）

种类		采样点位 1	2	3	4	5	6	7	8	9	10	11	12	13	平均值
蓝藻门	密度	13.87	13.20	0.42	1.32	7.18	3.23	1.35	1.79	2.68	0.88	0.83	9.68	7.48	4.92
	生物量	0.108 68	0.247 80	0.016 80	0.000 49	0.017 78	0.000 63	0.036 15	0.020 84	0.001 47	0.014 18	0.033 00	0.018 10	0.010 28	0.040 5
硅藻门	密度	9.50	14.30	2.52	5.94	10.46	2.80	7.20	1.53	10.52	0.70	4.13	6.02	6.60	6.32
	生物量	0.032 04	0.076 16	0.010 76	0.026 31	0.096 57	0.011 41	0.034 80	0.006 14	0.018 64	0.002 93	0.057 63	0.075 44	0.009 52	0.035 3
绿藻门	密度	1.33	0.44	2.31	0.88	0.21	0	4.95	2.04	0.28	1.40	1.49	2.58	5.94	1.83
	生物量	0.003 70	0.018 66	0.063 82	0.002 32	0.000 85	0	0.129 03	0.042 68	0.000 71	0.024 00	0.056 09	0.065 12	0.165 87	0.044 1
其他门	密度	0.57	0.44	0	0	0.62	0	0.23	0	0	0	0.33	0	2.64	0.37
	生物量	0.067 15	0.051 84	0	0	0.072 45	0	0.07 73	0	0	0	0.011 33	0	0.311 01	0.040 1
合计	密度	25.27	28.38	5.25	8.14	18.47	6.03	13.73	5.36	13.48	2.98	6.78	18.28	22.66	13.45
	生物量	0.211 57	0.394 19	0.091 38	0.029 12	0.187 65	0.012 04	0.207 71	0.069 66	0.020 82	0.041 11	0.158 05	0.158 66	0.496 68	0.159 9

4.4.3.3　生物多样性

生物多样性是生态系统中生物组成和结构的重要指标,它不仅反映生物群落的组织化水平,而且可以通过结构与功能的关系反映群落的本质属性。浮游植物生物多样性采用 Shannon-Wiener 指数计算公式,评价区水域各断面浮游植物生物多样性指数见表 4-53。

表 4-53　评价区水域各断面浮游植物生物多样性指数(Shannon-Wiener)

采样断面	Shannon-Wiener 多样性指数 H'	
	2021 年 7 月	2022 年 5 月
1.小海坝水库	2.25	2.41
2.烂枣河	1.64	2.28
3.沙摩河	1.84	2.14
4.芒牛河	2.04	2.20
5.老街子河	2.18	2.33
6.芒宽河	2.15	2.32
7.芒龙河	2.15	2.35
8.施甸河	1.97	2.35
9.蛮英河	2.06	2.42
10.老街子河与怒江汇口	1.89	2.40
11.水长河	2.11	2.56
12.罗明坝河	1.83	2.45
13.红岩水库	2.06	2.11
平均值	2.01	2.33

4.4.3.4　小结

综合两次调查,评价区水域共检出浮游植物 6 门 100 种(属),各采样断面浮游植物的平均密度为 9.51×10⁴ ind./L,平均生物量为 0.097 9 mg/L。

4.4.4 浮游动物

4.4.4.1 种类组成

1.2021 年 7 月

各采样点位共检出浮游动物 34 种（属），其中原生动物 15 种，占 44.12%；轮虫 14 种，占 41.18%；桡足类 3 种，占 8.82%；枝角类 2 种，占 5.88%，见表 4-54。各采样点位，浮游动物常见种类有普通表壳虫(*Arcella vulgaric*)、叉口砂壳虫(*Difflugia qramen*)、斜管虫(*Chilodonella sp.*)等。

表 4-54　2021 年 7 月调查浮游动物各门种类数及所占比例

类别	原生动物	轮虫	枝角类	桡足类	合计
种类数	15	14	2	3	34
百分比/%	44.12	41.18	5.88	8.82	100

2.2022 年 5 月

各采样点位共检出浮游动物 33 种（属），其中原生动物和轮虫各 13 种，均占 39.39%；桡足类 4 种，占 12.13%；枝角类 3 种，占 9.09%（见表 4-55）。各采样点位，浮游动物常见种类有瘤棘砂壳虫(*Difflugia tuberspinifera*)、球砂壳虫(*Difflugia globulosa*)、螺形龟甲轮虫(*Keratella cochlearis*)和无节幼体(*Nauplius*)等。

表 4-55　2022 年 5 月调查浮游动物各门种类数及所占比例

类别	原生动物	轮虫	枝角类	桡足类	合计
种类数	13	13	3	4	33
百分比/%	39.39	39.39	9.09	12.13	100

4.4.4.2 密度和生物量

1.2021 年 7 月

根据镜检浮游动物的种类、数量和测算的大小，计算出各采样点浮游动物的密度和生物量。各个采样点位浮游动物的现存量见表 4-56，采样点位的浮游动物平均密度为 166.3 ind./L，其中小海坝水库密度最高，为 431.2 ind./L，红岩水库和烂枣河次之，分别为 285 ind./L 和 260 ind./L。各采样点位平均生物量为 0.021 3 mg/L，其中小海坝水库浮游动物生物量最高，为 0.153 5 mg/L，施甸河和红岩水库次之，分别为 0.026 3 mg/L 和 0.021 0 mg/L，其他点位多为山涧溪流，水体流速较快。烂枣河、罗明坝河水体浑浊度较高，导致该水域浮游动物含量较低。

2.2022 年 5 月

各个采样点位的浮游动物平均密度为 131.05 ind./L，其中罗明坝河密度最高，为 275.20 ind./L；各采样点位平均生物量为 0.141 mg/L，其中沙摩河浮游动物生物量最高，约为 0.733 mg/L，浮游动物生物量在 0.006～0.733 mg/L，见表 4-57。

表 4-56　2021 年 7 月评价区各采样点位浮游动物密度（ind./L）和生物量（mg/L）

种类		采样点位													平均值
		1	2	3	4	5	6	7	8	9	10	11	12	13	
原生动物	密度	400	260	180	180	104	180	210	100	60	20	40	100	246	160
	生物量	0.015 4	0.010 0	0.006 8	0.007 0	0.004 1	0.006 0	0.008 4	0.004 0	0.002 4	0.000 8	0.001 6	0.004 0	0.008 3	0.006 0
轮虫	密度	19	0	1	0	0	1	0	2	0	0	0	3	39	5
	生物量	0.005 2	0	0.000 2	0	0	0.000 2	0	0.000 4	0	0	0	0.000 9	0.012 7	0.001 5
枝角类	密度	10	0	0	0	0	0	0	2	1	0	0	1	0	1
	生物量	0.117 3	0	0	0	0	0	0	0.020 0	0.011 7	0	0	0.011 7	0	0.012 4
桡足类	密度	2.2	0	0	0	0	0	0	0.2	0	0	0	0	0	0.2
	生物量	0.015 6	0	0	0	0	0	0	0.001 9	0	0	0	0	0	0.001 3
合计	密度	431.2	260	181	180	104	181	210	104.2	61	20	40	104	285	166.3
	生物量	0.153 5	0.010 0	0.007 0	0.007 0	0.004 1	0.006 2	0.008 4	0.026 3	0.014 1	0.000 8	0.001 6	0.016 6	0.021 0	0.021 3

表 4-57　2022 年 5 月评价区各采样点位浮游动物密度（ind./L）和生物量（mg/L）

种类		采样点位													平均值
		1	2	3	4	5	6	7	8	9	10	11	12	13	
原生动物	密度	79.20	17.60	33.60	52.80	16.40	120.40	63.00	51.00	76.00	84.00	39.60	137.60	98.80	66.92
	生物量	0.002 38	0.000 53	0.001 01	0.001 58	0.000 49	0.003 61	0.001 89	0.001 53	0.001 74	0.002 52	0.001 19	0.004 13	0.002 96	0.001 97
轮虫	密度	8.80	26.40	33.60	105.60	73.80	17.20	45.00	20.40	12.30	0	33.00	103.20	45.60	40.38
	生物量	0.005 72	0.093 52	0.001 00	0.014 01	0.190 08	0.002 52	0.003 22	0.005 97	0.002 12	0	0.001 23	0.014 88	0.015 56	0.026 91
枝角类	密度	8.80	0	16.80	0	0	0	0	0	4.40	14.00	0	0	7.60	3.97
	生物量	0.040 07	0	0.670 51	0	0	0	0	0	0.028 14	0.120 30	0	0	0.034 60	0.068 74
桡足类	密度	26.40	0	33.60	17.60	24.60	0	27.00	51.00	0	0	19.80	34.40	22.80	19.78
	生物量	0.063 41	0	0.060 84	0.000 72	0.001 00	0	0.001 10	0.218 84	0	0	0.047 56	0.062 32	0.108 60	0.043 41
合计	密度	123.20	44.00	117.60	176.00	114.80	137.60	135.00	122.40	92.70	98.00	92.40	275.20	174.80	131.05
	生物量	0.111 58	0.094 05	0.733 36	0.016 31	0.191 57	0.006 13	0.006 21	0.226 34	0.032 00	0.122 82	0.049 98	0.081 33	0.161 72	0.141 03

4.4.4.3 生物多样性

浮游动物的生物多样性采用 Shannon-Wiener 指数计算公式,评价水域各断面浮游动物生物多样性指数见表 4-58。

表 4-58　评价区浮游动物生物多样性指数(Shannon-Wiener)

采样断面	Shannon-Wiener 多样性指数(H')	
	2021 年 7 月	2022 年 5 月
1.小海坝水库	2.20	2.25
2.烂枣河	1.45	1.92
3.沙摩河	1.39	1.81
4.芒牛河	1.92	2.00
5.老街子河	1.73	1.87
6.芒宽河	1.54	1.71
7.芒龙河	1.89	2.03
8.施甸河	1.82	2.13
9.蛮英河	2.11	2.28
10.老街子河与怒江汇口	1.84	2.06
11.水长河	2.03	2.11
12.罗明坝河	1.79	2.07
13.红岩水库	2.42	2.51
平均值	1.86	2.06

生物多样性指数主要反映生态系统中生物的丰富度和均匀度。各采样断面的 Shannon-Wiener 生物多样性指数均较小,说明采样断面的浮游动物种类较少,且种类数量分布不均。

4.4.4.4 小结

综合两次调查,评价区水域共检出浮游动物 4 门 59 种(属),各采样断面浮游动物的平均密度为 148.68 ind./L,平均生物量为 0.081 2 mg/L。

4.4.5 底栖动物

4.4.5.1 2021 年 7 月

通过对样品进行鉴定,评价区内有底栖动物 3 大类 14 种(属),以软体动物占优势,其中环节动物 4 种,占 28.57%;软体动物 3 种,占 21.43%;节肢动物 7 种,占 50%,见表 4-59。优势种有环节动物门的颤蚓(*Tubifex* sp.),软体动物门的椭圆萝卜螺(*Radix swinhoei*),节肢动物门的隐摇蚊(*Cryptochironomus* sp.)、多足摇蚊(*Polypedilum* sp.)等。经计算,各采样点位底栖动物平均密度为 32 ind./m², 平均生物量为 17.1 g/m²。

表 4-59　2021 年 7 月评价区范围内底栖动物数量及比例

门类	环节动物门	软体动物门	节肢动物门	合计
数量	4	3	7	14
比例/%	28.57	21.43	50	100

4.4.5.2　2022 年 5 月

2022 年 5 月调查到评价区内有底栖动物 3 大类 12 种(属),以软体动物占优势,其中环节动物 2 种,占 16.67%;软体动物 7 种,占 58.33%;节肢动物 3 种,占 25.00%,见表 4-60。优势种有萝卜螺($Radix$ sp.)、方形环棱螺($Bellamya\ quadrata$)等。经计算,各采样点位底栖动物平均密度为 88 ind./m^2,平均生物量为 136.01 g/m^2。

表 4-60　2022 年 5 月评价区范围内底栖动物数量及比例

门类	环节动物门	软体动物门	节肢动物门	合计
数量	2	7	3	12
比例/%	16.67	58.33	25.00	100

4.4.5.3　小结

综合两次调查,评价区水域共检出底栖动物 3 门 21 种(属),各采样断面底栖动物的平均密度为 60 ind./m^2,平均生物量为 76.55 g/m^2。

4.4.6　水生维管束植物

根据现场调查,评价区内多为山溪性河流,水生维管束植物分布较少。常见水生维管束植物有菹草($Potamogeton\ crispus$)、眼子菜($Potamogeton\ distinctus$)、水蓼($Polygonum\ hydropiper$)等。水库库区浅水区常见水生维管束植物主要有狐尾藻($Myriophyllum\ verticillatum$)、眼子菜($Potamogeton\ distinctus$)、菹草($Potamogeton\ crispus$)等沉水植物,灌区及灌溉渠系周边河流较小,底质多为石块、石砾等,水生维管束植物主要为近水生长的蓼属($Polygonum$)、柳叶菜属($Epilobium$)及禾本科($Gramineae$)草本植物种类。

4.4.7　鱼类

4.4.7.1　种类组成

鱼类资源调查采取资料搜集、现场捕捞和访问调查相结合的方法。综合《云南鱼类志》、《施甸县养殖水域滩涂规划》(2017—2030 年)、《保山市养殖水域滩涂规划》(2018—2030 年)和《怒江云南段鱼类多样性与食性特征及其生态环境评价》(黄福江,2018),在怒江干流保山市栗柴坝—勐糯江段,支流芒牛河、施甸河的调查成果以及《云南鱼类志》等相关历史资料,并结合现场调查和访问调查结果,总结出评价区范围内鱼类有 7 目 14 科 53 种。评价区内以鲤形目鱼类为主,共 34 种,占 64.15%;鲇形目 9 种,占 16.98%;鲈形目 6 种,占 11.32%;鳗鲡目、合鳃鱼目、颌针鱼目和鲉形目各 1 种,均占 1.89%。

4.4.7.2　鱼类区系组成及特点

评价区水域 50 种鱼类可以划分为以下 5 个类群:

(1)中国平原区系复合体:评价水体有鲢、鳙、鲤、鲫等为代表种类。这类鱼的特点:很大部分产漂流性鱼卵,一部分鱼虽产黏性鱼卵但黏性不大,卵产出后附着在物体上,不久即脱离,顺水漂流并发育;该复合体的鱼类都对水位变动敏感,许多种类在水位升高时从湖泊进入江河产卵,幼鱼和产过卵的亲鱼入湖泊育肥。

(2)南方平原区系复合体:评价水体有宽额鳢,鮡科的种类,是具有特化吸附构造,能适应激流生活的小型鱼类。这类鱼身上花纹较多,有些种类具刺和吸取游离氧的副呼吸器官,如鳢的鳃上器等。此类鱼喜暖水,在北方选择温度最高的盛夏繁殖,多能保护鱼卵和幼鱼,分布在东亚,愈往低纬度地带种类愈多。除东南亚外,印度也有一些种类,说明此类鱼适合在炎热气候、多水草易缺氧的浅水湖泊池沼中生活。

(3)晚第三纪早期区系复合体:评价水体有泥鳅、鳑鲏等。该动物区系复合体被分割成若干不连续的区域,有的种类并存于欧亚,但在西伯利亚已绝迹,故这些鱼类被看作残遗种类。它们的共同特征是视觉不发达,嗅觉发达,以底栖生物为食者较多,适应于在浑浊的水中生活。

(4)南方山地区系复合体:该种类有怒江间吸鳅等。此类鱼有特化的吸附构造,如吸盘等,适应于南方山区急流的河流中生活。分布于我国南部山区及东南亚山区河流中,经济价值不大。

(5)北方平原区系复合体:本复合体代表种类有麦穗鱼。它们耐寒,较耐盐碱,产卵季节较早,在地层中出现得比中国平原复合体靠下,在高纬度分布较广,随着纬度的降低,这一复合体种的数目和种群数量逐渐减少。

4.4.7.3　食性组成

根据评价区成鱼的摄食对象,可以将评价区鱼类划分为4类:

(1)植食性鱼类:以着生藻类为食的异鲴等。

(2)肉食性鱼类:包括以鱼类为主要捕食对象的巨鲇等。

(3)滤食性鱼类:以水生浮游动植物为主要食物的鱼类,包括鲢、鳙等。

(4)杂食性鱼类:该类鱼食谱广,包括小型动物、植物及其碎屑,其食性在不同环境水体和不同季节有明显变化。包括鲤、鲫、泥鳅等。

4.4.7.4　产卵类型

调查水域分布鱼类依繁殖习性可分为4个类群。

1.产黏沉性卵类群

本水域绝大多数鱼类为产黏沉性卵类群。

这一类群包括鲤科的鲤、鲫、异鲴,鳅科的泥鳅等,其产卵季节多为春夏间,也有部分种类晚至秋季,且对产卵水域流态底质有不同的适应性,多数种类都需要一定的流水刺激。产出的卵或黏附于石砾、水草发育,或落于石缝间在激流冲击下发育。

少数鱼类产卵时不需要水流刺激,可在静缓流水环境下繁殖,产黏性卵,如鲤亚科、鲌亚科、鲇形目鱼类,卵一经产即分散在水草茎、叶上发育;有的黏附于砾石,如鳅科鱼类,将卵产在水底的岩石、石砾或沙砾上发育。

2.产漂流性卵类群

产漂流性卵鱼类鱼卵在缓流或静水中会沉入水底,但吸水后卵膜膨大,比重接近于水,产卵需要湍急的水流条件,通常在汛期洪峰发生后产卵,如鲢、鳙。受精卵顺水漂流孵化,到江河下游及湖泊中育肥。

3.产浮性卵类群

宽额鳢的卵具油球,在水中漂浮发育,一般产于静水中。

4.特异性产卵类群

高体鳑鲏等鱊亚科鱼类,在生殖季节,雌鱼具产卵管,通过产卵管,将卵产在河蚌的外套腔内发育。

4.4.7.5　栖息类型

根据水域流态特征及鱼类的栖息特点,调查水域鱼类大致可分为以下两个类群。

1.流水类群

此类群主要或完全生活在江河流水环境中,体长形,略侧扁,游泳能力强,适应于流水生活。它们或以水底砾石等物体表面附着藻类为食,或以浮游动植物为食,或以有机碎屑为食,或以底栖无脊椎动物为食,或以软体动物为食,或以水草为食,或以鱼虾类为食,甚或为杂食性。该类群有青鱼、鳙、鲢、异鳕等。

2.静缓流类群

此类群适宜生活于静缓流水水体中,或以浮游动植物为食,或杂食,或动物性食性,部分种类须在流水环境下产漂流性卵或可归于流水性种类。静缓流类群种类有鳘、泥鳅、鲤、鲫、黄鳝等。

4.4.7.6　鱼类资源现场调查

2021 年 7 月和 2022 年 5 月,项目组技术人员在取得保山市隆阳区农业农村局和施甸县农业农村局同意后,在保山市隆阳区怒江干支流水域和施甸县施甸河采用流刺网和地笼现场捕捞及访问调查等方式进行鱼类资源调查,2021 年 7 月于怒江水系调查到鱼类 161 尾,16 种,其中芒牛河与怒江汇入口渔获物以怒江裂腹鱼为主,老街子河与怒江汇入口渔获物以保山新光唇鱼和怒江裂腹鱼为主,罗明坝河渔获物以泥鳅为主,施甸河渔获物以高体鳑鲏为主。2022 年 5 月现场共调查到鱼类 109 尾,10 种,怒江干流水域以怒江裂腹鱼、怒江墨头鱼、扎那纹胸鲱等为主;各支流以泥鳅、高体鳑鲏、宽额鱲为主。现场渔获物见表 4-61、表 4-62、图 4-16。

表 4-61　2021 年 7 月评价区现场调查渔获物

种类	数量/尾	数量比/%	质量/g	质量比/%
（1）芒牛河与怒江汇入口				
怒江裂腹鱼	11	73.32	1 950	15.95
扎那纹胸鲱	1	6.67	31	0.25
巨鱼兆	1	6.67	8 600	70.34
保山新光唇鱼	1	6.67	1 560	12.76
长丝黑鲱	1	6.67	86	0.70
合计	15	100	12 227	100
（2）老街子河与怒江汇入口				
保山新光唇鱼	7	50.00	8 202	40.05
怒江裂腹鱼	4	28.58	955	4.66
缅甸穗唇鲃	1	7.14	19	0.09
棒花鱼	1	7.14	9	0.04
后背鲈鲤	1	7.14	11 300	55.16
合计	14	100	20 485	100

续表 4-61

种类	数量/尾	数量比/%	质量/g	质量比/%
（3）罗明坝河				
泥鳅	24	92.31	191	67.73
宽额鱲	2	7.69	91	32.27
合计	26	100	282	100
（4）施甸河				
高体鳑鲏	70	71.43	156	11.16
泥鳅	8	8.16	142	10.16
宽额鱲	7	7.14	625	44.71
鲫	4	4.08	360	25.75
棒花鱼	4	4.08	62	4.43
异鲴	3	3.06	13	0.93
怒江高原鳅	2	2.05	40	2.86
合计	98	100	1 398	100
（5）小海坝水库				
高体鳑鲏	5	62.50	14	37.84
子陵吻鰕虎鱼	3	37.50	23	62.16
合计	8	100	37	100

表 4-62　2022 年 5 月评价区现场调查渔获物

种类	数量/尾	数量比/%	质量/g	质量比/%
（1）芒牛河入怒江汇入口				
怒江墨头鱼	3	33.33	12.6	5.21
怒江裂腹鱼	2	22.22	213.6	88.30
怒江高原鳅	2	22.22	1.7	0.70
扎那纹胸鮡	1	11.11	4.6	1.90
泥鳅	1	11.11	9.4	3.89
合计	9	100.00	241.9	100.00
（2）老街子河入怒江汇入口				
扎那纹胸鮡	24	66.67	242.0	91.05
滇西低线鱲	9	25.00	19.2	7.22
高体鳑鲏	3	8.33	4.6	1.73
合计	36	100.00	265.8	100.00

续表 4-62

种类	数量/尾	数量比/%	质量/g	质量比/%
(3)怒江芒龙乡河段				
怒江墨头鱼	9	50.00	48.6	12.01
怒江裂腹鱼	3	16.67	321.8	79.56
斑尾低线鱲	2	11.11	6.8	1.68
泥鳅	1	5.56	17	4.20
鲫	1	5.56	6.6	1.63
高体鳑鲏	2	11.11	3.7	0.91
合计	18	100.00	404.5	100.00
(4)烂枣河				
斑尾低线鱲	2	100	6.5	100.00
合计	2	100	6.5	100.00
(5)施甸河				
高体鳑鲏	11	27.50	29.4	6.04
泥鳅	12	30.00	191.2	39.29
宽额鱲	9	22.50	145.8	29.96
鲫	6	15.00	117.7	24.18
食蚊鱼	2	5.00	2.6	0.53
合计	40	100.00	486.7	100.00
(6)罗明坝河				
泥鳅	1	100	17.0	100.00
合计	1	100	17.0	100.00

(a)长丝黑鳅(国家二级)

(b)怒江裂腹鱼

图 4-16 现场渔获物

(c)保山新光唇鱼

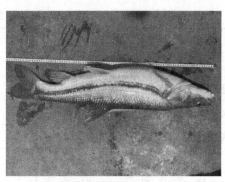

(d)后背鲈鲤(国家二级)

(e)缅甸穗唇鲃

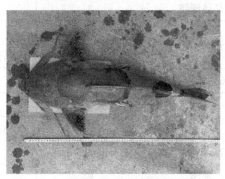

(f)巨𬶨(国家二级)

(g)棒花鱼

(h)宽额鳢

(i)鲫

(j)扎那纹胸鳅

（k）高体鳑鲏

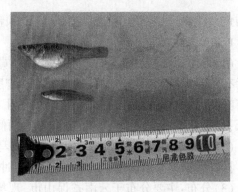

（l）食蚊鱼

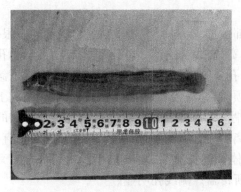

（m）泥鳅

（n）怒江高原鳅

（o）怒江墨头鱼

（p）斑尾低线鱲

续图 4-16

4.4.7.7 珍稀濒危及保护鱼类

根据《国家重点保护野生动物名录》（2021）、《云南省重点保护野生动物名录》和《中国生物多样性红色名录》，历史分布和本次调查到的怒江鱼类中有国家二级保护动物 4 种，分别为长丝黑鲱、角鱼、后背鲈鲤和巨魾，有云南省级保护鱼类 1 种，为云纹鳗鲡；被收录在《中国生物多样性红色名录》中的鱼类有 7 种，分别为半刺结鱼（CR）、角鱼（VU）、后背鲈鲤（VU）、长丝黑鲱（VU）、巨魾（VU）、怒江裂腹鱼（VU）和云纹鳗鲡（NT）。该工程项目区有许多怒江-萨尔温江水系特有鱼类，分别为保山裂腹鱼、怒江间吸鳅、布朗鱼丹、掸邦鱼丹、半刺结鱼、后鳍吻孔鲃、角鱼、怒江墨头鱼、缺须盆唇鱼、云南鲱鲇、长丝黑鮡、长鳍褶鮡等。

1.长丝黑鮡 *Gagata dolichonema*

(1)形态特征:吻钝,较眼径长。眼大。鼻孔间有短须;上颌须达胸鳍基且内缘具皮膜。唇后有横列4根下颏须。鳃孔达头腹面。鳃膜连鳃峡。口横裂,下位。齿绒状,腭骨无齿。唇有喙突。侧线前段高。体无鳞。背鳍条 I -6,较头长;有脂鳍;臀鳍条Ⅲ-10;胸鳍条 I -9,位低;腹鳍 I -5;尾鳍叉状。鳔前室分左右两侧室。体暗黄灰色,尾鳍淡折其他鳍末端黑色。

(2)生物学特性:淡水生活,为生活于喜马拉雅山南麓和横断山西部山溪底层的小型鱼类。喜以头躯腹面隐伏于水底岩石表面,以冲跳式动作捕食和游动。

(3)分布:主要分布于云南省保山市,现场调查在芒牛河与怒江汇入口捕获一尾,经测量后放生。

2.云纹鳗鲡 *Anguilla nebulosa*

(1)形态特征:体延长,躯干部圆柱形,尾部侧扁。头较大,稍平扁。吻端圆钝。眼小,圆形,侧位;眼前缘位于上颌中部之后。眼间隔宽阔,中部略凹。鼻孔每侧2个,前后鼻孔分离,相距甚远;前鼻孔呈短管状,位于吻端;后鼻孔呈纵长椭圆状,近眼前缘。口上位,下颌突出。口裂倾斜,后缘伸达眼后缘的下方。上下颌、犁骨具尖细圆锥形齿,排列成带状;前上颌骨-犁骨齿带宽,之间的纵向凹沟明显,前上颌骨-犁骨齿带宽后端远不达上颌骨齿带的末端;下颌齿带亦由一纵沟分开。唇发达。舌游离,基部附于口底。鳃孔较大,侧位,垂直,上角略高于胸鳍基部正中;下角稍向腹面延伸。体被细长小鳞,5~6枚小鳞相互垂直交叉排列,呈席纹状,埋于皮下,常被厚厚的皮肤黏液所覆盖。侧线孔明显。

(2)生物学特性:是怒江主要的洄游鱼类,是长距离洄游鱼类,洄游距离长达几千千米,其在印度洋中繁殖,性成熟过程中由淡水降河到印度洋中去产卵,受精卵在海中孵化,幼鱼完成变态之后,由河口进入江河中,上溯至怒江等干流、支流的上游生活,常栖息于上洞、溪流等的乱石洞穴中,多为夜间活动。怒江保山段是其溯河长距离洄游的必经江段。主要摄食鱼、虾、蟹、水生昆虫、蛙、蛇等。

(3)分布:首次发现于云南省怒江水系南汀河,现场调查未发现云纹鳗鲡分布。

3.后背鲈鲤 *Percocypris pingi retrodorslis*

(1)形态特征:体延长,侧扁,头后背部稍隆起,背腹缘稍呈弧形。头长,吻稍宽扁,吻长小于眼后头长。吻皮止于上唇基部,与上唇分离,在前眶骨前缘无明显缺刻。唇较肥厚,包在颌外表,上唇两侧扩大;上下唇在口角处相连,唇后沟较深,前伸至颏部中断。口亚上位,成一斜裂,下颌稍突出。须2对,口角须稍长于吻须,后伸超过眼后缘。鳞较小,胸腹部及背部鳞片更小,埋于皮下,无裸露区。背鳍外缘平截微凹,末根不分枝鳍条基部较粗,后缘具锯齿,末端柔软分节;背鳍起点距尾鳍基小于或等于距眼后缘。胸鳍末端稍圆,远不达腹鳍起点。腹鳍起点在背鳍起点之前下方,其末端至臀鳍起点的距离小于吻长。臀鳍后伸不达尾鳍基。尾鳍叉形,最长鳍条接近中央最短鳍条的2倍。

(2)生物学特性:幼鱼多在支流或干流的沿岸,成鱼则在敞水区水体的中上层游弋。行动迅速,为凶猛性鱼类,专门猎食小型鱼类。3冬龄鱼达性自成熟,生殖期约在6月间,产卵地点都在上游的急流水中。产卵时间为每年的2—4月。

(3)分布:主要分布于澜沧江、怒江水系。本次现场调查在老街子河入怒江汇入口江段调查到一尾后背鲈鲤。

4.巨魾 *Bagarius yarrelli*

(1)形态特征:体延长,背鳍以后暗,呈圆筒形。头部背面及体表布满纵向峙突,胸腹光滑。头较宽,向前逐渐纵扁,呈楔形。眼位头的背面,呈椭圆形,眼缘不游离。上枕骨和项背骨背面无峙状棱突。鼻孔靠近吻端,后鼻孔呈短管状。鼻须甚短,仅及后鼻孔。须发达,宽扁,后伸可达胸鳍基后端。背鳍具I骨质硬刺,后缘光滑,末端柔软,延长成丝。臀鳍起点与脂鳍起点相对或略后至尾鳍基的距离远不及至胸鳍基后端。胸鳍水平展开,硬刺后缘带弱齿,刺端为延长的软条,后伸可及腹鳍基后端。腹鳍起点位于背鳍基后端垂直下方之后,距胸鳍基后端等于或大于距臀鳍起点。肛门距臀鳍起点较距腹鳍基后端为近。尾鳍深分叉,上、下叶末端延长成丝。活体全身灰黄。

(2)生物学特性:居主河道,常伏卧在流水滩觅食。食物以小鱼为主。性迟钝而贪食。

(3)分布:主要分布于怒江、澜沧江、元江水系。现场在芒牛河与怒江汇入口捕获一尾,经测量后放生。

5.怒江裂腹鱼 *Schizothorax nukiangensis*

(1)形态特征:体长,稍侧扁;头近锥形;口下位,几近横裂;下颌前缘具锐利角质;下唇完整,窄长形,具乳突,唇后沟连续;须2对,较长,约为眼径的2倍;体被细鳞,胸腹部裸露,臀鳞发达;体背蓝灰色或青蓝色,腹侧银白;鳍呈橙黄色,背侧或有不规则的深色斑点;背鳍刺较弱,后缘下侧具细小锯齿,起点与腹鳍相对。

(2)生物学特性:喜在流水湍急的峡谷江段生长,怒江水流湍急适合生存,主食水生昆虫幼虫等。栖息于江河急流处,刮食水底石头上的着生藻类及有机碎屑。

(3)分布:分布于怒江上游,调查在怒江干流及各支流汇入口水域捕获到数尾怒江裂腹鱼。

6.角鱼 *Epalzeorhynchos bicornis*

(1)形态特征:体细长,前端近圆筒状,后端侧扁。头小。吻圆钝,两侧各有一可活动的三角形小侧叶,吻皮向腹面扩展,盖住上颌,边缘呈流苏状。口下位;上唇消失;下唇与下颌分离,前缘腹面有一横带,上被小乳突。两颌具薄角质缘。须2对;吻须位于吻侧沟的始端,较眼半径长;口角须颇小,隐于口角内。鼻孔周围有白色小颗粒,疏密不一。侧线鳞36~38个。体背和侧部青灰色,杂云纹斑,腹部灰白。背鳍上部和臀鳍中部灰黑;尾鳍下缘黑色,其余浅灰色。鲜活时,眼为红色。

(2)生物学特性:小型淡水鱼类,主要栖息于底质多岩石清水江河的下层。刮食着生藻类。体型较小,体长一般100~150 mm。

(3)分布:中国特有种,发现于怒江泸水市和保山市江段。本次未调查到角鱼分布。

7.半刺结鱼 *Tor hemispinus*

(1)形态特征:体长而侧扁。吻钝圆。口次下位,上下唇在口角处相连。下唇具锥形的中叶,两侧的唇后沟在中叶的后缘相通。须2对,较发达;吻须与口角须几乎等长,末端达眼中央的垂直线。颌须超过眼后缘的垂直线。背鳍最后不分枝鳍条有一半以上分节柔软,仅基部骨化而较硬。鳞片大,胸腹部鳞略变小,在腹鳍基有一发达的腋鳞。侧线略下弯,向后入尾柄的正中。下咽齿钩曲,咀嚼面倾斜。

(2)生物学特性:生活于江河干流水流迁缓处。

(3)分布:数量少,为偶见种。分布于我国云南怒江水系。本次未调查到半刺结鱼分布。

4.4.7.8 鱼类重要生境

越冬场、产卵场、索饵场是鱼类活动的主要场所,鱼类"三场"调查对掌握鱼类的活动规律、促进渔业生产的有效进行、鱼类资源的合理利用和保护措施的研究具有重要意义。

1.产卵场

根据《生物多样性观测技术导则 内陆水域鱼类》(HJ 701.7—2014)中早期资源调查要求:①产漂流性卵鱼类:选择具有一定流速的水体,将圆锥网或琼网固定在船体或近岸支点,每45 min取网一次查看收集物,分拣鱼卵、仔鱼、稚鱼。②产黏沉性卵鱼类:水流较缓水域,利用手抄网等网具进行采集。以水草为产卵基质的种类,可将水草取出,挑取黏附在水草上的黏性卵;以浅水砾石为产卵基质的种类,可直接在砾石上进行采样。现场调查期间,均未采集到鱼卵和仔稚鱼。分析原因如下:

拟建八萝田水库所在老街子河位于隆阳区,属于怒江右岸一级支流,自西向东流入怒江,河道全长仅12.2 km,流域面积26.1 km²,河床平均坡降16.95‰。现状开发利用程度较低,八萝田水库坝址处距离怒江汇口2 km,水量较小,水深较浅,枯水季常出现断流无水状态,现状水生生物多为体型较小的底栖动物,生境无法满足鱼类完成生活史,即现状生境无鱼类生存空间,同时下游入怒江口处有水坝阻隔,根据现场判断,现状条件下鱼类无法上溯至八萝田水库所在的老街子河上游。

芒柳水库所在芒牛河位于隆阳区潞江镇,属于怒江的右岸一级支流,起始于摆老塘,自西向东进入怒江,河道全长仅15.48 km,流域面积42.18 km²,河床平均坡降12.49‰,现状开发利用程度较低,拟建芒柳水库坝址处距怒江汇口3.5 km,水量不大,水深较浅,枯水季可能出现断流,现状水生生物多为体型较小的底栖动物,生境无法完全满足中大型鱼类完成生活史,即现状生境无鱼类生存空间,根据现场判断,现状条件下鱼类无法上溯至芒柳水库所在的芒牛河上游。

芒牛河芒柳水库坝址生境见图4-17,老街子河八萝田水库坝址生境见图4-18。

图4-17 芒牛河芒柳水库坝址生境　　图4-18 老街子河八萝田水库坝址生境

2.索饵场

索饵场是指鱼类和虾类等群集摄食的水域。根据最适索饵理论,鱼类总是选择饵料相对丰富的水域进行索饵摄食,一般主要位于交汇口附近。在评价区内,由于鱼类习性、环境条件不同,索饵场也有很大变化。

在水位较浅而水流较急的干、支流砾石滩河段摄食;评价区支流芒牛河、老街子河、芒龙河部分河段及支流与怒江汇入口河段满足这一需求;巨鮡、云纹鳗鲡等肉食性鱼类,多在洄水湾以及急流滩下的深水区摄食,因为这些场所底质为砾石、卵石,其上固着藻类十分丰富,流水砾石间蜉蝣等水生昆虫数量较多,同时也是小型鱼类栖息场所,评价区芒牛河河段水流湍急,大块砾石分布较广泛,可作为此类型鱼类索饵场。

　　3.越冬场

鱼类往往由浅水生境向深水越冬洄游,方向稳定。越冬场一般位于干流的河床深处或坑穴中,水体宽大而深,一般水深 3~4 m,多为河沱、河槽、湾沱、回水或微流水或流水,底质多为乱石或礁石,凹凸不平。

根据现场调查,怒江干流深水区,是鱼类较好的越冬场。

4.5　环境空气质量

本次环境空气质量现状主要为补充监测,补充监测委托云南坤环检测技术有限公司进行。

4.5.1　区域环境空气质量现状调查

潞江坝灌区工程涉及隆阳区、龙陵县、施甸县 3 个县区,其中隆阳区、龙陵县、施甸县均设置了环境空气质量自动采样设施。

4.5.1.1　隆阳区

根据《2021 年保山环境状况公报》(保山市生态环境局),2021 年保山市中心城区全年环境空气质量优良天数达 363 d,优良率为 99.45%,其中优 267 d,良 96 d,轻度污染 2 d。

保山市中心城区全年共记录 $PM_{2.5}$ 样品 718 个,日均浓度范围 6~84 $\mu g/m^3$,年日平均浓度 19 $\mu g/m^3$;PM_{10} 样品 720 个,日均浓度范围 6~110 $\mu g/m^3$,年日平均浓度 24 $\mu g/m^3$;NO_2 样品 723 个,日均浓度范围 6~20 $\mu g/m^3$,年日平均浓度 11 $\mu g/m^3$;SO_2 样品 724 个,日均浓度范围 4~12 $\mu g/m^3$,年日平均浓度 5 $\mu g/m^3$;CO 样品 722 个,日均浓度范围 0.4~1.2 mg/m^3,年日平均浓度 0.6 mg/m^3;O_{3-8h} 样品 723 个,日均浓度范围 26~185 $\mu g/m^3$,年日平均浓度 81 $\mu g/m^3$,见表4-63。

表 4-63　2021 年隆阳区空气质量现状评价

污染物	年评价指标	现状浓度/ ($\mu g/m^3$)	标准值/ ($\mu g/m^3$)	占标率/%	达标情况
$PM_{2.5}$	年日平均质量浓度	19	35	54.3	达标
PM_{10}	年日平均质量浓度	24	70	34.3	达标
SO_2	年日平均质量浓度	5	60	8.3	达标
NO_2	年日平均质量浓度	11	40	27.5	达标
CO(-95per)/ (mg/m^3)	百分位数日平均	0.6	4	15.0	达标
O_{3-8h}(-95per)	百分位数 8 h 平均质量浓度	81	160	50.6	达标

4.5.1.2　施甸县

根据《2021 年保山环境状况公报》(保山市生态环境局),2021 年施甸县城区全年环境空气质量优良天数达 359 d,优良率为 99.72%,其中优 318 d,良 41 d,轻度污染 1 d。

保山市施甸县城区全年共记录 $PM_{2.5}$ 样品 364 个,日均浓度范围 6~85 $\mu g/m^3$,年日平均浓度 12 $\mu g/m^3$;PM_{10} 样品 364 个,日均浓度范围 11~120 $\mu g/m^3$,年日平均浓度 26 $\mu g/m^3$;NO_2 样品 364 个,日均浓度范围 7~17 $\mu g/m^3$,年日平均浓度 10 $\mu g/m^3$;SO_2 样品 364 个,日均浓度范围 8~18 $\mu g/m^3$,年日平均浓度 12 $\mu g/m^3$;CO 样品 361 个,日均浓度范围 0.5~1.6 mg/m^3,年日平均浓度 1 mg/m^3;O_{3-8h} 样品 363 个,日均浓度范围 23~146 $\mu g/m^3$,年日平均浓度 69 $\mu g/m^3$,见表 4-64。

表 4-64　2021 年施甸县城区空气质量现状评价

污染物	年评价指标	现状浓度/ ($\mu g/m^3$)	标准值/ ($\mu g/m^3$)	占标率/%	达标情况
$PM_{2.5}$	年日平均质量浓度	12	35	34.3	达标
PM_{10}	年日平均质量浓度	26	70	37.1	达标
SO_2	年日平均质量浓度	12	60	20.0	达标
NO_2	年日平均质量浓度	10	40	25.0	达标
CO(−95per)(mg/m^3)	百分位数日平均	1	4	25.0	达标
O_{3-8h}(−95per)	百分位数 8 h 平均质量浓度	69	160	43.1	达标

4.5.1.3　龙陵县

根据《2021 年保山环境状况公报》(保山市生态环境局),2021 年龙陵县城区全年环境空气质量优良天数达 301 d,优良率为 99.01%,其中优 218 d,良 83 d,轻度污染 3 d。

由于龙陵县全年环境空气自动监测站点房屋受损拆除迁建,龙陵县 2020 年全年环境空气质量监测工作仅开展 304 d,未达到《环境空气质量标准》(GB 3095—2012)污染物浓度数据有效性的最低要求的"每年至少有 324 个日平均浓度值",故龙陵县 2021 年无年日平均浓度。龙陵县城采用《2021 年保山环境状况公报》(保山市生态环境局)数据。

根据《2021 年保山环境状况公报》(保山市生态环境局)。2021 年龙陵县城区全年环境空气质量优良天数达 350 d,优良率为 99.4%,其中优 245 d,良 105 d,轻度污染 2 d。

保山市龙陵县城区全年共记录 $PM_{2.5}$ 样品 357 个,日均浓度范围 5~95 $\mu g/m^3$,年日平均浓度 20 $\mu g/m^3$;PM_{10} 样品 357 个,日均浓度范围 11~117 $\mu g/m^3$,年日平均浓度 36 $\mu g/m^3$;NO_2 样品 358 个,日均浓度范围 4~37 $\mu g/m^3$,年日平均浓度 14 $\mu g/m^3$;SO_2 样品 353 个,日均浓度范围 5~33 $\mu g/m^3$,年日平均浓度 12 $\mu g/m^3$;CO 样品 357 个,日均浓度范围 0.4~1.4 mg/m^3,年日平均浓度 0.8 mg/m^3;O_{3-8h} 样品 355 个,日均浓度范围 20~163 $\mu g/m^3$,年日平均浓度 77 $\mu g/m^3$,见表 4-65。

表 4-65　2021 年龙陵县城区空气质量现状评价

污染物	年评价指标	现状浓度/ ($\mu g/m^3$)	标准值/ ($\mu g/m^3$)	占标率/%	达标情况
$PM_{2.5}$	年日平均质量浓度	20	35	57.1	达标
PM_{10}	年日平均质量浓度	36	70	51.4	达标
SO_2	年日平均质量浓度	12	60	20.0	达标
NO_2	年日平均质量浓度	14	40	35.0	达标
CO(−95per)(mg/m^3)	百分位数日平均	0.8	4	20.0	达标
O_{3-8h}(−95per)	百分位数 8 h 平均质量浓度	77	160	48.1	达标

综上所述,保山市隆阳区、施甸县、龙陵县 2021 年常规大气污染物年平均质量浓度(百分位数日平均/8 h 平均质量浓度)均满足《环境空气质量标准》(GB 3095—2012)二级标准。根据《环境影响评价技术导则 大气环境》(HJ 2.2—2018),本项目所在区域为城市环境空气质量达标区。

4.5.2 补充监测

4.5.2.1 监测点位

本次研究分别在八萝田、芒棒小学、团坡、大坟墓、躲安村共 5 个点位进行大气环境监测,大气测点经纬度见表 4-66。

表 4-66 大气环境现状监测点位经纬度

断面编号	灌片	测点名称	工程名称	经度/(°)	纬度/(°)
H1	干热河谷灌片	八萝田	八萝田水库	98.86332	25.54074
H2	干热河谷灌片	芒棒小学	芒柳干管	98.83449	25.051
H3	三岔灌片	团坡	重建摆达大沟	98.98237	24.60391
H4	水长灌片	大坟墓	重建大坟墓沟	98.99788	25.22517
H5	施甸灌片	躲安村	新建联通西灌管	99.074	24.83286

4.5.2.2 监测因子

总悬浮颗粒物(TSP)、$PM_{2.5}$、PM_{10}、SO_2、NO_2、CO(−95per)、O_{3-8h}(−95per)。在采样的同时,同步观测记录地面风向、风速、总云量、低云量、气温、气压等气象参数。

4.5.2.3 监测时段及频次

2021 年 8 月 25 日至 9 月 1 日,连续监测 7 d,每天采样时间 24 h。

4.5.2.4 监测结果及现状评价

1.评价标准

采用《环境空气质量标准》(GB 3095—2012)中二级标准进行空气质量现状评价。

2.评价方法

采用单因子标准指数法进行评价,计算公式如下:

$$I_i = C_i / C_{si}$$

式中:I_i 为污染物 i 的标准指数;C_i 为污染物 i 的实测浓度值,mg/m^3;C_{si} 为评价因子 i 的评价标准限值,mg/m^3。

当 $I_i \geqslant 1$ 时,为超标;当 $I_i < 1$ 时,为未超标。

4.5.2.5 监测结果

1.基本污染物环境质量现状监测结果

基本污染物环境质量现状监测结果及评价结果见表 4-67 ~ 表 4-71。根据监测结果可知,本工程评价范围内基本污染物环境质量现状均满足《环境空气质量标准》(GB 3095—2012)中的二级标准,空气质量状况良好。

2.其他污染物环境质量现状监测结果

其他污染物 TSP 环境质量现状监测结果及评价结果见表 4-72。根据监测结果可知,本工程评价范围内 TSP 污染物环境质量现状均满足《环境空气质量标准》(GB 3095—2012)中的二级标准,空气质量状况良好。

表 4-67 监测点 H1 基本污染物环境质量现状

点位名称	监测点位坐标		污染物	年评价指标	评价标准/ $(\mu g/m^3)$	现状浓度/ $(\mu g/m^3)$	最大浓度占标率/%	达标情况
	X	Y						
H1: 八萝田	98.86332	25.54074	PM$_{10}$	24 h 平均	150	47	31.33	达标
					150	39	26.00	达标
					150	31	20.67	达标
					150	40	26.67	达标
					150	45	30.00	达标
					150	37	24.67	达标
					150	42	28.00	达标
			PM$_{2.5}$	24 h 平均	75	26	34.67	达标
					75	24	32.00	达标
					75	22	29.33	达标
					75	25	33.33	达标
					75	22	29.33	达标
					75	21	28.00	达标
					75	23	30.67	达标
			SO$_2$	24 h 平均	150	9	6.00	达标
					150	8	5.33	达标
					150	9	6.00	达标
					150	10	6.67	达标
					150	10	6.67	达标
					150	8	5.33	达标
					150	10	6.67	达标
			NO$_2$	24 h 平均	80	17	21.25	达标
					80	19	23.75	达标
					80	22	27.50	达标
					80	15	18.75	达标
					80	11	13.75	达标
					80	22	27.50	达标
					80	19	23.75	达标
			CO/ (mg/m^3)	24 h 平均	4	0.35	8.75	达标
					4	0.36	9.00	达标
					4	0.34	8.50	达标
					4	0.38	9.50	达标
					4	0.35	8.75	达标
					4	0.35	8.75	达标
					4	0.38	9.50	达标
			O$_3$	日最大 8 h 平均	160	21.1	13.19	达标
					160	20.4	12.75	达标
					160	20	12.50	达标
					160	21.9	13.69	达标
					160	21.4	13.38	达标
					160	23.1	14.44	达标
					160	21.4	13.38	达标

表 4-68 监测点 H2 基本污染物环境质量现状

点位名称	监测点位坐标		污染物	年评价指标	评价标准/（μg/m³）	现状浓度/（μg/m³）	最大浓度占标率/%	达标情况
	X	Y						
H2:芒棒小学	98.83449	25.051	PM₁₀	24 h 平均	150	59	39.33	达标
					150	61	40.67	达标
					150	54	36.00	达标
					150	62	41.33	达标
					150	57	38.00	达标
					150	48	32.00	达标
					150	55	36.67	达标
			PM₂.₅	24 h 平均	75	35	46.67	达标
					75	33	44.00	达标
					75	31	41.33	达标
					75	36	48.00	达标
					75	29	38.67	达标
					75	31	41.33	达标
					75	40	53.33	达标
			SO₂	24 h 平均	150	6	4.00	达标
					150	6	4.00	达标
					150	7	4.67	达标
					150	8	5.33	达标
					150	6	4.00	达标
					150	9	6.00	达标
					150	13	8.67	达标
			NO₂	24 h 平均	80	29	36.25	达标
					80	32	40.00	达标
					80	22	27.50	达标
					80	28	35.00	达标
					80	22	27.50	达标
					80	33	41.25	达标
					80	30	37.50	达标
			CO/（mg/m³）	24 h 平均	4	0.34	8.50	达标
					4	0.36	9.00	达标
					4	0.34	8.50	达标
					4	0.36	9.00	达标
					4	0.35	8.75	达标
					4	0.34	8.50	达标
					4	0.36	9.00	达标
			O₃	日最大8 h 平均	160	46.4	29.00	达标
					160	46	28.75	达标
					160	46.5	29.06	达标
					160	45.7	28.56	达标
					160	48.1	30.06	达标
					160	45.9	28.69	达标
					160	46.5	29.06	达标

表 4-69　监测点 H3 基本污染物环境质量现状

点位名称	监测点位坐标		污染物	年评价指标	评价标准/($\mu g/m^3$)	现状浓度/($\mu g/m^3$)	最大浓度占标率/%	达标情况
	X	Y						
H3：团坡	98.98237	24.60391	PM_{10}	24 h 平均	150	51	34.00	达标
					150	40	26.67	达标
					150	36	24.00	达标
					150	43	28.67	达标
					150	48	32.00	达标
					150	42	28.00	达标
					150	49	32.67	达标
			$PM_{2.5}$	24 h 平均	75	27	36.00	达标
					75	21	28.00	达标
					75	32	42.67	达标
					75	28	37.33	达标
					75	31	41.33	达标
					75	24	32.00	达标
					75	26	34.67	达标
			SO_2	24 h 平均	150	9	6.00	达标
					150	11	7.33	达标
					150	10	6.67	达标
					150	12	8.00	达标
					150	12	8.00	达标
					150	12	8.00	达标
					150	12	8.00	达标
			NO_2	24 h 平均	80	25	31.25	达标
					80	35	43.75	达标
					80	30	37.50	达标
					80	26	32.50	达标
					80	33	41.25	达标
					80	35	43.75	达标
					80	30	37.50	达标
			CO/(mg/m^3)	24 h 平均	4	0.35	8.75	达标
					4	0.36	9.00	达标
					4	0.34	8.50	达标
					4	0.39	9.75	达标
					4	0.37	9.25	达标
					4	0.4	10.00	达标
					4	0.36	9.00	达标
			O_3	日最大 8 h 平均	160	58.2	36.38	达标
					160	59.3	37.06	达标
					160	58.9	36.81	达标
					160	60.1	37.56	达标
					160	57.6	36.00	达标
					160	57.8	36.13	达标
					160	58.2	36.38	达标

表 4-70　监测点 H4 基本污染物环境质量现状

点位名称	监测点位坐标		污染物	年评价指标	评价标准/($\mu g/m^3$)	现状浓度/($\mu g/m^3$)	最大浓度占标率/%	达标情况
	X	Y						
H4:大坟墓	98.99788	25.22517	PM_{10}	24 h 平均	150	53	35.33	达标
					150	46	30.67	达标
					150	66	44.00	达标
					150	49	32.67	达标
					150	55	36.67	达标
					150	61	40.67	达标
					150	57	38.00	达标
			$PM_{2.5}$	24 h 平均	75	37	49.33	达标
					75	41	54.67	达标
					75	28	37.33	达标
					75	32	42.67	达标
					75	29	38.67	达标
					75	36	48.00	达标
					75	34	45.33	达标
			SO_2	24 h 平均	150	11	7.33	达标
					150	7	4.67	达标
					150	10	6.67	达标
					150	12	8.00	达标
					150	9	6.00	达标
					150	8	5.33	达标
					150	7	4.67	达标
			NO_2	24 h 平均	80	40	50.00	达标
					80	37	46.25	达标
					80	35	43.75	达标
					80	30	37.50	达标
					80	36	45.00	达标
					80	41	51.25	达标
					80	33	41.25	达标
			CO/(mg/m^3)	24 h 平均	4	0.35	8.75	达标
					4	0.31	7.75	达标
					4	0.33	8.25	达标
					4	0.38	9.50	达标
					4	0.37	9.25	达标
					4	0.37	9.25	达标
					4	0.36	9.00	达标
			O_3	日最大8 h 平均	160	70.9	44.31	达标
					160	70.3	43.94	达标
					160	71.1	44.44	达标
					160	70.8	44.25	达标
					160	69.6	43.50	达标
					160	68.6	42.88	达标
					160	70.7	44.19	达标

表 4-71　监测点 H5 基本污染物环境质量现状

点位名称	监测点位坐标		污染物	年评价指标	评价标准/($\mu g/m^3$)	现状浓度/($\mu g/m^3$)	最大浓度占标率/%	达标情况
	X	Y						
H5：躲安村	99.074	24.83286	PM_{10}	24 h 平均	150	63	42.00	达标
					150	67	44.67	达标
					150	71	47.33	达标
					150	79	52.67	达标
					150	66	44.00	达标
					150	64	42.67	达标
					150	60	40.00	达标
			$PM_{2.5}$	24 h 平均	75	46	61.33	达标
					75	44	58.67	达标
					75	35	46.67	达标
					75	40	53.33	达标
					75	42	56.00	达标
					75	37	49.33	达标
					75	49	65.33	达标
			SO_2	24 h 平均	150	9	6.00	达标
					150	10	6.67	达标
					150	7	4.67	达标
					150	9	6.00	达标
					150	9	6.00	达标
					150	6	4.00	达标
					150	9	6.00	达标
			NO_2	24 h 平均	80	32	40.00	达标
					80	30	37.50	达标
					80	22	27.50	达标
					80	20	25.00	达标
					80	36	45.00	达标
					80	30	37.50	达标
					80	26	32.50	达标
			CO/(mg/m^3)	24 h 平均	4	0.34	8.50	达标
					4	0.35	8.75	达标
					4	0.34	8.50	达标
					4	0.34	8.50	达标
					4	0.36	9.00	达标
					4	0.37	9.25	达标
					4	0.34	8.50	达标
			O_3	日最大8 h 平均	160	94.7	59.19	达标
					160	95.1	59.44	达标
					160	97	60.63	达标
					160	98.6	61.63	达标
					160	96.4	60.25	达标
					160	100	62.50	达标
					160	96.9	60.56	达标

表 4-72 TSP 环境质量现状

点位名称	监测点位坐标		污染物	平均时间	评价标准/(μg/m³)	现状浓度/(μg/m³)	最大浓度占标率/%	超标率/%	达标情况
	X	Y							
H1:八萝田	98.86332	25.54074			300	117	39.00	0	达标
					300	109	36.33	0	达标
					300	101	33.67	0	达标
					300	110	36.67	0	达标
					300	105	35.00	0	达标
					300	115	38.33	0	达标
					300	102	34.00	0	达标
H2:芒棒小学	98.83449	25.051			300	109	36.33	0	达标
					300	111	37.00	0	达标
					300	104	34.67	0	达标
					300	121	40.33	0	达标
					300	117	39.00	0	达标
					300	108	36.00	0	达标
					300	105	35.00	0	达标
H3:团坡	98.98237	24.60391			300	111	37.00	0	达标
					300	100	33.33	0	达标
					300	99	33.00	0	达标
			TSP	24 h	300	103	34.33	0	达标
					300	108	36.00	0	达标
					300	112	37.33	0	达标
					300	119	39.67	0	达标
H4:大坟墓	98.99788	25.22517			300	113	37.67	0	达标
					300	106	35.33	0	达标
					300	126	42.00	0	达标
					300	109	36.33	0	达标
					300	115	38.33	0	达标
					300	121	40.33	0	达标
					300	117	39.00	0	达标
H5:躲安村	99.074	24.83286			300	123	41.00	0	达标
					300	129	43.00	0	达标
					300	131	43.67	0	达标
					300	136	45.33	0	达标
					300	126	42.00	0	达标
					300	124	41.33	0	达标
					300	120	40.00	0	达标

4.6　声环境质量现状

4.6.1　监测点位

　　为掌握研究区声环境质量现状,统一考虑潞江坝灌区工程施工区、渣场及附近敏感村镇,合作单位云南坤环检测技术有限公司于 2021 年 8 月 26—28 日对八萝田、窑洞坝、芒柳、河尾、团坡、大坟墓、平安寨、墩子地、横水塘、风鸡寨上寨进行声环境质量现状监测。监测点位经纬度见表 4-73。

表 4-73　声环境现状监测点位经纬度

测点编号	灌片	测点名称	工程名称	经度/(°)	纬度/(°)
N1	梨枣单元	八萝田	八萝田水库	98.86332337	25.54071875
N2	芒宽坝单元	窑洞坝	八萝田干渠	98.8754845	25.50810309
N3	潞江坝单元	芒柳	芒柳干管	98.83459691	25.1436338
N4	三岔河单元	河尾	团结坝	98.81935928	24.71841784
N5	八〇八单元	团坡	重建摆达大沟	98.98237321	24.60390897
N6	橄榄单元	大坟墓	重建大坟墓沟	98.99789247	25.22516759
N7	小海坝单元	平安寨	重建南大沟支渠	99.00574598	25.17041834
N8	大海坝单元	墩子地	新建西干一支渠	98.87436066	25.25962861
N9	阿贡田单元	横水塘	新建溶洞灌溉渠	99.03350148	25.04637153
N10	水长河单元	风鸡寨上寨	新建蒋家寨引水管	99.191151	24.67132898

4.6.2　监测因子

　　等效连续 A 声级。

4.6.3　监测方法

　　按《声环境质量标准》(GB 3096—2008)中有关规定进行。

4.6.4　监测频率

　　连续监测 2 d,每天监测 2 次(昼间 1 次,夜间 1 次)。

4.6.5　评价方法

　　采用《声环境质量标准》(GB 3096—2008)中 1 类标准进行评价。根据评价范围内声环境质量要求,将测量值与标准值进行比较,确定达标和超标情况。

4.6.6　监测结果与现状评价

　　声环境质量现状评价结果见表 4-74。

表 4-74　声环境质量现状评价结果　　　　　　　　　　单位:dB(A)

监测时段	监测点位	监测结果		标准值		评价结果	
		昼间	夜间	昼间	夜间	昼间	夜间
2021 年 8 月 26—27 日	八萝田	51	43	55	45	达标	达标
	窑洞坝	50	44	55	45	达标	达标
	芒柳	52	43	55	45	达标	达标
	河尾	54	44	55	45	达标	达标
	团坡	54	43	55	45	达标	达标
	大坟墓	53	42	55	45	达标	达标
	平安寨	54	44	55	45	达标	达标
	墩子地	53	43	55	45	达标	达标
	横水塘	50	42	55	45	达标	达标
	凤鸡寨上寨	53	43	55	45	达标	达标
2021 年 8 月 27—28 日	八萝田	53	44	55	45	达标	达标
	窑洞坝	54	44	55	45	达标	达标
	芒柳	50	44	55	45	达标	达标
	河尾	53	42	55	45	达标	达标
	团坡	53	43	55	45	达标	达标
	大坟墓	54	44	55	45	达标	达标
	平安寨	50	44	55	45	达标	达标
	墩子地	51	43	55	45	达标	达标
	横水塘	52	42	55	45	达标	达标
	凤鸡寨上寨	54	42	55	45	达标	达标

由表 4-74 可知,项目区周边村庄昼间等效连续 A 声级在 50~54 dB(A),夜间等效连续 A 声级在 42~44 dB(A),均能满足《声环境质量标准》(GB 3096—2008)中 1 类标准。项目区周边声环境质量状况良好。

4.7　土壤环境质量现状

4.7.1　监测点位

灌区范围内共布设 10 个表层样点,其中占地范围内 6 个,占地范围外 4 个。灌片土壤测点布置过程中结合了灌区范围内水库、新建渠道、干管、渣场等工程和工程影响区。土壤取样为表层样 0~20 cm 土壤深度。土壤测点经纬度见表 4-75。

表 4-75　灌区土壤测点经纬度

测点编号	名称	经度	纬度
T1	八萝田水库占地范围内	98°51′49″	25°32′36″
T2	八萝田水库占地范围外	98°51′49″	25°32′02″
T3	芒柳水库占地范围内	98°49′48″	25°09′20″
T4	芒柳水库占地范围外	98°50′08″	25°08′38″
T5	芒柳水库渣场占地内	98°49′54″	25°07′11″
T6	八萝田干渠占地内	98°52′22″	25°25′21″
T7	八萝田干渠占地外	98°52′23″	25°25′21″
T8	芒柳干管占地范围内	98°50′14″	25°05′40″
T9	南大沟渣场占地内	99°00′10″	25°11′42″
T10	南大沟占地范围外	99°00′15″	25°11′04″

4.7.2　监测因子

占地范围外点位参照《土壤环境质量　农用地土壤污染风险管控标准(试行)》(GB 15618—2018)表 1 农用地土壤污染风险筛选值(基本项目),监测镉、汞、砷、铅、铬、铜、镍、锌、pH 等 9 个监测因子。另外,补充监测含盐量。

占地范围内点位参照《土壤环境质量　建设用地土壤污染风险管控标准(试行)》(GB 36600—2018)表 1 建设用地土壤污染风险筛选值和管制值(基本项目),监测砷、镉、铬(六价)、铜、铅、汞、镍、锌、四氯化碳、氯仿、氯甲烷、1,1-二氯乙烷、1,2-二氯乙烷、1,1-二氯乙烯、顺-1,2-二氯乙烯、反-1,2-二氯乙烯、二氯甲烷、1,2-二氯丙烷、1,1,1,2-四氯乙烷、1,1,2,2-四氯乙烷、四氯乙烯、1,1,1-三氯乙烷、1,1,2-三氯乙烷、三氯乙烯、1,2,3-三氯丙烷、氯乙烯、苯、氯苯、1,2-二氯苯、1,4-二氯苯、乙苯、苯乙烯、甲苯、间二甲苯+对二甲苯、邻二甲苯、硝基苯、苯胺、2-氯酚、苯并[a]蒽、苯并[a]芘、苯并[b]荧蒽、苯并[k]荧蒽、䓛、二苯并[a,h]蒽、茚并[1,2,3-cd]芘、萘等 45 项因子。另外,补充监测锌、pH、含盐量等 3 项因子。

4.7.3　监测时段及频率

2021 年 9 月 1 日,监测 1 d,每天监测 1 次。

4.7.4　监测方法

采集与分析按《土壤环境质量　农用地土壤污染风险管控标准(试行)》(GB 15618—2018)和《土壤环境质量　建设用地土壤污染风险管控标准(试行)》(GB 36600—2018)中规定的方法执行。

4.7.5　监测结果及现状评价

潞江坝灌区土壤环境现状监测结果及现状评价见表 4-76、表 4-77。

由表 4-76、表 4-77 可知,工程占地范围内各监测点位均可满足《土壤环境质量　建设用地土壤污染风险管控标准(试行)》(GB 36600—2018)中第二类用地管制值要求,工程占地范围外各监测点位均可满足《土壤环境质量　农用地土壤污染风险管控标准》(GB 15618—2018)风险筛选值要求,工程评价范围内土壤环境质量现状良好。

表 4-76　潕江坝灌区土壤环境现状监测结果（一）

单位：mg/kg

监测点位	项目	pH（无量纲）	镉	汞	砷	铅	铬	铜	镍	锌
八萝田水库占地范围外	监测结果	8.22	0.06	0.208	3.68	15	23	13	3L	43
	土壤标准	—	0.6	3.4	25	170	250	100	190	300
	标准指数	—	0.10	0.06	0.15	0.09	0.09	0.13	0.00	0.14
芒柳水库占地范围外	监测结果	6.45	0.1	0.129	4.15	11	48	20	7	58
	土壤标准	—	0.3	1.8	40	90	150	50	70	200
	标准指数	—	0.33	0.07	0.10	0.12	0.32	0.40	0.10	0.29
八萝田干渠占地外	监测结果	8.13	0.04	0.292	3.18	18	29	15	5	46
	土壤标准	—	0.6	3.4	25	170	250	100	190	300
	标准指数	—	0.07	0.09	0.13	0.11	0.12	0.15	0.03	0.15
南大沟占地范围外	监测结果	6.7	0.05	0.228	2.39	17	63	35	31	66
	土壤标准	—	0.3	2.4	30	120	200	100	100	250
	标准指数	—	0.17	0.10	0.08	0.14	0.32	0.35	0.31	0.26

表 4-77　潕江坝灌区土壤环境现状监测结果（二）

单位：mg/kg

项目	八萝田水库占地范围内			芒柳水库占地范围内			八萝田水库渣场占地内			芒柳水库渣场占地内			八萝田干渠占地内			南大沟渣场占地范围内		
	结果	标准	标准指数	结果	标准	标准指数	结果	标准	标准指数	结果	标准	标准指数	结果	标准	标准指数	结果	标准	标准指数
pH（无量纲）	6.11	—	—	7.99	—	—	6.96	—	—	7.38	—	—	8.18	—	—	7.58	—	—
砷	1.87	140	0.013 4	20.1	140	0.143 6	8.67	140	0.061 9	3.07	140	0.021 9	5.93	140	0.042 4	1.63	140	0.011 6
镉	0.05	172	0.000 3	0.06	172	0.000 3	0.03	172	0.000 2	0.04	172	0.000 2	0.03	172	0.000 2	0.05	172	0.000 3
铬（六价）	0.5L	78	0	0.5L	78	0	0.5L	78	0	0.5L	78	0	0.5L	78	0	0.05L	78	0

续表 4-77

项目	八萝田水库占地范围内			芒柳水库占地范围内			芒柳水库渣场占地内			八萝田干渠占地内			芒柳干管占地范围内			南大沟渣场占地内		
	结果	标准	标准指数	结果	标准	标准指数	结果	标准	标准指数	结果	标准	标准指数	结果	标准	标准指数	结果	标准	标准指数
铜	8	36 000	0.000 2	28	36 000	0.000 8	16	36 000	0.000 4	18	36 000	0.000 5	17	36 000	0.000 5	14	36 000	0.000 4
铅	11	2 500	0.004 4	17	2 500	0.006 8	16	2 500	0.006 4	20	2 500	0.008 0	18	2 500	0.007 2	10L	2 500	0
汞	0.34	82	0.004 1	0.47	82	0.005 7	0.191	82	0.002 3	0.182	82	0.002 2	0.249	82	0.003 0	0.332	82	0.004 0
镍	3L	2 000	0	18	2 000	0	19	2 000	0	14	2 000	0	13	2 000	0	25	2 000	0
锌	31	—	—	57	—	—	51	—	—	58	—	—	53	—	—	58	—	—
水溶性盐总量（含盐量）	1.6	—	—	1.8	—	—	1.4	—	—	0.8	—	—	1.1	—	—	2.9	—	—
四氯化碳*	<1.3	36	0	<1.3	36	0	<1.3	36	0	<1.3	36	0	<1.3	36	0	<1.3	36	0
氯仿*	<1.1	10	0	<1.1	10	0	<1.1	10	0	<1.1	10	0	<1.1	10	0	<1.1	10	0
氯甲烷*	<1.0	120	0	<1.0	120	0	<1.0	120	0	<1.0	120	0	<1.0	120	0	<1.0	120	0
1,1-二氯乙烷*	<1.2	100	0	<1.2	100	0	<1.2	100	0	<1.2	100	0	<1.2	100	0	<1.2	100	0
1,2-二氯乙烷*	<1.3	21	0	<1.3	21	0	<1.3	21	0	<1.3	21	0	<1.3	21	0	<1.3	21	0
1,1-二氯乙烯*	<1.0	200	0	<1.0	200	0	<1.0	200	0	<1.0	200	0	<1.0	200	0	<1.0	200	0
顺-1,2-二氯乙烯*	<1.3	2 000	0	<1.3	2 000	0	<1.3	2 000	0	<1.3	2 000	0	<1.3	2 000	0	<1.3	2 000	0
反-1,2-二氯乙烯*	<1.4	163	0	<1.4	163	0	<1.4	163	0	<1.4	163	0	<1.4	163	0	<1.4	163	0
二氯甲烷*	<1.5	2 000	0	<1.5	2 000	0	<1.5	2 000	0	<1.5	2 000	0	<1.5	2 000	0	<1.5	2 000	0

续表 4-77

项目	八萝田水库占地范围内			芒柳水库占地范围内			芒柳水库渣场占地内			八萝田干渠占地内			芒柳干管占地范围内			南大沟渣场占地内		
	结果	标准	标准指数	结果	标准	标准指数	结果	标准	标准指数	结果	标准	标准指数	结果	标准	标准指数	结果	标准	标准指数
1,2-二氯丙烷*	<1.1	47	0	<1.1	47	0	<1.1	47	0	<1.1	47	0	<1.1	47	0	<1.1	47	0
1,1,1,2-四氯乙烷*	<1.2	100	0	<1.2	100	0	<1.2	100	0	<1.2	100	0	<1.2	100	0	<1.2	100	0
1,1,2,2-四氯乙烷*	<1.2	50	0	<1.2	50	0	<1.2	50	0	<1.2	50	0	<1.2	50	0	<1.2	50	0
四氯乙烯*	<1.4	183	0	<1.4	183	0	<1.4	183	0	<1.4	183	0	<1.4	183	0	<1.4	183	0
1,1,1-三氯乙烷*	<1.3	840	0	<1.3	840	0	<1.3	840	0	<1.3	840	0	<1.3	840	0	<1.3	840	0
1,1,2-三氯乙烷*	<1.2	15	0	<1.2	15	0	<1.2	15	0	<1.2	15	0	<1.2	15	0	<1.2	15	0
三氯乙烯*	<1.2	20	0	<1.2	20	0	<1.2	20	0	<1.2	20	0	<1.2	20	0	<1.2	20	0
1,2,3-三氯丙烷*	<1.2	5	0	<1.2	5	0	<1.2	5	0	<1.2	5	0	<1.2	5	0	<1.2	5	0
氯乙烯*	<1.0	4.3	0	<1.0	4.3	0	<1.0	4.3	0	<1.0	4.3	0	<1.0	4.3	0	<1.0	4.3	0
苯*	<1.9	40	0	<1.9	40	0	<1.9	40	0	<1.9	40	0	<1.9	40	0	<1.9	40	0
氯苯*	<1.2	1 000	0	<1.2	1 000	0	<1.2	1 000	0	<1.2	1 000	0	<1.2	1 000	0	<1.2	1 000	0
1,2-二氯苯*	<1.5	560	0	<1.5	560	0	<1.5	560	0	<1.5	560	0	<1.5	560	0	<1.5	560	0
1,4-二氯苯*	<1.5	20	0	<1.5	20	0	<1.5	20	0	<1.5	20	0	<1.5	20	0	<1.5	20	0

续表 4-77

项目	八萝田水库占地范围内			芒柳水库占地范围内			芒柳水库渣场占地内			八萝田干渠占地内			芒柳干管占地范围内			南大沟渣场占地内		
	结果	标准	标准指数	结果	标准	标准指数	结果	标准	标准指数	结果	标准	标准指数	结果	标准	标准指数	结果	标准	标准指数
乙苯*	<1.2	280	0	<1.2	280	0	<1.2	280	0	<1.2	280	0	<1.2	280	0	<1.2	280	0
苯乙烯*	<1.1	1 290	0	<1.1	1 290	0	<1.1	1 290	0	<1.1	1 290	0	<1.1	1 290	0	<1.1	1 290	0
甲苯*	<1.3	1 200	0	<1.3	1 200	0	<1.3	1 200	0	<1.3	1 200	0	<1.3	1 200	0	<1.3	1 200	0
间二甲苯+对二甲苯*	<1.2	570	0	<1.2	570	0	<1.2	570	0	<1.2	570	0	<1.2	570	0	<1.2	570	0
邻二甲苯*	<1.2	640	0	<1.2	640	0	<1.2	640	0	<1.2	640	0	<1.2	640	0	<1.2	640	0
硝基苯*	<0.09	760	0	<0.09	760	0	<0.09	760	0	<0.09	760	0	<0.09	760	0	<0.09	760	0
苯胺*	<0.1	663	0	<0.1	663	0	<0.1	663	0	<0.1	663	0	<0.1	663	0	<0.1	663	0
2-氯酚*	<0.06	4 500	0	<0.06	4 500	0	<0.06	4 500	0	<0.06	4 500	0	<0.06	4 500	0	<0.06	4 500	0
苯并[a]蒽*	<0.1	151	0	<0.1	151	0	<0.1	151	0	<0.1	151	0	<0.1	151	0	<0.1	151	0
苯并[a]芘*	<0.1	15	0	<0.1	15	0	<0.1	15	0	<0.1	15	0	<0.1	15	0	<0.1	15	0
苯并[b]荧蒽*	<0.2	151	0	<0.2	151	0	<0.2	151	0	<0.2	151	0	<0.2	151	0	<0.2	151	0
苯并[k]荧蒽*	<0.1	1 500	0	<0.1	1 500	0	<0.1	1 500	0	<0.1	1 500	0	<0.1	1 500	0	<0.1	1 500	0
䓛*	<0.1	12 900	0	<0.1	12 900	0	<0.1	12 900	0	<0.1	12 900	0	<0.1	12 900	0	<0.1	12 900	0
二苯并[a,h]蒽*	<0.1	15	0	<0.1	15	0	<0.1	15	0	<0.1	15	0	<0.1	15	0	<0.1	15	0
茚并[1,2,3-cd]芘*	<0.1	151	0	<0.1	151	0	<0.1	151	0	<0.1	151	0	<0.1	151	0	<0.1	151	0
萘*	<0.09	700	0	<0.09	700	0	<0.09	700	0	<0.09	700	0	<0.09	700	0	<0.09	700	0

4.8　底泥浸出物毒性鉴别

4.8.1　监测点位

工程占地范围内布设 2 个底泥监测样点,分别位于南大沟维修衬砌、团结大沟维修衬砌工程范围内,底泥监测点位经纬度见表 4-78。

表 4-78　灌区土壤测点经纬度

测点编号	名称	经度/(°)	纬度/(°)
N1	南大沟占地范围内	99.00688818	25.19517066
N2	团结大沟占地内	98.81337678	24.77346502

4.8.2　监测因子

本项目监测因子为 pH、铜(以总铜计)、锌(以总锌计)、镉(以总镉计)、铅(以总铅计)、总铬、铬(六价)、烷基汞、汞(以总汞计)、铍(以总铍计)、钡(以总钡计)、镍(以总镍计)、总银、砷(以总砷计)、硒(以总硒计)、无机氟化物(不包括氟化钙)、氰化物(以 CN-计)、六六六(α-BHC,β-BHC,γ-BHC,δ-BHC)、滴滴涕(PP'-DDE、OP'-DDT、PP'-DDD、PP'-DDT),共 19 项。

4.8.3　监测时段及频率

2021 年 9 月 1 日,连续监测 1 d,采样 1 次,每个点取样 5 份,混合后检测。

4.8.4　监测方法

采集与分析按《危险废物鉴别标准　浸出毒性鉴别》(GB 5085.3—2007)中规定的方法执行。

4.8.5　监测结果与现状评价

潞江坝灌区底泥现状监测结果见表 4-79。

表 4-79　潞江坝灌区底泥监测结果　　　　　　　　　　　　单位:mg/L

项目	GB 5085.3—2007 浸出液中危险浓度限值	GB 8978—1996 污染物排放限值	南大沟占地范围内		团结大沟占地内	
			监测结果	达标情况	监测结果	达标情况
pH	—	—	7.71	达标	7.63	达标
铜	100	0.5	0.02L	达标	0.02L	达标
锌	100	2	0.038	达标	0.011	达标
镉	1	0.1	0.005L	达标	0.005L	达标
铅	5	1	0.1L	达标	0.1L	达标

续表 4-79

项目	GB 5085.3—2007 浸出液中危险浓度限值	GB 8978—1996 污染物排放限值	南大沟占地范围内		团结大沟占地内	
			监测结果	达标情况	监测结果	达标情况
总铬	15	1.5	0.05L	达标	0.05L	达标
汞	0.1	0.05	0.000 4	达标	0.000 3	达标
铍	0.02	0.005	0.2L	达标	0.2L	达标
钡	100	—	0.1L	达标	0.1L	达标
镍	5	1	0.04L	达标	0.04L	达标
总银	5	0.5	0.01L	达标	0.01L	达标
砷	5	0.5	0.000 3	达标	0.000 4	达标
硒	1	—	0.000 5	达标	0.000 3	达标
氰化物	5	1	0.1L	达标	0.000 08	达标
烷基汞	不得检出	不得检出	ND	达标	ND	达标
六六六 （mg/kg）	0.5	—	ND	达标	ND	达标
滴滴涕 （mg/kg）	0.1	—	ND	达标	ND	达标
铬(六价)	5	0.5	0.004L	达标	0.004L	达标
无机氟化物	100	20	0.1	达标	0.17	达标

由以上监测结果可知,本工程底泥土壤浸出毒性鉴别中各污染物浓度可满足《危险废物鉴别标准 浸出毒性鉴别》(GB 5085.3—2007)和《污水综合排放标准》(GB 8978—1996)的限值要求,不具有浸出毒性特征。

4.9 环境敏感区

根据工程布置情况,结合现场调查与资料收集,工程周边有生态敏感区 5 个,本工程均不涉及。

4.9.1 高黎贡山世界自然遗产

高黎贡山世界自然遗产为三江并流世界自然遗产组成部分之一,主要保护对象为怒江、澜沧江、金沙江及其流域内山脉,主要为高黎贡山组成的丰富的自然景观及其独特而丰富的地质地貌、生物多样性,经工程与高黎贡山世界自然遗产范围叠图核查,工程建设不涉及高黎贡山世界自然遗产,维修衬砌芒宽西大沟与世界自然遗产边界最近距离 980 m,工程对高黎贡山世界自然遗产无影响。

4.9.2　自然保护区

灌区周边有高黎贡山国家级自然保护区和云南省小黑山省级自然保护区。

4.9.2.1　高黎贡山国家级自然保护区

高黎贡山国家级自然保护区位于云南省西部,高黎贡山山脉的中上部,北纬 24°56′~ 28°22′、东经98°08′~98°50′,总面积 40.55 万 hm^2,由北、中、南互不相连的三段组成。北段位于北纬 27°31′~28°22′、东经98°08′~98°37′,北与西藏察隅县接壤,东起怒江峡谷,西至担当力卡山山脊与缅甸相邻,面积 24.32 万 hm^2;中段位于北纬 25°11′~26°15′、东经 98°40′~ 98°49′,西至高黎贡山山脊与缅甸相邻,东以泸水县、福贡县海拔 2 500 m 以上无人居住处为界,向南延伸至泸水县古登乡,北至福贡县的架科底乡,面积 3.78 万 hm^2;南段位于北纬 24°56′~26°09′、东经 98°34′~98°50′,东以泸水县和保山市隆阳区境内的高黎贡山东坡海拔 1 090 m 以上的山腰为界,西以泸水县、腾冲市境内高黎贡山西坡海拔1 900 m 以上的山腰为界,面积 12.45 万 hm^2。

4.9.2.2　小黑山省级自然保护区

小黑山省级自然保护区地处云南省西南边陲保山市龙陵县境内。位于北纬 24°15′~ 24°51′、东经 90°34′~99°11′,东临怒江,与临沧永德大雪山保护区隔江相望,西与德宏铜壁关自然保护区相接,北与高黎贡山国家级自然保护区相连,所处海拔范围为 600 ~ 3 001.6 m,相对高差 2 401.6 m。

小黑山省级自然保护区分为 4 部分。保护区从北到南大体呈不规则块状排列,依次由古城山(2 656 hm^2)、小黑山(含大雪山)(7 390.2 hm^2)、一碗水(3 783 hm^2)和江中山(2 183 hm^2)相对独立的 4 个亚保护区组成,面积 16 012.2 hm^2。其中核心区面积为 7 077.2 hm^2,实验区面积为 8 935.6 hm^2。分布在龙江、镇安、龙新、碧寨、象达、天宁、勐糯、龙山等 8 个乡镇,是高黎贡山、铜壁关与滇西南各保护区群的重要连接纽带,保护区内总面积的73.9%都是集体林。

4.9.2.3　工程与保护区位置关系

根据工程与高黎贡山国家级自然保护区和小黑山省级自然保护区叠图分析,工程不涉及灌区范围内的高黎贡山国家级自然保护区和小黑山省级自然保护区。工程与高黎贡山国家级自然保护区最近投影距离约 1 700 m,与小黑山省级自然保护区最近距离约 1 700 m。

根据《云南小黑山省级自然保护区总体规划》,小黑山自然保护区由一碗水、古城山、小黑山、大雪山和江中山片区组成,其中古城山片区是 2006 年规划调入的,主要保护对象为以白眉长臂猿、灰叶猴为主的保护动物和以长蕊木兰、红花木莲为主的保护植物;江中山主要保护对象为以绿孔雀、黑鹳、黑颈长尾雉、白鹇、红原鸡、红腹角雉、巨蜥、小熊猫、红瘰疣螈为主的保护动物和以疣粒野生稻等为主的保护植物。

2017 年 4 月"野性中国"在云南三大流域(红河流域、澜沧江流域、怒江流域)开展绿孔雀的调查。根据之前掌握绿孔雀比较适宜的栖息地情况(季雨林、暖性针叶林保存较好的地区、人为干扰较弱的地区),着重开展访问调查和栖息地调查。调查结果显示:龙陵县勐糯镇的江中山,属于小黑山自然保护区(江中山片区),绿孔雀分布在江中山东北角怒江拐弯的地方,可能只有 1~2 群,极其稀少,而且可能已无雄孔雀,生存状况堪忧,现场调查过程中也未发现野生绿孔雀个体,且该区域大面积飞机草入侵已经明显影响了当地的季雨林生态系统的健康,影响了绿孔雀在此地的生存。本工程距离保护区最近的区域为古城山片区,距离约为1.7 km,而距离有绿孔雀分布的江中山片区直线距离在50 km以上,工程建设对保护区内绿孔雀无影响。

另根据保山市林业和草原局发布的对龙陵小黑山省级自然保护区的监测数据表明,未在保护区内发现有绿孔雀种群的分布[数据来源:①保山市林业和草原局官网-动态要闻《龙陵小黑山省级自然保护区监测到鸟类259种占全省鸟类27%》(2018年);②新闻报道"云南龙陵小黑山保护区珍稀野生动物全天候记录"(2017年)]。

4.9.3　博南古道省级风景名胜区

4.9.3.1　风景名胜区概况

根据《保山市博南古道风景名胜区总体规划(2015—2030)》(征求意见稿),保山市博南古道省级风景名胜区总面积为120.34 km²。分为澜沧江峡谷中段、保山市中心城区、高黎贡山-潞江热坝3个风景片区。

风景名胜区是以博南古道为主线,地史景观、自然景观、人文景观为载体,永昌文化及民族风情为灵魂,以云南省及东南亚为主要客源市场,集休闲度假、游览观光、科研科普功能于一体,国内及东南亚具有一定知名度的省级风景名胜区。

4.9.3.2　区位关系

博南古道省级风景名胜区已进行总体规划编制与调整,根据调整情况,本工程建设的各项建设项目均不涉及博南古道风景名胜区范围,工程距离风景名胜区高黎贡山片区潞江景区最小距离为750 m,对景区无影响。

4.9.4　水产种质资源保护区

灌区范围以北怒江上游分布有怒江中上游特有鱼类国家级水产种质资源保护区,保护区主要保护对象为怒江中上游特有鱼类,经识别,该保护区位于本灌区上游怒江州,不在本灌区范围内,且本灌区未在怒江上有工程建设内容,对怒江无直接影响,因此灌区对该水产种质资源保护区无影响。

4.9.5　生态保护红线

4.9.5.1　灌区范围内生态保护红线

根据云南省生态保护红线分类和分布范围,灌区周边主要有滇西北高山峡谷生物多样性维护与水源涵养生态保护红线和怒江下游水土保持生态保护红线两大类。

滇西北高山峡谷生物多样性维护与水源涵养生态保护红线位于云南省西北部,涉及保山、大理、丽江、怒江、迪庆等5个州、市,是全省海拔最高的地区,为典型的高山峡谷地貌分布区。受季风和地形影响,立体气候极为显著。植被以中山湿性常绿阔叶林、暖温性针叶林、温凉性针叶林、寒温性针叶林、高山亚高山草甸等为代表。重点保护物种有滇金丝猴、白眉长臂猿、云豹、雪豹、金雕、须弥红豆杉、珙桐、澜沧黄杉、大果红杉、油麦吊云杉等珍稀动植物。已建有云南白马雪山国家级自然保护区、云南高黎贡山国家级自然保护区、香格里拉哈巴雪山省级自然保护区、三江并流世界自然遗产地等保护地。

怒江下游水土保持生态保护红线位于云南省西南部,怒江下游地区,涉及保山、临沧等

2 个市。地貌以中山山地与宽谷盆地为主,兼具北热带和南亚热带气候特征。植被以季雨林、季风常绿阔叶林、中山湿性常绿阔叶林等为代表。重点保护物种有白掌长臂猿、菲氏叶猴、孟加拉虎、绿孔雀、黑桫椤、藤枣、董棕、三棱栎、四数木等珍稀动植物。已建有云南永德大雪山国家级自然保护区、镇康南捧河省级自然保护区等保护地。

4.9.5.2 工程与生态保护红线位置关系

将云南省保山市生态保护红线与本工程叠图分析,灌区灌面均不涉及生态保护红线,新建水库工程、干渠工程、提水泵站工程、取水坝工程等永久工程均不涉及生态保护红线。

施工营区和渣场、料场等临时工程不涉及生态保护红线。部分地埋管及相应施工道路涉及生态保护红线,新建地埋管工程量较小,施工时间较短,施工结束后尽快对埋管进行填埋,进行植被恢复,对生态保护红线影响较小,地埋管工程和施工道路涉及红线情况见表 4-80。

表 4-80 涉及生态保护红线的地埋管及临时施工道路

序号	位置	涉及红线	地埋管工程或施工道路名称	涉及长度/m	面积/hm²
1	隆阳区	滇西北高山峡谷生物多样性维护与水源涵养生态保护红线	橄榄河引水渠施工临时道路	220	0.14
2			明子山北干渠施工临时道路	752	0.49
3			登高双沟施工临时道路	207	0.13
4			明子山南干渠施工临时道路	57	0.04
5	龙陵县	怒江下游水土保持生态保护红线	大龙供水管及其临时道路	545	1.31
6	施甸县		施甸坝干管及其临时道路	349	0.84
7			连通东干管及其临时道路	1 154	2.77
8			蒋家寨引水管及其临时道路	1 251	3.00
9			大落坑管线及其临时道路	1 895	4.55
10			连通西干管及其临时道路	908	2.18

4.9.6 饮用水水源保护区

4.9.6.1 灌区范围内水源保护区

根据划定的保山市饮用水水源保护区范围,潞江坝灌区内有 2 个"千吨万人"饮用水水源地和 12 个乡镇水源地。

2 个"千吨万人"饮用水水源地分别为小滥坝水库保护区、银川水库水源饮用水水源地。

12 个乡镇水源地分别为芒宽河水源地、大海坝水库水源地、小海坝水库水源地、明子山水库水源地、猪头山龙洞水源地、大浪坝水库水源地、石房水库水源地、红谷田水库饮用水水源地、上寨水库饮用水水源地、一道桥水库饮用水水源地、柳沟水库饮用水水源地、岔河龙洞水源保护区。其中,大海坝水库和小海坝水库现状是给保山中心城市供水的水源地之一,供水量较大。潞江坝灌区规划范围内分布的饮用水水源保护区基本情况见表 4-81。

表 4-81 潞江坝灌区饮用水水源保护区统计

水源地级别	序号	县区名称	乡镇名称	水源地名称	水源地类型	水环境功能类别	一级保护区/km² 水域	一级保护区/km² 陆域	二级保护区/km² 水域	二级保护区/km² 陆域	准保护区/km² 水域	准保护区/km² 陆域
"千吨万人"水源地	1	施甸县	由旺镇	银川水库	水库型	III类	0.145	0.471	0.085	8.347	—	4.274
	2	龙陵县	镇安镇	小滥坝水库	水库型	III类	0.632	2.472	—	2.287	—	—
	3	隆阳区	芒宽乡	芒宽河	河流型	III类	0.014	0.113	0.043	6.679	—	—
	4	隆阳区	杨柳乡	大海坝水库	水库型	III类	1.313	1.365	0.197	15.972	—	—
	5	隆阳区	杨柳乡	小海坝水库	水库型	III类	1.281	3.426	0.016	9.493	—	—
	6	隆阳区	潞江镇	明子山水库	水库型	III类	0.626	1.946	0.016	10.865	0.015	4.71
	7	隆阳区	潞江镇	猪头山龙洞	地下型	III类	0.129	0.401	0.016	6.316	—	21.183
乡镇水源地	8	隆阳县	蒲缥镇	大浪坝水库	水库型	III类	0.134	0.549	—	3.309	—	—
	9	施甸县	太平镇	石房水库	水库型	III类	0.048	0.227	—	1.205	—	—
	10	施甸县	老麦乡	红谷田水库	水库型	III类	0.404	0.763	—	41.736	—	—
	11	施甸县	老麦乡	一道桥水库	水库型	III类	0.085	0.24	—	6.417	—	—
	12	施甸县	老麦乡	柳沟水库	水库型	III类	0.021	0.286	—	1.829	—	—
	13	施甸县	何元乡	上寨水库	水库型	III类	0.144	0.541	—	4.105	—	—
	14	龙陵县	碧寨乡	岔河龙洞	地下水型	III类	—	0.042	—	2.802	—	—
准"千吨万人"水源地	*	龙陵县	镇安镇	八〇八水库	水库型	III类	暂未获得批复,现为龙陵县备用水源地,小滥坝主要补水水源地					

4.9.6.2　工程与水源保护区关系

将工程与饮用水水源保护区叠图分析,所有工程均不涉及饮用水水源保护区,新增灌面不涉及饮用水水源保护区。与水源地较近距离的工程建设内容为维修衬砌,维修衬砌渠道位于水源地下游,距离水源地较远,工程建设不会对水源地造成影响,见表 4-82。

表 4-82　潞江坝灌区工程附近饮用水水源保护区关系及影响

水源地	附近工程及建设内容	位置关系	影响程度和方式
芒宽河饮用水水源地	芒宽西大沟维修衬砌	芒宽西大沟维修衬砌位于芒宽河饮用水水源地下游,维修衬砌段距离水源地最近距离大于 1 000 m	芒宽西大沟维修衬砌位于水源地下游,施工对水源地无影响
猪头山龙洞水源地	芒勒大沟维修衬砌	芒勒大沟维修衬砌位于猪头山龙洞水源地下游,维修衬砌段距水源地最近距离大于 500 m	芒勒大沟维修衬砌位于水源地下游,施工对水源地几乎无影响
猪头山龙洞水源地	新建芒柳干管	新建芒柳干管位于猪头山龙洞下游,距离猪头山龙洞最近距离约 800 m	新建芒柳干管距离猪头山龙洞最近距离约 800 m,位于猪头山龙洞下游,施工期废水回用不外排,不会对水源保护区产生不利影响
明子山水库水源地	明子山北干渠维修衬砌	明子山北干渠维修衬砌段距水源地最近约 1 200 m	明子山北干渠位于水源地下游,维修衬砌段距水源地最近约 1 200 m,施工对水源地无影响
小滥坝水库水源地	八〇八金河引水渠维修衬砌和干河引水渠维修衬砌	八〇八金河引水渠维修衬砌和干河引水渠维修衬砌段位于水源地下游,距离水源地最近距离约 1 000 m	八〇八金河引水渠维修衬砌和干河引水渠维修衬砌段位于水源地下游,距离水源地最近距离约 1 000 m,施工对水源地无影响
岔河龙洞水源地	摆达大沟维修衬砌	摆达大沟穿越水源地,维修衬砌段位于水源地下游,距离水源地最近距离约 1 300 m	摆达大沟穿越水源地,维修衬砌段位于水源地下游,距离水源地最近距离约 1 300 m,施工对水源地无影响

4.9.6.3　参与灌区水资源配置的饮用水水源保护区

共有 8 座水库饮用水水源保护区参与本灌区水资源配置,其中有 2 个"千吨万人"饮用水水源地,分别为小滥坝水库保护区、银川水库水源饮用水水源地;有 6 个乡镇水源地,分别为大海坝水库水源地、小海坝水库水源地、明子山水库水源地、大浪坝水库水源地、红谷田水库饮用水水源地、一道桥水库饮用水水源地。此外,八〇八水库也作为龙陵县备用水源和小滥坝补水水源承担部分腊勐集镇人饮供水。规划在优先保证水库人饮用水的前提下,对参与水资源配置的水源保护区水资源量进行配置。根据饮用水水源保护区供水人口和供水量,利用水库剩余水量进行灌溉用水配置(见表 4-83)。

表 4-83　不同保证率下人饮和灌溉供水量　　　　　单位:万 m³

水库饮用水源保护区	25%保证率		50%保证率		75%保证率		90%保证率	
	人饮	灌溉	人饮	灌溉	人饮	灌溉	人饮	灌溉
小海坝水库水源保护区	116.20	309.13	116.20	421.94	116.20	450.87	116.20	337.36
大海坝水库水源保护区	57.81	312.84	57.81	386.93	57.81	421.46	57.81	311.00
明子山水库水源保护区	86.00	721.00	86.00	843.00	86.00	984.00	86.00	617 .00
大浪水库水源保护区	28.00	96.00	28.00	117.00	28.00	132.00	28.00	149.00
红谷田水库水源保护区	649.11	399.93	649.11	409.17	649.11	435.23	649.11	522.82
一道桥水库水源保护区	231.00		231.00		231.00		231.00	
银川水库水源保护区	170.00		170.00		170.00		170.00	
小滥坝水库水源保护区	54.75	212.38	54.75	233.60	54.75	254.21	54.75	273.31
八〇八水库水源保护区（部分人饮水源）	65.70	639.00	65.70	956.00	65.70	1 029.00	65.70	920.00

4.9.7　压覆矿产情况

根据《保山市潞江坝灌区工程建设项目用地压覆矿产资源报告》评审意见书,经资料核实及压矿甄别,评估区范围内未压覆矿产资源。

经评估单位三级查询及实地调查核实,评估区内除煤、铅、锌及铁外,尚未发现《矿产资源开采登记管理办法》附录所列 34 种及云南省优势矿产资源所列 29 种其他重要矿产资源。

4.10　区域主要环境问题

4.10.1　部分河道生态水量不足

区域水资源开发利用改变了河道径流的天然属性,造成部分河流水量减少。由于灌区范围内已建水库大部分建设年代较早,无生态流量下泄要求,在枯水季节,部分河段河床岩石裸露,生态环境恶化,生态水量得不到很好保障。

4.10.2　其他生态环境问题

评价区内以农业生产、经济果木种植为主要生产结构,区域内主要生态问题为:①土地不合理利用带来的生态破坏和环境污染;②生境破碎化对生物多样性的威胁;③土地利用不合理带来的水土流失。

第 5 章　环境影响研究

5.1　水资源及水文情势影响研究

5.1.1　水资源利用影响研究

5.1.1.1　灌区水资源供需平衡分析

1.基准年供需水量平衡情况

潞江坝灌区现状约 60.8% 以上的骨干渠段需维修衬砌,现状输水损失大。通过参考现有灌区设计报告并经典型调查复核,现状年各灌片灌溉水有效利用系数为 0.36~0.55,全灌区综合灌溉水有效利用系数约 0.48。现状年集镇生活、工业供水管网损失约 15%,水厂自用水 5%,农村供水管网损失约为 20%。

现状供水水平下,灌区多年平均总需水量 19 442 万 m³,总供水量 13 044 万 m³,缺水总量 6 398 万 m³,其中生活缺水量 215 万 m³,工业缺水量 327 万 m³,农业缺水量 5 856 万 m³。基准年供需水量平衡结果见表 5-1。

2.规划年水资源供需分析

1)工程建设前供需水量平衡分析

设计水平年 2035 年,通过供水管网的改造提升,集镇生活、工业供水管网损失降低至 10%,未预见水量及水厂自用水各取 5%;农村供水管网损失降低至 15%。

经供需平衡分析,2035 年,灌区多年平均需水总量为 24 455 万 m³,其中生活需水量 2 447 万 m³,工业需水量 1 820 万 m³,农业需水量 20 188 万 m³;可供水量 12 384 万 m³;缺水总量为 12 071 万 m³(缺水率 49.8%),其中生活缺水量 345 万 m³,工业缺水量 886 万 m³,农业缺水量 10 840 万 m³。

2035 年,本次工程建设前各灌片水量平衡结果见表 5-2。

2)工程建设后新增供水量

潞江坝灌区工程建设后,2035 年灌区多年平均新增供水量 10 815 万 m³,其中,通过已建工程节水改造和渠系配套供水挖潜新增供水量 9 113 万 m³,本次新建工程新增供水量 1 702 万 m³,生活新增供水量 233 万 m³,工业新增供水量 23 万 m³,农业新增供水量 1 446 万 m³,分灌片新增供水量详见表 5-3。

3)工程建设后供需水量平衡及水资源配置

灌区多年平均总需水量 24 455 万 m³,其中生活需水量 2 447 万 m³,工业需水量 1 820 万 m³,农业灌溉需水量 20 188 万 m³;工程建设后灌区总供水量为 23 199 万 m³,其中生活供水量 2 447 万 m³,工业供水量 1 820 万 m³,农业供水量 18 932 万 m³。缺水总量为 1 256 万 m³,均为农业缺水,缺水率 6.2%。

潞江坝灌区设计水平年水资源配置成果见表 5-4。

表 5-1　基准年供需水量平衡成果

单位：万 m³

灌片名称	单元名称	毛需水量				供水量				缺水量			
		生活	工业	农业	合计	生活	工业	农业	合计	生活	工业	农业	合计
干热河谷灌片	梨澡单元	22	0	173	195	22	0	18	40	0	0	155	155
	芒宽坝单元	221	34	2 575	2 830	136	24	1 615	1 775	85	10	960	1 055
	潞江坝单元	355	35	5 156	5 546	266	32	2 623	2 921	89	3	2 533	2 625
	小计	598	69	7 904	8 571	424	56	4 256	4 736	174	13	3 648	3 835
三岔灌片	三岔河单元	145	25	1 575	1 745	134	23	966	1 123	11	2	607	620
	八〇八单元	177	37	1 959	2 173	163	35	863	1 061	14	2	1 096	1 112
	小计	322	62	3 534	3 918	297	58	1 829	2 184	25	4	1 705	1 734
水长灌片	橄榄单元	21	0	58	79	21	0	56	77	0	0	2	2
	小海坝单元	104	0	191	295	103	0	191	294	1	0	0	1
	大海坝单元	50	47	276	373	50	47	266	363	0	0	10	11
	阿贡田单元	170	0	912	1 082	170	0	904	1 074	0	0	8	8
	水长河单元	22	0	212	234	22	0	197	219	0	0	15	15
	蒲缥坝单元	238	490	649	1 377	223	180	556	959	15	310	93	418
	小计	605	537	2 298	3 440	589	227	2 170	2 986	16	310	128	454
烂枣灌片	烂枣单元	121	0	1 168	1 289	121	0	804	925	0		364	364
	东蚌兴华单元	55	0	141	196	55	0	130	185	0	0	11	11
	小计	176	0	1 309	1 485	176	0	934	1 110	0	0	375	375
施甸灌片		333	588	1 107	2 028	333	588	1 107	2 027	0	0	0	0
合计		2 034	1 256	16 152	19 442	1 819	929	10 296	13 044	215	327	5 856	6 398

表 5-2　工程建设前供需水量平衡成果(多年平均)

单位:万 m³

灌片名称	单元名称	毛需水量				供水量				缺水量			
		生活	工业	农业	合计	生活	工业	农业	合计	生活	工业	农业	合计
干热河谷灌片	梨棵单元	26	0	26	52	26	0	5	31			21	21
	芒宽坝单元	280	42	2 060	2 382	117	19	993	1 129	163	23	1 067	1 253
	潞江坝单元	413	43	4 740	5 196	343	43	2 214	2 600	70	0	2 526	2 596
	小计	719	85	6 826	7 630	486	62	3 212	3 760	233	23	3 614	3 870
三岔灌片	三岔河单元	178	30	1 844	2 052	149.4	30	969	1 147	30	0	875	905
	八〇八单元	221	46	2 074	2 341	182	46	738	966	39	0	1 336	1 375
	小计	399	76	3 918	4 393	331.4	76	1 707	2 114	69	0	2 211	2 280
水长灌片	橄榄单元	25	0	109	134	25	0	38	62	0	0	72	72
	小海坝单元	116	0	406	522	116	0	224	340	0	0	182	182
	大海坝单元	58	56	380	494	58	56	137	251	0	0	243	243
	阿贡田单元	185	0	2 440	2 625	185	0	1 866	2 051	0	0	574	574
	水长河单元	25	0	278	303	25	0	143	168	0	0	135	135
	蒲缥坝单元	277	600	1 039	1 916	234	150	323	707	43	450	716	1 209
	小计	686	656	4 652	5 994	643	206	2 730	3 579	43	450	1 922	2 415
烂枣灌片	烂枣单元	141	0	1 180	1 322	141	0	633	774	0	0	548	548
	东鲜兴华单元	66	0	439	505	66	0	117	183	0	0	322	322
	小计	207	0	1 618	1 827	207	0	750	957	0	0	868	868
施甸灌片		436	1 003	3 172	4 611	436	590	949	1 975	0	413	2 223	2 636
合计		2 447	1 820	20 188	24 455	2 102	934	9 348	12 384	345	886	10 840	12 071

表 5-3　本次工程建设后新增供水量(多年平均)

单位:万 m³

灌片	单元	已建工程				本次新建工程				合计
		生活	工业	农业	合计	生活	工业	农业	合计	
干热河谷灌片	梨澡单元			18	18					18
	芒宽坝单元			422	422	163	23	454	640	1 062
	潞江坝单元			1 877	1 877	70		494	564	2 441
	小计			2 317	2 317	233	23	948	1 204	3 521
三岔灌片	三岔河单元	31		788	819					819
	八〇八单元	39		1 238	1 277					1 277
	小计			2 026	2 096					2 096
水长灌片	橄榄单元			60	60					60
	小海坝单元			53	53			96	96	149
	大海坝单元			196	196					196
	阿贡田单元			333	333					333
	水长河单元			37	37			65	65	102
	蒲漂坝单元	43	450	415	908			208	208	1 116
	小计	43	450	1 094	1 587			369	369	1 956
烂枣灌片	烂枣单元			313	313			129	129	442
	东蚌兴华单元			318	318					318
	小计			631	631			129	129	760
施甸灌片			413	2 069	2 482	233				2 482
合计			413	8 137	9 113	233	23	1 446	1 702	10 815

表 5-4　工程建设后 2035 年分区供需水量平衡成果（多年平均）

单位:万 m³

序号	统计分区		净需水量				毛需水量				供水量			
			生活	工业	农业	合计	生活	工业	农业	合计	生活	工业	农业	合计
一	合计		2 118	1 572	14 473	18 163	2 447	1 820	20 188	24 455	2 447	1 820	18 932	23 199
二	按灌溉分区													
1	干热河谷灌片	梨澡单元	22		21	43	25	0	26	51	26	0	23	49
2		芒宽坝单元	233	35	1 537	1 805	280	42	2 060	2 382	280	42	1 869	2 191
3		潞江坝单元	359	37	3 409	3 805	413	43	4 740	5 196	413	43	4 585	5 041
4		小计	614	72	4 967	5 653	718	85	6 826	7 629	719	85	6 477	7 281
5	三岔灌片	三岔河单元	156	26	1 277	1 459	180	30	1 844	2 054	179	30	1 757	1 966
6		八〇八单元	192	39	1 502	1 733	221	46	2 074	2 341	221	46	1 976	2 243
7		小计	348	65	2 779	3 192	401	76	3 918	4 395	400	76	3 733	4 209
8	水长灌片	橄榄单元	21	0	74.6	96	25	0	110	134	24	0	98	122
9		小海坝单元	101	0	296	397	116	0	406	522	116	0	373	489
10		大海坝单元	51	48	270	369	58	56	380	494	58	56	333	447
11		阿贡田单元	161	0	1 708	1 869	185	0	2 440	2 625	185	0	2 199	2 384
12		水长河单元	22	0	200	222	25	0	278	303	25	0	245	270
13		蒲缥坝单元	241	519	707	1 467	277	600	1 039	1 916	277	600	946	1 823
14		小计	597	567	3 256	4 420	686	656	4 653	5 995	685	656	4 194	5 535
15	烂枣灌片	烂枣单元	123	0	891	1 014	141	0	1 179	1 320	141	0	1 075	1 216
16		东蚌兴华单元	57	0	327	384	66	0	439	505	66	0	435	501
17		小计	180	0	1 218	1 398	207	0	1 618	1 825	207	0	1 510	1 717
18	施甸灌片		379	868	2 253	3 500	436	1 003	3 171	4 611	436	1 003	3 018	4 457
三	按行政区分区													
1	隆阳区		1 334	638	9 114	11 086	1 544	741	12 659	14 944	1 545	741	11 744	14 030
2	施甸县		436	868	2 581	3 885	502	1 003	3 611	5 116	502	1 003	3 455	4 960
3	龙陵县		348	66	2 778	3 192	401	76	3 918	4 395	400	76	3 733	4 209

5.1.1.2 　流域水资源利用影响分析

1.区域水资源利用影响分析

潞江坝灌区水资源总量 7.9 亿 m³,2019 年水资源开发利用量 1.36 亿 m³,水资源开发利用率为 17%,潞江坝灌区建成后,水资源开发利用率 29%,是较为合理的水平。

2.主要断面水资源利用影响分析

本次拟新建 2 座水库工程,分别为八萝田水库和芒柳水库,八萝田水库位于芒宽乡老街子河,芒柳水库位于潞江镇北部的芒牛河上。

八萝田水库和芒柳水库坝址断面及老街子河和芒牛河入怒江河口断面工程实施后开发利用率详见表 5-5。根据表 5-5,八萝田水库坝址断面工程实施后多年平均开发利用量为 0.065 8 亿 m³,开发利用率为 18.80%;老街子河入怒江河口断面工程实施后多年平均开发利用量为 0.07 亿 m³,开发利用率为 11.29%;芒柳水库坝址断面工程实施后多年平均开发利用量为 0.058 亿 m³,开发利用率为 9.18%;芒牛河入怒江河口断面工程实施后多年平均开发利用量为 0.064 亿 m³,开发利用率为 8.35%,各断面开发利用率均远低于 40%。

表 5-5　主要断面开发利用情况

序号	工程	断面名称	多年平均天然径流/亿 m³	工程实施后多年平均开发利用量/亿 m³	开发利用率/%
1	八萝田水库	坝址断面	0.35	0.065 8	18.80
2		老街子河入怒江河口断面	0.62	0.07	11.29
3	芒柳水库	坝址断面	0.631 5	0.058	9.18
4		芒牛河入怒江河口断面	0.766 5	0.064	8.35

5.1.2 　水文情势影响研究

本工程将新建 2 座水库,同时需配套建设完善的取水坝 17 座(新建 5 座,重建 3 座,维修加固 9 座),新建提水泵站 1 座,3 座重建取水坝均为原址重建,其他 9 座为对原取水坝维修加固,下文对 2 座新建水库、5 座新建取水坝及新建泵站的水文情势影响进行分析评价。

5.1.2.1 　新建水库水文情势影响研究

1.水文情势影响分析

水库建成后,上游库区一定范围内水位升高,回水长度增大,水量增多,水域面积相应增大,河流状态由流动型变为缓流湖泊型。水库建成后对河流形成阻隔影响,改变了天然径流量的时空分布,原河段水位抬高,水深增加,水体流速下降。

水库建成后将对所在河流造成阻隔,在坝后形成一小段减水河段,八萝田水库和芒柳水库工程建设前后水文情势变化见表 5-6、表 5-7 和图 5-1、图 5-2。

分析图表中的数据可知:

(1)灌区建成后,新建八萝田水库多年平均逐月下泄量由 0.35～2.87 m³/s 变为 0.26～2.44 m³/s,减水比例为 7.5%～38.6%。

(2)灌区建成后,新建芒柳水库多年平均逐月下泄量由 0.34～6.26 m³/s 变为 0.28～5.69 m³/s,减水比例为 1.3%～37.7%。

表 5-6 潞江坝灌区新建八萝田水库水文情势变化程度

单位：m³/s

工况		1月	2月	3月	4月	5月	6月	7月	8月	9月	10月	11月	12月	平均
丰水年 P=25%	建库前	0.9	0.86	0.62	0.5	0.41	1.79	3.31	3.2	2.29	2.11	2.21	1.26	1.62
	建库后	0.74	0.7	0.4	0.25	0.18	1.63	3.13	3.05	2.14	1.97	2.08	1.11	1.45
	减水比例/%	17.8	18.6	35.5	50.0	56.1	8.9	5.4	4.7	6.6	6.6	5.9	11.9	
	生态流量	0.18	0:18	0.18	0.18	0.18	0.39	0.39	0.39	0.39	0.39	0.18	0.18	
平水年 P=50%	建库前	0.48	0.43	0.2	0.24	0.25	1.41	3.83	3.57	2.17	1.59	1.04	0.72	1.33
	建库后	0.29	0.22	0.18	0.18	0.18	0.39	3.08	3.41	1.98	1.46	0.88	0.59	1.07
	减水比例/%	39.6	48.8	10.0	25.0	28.0	73.8	19.6	4.5	8.8	8.2	15.4	18.1	
	生态流量	0.18	0.18	0.18	0.18	0.18	0.39	0.39	0.39	0.39	0.39	0.18	0.18	
枯水年 P=75%	建库前	0.72	0.56	0.48	0.47	0.24	2.36	2.98	2.54	2.35	1.79	1.22	0.91	1.38
	建库后	0.55	0.34	0.26	0.3	0.18	2.1	2.81	2.36	2.21	1.66	1.07	0.76	1.22
	减水比例/%	23.6	39.3	45.8	36.2	25.0	11.0	5.7	7.1	6.0	7.3	12.3	16.5	
	生态流量	0.18	0.18	0.18	0.18	0.18	0.39	0.39	0.39	0.39	0.39	0.18	0.18	
多年平均	建库前	0.61	0.49	0.4	0.35	0.37	1.14	2.6	2.87	2.11	1.64	1.2	0.83	1.22
	建库后	0.51	0.37	0.3	0.26	0.27	0.7	1.97	2.44	1.91	1.44	1.11	0.75	1
	减水比例/%	16.4	24.5	25.0	25.7	27.0	38.6	24.2	15.0	9.5	12.2	7.5	9.6	
	生态流量	0.18	0.18	0.18	0.18	0.18	0.39	0.39	0.39	0.39	0.39	0.18	0.18	

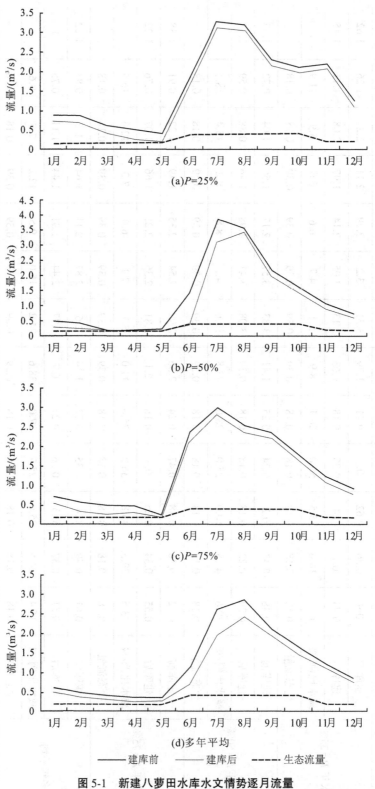

(a)$P=25\%$

(b)$P=50\%$

(c)$P=75\%$

(d)多年平均

建库前　　　建库后　　　生态流量

图 5-1　新建八萝田水库水文情势逐月流量

表 5-7　潞江坝灌区新建芒柳水库水文情势变化程度

单位：m³/s

工况		1月	2月	3月	4月	5月	6月	7月	8月	9月	10月	11月	12月	平均
丰水年 P=25%	建库前	1.03	0.76	0.61	0.47	0.25	1.27	4.00	6.41	3.78	3.69	2.28	1.60	2.18
	建库后	0.92	0.53	0.39	0.32	0.25	0.81	3.83	6.25	3.71	3.65	2.23	1.55	2.04
	减水比例/%	10.7	30.3	36.1	31.9	0.0	36.2	4.3	2.5	1.9	1.1	2.2	3.1	
	生态流量	0.24	0.24	0.24	0.24	0.24	0.60	0.60	0.60	0.60	0.60	0.24	0.24	
平水年 P=50%	建库前	0.94	0.77	0.58	0.43	0.50	1.11	4.07	4.67	4.46	3.13	1.97	1.15	1.98
	建库后	0.83	0.57	0.37	0.34	0.28	0.85	3.89	4.54	4.39	3.09	1.93	1.06	1.84
	减水比例/%	11.7	26.0	36.2	20.9	44.0	23.4	4.4	2.8	1.6	1.3	2.0	7.8	
	生态流量	0.24	0.24	0.24	0.24	0.24	0.60	0.60	0.60	0.60	0.60	0.24	0.24	
枯水年 P=75%	建库前	0.49	0.30	0.23	0.20	0.37	0.77	3.15	8.10	3.59	2.21	1.26	0.71	1.78
	建库后	0.40	0.28	0.23	0.20	0.37	0.60	2.26	7.99	3.54	2.15	1.14	0.63	1.65
	减水比例/%	18.4	6.7	8.0	23.1	0.0	22.1	28.3	1.4	1.4	2.7	9.5	11.3	
	生态流量	0.24	0.24	0.24	0.24	0.24	0.60	0.60	0.60	0.60	0.60	0.24	0.24	
多年平均	建库前	0.60	0.53	0.34	0.37	0.35	1.57	6.26	5.35	3.07	2.08	1.85	1.11	1.96
	建库后	0.57	0.33	0.28	0.28	0.28	1.10	5.69	5.27	3.03	2.03	1.82	1.07	1.81
	减水比例/%	5.0	37.7	17.6	24.3	20.0	29.9	9.1	1.5	1.3	2.4	1.6	3.6	
	生态流量	0.24	0.24	0.24	0.24	0.24	0.60	0.60	0.60	0.60	0.60	0.24	0.24	

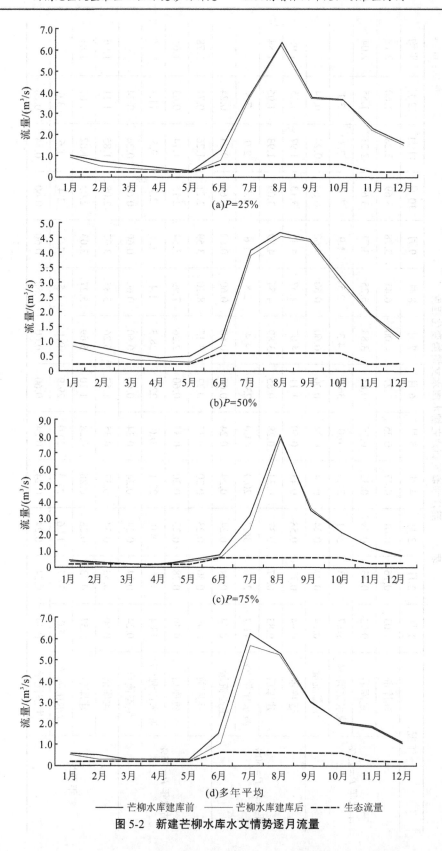

(a)$P=25\%$

(b)$P=50\%$

(c)$P=75\%$

(d)多年平均

—— 芒柳水库建库前   —— 芒柳水库建库后   ---- 生态流量

图 5-2　新建芒柳水库水文情势逐月流量

2.生态流量计算与生态流量满足程度分析

水库建成后将对所在河流造成阻隔,在坝后形成一小段减水河段,为了减缓水库工程对河流水文情势的影响,水库运行调度时必须采取措施保证下游生态用水需求。

1)生态流量计算

(1)八萝田水库。

①Tennant 法。

Tennant 法是目前广泛使用的水文学方法,该方法以多年平均流量的百分数来描述河流情况。根据 Tennant 法的标准,河道内流量为多年平均流量的 10% 时,是大多数水生生物生存所需的最小水量,此时水生状况处于"差"的状态。河道内流量为多年平均流量的 30% 时,能保持大多数水生动物有良好的栖息条件,其中对于鱼类产卵育幼期,河流水生状况处于"开始退化"情况,对于枯水期,河流水生状况可以达到"非常好"的状况。

八萝田水库坝址天然径流多年平均流量为 1.3 m^3/s,当坝下河道流量为其多年平均流量的 10%,即 0.13 m^3/s 时,可满足河道的基本生态功能;当为多年平均流量的 30%,即 0.39 m^3/s时,可以满足大多数鱼类生态习性要求。

②90%保证率最枯月流量法。

八萝田水库坝址处多年 90% 保证率最枯月平均流量为 0.18 m^3/s,故 90%保证率最枯月流量法计算的生态流量为 0.18 m^3/s,为坝址处多年平均流量的 13.8%。

③湿周法。

湿周法是常用的一种水力学方法。从水力学可知,通常湿周随着河流流量的增大而增加,然而当湿周超过某临界值后,即使河流流量的大大增加也只能导致湿周的微小变化,这种状态在水位流量关系上是一个突变点,也就是说,突变点以下每减少一个单位的流量,水面宽的损失将显著增加,河床特征将严重损失。因此,将突变点处对应的流量作为最小生态流量,也就是说,为了保证河流的正常生态功能,河流流量不应小于维持该突变点对应的流量值。

传统湿周法采用目估法确定突变点,存在较大的主观性。根据国内外对湿周法的研究,分别采用对数函数和幂函数对湿周-流量关系进行函数拟合。对数函数和幂函数的拟合公式分别为:

$$P = aQ^b$$
$$P = c\ln Q + d$$

式中:a、b、c、d 均为常数。

本次湿周-流量关系曲线突变点的确定采用斜率为 1 法和斜率最大值法来确定,从而可以精准地推求出最小生态流量。

断面 1 不同类型函数拟合的湿周-流量关系曲线如图 5-3 所示,分别利用幂函数和对数函数对该曲线进行拟合。该断面幂函数拟合的结果为 $a = 9.396\ 3$,$b = 0.007\ 8$,即 $y = 9.396\ 3x^{0.007\ 8}$,$R^2 = 0.952$。对数函数的拟合结果 $c = 0.056\ 2$,$d = 9.344\ 1$,即 $y = 0.056\ 2\ln x + 9.344\ 1$,$R^2 = 0.905\ 8$。

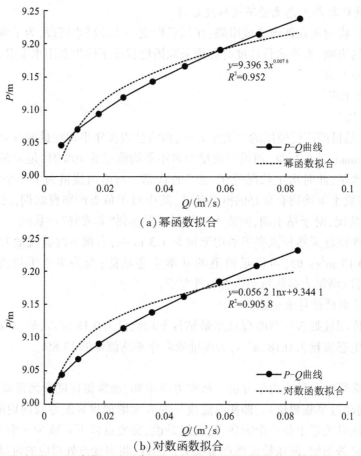

（a）幂函数拟合

（b）对数函数拟合

图 5-3 断面 1 不同类型函数拟合的湿周-流量关系曲线

断面 2 不同类型函数拟合的湿周-流量关系曲线如图 5-4 所示，分别利用幂函数和对数函数对该曲线进行拟合。该断面幂函数拟合的结果为 $a = 2.705\ 4$，$b = 0.017\ 9$，即 $y = 2.705\ 4x^{0.017\ 9}$，$R^2 = 0.911\ 3$。对数函数的拟合结果 $c = 0.044$，$d = 2.694$，即 $y = 0.044\ln x + 2.694$，$R^2 = 0.906\ 2$。

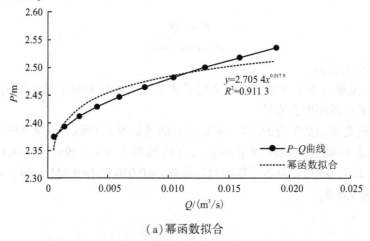

（a）幂函数拟合

图 5-4 断面 2 不同类型函数拟合的湿周-流量关系曲线

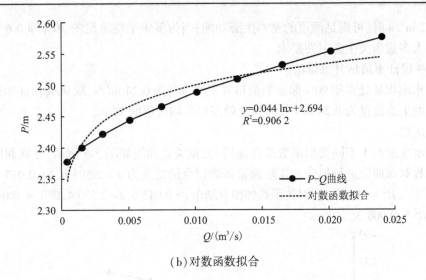

（b）对数函数拟合

续图 5-4

对拟合的湿周-流量关系曲线,分别采用斜率为 1 法和最大曲率法求解河道断面最小生态流量(曲线变化点),计算结果列于表 5-8。采用幂函数和对数函数进行函数拟合,为最大的保证生态平衡,选择幂函数与对数函数中最大的计算结果,采用斜率法计算最小生态流量。断面 1 最小下泄生态流量为 0.08 m³/s,断面 2 最小下泄生态流量为 0.05 m³/s。因此,考虑断面间的水力联系以及最大的保证生态流量,湿周法计算生态流量的结果为 0.08 m³/s。

表 5-8　不同方法求解的下游河道最小生态流量　　　　　　　　　单位:m³/s

断面	拟合函数类型	变化点确定方法	最小生态流量
断面 1	幂函数拟合	斜率法	0.08
		曲率法	0.06
	对数函数拟合	斜率法	0.06
		曲率法	0.04
断面 2	幂函数拟合	斜率法	0.05
		曲率法	0.04
	对数函数拟合	斜率法	0.04
		曲率法	0.03

八萝田水库下游无规模化的产卵场,也无重要湿地。根据三种生态流量计算结果,本次评价八萝田水库汛期(6—10 月)生态流量下泄不低于多年平均流量的 30%,非汛期(11 月至次年 5 月)生态流量采取三种生态流量计算结果取外包后下泄。即八萝田水库汛期(6—10 月)下泄生态流量 0.39 m³/s,非汛期(11 月至次年 5 月)下泄生态流量 0.18 m³/s,可满足下游生态用水需求。

（2）芒柳水库。

①Tennant 法。

芒柳水库坝址天然径流多年平均流量为 2 m³/s,当坝下河道流量为其多年平均流量的

10%即 0.2 m³/s 时,可满足河道的基本生态功能;当为多年平均流量的 30%即 0.6 m³/s 时,可以满足大多数鱼类生态习性要求。

②90%保证率最枯月流量法。

芒柳水库坝址处多年 90%保证率最枯月平均流量为 0.24 m³/s,故 90%保证率最枯月流量法计算的生态流量为 0.24 m³/s,为坝址处多年平均流量的 12%。

③湿周法。

芒柳水库断面 1 不同类型函数拟合湿周–流量关系曲线如图 5-5 所示,分别利用幂函数和对数函数对该曲线进行拟合。该断面幂函数拟合的结果为 $a=2.593\,6,b=0.017\,7$,即 $y=2.593\,6x^{0.017\,7}$,$R^2=0.913\,4$。对数函数的拟合结果 $c=0.043\,6,d=2.590\,4$,即 $y=0.043\,6\ln x+2.590\,4$,$R^2=0.908\,3$。

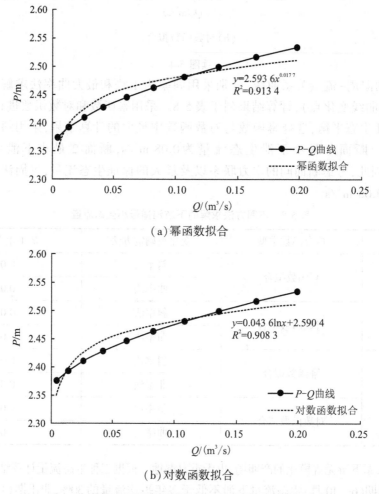

(a)幂函数拟合

(b)对数函数拟合

图 5-5 断面 1 不同类型函数拟合的湿周–流量关系曲线

芒柳水库断面 2 不同类型函数拟合的湿周–流量关系曲线如图 5-6 所示,分别利用幂函数和对数函数对该曲线进行拟合。该断面幂函数拟合的结果为 $a=4.607\,9,b=0.008\,4$,即 $y=4.067\,9x^{0.008\,4}$,$R^2=0.909\,1$。对数函数的拟合结果 $c=0.038,d=4.607\,1$,即 $y=0.038\ln x+4.607\,1$,$R^2=0.906\,7$。

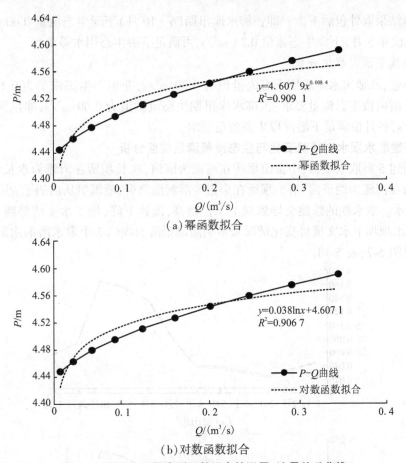

（a）幂函数拟合

$y=4.607\ 9x^{0.008\ 4}$
$R^2=0.909\ 1$

$y=0.038\ln x+4.607\ 1$
$R^2=0.906\ 7$

（b）对数函数拟合

图 5-6　断面 2 不同类型函数拟合的湿周-流量关系曲线

　　对拟合的湿周-流量关系曲线，分别采用斜率为 1 法和最大曲率法求解河道断面最小生态流量（曲线变化点），计算结果列于表 5-9。采用幂函数和对数函数进行函数拟合，为最大地保证生态平衡，选择幂函数与对数函数中最大的计算结果，采用斜率法计算最小生态流量。断面 1 最小下泄生态流量为 0.04 m³/s，断面 2 最小下泄生态流量为 0.04 m³/s。因此，考虑断面间的水力联系以及最大的保证生态流量，湿周法计算生态流量的结果为 0.04 m³/s。

表 5-9　不同方法求解的下游河道最小生态流量　　　　　　　　单位：m³/s

断面	拟合函数类型	变化点确定方法	最小生态流量
断面 1	幂函数拟合	斜率法	0.04
		曲率法	0.03
	对数函数拟合	斜率法	0.04
		曲率法	0.03
断面 2	幂函数拟合	斜率法	0.04
		曲率法	0.03
	对数函数拟合	斜率法	0.04
		曲率法	0.03

　　芒柳水库下游无规模化的产卵场，也无重要湿地。本次评价芒柳水库汛期（6—10 月）生态流量下泄不低于多年平均流量的 30%，非汛期（11 月至次年 5 月）生态流量采取三种生

态流量计算结果取外包后下泄。即芒柳水库汛期(6—10月)下泄生态流量 0.60 m³/s,非汛期(11月至次年5月)下泄生态流量 0.24 m³/s,可满足下游生态用水需求。

2)生态流量满足程度分析

综上所述,八萝田水库汛期生态流量值为 0.39 m³/s,非汛期生态流量为 0.18 m³/s,各月份满足下游河段生态流量要求;芒柳水库汛期生态流量值为 0.60 m³/s,非汛期生态流量为 0.24 m³/s,各月份满足下游河段生态流量要求。

5.1.2.2　新建取水坝水文情势变化与生态流量满足程度分析

本次新建 5 座取水坝,其中雷山坝所在河流为麻河,水长坝所在河流为水长河,道街坝和登高坝所在河流为烂枣河,溶洞坝所在渠道为溶洞灌溉渠,灌溉渠从白胡子、小寨子、水井 3 个溶洞取水。取水坝的修建会导致坝上水位壅高,流速下降,坝下水文情势将发生变化。4 座新建取水坝坝下水文情势变化情况及溶洞灌溉渠溶洞坝的 3 个取水溶洞水源水文情势变化情况见图 5-7、表 5-10。

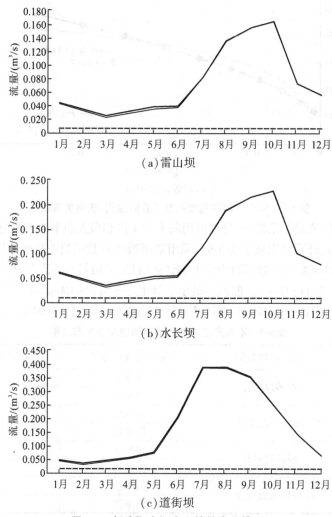

(a)雷山坝

(b)水长坝

(c)道街坝

图 5-7　新建取水坝水文情势变化情况

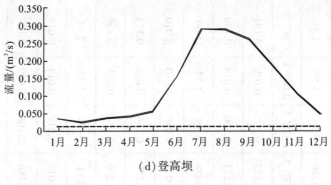

(d)登高坝

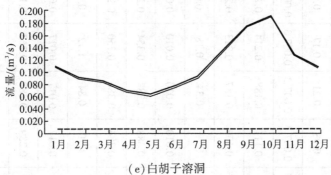

(e)白胡子溶洞

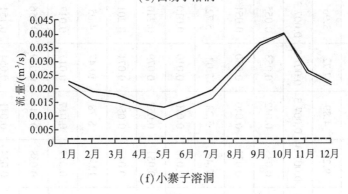

(f)小寨子溶洞

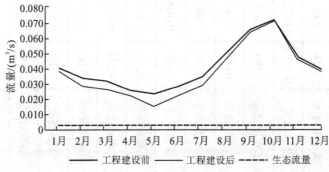

(g)水井溶洞

续图 5-7

表 5-10　新建取水坝水文情势变化情况

单位：m³/s

序号	坝名	项目	1月	2月	3月	4月	5月	6月	7月	8月	9月	10月	11月	12月	平均
1	雷山坝	工程建设前	0.044	0.035	0.025	0.030	0.038	0.039	0.080	0.135	0.154	0.164	0.073	0.057	0.073
		工程建设后	0.043	0.034	0.023	0.029	0.035	0.038	0.079	0.135	0.153	0.163	0.072	0.056	0.072
		减水比例/%	2.24	2.85	9.22	4.89	7.72	3.96	0.93	0.21	0.17	0.04	0.58	1.50	1.48
		生态流量	0.0073	0.0073	0.0073	0.0073	0.0073	0.0073	0.0073	0.0073	0.0073	0.0073	0.0073	0.0073	0.0073
2	水长坝	工程建设前	0.061	0.049	0.035	0.042	0.053	0.055	0.111	0.188	0.214	0.227	0.101	0.079	0.101
		工程建设后	0.060	0.047	0.033	0.040	0.050	0.051	0.109	0.187	0.213	0.227	0.100	0.078	0.100
		减水比例/%	2.14	3.48	7.48	5.23	7.03	5.72	1.79	0.34	0.18	0.09	1.19	1.74	1.69
		生态流量	0.010	0.010	0.010	0.010	0.010	0.010	0.010	0.010	0.010	0.010	0.010	0.010	0.010
3	道街坝	工程建设前	0.048	0.037	0.051	0.059	0.079	0.210	0.388	0.389	0.354	0.250	0.146	0.066	0.173
		工程建设后	0.044	0.033	0.045	0.054	0.071	0.201	0.384	0.386	0.350	0.250	0.144	0.065	0.169
		减水比例/%	7.00	11.46	12.40	8.78	10.47	4.05	1.10	0.84	1.12	0.14	1.34	1.52	2.44
		生态流量	0.017	0.017	0.017	0.017	0.017	0.017	0.017	0.017	0.017	0.017	0.017	0.017	0.017
4	登高坝	工程建设前	0.035	0.027	0.038	0.044	0.059	0.156	0.289	0.289	0.263	0.186	0.108	0.049	0.129
		工程建设后	0.034	0.025	0.034	0.041	0.054	0.151	0.286	0.287	0.261	0.186	0.107	0.049	0.126
		减水比例/%	5.22	8.54	9.24	6.54	7.80	3.02	0.82	0.62	0.83	0.10	1.00	1.13	1.82
		生态流量	0.013	0.013	0.013	0.013	0.013	0.013	0.013	0.013	0.013	0.013	0.013	0.013	0.013

续表 5-10

序号	坝名	项目	1月	2月	3月	4月	5月	6月	7月	8月	9月	10月	11月	12月	平均
5	溶洞坝白胡子溶洞	工程建设前	0.104	0.086	0.081	0.065	0.060	0.072	0.088	0.130	0.169	0.185	0.122	0.102	0.105
		工程建设后	0.103	0.084	0.078	0.063	0.055	0.069	0.086	0.127	0.168	0.185	0.121	0.102	0.103
		减水比例/%	0.93	3.03	3.18	2.49	7.33	4.79	3.27	1.94	0.53	0.16	0.66	0.65	1.87
		生态流量	0.010	0.010	0.010	0.010	0.010	0.010	0.010	0.010	0.010	0.010	0.010	0.010	0.010
	溶洞坝小兼子溶洞	工程建设前	0.022	0.018	0.017	0.014	0.013	0.015	0.019	0.028	0.036	0.040	0.026	0.022	0.023
		工程建设后	0.021	0.016	0.014	0.012	0.008	0.012	0.016	0.025	0.035	0.039	0.025	0.021	0.021
		减水比例/%	4.88	15.06	17.08	12.91	34.69	22.92	14.44	8.73	2.69	1.11	3.73	3.51	9.20
		生态流量	0.002	0.002	0.002	0.002	0.002	0.002	0.002	0.002	0.002	0.002	0.002	0.002	0.002
	溶洞坝水井溶洞	工程建设前	0.039	0.032	0.030	0.024	0.022	0.027	0.033	0.048	0.063	0.069	0.046	0.038	0.039
		工程建设后	0.037	0.028	0.026	0.022	0.015	0.022	0.029	0.045	0.062	0.069	0.044	0.037	0.036
		减水比例/%	3.75	12.63	13.20	10.23	30.69	20.03	13.59	8.08	2.12	0.56	2.64	2.54	7.73
		生态流量	0.004	0.004	0.004	0.004	0.004	0.004	0.004	0.004	0.004	0.004	0.004	0.004	0.004

为了减缓取水坝工程对河流水文情势的影响,4座新建取水坝、3个取水溶洞及3座重建取水坝拟按照多年平均的10%下泄生态流量。各取水坝生态流量下泄值见表5-11,各取水坝和取水溶洞各月份均满足取水坝下游河段和取水溶洞下游生态流量要求。

表5-11　各取水坝生态流量下泄值　　　　　　　　　单位:m³/s

序号	取水坝工程	所在河流或水源	生态流量下泄值
1	雷山坝	麻河	0.007
2	水长坝	水长河	0.010
3	道街坝	烂枣河	0.017
4	登高坝	烂枣河	0.013
5	溶洞灌溉渠溶洞坝	白胡子溶洞	0.010
		小寨子溶洞	0.002
		水井溶洞	0.004
6	橄榄坝	罗明坝河	0.046
7	瘦马坝	麻河	0.007
8	楼子坝	吾来河	0.087

5.1.2.3　新建泵站水文情势影响研究

新建杨三寨泵站从已建红岩水库取水,泵站取水后对红岩水库下游河段的水文情势产生一定影响,泵站建设前后红岩水库下游河段水文情势变化情况见表5-12、图5-8。

为减缓新建杨三寨泵站取水对红岩水库下游河道水文情势的影响,红岩水库按照汛期多年平均的30%下泄生态流量,非汛期按照多年平均的10%下泄生态流量。经计算,红岩水库汛期生态流量下泄值为0.186 m³/s,红岩水库非汛期生态流量下泄值为0.062 m³/s。

表5-12　杨三寨泵站建设前后红岩水库下游水文情势变化情况

项目	1月	2月	3月	4月	5月	6月	7月	8月	9月	10月	11月	12月	平均
工程建设前/(m³/s)	0.40	0.29	0.27	0.23	0.26	0.48	0.71	1.27	1.20	1.21	0.67	0.48	0.622
工程建设后/(m³/s)	0.17	0.141	0.140	0.139	0.139	0.186	0.187	0.47	0.55	0.75	0.48	0.29	0.30
减水比例/%	58.2	50.9	48.3	40.4	47.0	60.9	73.8	62.7	54.2	37.6	28.0	38.4	51.1
生态流量/(m³/s)	0.062	0.06	0.062	0.062	0.062	0.186	0.186	0.186	0.186	0.186	0.062	0.062	—

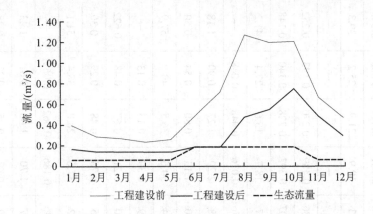

图 5-8 新建杨三寨泵站建设前后红岩水库下游水文情势变化情况

5.1.2.4 已建水库水文情势变化与生态流量满足程度分析

1.已建水库水文情势变化

潞江坝灌区目前参与灌区调蓄的水库共 44 座,其中中型水库 10 座。灌区建成后,受工程调度运行影响,对坝址下游河段的水文情势产生一定影响。9 座已建中型水库(红岩水库已在前文分析)建设前后下游河段水文情势变化情况详见表 5-13。

2.已建水库生态流量泄放要求

潞江坝灌区评价区内参与灌区调蓄的水库由于水资源开发较早,部分水利基础设施建设年代较为久远,设备、管理不健全等原因,未考虑泄放生态流量。因此,在规划水资源配置过程中,考虑预留各水源工程下游河道生态水量,在扣减河道最小生态水量后再进行水资源供需平衡计算,以达到本工程建设生态功能任务。对于灌区范围内水库有环评批复的按照环评批复预留,年代久远无环评批复的中型水库按照多年平均汛期 30%、非汛期 10% 预留生态流量,小型水库按照多年平均流量 10% 预留生态流量。

评价区内大海坝水库工程按照已经批复的《云南省保山坝灌区工程环境影响报告书》对大海坝生态流量下泄的要求,非汛期按照多年平均 10% 和 90% 保证率最枯月取外包后预留生态流量,汛期按照多年平均 30% 预留生态流量,生态流量下泄量为汛期 0.076 m³/s、非汛期 0.048 m³/s。此外,评价区内小型水库中除最近拟建的景康水库有环评及批复要求下泄生态流量外,其余均因年代较久远,坝下河道被侵占等原因,导致下游或不为河道或形成受阻隔影响的其他稳定生态系统,因此除拟建景康水库外,其余小型水库均按 10% 预留生态水量。

各水库生态流量泄放基本情况见表 5-13、图 5-9、表 5-14。

表 5-13 已建中型水库水文情势变化情况

单位：m³/s

水库名称	项目	1月	2月	3月	4月	5月	6月	7月	8月	9月	10月	11月	12月	平均
小海坝水库	工程建设前	0.321	0.232	0.219	0.189	0.212	0.384	0.577	1.029	0.968	0.975	0.538	0.384	0.502
	工程建设后	0.195	0.130	0.123	0.113	0.122	0.191	0.229	0.481	0.588	0.781	0.420	0.288	0.305
	减水比例/%	39.3	44.2	43.8	40.3	42.6	50.2	60.2	53.2	39.3	19.9	21.9	25.2	39.3
	生态流量	—	—	—	—	—	—	—	—	—	—	—	—	—
大海坝水库	工程建设前	0.161	0.116	0.110	0.095	0.106	0.193	0.289	0.516	0.486	0.489	0.270	0.193	0.252
	工程建设后	0.087	0.055	0.051	0.043	0.053	0.076	0.091	0.250	0.307	0.397	0.228	0.140	0.148
	减水比例/%	45.9	53.0	53.7	54.8	49.9	60.7	68.6	51.6	36.7	18.7	15.6	27.4	41.2
	生态流量	0.048	0.048	0.048	0.048	0.048	0.076	0.076	0.076	0.076	0.076	0.048	0.048	—
阿贡田水库	工程建设前	0.76	0.55	0.51	0.44	0.50	0.90	1.36	2.42	2.28	2.29	1.27	0.90	1.18
	工程建设后	0.34	0.23	0.24	0.23	0.25	0.39	0.39	0.59	0.90	1.13	0.80	0.54	0.50
	减水比例/%	54.6	57.7	53.7	47.9	49.9	56.8	71.3	75.5	60.4	50.6	36.5	40.0	57.9
	生态流量	0.13	0.13	0.13	0.13	0.13	0.39	0.39	0.39	0.39	0.39	0.13	0.13	—
红岩水库	工程建设前	0.40	0.29	0.27	0.23	0.26	0.48	0.71	1.27	1.20	1.21	0.67	0.48	0.622
	工程建设后	0.17	0.141	0.140	0.139	0.139	0.186	0.187	0.47	0.55	0.75	0.48	0.29	0.30
	减水比例/%	58.2	50.9	48.3	40.4	47.0	60.9	73.8	62.7	54.2	37.6	28.0	38.4	51.1
	生态流量	0.062	0.062	0.062	0.062	0.062	0.186	0.186	0.186	0.186	0.186	0.062	0.062	—
明子山水库	工程建设前	0.38	0.39	0.42	0.49	0.79	1.78	3.28	3.27	2.97	1.70	1.06	0.61	1.43
	工程建设后	0.16	0.14	0.14	0.14	0.14	0.43	0.41	0.42	0.49	0.47	0.25	0.23	0.28
	减水比例/%	57.56	63.30	66.73	71.70	82.04	75.87	87.57	87.25	83.46	72.03	76.80	62.12	80.19
	生态流量	0.14	0.14	0.14	0.14	0.14	0.42	0.42	0.42	0.42	0.42	0.14	0.14	—

续表 5-13

水库名称	项目	1月	2月	3月	4月	5月	6月	7月	8月	9月	10月	11月	12月	平均
小地方水库	工程建设前	0.244	0.181	0.169	0.144	0.156	0.437	1.018	1.124	0.798	0.641	0.454	0.324	0.474
	工程建设后	0.115	0.092	0.083	0.080	0.078	0.168	0.166	0.307	0.406	0.525	0.233	0.117	0.196
	减水比例/%	52.7	49.3	51.0	44.1	50.1	61.5	83.7	72.7	49.1	18.0	48.7	63.8	58.7
	生态流量	0.048	0.048	0.048	0.048	0.048	0.048	0.048	0.048	0.048	0.048	0.048	0.048	—
鱼洞水库	工程建设前	0.22	0.21	0.25	0.28	0.47	1.02	1.96	1.95	1.71	1.02	0.61	0.36	0.84
	工程建设后	0.08	0.08	0.08	0.08	0.08	0.252	0.36	0.71	0.86	0.64	0.31	0.16	0.30
	减水比例/%	64.4	61.5	67.8	71.7	82.8	75.3	81.6	63.5	49.5	37.2	49.8	56.0	64.6
	生态流量	0.08	0.08	0.08	0.08	0.08	0.252	0.252	0.252	0.252	0.252	0.08	0.08	—
红谷田水库	工程建设前	0.21	0.20	0.24	0.27	0.44	0.97	1.87	1.85	1.63	0.97	0.58	0.34	0.799
	工程建设后	0.07	0.07	0.07	0.08	0.14	0.36	0.76	1.11	1.21	0.68	0.30	0.14	0.42
	减水比例/%	68.30	64.87	69.00	71.20	68.89	62.81	59.46	39.95	25.64	30.15	47.80	58.14	47.88
	生态流量	0.07	0.07	0.07	0.07	0.07	0.22	0.22	0.22	0.22	0.22	0.07	0.07	—
三岔河水库	工程建设前	0.78	0.58	0.54	0.46	0.50	1.40	3.27	3.61	2.56	2.06	1.46	1.04	1.52
	工程建设后	0.68	0.38	0.34	0.24	0.25	0.66	2.71	3.51	2.50	1.99	1.37	0.95	1.30
	减水比例/%	12.9	34.9	37.6	47.9	51.2	52.8	16.9	2.8	2.6	3.1	6.2	8.3	14.7
	生态流量	0.15	0.15	0.15	0.15	0.15	0.45	0.45	0.45	0.45	0.45	0.15	0.15	—
八〇八水库	工程建设前	0.054 5	0.040 4	0.037 7	0.032 2	0.035 0	0.097 7	0.227 6	0.251 3	0.178 4	0.143 3	0.101 6	0.072 4	0.106
	工程建设后	0.032	0.020	0.019	0.016	0.020	0.032	0.034	0.093	0.114	0.148	0.085	0.052	0.055
	减水比例/%	40.6	49.7	50.0	50.6	43.5	67.2	85.1	63.1	36.0	-3.0	16.7	28.2	48.1
	生态流量	0.016	0.016	0.016	0.016	0.016	0.032	0.032	0.032	0.032	0.032	0.016	0.016	—

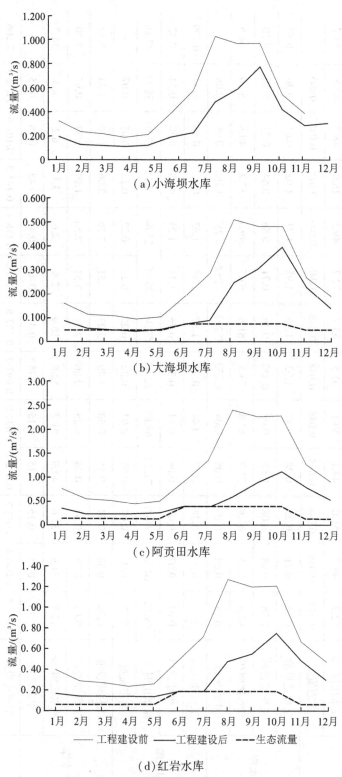

（a）小海坝水库

（b）大海坝水库

（c）阿贡田水库

工程建设前 ——— 工程建设后 ----- 生态流量

（d）红岩水库

图 5-9　已建中型水库水文情势变化情况

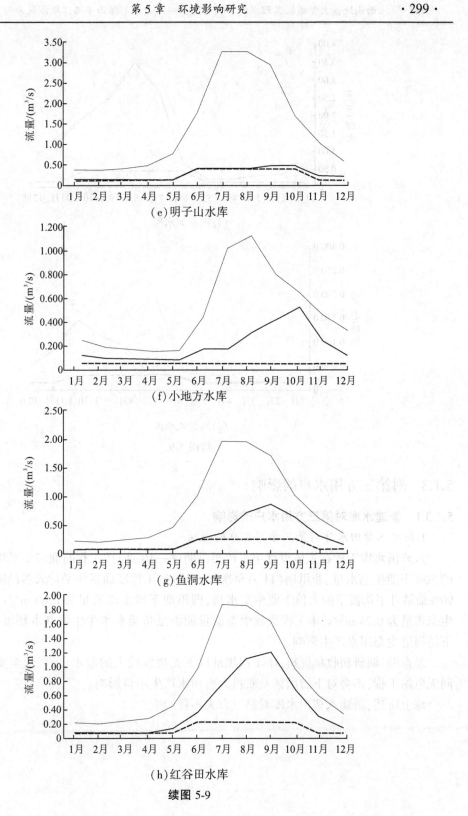

(e)明子山水库

(f)小地方水库

(g)鱼洞水库

(h)红谷田水库

续图 5-9

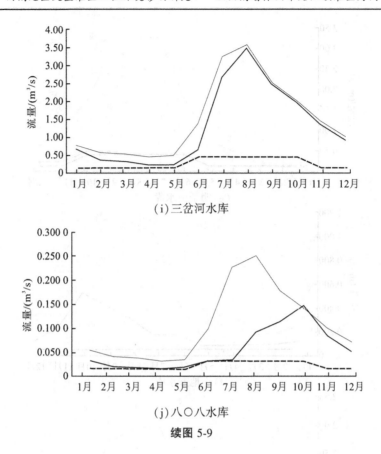

(i)三岔河水库

(j)八〇八水库

续图 5-9

5.1.3　对第三方用水户的影响

5.1.3.1　新建水库对第三方用水户的影响

1.新建八萝田水库对第三方用水户的影响

八萝田水库工程在主体设计中将按照汛期(6—10月)按工程断面多年平均天然径流量的30%下泄生态水量,非汛期(11月至次年5月)按工程断面多年平均天然径流量的10%和90%最枯月平均流量的大值下泄生态水量,即汛期下泄生态流量为 0.60 m³/s,非汛期下泄生态流量为 0.24 m³/s,本工程泄放生态流量能满足鱼类和水生生物基本环境要求,不会对下游河道生态用水产生影响。

经查勘、调研和收集资料,本工程坝址以下无规模较大的取水口,坝址至支流汇合口之间无电站工程,不会对下游灌区及农村人畜用水产生不良影响。

综上所述,新建八萝田水库对第三方无不良影响。

表 5-14　已建水库生态流量下泄情况一览

序号	水库名称	所在乡镇	工程规模	建成年份	所在河流	生态流量计算值/(m³/s) Tennant 法 汛期(6—10月)	Tennant 法 非汛期(11月至次年5月)	Q₉₀法	生态流量(m³/s) 汛期	非汛期	多年平均流量占比/% 汛期	非汛期	备注
1	大海坝水库	杨柳乡	中型	1960	罗明河	0.076	0.025	0.048	0.076	0.048	30.00	19.20	环评批复
2	红岩水库	蒲缥镇	中型	2012	蒲缥河	0.186	0.062	0.06	0.186	0.062	30.00	10.00	
3	明子山水库	潞江镇	中型	1994	叠水河	0.42	0.14	0.14	0.42	0.14	30.00	10.00	
4	鱼洞水库	甸阳镇	中型	1950	施甸河	0.25	0.08	0.04	0.25	0.08	30.00	10.00	
5	红谷田水库	甸阳镇	中型	2018	官市街河	0.22	0.07	0.047	0.22	0.07	30.00	10.00	
6	三岔河水库	镇安镇	中型	2012	勐梅河	0.45	0.15	0.12	0.45	0.15	30.00	10.00	
7	八〇八水库	镇安镇	中型	1960	勐梅河	0.032	0.0106	0.01	0.032	0.0106	30.00	10.00	
8	阿贡田水库	杨柳乡	中型	在建	罗明坝河	0.39	0.13	—	0.39	0.13	30.00	10.00	环评批复
9	小地方水库	腾冲小地方村	中型	在建	龙川江左岸小地方河	—	—	—	0.048	0.048	10.00	10.00	环评批复
10	景康水库	潞江镇	小(1)型	拟建	景坎河				2.19 m³/d	2.19 m³/d	10.00	10.00	环评批复

2.新建芒柳水库对第三方用水户的影响

芒柳水库工程在主体设计中将按照汛期(6—10月)按工程断面多年平均天然径流量的30%下泄生态水量,非汛期(11月至次年5月)按工程断面多年平均天然径流量的10%和90%最枯月平均流量的大值下泄生态水量,即汛期下泄生态流量为0.39 m^3/s,非汛期下泄生态流量为0.18 m^3/s,本工程泄放生态流量能满足鱼类和水生生物基本环境要求,不会对下游河道生态用水产生影响。

经查勘、调研和收集资料,本工程坝址以下无规模较大的取水口,坝址至支流汇合口之间无电站工程,不会对下游灌区及农村人畜用水产生不良影响。

综上所述,新建芒柳水库对第三方无不良影响。

5.1.3.2　新建取水坝对第三方用水户的影响

1.新建雷山坝对第三方用水户的影响

新建雷山坝按照多年平均的10%下泄生态流量,即0.089 m^3/s,本工程泄放生态流量能满足鱼类和水生生物基本环境要求,不会对下游河道生态用水产生影响。

经查勘、调研和收集资料,本工程坝址以下无规模较大的取水口,坝址至支流汇合口之间无电站工程,不会对下游灌区及农村人畜用水产生不良影响。

综上所述,新建雷山坝对第三方无不良影响。

2.新建水长坝对第三方用水户的影响

新建水长坝按照多年平均的10%下泄生态流量,即0.123 m^3/s,本工程泄放生态流量能满足鱼类和水生生物基本环境要求,不会对下游河道生态用水产生影响。

经查勘、调研和收集资料,本工程坝址以下无规模较大的取水口,坝址至支流汇合口之间无电站工程,不会对下游灌区及农村人畜用水产生不良影响。

综上所述,新建水长坝对第三方无不良影响。

3.新建道街坝对第三方用水户的影响

新建道街坝按照多年平均的10%下泄生态流量,即0.2 m^3/s,本工程泄放生态流量能满足鱼类和水生生物基本环境要求,不会对下游河道生态用水产生影响。

经查勘、调研和收集资料,本工程坝址以下无规模较大的取水口,坝址至支流汇合口之间无电站工程,不会对下游灌区及农村人畜用水产生不良影响。

综上所述,新建道街坝对第三方无不良影响。

4.新建登高坝对第三方用水户的影响

新建登高坝按照多年平均的10%下泄生态流量,即0.15 m^3/s,本工程泄放生态流量能满足鱼类和水生生物基本环境要求,不会对下游河道生态用水产生影响。

经查勘、调研和收集资料,本工程坝址以下无规模较大的取水口,坝址至支流汇合口之间无电站工程,不会对下游灌区及农村人畜用水产生不良影响。

综上所述,新建登高坝对第三方无不良影响。

5.新建溶洞坝对第三方用水户的影响

溶洞坝所在渠道为溶洞灌溉渠,灌溉渠从白胡子、小寨子、水井3个溶洞取水,3个取水溶洞拟按照多年平均的10%下泄生态流量,其中白胡子溶洞下泄生态流量为0.010 m^3/s,小寨子溶洞下泄生态流量为0.002 m^3/s,水井溶洞下泄生态流量为0.004 m^3/s。本工程泄放生态流量能满足鱼类和水生生物基本环境要求,不会对下游河道生态用水产生影响。

经查勘、调研和收集资料,本工程坝址以下无规模较大的取水口,坝址至支流汇合口之间无电站工程,不会对下游灌区及农村人畜用水产生不良影响。

综上所述,新建溶洞坝对第三方无不良影响。

5.2　地表水环境影响研究

5.2.1　水温影响研究

5.2.1.1　八萝田水库

1.水库水温结构判别

水库水温结构判别通常有参数 $\alpha-\beta$ 判别法和 Norton 密度弗劳德数判别法。本评价采用参数 $\alpha-\beta$ 判别法判别水库水温结构。

参数 $\alpha-\beta$ 判别法的计算公式如下:

$$\alpha = \frac{多年平均年径流量}{水库总库容}$$

当 $\alpha<10$ 时,水库水温为稳定分层型;当 $10\leq\alpha\leq20$ 时,水库水温为不稳定分层型;当 $\alpha>20$ 时,水库水温为混合型。

$$\beta = \frac{一次洪水量}{水库总库容}$$

对于分层型水库,如果遇到 $\beta>1$ 的洪水,将出现临时混合现象;当 $0.5\leq\beta\leq1.0$ 时,呈过渡阶段,洪水对水温结构影响小,基本维持原结构;但如果 $\beta<0.5$,洪水对水库水温的分布结构没有影响。

经计算,八萝田水库 α 值为 7.82,初步判断八萝田水库为稳定分层型水库。

不同洪水调节下的 β 值计算见表 5-15。

表 5-15　八萝田水库水温 β 值判别标准一览

项目	不同频率设计值							
	$P=0.33\%$	$P=0.5\%$	$P=1\%$	$P=2\%$	$P=3.3\%$	$P=5\%$	$P=10\%$	$P=20\%$
W_{24h}/万 m³	301	282	254	220	201	183	156	128
β 值	0.56	0.52	0.47	0.41	0.37	0.34	0.29	0.24

根据表 5-15,在不同的洪水设计频率下,洪水对水温有不同的影响。对于八萝田水库,洪水对水库水温结构影响较小甚至无影响。

2.水库坝前垂向水温预测

影响水库水温分布的主要因素有太阳辐射、水库大小、入库来水量及水温、泥沙、取水口的位置及水库的调度运用、库内水下建筑物等。本次采用东北水电勘测设计院经验公式计算水库水温结构,具体公式如下:

$$T_y = (T_0 - T_b)e^{-(y/x)^n} + T_b$$

$$n = \frac{15}{m^2} + \frac{m^2}{35}$$

$$x = \frac{40}{m} + \frac{m^2}{2.37(1 + 0.1\,m)}$$

式中：T_y 为从库面计水深为 y 处的月平均水温值，℃；T_0 为库表面月平均水温值，℃；T_b 为库底月平均水温，℃；y 为水深，m；m 为月份，$1,2,3,\cdots,12$。

1）库表月平均水温

根据保山市隆阳区气象站观测资料，气象站多年平均气温值详见表 5-16。

表 5-16　隆阳区多年平均气温　　　　　　　单位：℃

月份	1	2	3	4	5	6	7	8	9	10	11	12	平均值
气温	8.5	10.3	13.4	16.4	19.5	21.3	21.0	20.8	19.6	17.4	13.0	9.3	15.9

气象站高程为 1 653.5 m，八萝田水库坝址处高程约 895 m，按照海拔每增加 100 m，温度下降 0.6~0.8 ℃的一般性规律，对坝址处多年平均气温进行修正，本次评价取 100 m 温降 0.6 ℃进行计算，计算结果见表 5-17。

表 5-17　八萝田水库坝址处多年平均气温　　　　　　　单位：℃

月份	1	2	3	4	5	6	7	8	9	10	11	12	平均值
气温	13.1	14.9	18.0	21.0	24.1	25.9	25.6	25.4	24.2	22.0	17.6	13.9	20.4

根据现有水库实测库表水温与气温相关关系，估算八萝田水库库表温度。类比的现有水库与八萝田水库基本情况对比见表 5-18。北庙水库和八萝田水库均位于保山市隆阳区，地形和气候条件相似，坝高基本相当。

表 5-18　类比的现有水库与八萝田水库基本情况对比

序号	水库名称	所在区域	库容/万 m³	坝高/m
1	北庙水库	隆阳区	7 491	73
2	八萝田水库	隆阳区	500.13	75.5

八萝田水库库表温度见表 5-19。

表 5-19　八萝田水库库表月平均水温　　　　　　　单位：℃

月份	1	2	3	4	5	6	7	8	9	10	11	12	平均值
库表水温	16.4	17.1	17.0	19.5	22.1	23.4	23.7	23.9	24.7	23.6	19.7	17.0	20.7

2）水库库底水温预测

库底温度采用经验估算法。近似认为等于库前河道来水的最低月平均水温，采用 12 月、1 月和 2 月的上游来水月平均水温近似作为库底年平均水温，即

$$T_{底} \approx (T_{12} + T_1 + T_2)/3$$

式中：T_{12}、T_1、T_2 分别为 12 月、1 月和 2 月的上游来水月平均水温。

通过估算，八萝田水库库底水温为 17.3 ℃。

3）水库坝前垂向水温预测

水温预测结果见表 5-20、图 5-10。

表 5-20　八萝田水库各月水温垂向分布值　　　　　　单位:℃

水深/m	1月	2月	3月	4月	5月	6月	7月	8月	9月	10月	11月	12月	年均
0	16.40	17.10	17.00	19.50	22.10	23.40	23.70	23.90	24.70	23.60	19.70	17.00	20.68
5	16.40	17.10	17.03	19.07	21.09	22.38	23.01	23.53	24.53	23.55	19.69	17.00	20.37
10	16.40	17.11	17.10	18.53	19.97	21.00	21.72	22.50	23.78	23.22	19.64	17.00	19.83
15	16.40	17.14	17.17	18.10	19.07	19.79	20.35	21.10	22.43	22.39	19.45	17.01	19.20
20	16.40	17.21	17.23	17.77	18.40	18.84	19.17	19.69	20.74	21.05	19.06	17.05	18.55
25	16.40	17.27	17.27	17.58	17.98	18.23	18.39	18.65	19.29	19.64	18.53	17.10	18.03
30	16.41	17.29	17.29	17.45	17.70	17.83	17.87	17.96	18.24	18.44	17.96	17.18	17.63
35	16.50	17.30	17.30	17.38	17.53	17.59	17.58	17.58	17.65	17.72	17.56	17.24	17.41
40	16.94	17.30	17.30	17.34	17.43	17.45	17.42	17.40	17.40	17.40	17.36	17.28	17.34
45	17.29	17.30	17.32	17.37	17.38	17.35	17.33	17.32	17.32	17.32	17.31	17.30	17.32
50	17.30	17.30	17.30	17.31	17.34	17.34	17.32	17.31	17.30	17.30	17.30	17.30	17.31
55	17.30	17.30	17.30	17.30	17.32	17.32	17.31	17.30	17.30	17.30	17.30	17.30	17.30
60	17.30	17.30	17.30	17.30	17.31	17.31	17.30	17.30	17.30	17.30	17.30	17.30	17.30

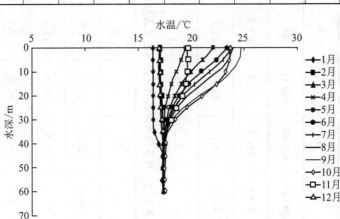

图 5-10　八萝田水库各月水温垂向分布

由表 5-20、图 5-10 可知,八萝田水库水温随水深呈现梯度变化,12 月、1 月、2 月、3 月气温较低,冬季太阳辐射量小,库表水温与库底水温差别不大,温跃层不明显;春季随着太阳辐射量增加,库表水温与空气发生热交换,水库分层现象渐渐明显,库表水温明显高于下层水温,其中 6—9 月温跃层最为明显。

3.水库下泄水温预测

水库出库水温与供水月水库运行水深关系密切,根据水库兴利调节过程,水库年内运行水位见表 5-21。

将水库各月下泄水温和天然水温进行对比,见表 5-22。

由表 5-21、表 5-22 可知,八萝田水库 3—11 月下泄水温比天然水温低 0.2~6.4 ℃,年均下泄水温比天然水温低 2.6 ℃,总体来看,水库蓄水将导致下泄水温变化,需采取相应措施减缓低温水对下游环境影响及对灌溉农作物的影响。

表 5-21　八萝田水库调度运行水位变化一览

单位：m

月份	1	2	3	4	5	6	7	8	9	10	11	12	平均值
运行水位	956	953.67	955	951.63	935.62	940.11	953	953	953	956	956	956	950.3
取水口高程	911.5	911.5	911.5	911.5	911.5	911.5	911.5	911.5	911.5	911.5	911.5	911.5	911.5
运行水深	44.5	42.17	43.5	40.13	24.12	28.61	41.5	41.5	41.5	44.5	44.5	44.5	

表 5-22　八萝田水库各月下泄水温与天然水温对比分析

单位：℃

月份	1	2	3	4	5	6	7	8	9	10	11	12	平均值
天然水温	14.9	15.4	17.5	19.6	22.2	22.9	22.5	23.6	23.8	22.7	18.8	16.2	20.0
下泄水温	17.3	17.3	17.3	17.3	18.1	17.9	17.4	17.4	17.4	17.3	17.3	17.3	17.4
差值	2.4	1.9	-0.2	-2.3	-4.1	-5.0	-5.1	-6.2	-6.4	-5.4	-1.5	1.1	-2.6

4.下泄水温影响分析

1)下泄低温水对农作物的影响

水稻是喜温作物,要求有适宜的温度环境。低温水灌溉可能对水稻正常生长和产量产生一定程度的影响。低温水灌溉水稻后,会造成水稻新陈代谢减慢,光合作用减弱,吸肥能力变差,出现水稻返青慢、分蘖迟、结实率低、成熟期推迟甚至稻株死亡等问题,降低了水稻产量。

查阅相关资料,水稻不同生长期适宜水温见表5-23。根据表5-23,在水稻分蘖、孕穗、抽穗开花、乳熟成熟期若无法满足水稻最低水温要求,可能造成水稻等作物分蘖迟、结实率低等现象进而造成减产,为进一步提高工程灌溉效益,结合水库建设条件,建议工程采取双层取水设施进一步缓解低温水影响,提高农作物产量。

表 5-23 灌区水稻各生育期特征参数

生长期	天数/d	起至日期(月-日)	生长适合水温/℃	最低水温要求/℃	水库下泄水温/℃
秧苗	40	03-21—04-30	26~32	15	17.3
返青	12	05-01—05-12	29~32	18	18.1
分蘖	32	05-13—06-13	25~35	19	17.9~18.1
孕穗	12	06-14—06-25	30~35	18	17.9
抽穗 开花	28	06-26—07-23	35~38	20	17.4~17.9
乳熟 成熟	40	07-24—09-01	35~38	20	17.4

2)下泄低温水对鱼类的影响

工程坝址下游无重点保护鱼类,主要为常见的一般性经济鱼类,生长繁殖的适宜水温是15~30 ℃,超过 30 ℃或低于 15 ℃,鱼的新陈代谢变缓,5 ℃以下停止进食,如水温变冷,水体的溶氧量和水化学成分将发生变化,影响鱼类和饵料生物的衍生,致使鱼类区系组成发生变化,下泄低温水将使鱼类产卵季节推迟、影响鱼卵孵化甚至不产卵,还会降低鱼类新陈代谢的能力,使鱼生长缓慢。

由八萝田水库各月下泄水温与天然水温对比分析可知,水库各月下泄水温为 17.3 ~ 18.1 ℃,较为接近鱼类生存条件,且由于水在渠道沿程流动过程中水体温度有一定程度的回升,进入河道后与空气接触充分,水温回升很快,因此工程运行对鱼类的正常生长繁殖产生的不利影响较小。

5.采取分层取水措施后水温预测

为进一步缓解低温水影响,水库设置上、下 2 个取水口,2 个取水口高程分别为 933.5 m 和 911.5 m。采用上取水口取水时水库下泄水温与天然水温及下取水口水温差值见表5-24。由表5-24可知,采用分层取水后,八萝田水库 4—11 月下泄水温比天然水温低 0~3.7 ℃,下泄水温比采用单取水口提高 0~4.0 ℃。

表 5-24　八萝田水库分层取水口各月下泄水温对比分析　　　　单位：℃

月份	1	2	3	4	5	6	7	8	9	10	11	12
天然水温	14.9	15.4	17.5	19.6	22.2	22.9	22.5	23.6	23.8	22.7	18.8	16.2
上取水口下泄水温	16.4	17.2	17.3	17.9	20.1	21.9	19.3	19.9	21.0	20.4	18.8	17.1
下取水口下泄水温	17.3	17.3	17.3	17.3	18.1	17.9	17.4	17.4	17.4	17.3	17.3	17.3
上取水口与天然水温差值	1.5	1.8	-0.2	-1.7	-2.1	-1.0	-3.2	-3.7	-2.8	-2.3	0	0.9
上取水口与下取水口水温差值	-0.9	-0.1	0	0.6	2.0	4.0	1.9	2.5	3.6	3.1	1.5	-0.2

采取分层取水后，水稻各生长期水温要求与水库下泄水温关系见表 5-25。根据表 5-25，采取分层取水后，水库下泄水温可满足水稻生长水温需求。

表 5-25　灌区水稻各生育期特征参数

生长期	天数/d	起至日期（月-日）	生长适合水温/℃	最低水温要求/℃	分层取水后水库下泄水温/℃
秧苗	40	03-21—04-30	26~32	15	17.3~17.9
返青	12	05-01—05-12	29~32	18	20.1
分蘖	32	05-13—06-13	25~35	19	20.1~21.9
孕穗	12	06-14—06-25	30~35	18	21.9
抽穗 开花	28	06-26—07-23	35~38	20	19.3~21.9
乳熟 成熟	40	07-24—09-01	35~38	20	19.9~21.0

5.2.1.2　芒柳水库

1.水库水温结构判别

水库水温结构判别通常有参数 α-β 判别法和 Norton 密度弗劳德数判别法。本评价采用参数 α-β 判别法判别水库水温结构。

参数 α-β 判别法的计算公式如下：

$$\alpha = \frac{多年平均年径流量}{水库总库容}$$

当 $\alpha < 10$ 时，水库水温为稳定分层型；当 $10 \leq \alpha \leq 20$ 时，水库水温为不稳定分层型；当 $\alpha > 20$ 时，水库水温为混合型。

$$\beta = \frac{一次洪水量}{水库总库容}$$

对于分层型水库,如果遇到 $\beta > 1$ 的洪水,将出现临时混合现象;当 $0.5 \le \beta \le 1.0$ 时,呈过渡阶段,洪水对水温结构影响小,基本维持原结构;但如果 $\beta < 0.5$,洪水对水库水温的分布结构没有影响。

经计算,芒柳水库 α 值为 11.53,初步判芒柳水库为不稳定分层型水库。

不同洪水调节下的 β 值计算见表 5-26。

表 5-26　芒柳水库水温 β 值判别标准一览

项目	不同频率设计值							
	$P=0.33\%$	$P=0.5\%$	$P=1\%$	$P=2\%$	$P=3.3\%$	$P=5\%$	$P=10\%$	$P=20\%$
W_{24h}/万 m³	495	459	411	365	328	301	245	185
β 值	0.87	0.81	0.72	0.64	0.58	0.53	0.43	0.33

根据表 5-26,在不同的洪水设计频率下,洪水对水温有不同的影响。对于芒柳水库,洪水对水库水温结构影响较小甚至无影响。

2. 水库坝前垂向水温预测

影响水库水温分布的主要因素有太阳辐射、水库大小、入库来水量及水温、泥沙、取水口的位置与水库的调度运用、库内水下建筑物等。本次采用东北水电勘测设计院经验公式计算水库水温结构,具体公式如下:

$$T_y = (T_0 - T_b) e^{-(y/x)^n} + T_b$$

$$n = \frac{15}{m^2} + \frac{m^2}{35}$$

$$x = \frac{40}{m} + \frac{m^2}{2.37(1+0.1\ m)}$$

式中:T_y 为从库面计水深为 y 处的月平均水温值,℃;T_0 为库表面月平均水温值,℃;T_b 为库底月平均水温,℃;y 为水深,m;m 为月份,1,2,3,…,12。

1) 库表月平均水温

隆阳区气象站高程为 1 653.5 m,芒柳水库坝址处高程约 936 m,按照海拔每增加 100 m 温度下降 0.6~0.8 ℃ 的一般性规律,对坝址处多年平均气温进行修正,本次评价取 100 m 温降 0.6 ℃ 进行计算,计算结果见表 5-27。

表 5-27　芒柳水库坝址处多年平均气温　　　单位:℃

月份	1	2	3	4	5	6	7	8	9	10	11	12	平均值
气温	12.8	14.6	17.7	20.7	23.8	25.6	25.3	25.1	23.9	21.7	17.3	13.6	20.2

根据现有水库实测库表水温与气温相关关系,估算芒柳水库库表温度。类比的现有水库与芒柳水库基本情况对比见表 5-28。北庙水库和芒柳水库均位于保山市隆阳区,地形和气候条件相似,坝高基本相当。

表 5-28　类比的现有水库与芒柳水库基本情况对比

序号	水库名称	所在区域	库容/万 m³	坝高/m
1	北庙水库	隆阳区	7 491	73
2	芒柳水库	隆阳区	548.32	77

估算芒柳水库库表水温见表 5-29。

表 5-29　芒柳水库库表月平均水温　　　　　　　　单位:℃

月份	1	2	3	4	5	6	7	8	9	10	11	12	平均值
库表水温	16.1	16.8	16.7	19.2	21.8	23.1	23.4	23.6	24.4	23.3	19.4	16.7	20.4

2) 水库库底水温预测

库底水温采用经验估算法。近似认为等于库前河道来水的最低月平均水温,采用 12 月、1 月和 2 月的上游来水月平均水温近似作为库底年平均水温,即

$$T_{底} \approx (T_{12}+T_1+T_2)/3$$

式中:T_{12}、T_1、T_2 分别为 12 月、1 月和 2 月的上游来水月平均水温。

通过估算,芒柳水库库底水温为 17.0 ℃。

3) 水库坝前垂向水温预测

水温预测结果见表 5-30、图 5-11。

表 5-30　芒柳水库各月水温垂向分布值　　　　　　　单位:℃

水深/ m	1 月	2 月	3 月	4 月	5 月	6 月	7 月	8 月	9 月	10 月	11 月	12 月	年均
0	16.10	16.80	16.70	19.20	21.80	23.10	23.40	23.60	24.40	23.30	19.40	16.70	20.38
5	16.10	16.80	16.73	18.77	20.79	22.08	22.71	23.23	24.23	23.25	19.39	16.70	20.07
10	16.10	16.81	16.80	18.23	19.67	20.70	21.42	22.20	23.48	22.92	19.34	16.70	19.53
15	16.10	16.84	16.87	17.80	18.77	19.49	20.05	20.80	22.13	22.09	19.15	16.71	18.90
20	16.10	16.91	16.93	17.48	18.12	18.56	18.91	19.43	20.49	20.80	18.77	16.74	18.27
25	16.10	16.97	16.97	17.28	17.68	17.93	18.09	18.35	18.99	19.34	18.23	16.80	17.73
30	16.11	16.99	16.99	17.15	17.40	17.53	17.57	17.66	17.94	18.14	17.66	16.88	17.33
35	16.20	17.00	17.00	17.08	17.23	17.29	17.28	17.28	17.35	17.42	17.26	16.94	17.11
40	16.62	17.00	17.00	17.03	17.13	17.15	17.12	17.10	17.11	17.11	17.06	16.98	17.04
45	16.99	17.00	17.00	17.02	17.07	17.08	17.05	17.03	17.02	17.02	17.01	17.00	17.02
50	17.00	17.00	17.00	17.01	17.04	17.04	17.02	17.01	17.00	17.00	17.00	17.00	17.01

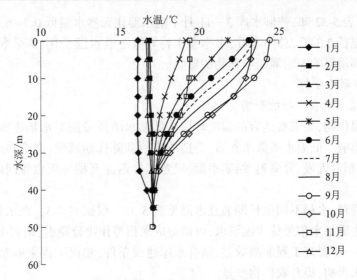

图 5-11　芒柳水库各月水温垂向分布

由表 5-30、图 5-11 可知,芒柳水库水温随水深呈现梯度变化, 12 月、1 月、2 月气温较低,冬季太阳辐射量小,库表水温与库底水温差别不大,温跃层不明显;春季随着太阳辐射量增加,库表水温与空气发生热交换,水库分层现象渐渐明显,库表水温明显高于下层水温,其中 6—9 月时温跃层最为明显。

3.水库下泄水温预测

水库出库水温与供水月水库运行水深关系密切,根据水库兴利调节过程,水库年内运行水位见表 5-31。

将水库各月下泄水温和天然水温进行对比,见表 5-32。

表 5-31　芒柳水库调度运行水位变化一览　　　　　　　　　　单位:m

月份	1	2	3	4	5	6	7	8	9	10	11	12	平均值
运行水位	984.0	983.8	979.0	970.1	962.8	968.1	984.0	984.0	984.0	984.0	984.0	984.0	979.3
取水口高程	949.0	949.0	949.0	949.0	949.0	949.0	949.0	949.0	949.0	949.0	949.0	949.0	949.0
运行水深	35	34.8	30	21.1	13.8	19.1	35	35	35	35	35	35	

表 5-32　芒柳水库各月下泄水温与天然水温对比分析　　　　　　　　单位:℃

月份	1	2	3	4	5	6	7	8	9	10	11	12	平均值
天然水温	14.6	15.1	17.2	19.3	21.9	23.0	22.2	23.3	23.5	22.4	18.5	15.9	19.7
下泄水温	16.2	17.0	17.0	17.4	19.0	18.7	17.3	17.3	17.4	17.4	17.3	16.9	17.4
差值	1.6	1.9	-0.2	-1.9	-2.9	-4.3	-4.9	-6.0	-6.1	-5.0	-1.2	1.0	-2.3

由表5-31、表5-32知,芒柳水库3—11月下泄水温比天然水温低0.2~6.1 ℃,年均下泄水温比天然水温低2.3 ℃,总体来看,水库蓄水将导致下泄水温变化,需采取相应措施减缓低温水对下游环境影响及对灌溉农作物的影响。

4.下泄水温影响分析

1)下泄低温水对农作物的影响

水稻是喜温作物,要求有适宜的温度环境。低温水灌溉可能对水稻正常生长和产量产生一定程度的影响。低温水灌溉水稻后,会造成水稻新陈代谢减慢,光合作用减弱,吸肥能力变差,出现水稻返青慢、分蘖迟、结实率低、成熟期推迟甚至稻株死亡等问题,降低了水稻产量。

查阅相关资料,水稻不同生长期适宜水温见表5-33。根据表5-33,在水稻抽穗开花、乳熟成熟期若无法满足水稻最低水温要求,可能造成水稻等作物分蘖迟、结实率低等现象进而造成减产,为进一步提高工程灌溉效益,结合水库建设条件,建议工程采取双层取水设施进一步缓解低温水影响,提升农作物产量。

表 5-33 灌区水稻各生育期特征参数

生长期	天数/d	起至日期/(月-日)	生长适合水温/℃	最低水温要求/℃	水库下泄水温/℃
秧苗	40	03-21—04-30	26~32	15	17.0~17.4
返青	12	05-01—05-12	29~32	18	19.0
分蘖	32	05-13—06-13	25~35	19	18.7~19.0
孕穗	12	06-14—06-25	30~35	18	18.7
抽穗 开花	28	06-26—07-23	35~38	20	17.3~18.7
乳熟 成熟	40	07-24—09-01	35~38	20	17.3~17.4

2)下泄低温水对鱼类的影响

工程坝址下游无重点保护鱼类,均为常见的一般性经济鱼类,生长繁殖的适宜水温是15~30 ℃,超过30 ℃或低于15 ℃,鱼的新陈代谢变缓,5 ℃以下停止进食,如水温变冷,水体的溶氧量和水化学成分将发生变化,影响鱼类和饵料生物的衍生,致使鱼类区系组成发生变化,下泄低温水将使鱼类产卵季节推迟、影响鱼卵孵化甚至不产卵,还会降低鱼类新陈代谢的能力,使鱼生长缓慢。

由上述分析可知,水库各月下泄水温为16.2~19.0 ℃,较为接近鱼类生存条件,且由于水在渠道沿程流动过程中水体温度有一定程度的回升,进入河道后与空气接触充分,水温回升很快,因此工程运行对鱼类的正常生长繁殖产生的不利影响较小。

5.采取分层取水措施后水温预测

为进一步缓解低温水影响,水库设置上、下2个取水口,2个取水口高程分别为966.8 m和949.0 m。采用上取水口取水时水库下泄水温与天然水温及下取水口水温差值见表5-34。由表5-34可知,采用分层取水后,芒柳水库4—11月下泄水温比天然水温低0.3~3.1 ℃,下泄水温比采用单取水口提高1.6~4.2 ℃。

表 5-34　芒柳水库分层取水口各月下泄水温对比分析　　　　　　单位:℃

月份	1	2	3	4	5	6	7	8	9	10	11	12
天然水温	14.6	15.1	17.2	19.3	21.9	23.0	22.2	23.3	23.5	22.4	18.5	15.9
上取水口下泄水温	16.1	16.9	16.8	19.0	18.9	22.9	19.5	20.2	21.4	21.6	19.0	16.7
下取水口下泄水温	16.2	17.0	17.0	17.4	19.0	18.7	17.3	17.3	17.4	17.4	17.3	16.9
上取水口与天然水温差值	1.5	1.8	-0.4	-0.3	-3.0	-0.1	-2.7	-3.1	-2.1	-0.8	0.5	0.8
上取水口与下取水口水温差值	-0.1	-0.1	-0.2	1.6	-0.1	4.2	2.2	2.9	4.0	4.2	1.7	-0.2

采取分层取水后,水稻各生长期水温要求与水库下泄水温关系见表 5-35。根据表 5-35,采取分层取水后,水库下泄水温可满足水稻生长水温需求。

表 5-35　灌区水稻各生育期特征参数

生长期	天数/d	起至日期（月-日）	生长适合水温/℃	最低水温要求/℃	分层取水后水库下泄水温/℃
秧苗	40	03-21—04-30	26~32	15	18.9~19.0
返青	12	05-01—05-12	29~32	18	18.9
分蘖	32	05-13—06-13	25~35	19	18.9~22.9
孕穗	12	06-14—06-25	30~35	18	22.9
抽穗 开花	28	06-26—07-23	35~38	20	19.5~22.9
乳熟 成熟	40	07-24—09-01	35~38	20	19.5~20.2

5.2.2　新建水源工程水质影响研究

5.2.2.1　水库水质预测

八萝田水库上游有一座小规模养鸡场(八萝田水库建成运行划定水源地后对养鸡场进行搬迁),至规划水平年养殖场规模不扩大,即上游污染负荷不增加,现状年污染负荷为规划水平年最不利工况,采用库区上游现状水质预测工程建设后对水库水质的影响。

采用《环境影响评价技术导则　地表水环境》(HJ 2.3—2018)中湖库均匀混合模型预测库区水质情况,公式如下:

$$C = \frac{W}{Q + kV}$$

式中:C 为污染物浓度, mg/L;W 为单位时间污染物排放量,g/s;Q 为水量平衡时流入与流出湖(库)的流量, m^3/s;k 为污染物综合衰减系数,1/s;V 为水体体积, m^3。

1.参数确定

水量平衡时流入与流出库区的流量根据坝址处多年平均径流量确定。污染物综合衰减系数根据经验值确定,COD、NH_3-N、TP、TN 的综合衰减系数分别为 $9\times10^{-8}/s$、$4\times10^{-8}/s$、$2\times10^{-8}/s$、$2\times10^{-8}/s$。水体体积根据水库库容确定。单位时间污染物排放量根据上游污染物浓度和上游流量确定,公式如下:

$$W = CQ$$

2.预测结果

根据上述参数值,采用湖库均匀混合模型公式,库区水质预测结果见表 5-36。

表 5-36　库区水质预测结果

项目	现状年水质		规划年水质		Ⅲ类水质标准
	八萝田水库	芒柳水库	八萝田水库	芒柳水库	
COD/(mg/L)	4.3	4.0	3.13	3.14	20
NH_3-N/(mg/L)	0.041	0.040	0.035	0.036	1.0
TN/(mg/L)	0.32	0.45	0.30	0.42	1.0
TP/(mg/L)	0.03	0.04	0.028	0.038	0.05
叶绿素 a	0.002	0.002	0.002	0.002	—

据表 5-36 可知,水库建成后,各项指标均能满足Ⅲ类水质标准。

5.2.2.2　水库富营养化预测

水库蓄水后,将淹没正常蓄水位以下的植被、土地,植物腐烂将释放出有机物质,土地浸泡而使化肥和农药流失,增加水库氮、磷等有机物含量。水库蓄水,水体体积大幅度增加,河流流速减慢,水体容量增大,悬浮物沉降作用加强,水体悬浮物浓度降低,水体交换能力减弱,使入库的污染物质滞留于库内。

本次预测选用容易引起水库富营养化的 TN、TP 指标,对水库营养化趋势进行预测与评价。

1.计算方法

采用狄龙模型对本工程建成后库内氮、磷浓度是否会造成库区水体富营养化进行预测分析,数据主要采用坝址处水质现状监测资料。

狄龙公式如下:

$$[P] = \frac{I_P(1-R_P)}{rV}$$

式中:$[P]$ 为湖(库)中氮、磷的平均浓度,mg/L;I_P 为单位时间进入湖(库)的氮(磷)质量,g/年;R_P 为氮、磷在湖(库)中的滞留系数,量纲为 1;V 为水体体积,m^3;r 为水力冲刷系数,1/年。

1)入库的氮(磷)年负荷量

I_P 可通过下式计算得到:

$$I_P = Qc$$

式中:I_P 为单位时间进入湖(库)的氮(磷)质量,g/年;Q 为水库平衡时流入与流出湖(库)的流量,m^3/年;c 为上游来水中氮(磷)浓度,mg/L。

根据库区水质预测结果,计算得本工程建成后单位时间进入湖(库)的氮(磷)质量(I_p)结果见表 5-37。

表 5-37 单位时间进入湖(库)的氮(磷)质量(I_p)计算结果 单位:t/年

项目	八萝田水库	芒柳水库
入库年负荷量 I_p(总氮)	11.559	26.832
入库年负荷量 I_p(总磷)	1.174	2.529

2)氮(磷)滞留系数(R_p)

$$R_p = 1 - \frac{\sum q_a [P]_a}{\sum q_i [P]_i}$$

式中:R_p 为氮、磷在湖(库)中的滞留系数,量纲为 1;q_a 为年出流的水量,m^3/年;q_i 为年入流的水量,m^3/年;$[P]_a$ 为年出流的氮(磷)的平均浓度,mg/L;$[P]_i$ 为年出流的氮(磷)的平均浓度,mg/L。

经计算,氮(磷)滞留系数(R_p)见表 5-38。

表 5-38 氮(磷)滞留系数(R_p)计算结果

项目	八萝田水库	芒柳水库
滞留系数 R_p(氮)	0.92	0.83
滞留系数 R_p(磷)	0.999	0.999

3)水力冲刷系数 r

水力冲刷系数 r 可通过下式计算:

$$r = \frac{Q}{V}$$

式中:r 为水力冲刷系数,1/年;Q 为湖(库)年出流水量,m^3/年;V 为水体体积,m^3。

经计算,水力冲刷系数 r 见表 5-39。

表 5-39 水力冲刷系数 r 计算结果 单位:1/年

项目	八萝田水库	芒柳水库
水力冲刷系数 r	6.23	9.26

2.预测结果

依据上述参数值,采用狄龙模式进行预测,预测结果见表 5-40。

表 5-40 库区富营养化预测结果 单位:mg/L

项目	预测结果	
	八萝田水库	芒柳水库
总氮浓度	0.27	0.40
总磷浓度	0.028	0.038

3.水库营养状态预测

根据《地表水资源质量评价技术规程》(SL 395—2007),水库营养状态评价标准及分级方法见表5-41。

表 5-41 水库营养状态评价标准及分级方法

营养状态分级 EI=营养状态指数		评价项目赋分值 E_n	TN/(mg/L)	TP/(mg/L)	叶绿素 a
贫营养 0≤EI≤20		10	0.02	0.001	0.000 5
		20	0.05	0.004	0.001 0
中营养 20<EI≤50		30	0.10	0.010	0.002 0
		40	0.30	0.025	0.004 0
		50	0.50	0.050	0.010
富营养	轻度富营养 50<EI≤60	60	1.00	0.100	0.026
	中度富营养 60<EI≤80	70	2.00	0.200	0.064
		80	6.00	0.600	0.16
	重度富营养 80<EI≤100	90	9.00	0.900	0.40
		100	16.00	1.300	1.0

采用指数法进行湖库营养状态评价,计算公式如下:

$$EI = \sum_{n=1}^{N} E_n / N$$

式中:EI 为营养状态指数;E_n 为评价项目赋分值,需用线性插值法计算赋分值;N 为评价项目个数。

根据湖库富营养化评分与分级标准,各水库建成后 TN、TP 赋分值及营养化指数和富营养化程度见表5-42。

表 5-42 水库营养状态预测结果

项目	营养状态预测结果	
	八萝田水库	芒柳水库
TN 赋分值	38.5	45
TP 赋分值	40.0	40.1
叶绿素 a 赋分值	30	30
营养状态指数	36.2	38.4
富营养化程度	中营养	中营养

2 座新建水库建成后库区总体水质不易发生富营养化,水库湾处在营养物来源丰富、富集条件好的回水交流不充分的情况下,不排除出现富营养化的可能。因此,须严格控制水库流域氮、磷的排入量,加强水库上游面源污染控制以及水质监测,以便及时采取应对措施,严防水库向富营养化发展。

5.2.2.3　取水坝水质分析预测

新建取水坝坝高较低,建成后上游水位有稍许升高,小范围内水流速度变缓,但上游基本没有污染源汇入,水流变缓范围不大,因此新建取水坝对水质影响较小。

5.2.3　灌区退水河流水质影响研究

5.2.3.1　灌区退水污染负荷

潞江坝灌区供水对象包括灌区范围内的农业灌溉用水、城乡供水以及与灌区水资源配置相关的工业集中片,包括隆阳区的蒲缥片及施甸县的华兴片。根据工程的供水对象,灌区退水主要来源于农业灌溉退水、施甸县城区生活退水、村镇生活退水及工业用水产生的退水等,退水进入怒江各支流后最终排入怒江。根据 3.9.1.2 和 4.2.1 对现状和设计水平年污染源统计和计算,现状和设计水平年污染负荷及新增污染负荷如下。

1.现状水平年灌区污染负荷

根据灌区内各行业供水量及污染负荷统计,现状水平年灌区各灌片 COD、NH_3-N、TP 污染负荷分别为 3 952.2 t/年、405.6 t/年、226.9 t/年。

2.设计水平年灌区污染负荷

根据灌区内各行业供水量及污染负荷统计,设计水平年灌区各灌片 COD、NH_3-N、TP 污染负荷分别为 4 927.9 t/年、515.3 t/年、244.4 t/年,见表 5-43。

3.灌区新增污染负荷

由于社会经济发展,用水人口、工业需水增加,农业种植结构调整,设计水平年较现状年污染物 COD、NH_3-N、TP 污染负荷分别增加 975.69 t/年、109.57 t/年、17.46 t/年,见表 5-44。

4.逐月新增污染负荷

灌区灌溉退水主要为水田排水,灌溉退水主要为一季水稻种植过程中水田两次落干排水形成的退水、渠道损失及水田渗漏通过浅层地下水汇集造成的退水。灌区灌溉退水的时间分布主要与灌溉供水量及水稻生长机制相关,城镇、工业及农村排水为均匀排放。其中,灌溉回归水渠道损失回归水量与供水量相关,水田渗漏水量主要发生在水稻生长季节,水田的落干排水发生在水稻的分蘖后期和黄熟期。结合水稻灌溉制度,灌区逐月新增污染负荷见表 5-45。

表 5-43 设计水平年灌区各灌片污染负荷统计一览

单位:t/年

灌片	城镇生活污水污染			工业污染源			农村生活污染			灌溉回归水污染			合计		
	COD	NH₃-N	TP	COD	NH₃-N	TP	COD	NH₃-N	TP	COD	NH₃-N	TP	COD	NH₃-N	TP
干热河谷灌片	0	0	0	27.2	2.7	0.3	538.5	53.9	5.4	962.1	107.4	81.9	1 527.8	163.9	87.6
三岔灌片	0	0	0	24.3	2.4	0.2	300.0	30.0	3.0	516.7	56.4	43.3	841.0	88.8	46.5
水长灌片	0	0	0	209.9	21.0	2.1	513.8	51.4	5.1	707.2	75.2	56.5	1 430.8	147.5	63.7
烂枣灌片	0	0	0	0	0	0	155.3	15.5	1.6	216.8	23.7	17.7	372.0	39.2	19.2
施甸灌片	139.5	14.0	1.4	321.0	32.1	3.2	0	0	0	295.8	29.6	22.7	756.3	75.7	27.3
合计	139.5	14.0	1.4	582.4	58.2	5.8	1 507.6	150.8	15.1	2 698.6	292.3	222.1	4 927.9	515.3	244.4

表 5-44 设计水平年灌区各灌片污染负荷增加量统计一览

单位:t/年

灌片	城镇生活污水污染			工业污染源			农村生活污染			灌溉回归水污染			合计		
	COD	NH₃-N	TP	COD	NH₃-N	TP	COD	NH₃-N	TP	COD	NH₃-N	TP	COD	NH₃-N	TP
干热河谷灌片	0	0	0	9.28	0.93	0.09	220.50	22.05	2.21	110.36	15.05	-0.26	340.14	38.03	2.04
三岔灌片	0	0	0	5.76	0.57	0.06	77.20	7.70	0.77	55.14	9.99	3.00	138.10	18.26	3.83
水长灌片	0	0	0	137.28	13.73	1.37	71.95	7.17	0.72	71.91	11.03	4.89	281.14	31.93	6.98
烂枣灌片	0	0	0	0	0	0	23.25	2.33	0.23	24.36	3.76	0.54	47.61	6.09	0.77
施甸灌片	11.65	-3.10	-0.74	132.80	13.28	1.33	0	0	0	24.25	5.08	3.25	168.70	15.26	3.84
合计	11.65	-3.10	-0.74	285.12	28.51	2.85	392.90	39.25	3.93	286.02	44.91	11.42	975.69	109.57	17.46

表 5-45　灌区逐月新增污染负荷一览

单位:t/年

污染物	灌片	1 月	2 月	3 月	4 月	5 月	6 月	7 月	8 月	9 月	10 月	11 月	12 月
COD	干热河谷灌片	3.98	3.98	3.98	9.83	16.94	14.92	9.83	3.98	3.98	3.98	3.98	3.98
	三岔灌片	2.72	2.72	2.72	8.73	13.63	12.74	9.18	2.72	2.72	2.72	2.72	2.72
	水长灌片	2.96	2.96	2.96	2.96	10.27	12.87	12.10	9.29	2.96	2.96	2.96	2.96
	烂枣灌片	0.57	0.57	0.57	2.13	4.22	3.92	2.56	0.57	0.57	0.57	0.57	0.57
	施甸灌片	2.51	2.51	2.51	2.51	7.74	9.07	7.83	6.19	2.51	2.51	2.51	2.51
	合计	12.74	12.74	12.74	26.16	52.80	53.52	41.50	22.75	12.74	12.74	12.74	12.74
NH$_3$-N	干热河谷灌片	0.62	0.62	0.62	0.62	0.84	0.62	0.84	0.62	0.62	0.62	0.62	0.62
	三岔灌片	0.43	0.43	0.43	1.35	2.42	2.14	1.30	0.43	0.43	0.43	0.43	0.43
	水长灌片	0.47	0.47	0.47	1.41	2.00	2.22	1.30	0.65	0.47	0.47	0.47	0.47
	烂枣灌片	0.09	0.09	0.09	0.09	1.29	1.46	1.58	0.90	0.09	0.09	0.09	0.09
	施甸灌片	0.39	0.39	0.39	0.64	0.91	1.03	0.65	0.50	0.39	0.39	0.39	0.39
	合计	2.00	2.00	2.00	4.11	7.46	7.47	5.67	3.10	2.00	2.00	2.00	2.00
TP	干热河谷灌片	0.16	0.16	0.16	0.39	0.68	0.60	0.39	0.16	0.16	0.16	0.16	0.16
	三岔灌片	0.11	0.11	0.11	0.35	0.55	0.51	0.37	0.11	0.11	0.11	0.11	0.11
	水长灌片	0.12	0.12	0.12	0.12	0.41	0.52	0.49	0.37	0.12	0.12	0.12	0.12
	烂枣灌片	0.02	0.02	0.02	0.09	0.17	0.16	0.10	0.02	0.02	0.02	0.02	0.02
	施甸灌片	0.10	0.10	0.10	0.10	0.31	0.36	0.31	0.25	0.10	0.10	0.10	0.10
	合计	0.51	0.51	0.51	1.05	2.12	2.15	1.66	0.91	0.51	0.51	0.51	0.51

5.2.3.2　退水影响预测分析

1.模型选择

本次评价利用 MIKE11 软件在一维水动力模型基础上,将点源和面源污染输入模型,构建一维水质模型。

MIKE11AD 用于模拟污染物质在水体中的对流扩散过程,可以设定一个恒定的衰减系数模拟非保守物质。河流一维对流扩散模型为

$$\frac{\partial C}{\partial t} + u\frac{\partial C}{\partial x} = \frac{\partial}{\partial x}(E_x\frac{\partial C}{\partial x}) - KC$$

开边界出流:

$$\frac{\delta^2 C}{\delta x^2} = 0$$

式中:C 为污染物浓度,mg/L;E_x 为污染物弥散系数;K 为降解系数,s^{-1};x 为空间步长,m。

描述水质变化的对流扩散方程采用完全时间和空间中心隐式差分格式进行离散,线性方程组的求解采用双重扫描算法,在流量节点和水位节点上都求解模拟变量。

2.预测工况及参数选择

选择典型枯水年($P=90\%$)水文条件,预测分析潞江坝灌区工程运行后的梅江干支流水质变化情况,水质预测因子选择 COD、NH_3-N 和 TP。

综合衰减系数的取值与河流水文状态有关,参考《全国地表水水环境容量核定》及云南省其他灌区项目环评报告,本次 K_{COD} 取 0.08 d^{-1},$K_{氨氮}$ 取 0.06 d^{-1},$K_{总磷}$ 取 0.03 d^{-1}。

3.边界条件

施甸县县城城镇生活退水及 2 个工业园区退水以点源形式汇入河流,农村生活及灌溉退水以线源形式均匀进入河流。灌区污染源排放概化示意图见图 5-12,受纳河流污染物本底值取本次评价水质现状监测结果,在本底基础上加入新增污染负荷预测设计枯水年水质变化情况。

4.预测断面

本次预测选取的典型断面包括支流入怒江汇合口断面、常规国控断面及出灌区断面,具体见表 5-46。

表 5-46　灌区退水预测断面分布

序号	河流	断面	备注
W1	水长河	水长河河口	水长河入怒江汇合口
W2	勐梅河	勐梅河河口	勐梅河入怒江汇合口
W3	施甸河	施甸河河口	施甸河入怒江汇合口
W4	怒江	红旗桥	国控断面
W5		出灌区断面	出灌区断面

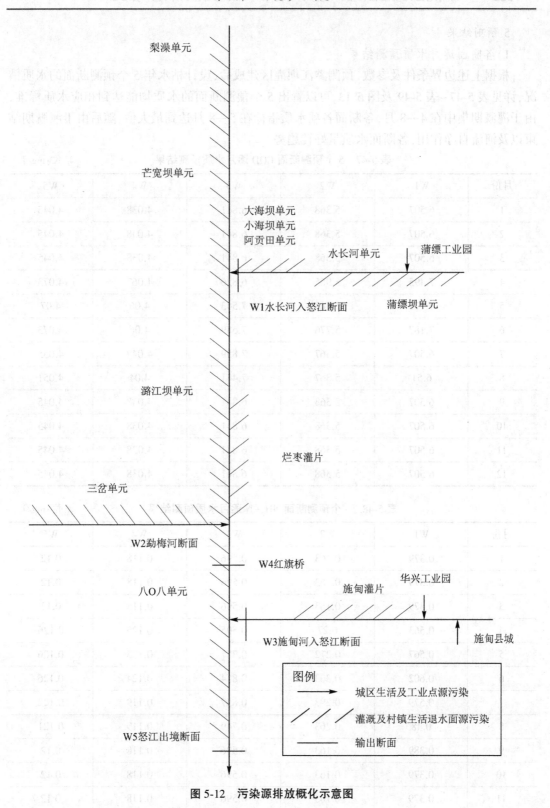

图 5-12　污染源排放概化示意图

5.预测结果

1）各断面逐月水质预测结果

根据上述边界条件及参数,预测潞江坝灌区建成后,设计枯水年5个预测断面的水质情况,详见表5-47~表5-49及图5-13,可以看出5个预测断面的水质均能达到相应水质标准,由于灌溉期集中在4—8月,各断面各项水质指标在5—8月达到最大值,随后由于灌溉期结束以及河流自净作用,各断面水质呈好转趋势。

表5-47　5个预测断面COD逐月水质预测结果　　　　　单位:mg/L

月份	W1	W2	W3	W4	W5
1	6.507	5.368	6.841	4.038	4.045
2	6.507	5.368	6.841	4.038	4.045
3	6.507	5.368	6.841	4.038	4.045
4	7.495	5.965	6.826	4.067	4.073
5	7.171	5.768	7.543	4.06	4.07
6	7.187	5.776	7.689	4.06	4.073
7	6.507	5.367	7.859	4.042	4.055
8	6.51	5.367	7.441	4.04	4.051
9	6.507	5.368	6.841	4.038	4.045
10	6.507	5.368	6.841	4.038	4.045
11	6.507	5.368	6.841	4.038	4.045
12	6.507	5.368	6.841	4.038	4.045

表5-48　5个预测断面NH_3-N逐月水质预测结果　　　　　单位:mg/L

月份	W1	W2	W3	W4	W5
1	0.379	0.163	0.596	0.118	0.12
2	0.379	0.163	0.596	0.118	0.12
3	0.379	0.163	0.596	0.118	0.12
4	0.563	0.27	0.595	0.125	0.126
5	0.567	0.272	0.777	0.123	0.126
6	0.602	0.303	0.814	0.124	0.126
7	0.579	0.293	0.857	0.119	0.122
8	0.48	0.263	0.749	0.119	0.121
9	0.389	0.163	0.596	0.118	0.12
10	0.379	0.163	0.596	0.118	0.12
11	0.379	0.163	0.596	0.118	0.12
12	0.379	0.163	0.596	0.118	0.12

表 5-49　5 个预测断面 TP 逐月水质预测结果　　　　　　　　单位:mg/L

月份	W1	W2	W3	W4	W5
1	0.117	0.098	0.116	0.034	0.035
2	0.117	0.098	0.116	0.034	0.035
3	0.117	0.098	0.116	0.034	0.035
4	0.153	0.135	0.116	0.036	0.036
5	0.141	0.123	0.171	0.036	0.036
6	0.142	0.123	0.182	0.036	0.036
7	0.137	0.117	0.195	0.035	0.035
8	0.138	0.117	0.163	0.035	0.035
9	0.117	0.098	0.116	0.034	0.035
10	0.117	0.098	0.116	0.034	0.035
11	0.117	0.098	0.116	0.034	0.035
12	0.117	0.098	0.116	0.034	0.035

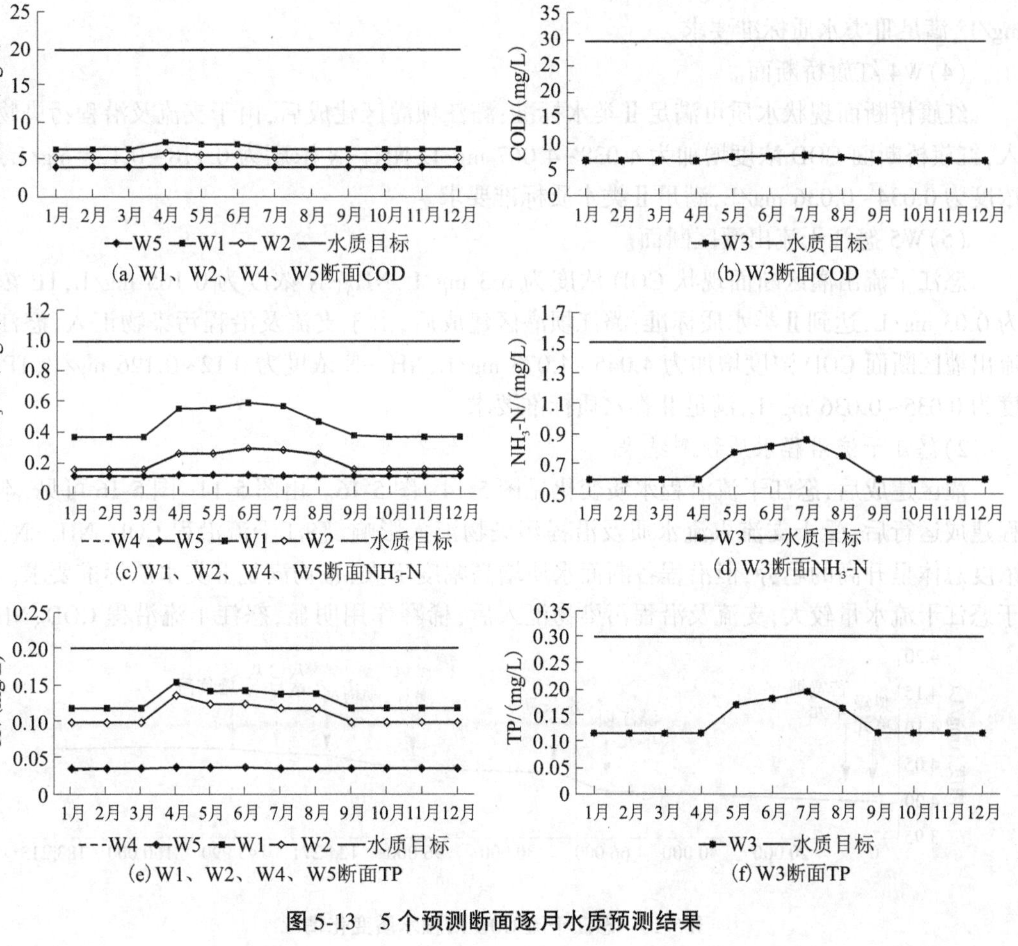

(a) W1、W2、W4、W5 断面 COD

(b) W3 断面 COD

(c) W1、W2、W4、W5 断面 NH₃-N

(d) W3 断面 NH₃-N

(e) W1、W2、W4、W5 断面 TP

(f) W3 断面 TP

图 5-13　5 个预测断面逐月水质预测结果

（1）W1 水长河入怒江断面。

水长河入怒江断面现状 COD 浓度为 4 mg/L，NH_3-N 浓度为 0.137 mg/L，TP 浓度为 0.08 mg/L，达到Ⅲ类水质标准；潞江坝灌区建成后，由于水长灌片大海坝单元、小海坝单元、阿贡田单元农业及农村生活面源污染的汇入，以及蒲缥工业园工业退水进入水长河，水长河入怒江断面 COD 浓度增加为 6.507~7.495 mg/L，NH_3-N 浓度为 0.379~0.602 mg/L，TP 浓度为 0.117~0.153 mg/L，满足Ⅲ类水质标准要求。

（2）W2 勐梅河入怒江断面。

勐梅河入怒江断面现状 COD 浓度为 5.67 mg/L，NH_3-N 浓度为 0.059 mg/L，TP 浓度为 0.07 mg/L，达到Ⅲ类水质标准；潞江坝灌区建成后，由于三岔灌片三岔单元农业及农村生活面源污染的汇入，勐梅河入怒江断面 COD 浓度增加为 5.368~5.965 mg/L，NH_3-N 浓度为 0.163~0.303 mg/L，TP 浓度为 0.098~0.135 mg/L，满足Ⅲ类水质标准要求。

（3）W3 施甸河入怒江断面。

施甸河入怒江断面现状 COD 浓度为 5.67 mg/L，NH_3-N 浓度为 0.084 mg/L，TP 浓度为 0.12 mg/L，达到Ⅲ类水质标准；潞江坝灌区建成后，由于施甸灌片农业及农村生活面源污染的汇入，以及施甸县城污水处理厂和华兴工业园工业退水的进入，施甸河入怒江断面 COD 浓度增加为 6.841~7.859 mg/L，NH_3-N 浓度为 0.595~0.857 mg/L，TP 浓度为 0.116~0.195 mg/L，满足Ⅲ类水质标准要求。

（4）W4 红旗桥断面。

红旗桥断面现状水质可满足Ⅱ类水标准；潞江坝灌区建成后，由于支流及沿程污染物汇入，红旗桥断面 COD 浓度增加为 4.038~4.067 mg/L，NH_3-N 浓度为 0.118~0.125 mg/L，TP 浓度为 0.034~0.036 mg/L，满足Ⅱ类水质标准要求。

（5）W5 怒江干流出灌区断面。

怒江干流出灌区断面现状 COD 浓度为 6.3 mg/L，NH_3-N 浓度为 0.165 mg/L，TP 浓度为 0.03 mg/L，达到Ⅱ类水质标准；潞江坝灌区建成后，由于支流及沿程污染物汇入，怒江干流出灌区断面 COD 浓度增加为 4.045~4.073 mg/L，NH_3-N 浓度为 0.12~0.126 mg/L，TP 浓度为 0.035~0.036 mg/L，满足Ⅱ类水质标准要求。

2）怒江干流沿程水质预测结果

灌区建成后，怒江干流沿程水质变化见图 5-14~图 5-16。由图 5-14~图 5-16 可见，本工程建成运行后，受干支流入流水质及沿程污染物汇入影响，怒江干流沿程 COD、NH_3-N、TP 浓度总体呈升高的趋势，但沿程各断面水质增高幅度不大，且均满足Ⅱ类水质标准要求。由于怒江干流水量较大，支流及沿程污染物汇入后，稀释作用明显，怒江干流沿程 COD、NH_3-

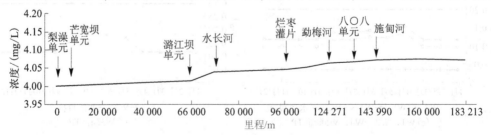

图 5-14　怒江干流 COD 沿程水质变化情况

N、TP 浓度增加幅度较小,其中 COD 沿程增加约 0.076 mg/L,NH₃-N 沿程增加约 0.013 mg/L,TP 沿程增加约 0.002 mg/L,可见灌区退水对怒江干流水质影响较小。怒江干流水质总体良好。

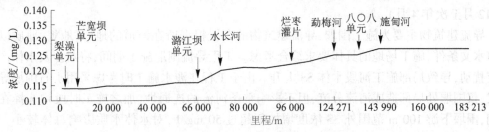

图 5-15　怒江干流 NH₃-N 沿程水质变化情况

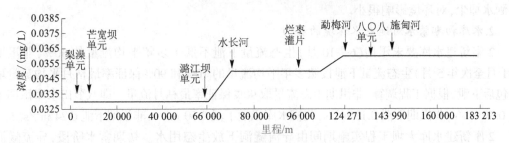

图 5-16　怒江干流 TP 沿程水质变化情况

5.2.4　工程管理人员生活污水影响研究

结合保山市实际情况,经测算共需新增人员编制 18 人,其中:保山市大型灌区工程建设管理中心及潞江坝灌区管理局机关人员新增编制 8 人,隆阳管理分局新增编制 5 人(包括隆阳管理分局 1 人,八萝田水库管理站 2 人,芒柳水库管理站 2 人),施甸管理分局新增编制 2 人,龙陵管理分局新增编制 3 人。根据云南省地方标准《用水定额》(DB53/T 168—2019),按每人用水量 110 L/d,排放率按 80% 计,则运行期灌片输水系统工程管理人员生活污水产生量约为 7.40 m³/d。生活污水中 COD 浓度 300 mg/L、BOD₅ 浓度 150 mg/L、NH₃-N 浓度 20 mg/L、悬浮物浓度 150 mg/L,污染物产生量 COD、BOD₅、NH₃-N、SS 分别为 1.85 kg/d、1.11 kg/d、0.15 kg/d、1.11 kg/d。

运营期管理分局生活污水来源于管理人员食堂废水及粪便污水等,管理人员产生的少量生活污水均纳入当地区(县)污水管网,由区(县)污水处理厂处理。水库管理站生活污水产生量小且水质简单,建议可建设三格化粪池,对化粪池进行防渗处理,管理人员生活污水排入管理站化粪池,化粪池定期清理,粪便作为农用肥料外运,不外排,不会对周边水环境造成影响。

5.2.5　施工期水环境影响研究

5.2.5.1　施工扰动对地表水环境影响

1.施工导流活动对地表水环境的影响

本项目涉及施工导流的主要工程为水源工程和渠(管)系工程等,包括 2 座新建水库、17 处取水坝以及 34 处渠(管)系工程穿越河道、冲沟的交叉建筑物。2 座新建水库拦河坝施工导流采用围堰一次性截断河床、左岸导流隧洞泄流的导流方式。17 处取水坝中道街坝采用围堰一次拦断河床明渠的导流方式,施工期安排在一个枯水期;其余取水坝采用分期导流方式,分 2 个枯水期施工。34 座穿河交叉建筑物(22 处埋管,3 处倒虹吸,4 处渡槽,1 处管桥,1 处埋涵,3 处闸)采用分期导流的导流方式,充分利用枯水期施工,导流时段为枯水期(12 月至次年 4 月)。

导流建筑物主要为施工围堰,导流建筑物的布置根据所在河道的地形、地貌、地质以及河道水文条件、施工场地的具体要求综合考虑。工程导流围堰施工期间,将对涉及水体产生一定扰动,导致局部施工河段水体 SS 上升。由于工程在涉水施工时考虑采用土石围堰导流方式,仅围堰处局部造成河流分流,但不影响整条河流的连通性,加之施工时段均选择在枯水期,围堰下游 100 m 范围外 SS 浓度增加不超过 50 mg/L,对水体水质影响总体较小。基础开挖过程中,会产生少量基坑排水,施工工艺要求这些基坑排水沉淀后用于施工场地及道路洒水抑尘,对环境影响很小。

2. 水库初期蓄水对地表水环境的影响

2 座新建水库要求汛期(6—10 月)生态流量下泄不低于多年平均流量的 30%,非汛期(11 月至次年 5 月)生态流量下泄按照多年平均流量的 10% 和 90% 保证率最枯月平均流量取外包后下泄,根据工程调算,非汛期生态流量取 90% 保证率最枯月流量。即八萝田水库汛期下泄 0.39 m³/s,非汛期下泄 0.18 m³/s;芒柳水库汛期下泄 0.60 m³/s,非汛期下泄 0.24 m³/s。

2 座新建水库大坝工程实施期间由导流隧洞下放生态用水。初期蓄水阶段,导流隧洞下闸后蓄水至水库死水位之前,采取水泵抽水措施来保证生态流量正常下泄。达到水库死水位之后,通过生态基流管下泄生态流量。八萝田水库初期蓄水安排在第 4 年 12 月初至第 5 年 4 月底,持续时间 5 个月,芒柳水库初期蓄水安排在第 5 年 2 月初至第 5 年 5 月初,持续时间 4 个月,2 座小型水库生态流量下泄量较小,初期蓄水时段在非汛期内完成,采用抽水泵一用一备进行生态流量下泄能够满足下游生态需水,因此初期蓄水对下游水生态环境影响较小。

5.2.5.2　施工期废污水影响

项目施工期对水环境产生影响的主要是施工期混凝土拌和系统冲洗废水,机械设备维修、保养、冲洗产生的含油废水,基坑排水,隧洞排水及施工人员产生的生活污水等对地表水体产生的影响。污染物以悬浮物和有机物质为主,废水主要为间歇式排放,间或有连续排放。

1. 混凝土拌和系统冲洗废水

根据施工组织设计,各水库施工区布置混凝土生产系统 1 座,共布置 2 座混凝土拌和系统,各线路施工区沿线布置移动式拌和机承担混凝土拌和任务。混凝土拌和系统为两班制生产,混凝土拌和系统冲洗废水是混凝土转筒和罐车在每班末的冲洗废水。固定式拌和站冲洗废水 1.2 m³/次,废水产生系数 0.8,高峰期每天 2 班,每班冲洗一次,混凝土拌和系统废水经处理后回用于混凝土拌和系统的冲洗或用于施工区洒水降尘。水库工程和输水线路工程混凝土拌和冲洗废水产生情况见表 5-50 和表 5-51。

表 5-50　水库工程施工区混凝土拌和系统冲洗废水产生情况一览

序号	施工工区	型号	数量	生产能力/(m³/h)	班次	冲洗水量/(m³/次)	废水量/(m³/d)	污染物产生量SS/(kg/d)
1	八萝田水库工区	HZS 25	1	25	2	1.5	2.4	12
2	芒柳水库工区	HZS 25	1	25	2	1.5	2.4	12

表 5-51　输水线路施工区混凝土拌和系统冲洗废水产生情况一览

序号	灌片单元	数量	班次	冲洗水量/ (m³/次)	废水量/ (m³/d)	污染物产生量 SS/(kg/d)
1	芒宽坝单元	14	2	0.5	11.2	56
2	潞江坝单元	18	2	0.5	14.4	72
3	三岔河单元	5	2	0.5	4.0	20
4	八〇八单元	15	2	0.5	12.0	60
5	橄榄单元	2	2	0.5	1.6	8
6	小海坝单元	5	2	0.5	4.0	20
7	大海坝单元	3	2	0.5	2.4	12
8	阿贡田单元	7	2	0.5	5.6	28
9	水长河单元	6	2	0.5	4.8	24
10	蒲缥坝单元	5	2	0.5	4.0	20
11	烂枣单元	5	2	0.5	4.0	20
12	东蚌兴华单元	2	2	0.5	1.6	8
13	施甸坝单元	6	2	0.5	4.8	24
14	梨澡单元	5	2	0.5	4.0	20
	合计	98			78.4	392

混凝土拌和系统冲洗废水中含有较高的悬浮物且含粉率较高,废水呈碱性,pH 为 11～12。根据水利工程施工区混凝土拌和系统生产废水悬浮物浓度资料,拌和系统废水悬浮物浓度约 5 000 mg/L。

拌和系统冲洗废水排放量小,排放具有间断性和分散性的特点,但泥沙悬浮物含量较大,pH 偏高。直接排入水体后会增加水体的浊度,使 pH 升高,影响水体的感官性状以及水生生物的生存栖息。类比同类工程此类废水处理经验,评价建议混凝土拌和系统冲洗废水经酸碱中和、絮凝沉淀法处理后,回用于施工区洒水降尘,实现废水不外排,在落实这些措施后,上述废水基本不会对地表水环境产生不利影响。

2.机械含油废水

本工程施工期间,工程区距离县(市、区)的距离较近,隆阳区、施甸县和龙陵县现有的社会修配企业能够满足本工程施工机械设备的大修要求,施工现场仅进行简单的设备维修即可。施工机械在维修、保养过程中将产生一定的含油废水,主要污染物成分为石油类和悬浮物,废水排放方式为间歇性排放。

工程共需要配备机械 1 948 台,按照冲洗一台机械用水 0.25 m³/次,产污率 90% 计,每 5 天冲洗一次计算,则高峰期机械冲洗废水总产生量 87.66 m³/d。汽车冲洗废水污染物以石油类和悬浮物为主,石油类产生浓度约 40 mg/L,悬浮物浓度为 2 000 mg/L。各施工工区污水及污染物产生情况见表 5-52。

表 5-52　灌区工程机械施工废水及污染物产生情况

工程类型	单元	机械数量/辆	废水量/(m³/d)	污染物产生量/(kg/d)	
				石油类	SS
水库	八萝田水库	136	6.11	0.24	12.24
	芒柳水库	84	3.78	0.15	7.56
输水线路	芒宽坝单元	259	11.66	0.47	23.31
	潞江坝单元	292	13.14	0.53	26.28
	三岔河单元	98	4.41	0.18	8.82
	八〇八单元	209	9.41	0.38	18.81
	橄榄单元	39	1.76	0.07	3.51
	小海坝单元	99	4.46	0.18	8.91
	大海坝单元	46	2.07	0.08	4.14
	阿贡田单元	117	5.27	0.21	10.53
	水长河单元	112	5.04	0.20	10.08
	蒲缥坝单元	95	4.28	0.17	8.55
	烂枣单元	127	5.72	0.23	11.43
	东蚌兴华单元	35	1.58	0.06	3.15
	施甸坝单元	98	4.41	0.18	8.82
	梨澡单元	102	4.59	0.18	9.18
合计		1 948	87.66	3.51	175.32

含油废水若不经处理直接排放,会对周围土壤和水环境造成污染。施工机械主要以柴油和汽油为动力燃料,采取废水隔油等处理措施后,可以避免对水环境的污染。

3.基坑排水

本工程基坑排水主要来源于水库工程和输水线路工程采用施工导截流工程。其中,八萝田水库和芒柳水库施工期间采用围堰一次性截断河床、左岸导流隧洞泄流的导流方式;取水坝和跨河建筑物采用分期围堰分期导流,产生基坑排水,主要为 SS。基坑排水分为初期排水和经常性排水两部分,初期排水是排除基坑积水、基岩及截流戗堤渗水等,经常性排水主要排除围堰、基岩渗水和施工弃水、降水等。经常性排水量与初期排水量相比较小,排水强度估算为 81.67~137.50 m³/h。基坑排水水质较好,主要污染物为悬浮物,一般浓度在 2 000 mg/L,根据大量已建和在建水利水电工程对基坑排水的处理经验,对基坑排水无需采取特殊处理设施,静置沉淀一段时间后即可抽出回用,对河流水质影响不大。

4.隧洞排水

八萝田水库和芒柳水库施工时采用围堰一次性截断河床、导流隧洞泄流的导流方式。隧洞开挖时会产生一定隧洞排水,隧洞排水主要由隧洞内施工生产废水和洞室内地下渗水组成。隧洞排水中不含有毒物质,但悬浮物含量较高,浇筑混凝土时 pH 会较高。类比同类已建工程监测结果,本工程施工高峰期隧洞排水主要污染物浓度为悬浮物 100~5 000 mg/L,pH 为 8~10。隧洞排水处理后用于施工区道路降尘、绿植浇灌等,对水环境影响较小。

5.施工生活污水

施工生活污水主要来源于施工管理人员和施工人员的生活排水,生活污水主要来自施工人员餐饮污水、粪便污水以及洗浴废水等,主要污染物是 COD 和 BOD_5。

根据施工组织设计,本项目共布设 48 个施工生活区,其中水库工程共设置 2 个生活区,输水线路工程共设置 46 个生活区。八萝田水库工程高峰期施工人员 390 人,芒柳水库工程高峰期施工人员 450 人,线路工区施工人员 6 890 人。根据云南省地方标准《用水定额》(DB53/T 168—2019),参照农村居民生活用水定额集中供水,按每人用水量 90 L/d,排放率按 80% 计,灌区工程高峰期日生活污水总产生量为 556.56 m^3/d。各施工工区生活污水量及污染负荷污染物产生情况详见 3.8.1.2 中表 3-7 所示。

1)2 个水库施工区。

为防治生活污水产生的不利环境影响,拟在 2 个水库施工区设置环保厕所和隔油池,生活污水经化粪池处理后上清液回用于周边农田灌溉,清掏粪渣用于周边农田施肥,隔油池产生的废油和油泥委托有资质的单位进行处置。

2)线路工区

线路工区分布较分散,施工人员较少,施工期较短,产生的生活污水量较少,线路工区施工人员尽量租用附近民房,施工人员餐饮污水及洗浴废水依托现有民房的污水收集及处理设施,施工人员粪便污水拟在每个线路工区设置环保厕所,定期清掏后回用于周边农田。

5.3　地下水环境影响研究

5.3.1　施工期地下水影响研究

5.3.1.1　水源工程对地下水影响研究

1.新建八萝田水库对地下水影响分析

八萝田水库坝址区地下水类型主要为第四系松散堆积物孔隙潜水和基岩裂隙水。地下水主要接受当地大气降水补给,通过两岸岩(土)体的孔隙、裂隙等通道径流,向邦杨河中排泄。

左坝肩地下水位为 897.25 m,右坝肩地下水位为 917.55 m,低于正常蓄水位 956 m。工程施工期间坝址处开挖会导致局部区域地下水流向基坑,考虑到坝址开挖面总体不大且施工时间不长,故坝址处开挖施工基本不会对地下水位及地下流场造成影响。工程导流洞进口底高程 911.5 m,出口底高程 910.5 m,高于左岸地下水位,故导流隧洞施工对局部地段地下水位和地下水流场影响较小。

2.新建芒柳水库对地下水影响分析

芒柳水库坝址区地下水类型主要是河床冲洪积松散堆积物孔隙潜水、基岩裂隙潜水。松散堆积物孔隙潜水接受大气降水、河水及上游补给,向下游及下部含水层排泄;基岩裂隙潜水,水位低于上部孔隙潜水,主要接受上游、两岸地下水及垂向入渗补给,向下游排泄。

左坝肩地下水位为 937.75 m,右坝肩地下水位为 970.57 m,低于正常蓄水位 984 m。工程施工期间坝址处开挖会导致局部区域地下水流向基坑,考虑到坝址开挖面总体不大且施工时间不长,故坝址处开挖施工基本不会对地下水位及地下流场造成影响。工程导流洞进口底高程940 m,出口底高程935.56 m,高于左岸地下水位,故导流隧洞施工对局部地段地下水位和地下水流场影响较小。

3.取水坝对地下水影响分析

本次取水坝工程共17处,其中新建5座,重建3座,维修加固9座。工程施工期间坝址处开挖会导致局部区域地下水流向基坑,考虑到坝址开挖面总体不大且施工时间不长,故坝址处开挖施工基本不会对地下水位及地下流场造成影响。

5.3.1.2　渠(管)系工程对地下水影响分析

本次拟建骨干灌溉渠(管)道工程65条,总长528.95 km。灌区地下水埋深较深,因此施工期仅丰水期局部挖方段周边地下水位会有所下降;由于渠(管)系工程为线性工程的特点,开挖破坏范围有限,施工时限短,工程施工不会造成大范围的地下水位下降。

5.3.1.3　导流隧洞工程对地下水影响分析

八萝田水库和芒柳水库施工时采用围堰一次性截断河床、导流隧洞泄流的导流方式。隧洞穿越地下含水层时可能会产生一定的地下水渗漏,小幅改变地下水渗流场,但本次隧洞长度为329~439 m,长度较短,且施工时限短,工程施工不会造成大范围的地下水位下降,总体来说隧洞对地下水影响较小。

施工过程中隧洞围岩出现渗水、淋水,在要穿越的透水层部位布置一定数量的排水孔,将渗水、淋水集中排入孔内导出;如遇较大涌水,可在涌水处设置集水井,根据涌水量配备排水设施排出。洞内采用分段设集水坑,集水坑间设施工临时排水沟,积水用潜水泵将水汇集于集水井,用低扬程抽水机排至洞外污水处理池,经沉淀、净化后上清液用于隧洞工程区洒水降尘和周边绿化,避免直接排放,不会对当地地表水环境产生影响。

5.3.1.4　对地下水水质影响分析

施工期水源工程和输水工程沿线会产生生活污水和生产废水,但本工程生产、生活废污水排放量小,在采取措施处理后回用,基本不会对区域地下水水质产生污染影响。

5.3.2　运行期地下水影响研究

5.3.2.1　水库工程对地下水影响分析

八萝田水库坝址左岸岩性以粉砂质泥岩、页岩、粉砂岩为主,右岸主要由冲洪积物组成,覆盖深厚,透水性较小。芒柳水库库区出露岩性有砂泥质碎屑岩、灰岩、玄武岩等多样组合交替分布,渗径远,其间也分布有相对隔水岩组。水库建成后,若不采取措施,水库蓄水后均会产生不同程度的渗漏,水库采用水平防渗和垂直防渗等措施后对库区地下水影响较小。需要注意,研究区域蒸发作用较强,可能会出现盐渍化现象。未来在灌区运行后,需布置地下水水质、水位监测点,并加强监测,充分掌握灌区盐渍化发展趋势。

5.3.2.2　取水坝工程对地下水影响分析

各取水坝均位于怒江左右岸支流深切支沟上游,基础为冲洪积的卵砾石、漂石,局部为大孤石。各取水坝工程根据实际情况采取铺设混凝土铺盖、帷幕灌浆、土工膜防渗等措施进行防渗后对地下水影响较小。

5.3.2.3　渠(管)系工程及灌区对地下水影响分析

潞江坝灌区地下水类型主要有松散岩类孔隙水、碎屑岩类裂隙孔隙水、碳酸盐岩类裂隙岩溶水和基岩裂隙水4种类型。其补给来源主要为大气降水及其地表河溪的渗入。沿赋存介质中的孔隙、裂隙、溶隙通道径流,向低洼的河谷、盆地边缘排泄。

潞江坝灌区设计灌溉面积确定为63.47万亩,一般情况下,由于灌溉时间短、排水快,潜水排泄量大。灌区建成运行后,干管和支管渗水量较小,田间渠系采取衬砌措施,且有较大比例的高效节水灌片,灌区范围内灌溉水入渗量小。由此可见,项目实施后,灌区范围内地下水位产生明显影响,不会破坏区域地下水的补径排关系。因此,潞江坝灌区运行期对区域地下水位和水量的影响较小。

运行期灌区的地下水水质主要受灌溉水质、农药化肥的施用量和土壤中污染物的含量等因素影响,而最有可能受影响的地下水类型为覆盖层孔隙潜水。灌区灌溉期,农药和化肥的施用,使田间水溶解了大量的 COD 和氨氮等化学物质,部分化学物质随着田间回归水排入地表径流,部分化学物质在土壤包气带中的硝化、反硝化作用后分解,加之灌区灌溉时间短、排水快,这些化学成分进入地下水含水层的量一般很少。落实到灌区实际情况,本灌区土层相对较厚,区域包气带有一定的防污能力,且如之前分析,灌区地形高差大、排水快且入渗量有限,加之含有污染物的地表水在下渗的过程中,经过灌区土壤的过滤、降解和农作物吸附吸收后,水体中污染物基本留在表层土壤中,灌区运行后因施肥、喷洒农药造成的农业面源污染对灌区地下水水质影响极小。

5.4　陆生生态影响研究

5.4.1　对植被的影响

工程建设对植被的影响可以分为施工期和运行期的影响,施工期影响主要是各类临时工程的占地影响,其影响相对短暂和集中,是负面影响;运行期的影响是工程竣工后的生态恢复,其影响是缓慢的、长期的,更多的体现为有益影响。

5.4.1.1　施工期对植被的影响

本工程为灌区工程,对植物及植被的影响主要来源于工程占地、工程施工、水土流失、施工活动、外来入侵植物等几个方面。

1.工程占地的影响

工程占地不可避免地会破坏占地区植物及植被。根据工程布置,工程建设总占地面积为 620.45 hm²,永久占地面积为 167.99 hm²,临时占地面积为 452.46 hm²,具体占用植被类型情况见表 5-53。

表 5-53　工程占用植被类型及面积一览　　　　　　　　单位:hm²

类型	永久占地	临时占地
1.云南松林	21.15	41.44
2.杉木林	3.31	6.49
3.旱冬瓜林	5.77	11.29

续表 5-53

类型	永久占地	临时占地
4.木荷林	13.75	26.91
5.油筋竹林	0	0
6.白茅灌草丛	0.13	1.83
7.类芦灌草丛	0.21	2.93
8.紫茎泽兰草丛	0.10	1.40
9.猩猩草草丛	0.02	0.29
10.蔓荆灌丛	1.81	2.24
11.构树灌丛	3.12	3.85
12.密蒙花灌丛	1.97	2.44
13.金合欢灌丛	6.96	8.61
14.羊蹄甲灌丛	5.89	7.29
15.清香木灌丛	2.60	3.22
16.水麻灌丛	0.89	1.10
17.经果林	33.55	120.88
18.农业植被	59.24	187.32
19.水域	4.19	9.44
20.建设用地	3.33	13.42
21.其他土地	0	0.07
合计	167.99	452.46

1)永久占地

工程永久占地会使占地区土地利用类型发生改变,植物个体损失,植被生物量减少。根据现场调查,永久占地区常见植被群系为云南松林、旱冬瓜林、水麻灌丛、西南金丝梅灌丛、羊蹄甲灌丛、金合欢灌丛等。受永久占地影响的植物均为常见种,植被均为常见类型,因此永久占地对评价区内植物及植被影响较小,仅为个体损失、植被生物量减少。根据评价区各植被类型平均生物量,永久占地区植被损失的生物量约为 4 829.05 t(见表 5-54),占评价区总生物量的 0.53%,变化幅度较小,且施工结束后,林地补偿等植被恢复措施会在一定程度上缓解其影响。因此,永久占地对占地区植物种类、植被类型及生物量的影响较小。

表 5-54　工程永久占地及生物量损失情况

植被类型	面积/hm²	生物量损失/t
针叶林	−19.50	−1 034.94
阔叶林	−24.48	−2 101.94
经济林	−33.55	−708.86
灌丛	−23.24	−614.48
草丛	−0.46	−8.38
水生植被	−4.19	−5.03
农作物植被	−59.24	−355.42
合计	−164.66	−4 829.05

注:不包含占用的建设用地和其他土地 3.33 hm²。

2)临时占地

根据工程布置,结合现场调查情况,受施工临时占地影响的植被及群系均为常见类型,植物均为适应性强、抗逆性强、分布范围广的种类,区域未发现重点保护野生植物及古树名木等分布,因此施工占地对评价区内植物及群系的影响较小,仅为植物个体损失、植被生物量减少,且随着施工结束,对临时占地区土地平整、复耕、植被恢复等措施,可使临时占地区植物及植被在适宜条件下迅速得到恢复,因此工程临时占地对植物及植被的影响较小。工程临时占地及生物量损失情况见表 5-55。

表 5-55　工程临时占地及生物量损失情况

植被类型	面积/hm²	生物量损失/t
针叶林	−47.99	−2 541.83
阔叶林	−38.20	−3 280.33
经济林	−120.88	−2 554.15
灌丛	−26.51	−701.04
草丛	−8.69	−159.19
水生植被	−9.44	−11.33
农作物	−187.32	−1 123.94
合计	−439.03	−10 371.81

注:不包含占用的建设用地和其他土地 13.49 hm²。

2.工程施工对植物的影响

工程的施工形式主要为取水坝、灌溉渠系开挖衬砌,新建水库的坝址建设等。

1)水库/引水工程

工程新建水库 2 座,分别为八萝田水库、芒柳水库,水库枢纽建设区植被主要为楝、粉花羊蹄甲、水麻等,多为常见植物,区域内交通道路发达,砂石料均为采购,水库均为小(1)型,枢纽施工影响范围较小。

本工程引水工程新建取水坝5座,重建3座,维修加固9座,取水坝施工主要集中在山溪型支流上,河道水量较少,河流底质多为石块石砾,河道两旁植被以灌丛、草丛为主,常见群系主要有水麻、金合欢、银合欢、粉花羊蹄甲、车桑子、构树、麻风树、清香木、柚木、蓖麻、小蓬草、紫茎泽兰、龙舌兰、黄果茄、水蓼、白花鬼针草等。取水坝施工范围较小,不会造成评价区植物物种和植被类型的消失,因此引水施工对评价区植物的影响较小。

2) 渠系施工

渠系施工对占地区植物及植被的影响主要为渠系开挖、修砌等破坏占地区植物及植被。渠系的开挖扰动了周围地表,开挖沿线临时土方堆放,破坏了原有的地貌、植被和土壤结构,易引起水土流失,进而对周围植物及植被产生不良影响。灌溉渠系主要布置在农田、人工经济果木林等集中分布区域,主要植被类型为人工种植的玉米、水稻,还有杧果、龙眼、咖啡、澳洲坚果、柑橘等,自然植被主要为针叶林、稀树灌木草丛、灌丛等,常见群系主要为云南松林、小鞍叶羊蹄甲灌丛、水麻灌丛、银合欢灌丛等,渠系施工区域受人为干扰较大,渠系施工不会造成评价区植物物种和植被类型的消失,因此渠系施工对评价区植物的影响较小。

3.水土流失

施工期渠系占地区开挖、施工场地平整、施工道路建设等扰动地表,将造成施工开挖面土壤裸露,受雨水冲击时易造成水土流失。水土流失除对植物产生直接破坏外,还将破坏土壤结构,导致土壤中的有机质不断流失,增加复垦及植被恢复工作的难度。由于本项目已充分考虑到了水土流失问题,只要切实落实水土保持方案,项目建设过程中水土流失将得到有效治理,水土流失对区域植物及植被的影响较小。

4.施工活动的影响

施工期,施工活动对区域植物及植被的影响主要为人为干扰及施工弃渣、废水、扬尘等污染物的影响。

1) 人为干扰的影响

施工期,施工区人员及机械增多,施工人员可能存在施工越界、砍伐施工活动范围外的树木或植被,扩大工程建设影响范围,增加植被生物量的损失。根据工程布置,工程建设规模不大,施工期人员及机械不多,且施工场地等较分散,施工期不长,因此施工期人为干扰的影响范围及程度有限。同时施工期人为干扰等的影响可通过加强宣传教育活动,加强施工监理工作等进行缓解,在相关措施得到落实后,人为干扰对区域植物及植被的影响较小。

2) 弃渣的影响

施工期弃渣主要来源于坝址、灌溉渠系开挖等,弃渣的随意堆放不仅会压覆植物及植被,改变区域生境条件,还可能导致局部区域的水土流失。但这种影响可通过对弃渣等进行统一调配与处理等措施进行缓解。

3) 废水的影响

施工期废水可分为生产废水和生活污水,生产废水主要来源于基坑排水、混凝土拌和废水和机械检修场含油废水等。废水的随意排放会改变土壤理化性质,改变植物生长及生存环境,但这种影响可通过对废水进行收集及处理等措施缓解。

4）扬尘的影响

施工期扬尘主要来源于开辟施工便道、土石方调配等的施工,直至工程竣工后场地清理、恢复等诸多工程,其中以运输车辆引起的二次扬尘影响时间最长,对周围植物及植被影响最严重。扬尘粗颗粒随风飘落到附近地面或植物体表面,将对其生长及生存产生不利影响。

5）火灾等事故风险的影响

区域气候干燥,植物易燃,施工期人员、车辆活动较多,如因操作不当、烟头未及时熄灭、交通事故或其他意外原因,会引发林草火灾,对区域自然植被、人工植被造成损坏。

5.外来入侵植物

施工期,占地区开挖造成地表植物及植被破坏,土壤层裸露,其对外界干扰的抵抗能力降低,加上工程区人流、车流量加大,人员出入及施工材料的运输等可能会引起外来入侵物种扩散,或带来一些新的外来入侵物种,外来入侵物种由于强的竞争力及适应性,可能会快速在评价区占据一定生态位,外来入侵物种若形成优势群落,将对土著物种的生存产生一定的排斥作用。

因此,对评价区内原本已经存在的紫茎泽兰、马缨丹、小蓬草、五爪金龙等外来入侵植物必须进行严格监管,严格执行《国家林业局关于加强外来有害生物防范和管理工作的通知》文件精神,加强对施工材料的植物检疫工作,避免带入新的外来入侵物种。施工过程中遇到入侵物种植株或者群落及时进行处理,在春夏季未结果前全部铲除,对一年生植物采用烧毁的方式,对多年生植物进行连根清除或者用化学药剂等方式。

5.4.1.2　运行期对植被的影响

1.水库工程

工程新建的芒柳水库、八萝田水库将对区域的植被造成淹没,水库淹没影响面积为51.98 hm²,其中林地面积14.07 hm²、园地14.29 hm²、耕地21.24 hm²、水域及水利设施用地1.77 hm²、建设用地0.61 hm²。根据现场调查,这些受淹没影响的植物均为当地的常见种,在库周有广泛的分布,淹没线以上地带可见到相似的群落,受淹没影响的植被类型是部分农田、草丛、灌丛和部分林地,不会因局部植被淹没而导致种群消失或灭迹。因此,水库淹没对物种的繁衍和保存均无明显影响,不会造成这些物种的消失,但水位上升对库区湿地生物多样性存在一定的不利影响。此外,对农业生态有一定影响,淹没区的植物没有地区性特有种,在工程运行期内对植物产生的影响较小。

水库蓄水后,坝下将出现一定的减水河段,影响水生、湿生植物的生长。根据现场调查结果,坝下区域河道多为砾石底质,生长植物种类较稀少,坝下河段减水对植物的影响较小。

2.其他水利工程

本工程营运期不会新增占地,随着渣场、施工便道等处植被的恢复,本工程对评价区植物及植被的影响将逐渐降低。同时运行期线路输水,沿线向各灌区供水,对植被的影响主要为水分条件改善。

此外,本工程的建设目的主要在于灌溉,工程运行后,将增加工程农业区域的灌溉用水,提高灌溉效率,改善区域植被干旱缺水的现状,促进植物的生长发育,对区域的植被发育有利。

5.4.1.3　对重要植物种类的影响

1.对重点保护野生植物的影响

根据野外调查和资料收集情况,主要发现有国家二级保护植物金荞麦 7 处约 88 丛、红椿(古树)3 株,受工程的直接或间接影响,主要为人为活动、车辆往来增加、临时场地布置、扬尘等。

根据保山市古树名木资料,国家二级保护野生植物千果榄仁古树位于隆阳区潞江镇丙闷社区。重要野生植物受工程影响情况见表 5-56。

表 5-56　重要野生植物受工程影响情况表

序号	物种名称	保护级别	株数/丛数	分布区域	工程占用情况(是/否)	与工程的位置关系	影响	影响方式
1	荞麦(*Fagopyrum dibotrys*)	国家二级	15 丛	芒柳干渠终点,普冲河附近	否	芒柳干渠段附近,直线距离约 75 m	间接	人员、扬尘、干扰
2			6 丛	南大沟支渠	否	维修南大沟支渠旁,直线距离约 10 m	间接	人员、扬尘、干扰
3			10 丛	维修团结大沟	否	距离维修衬砌团结大沟直线距离 40 m	间接	人员、扬尘、干扰
4			5 丛	八〇八单元临时施工道路	是,占用 2 丛	道路两侧均有分布	直接	破坏
5			约 40 丛	维修八〇八淘金河引水渠终点	否	距离维修引水渠直线距离 38 m	间接	人员、扬尘、干扰
6			8 丛	维修松白大沟	否	距离维修松白大沟直线距离 50 m	间接	人员、扬尘、干扰
7			4 丛	维修摆达大沟	否	距离维修摆达大沟 55 m	间接	人员、扬尘、干扰
8	红椿(*Toona ciliata*)	国家二级	3 株,古树	蒋家寨水库西干渠旁	是	位于西干渠旁步行便道	直接	施工临时作业带破坏

续表 5-56

序号	物种名称	保护级别	株数/丛数	分布区域	工程占用情况（是/否）	与工程的位置关系	影响	影响方式
9	千果榄仁（*Terminalia myriocarpa*）	国家二级	1株，古树	距离芒柳干管	否	与芒柳干管水平距离 80 m	间接	人员、扬尘、干扰
10	大理茶（*Camellia taliensis*）	国家二级	39株	龙陵县镇安镇、腊勐镇	否	距离维修衬砌回欢大沟、松白大沟水平距离 50 m 以上	间接	人员、扬尘、干扰

2.对珍稀濒危和特有植物的影响

1）珍稀濒危植物

根据《中国生物多样性红色名录》，评价区内珍稀保护野生植物主要有红豆树（濒危）、大理茶（易危）、红椿（易危）、千果榄仁（易危）、密花豆（易危），其中红豆树、大理茶、千果榄仁均为古树，距离本项目建设工程水平距离在 50 m 以上，工程建设不会直接占用；工程对维修衬砌蒋家寨水库西干渠旁会造成伤害或占用；密花豆为攀缘藤本，生于海拔 800~1 700 m 的山地疏林或密林沟谷或灌丛中，国内分布于云南、广西、广东和福建等省（区）。本项目施工区域多为经济林、农田等，受人为活动干扰较大，且该植物攀缘其他树木，工程建设多为维修衬砌，工程建设对其影响较小。

2）特有植物

项目征地及水库淹没将破坏区域特有植物，将对其带来不同程度的直接侵占影响。考虑到区域特有植物均为中国特有植物，其在怒江、贡山周边区域，国内其他省份、其他流域的类似生境中也有分布，并不是分布区极小的狭域分布物种，因此本项目建设征占地及水库淹没仅对项目所处河段局部区域内零星分布的特有植物带来直接侵占影响，对于特有植物在评价区、流域分布现状而言总体影响很小，不会导致特有植物在评价区内消失，或对其种群植株数量带来大幅波动。

3.对古树名木的影响

古树名木多分布在灌溉渠系附近，工程对其影响主要来源于渠系建设的开挖、渠系维修、临时堆土等，由于灌溉渠系宽度多在 2 m 以内，作业带直接影响范围在 10 m 以内，临时施工道路多沿渠系布设。受工程影响较明显的古树主要有 81 株，其中位于新建干管线路上的有 1 株，位于八萝田水库淹没区 1 株，位于维修衬砌渠道旁的有 9 株，位于临时施工道路或施工区范围内的有 39 株，其他 31 株位于临时施工道路布置范围外。

受工程影响较明显的古树情况见表 5-57。

表 5-57 受工程影响显明较显的古树情况

序号	树种名称	生长地点	工程占用情况	与工程的位置关系	影响	影响方式
1	木棉（Bombax ceiba）	芒宽彝族傣族乡吾来村农庄小学田	否	距离芒宽坝单元临时施工道路 8 m	间接	人员往来、车辆增加造成扬尘、干扰
2	胡桃（Juglans regia）	芒宽彝族傣族乡西亚社区团坡寨子中	是	距离新建八梦田干渠 3 m，位于芒宽坝单元临时施工道路范围内	直接	临时道路占用
3	木棉（Bombax ceiba）	潞江镇丙闷社区丙闷村榕树林	是	距离新建芒柳干管 10 m，位于芒宽坝单元临时施工道路范围内	直接	临时道路占用
4	杧果（Mangifera indica）	潞江镇新寨村小桥头老寨子	是	距离新建芒柳干管 7 m，位于芒宽坝单元临时施工道路范围内	直接	临时道路占用
5	杧果（Mangifera indica）	潞江镇新寨村小桥头老寨子	是	距离新建芒柳干管 11 m，位于芒宽坝单元临时施工道路范围内	直接	临时道路占用
6	木棉（Bombax ceiba）	潞江镇张贡村攀枝花林	是	位于芒宽坝单元临时施工道路范围内	直接	临时道路占用
7	木棉（Bombax ceiba）	潞江镇芒棒社区龙井寨子脚	是	距离新建芒柳干管 2 m，位于芒宽坝单元临时施工道路范围内	直接	临时道路占用
8	木棉（Bombax ceiba）	潞江镇丙闷社区丙闷寨子	是	距离新建芒柳干管 2 m，位于芒宽坝单元临时施工道路范围内	直接	临时道路占用
9	菩提树（Ficus religiosa）	潞江镇张贡村混宏河	是	距离新建芒柳干管 2 m，位于芒宽坝单元临时施工道路范围内	直接	临时道路占用
10	木棉（Bombax ceiba）	潞江镇丙闷社区丙闷路边	是	距离新建芒柳干管 2 m，位于芒宽坝单元临时施工道路范围内	直接	临时道路占用

续表 5-57

序号	树种名称	生长地点	工程占用情况	与工程的位置关系	影响	影响方式
11	榕树（Ficus microcarpa）	潞江镇芒棒社区芒召大湾子公路边	否	距离新建芒柳干管 17 m，距离芒宽坝单元临时施工道路 5 m	间接	人员往来、车辆增加造成扬尘、干扰
12	榕树（Ficus microcarpa）	潞江镇芒棒社区芒召大湾子公路边	否	距离新建芒柳干管 17 m，距离芒宽坝单元临时施工道路 5 m	间接	人员往来、车辆增加造成扬尘、干扰
13	高山榕（Ficus altissima）	潞江镇芒棒社区芒召寨子边	是	距离新建芒柳干管 8 m，位于芒宽坝单元临时施工道路范围内	直接	临时道路占用
14	木棉（Bombax ceiba）	芒宽彝族傣族乡吾来村桥头灰盖田	是	距离新建八萝田干渠 10 m，位于芒宽坝单元临时道路范围内	直接	临时道路占用
15	高山榕（Ficus altissima）	潞江镇坝湾村公路边	是	距离新建芒柳干管 3 m，位于芒宽坝单元临时施工道路范围内	直接	临时道路占用
16	高山榕（Ficus altissima）	潞江镇芒棒村芒召寨子边	否	距离新建芒柳干管 23 m，距离芒宽坝单元临时施工道路 10 m	间接	人员往来、车辆增加造成扬尘、干扰
17	厚皮树（Lannea coromandelica）	潞江镇新寨村小桥头聚色处	是	距离新建芒柳干管 10 m，距离维修村砌芒掌沟 7 m，位于芒宽坝单元临时施工道路范围内	直接	临时道路占用
18	杧果（Mangifera indica）	潞江镇新寨村小桥头老寨子	否	距离新建芒柳干管 14 m，距离芒宽坝临时施工道路 2 m	间接	人员往来、车辆增加造成扬尘、干扰

续表 5-57

序号	树种名称	生长地点	工程占用情况	与工程的位置关系	影响	影响方式
19	杧果(*Mangifera indica*)	潞江镇新寨村小桥头老寨子	否	距离新建芒柳干管 14 m,距离芒宽坝临时施工道路 2 m	间接	人员往来、车辆增加造成扬尘、干扰
20	杧果(*Mangifera indica*)	潞江镇新寨村小桥头老寨子	否	距离新建芒柳干管 16 m,距离临时施工道路 3 m	间接	人员往来、车辆增加造成扬尘、干扰
21	杧果(*Mangifera indica*)	潞江镇新寨村小桥头华侨河边	否	距离新建芒柳干管 18 m,距离芒宽坝单元临时施工道路 6 m	间接	人员往来、车辆增加造成扬尘、干扰
22	杧果(*Mangifera indica*)	潞江镇新寨村小桥头老寨子	否	位于干路旁,距离维修衬砌芒掌沟 5 m	间接	人员往来、车辆增加造成扬尘、干扰
23	杧果(*Mangifera indica*)	潞江镇新寨村小桥头老寨子	否	位于干路旁,距离维修衬砌芒掌沟 5 m	间接	人员往来、车辆增加造成扬尘、干扰
24	杧果(*Mangifera indica*)	潞江镇新寨村小桥头老寨子	否	位于干路旁,距离维修衬砌芒掌沟 5 m	间接	人员往来、车辆增加造成扬尘、干扰
25	厚皮树(*Lannea coromandelica*)	潞江镇新寨村小桥头聚色处	否	距离新建芒柳干管 14 m,距离芒宽坝临时施工道路 2 m	间接	人员往来、车辆增加造成扬尘、干扰

续表 5-57

序号	树种名称	生长地点	工程占用情况	与工程的位置关系	影响	影响方式
26	杧果（Mangifera indica）	潞江镇芒棒村芒棒寨子头	是	距离新建芒柳干管 5 m，位于芒宽坝单元临时施工道路范围内	直接	临时道路占用
27	杧果（Mangifera indica）	潞江镇芒棒村芒棒寨子头	是	距离新建芒柳干管 7 m，位于芒宽坝单元临时施工道路范围内	直接	临时道路占用
28	木棉（Bombax ceiba）	潞江镇丙闷村丙闷榕树林	是	距离新建芒柳干管 5 m，位于芒宽坝单元临时施工道路范围内	直接	临时道路占用
29	木棉（Bombax ceiba）	潞江镇丙闷村丙闷榕树林	是	距离新建芒柳干管 13 m，位于芒宽坝单元临时施工道路范围内	直接	临时道路占用
30	木棉（Bombax ceiba）	潞江镇丙闷村丙闷榕树林	否	距离新建芒柳干管 15 m，距离芒宽坝单元临时施工道路 2 m	间接	人员往来、车辆增加造成扬尘、干扰
31	木棉（Bombax ceiba）	潞江镇丙闷村丙闷榕树林	是	距离新建芒柳干管 9 m，位于芒宽坝单元临时施工道路范围内	直接	临时道路占用
32	高山榕（Ficus altissima）	潞江镇新寨村芒长寨子	否	位于路旁，距离维修衬砌芒掌沟 5 m	间接	人员往来、车辆增加造成扬尘、干扰
33	小叶榕（Ficus concinna）	潞江镇新寨村芒长寨子	否	位于路旁，距离维修衬砌芒掌沟 5 m	间接	人员往来、车辆增加造成扬尘、干扰

续表 5-57

序号	树种名称	生长地点	工程占用情况	与工程的位置关系	影响	影响方式
34	木棉（Bombax ceiba）	潞江镇丙闷社区丙闷村榕树林	是	距离新建芒柳干管 13 m，靠近芒宽坝单元临时施工道路范围	直接	临时道路占用
35	高山榕（Ficus altissima）	芒宽彝族傣族乡吾来村安家寨	是	距离八萝田干管 8 m，位于芒宽坝单元临时施工道路范围内	直接	临时道路占用
36	木棉（Bombax ceiba）	潞江镇丙闷社区丙闷村榕树林	否	距离新建芒柳干管 17 m，距离芒宽坝单元临时施工道路 4 m	间接	人员往来、车辆增加造成扬尘、干扰
37	木棉（Bombax ceiba）	潞江镇丙闷社区丙闷村榕树林	否	距离新建芒柳干管 20 m，距离芒宽坝单元临时施工道路 7 m	间接	人员往来、车辆增加造成扬尘、干扰
38	木棉（Bombax ceiba）	潞江镇丙闷社区丙闷村榕树林	是	距离新建芒柳干管 7 m，位于芒宽坝单元临时施工道路范围内	直接	临时道路占用
39	杧果（Mangifera indica）	芒宽彝族傣族乡敢顶社区敢顶大龙洞	是	位于新建八萝田干管线路上	直接	干管施工占用
40	厚皮树（Lannea coromandelica）	潞江镇丙闷社区丙闷村榕树林	否	距离新建芒柳干管 16 m，距离芒宽坝单元临时施工道路 3 m	间接	人员往来、车辆增加造成扬尘、干扰
41	杧果（Mangifera indica）	芒宽彝族傣族乡烫习芒仓	是	位于 6# 工区临时道路旁	直接	临时道路占用

续表 5-57

序号	树种名称	生长地点	工程占用情况	与工程的位置关系	影响	影响方式
42	木棉 (Bombax ceiba)	芒宽彝族傣族乡烫习村烫习芒仓	是	位于 6# 工区临时道路旁	直接	临时道路占用
43	木棉 (Bombax ceiba)	潞江镇丙闷社区丙闷村榕树树林	是	距离新建芒柳干管 2 m，位于芒宽坝单元临时施工道路范围内	直接	临时道路占用
44	木棉 (Bombax ceiba)	潞江镇丙闷社区丙闷村榕树林	否	距离新建芒柳干管 20 m，距离芒宽坝单元临时道路 8 m	间接	人员往来、车辆增加造成扬尘、干扰
45	木棉 (Bombax ceiba)	潞江镇丙闷社区丙闷村榕树林	是	距离新建芒柳干管 3 m，位于芒宽坝单元临时施工道路范围内	直接	临时道路占用
46	木棉 (Bombax ceiba)	潞江镇丙闷社区丙闷村榕树林	是	距离新建芒柳干管 2 m，位于芒宽坝单元临时施工道路范围内	直接	临时道路占用
47	木棉 (Bombax ceiba)	潞江镇丙闷社区丙闷村榕树林	是	距离新建芒柳干管 10 m，位于芒宽坝单元临时施工道路范围内	直接	临时道路占用
48	杧果 (Mangifera indica)	潞江镇新寨村小桥头老寨子	是	距离新建芒柳干管 10 m，位于芒宽坝单元临时施工道路范围内	直接	临时道路占用
49	木棉 (Bombax ceiba)	潞江镇丙闷社区丙闷村榕树林	是	距离新建芒柳干管 7 m，位于芒宽坝单元临时施工道路范围内	直接	临时道路占用
50	木棉 (Bombax ceiba)	潞江镇丙闷社区寨子边	否	距离新建芒柳干管 18 m，距离芒宽坝单元临时施工道路 6 m	间接	人员往来、车辆增加造成扬尘、干扰

续表 5-57

序号	树种名称	生长地点	工程占用情况	与工程的位置关系	影响	影响方式
51	木棉 (Bombax ceiba)	潞江镇丙闷社区火把田	否	距离新建芒柳干管 15 m, 距离芒宽坝单元临时施工道路 2 m	间接	人员往来、车辆增加造成扬尘、干扰
52	杧果 (Mangifera indica)	芒宽彝族傈僳族乡西亚社区钱家寨子中	否	距离维修砌西亚线钱家寨灌溉渠 5 m	间接	人员往来、车辆增加造成扬尘、干扰
53	木棉 (Bombax ceiba)	芒宽彝族傈僳族乡吾来村桥头东海坝	否	距离新建八萝田干渠 26 m, 距离芒宽坝单元临时施工道路 8 m	间接	人员往来、车辆增加造成扬尘、干扰
54	杧果 (Mangifera indica)	芒宽彝族傈僳族乡吾来村安家寨	是	位于芒宽坝单元临时施工道路旁	直接	临时道路占用
55	木棉 (Bombax ceiba)	潞江镇丙闷社区酸角树地	是	距离新建芒柳干管 8 m, 位于芒宽坝单元临时施工道路范围内	直接	临时道路占用
56	木棉 (Bombax ceiba)	潞江镇丙闷社区丙闷村火把田	是	位于潞江坝单元 3# 工区范围	直接	临时道路占用
57	木棉 (Bombax ceiba)	潞江镇丙闷社区丙闷村榕树林	否	距离新建芒柳干管 18 m, 距离芒宽坝单元临时施工道路 6 m	间接	人员往来、车辆增加造成扬尘、干扰
58	木棉 (Bombax ceiba)	潞江镇丙闷社区丙闷村榕树林	是	距离新建芒柳干管 10 m, 位于芒宽坝单元临时施工道路范围内	直接	临时道路占用

续表 5-57

序号	树种名称	生长地点	工程占用情况	与工程的位置关系	影响	影响方式
59	木棉（ Bombax ceiba ）	潞江镇丙闷社区丙闷榕树林	否	距离新建芒柳干管 21 m，距离芒宽坝单元临时施工道路 10 m	间接	人员往来、车辆增加造成扬尘、干扰
60	木棉（ Bombax ceiba ）	芒宽彝族傣族乡芒龙村红砖厂路边	是	位于维修村砌芒林大沟南支旁	直接	施工临时占用
61	木棉（ Bombax ceiba ）	芒宽彝族傣族乡芒龙村红砖厂路边	否	距离维修村砌芒林大沟南支 7 m	间接	人员往来、车辆增加造成扬尘、干扰
62	臭椿（ Ailanthus altissima ）	潞江镇丙闷社区榕树林	否	距离新建芒柳干管 17 m，距离芒宽坝单元临时施工道路 4 m	间接	人员往来、车辆增加造成扬尘、干扰
63	滇朴（ Celtis tetrandra ）	潞江镇丙闷社区丙闷村榕树林	是	距离新建芒柳干管 8 m，位于芒宽坝单元临时施工道路范围内	直接	临时道路占用
64	木棉（ Bombax ceiba ）	潞江镇丙闷社区丙闷村榕树林	是	距离新建芒柳干管 2 m，位于芒宽坝单元临时施工道路范围内	直接	临时道路占用
65	木棉（ Bombax ceiba ）	潞江镇丙闷社区火把田	是	距离新建芒柳干管 2 m，位于芒宽坝单元临时施工道路范围内	直接	临时道路占用

续表 5-57

序号	树种名称	生长地点	工程占用情况	与工程的位置关系	影响	影响方式
66	高山榕（Ficus altissima）	芒宽彝族傣族乡吾来村沙坝	否	距离维修村砌楼田子沟 10 m	间接	人员往来、车辆增加造成扬尘、干扰
67	木棉（Bombax ceiba）	潞江镇丙闷社区丙闷村榕树林	否	距离新建芒柳干管 17 m，距离芒宽坝单元临时施工道路 4 m	间接	人员往来、车辆增加造成扬尘、干扰
68	木棉（Bombax ceiba）	潞江镇丙闷社区寨子边	是	距离新建芒柳干管 12 m，位于芒宽坝单元临时施工道路范围内	直接	临时道路占用
69	木棉（Bombax ceiba）	潞江镇丙闷社区寨子边	否	距离新建芒柳干管 16 m，距离芒宽坝单元临时施工道路 3 m	间接	人员往来、车辆增加造成扬尘、干扰
70	臭椿（Ailanthus altissima）	潞江镇丙闷社区榕树林	否	距离新建芒柳干管 16 m，距离芒宽坝单元临时施工道路 3 m	间接	人员往来、车辆增加造成扬尘、干扰
71	旱冬瓜（Alnus nepalensis）	潞江镇丙闷社区龙王庙	是	距离新建芒柳干管 3 m，位于芒宽坝单元临时施工道路范围内	直接	临时道路占用
72	木棉（Bombax ceiba）	潞江镇芒旦社区党岗河	是	距离新建芒柳干管 2 m，位于芒宽坝单元临时施工道路范围内	直接	临时道路占用

续表 5-57

序号	树种名称	生长地点	工程占用情况	与工程的位置关系	影响	影响方式
73	黄连木(Pistacia chinensis)	由旺镇源珠村委会新邑小组	是	位于维修村砌鱼洞东干渠旁	直接	施工临时占用
74	黄连木(Pistacia chinensis)	由旺镇源珠村委会沙沟一二组	是	位于维修村砌鱼洞东干渠旁	直接	施工临时占用
75	黄连木(Pistacia chinensis)	由旺镇永福村委会大村组	是	位于维修村砌鱼洞西干渠旁	直接	施工临时占用
76	黄连木(Pistacia chinensis)	仁和镇苏家村委会大家组	是	位于维修村砌鱼洞西干渠旁	直接	施工临时占用
77	黄连木(Pistacia chinensis)	仁和镇苏家村委会苏家组	是	位于维修村砌鱼洞西干渠旁	直接	施工临时占用
78	红椿(Toona ciliata)	仁和镇瓦房村委会大山脚组	否	位于蒋家寨水库西干渠旁	直接	施工临时作业带破坏
79	红椿(Toona ciliata)	仁和镇瓦房村委会大山脚组	否	位于蒋家寨水库西干渠旁	直接	施工临时作业带破坏
80	红椿(Toona ciliata)	仁和镇瓦房村委会大山脚组	否	位于蒋家寨水库西干渠旁	直接	施工临时作业带破坏
81	聚果榕(Ficus racemosa)	芒宽彝族傣族乡西亚社区外八罗小沟边	是	八罗田水库库区	直接	水库直接影响

5.4.2　对陆生脊椎动物的影响

5.4.2.1　施工期对陆生动物的影响

1.水源工程施工期对陆生动物的影响

本工程拟新建八萝田水库和芒柳水库,水源工程在施工期对陆生动物的影响主要包括施工占地对动物生境的占用,开挖破土等引起水土流失对动物生境的破坏,施工废水、废气、固体废物等对动物生境的破坏、污染,施工噪声对动物的惊扰、驱赶以及人为干扰的影响。

1)对两栖类和爬行类的影响

水源工程区的两栖和爬行动物主要分布在拟建水库所在的老街子河和芒牛河及两岸山地丘陵中,工程施工期,新建水库的施工会占用和破坏施工区部分的两栖和爬行类的生境,导致其生境范围有所缩小。施工期的围堰废水、机械含油废水、生产废水及生活污染等废水排放至老街子河和芒牛河中,对水源工程区附近的野生两栖和爬行类栖息活动生境造成污染。此外,爆破、施工人员活动等噪声会驱赶这些两栖和爬行类暂时离开栖息地,但这种影响相对有限。由于新建水库工程量小,占地面积较小,新建水库周围灌丛地、水域等相似生境丰富,随着施工结束后临时占地区域植被的恢复,两栖和爬行类的生存环境将会逐步得到恢复。

另外,许多蛙类和蛇类具有一定经济价值和食用价值,施工人员入驻施工区后将会加大人为干扰,若不加强对施工人员的管理,这些蛙类和蛇类可能会遭到捕食,可通过宣传教育和制定规章制度等措施进行有效的避免。

2)对鸟类的影响

水源工程区活动的鸟类主要分为涉禽、陆禽、攀禽和鸣禽,其中涉禽主要以鹭类为主,主要分布在芒龙河和芒牛河及其附近水田中,工程施工对其影响主要是噪声的驱赶。陆禽主要有灰胸竹鸡、环颈雉、珠颈斑鸠等,主要活动在灌丛林地中,较惧生,对噪声敏感,且经济价值较高,施工对其影响主要是占用生境,噪声驱赶及人为猎捕。攀禽和鸣禽多为森林活动的鸟类,行动能力较强,在水源工程区广泛分布,施工期间,永久及临时占地、施工噪声等会对其栖息活动产生一定的影响,但由于水源工程占地面积相对较小,且周围相似生境较多,施工过程中的噪声在施工结束后停止,临时占地区域采取植被恢复等措施,因此占地及噪声对攀禽和鸣禽的影响也较小。总的来说,工程施工对鸟类的直接影响主要是占地、噪声及人为猎捕的影响,间接影响主要是施工活动造成工程区部分鸟类食物的变化,进而对其觅食产生影响。

3)对兽类的影响

水源工程施工对野生兽类的影响主要是栖息生境占用、干扰和破坏,噪声的干扰以及施工人员的捕杀等,受工程影响的兽类会迁移至远离工程影响区的相似生境中,但不会导致水源工程区物种种类的变化。

水源工程区的野生兽类以半地下生活型和地面生活型为主,多分布在老街子河和芒牛河两岸的灌丛和森林中。水源工程施工期永久及临时占地可能会占用其局部生境,施工开挖破坏其巢穴,施工人员噪声、机械设备噪声等也会惊扰其正常活动,对其栖息活动觅食产生不利影响。此外,像小家鼠、褐家鼠等与人类关系密切,集中在居民点附近的啮齿类也会因施工人员的进驻、生活垃圾的堆放而引起部分种类种群密度上升,特别是那些作为自然疫源性疾病传播源的鼠类,将增加与人类及其生活物的接触。

水源工程区地面生活型的野生兽类种类有野猪和赤鹿,数量较少,且主要分布在远离人类干扰、远离工程影响区的海拔相对较高的区域,水源工程区施工期间对它们的影响主要来自于施工爆破和机械噪声对它们的驱赶作用,一般动物都具有主动避害的能力,为避免施工期间的噪声和其他危害,这些兽类将被迫向工程影响区以外的适宜生境中迁移。当工程完工后,它们仍可以回到原来的栖息地。因此这种不利影响只是暂时的,等施工结束即可消失。

2.灌区工程施工期对陆生动物的影响

灌区工程在施工期对陆生动物的影响主要表现为:施工占地对动物生境的占用;渠道施工、土石方开挖、隧洞开挖修建及弃渣堆放等活动造成对动物生境的占用和破坏;施工人员及施工机械设备的噪声对动物取食、繁衍等造成影响;施工产生的废水、废气和固体废物等也将影响动物的生存,可能会使其在施工期迁移至环境适宜的生境;人为干扰的驱赶、非法捕猎将会导致该区域的动物的种类和数量短期内出现减少的趋势。对各类动物的影响方式和程度具体如下。

1) 对两栖类和爬行类动物的影响

灌区范围内渠道新建工程、改建工程、连通工程等施工会永久占地,永久破坏了两栖、爬行类的栖息地,弃渣场、堆土场、施工区、临时道路等也会临时占用两栖、爬行类的部分生境,直接造成其栖息地的损失,导致其生境范围缩小,加剧了种内种间竞争,会造成其个体及种群数量的下降。由于两栖类迁移能力相对较弱,工程施工有可能改变其分布格局。由于灌区工程永久占地面积较小,无论是在新建水库还是灌区内渠道工程施工区外均存在大量适宜两栖、爬行类迁移的生境,且灌区内临时占地区分布较零散,占地面积均不大,区域内两栖、爬行类都有一定的趋避能力,因此工程占地的影响较为有限。随着施工结束后的植被恢复和水土保持措施的实施,工程占地对两栖、爬行类的影响会逐渐减小。另外,工程施工过程中地表开挖、渣料及建筑材料的堆放也可能直接造成两栖、爬行类动物个体伤亡。

施工期间产生的噪声、废水、灯光等也会对两栖、爬行类动物产生一定的影响。爆破、施工机械及车辆噪声会对两栖、爬行类动物产生惊扰,迫使其远离工程影响区域;两栖动物的卵产在水里,其产卵、授精、孵化等生活史都离不开水,水环境变化对它们影响较大,施工过程中机械滴漏的含油废水、施工人员生活污水等未经处理或者处理不达标排放会对两栖类生境造成污染,从而劣化其生境;夜间施工灯光会对两栖、爬行类正常的栖息觅食甚至繁殖活动产生干扰。以上施工干扰都会使得工程影响区域内的两栖类、爬行类动物向工程干扰较小或未受影响的周边区域扩散,造成分布格局的改变,但由于灌区适宜生境丰富,这种影响不会造成整个灌区两栖、爬行类种类出现地方性的灭绝。此外,施工期间施工区域人为活动增多,若不加强对施工人员的管理,可能会对一些具有经济价值的种类如黑斑侧褶蛙、泽陆蛙、饰纹姬蛙等造成伤害。

总体而言,本工程占地、施工干扰及交通对区域内的两栖、爬行动物存在一定的不利影响。但两栖动物和爬行动物都具有一定的迁移能力,而且工程区外围地带分布有大量的草地等适宜生境,为避开不利影响,它们一般会向附近适宜生境中迁移。随着施工区植草绿化、水土保持生物措施等工程的实施,将成为其新的栖息地。此外,本工程进场的施工人员都是经过了严格的生态环境保护培训,施工时间严格按照环境要求划定,施工机械也都保持最优运转状态,而且工程也会配备专业的施工监理单位,施工干扰影响是可以控制在最低程度的。因此,工程建设对两栖动物和爬行动物的影响主要是导致其在施工区及外围地带的分布及种群数量的变化,不改变其区系组成,更不会造成物种消失。

2) 对鸟类的影响

灌区工程范围分布的鸟类主要有:小䴙䴘、凤头䴙䴘、斑嘴鸭、白鹭、池鹭、牛背鹭、黑水鸡等游涉禽;黑鸢、松雀鹰、普通鵟、斑头鸺鹠、草鸮等猛禽;棕胸竹鸡、环颈雉、珠颈斑鸠、山斑鸠等陆禽;四声杜鹃、褐翅鸦鹃、普通翠鸟、戴胜等攀禽;白鹡鸰、黑卷尾、家燕、黑喉红臀鹎、白喉红臀鹎、棕背伯劳、喜鹊、白颊噪鹛等鸣禽。由于灌区内的农田和居民区分布较多,人为干扰明显,区域内分布的鸟类多为喜与人类伴居的物种。

灌区工程范围的游禽和涉禽多分布在怒江干流、红岩水库、那么水库、小海坝水库、罗明沟等河流和水库,以及水田、池塘等区域。工程施工对其的影响主要是废水及噪声的影响,尤其是临近水域或者水田施工时,施工废水若不经处理直接进入水体可能会对游禽和涉禽的栖息活动环境造成一定的污染。此外,临近水域施工的噪声等也会对其进行驱赶,迫使其迁移至远离工程影响区。

施工对猛禽的影响主要是施工产生的噪声和震动及人为活动干扰的影响。猛禽活动范围较广,飞行能力强,受噪声、震动及人为活动干扰影响的种类可顺利迁移至其他生境,且噪声、震动在施工结束后即停止,因此工程施工对猛禽的影响较小。

攀禽及鸣禽多在灌区工程区附近的灌丛、林缘及园地中活动,管道工程等施工对其影响主要是工程占地及噪声驱赶的影响。工程永久和临时占地占用部分灌丛、林地等,会使生活在这些区域的攀禽及鸣禽失去栖息生境,不得不向其他区域迁移,但工程占地面积相对较小,临时占地区在施工结束后会及时采取植被恢复措施,施工噪声在施工结束后即停止,而且鸟类都有一定的适应性,施工区周围相似生境较多,故占地和噪声对攀禽和鸣禽的影响较小。

综上所述,由于鸟类活动和觅食范围较广,规避风险能力和适应能力较强,且工程施工影响范围较小,施工区外围仍有大量林地、灌草地、荒地等适宜生境,它们在受到施工活动影响后一般会自动向周边适宜生境迁移,规避施工活动造成的不利影响。工程完工后,随着施工迹地恢复和环境改善,施工区域动物种群数量将逐渐得到恢复。因此,鸟类受工程施工干扰影响较小。

3) 对兽类的影响

根据现场调查可知,灌区工程范围的兽类主要为啮齿目的动物,其与人类关系较为密切。工程施工期间,随着施工场地、施工营地等建设,施工人员的进驻,以上区域的鼠科动物如小家鼠、褐家鼠可能会逐步增加。灌区工程范围其他兽类多为半地下生活型中国鼩猬、白尾鼹、喜马拉雅水麝鼩、臭鼩、黄鼬、黄喉貂、黄腹鼬、鼬獾等物种,它们在评价区常栖息于农田、乱石荒漠、草原等处。工程占地对其影响主要是占用其栖息、活动、觅食的场地。

除占地对兽类的影响外,施工期间的机械噪声、灯光污染以及车辆行驶和人为活动等各方面对环境的扰动,都对附近的兽类产生了一定的驱赶,兽类也会主动远离工程影响区。

施工期间,施工车辆行驶增加,可能会对小型兽类造成碾压的影响,但施工车辆多是进行材料运输,行车速度较慢,兽类也有较强的活动能力,因此直接碾压的概率较小,行驶车辆造成兽类个体伤亡的影响有限。

此外,灌区工程区内由于施工人员的进入、生活垃圾及生产材料等的堆放而引起部分种类种群密度上升,特别是那些作为自然疫源性疾病传播源的鼠类,如小家鼠、黄胸鼠等,将增加与人类及其生活物资的接触频率,有可能将对当地居民与施工人员的健康构成威胁,增加自然疫源病的传播。

工程完工后,随着施工迹地恢复和环境改善,施工区域动物种群数量将逐渐得到恢复。因此,工程占地、施工干扰及交通等对其影响相对较小。

5.4.2.2 运营期对陆生动物的影响

1.水源工程运营期对陆生动物的影响

运营期水源工程区对动物的影响主要表现为新建八萝田水库和芒柳水库淹没对附近动物的影响。

水库蓄水将淹没原库区内部分生境,涉及生境类型多样,原栖息于此的部分动物栖息地损失,使其受到一定影响,大多数动物都会随着水库蓄水位的逐步抬升,逐渐向水库周边的高海拔区域迁移,规避水库蓄水带来的不利影响,因此一般不会危及动物生存。由于相似的生境在评价区内较多,它们会向周围相似生境顺利转移,因此水库蓄水淹没对陆生动物栖息和觅食影响较小。

水库建成蓄水后,库区水域面积增加较大,为静水型两栖类动物如黑斑侧褶蛙、滇蛙和泽陆蛙等提供了适宜的生境。库区周边潮湿的环境有利于植物的生长,岸边生境的改善对适应这一区域的动物摄食有利,可能导致库区周边一定范围内动物种类和数量增加。水库建成蓄水后,库区水域面积的增大,对游禽、涉禽等类型的鸟类,如䴙䴘目和鹤形目的部分种类有吸引作用,这些类型鸟类的种类和数量将会增加。部分两栖类和爬行类,受水库淹没影响,在蓄水初期可能会因为其正在冬眠而被淹死,大多数动物会向库周合适的生境中迁移,会使这些地区的动物种群密度相应地有所上升,经过一段时间的调节后,其种群密度将达到新的平衡状态。

2.灌区工程区运营期对陆生动物的影响

灌区工程区运营期对动物的影响主要表现为渠道工程对陆生动物的阻隔影响、改善区域内生态环境等。

1) 对两栖类的影响

灌溉渠道、连通工程等建设会对两栖类活动造成一定阻隔,尤其是明渠可能对区域生态环境产生分割作用,使生境更加片段化,影响生态系统的有机联系。排水渠可能会为两栖类提供适宜的生存环境,但在运营期相对两栖类而言较为危险,需排水时可能造成短暂的水量过大而冲走部分两栖类。但活动在该区域的两栖类较少,对其种类影响不大。另外,灌区工程实施后,可改善区域内干旱情况,保证水田、沟渠等的水源供给,为活动于农田、水域周围的静水型两栖动物如黑斑侧褶蛙、滇蛙等提供适宜的生活环境。

2) 对爬行类的影响

爬行类也会受输水管道、配套工程、排水系统等阻隔影响,使生境更加片段化,影响生态系统的有机联系,尤其是对它们的觅食和交流产生一定影响。生境破碎化的直接后果是带来了动物数量的异变,使得原本稳定持续的动物种群被分割成小而孤立的动物种群,阻隔作用还会影响动物的迁移。

3）对鸟类的影响

评价区内的鸟类主要分布在林地、灌丛、村庄、农田、水域等生境中,其飞行能力强,运营期几乎对其无影响。工程的实施将会使水塘、水田等水域和滩涂区域增加,为游涉禽和傍水型鸟类等提供更为广阔的生活空间,有利于其栖息和觅食,同时对区外的其他种类还有一定的吸引作用。

4）对兽类的影响

渠道修建完成后也会对小型兽类,如小家鼠、褐家鼠、巢鼠等产生阻隔影响,出现小范围地理隔离现象。但灌区的大部分明渠都会有渡槽、便桥、涵洞等建筑物,可以作为动物迁移的通道,且周边适宜生境丰富,这在一定程度上可以减轻工程的阻隔影响,因此对兽类阻隔影响较小。

5.4.2.3 对重要野生动物的影响

1.对重点保护野生动物的影响

评价范围内陆生野生脊椎动物中,有国家一级保护动物 3 种,为黑鹳、乌雕和黄胸鹀,有国家二级保护动物 29 种,分别为红瘰疣螈、白鹇、白腹锦鸡、褐翅鸦鹃、凤头蜂鹰、黑翅鸢、黑鸢、红隼、斑头鸺鹠、黄喉貂和豹猫等,有云南省级重点保护野生动物 3 种,为滇蛙、双团棘胸蛙和孟加拉眼镜蛇。

工程施工对重点保护野生动物的影响主要为施工噪声、人为活动、生境破坏等,施工噪声、人为活动以及生境破坏会驱使重点保护动物迁往影响区域之外活动,但该影响周期较短,会随着施工结束而消失。运营期对重点保护动物的影响主要为水库水位变化等,新建芒柳水库和八萝田水库对水库下游径流水流量的影响依然在可承受范围,原有径流的水流量能充分满足两岸动物水资源的补充,对野生动物生活影响较小;解决保山市生态补水问题,提高县城区域供水保证率和水源水质,促进保山市水生态环境修复,将会恢复怒江流域附近的动物多样性。本项目施工期及运营期对国家重点保护动物的影响及影响程度见表 5-58。

2.对珍稀濒危和特有动物的影响

根据《中国脊椎动物红色名录》,评价区野生动物中,被列为濒危(EN)的有 5 种,为乌雕、黄胸鹀、双团棘胸蛙、孟加拉眼镜蛇、王锦蛇。易危(VU)级别的有 7 种,为云南臭蛙、灰鼠蛇、黑鹳、栗树鸭、豹猫、白尾鹞和喜马拉雅水麝鼩。评价区有中国特有动物 4 种,包括华西雨蛙、滇蛙、云南攀蜥和黄腹山雀。

对于双团棘胸蛙、云南臭蛙、华西雨蛙、滇蛙、孟加拉眼镜蛇、云南攀蜥、王锦蛇、灰鼠蛇等两栖和爬行类,工程施工和运营的主要影响为新建水库将会破坏和占用其部分生境,由于新建水库工程量小,水库淹没面积较小,工程影响其生境面积很小,评价区内有丰富的相似生境可供其迁移,工程的实施对它们影响不大。

栗树鸭为游禽,主要栖息于富有植物的池塘、湖泊、水库等水域中,工程占地区未见其分布,工程的建设和运营对其主要为有利影响,新建水库蓄水后,库区水域面积增加较大,将会为其提供更多适宜的生境。黄腹山雀为小型鸣禽,主要栖息于山地各林木中,冬季多下到低山和山脚平原地带的次生林、人工林和林缘疏林灌丛地带,它们活动范围广,在评价区内适宜生境众多,工程的建设和运营对其影响很小。

表 5-58 对国家级重点保护野生动物的影响分析表

物种名称	保护等级	分布	影响方式		影响程度
			施工期	运营期	
黑鹳 (Ciconia nigra)	国家一级	河流,沼泽	施工占地占用其生境,施工活动、人为活动干扰等	部分生境变化,废水污染	小
乌雕 (Aquila clanga)	国家一级	草原,湿地附近林地	施工产生的噪声,震动等干扰	无	小
黄胸鹀 (Emberiza aureola)	国家一级	农田,灌丛	施工占地占用其生境,施工活动、人为活动干扰等	无	小
红瘰疣螈 (Tylototriton shanjing)	国家二级	杂草丛,水稻田	生境污染,施工占地,噪声,震动等	部分生境变化,废水污染	一般
白鹇 (Lophura nycthemera)	国家二级	常绿阔叶林和沟谷雨林	部分生境变化	无	小
红腹锦鸡 (Chrysolophus amherstiae)	国家二级	山地常绿阔叶林、针阔叶混交林和针叶林	部分生境变化	无	小
黑颈䴙䴘 (Podiceps nigricollis)	国家二级	湖泊,水库	生境污染,施工占地,噪声,震动等		一般
水雉 (Hydrophasianus chirurgus)	国家二级	湖泊,池塘,沼泽	生境污染,施工占地,噪声,震动等	灌区水源供给得到保障,有利于其栖息	一般
白腰杓鹬 (Numenius arquata)	国家二级	湖泊,河流,沼泽等湿地	生境污染,施工占地,噪声,震动等		一般
楔尾绿鸠 (Treron sphenurus)	国家二级	常绿阔叶林和针、阔叶混交林地带	施工占地,噪声,震动,人为干扰等	无	小
褐翅鸦鹃 (Centropus sinensis)	国家二级	林缘灌丛等	施工占地,噪声,震动,人为干扰等	无	小

续表 5-58

物种名称	保护等级	分布	影响方式		影响程度
			施工期	运营期	
灰鹤 (Grus grus)	国家二级	湖泊、农田、沼泽等	部分生境变化	无	小
黑翅鸢 (Elanus caeruleus)	国家二级	疏林地、农田		无	小
凤头蜂鹰 (Pernis ptilorhyncus)	国家二级	阔叶林、针叶林和混交林		无	小
松雀鹰 (Accipiter virgatus)	国家二级	山林、水域		无	小
黑鸢 (Milvus migrans)	国家二级	开阔平原、草地、低山丘陵地带	施工产生的噪声、震动等干扰,以及人为活动可能对其幼鸟或成鸟或巢造成破坏	无	小
普通鵟 (Buteo buteo)	国家二级	林地、林缘等		无	小
白尾鹞 (Circus cyaneus)	国家二级	山地林间及水域附近		无	小
领角鸮 (Glaucidium brodiei)	国家二级	林地		无	小
领鸺鹠 (Otus sunia)	国家二级	林地		无	小
斑头鸺鹠 (Glaucidium cuculoides)	国家二级	林地		无	小
草鸮 (Tyto longimembris)	国家二级	灌丛、草地		无	小

续表 5-58

物种名称	保护等级	分布	影响方式		影响程度
			施工期	运营期	
红隼 (Falco tinnunculus)	国家二级	山地森林、河谷、农田等	施工产生的噪声、震动等干扰，以及人为活动可能对其幼鸟或巢造成破坏	无	小
燕隼 (Falco subbuteo)	国家二级	林缘及林地		无	小
游隼 (Falco peregrinus)	国家二级	山地、林缘及湖泊水源附近		无	小
红嘴相思鸟 (Leiothrix lutea)	国家二级	林区、林缘	施工噪声、人为活动驱赶、栖息地破坏	无	小
银耳相思鸟 (Leiothrix argentauris)	国家二级	林区、林缘、灌丛		无	小
白胸翡翠 (Halcyon smyrnensis)	国家二级	池塘、水库、沼泽和稻田等水域岸边		无	小
绿喉蜂虎 (Merops orientalis)	国家二级	林缘疏林、竹林、稀树草坡		无	小
红喉歌鸲 (Luscinia calliope)	国家二级	水域附近的阴湿疏林、林缘、沼泽等		无	小
黄喉貂 (Martes flavigula)	国家二级	山地森林、丘陵地带	施工噪声、人为活动驱赶	部分生境变化	小
豹猫 (Felis bengalensis)	国家二级	山地林区、沿河灌丛			小

白尾鼹为半地下生活型兽类,主要栖息于热带沟谷荒坡草丛、弃耕旱地、稀树草坡及次生灌丛林内,喜在土质松软、干燥的沙土地下打洞穴居;喜马拉雅水麝鼩为典型的水陆两栖兽类,仅栖息于山间溪流及其附近地区。工程施工和运营的主要影响为施工开挖破坏其巢穴,新建水库及灌溉会淹没其部分生境,施工人员噪声、机械设备噪声等也会惊扰其正常活动,这三种兽类有很强的警觉性,具有主动避害的能力,且水库蓄水和灌溉一般都是一个缓慢的过程,在受到噪声和其他危害时,一般都会很快地迁移至合适生境中继续生活,工程的实施对它们影响较小。

5.4.3　对土地利用的影响

工程建设总占地面积为 620.45 hm^2,其中永久占地 167.99 hm^2,临时占地 452.46 hm^2。具体占用土地类型数据见表 5-59。

表 5-59　工程占用土地利用类型情况　　　　　　　单位:hm^2

一级类	二级类	永久占地	临时占地
林地	乔木林地	43.99	86.12
	灌木林地	23.24	28.75
	其他林地	0	0
	竹林地	0	0
园地	茶园	0	0
	果园	33.55	120.88
	其他园地	0	0
草地	其他草地	0.46	6.45
耕地	旱地	35.33	113.87
	水田	23.62	73.03
	水浇地	0.29	0.43
水域及水利设施用地	水库水面	0	0
	坑塘水面	0	0
	河流水面	4.09	9.37
	养殖坑塘	0	0
	沟渠	0	0
	内陆滩涂	0.10	0.07
	水工建筑用地	0	0
建设用地		3.32	13.42
其他土地		0	0.07
合计		167.99	452.46

工程建成后,输水总干线区永久占地区土地将变为建设用地或库区水域,土地利用类型

发生变化。临时占地区将进行植被恢复,区域土地资源的影响将得到恢复。工程建设前后输水总干线区土地利用类型变化情况见表 5-60。

表 5-60　工程建设前后土地利用类型变化情况

一级类	二级类	工程建设前		工程建设后		变化	
		面积/hm²	比例/%	面积/hm²	比例/%	面积/hm²	比例/%
林地	乔木林地	7 137.73	18.67	7 093.74	18.56	−43.99	−0.12
	灌木林地	6 512.24	17.04	6 489.00	16.98	−23.24	−0.06
	其他林地	689.88	1.80	689.88	1.80	0	0
	竹林地	300.58	0.79	300.58	0.79	0	0
园地	茶园	64.50	0.17	64.50	0.17	0	0
	果园	2 786.94	7.29	2 753.39	7.20	−33.55	−0.09
	其他园地	2 534.99	6.63	2 534.99	6.63	0	0
草地	其他草地	1 682.30	4.40	1 681.85	4.40	−0.46	0
耕地	旱地	8 400.10	21.98	8 364.77	21.88	−35.33	−0.09
	水田	3 958.63	10.36	3 935.01	10.29	−23.62	−0.06
	水浇地	173.29	0.45	173.00	0.45	−0.29	0
水域及水利设施用地	水库水面	144.53	0.38	196.51	0.51	51.98	0.14
	坑塘水面	40.39	0.11	40.39	0.11	0	0
	河流水面	290	0.76	285.91	0.75	−4.09	−0.01
	养殖坑塘	7.79	0.02	7.79	0.02	0	0
	沟渠	80.54	0.21	80.54	0.21	0	0
	内陆滩涂	62.63	0.16	62.53	0.16	−0.10	0
	水工建筑用地	32.33	0.08	45.24	0.12	12.91	0.03
建设用地		3 254.93	8.52	3 354.70	8.78	99.77	0.26
其他土地		69.56	0.18	69.56	0.18	0	0
合计		38 223.88	100	38 223.88	100	0	0

由表 5-61 可知,由于项目建设,林地、草地、园地、耕地面积有所减少,而水域及水利设施用地、建设用地及其他土地面积有所增加,区域各土地类型面积及比例变化较小,因此工程建设对土地利用格局的影响较小。

5.4.4　对生态系统的影响

5.4.4.1　对生态系统类型和组成的影响

评价区内生态系统根据面积大小依次为森林生态系统、农田生态系统、草地生态系统、城镇生态系统、湿地生态系统,工程永久占用森林生态系统面积为 44.12 hm²、占用农田生态系统面积为 92.79 hm²、占用草地生态系统面积为 0.32 hm²,工程的建设和运行使得区域内水域和建设用地面积增加,湿地生态系统面积增加 47.79 hm²,城镇生态系统面积将增加 112.68 hm²,见表 5-61。工程水库枢纽区、取水坝、渠系开挖衬砌、埋管等工程的建设会破坏生态系统的植被,造成植被生物量和生产力的下降;植被的破坏也会使动物的栖息生境面积减少,导致施工周边林地生境的动物种类和数量下降。施工活动产生的弃渣、扬尘等会影响植物的生长,施工人员踩踏也会造成植被的破坏,施工机械噪声、人为活动等会影响动物正常的栖息,对其产生驱赶影响。占地区分布的野生动植物多为区域内常见种类,且随着施工结束,临时占用区域的林地、农田会逐步恢复。工程建设不会造成生态系统类型减少,也不会对其组成造成影响。

工程建设会占用一定的湿地生态系统中的内陆滩涂,根据移民征地数据,工程水库建设和淹没将占用 0.1 hm² 滩涂,工程建设后转变为库塘湿地或水工建筑用地,造成一定的滩涂沼泽湿地损失。另外,由于工程建设不直接涉及怒江干流,且在工程建设区段,分布有老街子河、长水河、芒柳河、烂枣河、施甸河等众多支流,工程新建八萝田水库、芒柳水库均为小(1)型水库,且本工程为引水灌溉工程,灌溉退水及汇水最终均流入怒江,但由于区域内多为经济林种植,农业污染相对较低,且退水进入怒江前已经过处理或较长距离的自然净化,对怒江干流的滩涂湿地影响较小。

表 5-61 工程建设前后生态系统类型和组成变化情况

一级类	二级类	工程建设前		工程建设后		变化	
		面积/hm²	比例/%	面积/hm²	比例/%	面积/hm²	比例/%
森林生态系统	阔叶林	3 466.59	9.07	3 442.11	9.01	−24.48	−0.06
	针叶林	3 971.73	10.39	3 952.22	10.34	−19.51	−0.05
	稀树林	689.88	1.80	689.75	1.80	−0.13	0
灌丛生态系统	阔叶灌丛	6 512.24	17.04	6 489.00	16.98	−23.24	−0.06
草地生态系统	草丛	1 682.30	4.40	1 681.98	4.40	−0.32	0
湿地生态系统	沼泽	62.63	0.16	62.53	0.16	−0.10	0
	湖泊	192.70	0.50	244.68	0.64	51.98	0.14
	河流	370.54	0.97	366.45	0.96	−4.09	−0.01
农田生态系统	耕地	12 532.02	32.79	12 472.78	32.63	−59.24	−0.15
	园地	5 386.43	14.09	5 352.88	14.00	−33.55	−0.09
城镇生态系统		3 287.26	8.60	3 399.94	8.89	112.68	0.29
其他		69.56	0.18	69.56	0.18	0	0
合计		38 223.88	100	38 223.88	100	0	0

5.4.4.2 对生态系统服务功能的影响

1. 农业生产和农产品提供功能的影响

工程建设将占用耕地 246.56 hm²(其中永久占用 59.24 hm²,临时占用 187.32 hm²),占用园地 154.43 hm²(其中永久占用 33.55 hm²,临时占用 120.88 hm²),工程建设占用一定面积的耕地和园地,对区域的农业生产和农产品提供造成一定的损失。本工程运行后,可提高本区域农田、园地的灌溉效率,改善区域农业植被缺水环境,保障农业植被的生长、生产用水,对农业生产、农产品提供长期有利的影响。

2.对水土保持服务功能的影响

工程建设开挖导致的占地总面积为 620.45 hm²,且工程开挖地段多为农田、果木林、路旁撂荒草地等,工程建设影响范围集中在灌溉渠系线路两侧,区域地势起伏,临时占地多为坡地、阶地,产生水土流失量较平地大,对区域水土保持服务功能产生一定影响。开挖渠系临时堆土会利用毡布覆盖并及时转运,埋管路段会及时掩埋,采取一定的工程措施可减缓水土流失。

3.对生物多样性保护的影响

区域内生物多样性保护的区域主要集中在评价区西缘、高黎贡山东坡山麓,工程建设影响区域。渠系的建设影响为带状范围,周边植被主要有云南松林、密蒙花灌丛、水麻灌丛、西南金丝梅灌丛、构树灌丛、金合欢灌丛、羊蹄甲灌丛、清香木灌丛、黄花稔草丛、猩猩草草丛、白茅草丛、类芦草丛等,均为常见的植物种类。工程不涉及自然保护区等重点保护野生动植物的集中分布区、风景名胜区重要景点等,在临时占地避开这些重要敏感点的前提下,将不会对区域动植物生物多样性产生较大影响。

5.4.4.3 对生态系统质量的影响

1.生物量

工程建设前后评价区生物量变化见表 5-62。从表 5-62 可以看出,工程建设过程中,针叶林、阔叶林、灌丛、草丛等自然植被,还有农田、经济林等耕地农作植被面积减少,从而导致生物量有所减少,其中生物量损失最多的是阔叶林,损失量为 5 382.27 t。工程建设总损失生物量为 15 200.86 t,其中永久占地损失生物量为 4 829.05 t,临时占地损失生物量为 10 371.81 t,所占比例为 1.663 5%,比例较小,对评价区总生物量影响较小。

表 5-62 工程建设后生物损失情况

植被类型	永久		临时		总计	
	面积/hm²	生物量损失/t	面积/hm²	生物量损失/t	面积/hm²	生物量损失/t
针叶林	19.51	1 034.94	47.93	2 541.83	67.44	3 576.77
阔叶林	24.48	2 101.94	38.20	3 280.33	62.68	5 382.27
经济林	33.55	708.86	120.88	2 554.15	154.43	3 263.01
灌丛	23.24	614.48	26.51	701.04	49.75	1 315.52
草丛	0.46	8.38	8.69	159.19	9.15	167.57
水生植被	4.19	5.03	9.44	11.33	13.63	16.36
农作物植被	59.24	355.42	187.32	1 123.94	246.56	1 479.36
建设用地和其他土地	3.32	0	13.49	0	16.81	0
合计	167.99	4 829.05	452.46	10 371.81	620.45	15 200.86

2.生态系统稳定性

1）对恢复稳定性的影响

工程建设后，各土地类型发生变化，林地、草地、耕地、园地面积减少，水域及水利设施用地、建设用地和其他土地面积增加，景观体系自然生物量减少4 829.05 t，减少量只占评价区总生物量的0.53%。永久占用林地面积很少，减少比例很小，临时占地在施工结束后进行植被恢复。从评价区占用控制性组分来看，不会改变林地的模地地位，因此其对自然体系恢复稳定性的影响不大，在区域自然系统可以承受的范围之内。

2）对阻抗稳定性的影响

工程建成后，景观内新增加非控制性组分人工建筑物如灌溉渠系、排水渠系等，这种干扰拼块的增加不利于生态系统生态平衡的维护。建筑物增加的局部区域，林地面积减少，使其生物组分异质化程度比工程建设前略有下降，斑块的平均面积有所减少，这种变化不利于该区域吸收内外干扰，提供抗御干扰的可塑性，影响了评价区局部景观的稳定性，阻抗稳定性有所下降。从整体来看，减少的林地面积很小，林地在评价区仍占较大优势，说明景观的多样性、异质性变化不大，评价区的自然体系抗干扰能力仍较强，阻抗稳定性较好。

5.4.5 对景观及自然体系生物量影响评价

5.4.5.1 对景观的影响

工程建设永久占地167.99 hm²，其中占用最多的为林地景观，占用面积为67.23 hm²。水库淹没占地51.98 hm²，八萝田水库和芒柳水库蓄水后，评价区水域面积将有所增加。工程建设对土地利用格局影响较小，对各斑块类型景观优势度的影响情况见表5-63，工程建设后，林地仍然为区域内的模地，对区域景观生态环境仍然具有较强的调控能力。即工程实施和运行不会改变区域的模地地位，对区域自然体系的景观生态体系质量影响不大。

表 5-63 景观优势度变化情况

景观指数		耕地景观	园地景观	林地景观	草地景观	湿地景观	城镇和其他景观
斑块数 NP/个	工程建设前	8 200	3 831	6 945	395	1 040	5 913
	工程建设后	8 162	3 804	6 917	393	975	6 214
斑块平均面积 MPS/hm²	工程建设前	1.53	1.41	2.11	4.26	0.63	0.56
	工程建设后	1.53	1.41	2.01	6.03	0.69	0.56
斑块总面积 CA/hm²	工程建设前	1 2532.02	5 386.43	1 4640.42	1 682.30	658.20	3 324.48
	工程建设后	1 2472.78	5 352.88	1 3883.32	2 371.72	673.66	3 469.50
斑块密度 R_d/%	工程建设前	31.15	14.55	26.38	1.50	3.95	22.46
	工程建设后	30.84	14.37	26.14	1.48	3.68	23.48
斑块频度 R_f/%	工程建设前	33.11	15.34	39.10	4.65	1.98	8.88
	工程建设后	32.98	14.22	37.64	6.53	2.01	9.55

续表 5-63

景观指数		耕地景观	园地景观	林地景观	草地景观	湿地景观	城镇和其他景观
景观比例 $L_p/\%$	工程建设前	32.79	14.09	38.30	4.40	1.72	8.70
	工程建设后	32.63	14.00	38.13	4.40	1.76	9.08
优势度值 $D_o/\%$	工程建设前	32.46	14.52	35.52	3.74	2.34	12.18
	工程建设后	32.27	14.15	34.10	5.11	2.30	12.80
香农多样性指数 （SHDI）	工程建设前	1.429 1					
	工程建设后	1.434 8					
香农均匀度指数 （SHEI）	工程建设前	0.797 6					
	工程建设后	0.800 8					
斑块破碎度指数 F	工程建设前	0.387 2					
	工程建设后	0.692 4					

5.4.5.2　对自然体系生物量的影响

工程实施过程中,占地影响包括针叶林、阔叶林、灌丛和灌草丛、农作物等植被类型,导致生物量有所减少。其中,生物量损失最多的是阔叶林,损失量为 5 382.27 t,其次为针叶林,损失 3 576.77 t。工程实施过程中损失的生物量占评价区总生物量的 1.663 5%,所占比例较小,对总生物量的影响很小。

5.5　水生生态影响研究

潞江坝灌区工程建设内容包括:①新建水源水库工程 2 座,分别为八萝田水库和芒柳水库;②骨干灌溉渠系工程建设总长 528.95 km(其中现状利用 253.3 km,本次建设渠道总长 275.65 km);③拟建拦河取水坝共 17 座(新建 5 座,重建 3 座,已建取水坝维修加固 9 座);④新建泵站工程 1 座,为杨三寨泵站;⑤拟建骨干排水渠系工程 2 条,总长 7.13 km。

在上述诸多项目中,对水生生态的影响主要表现在:涉水工程施工悬浮泥沙增加对水质的影响、水库大坝修建对流域连通性的影响、水库蓄水灌溉引起坝下减脱水对生境的影响等,成为工程建设对水环境影响的主要因素。

5.5.1　对水生生境的影响

各水源工程及其配套渠道的建设将对流域内各条河流的水生生境带来一定不利影响,主要表现在:

河道附近土方开挖、填埋、截流、坝基浇筑等一系列施工建设活动将会导致局部时段河水浑浊、流速减缓、溶氧量降低、矿物质含量增加。

新建水源水库工程八萝田水库、芒柳水库的建设对河流原有生境影响较大,水库大坝的修建将导致河道天然生境被阻断,在坝下形成一小段减水河段。根据水文情势预测结果,芒柳水库建库前后多年平均逐月下泄量由 0.20~8.10 m³/s 变为 0.20~7.99 m³/s,减水比例在

$1.3\% \sim 37.7\%$。八萝田水库建库前后多年平均逐月下泄量由 $0.37 \sim 2.87$ m^3/s 变为 $0.26 \sim 2.44$ m^3/s,减水比例在 $7.5\% \sim 38.6\%$。为了减缓水库工程对河流水文情势的影响,水库运行调度时必须采取措施保证下游生态用水需求。芒柳水库、八萝田水库在汛期(6—10 月)生态流量下泄不低于多年平均流量的 30%,非汛期(11 月至次年 5 月)生态流量下泄按照多年平均流量的 10%和 90%保证率最枯月平均流量取外包后下泄。本次新建 5 座取水坝,取水坝的修建会导致坝上水位壅高,流速下降,坝下水文情势将发生变化。为了减缓取水坝工程对河流水文情势的影响,4 座新建取水坝及 3 个取水溶洞以及重建的 3 座取水坝按照多年平均的 10%下泄生态流量,保障下游的用水需求。

5.5.2 对河流连通性的影响

潞江坝灌区工程建设主要涉及新建水库、渠系工程等,水库建设会影响其本身集水区河流的上下连通性,这些河流为怒江支流,且多位于河流上游,对河流连通性影响是局部的,不影响干流与支流之间的连通性,由于怒江支流不发育,浮游动植物等饵料生物较少,因此支流上游无法形成规模产卵场,在下游近怒江汇口河段,索饵场多位于干支流汇口,越冬场多在干流水深处,因此水库工程的建设对多数鱼类的繁殖、索饵、越冬等生命活动不会产生明显阻隔影响。

新建渠道相对于交叉的支流是封闭的,渠道水基本不与交汇河流发生水体交换,因此基本不影响干支流之间的连通性。潞江坝灌区的渠道均位于怒江流域内,水生生物本底基本相同,即使发生水体交换,水生生物和鱼类借渠道往河流扩散,也不会对怒江水生生物和鱼类多样性产生显著的影响。此外,本工程还包括输水工程和引水工程,主要是利用管道或是明渠进行水资源的合理调度和运输,以达到引水、供水、用水的目的。

施工会对相关水库及其上、下游河道的局部区域产生扰动,施工产生的工程弃渣、废水、生活污水、生产垃圾、扬尘等会落入自然水体中形成污染物和悬浮物,影响河道的水质情况。管线建设中,部分跨河部分在建设过程中可能因架设管线桥而导致部分水体受建筑施工影响,但这些区域都没有在水源地或者水生生物敏感区域,而且工程建设后可以迅速恢复水质,总体对水质影响不大。

5.5.3 对浮游生物的影响

5.5.3.1 施工期对浮游生物的影响

1.水源工程

本项目骨干水源工程拟建 20 座,包括新建小(1)型水库工程 2 座;新建提水泵站工程 1 座;取水坝工程 17 座(新建 5 座,重建 3 座,维修加固 9 座)。工程施工对浮游生物的影响,主要是施工期间大坝修建、围堰施工等将造成河床或水库底质扰动,产生一定量的悬浮物,导致局部水体透明度下降,浮游植物光合作用暂时降低,进而影响浮游植物的生长。浮游植物的减少将使以此为饵料的浮游动物生物量减少。施工过程中若施工废水、生活污水处理不当直接排入施工河段,可能会造成水质下降,导致浮游生物群落结构发生改变。水流的稀释和水体的自净作用较强,会降低悬浮物的影响,施工结束后,浮游生物可恢复到施工前的水平。

2.渠系工程

本项目骨干灌溉渠系工程建设涉及 65 条,渠道总长 528.95 km,其中本次建设渠道总长 275.65 km,包括已建渠道维修衬砌总长 50.4 km;续建 1 条,总长 1.43 km;重建 9 条,总长 54.71 km;新建渠道总长 169.11 km。新建骨干排水渠 2 条,总长 7.13 km。渠系工程涉及新建、维修、续建等。部分施工段涉水区的开挖、弃渣、填筑等活动扰动局部水体,将使施工区及其下游附近水体浑浊度增加,一方面水体透明度下降,浮游植物的光合作用受到抑制;同时悬浮物含量增多会对浮游动物的生存造成影响。但水流的稀释和水体的自净作用,会降低悬浮物的影响,施工结束后,浮游生物可恢复到施工前的水平。维修衬砌工程施工当中挖土、运输和抛填过程中对水体扰动,会破坏水生生物的栖息地,改变底质的地形条件。施工使水中的悬浮泥沙及其他污染物增加引起水浑浊,导致水透光性降低,浮游植物的光合作用受影响,降低初级生产力。

5.5.3.2　运行期对浮游生物的影响

1.水源工程

工程运行期新建水库及取水坝所在河流水面变宽,水流速度减缓,营养物质滞留,泥沙沉降,水体透明度增大,被淹没区域土壤内营养物质渗出,水中有机物质及矿物质增加,这些条件的变化均有利于浮游生物的生长繁殖。预计建库后库区浮游生物种类数量和生物量均会有所增加,群落结构也会相应发生一些变化。对于浮游植物,绿藻和蓝藻的种类和数量会有所增加。对于浮游动物,原生动物中纤毛虫的比例趋向增加,静水敞水轮虫种类将出现且成为常见种;枝角类种类明显增加,如象鼻溞、秀体溞成为常见种或优势种。浮游动物种类尤其大型浮游甲壳类的增加,将引起浮游动物生物量明显增大。

2.渠系工程

运营期间,施工期所造成的局部、暂时的影响将消失,浮游生物群落结构不会有明显的变化;工程运营自身不会污染水环境条件,不会影响浮游生物生长。灌溉退水携带着田间弃水,由排水渠汇入天然河流可能会使评价区水体变浑浊,水质变差,进而使浮游生物种群结构分布发生变化,一些耐污种会在附近水域占据优势地位;但随着退水进入怒江,退水污染物浓度极大降低,退水对浮游生物的影响近乎消失。

5.5.4　对底栖动物的影响

5.5.4.1　施工期对底栖动物的影响

1.水源工程

底栖动物是长期在水域底部泥沙中、石块或其他水底物体上生活的动物。工程对施工区域内底栖动物较大的影响是水库工程及取水坝的修建直接占压河床底质,导致坝址区域底栖动物损失。同时涉水施工会导致水质浑浊,施工区下游局部底质沉积物增加,影响到附近水域底栖动物的呼吸、摄食等生命活动,不利于底栖动物的繁衍,现存量会有所下降。

2.渠系工程

涉水工程对施工区域内底栖动物较大的影响是直接改变了其生活环境,从而对其种类和数量分布也产生一定的影响。涉水施工会导致水质浑浊,施工区下游局部底质沉积物增加,影响到附近水域底栖动物的呼吸、摄食等生命活动,不利于底栖动物的繁衍;但随着施工结束,底泥逐渐稳定,周围的底栖生物会逐渐占据受损的生境,物种数量和生物量都会有一个缓慢回升的过程。

5.5.4.2 运行期对底栖动物的影响

1.水源工程

水库建成后库区上游水体流速相对减缓,水深增加,水面面积扩大,泥沙沉降,底质由砾石、沙质型为主逐步向泥沙型、淤泥型发展。这些条件的改变都将对底栖动物的生长与繁殖产生一定的影响。水生昆虫的蜉蝣目等的种类在库区内发生变化不大,种类将仍以静水型为主。深水区由于库底部溶氧含量低、光照不足等原因,将没有或很少有底栖动物生存。

2.渠系工程

工程运营期不会对底栖生物造成太大影响,施工期造成的底栖生物量损失,随着工程的运行,一段时间内也可以得到恢复。

5.5.5 对水生维管束植物的影响

5.5.5.1 施工期对水生维管束植物的影响

1.水源工程

施工期,拟建项目对水生维管束植物的影响主要有两个方面,一是坝址施工会造成施工范围内水生维管束植物的直接损失,二是施工产生的大量泥沙和悬浮物会对附近和下游水体的水生维管束植物的生长产生影响。坝址土石方开挖、围堰等主要建筑物的建设对沉水植物的影响最大,造成施工范围内沉水植物的直接损失,沉水植物的种类减少,密度和生物量将有所下降,但随着施工结束,水生植物会逐渐恢复。

2.渠系工程

施工期产生的大量泥沙和悬浮物会对附近水体的水生维管束植物的生长产生影响,渠道维修衬砌可能会覆盖水生维管植物的生长环境,导致水生维管植物生物量减少。但工程施工相对整个评价区来说,范围较小,影响有限。

5.5.5.2 运行期对水生维管束植物的影响

1.水源工程

营运期对水生维管植物的影响主要是坝址的修建将长期或永久占用水生维管植物生长环境,造成水生维管植物生物量减少,功能衰退或丧失。

2.渠系工程

工程的修建将使施工区域的水生维管植物受到长期或永久破坏,水生维管植物生物量减少。施工结束后,可能会形成新的沿岸带,会引起沿岸带湿生、陆生植物多样性、群落结构发生一定的变化。

5.5.6 对鱼类的影响

5.5.6.1 施工期对鱼类的影响

1.水源工程

1)工程产生的悬浮物对鱼类的影响

施工过程中产生的悬浮泥沙会对仔稚鱼和幼体造成伤害,主要表现为影响胚胎发育、堵塞生物的鳃部造成窒息死亡,悬浮物沉积造成水体缺氧而导致死亡等,从而导致施工区域附近的鱼类数量的减少。成年鱼类的活动能力较强,通常认为在悬浮泥沙浓度超过 10 mg/L 的范围内成鱼可以回避,施工作业对其影响更多的表现为"驱散效应"。因此,施工阶段不会对作业水域的鱼类带来较大的影响,其主要影响是改变了鱼类的暂时空间分布,不会导致鱼类资源量的明显变化。随着施工期的结束,不利影响也即消失。

2)施工产生的噪声对鱼类的影响

施工期噪声主要来自于坝址施工开挖、填筑、拌和混凝土等施工活动中的液压反铲、拌和机、装载机、推土机、压路机等施工机械运行和车辆运输噪声。噪声对鱼类的影响主要是造成鱼类回避,或对噪声的适应,因此不会形成大的不利影响。

3)工程施工对鱼类饵料资源的影响

施工开挖会导致施工区域内底栖生物和挺水植物的死亡,这种情况会造成以底栖生物为主要食物和以水生植物为主要食物的鱼类饵料资源的损失。但施工面积对于整个工程设计水域来说相对较小,施工影响范围有限,因此工程施工对鱼类饵料资源的影响较小。

4)工程施工对鱼类"三场"的影响

施工期间人员、机械、车辆产生的噪声将迫使鱼类往上下河段迁移,生存空间减小。工程对渔业资源的影响还表现在施工期间形成的底层悬浮物沉积物高浓度扩散场,悬浮物颗粒将直接对鱼类仔幼体造成伤害,影响胚胎发育,堵塞生物的呼吸器官使其窒息死亡。根据现场调查结果,新建芒柳水库所在的芒牛河入怒江汇口河段为鮡科鱼类产卵场,产卵场位于怒江口附近,距离大坝有一定距离,因此水库大坝对该产卵场造成的影响较小。

2.渠系工程

工程对鱼类的影响主要是施工扰动底泥,导致水体颗粒悬浮物增加,造成饵料生物减少,同时悬浮泥沙也会对仔稚鱼和幼体造成伤害,施工河段鱼类资源空间分布会有所降低。但工程施工河段占整个河段比例较小,且随着水体的自净能力,这一影响有限。

5.5.6.2　运行期对鱼类的影响

1.水源工程

八萝田和芒柳水库建成蓄水后,由于水位抬高,水位线以下植物将被淹没。被淹的植物体浸泡在水中而分解的有机质进入水体,同时被淹地带的土壤中所浸出的营养物质也进入水体,加之水库的拦蓄作用,一些外源性的营养物也被积留于库内,这就使得库内水体中的营养物质在总量上远大于建库前天然河流的含量,从而为库中的浮游生物提供了充足的营养物质,使之能更好地生存和繁衍,这也就为以浮游生物为食的鱼类提供了充足的食物来源,因而这些鱼类在种群数量上将会得到很好的发展。建坝蓄水后,水域面积得到拓宽,为鱼类的栖息活动提供较为广阔的场所。

工程建设后,库区水动力学特征发生显著变化,相应水体理化性质也会发生一系列变化。库区水流变缓,泥沙沉积,透明度升高,有利于浮游藻类对光能的利用,浮游藻类现存量的升高,会提高水体生物生产力,相应地库区鱼类资源量会升高。坝下河段内流量将大幅减少,河段内的鱼类资源将会受到一定影响。在汛期大坝存在弃水,减水河段与天然状态差别不大。减水河段水量小,水流变缓,枯水期大部分呈小溪状的浅滩,原分布在这些减水河段鱼类的种类和数量均受到了较大限制。需要较大生活空间的较大型鱼类和需要急流水环境条件的鱼类将急剧减少,取而代之的是个体较小种类,鱼类的多样性呈明显减少的趋势。

取水坝、泵站建成后,水体的底质、流速、流量、连通性等一系列的水文因素发生一定的变化,进而导致了鱼类栖息环境的变化,其结果使鱼类资源受到一定的影响,主要变化表现在:本工程取水坝建成后将对坝上一定距离河段水文情势造成影响,由于取水坝坝高较小,不会造成坝上大面积的静缓流河段,水体仍为流水环境,因此水流流速的变化对鱼类的影响较小。取水坝工程主要分布在怒江各支流水域,根据现状调查结果,各支流鱼类资源量有限,多为定居性鱼类,洄游鱼类巨鲀、云纹鳗鲡等主要分布在怒江干流,取水坝的修建对洄游鱼类无影响。杨三寨泵站运行将会对红岩水库左岸库尾水域鱼类资源造成一定的卷载效应。泵站取水口为中表层取水模式,取水水域为静缓流,该水域生活的鱼类对于流速变化较为敏感,取水活动区流态相较于非取水区具有显著差异,鱼类对于敏感环境变化具有主动回避特性,对成鱼影响不明显。

2 座新建水库在不采取分层取水措施情况下,八萝田水库下泄水温为 15.7~16.5 ℃,芒柳水库下泄水温为 11.7~22.2 ℃,较为接近鱼类最低生存条件,较低的温度可能会导致坝址下游附近鱼类产卵期有一定推迟,不过由于水在渠道沿程流动过程中水体温度有一定程度的回升,进入河道后与空气接触充分,水温回升很快,因此工程运行对鱼类的正常生长繁殖产生的不利影响较小。

2.渠系工程

渠系工程主要是灌溉和排水用途,运营期工程对鱼类基本无影响。

5.5.7　对重点保护野生鱼类的影响

怒江分布有国家二级保护鱼类 4 种,分别为长丝黑鲱、角鱼、后背鲈鲤和巨鲀;有云南省级保护鱼类 1 种,为云纹鳗鲡;列入《中国生物多样性红色名录》的有 7 种,分别为半刺结鱼(CR)、角鱼(VU)、后背鲈鲤(VU)、长丝黑鲱(VU)、巨鲀(VU)、怒江裂腹鱼(VU)和云纹鳗鲡(NT)。

根据水文情势预测结果,多年平均情况下芒柳水库建库前后下泄流量由 0.20~8.10 m³/s 变为 0.20~7.99 m³/s,减水比例在 1.3%~37.7%。八萝田水库建库前后下泄流量由 0.37~2.87 m³/s 变为 0.26~2.44 m³/s,减水比例在 7.5%~38.6%。水库坝下保障了生态下泄流量,水文情势变化对汇入口怒江江段的保护鱼类影响有限。

在芒牛河入怒江汇入口江段调查到巨鲀、怒江裂腹鱼、长丝黑鲱;在老街子河入怒江汇入口河段调查到后背鲈鲤、怒江裂腹鱼。工程施工期对保护鱼类的影响主要是芒牛河芒柳水库和老街子河八萝田水库修建产生的悬浮物和生活生产废水等流入下游河段,汇入怒江干流,导致汇入口附近水域水质变差,进而影响鱼类的分布。运营期对保护鱼类的影响主要是水库建成后,水库下泄流量降低,导致下游水文情势发生变化,坝下河段流量有所降低。巨鲀为短距离洄游鱼类,主要分布于怒江干流水域,水源水库及取水坝工程的修建对其洄游的阻隔影响较小。

云纹鳗鲡为降河性洄游鱼类,可洄游至几千千米以外的印度洋产卵,主要分布于怒江中下游及萨尔温江支流南汀河,怒江保山段是其长距离洄游的必经江段。由于流域内水利水电工程建设对流域内水生生境的影响已基本形成,近年来在工程区范围内很少发现有云纹鳗鲡分布,在勐波罗河汇口到旧城乡一段可能还有分布。工程的建设主要在怒江保山段各支流水域,对云纹鳗鲡洄游的影响有限。

评价区还分布有半刺结鱼、角鱼等,其分布区主要在怒江干流与灌区的新建及改建工程等区域,距离较远,工程施工基本不会对这些保护鱼类的现有分布区产生直接影响。施工期,可能存在施工人员到怒江中捕鱼行为,从而造成保护野生鱼类资源的损失。

5.6　土壤环境影响研究

5.6.1　施工期对土壤的影响

工程建设对土壤环境的影响范围包括永久占地区、临时占地区以及施工活动的所有区域。其影响体现在工程施工活动从根本上改变了地表覆盖物的类型和性质,改变了表层土壤的结构和物理性质。

5.6.1.1　水源工程淹没及永久建筑物占压对土壤的影响

水源工程建设淹没、永久占地区及灌溉渠系工程和排水工程永久占地区,地表土壤在施工过程中彻底被破坏,永久不可恢复。淹没和永久占地区内包括耕地和少部分林地等表层土壤养分相对丰富土地,这些占地区域内的土壤将被水域或永久建筑取代,土壤的生产能力完全丧失,土壤的结构和理化性质完全改变。

考虑到工程区土壤较好,应将各占地区表层土剥离并单独存放,用于各临时占地区土地复耕用土或植被恢复覆土。

5.6.1.2　骨干灌溉渠系工程对土壤的影响

本次骨干灌溉渠系工程建设过程中渠道维修衬砌会产生弃土,工程临时堆土在暴雨洪水或其他地表径流和风力的作用下,很容易发生水土流失,并对周边环境产生影响,弃土运至弃渣场也可能产生上述影响。

根据环境现状监测结果,本工程土壤浸出毒性鉴别中各污染物浓度可满足《危险废物鉴别标准 浸出毒性鉴别》(GB 5085.3—2007)和《污水综合排放标准》(GB 8978—1996)的限值要求,不具有浸出毒性特征,可直接堆放于弃渣场。

渠道维修衬砌工程结束后需结合水土保持措施,通过采取一定的土地整治措施,使土壤结构和功能逐步恢复到自然状态。

5.6.1.3　临时占地及工程施工活动对土壤影响

临时占地区及工程施工活动区域占地类型包括耕地和少部分林地,施工人员的践踏和施工机械的碾压,将造成如下影响:一是原来适宜于草本植物生长的表层土壤结构被破坏,土壤变得紧实,表土温度升高,土壤中的有机质的分解作用增强,微生物数量及营养元素流失;二是原有的土壤物质循环与养分富集的途径阻断,土壤的成土过程丧失;三是一旦植被和表层土壤原有结构被破坏,表层土壤在暴雨洪水或其他地表径流和风力的作用下,很容易发生水土流失,并对周边环境产生影响;四是施工生产废水、生活污水、生活垃圾处置不当,也会对土壤环境造成污染。

　　临时占用的耕地在施工前剥离表层腐殖土,单独存放防护,施工结束后回填至占地区,很快即可复垦,降低了对土壤的破坏;临时占用的林地在施工结束后,结合水土保持措施,通过采取一定的土地整治措施,地表会逐渐恢复,土壤结构和功能逐步恢复到自然状态,恢复期和能够恢复的程度与扰动强度及采取的恢复措施等有关。

5.6.2　施工废水对土壤的影响

　　云南省潞江坝灌区新建水库工程及配套渠道工程建设过程中,由于施工工期长,施工期的生产废水和生活污水如不进行处理就直接排放将会对环境造成污染,使灌区内耕作的土地资源减少。

5.6.3　对土壤盐渍化的影响

　　耕作土壤的次生盐渍化主要与大气蒸发力、地下水埋深、土壤特性、矿化度和人为灌溉、施肥和种植方式有着直接的关系。从国内经验来看,盐渍化主要产生于干旱平地区。大水漫灌、串灌,大块出地土地不平整,灌水不均匀,化肥施用量过高,农作物耕作制度不合理,土地弃耕和渠道渗漏等均会使灌区内的土壤产生盐渍化。根据区域土壤现状分析,灌区内总盐含量均小于1,目前灌区土壤没有出现盐渍化。

　　根据工程设计,工程实施后,灌区管理人员生活污水进入市政污水管网,避免引起土壤的盐化、酸化、碱化。同时,潞江坝灌区具有天然的地表水排泄通道,且建有排涝、排水措施,无大面积沼泽化、盐碱土。灌溉水源满足灌溉用水标准,引起区内地下水位抬升影响范围有限,局部地下水位附近可能存在条带状土壤次生盐碱化,影响耕种,不会发生大面积土壤次生盐碱化影响。未来在灌区灌溉后,需布置地下水水质、水位监测点,并加强监测,充分掌握灌区盐渍化发展趋势。

5.6.4　对土壤潜育化的影响

　　土壤潜育化是指土壤长期滞水,严重缺氧,产生较多还原物质,使高价铁、锰化合物转化为低价状态,使土壤变成蓝灰色或青灰色的现象。潜育化土壤较非潜育化土壤还原性有害物质较多,土性冷,土壤的生物活动较弱,有机物矿化作用受抑制,易导致稻田僵苗不发,迟熟低产。潞江坝灌区所在区地形高差特殊且本工程建设有多项排灌沟渠工程,工程建成后,灌区农田将会缩短灌溉时间,提高排水速度,因此不存在对土壤潜育化的影响。

5.6.5　对土壤环境质量的影响

　　潞江坝灌区工程土壤以红壤土、黄壤土等为主。土壤是一种多孔体,土壤水分和土壤空气共存于土壤孔隙中,土壤中的水分直接制约着通气状况。水分过多及由之引起的地下水位抬升、土壤渍涝和沼泽化均可恶化土壤的通气状况。灌溉后将促进作物对土壤养分的吸收能力,对土壤微生物活动有提高作用。但灌水过多,将导致有效养分流失,同时土壤在腐殖质化的同时,积累大量的有机酸、硫化氢、甲烷等物质,对作物和微生物产生毒害作用。在通气不良的土壤中,速效性的硝态氮也容易受到反硝化细菌的作用变成游离氨消失在大气中。

灌溉工程实施后,将实现灌溉面积 63.47 万亩,退水量、化肥、农药的施用量相对灌溉前有一定程度的增加,如果耕种、灌溉的方式不科学,将增加灌区内的农业面源污染物的残留量,对土壤的质量有一定的不利影响。为减小对灌区土壤质量的影响,应从灌溉方式、灌区化肥、农药的种类、施用量及退水净化等方面进行优化。

5.6.6　工程实施对土壤的影响

工程实施过程对土壤环境的影响体现在规划工程施工活动从根本上改变了地表覆盖物的类型和性质,改变了表层土壤的结构和物理性质。

5.6.6.1　水库工程淹没及永久建筑物占压对土壤的影响

水库工程建设淹没、永久占地区及灌溉渠系工程和排水工程永久占地区,地表土壤在施工过程中将彻底被破坏,永久不可恢复。淹没和永久占地区内包括耕地和少部分林地等表层土壤养分相对丰富土地,这些占地区域内的土壤将被水域或永久建筑取代,土壤的生产能力完全丧失,土壤的结构和理化性质完全改变。

在具体实施过程中,应将各占地区表层土剥离并单独存放,用于各临时占地区土地复耕用土或植被恢复覆土。

5.6.6.2　临时工程对土壤的影响

临时占地区域占地类型包括耕地和少部分林地,施工人员的践踏和施工机械的碾压,将造成如下影响:一是原来适宜于草本植物生长的表层土壤结构被破坏,土壤变得紧实,表土温度升高,土壤中有机质的分解作用增强,微生物数量及营养元素流失;二是原有的土壤物质循环与养分富集的途径阻断,土壤的成土过程丧失;三是一旦植被和表层土壤原有结构被破坏,表层土壤在暴雨洪水或其他地表径流和风力的作用下,很容易发生水土流失,并对周边环境产生影响;四是施工生产废水、生活污水、生活垃圾处置不当,也会对土壤环境造成污染。

临时占用的耕地在工程实施前剥离表层腐殖土,单独存放防护,工程结束后回填至占地区,很快即可复垦,降低对土壤的破坏;对于临时占用的林地,在工程结束后结合水土保持措施通过采取一定的土地整治措施,地表会逐渐恢复,土壤结构和功能逐步恢复到自然状态。

5.7　环境空气影响研究

5.7.1　施工期

5.7.1.1　施工扬尘对环境空气的影响

施工期土石方开挖与填筑及结束后临时设施拆除均会造成粉尘、扬尘等环境空气污染;混凝土拌和产生粉尘和扬尘;建筑材料若运输、装卸、储存方式不当,可能造成泄漏,产生扬尘和粉尘污染。

根据对类似施工现场及周边的 TSP 监测,距施工场地不同距离处空气中 TSP 浓度值见表 5-64。从监测数据可知,施工场地周边地区 TSP 浓度值在 40 m 范围内呈明显下降趋势,50 m 范围之外,TSP 浓度值变化基本稳定,可以满足《环境空气质量标准》(GB 3095—2012)二级标准。如采取洒水措施,距施工现场 40 m 外的 TSP 浓度值即可达到《环境空气质量标准》(GB 3095—2012)24 h 平均浓度的二级标准。

表 5-64　施工场地 TSP 浓度变化对比

监测点位		场地不洒水	场地洒水后
距场地不同距离处 TSP 的浓度值/ (mg/m³)	10 m	1.75	0.437
	20 m	1.30	0.350
	30 m	0.78	0.310
	40 m	0.365	0.265
	50 m	0.345	0.250
	100 m	0.330	0.238

5.7.1.2　施工燃油、爆破废气的影响分析

施工燃油、爆破废气主要来源于施工机械运行、汽车运输、工程爆破等过程,主要污染物为 CO、THC、NO$_x$ 等污染物,产生量不大。工程所在地地形较为开阔,各施工区空气扩散条件较好,施工废气易于扩散,对周围环境造成影响的可能性不大,尤其是进入 20 世纪 90 年代以后,随着科技水平的提高,施工机械的性能已有了很大程度的改良,多数机械在运行过程中机械废气可达标排放。施工过程中,燃油废气均为近地表,排放强度较小,总体上废气对大气环境的影响仅限于施工现场及邻近区域,具有污染范围小、程度轻的特点,加上建设单位施工期间对机械及车辆的维护保养,使之处于良好状态,不足以产生明显的污染影响。另外,众多同类工程施工期环境监测结果也表明施工机械尾气排放对大气环境不会造成大的影响。

5.7.1.3　交通扬尘的影响分析

本工程施工期交通对环境空气的影响主要包括车辆运输过程中产生的扬尘和尾气排放。目前国家已经对出厂及正在投入行驶的各类机动车辆制定了严格的检测、限制要求,施工期使用的运输车辆将要求选择达到相应国家标准的车辆,其尾气排放中的主要污染物 CO、NO$_2$ 等对沿线环境的影响很小。由于施工交通主要是大型车辆运输砂石料、水泥、弃渣等,运输过程中产生的 TSP 等对沿线的环境将产生一定影响。

车辆行驶产生的扬尘,在完全干燥情况下,可按下列经验公式计算:

$$Q = 0.123 \times \left(\frac{v}{5}\right) \times \left(\frac{W}{6.8}\right)^{0.85} \times \left(\frac{P}{0.5}\right)^{0.75}$$

式中:Q 为汽车行驶的扬尘,kg/(km·辆);v 为汽车速度, km/h;W 为汽车载重量,t;P 为道路表面粉尘量,kg/m²。

施工区汽车载重量主要为 12~15 t,本次源强预测按照 15 t 计算,通过一段长度为 500 m 的路面时,不同行驶速度和不同路面清洁程度下产生的扬尘量。由此可见,在同样路面清洁情况下,车速越快,扬尘量越大;而在同样车速情况下,路面清洁度越差,则扬尘量越大。不同车速和地面清洁程度时的汽车扬尘预测见表 5-65。

表 5-65　不同车速和地面清洁程度时的汽车扬尘预测　　　单位:kg/(km·辆)

车速 v/ (km/h)	不同地面清洁程度(kg/m²)汽车扬尘					
	0.1	0.2	0.3	0.4	0.5	1.0
5	0.07	0.12	0.16	0.20	0.24	0.41
10	0.14	0.24	0.33	0.41	0.48	0.81
15	0.22	0.36	0.49	0.61	0.72	1.22
20	0.29	0.48	0.66	0.82	0.96	1.62

尘粒在空气中的传播扩散情况与风速等气象条件有关,也与尘粒本身的沉降速度有关。不同粒径的尘粒的沉降速度见表 5-66。

表 5-66　不同粒径尘粒的沉降速度

粒径/μm	10	20	30	40	50	60	70
沉降速度/(m/s)	0.003	0.012	0.027	0.048	0.075	0.108	0.147
粒径/μm	80	90	100	150	200	250	350
沉降速度/(m/s)	0.158	0.17	0.182	0.239	0.804	1.005	1.829
粒径/μm	450	550	650	750	850	950	1 050
沉降速度/(m/s)	2.211	2.614	3.016	3.418	3.82	4.222	4.624

由表 5-66 可知,尘粒的沉降速度随粒径的增大而迅速增大。当粒径为 250 μm 时,沉降速度为 1.005 m/s,因此可以认为当尘粒大于 250 μm 时,主要影响范围在扬尘点下风向近距离范围内,而真正对外环境产生影响的是一些微小尘粒。

施工期间,场内公路和场外公路交通量显著增加,大型运输车辆产生的扬尘对公路沿线的环境空气质量造成一定影响,需采取防尘洒水和限制车速措施。

施工道路扬尘量的大小与车速、车型、车流量、风速、道路表面积尘量等多种因素有关,其主要污染因子为 TSP。据类比分析,在正常风速等天气条件下运输过程中扬尘浓度随距离增加而迅速降低,一般情况下,在自然风作用下,道路扬尘影响范围在 100 m 以内,会对周边 100 m 以内的村庄造成不利影响;在大风天气,扬尘量及影响范围将有所扩大,但通常在下风向 150 m 范围内,施工道路扬尘浓度可达《环境空气质量标准》(GB 3095—2012)二级标准。

施工道路扬尘具有明显局地污染特征,类比同类工程施工经验,在车辆行驶路面实施洒水抑尘措施,每天洒水 4~5 次,可使扬尘量减少 80%。另外,施工车辆装载时通过采取篷布加盖等措施可有效减免物料洒落,减少施工道路扬尘。

5.7.2　运行期

本工程运行期基本无大气污染物排放,对环境空气没有影响。

5.8　声环境影响预测

5.8.1　施工期

本工程对声环境造成的影响主要来自施工期。工程施工噪声主要包括两类：①固定点源噪声，主要来自土石方开挖与填筑、混凝土拌和以及石方工程中施工噪声、机械噪声以及隧洞开挖等产生的爆破噪声；②流动线源噪声，主要来自各类自卸汽车、机动翻斗车等在运输和装卸过程中产生的噪声。

5.8.1.1　固定点源噪声影响预测

1.施工场界噪声影响预测

1）预测模式

根据《环境影响评价技术导则　声环境》（HJ 2.4—2021），固定点源噪声源计算公式如下：

$$L_A(r) = L_A(r_0) - 20\lg(r/r_0)$$

式中：$L_A(r)$ 为距离声源 r 处的 A 声级，dB（A）；$L_A(r_0)$ 为参考位置处的 A 声级，dB（A）；r 为预测点与点声源之间的距离，m；r_0 为参考位置与点声源之间的距离，m，取 1 m。

经计算，主要施工机械在不同施工阶段、不同距离处的噪声贡献值见表 5-67。

表 5-67　主要施工机械不同距离处的噪声预测值

声源	源强/dB（A）	与声源不同距离(m)的噪声值/dB（A）						标准/dB（A）		达标距离/m	
		10	20	50	100	200	400	昼间	夜间	昼间	夜间
挖掘机	85	65	59	51	45	39	33	70	55	6	32
立爪装岩机	80	60	54	46	40	34	28	70	55	3	18
推土机	90	70	64	56	50	44	38	70	55	10	56
振动碾	90	70	64	56	50	44	38	70	55	10	56
羊角碾	90	70	64	56	50	44	38	70	55	10	56
蛙式打夯机	82	62	56	48	42	36	30	70	55	4	22
混凝土输送泵	90	70	64	56	50	44	38	70	55	10	56
机动翻斗车	85	65	59	51	45	39	33	70	55	6	32
汽车起重机	85	65	59	51	45	39	33	70	55	6	32
地质钻机	69	49	43	35	29	23	17	70	55	1	5
卧式浆液搅拌机	90	70	64	56	50	44	38	70	55	10	56
灌浆泵	82	62	56	48	42	36	30	70	55	4	22

续表 5-67

声源	源强/dB(A)	与声源不同距离(m)的噪声值/dB(A)						标准/dB(A)		达标距离/m	
		10	20	50	100	200	400	昼间	夜间	昼间	夜间
手持式风钻	69	49	43	35	29	23	17	70	55	1	5
拖拉机	85	65	59	51	45	39	33	70	55	6	32
砂浆搅拌机	90	70	64	56	50	44	38	70	55	10	56
混凝土搅拌机	90	70	64	56	50	44	38	70	55	10	56
振捣器	87	67	61	53	47	41	35	70	55	7	40

2)施工场界噪声影响分析

由表 5-67 可知,施工机械按照《建筑施工场界环境噪声排放标准》(GB 12523—2011)昼间 70 dB(A)和夜间 55 dB(A)的要求,在噪声不叠加、不考虑衰减的情况下,昼间距施工现场 1 m 处可达到施工场界噪声限值要求,夜间需 5 m 可达标。

2.声环境敏感点影响分析

根据调查,潞江坝灌区工程评价区涉及的声环境敏感目标主要有蒲庄、香树村、张贡村等 62 个村镇,预测结果见表 5-68。

根据声环境敏感点预测结果,八萝田村、窑洞坝、西山村等 38 个距离工程较近的声环境敏感目标存在昼间超标情况,超标值在 0.2~21 dB(A);八萝田村、香树村、团坡、登高村等 62 个距离工程较近的声环境敏感目标存在夜间超标情况,超标值在 2~31 dB(A)。施工期固定点声源对周围敏感居民点的影响较大,本次评价建议施工过程中应提前张贴施工告知声明,在施工区设置隔声挡板,同时应避开昼间午休和夜间时段施工,并尽量取得附近居民的理解。由于本项目施工过程是临时的,在施工期结束后这部分影响将随之消失。

5.8.1.2 流动线源噪声影响预测

交通流动噪声主要发生在施工区内外交通道路沿线,其噪声源强的大小与车流量、车型、车速及路况等因素有关。本次环境评价拟根据施工道路两侧敏感目标性质及分布状况、地面声障物分布情况等,结合施工运输车辆行驶方式和流量,预测施工交通流动噪声对道路两侧声环境的影响。

1.预测方法

采用流动声源模式进行预测。

$$L_r = 10 \lg \frac{N}{r} + 30 \lg \frac{v}{50} + 64$$

式中:L_r 为距声源 r 处的噪声值,dB(A);N 为车流量,辆/h;v 为车速,km/h;r 为预测点距声源的距离,m。

2.预测结果

类比同类工程施工情况,并且考虑到本工程施工布置、物料运输和土石方开挖量、弃渣量等,本工程预测时间选择在施工高峰期,昼间车流量 30 辆/h、运行速度 15 km/h;夜间车流量 20 辆/h、运行速度 10 km/h,预测结果见表 5-69。

表 5-68　声环境敏感目标噪声影响预测情况一览

灌片	工程内容	保护对象	最近距离/m	噪声贡献值/dB(A) 昼间	噪声贡献值/dB(A) 夜间	现状值/dB(A) 昼间	现状值/dB(A) 夜间	预测值/dB(A) 昼间	预测值/dB(A) 夜间	达标情况 昼间	达标情况 夜间
	八萝田水库	八萝田村	5	76.02	76.02	53	44	76.0	76.0	超标	超标
	八萝田水库	线家寨	110	49.17	49.17	54	44	55.2	50.3	超标	超标
	芒柳干管	蒲庄	200	43.98	43.98	54	44	54.4	47.0	达标	超标
	香树沟	香树村	98	50.18	50.18	54	44	55.5	51.1	超标	超标
干热河谷灌片	芒柳西大沟	张贡村	100	50.00	50.00	54	44	55.5	51.0	超标	超标
	芒柳干管	芒柳村	173	45.24	45.24	52	44	52.8	47.7	达标	超标
	敢顶电站大沟	敢顶村	166	45.60	45.60	54	44	54.6	47.9	达标	超标
	八萝田干渠	吾来村	171	45.34	45.34	54	44	54.6	47.7	达标	超标
	楼子田沟	农庄	64	53.88	53.88	54	44	56.9	54.3	超标	超标
	八萝田干渠	笤洞坝	20	63.98	63.98	54	44	64.4	64.0	超标	超标
	八萝田干渠	西亚村	55	55.19	55.19	54	44	57.6	55.5	超标	超标
	摆达大沟	摆达村	158	46.03	46.03	54	44	54.6	48.1	达标	超标
	摆达大沟	团坡	76	52.38	52.38	54	43	56.3	52.9	超标	超标
三岔灌片	烂坝寨/大龙供水管并行段	白泥塘寨	153	46.31	46.31	54	44	54.7	48.3	达标	超标
	八〇八淘金河引水渠	淘金河村	200	43.98	43.98	54	44	54.4	47.0	达标	超标
	松白大沟	长箐村	54	55.35	55.35	54	44	57.7	55.7	超标	超标
	松白大沟	新和村	156	46.14	46.14	54	44	54.7	48.2	达标	超标
	松白大沟	邦迈村	72	52.85	52.85	54	44	56.5	53.4	超标	超标

续表 5-68

灌片	工程内容	保护对象	最近距离/m	噪声贡献值/dB(A) 昼间	噪声贡献值/dB(A) 夜间	现状值/dB(A) 昼间	现状值/dB(A) 夜间	预测值/dB(A) 昼间	预测值/dB(A) 夜间	达标情况 昼间	达标情况 夜间
灌片	东蚌大沟	东蚌村	63	54.01	54.01	54	44	57.0	54.4	超标	超标
烂枣灌片	兴华大沟	上独家村	44	57.13	57.13	54	44	58.9	57.3	超标	超标
	兴华大沟	下独家村	189	44.47	44.47	54	44	54.5	47.3	达标	超标
	登高双沟	登高村	113	48.94	48.94	54	44	55.2	50.1	超标	超标
	蒋家寨水库西干渠	乌邑村	141	47.02	47.02	54	44	54.8	48.8	达标	超标
	蒋家寨水库西干渠	英村	200	43.98	43.98	54	44	54.4	47.0	达标	超标
	蒋家寨水库西干渠	永平村	164	45.70	45.70	54	44	54.6	47.9	达标	超标
	蒋家寨水库西干渠	西山村	5	76.02	76.02	54	44	76.0	76.0	超标	超标
施甸灌片	施甸坝干管	上角里村	194	44.24	44.24	54	44	54.4	47.1	达标	超标
	施甸坝干管	下角里村	125	48.06	48.06	54	44	55.0	49.5	达标	超标
	施甸坝干管	小李家村	5	76.02	76.02	54	44	76.0	76.0	超标	超标
	仁和中排水渠	绿林村	170	45.39	45.39	54	44	54.6	47.8	达标	超标
	仁和中排水渠	棉花村	50	56.02	56.02	54	44	58.1	56.3	超标	超标
	蒋家寨水库西干渠	苏家村	196	44.15	44.15	54	44	54.4	47.1	达标	超标
灌片	连通西灌管	躲安村	5	76.02	76.02	54	44	76.0	76.0	超标	超标

续表 5-68

灌片	工程内容	保护对象	最近距离/m	噪声贡献值/dB（A）		现状值/dB（A）		预测值/dB（A）		达标情况	
				昼间	夜间	昼间	夜间	昼间	夜间	昼间	夜间
	保场排水渠	何家村	103	49.74	49.74	54	44	55.4	50.8	超标	超标
	保场排水渠	独家村	73	52.73	52.73	54	44	56.4	53.3	超标	超标
	鱼洞东干渠	四大庄村	140	47.08	47.08	54	44	54.8	48.8	达标	超标
	鱼洞东干渠	常村	118	48.56	48.56	54	44	55.1	49.9	超标	超标
	鱼洞东干渠	银川村	40	57.96	57.96	54	44	59.4	58.1	超标	超标
	鱼洞西干渠	沈家村	40	57.96	57.96	54	44	59.4	58.1	超标	超标
	鱼洞东干渠	罗家村	139	47.14	47.14	54	44	54.8	48.9	达标	超标
施甸灌片	鱼洞东干渠	土官村	21	63.56	63.56	54	44	64.0	63.6	超标	超标
	鱼洞东干渠	木榔村	96	50.35	50.35	54	44	55.6	51.3	达标	超标
	鱼洞东干渠	下陈家村	20	63.98	63.98	54	44	64.4	64.0	超标	超标
	鱼洞东干渠	上陈家村	45	56.94	56.94	54	44	58.7	57.2	超标	超标
	鱼洞东干渠	坡脚村	62	54.15	54.15	54	44	57.1	54.6	超标	超标
	鱼洞西干渠	张家村	149	46.54	46.54	54	44	54.7	48.5	达标	超标
	鱼洞东干渠	李家村	120	48.42	48.42	54	44	55.1	49.8	超标	超标
	鱼洞西干渠	周家庄	14	67.08	67.08	54	44	67.3	67.1	超标	超标

续表 5-68

灌片	工程内容	保护对象	最近距离/m	噪声贡献值/dB(A) 昼间	夜间	现状值/dB(A) 昼间	夜间	预测值/dB(A) 昼间	夜间	达标情况 昼间	夜间
施甸灌片	水长水库西支渠	下村	28	61.06	61.06	54	44	61.8	61.1	超标	超标
	水长水库西支渠	上村	3	80.46	80.46	54	44	80.5	80.5	超标	超标
	三块石引水管	凤鸡寨上寨	5	76.02	76.02	54	43	76.0	76.0	超标	超标
	三块石引水管	凤鸡寨下寨	5	76.02	76.02	54	44	76.0	76.0	超标	超标
	水长水库东支渠	水长村	200	43.98	43.98	54	44	54.4	47.0	达标	超标
	红岩水库西干渠	杨三寨村	134	47.46	47.46	54	44	54.9	49.1	达标	超标
水长灌片	溶洞灌溉渠	水井村	172	45.29	45.29	54	44	54.5	47.7	达标	超标
	马街引水渠	张家庄	13	67.72	67.72	54	44	67.9	67.7	超标	超标
	鱼塘坝	鱼和村	59	54.58	54.58	54	44	57.3	54.9	超标	超标
	西干一支渠	墩子地	179	44.94	44.94	53	43	53.6	47.1	达标	超标
	西干二支渠	白岩	23	62.77	62.77	54	44	63.3	62.8	超标	超标
	大坟垲沟	大坟垲	5	76.02	76.02	54	43	76.0	76.0	超标	超标
	南大沟支渠	平安寨	70	53.10	53.10	54	44	56.6	53.6	超标	超标
	溶洞灌溉渠	横水塘	60	54.44	54.44	52	42	56.4	54.7	超标	超标

表 5-69　流动线源噪声预测

时间段	车流量/ [辆/(单向·h)]	车速/ (km/h)	与声源不同距离(m)的噪声预测值/dB(A)							
			10	20	50	70	80	100	150	200
昼间	30	15	53	50	46	45	44	43	41	40
夜间	20	10	46	43	39	38	37	36	34	33

3.声环境敏感点影响分析

由表 5-69 可知,工程施工交通流动噪声源昼间和夜间影响范围均小于 10 m。现有施工道路两侧居民点与道路中心线距离 5~600 m,因此昼间和夜间施工对其均有一定影响。但由于运输车辆少、运输时间短,且施工噪声对声环境的影响属于暂时、短期行为,随着工程的竣工,施工噪声影响将不复存在,因此本工程施工交通流动噪声源产生的影响不大,但仍需采取有效措施进一步减免影响。

5.8.2　运行期

本工程运行期间噪声主要来自提水泵房。按照固定源噪声,采用《环境影响评价技术导则 声环境》(HJ 2.4—2021)中推荐的无指向性点源户外声传播衰减模式,计算得出,提水泵噪声影响范围如表 5-70 所示。

表 5-70　提水泵噪声影响预测　　　　　　单位:dB(A)

声源	平均源强	与声源不同距离(m)的噪声值					
		10	20	50	100	200	400
提水泵	72.2	52	46	38	32	26	20

由预测结果可知,距离泵站 10 m 处,昼间噪声满足 1 类标准要求;距离泵站 50 m 处,昼夜噪声均能满足 1 类标准要求。根据施工设计方案可知,提水泵置于钢筋混凝土结构的房屋内,因此源强影响范围可进一步得到缩短。

根据现场踏勘可知,工程拟新建泵房周边 100 m 范围内无敏感对象分布,运行期间范围内无敏感对象分布,运行期间建设单位只要认真落实采取低噪声设备、合理布局泵站、安装减振垫以及增强泵房密闭性等措施,则泵站带来的噪声影响微小。

5.9　固体废物影响分析

5.9.1　施工期

工程施工产生的固体废物主要包括施工弃渣和生活垃圾,其中弃渣对环境的影响主要体现为新增水土流失。

5.9.1.1　施工弃渣

工程土石方开挖量共计 746.33 万 m³(自然方,其中土方 582.83 万 m³,石方 163.50 万 m³),

土石方回填共计 709.21 万 m³(自然方,其中土方 554.01 万 m³,石方 155.20 万 m³),外购 15.71 万 m³,共产生弃渣 52.83 万 m³(自然方),折合 72.78 万 m³(松方)。弃渣全部运至指定 13 处弃渣场。

根据水土流失预测结果,工程建设过程中可能造成的土壤流失预测总量为 13.07 万 t,新增土壤流失量为 11.23 万 t。

工程弃渣对环境的影响主要表现在占压植被,影响工程区景观,弃渣未及时清运堆存或处置不当极易造成水土流失,增加河流泥沙含量,影响河道行洪和水利设施的正常运行。

灌区工程渠道修复重建过程中需对破损部位进行拆除重建,将产生少量建筑垃圾,建筑垃圾若不及时清运将挤占场地,对工程施工和道路通行产生影响。

5.9.1.2 生活垃圾

潞江坝灌区工程施工人数为八萝田水库工区施工人员 390 人,施工期 52 个月;芒柳水库工程施工人员 450 人,施工期 54 个月;线路区施工人员 1 400 人,施工期 45 个月;生活垃圾产生按 1 kg/(d·人)计,工程施工期间共产生生活垃圾 3 227.4 t,生活垃圾若不妥善收集处置,将降低工程区环境卫生质量,垃圾变质产生的渗滤液会对土壤和地下水产生不利影响,进入河流将对河流水质产生影响。

5.9.2 运行期

灌区工程建成后,在潞江坝灌区管理局下设隆阳区、施甸县、龙陵县管理分局,分别管理隆阳区、施甸县、龙陵县内的灌区工程。经测算,共需新增人员编制 18 人,其中:保山市大型灌区工程建设管理中心及潞江坝灌区管理局机关人员新增编制 8 人,隆阳管理分局新增编制 5 人,施甸管理分局新增编制 2 人,龙陵管理分局新增编制 3 人。按照管理人员每人每天产生生活垃圾 1 kg 计,每月新增生活垃圾产生量为 0.54 t。若不采取有效的卫生清理工作及垃圾处理措施,将可能影响工作场所卫生和工作人员的健康,也将污染周围环境、影响景观。

5.10 对水土流失的影响

5.10.1 工程扰动原地貌面积及弃渣量预测

工程扰动原地貌面积为项目建设区中扣除水库淹没区占地面积。根据主体工程设计资料,结合实地察看,本工程建设过程扰动原地貌总面积为 620.45 hm²。

根据主体施工组织设计,工程开挖土石方共计 746.33 万 m³(自然方,其中土方 582.83 万 m³,石方 163.50 万 m³),土石方回填共计 709.21 万 m³(自然方,其中土方 554.01 万 m³,石方 155.20 万 m³),外购 15.71 万 m³,共产生弃渣 52.83 万 m³(自然方),折合 72.78 万 m³(松方)。弃渣全部运至指定 13 处弃渣场。

5.10.2 可能造成的水土流失危害

5.10.2.1 预测方法

水土流失预测方法主要采取数学模型和类比分析法,其中土壤侵蚀模数(扰动后值)采取类比法。

对于工程建设过程中产生的水土流失量,按以下公式计算:

$$W = \sum_{j=1}^{2} \sum_{i=1}^{n} F_{ji} \, m_{ji} T_{ji}$$

对于工程建设过程中新增水土流失量,按以下公式计算:

$$\Delta W = \sum_{j=1}^{2} \sum_{i=1}^{n} F_{ji} \Delta m_{ji} T_{ji}$$

式中:W 为土壤流失量,t;ΔW 为扰动地表新增土壤流失量,t;i 为预测单元,1,2,3,…,n;j 为预测时段,1,2,指施工期(含施工准备期)和自然恢复期;m_{ji} 为扰动后 j 时段 i 单元的预测模数,t/(km² · a);Δm_{ji} 为 j 时段 i 单元新增土壤侵蚀模数,t/(km² · a);T_{ji} 为 j 时段 i 单元的预测时间,a。

5.10.2.2　预测模数

根据本工程施工特点,参考附近相似工程情况,确定各防治分区施工期(含施工准备期)和自然恢复期的土壤侵蚀模数。其中,原地貌侵蚀模数为 550 t/(km² · a)左右,施工期侵蚀模数为 3 800~8 560 t/(km² · a),自然恢复期为 300~670 t/(km² · a)。

5.10.2.3　预测结果

经统计计算,工程建设过程中可能造成的土壤流失预测总量约为 13.07 万 t,新增土壤流失量约为 11.23 万 t。

从分析结果来看,灌溉渠道工程区新增水土流失量最大,流失最严重时段为施工期,见表 5-71。

表 5-71　工程建设区水土流失量预测

一级分区	二级分区	预测时段	水力侵蚀				背景流失量/t	预测流失量/t	新增流失量/t
			背景侵蚀模数/ [t/(km² · a)]	扰动后侵蚀模数/ [t/(km² · a)]	侵蚀面积/ hm²	预测时段/ a			
水源工程区	水库工程区	施工期	680	6 835	37.91	4.5	1 160	11 660	10 500
		自然恢复期	680	500	27.63	3	564	414	0
		小计					1 724	12 074	10 500
	料场	施工期	340	7 384	37.88	4.5	580	12 587	12 007
		自然恢复期	340	500	37.88	3	386	568	182
		小计					966	13 155	12 189
	施工生产生活区	施工期	450	4 174	3.00	1.5	20	188	168
		自然恢复期	450	500	3.00	3	41	45	4
		小计					61	233	172

续表 5-71

一级分区	二级分区	预测时段	水力侵蚀				背景流失量/t	预测流失量/t	新增流失量/t
			背景侵蚀模数/[t/(km²·a)]	扰动后侵蚀模数/[t/(km²·a)]	侵蚀面积/hm²	预测时段/a			
水源工程区	交通道路区	施工期	550	6 853	4.59	1.5	38	472	434
		自然恢复期	550	500	4.59	3	76	69	0
		小计					114	541	434
	弃渣场	施工期	480	7 949	10.24	4.5	221	3 663	3 442
		自然恢复期	480	500	10.24	3	147	153	6
		小计					368	3 816	3 448
	工程永久办公区	施工期	680	2 658	1.37	1.5	14	55	41
		自然恢复期	680	500	2.47	3	50	37	0
		小计					64	92	41
	移民安置及专项复建区	施工期	550	3 215	3.75	1.5	31	181	150
		自然恢复期	550	500	1.58	3	26	24	0
		小计					57	205	150
	小计						3 354	30 116	26 934
灌溉渠（管）道工程及排水工程区	灌溉渠（管）道	施工期	646	6 182	383.91	3.5	8 680	83 066	74 386
		自然恢复期	646	500	310.91	3	6 025	4 664	0
		小计					14 706	87 730	74 386
	施工生产生活区	施工期	560	4 174	24.00	1	135	1 002	867
		自然恢复期	560	500	24.00	3	403	360	0
		小计					538	1 362	867
	交通道路区	施工期	379	6 853	31.61	1	120	2 166	2 046
		自然恢复期	379	500	31.61	3	359	474	115
		小计					479	2 640	2 161
	弃渣场	施工期	460	7 949	30.23	3.5	487	8 411	7 924
		自然恢复期	460	500	30.23	3	417	453	36
		小计					904	8 864	7 960
	小计						16 626	100 596	85 374
合计							19 980	130 711	112 308

5.10.2.4　可能造成的水土流失危害

项目区产生的水土流失形式主要是沟蚀和面蚀,如不采取适当措施,在短时间内水土流失程度将会加剧,对工程自身、周边环境以及下游河道产生不利影响。

1.对自身工程的影响

工程建设将破坏原生地表植被,形成裸露的松散表土,在工程建设及自然恢复期间,在降水等自然力量的作用下,将产生明显的水土流失。特别是水源工程区的坝基开挖、灌溉渠(管)道工程区的开挖、道路布置、弃渣堆放等可能造成地表植被的破坏,改变了地表原有的坡面水文情势,极有可能发生滑塌和径流淘蚀,影响工程使用寿命,给工程安全带来隐患。

2.对周边土地的影响

施工期间对地表扰动较大,导致土壤疏松,这种微结构的改变,在降雨集中季节雨水的冲刷作用下,不可避免地造成一定程度上的水土流失,如不进行妥善处理,将给项目区带来一定的环境污染。同时,灌溉线路穿过农业区,如不采取有效的土地整治措施,将影响项目周边农民的正常耕作。弃渣场如不采取有效的拦挡、恢复植被等水土保持措施,大量的松散土体表面将产生水土流失,给周边群众的生产生活带来一定影响。

3.对河道的影响

工程建设产生的松散弃土弃渣、剥离表土、临时堆土等产生的水土流失将对下游河道产生淤积,降低河道的行洪能力,影响防护安全。

5.11　环境敏感区影响研究

根据工程与区域自然保护区、风景名胜区等自然保护地位置关系的分析,工程不涉及上述敏感区,相距较远,在文明施工的前提下,工程实施对保护区无明显影响。

怒江中上游特有鱼类国家级水产种质资源保护区不在本灌区范围内,且本灌未在怒江上有工程建设内容,对怒江无直接影响,因此灌区对该水产种质资源保护区无影响。

5.11.1　生态保护红线

潞江坝灌区工程周边有"怒江下游水土保持生态红线区"和"滇西北高山峡谷生物多样性维护与水源涵养生态红线区"。本灌区灌面均不涉及生态保护红线,新建水库工程、干渠工程、提水泵站工程、取水坝工程等永久工程以及施工营区和渣场、料场等临时工程不涉及生态保护红线。

部分新建管道及临时施工道路位于生态保护红线范围内,新建管道为地埋式管道,对于生态保护红线范围内的临时工程,工程实施可能造成地表植被破坏、短时间内造成红线区内植物资源下降,不过生态保护红线范围内的工程距离较短,实施时间较短,工程建成后,进行原土回填和施工道路迹地恢复,随着区域植被复植,工程对生态保护红线影响将逐步消失,生态保护红线范围内管道工程实施对生态保护红线影响较小。

建议潞江坝灌区工程下阶段结合施工组织设计,提出优化方案,对于大龙供水管、蒋家寨引水管等进行优化,尽可能绕行避让生态保护红线,对无法避让生态保护红线的工程尽可能控制生态保护红线内的施工作业面,缩小范围,减轻对生态保护红线的影响,并按涉及的类别办理相关手续,满足《关于加强生态保护红线管理的通知(试行)》(自然资发〔2022〕142 号)的相关要求,取得相应主管部门的同意。

5.11.2　饮用水源保护区

根据《保山市饮用水源保护区划定方案》与本次工程范围叠图,潞江坝灌区工程周边有 2 个"千吨万人"饮用水源地和 12 个乡镇水源地。所有工程均不涉及饮用水源保护区,新增灌面不涉及饮用水源保护区(详见第 4 章 4.9 节)。评价提出禁止在水源保护区范围内设置施工临时区,且水源保护区附近工程的施工生产及生活废水禁止外排,全部收集回用,严禁乱排入饮用水源保护区。

共有 8 座水库饮用水源保护区参与本灌区水资源配置(详见第 4 章 4.9 节),工程在优先保证水库人饮的前提下,对参与水资源配置的水源保护区水资源量进行配置。根据饮用水源保护区供水人口和供水量,利用水库剩余水量进行灌溉用水配置。因此,本工程对饮用水源保护区供水水量无影响。工程实施后,可保证灌区范围内饮用水源保护区供水安全。

5.12　移民安置影响预测研究

潞江坝灌区工程现状年生产安置人口为 1 169 人,其中,水库淹没区 376 人,枢纽工程建设区 206 人、输水工程区 587 人;按自然增长率 8‰,规划水平年农业生产安置人口为 1 192 人,其中水库淹没区 388 人,枢纽工程建设区 207 人、输水工程区 597 人;由于近年来农村居民的生产生活渠道在不断拓宽,除土地种植业收入外,还可以通过外出务工、经商等渠道来进行谋生,因此在移民意愿征求过程中,大部分农户倾向于一次性货币补偿安置方式。

根据移民生产安置意愿调查,共计发放意愿调查表 120 份,收回 118 份,回收率 98%。生产安置方式全部选择一次性货币补偿。现状移民家庭收入来源呈现多元化,不再单一地依靠农业且收入中农业所占比例逐年下降,农村劳动力大都是中老年,年轻劳动力减少,意愿调查结果符合现状移民实际状况。

工程规划水平年涉及搬迁安置人口 107 人,其中水库淹没影响区 46 人,枢纽工程建设区 61 人。工程涉及搬迁规模较小且比较分散,根据规范不需要集中安置;根据移民意愿,规划全部采取分散安置。

结合环境容量分析结果,根据移民意愿和地方政府意见,本项目搬迁安置均为就近后靠分散安置,对搬迁移民影响较小,通过移民基础设施补偿费可改善人畜饮水条件,有效解决其生活用电等问题。

根据移民搬迁安置意愿调查,淹没及枢纽区共计发放意愿调查表 27 份,收回 27 份,回收率 100%,搬迁安置方式全部选择后靠分散安置。分散安置不新增占地。

综上所述,通过落实货币补偿、耕地调剂等措施可保障安置区居民生活水平不下降,安置区内耕地资源充足,满足安置需求,不涉及新垦耕地,移民安置人数少,且充分利用现有基础设施,采用后靠分散安置的方式进行,不涉及新建安置区,移民安置次生环境影响较小。

第 6 章　环境风险分析

6.1　建设项目风险源调查

6.1.1　施工期环境风险源调查

工程施工期间需要油料 1.92 万 t,炸药 0.068 9 万 t。柴油、汽油等油料可从当地县市相应企业购买,炸药等火工材料由当地公安部门或民爆器材厂专供,不设置油料库和炸药库。因此,施工期存在的环境风险源为油料、炸药等危险品运输事故导致的环境风险。

6.1.2　运行期环境风险源调查

本灌区工程涉及水库水源区及明渠较多,库区周边道路和灌区内交通公路桥上如遇危险品运输车辆发生撞车、侧翻等事故,可能导致危险化学品进入水库和周围水体,造成水库和周围水体污染。

6.2　环境风险潜势初判

工程施工期涉及危险物质为油料和炸药,柴油、汽油等油料可从当地县市相应企业购买,炸药等火工材料由当地公安部门或民爆器材厂专供,不设置油料库和炸药库。施工区油料最大存储量为 126 t,炸药最大存储量为 14.4 t。

根据《建设项目环境风险评价技术导则》(HJ 169—2018)附录 C,危险物质数量与临界值的比值 Q 按下式进行计算:

$$Q = \frac{q_1}{Q_1} + \frac{q_2}{Q_2} + \cdots + \frac{q_n}{Q_n}$$

式中:$q_1, q_2, \cdots, q_n$ 为每种危险物质的最大存储量,t;$Q_1, Q_2, \cdots, Q_n$ 为每种危险物质的临界量,t。

当 $Q < 1$ 时,该项目环境风险潜势为 Ⅰ。

当 $Q \geqslant 1$ 时,将 Q 值划分为:①$1 \leqslant Q < 10$;②$10 \leqslant Q < 100$;③$Q \geqslant 100$。

经计算,危险物质数量与临界量比值 $Q = 126/2\ 500 + 14.4/50 = 0.34 < 1$,因此工程环境风险潜势为 Ⅰ。

6.3　风险识别

6.3.1　施工期环境风险识别

施工期环境风险主要为油料、炸药等危险化学品运输事故风险。在运输油料、炸药过程中若因事故原因导致危险化学品泄漏,或因工作人员管理不当,操作失误等事故原因,可能影响周围水体环境。

6.3.2　运行期环境风险识别

运行期环境风险主要为交通事故污染风险。本项目输水渠道较多、线路较长,水库库周和部分渠道临近道路(其道路类型主要为农道和县乡公路,省道)和交叉建筑物(主要为交通道路及水利设施)。若发生交通事故,可能导致危险化学品进入水库和周围水体,造成水库和周围水体污染。

6.4　风险事故情形分析

6.4.1　施工期环境风险事故情形分析

本工程涉及水体较多,如油料或炸药因事故原因倾倒入水体,对河流水质将直接带来影响,施工期间的物资运输相对一般公路而言运输量较小,因此发生事故的概率很小。危险品运输是施工安全管理重点,管理严格,事故防范措施严密,根据其他水利工程施工情况,因交通事故发生爆炸或倾倒入水体的事故的概率很小。

6.4.2　运行期环境风险事故情形分析

本项目输水渠道及水库水源区较多,水库和部分渠道临近道路和交叉建筑物,水库周围和输水渠道周边无交通主干道经过,发生污染风险概率较小,但一旦发生污染事故,将对库区和沿线乡镇供水产生影响。

6.5　环境风险管理

6.5.1　环境风险管理目标

加强云南省保山市潞江坝灌区工程施工期和运行期的环境监督管理,尽力预防突发环境事件的发生,增强应对突发环境事件的能力,最大限度地减少突发环境事件的发生及其造成的损害,保障潞江坝灌区工程管理、监理、施工人员和工程周边社会公众的生命安全,保护工程周边的自然生态环境、水源地安全。

6.5.2　环境风险防范措施

6.5.2.1　施工期危险化学品运输风险防范措施

(1)与运输炸药、油料的承包方签订事故责任合同,确保运输风险减缓措施得到落实。

(2)炸药和油料的运输必须事先申请并经公安、交通、环境保护等有关部门批准、登记,同时实施运输线路跟踪定位,以便及时指挥协调运输途中的突发状况。

(3)加强运输人员的环境污染事故安全知识教育,运输人员应严格遵守易燃、易爆等危险货物运输的有关规定。

（4）设置"谨慎驾驶"警示牌，提醒司机进入敏感路段小心驾驶。

6.5.2.2 运行期交通运输事故污染风险防范措施

（1）建议将八萝田水库和芒柳水库划定为集中式饮用水水源保护区，对水库水质加以保护，加强饮用水水源保护区管理。

（2）建立水库水质监测系统和水质预警系统，一旦在水库出现入库水质严重超标现象或库区内发生突发性污染事故，水质受到污染时，根据污染影响的范围，迅速做出停止取、供水的决定，并立即开展水质污染及污染事故发生原因的调查，及时上报水质污染和污染事故的信息，采取防止污染扩散和降低污染的应急措施，使水库尽快恢复取、供水功能。

（3）为避免运行期明渠附近危险品运输事故对渠道水质产生影响，需对明渠跨越段附近进行遮盖。

（4）在跨河桥梁设置雨水及事故废水径流收集系统，主要由排水槽和事故应急池组成。在跨河桥梁设置加固、加高的防撞护栏。

（5）加强库周和输水渠道临近道路管理和危险品运输的管理，运输过程中必须做好密封和安全运输，运输车辆要定时保养，调整到最佳运行状态，避免发生交通事故而造成水体的污染。

（6）在库周道路与明渠交叉路段和桥梁跨越区段设置警示标志，提示车辆减速行驶，严禁超车、超速。

6.5.3 突发环境事件应急预案编制要求

6.5.3.1 预案总则

1.编制目的

明确突发环境事件应急预案编制目的。通常编制目的是健全工程突发环境事件应急机制，做好应急准备，提高应对突发环境事件的能力，确保突发环境事件发生后，能及时、有序、高效地组织应急救援工作，防止污染周边环境，将事件造成的损失与社会危害降到最低，保障公众生命健康和财产安全，维护社会稳定。

2.编制依据

明确预案编制所依据的国家及地方法律法规、规章制度，部门文件，有关行业技术规范标准。

3.预案适用范围

明确应急预案适用的对象、范围。本工程应急预案适用于工程施工期和运行期突发环境事件的预警、信息报告和应急处置等工作。

4.环境事件分级与分类

明确突发环境事件分级与分类。

5.预案衔接

明确工程突发环境事件应急预案和政府及有关部门应急预案的关系。

6.5.3.2 组织机构与职责

明确工程突发环境事件应急组织机构的构成和职责。应急组织机构包括应急指挥部、应急管理办公室和现场工作组等。

应急指挥部作为突发环境事件应急处置工作的应急指挥机构，统一组织指挥污染事故的预警和应急工作。应急指挥部职责为：①研究确定突发环境事件应急处置的重大决策和指导意见；②组织落实应急处置方案，调度人员、设备、物资等，指挥各应急小组迅速赶赴现场，展开工作；③负责启动应急方案，下达应急结束命令；④当突发环境事件发生后，依程序报送上级单位和地方政府，同时做好职责范围内的应急处置等有关工作。

应急指挥部下设置应急管理办公室，应急办公室职责为：①负责突发环境事件的应急管理，平时负责突发环境事件预防、应急准备和应急演练、联络各级应急机构等事务；②接报突发环境事件后，立即按程序向指挥部汇报，并提出是否启动应急预案建议，做好启动预案的准备工作；③根据应急指挥部指令，组织协调应急组织机构各部门参与应急处置，做好预案启动后各项措施落实的督办工作，保障应急处置工作有序进行；④负责突发环境事件应急工作的总结。

设置现场工作组，包括综合协调组、现场处置组、后勤保障组、应急监测组、治安警戒组等，全力配合应急处置工作。

6.5.3.3　监控和预警

1.监控

加强工程环境风险源的监督和管理工作，定期进行安全检查和督察，及早发现并消除安全隐患，达到预防突发环境事件发生的效果。

2.预警

按照早发现、早报告、早处置的原则，根据可能引发突发环境事件的因素，建立突发环境事件预警机制，明确接警、预警分级、预警研判、发布预警和预警行动、预警解除与升级的责任人、程序和主要内容。

6.5.3.4　应急响应

1.分级响应

可根据事故的可能影响范围、可能造成的危害和需要调动的应急资源，明确应急响应级别。

2.切断和控制污染源

发生突发环境事件后，应第一时间采取切断和控制污染源措施，避免事态进一步扩大。

3.现场处置

根据突发环境事件性质、波及范围、受影响人员分布、应急人力与物力等情况，制订科学的现场应急处置方案。

4.应急监测

根据突发环境事件的特征污染物种类、数量、可能影响范围和程度以及周边环境敏感点分布情况等，制订应急监测方案，为应急决策提供依据。

5.应急终止

明确应急终止责任人、终止的条件和应急终止的程序。

6.5.3.5　应急保障

明确应急预案的应急资源、应急通信、应急技术、人力资源、财力、物资以及其他重要设施的保障措施。

6.5.3.6　善后处置

明确突发环境事件后期处置各项工作的责任人、具体任务和工作要求等，善后处置包括事后恢复、污染物跟踪与评估、评估与总结等工作。

6.5.3.7　预案管理与演练

1.预案培训

明确预案培训计划、方式和要求。预案发布后,应急组织机构制订培训计划,组织开展针对性的教育培训工作,使与应急预案实施密切相关的组织和人员具备必要的应急知识和技能。

2.预案演练

明确应急演练的方式、频次等内容,制订预案演练的具体计划,并组织策划和实施,适时组织专家对应急演练进行观摩和交流,演练结束后做好总结。

3.预案修订

明确应急预案修订、变更、改进的基本要求及时限,以及采取的方式等内容。

6.6　评价结论与建议

通过对潞江坝灌区工程各类风险的分析,工程建设和运行的风险均较小。

本工程根据工程施工及运行特点、周围环境特点以及工程与周围环境之间的关系,主要的环境风险为施工期危险化学品运输风险和运行期交通运输事故污染风险。

在施工期间要严格遵守危险物质的运输和贮存的有关规定,加强危险路段的交通管制,强化危险物质运输车辆的安全检查及上路管理;加大宣传教育力度,提高工作人员的安全防范意识。采取上述必要的事故应急预案措施,可大大降低环境风险,保障工程安全施工,安全运行。

在运行期间要严格落实各项风险防范措施,加强对灌区范围内敏感路段尤其是交通桥的监督管理,加大宣传教育力度,制订应急方案。采取上述必要的事故应急预案措施,可大大降低环境风险,保障环境安全。

第7章　环境保护对策措施

7.1　地表水环境保护措施

　　工程施工期间的废水主要来自基坑排水、混凝土拌和系统、机械修配系统,以及施工人群的生活污水。

7.1.1　施工期地表水保护措施

7.1.1.1　混凝土拌和系统冲洗废水

　　1.废水特性及处理目标

　　混凝土拌和冲洗废水产生量较小,间歇排放,为含 SS 较高的碱性废水,SS 浓度约为5 000 mg/L,pH 为 11~12。从环境保护和降低处理难度角度出发,本阶段考虑废水处理达到《城市污水再生利用 城市杂用水水质》(GB/T 18920—2020)道路清扫、建筑施工用水标准后回用于混凝土拌和系统冲洗施工场地、洒水降尘。

　　2.处理措施

　　1)水库施工区

　　根据施工组织设计,各水库施工区布置混凝土生产系统1座,共布置2座混凝土拌和系统。拟在各工区混凝土拌和站附近合适位置修建1套混凝土拌和系统冲洗废水处理设施。处理工艺为"沉淀池+回用水池",在混凝土拌和系统每班末冲洗后,冲洗废水经集水沟排入沉淀池内,添加中和剂、PAC、PAM 等药剂,充分混合接触,静置沉淀 1~3 h 后,自流至回用水池。在回用水池沉淀 1~3 h 后,上清液可回用于施工场地洒水降尘。每个水库工区分别设置 3 m×2 m×1.5 m 中和沉淀池 1 座和 3 m×2 m×1.5 m 清水池 1 座,2 个水库工区混凝土生产系统共设置 2 座中和沉淀池和 2 座清水池。

　　混凝土拌和系统冲洗废水处理工艺流程见图 7-1。

图 7-1　混凝土拌和系统冲洗废水处理工艺流程

　　2)线路施工区

　　根据施工组织设计,各线路施工区沿线布置 98 台 0.4 m³ 或 0.8 m³ 混凝土搅拌机承担混凝土拌和任务,每台冲洗废水排放量少,用可移动式铁槽作为沉淀池和回用水池,可避免土石方开挖、破坏植被,减少水土流失,具有较好的经济、环境效益。根据混凝土拌和废水产生量,铁槽容积为 1.0 m³,每台拌和机配置一套移动式铁槽,共设置 98 套,具体设置情况详见表 7-1。

表 7-1　输水线路施工区混凝土拌和系统冲洗废水产生情况一览

序号	灌片单元	数量	废水量/(m³/d)	移动式铁槽设置套数
1	芒宽坝单元	14	11.2	14
2	潞江坝单元	18	14.4	18
3	三岔河单元	5	4.0	5
4	八〇八单元	15	12.0	15
5	橄榄单元	2	1.6	2
6	小海坝单元	5	4.0	5
7	大海坝单元	3	2.4	3
8	阿贡田单元	7	5.6	7
9	水长河单元	6	4.8	6
10	蒲缥坝单元	5	4.0	5
11	烂枣单元	5	4.0	5
12	东蚌兴华单元	2	1.6	2
13	施甸坝单元	6	4.8	6
14	梨澡单元	5	4.0	5
	合计	98	78.4	

7.1.1.2　机械含油废水

1.废水特性及处理目标

机械修理和汽车保养系统废水主要污染物为石油类和悬浮物,含量 SS 为 2 000 mg/L,石油类为 40 mg/L,经处理后达到《城市污水再生利用 城市杂用水水质》(GB/T 18920—2020)车辆冲洗和道路清扫用水标准后分别回用于车辆冲洗和施工场地洒水降尘。

2.处理措施

根据废水特性,机修含油废水拟采用"隔油沉淀池+清水池"的处理工艺。在机械修配保养厂四周布置排水沟,收集含油废水至隔油沉淀池。隔油沉淀池去除浮油、SS,在隔油板前设置塑料小球作为过滤材料,废水经隔油处理后排入清水池,出水后综合利用于车辆、场地冲洗,不外排入周边河流。隔油沉淀池污泥需定期清理,送至弃渣场填埋。在运行过程中主要注意浮油及时收集,妥善保存,并委托有资质的单位定期清运。

机械含油废水处理工艺流程见图 7-2。

图 7-2　机械含油废水处理工艺流程

7.1.1.3 基坑排水

1.废水特性

本工程基坑排水主要来源于大坝区,基坑初期排水主要为围堰合龙闭气后相应下游水位基坑积水、堰基及堰体渗水、围堰接头漏水、降雨汇水等组成,不计降水量,后期水量逐渐减少。基坑经常性排水主要包括围堰、基坑渗水、降雨积水及坝体施工废水。由于围堰堰身及基础均采用高喷防渗,渗水量不大,经常性排水量与初期排水量相比较小。基坑排水主要污染物是 SS,其浓度约 2 000 mg/L,废水呈碱性,pH 高达 11~12。

2.处理措施

根据大量已建和在建水利水电工程对基坑排水的处理经验,对基坑排水无需采取特殊处理设施,静置沉淀一段时间后即可抽出回用于施工区洒水降尘。经沉淀处理后出水 SS 浓度可降至 70 mg/L 以下,能满足施工回用水的要求。该处理方法技术合理,经济指标优越。

7.1.1.4 隧洞排水

1.废水特性

隧洞排水中不含有毒物质,但悬浮物含量较高,浇筑混凝土时 pH 会较高。类比同类已建工程监测结果,本工程施工高峰期隧洞排水主要污染物浓度为悬浮物 100~5 000 mg/L,pH 为 8~10。

2.处理措施

本阶段拟采用"混凝+沉淀"的污水处理工艺,工艺流程见图 7-3。经处理后全部回用于绿植浇灌和施工场地洒水降尘,不外排。

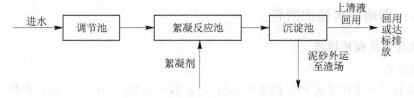

图 7-3 隧洞排水处理工艺流程

7.1.1.5 施工生活污水

1.污水特性

生活污水来源于施工期生活区食堂废水、施工人员洗浴用水及粪便污水等。主要污染物为 COD、BOD_5、SS、TP、TN 等,根据类似工程经验,生活污水中主要污染物浓度一般为:SS 150 mg/L、COD 250 mg/L、BOD_5 150 mg/L、NH_3-N 20 mg/L、TP 4.5 mg/L。

2.处理措施

根据施工组织设计,本项目共布设 48 个施工生活区,其中水库工程共设置 2 个生活区,输水线路工程共设置 46 个生活区。

1)2 个水库施工区

为防治生活污水产生的不利环境影响,八萝田水库和芒柳水库施工区设置环保厕所和隔油池,生活污水经化粪池处理后上清液回用于周边农田灌溉,清掏粪渣用于周边农田施肥,隔油池产生的废油和油泥委托有资质的单位进行处置。施工结束后对化粪池进行清运、消毒、掩埋等处理,以消除对环境的不利影响。

水库施工区生活污水处理措施工艺流程见图 7-4。

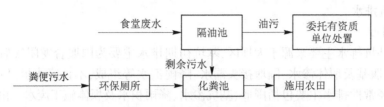

图 7-4　水库施工区生活污水处理措施工艺流程

八萝田水库和芒柳水库施工区按照每 50 人设置 1 个环保厕所坑位,隔油池设置 1 座,化粪池设置 1 座。各水库施工区生活污水环保设施设置情况见表 7-2。

表 7-2　各水库施工区生活污水环保设施设置情况

序号	水库施工区名称	高峰期施工人数/人	环保厕所(4 坑位)/个	隔油池/座	化粪池/座
1	八萝田水库施工区	390	2	1	1
2	芒柳水库施工区	450	3	1	1

2)线路工区

线路工区分布较分散,施工人员较少,施工期较短,产生的生活污水量较少,线路工区施工人员尽量租用附近民房,施工人员餐饮污水及洗浴废水依托现有民房的污水收集及处理设施,施工人员粪便污水拟在每个线路工区设置环保厕所,每个工区设置 1 套 2 坑位环保厕所(线路区共计 46 套环保厕所),定期清掏后回用于周边农田。

7.1.2　运行期地表水保护措施

7.1.2.1　水库水质保护措施

1.库底清理

为保证新建八萝田水库和芒柳水库运行安全,保护水库生态环境,防止水质污染,满足水库供水等功能用水要求,保护人民群众身体健康,根据《水利水电工程建设征地移民安置规划设计规范》(SL 290—2009)、《水利水电工程水库库底清理设计规范》(SL 644—2014)以及《中华人民共和国环境保护法》的规定,需要在水库蓄水前进行库底清理。

水库库底清理范围如下:

(1)各类建筑物清理范围为居民迁移线以下区域,各种构筑物清理范围为居民迁移线至死水位以下 3 m 范围内。

(2)林木清理范围为正常蓄水位以下区域。

(3)地面上各种易漂浮物清理范围为居民迁移线以下区域。

(4)卫生清理、固体废弃物清理范围为居民迁移线以下区域。

水库库底清理技术要求如下:

(1)建(构)筑物清理后,残留高度不得超过地面 0.5 m。

(2)林木应尽可能齐地面砍伐并清理外运,残留树桩不得高出地面 0.3 m。

(3)建(构)筑物清理后的易漂浮材料,不应堆放在居民迁移线以下。

(4)粪便消毒清理后应达到《粪便无害化卫生要求》(GB 7959—2012)的指标要求,由县级及以上疾病预防控制中心提供检测报告。

2.建议划定水源地保护区

建议工程运行后,将八萝田水库和芒柳水库划定为集中式饮用水水源保护区。根据要求应按照《中华人民共和国水法》和《中华人民共和国水污染防治法》的相关要求,进行水源保护区的划分。根据国家生态环境部《饮用水水源地保护区划分技术规范》(HJ 338—2018),饮用水水源地保护区一般划分为一、二级保护区。

根据《饮用水水源地保护区划分技术规范》(HJ 338—2018),初步划定八萝田水库和芒柳水库饮用水水源保护区。

根据饮用水水源保护区初步划定结果,八萝田水库和芒柳水库饮用水水源保护区以及保护区内无污染源,八萝田水库饮用水水源保护区二级保护区内有八萝田村和养鸡场,芒柳水库饮用水水源保护区二级保护区内有河坝子村和芒柳村。按照《饮用水水源保护区污染防治管理规定》及相关规定,饮用水水源保护区二级保护区内八萝田村、河坝子村和芒柳村应建设农村污水处理设施,实现污染"零排放",避免对八萝田水库和芒柳水库饮用水水源保护水质的影响。八萝田水库上游小型养鸡场在水库建成运行划定水源保护区后建议搬迁,防止对八萝田水库水质产生影响。

划定水源地保护区后应建设必要的物理隔离防护带,防止人类活动等因素对水源地保护和管理的干扰,物理隔离防护带主要采用铁丝防护网。另外,在水源保护区范围内易受外界干扰的区域设置饮用水源地警示牌,宣传保护水源水质。应逐步完善水源保护区管理制度建设,切实按照水源保护区管理的相关规定严格落实。

3.水库周边污染源防治措施

1)加强生活污染源治理

从污染源现状调查情况来看,八萝田水库坝址上游无工业污染源,主要污染源为八萝田村生活污染源散排进老街子河及上游养鸡场畜禽养殖污染。芒柳水库坝址上游污染源为河坝子村生活污染源散排进芒牛河。

建议推进农业农村污染防治,因地制宜建设农村污水处理设施,构建农村污水就地处理体系,配套建设和修缮污水收集管网和沟渠,避免和减少对八萝田水库水质的影响。

八萝田水库上游小型养鸡场在水库建成运行划定水源保护区后建议搬迁,防止对八萝田水库水质产生影响。

2)加强农业面源污染治理

根据《保山市水污染防治工作方案》及《保山市环境保护"十四五"规划》等相关文件的要求,控制农业面源污染,实行测土配方施肥,推广精准施肥技术和机具,发展生态农业,指导农民科学、合理地施用农药和化肥,以减少农业面源污染。

3)加强水土流失防治

在 2 座新建水库库周、水库上游地区及其各支流加强水土保持工作,加大植树种草、退耕还林、封山育林、坡改梯等水土流失防治措施,库周农田尽量实行水平梯田化,充分利用库周绿化带作为土地利用和水体间的缓冲地带和过滤带,以提高土壤抗蚀力,减少水土流失和营养元素流失。

7.1.2.2　水库低温水影响减缓措施

根据前文水温影响预测结果,2 座新建水库八萝田水库和芒柳水库水稻灌溉期水库下泄水温分别为 15.9~16.5 ℃和 12.2~22.2 ℃。经过沿程增温,八萝田水库和芒柳水库水稻灌溉期最近水稻灌片取水口处的水温分别为 15.92~16.58 ℃ 和 12.51~22.37 ℃,基本满足最低灌溉水温要求,但水温较低不利于水稻等喜温植物生长,可能导致水稻等作物分蘖迟、结实率低等现象进而造成减产。为减缓低温灌溉水对水稻生长的不利影响,主体设计已考虑在 2 座新建水库采用分层取水措施来减缓下泄低温水的影响。

结合水库建设条件,新建水库分层措施为设置上、下 2 个取水口,上取水口位于正常蓄水位和下取水口中部,当水位高于上取水口时优先采用上取水口取水,当水位低于上取水口时采用下取水口取水。

八萝田水库采用竖井式取水口。进水口上游侧按照不同高程布置取水孔,上部取水孔采用水平取水方式,底坎高程为 933.5 m;下部取水孔结合导流洞布置,采用竖式取水口,井顶高程为 911.5 m。其中底孔孔口尺寸为 2.5 m×3.2 m,在底孔设 1 套平板隔水闸门。当库水位在 956.0~937.5 m 时,底孔隔水闸门封挡其孔口,水从高程 933.5 m 的顶孔过流。当库水位变化在 937.5~912.5 m 时,通过开启底孔的隔水闸门来达到输送水库中的表层水的目的。

芒柳水库采用竖井式取水口,取水隧洞与导流隧洞共用。底层竖井取水进口高程为 949.00 m,底坡为 0.01,隧洞洞径为 1.8 m×2.2 m(宽×高)的城门洞形,采用 0.5 m 厚钢筋混凝土衬砌。上层取水进口底板高程为 966.8 m,底坡为 0.01,隧洞洞径为 1.8 m×2.2 m(宽×高)的城门洞形,采用 0.5 m 厚钢筋混凝土衬砌。

田间渠系建设可通过延长灌水渠道长度、宽浅式渠道、减缓输水流速等来进行渠道增温,增加渠系输水的晒水时间,增加受光面积。另外,可以通过稀植稻株、快速灌溉、浅水灌溉、中午高温期灌溉、不定期轮换田间水口、夜灌近地昼灌远地等管理措施,增加地温和灌溉水温。

通过以上措施,工程到达水稻田间的灌溉水温,基本达到水稻生长对灌溉水温的最低要求。

7.1.2.3 输水渠道沿线水质保护措施

(1)将具有人饮功能的八萝田干渠输水渠道划定为水源保护区,按照水源保护区要求建设必要的物理隔离防护带,设置饮用水源地警示牌,切实按照水源保护区管理的相关规定严格落实。

(2)对明渠村镇段采取挡板、围栏等隔离防护措施,避免附近居民对输水水质造成污染。

(3)在输水渠道沿线和渠线路桥附近设置水源保护标示牌,引导周边居民保护渠道水质,严禁随意排放污水、丢弃垃圾等污染渠道水质的行为。

(4)加强输水渠道沿线的工业企业、居民生活废污水排放控制,严禁将工业废水和生活污水排入渠道。

(5)采取水土保持措施,防止面源污染。防止农业生产活动对干渠附近区域植被的破坏,植树造林,防止水土流失。结合干渠施工,采取必要的护坡、衬砌等工程措施,以防止地面崩塌或泥石流等直接进入干渠,影响水质。

(6)加强总干渠水质环境管理和宣传教育工作,提高公众环保意识。

7.1.2.4　灌区污染负荷削减措施

按照"增水不增污""增产不增污""增产减污"原则,提出以下灌区污染负荷削减措施建议。

1.推进农村污染治理

1)强化农村废水分散治理工作

以乡镇行政区域为单元,实行农村污水处理统一规划、统一建设、统一管理,对规模较大的村落单独建设污水收集管网和污水处理站等设施,出水标准达到相关要求。对于路面已经硬化的村落,排水体制采用雨污分流制,未进行路面硬化的村落采用截流式合流制排水体制。

2)加强畜禽养殖场的管理

根据养殖规模和污染防治需要,结合养殖类别等,同步建设相应的防雨设施、雨污分流设施,粪便、污水的贮存、处理和利用设施,以及畜禽尸体无害化处理设施。

3)加强农村生活垃圾的处理,统一收集,统一处理

加大生活垃圾收集处理基础设施投入,科学布局生活垃圾收运和处理设施。自然村增设垃圾桶,行政村增设大型垃圾箱,乡镇增设转运站,配备足量的专业转运车辆和清洁运输人员。

2.污水处理厂提标改造

规划扩建施甸县城区污水处理厂至 2 万 t/d,处理后出水达到一级 A 标后排放。蒲缥工业园区规划设置 2 座污水处理厂,其中:南部污水处理厂规模为 0.8 万 m^3/d,北部污水处理厂远期规模 2.5 万 m^3/d。华兴工业园区规划在片区西北方向施甸河边建设一座污水处理厂,远期规模 1.2 万 m^3/d。污水处理厂尾水要求处理达到《城镇污水处理厂污染物排放标准》(GB 18918—2002)一级标准 A 标。

建议对污水处理厂工艺流程或相关设备进行改进,或增设深度处理设施,增强污水处理效率,进一步提高出水水质。

3.加强农业面源污染治理

1)推广测土配方施肥技术

根据不同区域土壤条件、作物产量潜力和养分综合管理要求,合理制定各区域、作物单位面积施肥限量标准,减少施肥量。

2)推广有机肥替代化肥

通过合理利用有机养分资源,用有机肥替代部分化肥,实现有机、无机相结合。提升耕地基础地力,用耕地内在养分替代外来化肥养分投入。

3)推进农业科学用药

对症适时适量施药,减少农药施用量。在准确诊断病虫害并明确其抗药性水平的基础上,配方选药,避免乱用药。根据病虫监测预报,坚持达标防治,适期用药。按照农药使用说明要求的剂量和次数施药,避免盲目加大施用剂量、增加使用次数。

4)推行病虫害统防统治

扶持病虫防治专业化服务组织、新型农业经营主体,大规模开展专业化统防统治,推行植保机械与农艺配套,提高防治效率、效果和效益。

5)大力发展生态农业

推广平衡施肥、秸秆还田、病虫害综合防治、无公害生产等技术,发展有机肥产品及有机食品、绿色食品和无公害农业产品。

4.推进灌区节水措施

节约用水,降低污水排放量,从源头上减少退水影响。具体措施如下:

(1)灌区水资源配置方案坚持"先节水、后调水"的原则。供水区城镇生活、工业、农村生活及农业灌溉需水量预测成果符合节水要求,供水区充分考虑当地工程挖潜,充分利用已有水利工程的供水量,并在此基础上新增利用再生水,当地工程可供水量分析成果符合节水要求,通过经济技术比选,合理确定水资源配置方案。

(2)发展高效节水灌溉。建设阶段应加强管线及渠系防渗设计,运行阶段应加强管线及渠系维护,提高渠系水利用系数,减少水的漏失量。潞江坝灌区现状灌溉水利用系数0.48,规划水平年通过灌区的渠系配套、节水改造及田间配套工程,配合其他农业节水措施,2035年综合灌溉水利用系数将提高至0.72。

(3)完善农业用水计量设施,在每个乡镇的供水管(渠)起始端设置测流装置。

(4)加强水费计收与使用管理,建立科学合理的水价管理机制和价格体系,按照生产和生活用水,进行分类计价。

(5)加大节水宣传力度,提高人们节水和保护水资源的力度;健全节水法规体系,依法管理节约用水。

(6)根据《保山市节水行动方案》,加强农村生活用水设施改造,推广家用水表和节水器具。

5.灌区退水生态处置措施

工程建成后灌溉面积扩大,灌溉用水增加,使得灌区内灌溉回归水的量大幅增加,化肥、农药的施用量也将增加,增加了区内面源污染,对灌区内的河流将产生一定的不利影响。

通过在农田骨干排水渠配置多种植物,将排水渠系改造为具有生态拦截功能的生态沟渠系统,使之在具有原有排水功能的基础上,增加对灌区退水中所携带氮、磷等养分的吸附、吸收和降解等生态功能。根据相关资料,生态沟渠对氮、磷的拦截效率平均可达40%以上。拟在新建仁和中排水渠-保场排水渠渠首、渠中、渠尾分别设置1处生态沟渠,排水渠生态沟渠设置情况见表7-3。

表7-3　排水渠生态沟渠设置情况

排水渠名称	生态沟渠设置数量/处	备注
仁和中排水渠-保场排水渠	3	渠首、渠中、渠尾

本项目水库库区属于典型农村地区,根据《保山市水污染防治工作方案》及《保山市环境保护"十四五"规划》等相关文件的要求,推进农业农村污染防治。加强库周居民生活污染源治理和生活垃圾管理,减少生活面源污染。加强畜禽养殖污染防治,划定规模化养殖禁养区。控制农业面源污染,实行测土配方施肥,推广精准施肥技术和机具,发展生态农业,指导农民科学、合理施用农药和化肥,以减少农业面源污染。

6.灌区面源污染防治措施

1)控制灌区农业面源污染

(1)推广测土配方施肥技术。根据不同区域土壤条件、作物产量潜力和养分综合管理要求,合理制定各区域、作物单位面积施肥限量标准,减少施肥量。

(2)推广有机肥替代化肥。通过合理利用有机养分资源,用有机肥替代部分化肥,实现有机、无机相结合。提升耕地基础地力,用耕地内在养分替代外来化肥养分投入。

(3)推进农业科学用药,对症适时适量施药,减少农药施用量。在准确诊断病虫害并明确其抗药性水平的基础上,配方选药,避免乱用药。根据病虫监测预报,坚持达标防治,适期用药。按照农药使用说明要求的剂量和次数施药,避免盲目加大施用剂量、增加使用次数。

(4)推行病虫害统防统治。扶持病虫防治专业化服务组织、新型农业经营主体,大规模开展专业化统防统治,推行植保机械与农艺配套,提高防治效率、效果和效益。

(5)强化农村生产、生活废水分散治理工作。开展农村初期雨水收集处理工程,实施农村分散生活污水处理工程。

(6)加强规模化畜禽养殖场的管理,推广农村"一池三改"沼气池建设。

(7)加强农村生活垃圾的处理,统一收集,统一处理。

2)大力发展生态农业

推广平衡施肥、秸秆还田、病虫害综合防治、无公害生产等技术,发展有机肥产品及有机食品、绿色食品和无公害农业产品。

3)建立科学的灌溉制度

提倡节水灌溉,最大限度地节约水资源,减少灌区退水量,减轻灌区退水对水环境的影响。

7.1.2.5　生活污水处理措施

结合保山市实际情况,经测算共需新增人员编制18人,其中:保山市大型灌区工程建设管理中心及潞江坝灌区管理局机关人员新增编制8人,隆阳管理分局新增编制5人(包括隆阳管理分局1人,八萝田水库管理站2人,芒柳水库管理站2人),施甸管理分局新增编制2人,龙陵管理分局新增编制3人。

运营期管理分局生活污水来源于管理人员食堂废水及粪便污水等,管理人员产生的少量生活污水均纳入当地区(县)污水管网,由区(县)污水处理厂处理。水库管理站生活污水产生量小且水质简单,建议可建设三格化粪池,对化粪池进行防渗处理,管理人员生活污水排入管理站化粪池,化粪池定期清理,粪便作为农用肥料外运,不外排,不会对周边水环境造成影响。

7.2　地下水环境保护措施

7.2.1　施工期地下水保护措施

(1)施工期生产生活废污水严格按照施工期地表水保护措施处理后回用或达标排放。废水处理池基础采用防渗混凝土+防渗材料涂层的防渗方案,加强对废水处理设施的管理,严禁跑、冒、滴、漏现象发生,防止废水渗漏对地下水环境造成污染。

（2）避免施工过程建筑废渣滑落河道，造成污染，项目产生的弃土应及时送至选定的弃渣场，严禁随意堆放；施工活动产生的废建筑材料应分类集中收集，在工程完成后由回购商进行综合利用；生活垃圾集中收集后送到环卫部门指定地点处置。

（3）加强综合仓库的安全管理，综合仓库中放置油料的地面应按相关要求做好防渗，采取地面硬化措施，加强监控。

（4）导流隧洞施工过程中，应注意：

①施工前加强隧洞的水文地质勘查，查清隧洞对环境影响的方式、途径和程度。主要勘查地下水的分布、类型、储存、补给、径流、排泄条件及隧洞顶部地表水体情况，查明地表水和地下水水力联系情况。

②应建立专门的地质超前预报机制，调配足够的仪器设备对地勘报告揭示的地下水可能集中涌入突水的段落，在施工中进行地质预探、预报，进一步从微观上查明水文、地质形态及分布等，为顺利施工创造条件，杜绝漏报、错报。

③隧洞施工应采用"短进尺、快循环、弱爆破、少扰动、紧封闭"的施工方法。为防止隧洞开挖过程出现高压水、破坏隧洞顶生态环境、影响居民生活用水，隧洞施工过程要贯彻"堵水防漏"原则，做到"先探水、预注浆、后开挖、补注浆、再衬砌"的施工工序。通过注浆有效控制隧洞涌水。

④施工中加强支护，做到边采掘、边衬砌，在初期衬砌后及时铺设防水板，并进行二次复合式衬砌；在水平施工缝或环形施工缝使用橡胶止水带止水工艺。

7.2.2 运行期地下水保护措施

（1）建立科学的灌溉制度，提倡节水灌溉，最大限度地节约水资源，减少灌区退水量。

（2）应严格执行《农药限制使用管理规定》（农业部令〔2002〕第17号），水源地附近及其上游区应严格限制使用剧毒农药，城镇及村庄分布区及其周围应限制使用剧毒农药，以保护地下水水质，保障居民饮水安全。

（3）应严格执行《肥料登记管理办法》（农业部令〔2000〕第32号），水源地及其周围50 m范围应禁止使用化肥、农药，城镇及村庄分布区及其周围应限量使用化肥、农药，以保护地下水水质，保障居民饮水安全。

（4）在化肥和农药运输储存过程中可能对地下水造成污染，因此农药的储存仓库应进行防渗处理。在化肥和农药运输过程中，如果出现翻车事故，造成化肥和农药污染地表土层、水体，应当及时按照有关规定对地表土层、水体进行应急处理，尽可能地防止污染物随降雨入渗进入地下水体。

（5）根据《云南省"化肥农药"使用量零增长实施方案》，提倡有机肥替代化肥，抓好测土配方施肥，推进绿色防控技术。灌区内应尽量充分利用养殖肥料，变废为宝，增加有机肥施用量，实现有机、无机平衡施肥。推广测土配方施肥，改进施肥方法，指导农民科学、合理地使用农药和化肥。推广病虫害生物、物理防治技术，减少农药施用量，积极发展生态农业。

7.3 陆生生态保护措施

7.3.1 陆生植物保护措施

7.3.1.1 避免措施

1.施工期生态保护措施

(1)施工期间,施工单位应加强施工人员的管理,施工区外严禁烟火。禁止施工人员砍伐征地红线以外树木,对施工区内的高大乔木树种,能避让的尽量避让,减轻工程施工对植被的影响,各施工区设置环境保护警示牌,加强环境保护。

(2)提高施工人员的保护意识,严禁乱砍滥伐,施工结束后及时进行迹地恢复。

(3)工程建设和基础设施建设将引入大量的现代运输设备和人员,人员和设备的运输可能无意引进外来物种,在施工中应严格加以控制。

2.营运期生态保护措施

(1)加强森林植被的保护和培育,建立良好的森林生态环境。

(2)对工程涉及的地段进行人工植树造林,对输水线路沿线坡度较缓的群落实施封山育林,促进植被恢复。

(3)拆除各种临时设施,清除碎石、砖块、施工残留物等影响植物生长和影响美观的杂物,恢复斑块间的连通性,恢复区域生态系统的完整性。

7.3.1.2 减缓措施

工程施工修建将对植被造成一定的破坏,改变区域土地利用格局,形成新的水土流失,对野生植物种产生一定负面影响,为削减工程施工对区域生境稳定状况的影响,需采取如下措施:

(1)施工中融入合理的生态景观设计,尽量避免林地破碎化和岛屿化,在"岛屿"间建立生物走廊带,结合地方水土保持规划、退耕还林规划、林业规划,实施有效的边坡恢复工程,减轻因工程占地对生态环境影响。

(2)施工活动区需标桩划界,禁止施工人员进入非施工占地区域,削减施工对周边山地植被和土壤的影响,在各工程的施工布置中,尽量利用当地的荒地,尽量避免对当地周边植被较好区域的占压和破坏。

(3)在旱季的护林防火期间严禁烟火。

(4)保存占用土地表层熟化土,为植被恢复提供良好的土壤。施工结束后及时清理、松土、覆盖熟化土。

(5)要尽快恢复工程建设中破坏的植被,尽量减少外来物种可利用的生境,以防范和限制外来物种入侵。

7.3.1.3 修复及补偿措施

(1)本工程对陆生生态的影响主要体现在对陆生植被覆盖率和资源量的影响上。因此,施工结束后,应结合水土保持植物措施,对各类施工迹地实施生态修复,最大可能地恢复被破坏的植被。

(2)对于永久性占用的林地,应根据有关规定采取异地补偿的方法恢复,原则上应"占一补一",并采取人工抚育至少5年的措施,使每公顷生物量不低于原有水平。

结合水土保持方案,根据工程的施工特点和水土流失的特性,工程区可划分为水源工程区、灌溉渠(管)道工程区等2个一级植被恢复分区。其中水源工程区分为水库工程区、提水及引水坝工程区、工程永久办公区、水库淹没区、料场区、弃渣场区、施工生产生活区、交通道路区、移民安置及专项设施复建区等9个二级分区;灌溉渠(管)道工程区分为渠道工程区、管道工程区、穿跨(越)工程区、施工生产生活区、弃渣场区、交通道路区等6个二级分区。

1.植被恢复原则

根据当地的气候特点,在植被恢复措施中应遵循的原则如下:

(1)保护现有生态系统:评价区处于怒江中下游河谷区域,区域内自然植被以森林、灌丛、草丛为主,由于本项目为灌区工程,工程建设和运行影响区域以人为干扰较多的农田、果园为主,工程在进行植被恢复的过程中,应尽量保护区域现有自然体系生态环境,尽量发展以森林、灌丛为主体的森林生态系统。

(2)保护生物多样性原则:植被修复措施不仅考虑植被覆盖率,而且需要在利用当地原有物种的情况下,尽量使物种多样化,避免单一。在保证物种多样性的前提下,防止外来入侵种的扩散。

(3)景观优化的原则:植被恢复时,应与景观美化相结合,在恢复原有植被、生态系统的同时,尽量与提升景观质量相结合。

2.植被恢复物种选择

(1)生态适应性原则:植物生态习性必须与当地环境条件相适应,尽量选用适生性强、生长快、自我繁殖和更新能力强的乡土植物进行植被恢复,同时为提高区域生物多样性,应适当引进新的优良植物,在恢复物种选择时应防止外来入侵种的扩散。

(2)生态功能定位符合性原则:植被恢复物种选择应结合区域根据评价区生态环境特点,结合区域生态的农产品提供、水土保持、生物多样性保护等主要服务功能,根据施工占地所处的不同区域选择适宜物种。

结合以上原则,在满足工程水土保持的前提下,工程区可划分为施甸、龙陵片区和潞江坝、芒宽、水长片区,恢复物种选择及植被恢复情况具体见表7-4。

7.3.1.4 管理措施

(1)加强宣传教育活动。在工程管理机构,应设置生态环境管理人员,建立环境管理及报告制度,开展区域环境教育工作,提高施工人员、周围居民和管理人员的环境保护意识。

(2)落实监督机制,保证各项生态措施的实施。施工过程中,应加强对施工人员的管理,严格控制施工开挖和活动范围,减少对自然植被的破坏。严格按照施工作业顺序和进度,保证水土保持措施及时跟上。同时,施工期还应加强污染物的收集及处理工作,严禁直接外排,减轻对敏感区植物及其生境的影响。

(3)建议开展生态影响的监测工作。通过对重点评价区生态环境进行监测,了解施工对工程周边区域内的植物及植被的影响等。通过监测,对重点评价区主要生态问题采取及时补救措施,使生态向良性或有利方向发展。

表 7-4　植被恢复措施一览

工程分区	植物措施设计	树草种选择	配置方式
潞江坝、芒宽、水长片区			
水源工程区			
水库工程区	栽植乔灌草、藤本植物	乔木:木棉 灌木:银合欢 草本:白茅、黄茅	乔木采用穴植,株行距 3 m×4 m,栽植密度为 833 株/hm²;灌木亦采用株间混交,株行距为 1 m×1 m,混交比例 1:1:1,栽植密度各为 3 333 株/hm²;草籽采用撒播,播种量为 80 kg/hm²,混播比例为 1:1:1
提水及取水坝工程区	栽植灌草	灌木:羊蹄甲、清香木 草本:蟛蜞菊	灌木采用株间混交,株行距为 1 m×1 m,混交比例 1:1:1,栽植密度各为 3 333 株/hm²;草籽采用撒播,播种量为 80 kg/hm²,混播比例为 1:1:1
管理区	栽植灌草	灌木:羊蹄甲、清香木 草本:蟛蜞菊	
工程永久办公区	栽植灌草	灌木:羊蹄甲、清香木 草本:蟛蜞菊	
弃渣场区	栽植灌木,撒播草籽	灌木:构树、密蒙花、杜果、龙眼 草本:类芦	
料场区	栽植乔灌草、藤本植物	乔木:木棉 灌木:清香木、羊蹄甲 草本:类芦 藤:西番莲、地果	乔木采用穴植,株行距 3 m×4 m,栽植密度为 833 株/hm²;灌木亦采用株间混交,株行距为 1 m×1 m,混交比例 1:1:1,栽植密度各为 3 333 株/hm²;草籽采用撒播,播种量为 80 kg/hm²,混播比例为 1:1:1;藤本植物采用全面喷播
施工生产生活区	栽植乔灌草,撒播草籽	乔木:榕树 灌木:叶子花、羊蹄甲 草本:白茅	乔木采用穴植,株行距 3 m×4 m,栽植密度为 833 株/hm²;灌木亦采用株间混交,株行距为 1 m×1 m,混交比例 1:1:1,栽植密度各为 3 333 株/hm²;草籽采用撒播,播种量为 80 kg/hm²,混播比例为 1:1:1
交通道路区	栽植乔灌草	乔木:榕树、木棉 灌木:叶子花、羊蹄甲 草本:白茅	乔木采用穴植,株行距 3 m×4 m,栽植密度为 833 株/hm²;灌木亦采用株间混交,株行距为 1 m×1 m,混交比例 1:1:1,栽植密度各为 3 333 株/hm²;草籽采用撒播,播种量为 80 kg/hm²,混播比例为 1:1:1

续表 7-4

工程分区	植物措施设计	树草种选择	配置方式
灌溉渠(管)道工程			
管道工程区	栽植乔灌草、藤本植物	乔木:木棉 灌木:银合欢 草本:类芦 藤本:西番莲	乔木采用穴植,株行距 3 m×4 m,栽植密度为 833 株/hm²;灌木亦采用株间混交,株行距 1 m×1 m,混交比例 1:1:1,栽植密度各为 3 333 株/hm²;草籽采用撒播,播种量为 80 kg/hm²,混播比例为 1:1:1;藤本植物采用全面喷播
明渠工程区	栽植灌木、撒播草籽	灌木:叶子花、羊蹄甲 草本:白茅	灌木采用株间混交,株行距为 1 m×1 m,混交比例 1:1:1,栽植密度各为 3 333 株/hm²;草籽采用撒播,播种量为 80 kg/hm²,混播比例为 1:1:1
穿(跨)越工程区	栽植乔灌木、撒播草籽	乔木:榕树 灌木:叶子花、羊蹄甲 草本:类芦	乔木采用穴植,株行距 3 m×4 m,栽植密度为 833 株/hm²;灌木亦采用株间混交,株行距 1 m×1 m,混交比例 1:1:1,栽植密度各为 3 333 株/hm²;草籽采用撒播,播种量为 80 kg/hm²,混播比例为 1:1:1
弃渣场区	栽植乔灌木、撒播草籽	乔木:木棉 灌木:密蒙花、构树、银合欢、杧果、龙眼 草本:白茅	
施工生产生活区	栽植乔灌草	乔木:木棉、榕树 灌木:叶子花、羊蹄甲 草本:白茅	
交通道路区	栽植乔灌草	乔木:榕树、木棉 灌木:叶子花、羊蹄甲 草本:白茅	
施甸、龙陵片区			
灌溉渠(管)道工程			
管道工程区	栽植乔灌草、藤本植物	乔木:云南松、杉木 灌木:火棘、珍珠花 草本:荩草 藤本:白花酸藤子、鸡矢藤	乔木采用穴植,株行距 3 m×4 m,栽植密度为 833 株/hm²;灌木亦采用株间混交,株行距 1 m×1 m,混交比例 1:1:1,栽植密度各为 3 333 株/hm²;草籽采用撒播,播种量为 80 kg/hm²,混播比例为 1:1:1;藤本植物采用全面喷播
明渠工程区	栽植灌木、撒播草籽	灌木:水麻 草本:飞扬草	灌木采用株间混交,株行距为 1 m×1 m,混交比例 1:1:1,栽植密度各为 3 333 株/hm²;草籽采用撒播,播种量为 80 kg/hm²,混播比例为 1:1:1

续表 7-4

工程分区	植物措施设计	树草种选择	配置方式
穿(跨)越工程区	栽植乔灌木、撒播草籽	乔木:云南松、木荷 灌木:桑、水麻 草本:白茅	
弃渣场区	栽植乔灌木、撒播草籽	乔木:云南松、杉木 灌木:桑 草本:里白等蕨类	乔木采用穴植,株行距 3 m×4 m,栽植密度为 833 株/hm²;灌木亦采用株间混交,株行距为 1 m×1 m,混交比例 1:1:1,栽植密度各为 3 333 株/hm²;草籽采用撒播,播种量为 80 kg/hm²,混播比例为1:1:1
施工生产生活区	栽植乔灌草	乔木:核桃、木荷 灌木:蔷薇	
交通道路区	栽植乔灌草	乔木:木荷 灌木:蔷薇 草本:飞扬草	

7.3.1.5　对重要植物种类保护措施

1.重点保护野生植物

根据现场调查的国家二级保护野生植物 7 处 88 丛金荞麦、3 株红椿(古树),受工程直接影响的为以下 2 处:

(1)金荞麦:约 5 丛,位于八〇八单元临时施工道路占地范围内(98°52′37.66″E,24°40′33.65″N,海拔 1 989 m),工程建设将对其造成直接破坏,鉴于金荞麦为种质资源保护种类,主要保护目标为留存其遗传多样性,因此对金荞麦可采取种子收集与撒播的方式进行保护。建议当金荞麦种子成熟时(8—10月),采集金荞麦的种子,就近撒播于附近山坡道路旁,恢复因该项目的建设所破坏的金荞麦种群。

(2)红椿:3 株古树,均已挂牌,位于蒋家寨西干渠旁(99°09′35.68″E,24°45′32.88″N,海拔 1 528 m),该干渠为维修衬砌,目前该干渠宽约 1.0 m,建议在维修衬砌过程中,避免在红椿古树路段(长约 10 m)范围内堆放工程物资,控制施工活动范围,并建议将渠道向反向微调,稍远离 3 株红椿。此外,对 3 株红椿沿其分布坡地地形,采取 5 m×10 m 的围栏进行圈禁。

(3)千果榄仁:芒柳干管距离该古树 80 m,但该树位于村落道路附近,施工期车辆、人员活动增加对其造成间接影响,建议对其设置围栏并悬挂"国家重点保护野生植物"标识字样,加强宣传保护。

(4)大理茶:距离大理茶古树较近的工程回欢大沟、松柏大沟均为维修衬砌,工程量较小,施工活动范围小,大理茶与工程水平距离在 50 m 以上,建议通过对其设置围栏并悬挂"国家重点保护野生植物"标识字样,加强宣传保护。

其余受工程间接影响的 6 处金荞麦,应在各分布区、施工布置区树立宣传牌,控制施工活动范围,并加强施工人员环保意识,加强对破坏保护植物的法律法规教育与认识,对这些保护植物分布区段加强监管力度。

此外,在砍伐作业阶段,如果发现调查错、漏的珍稀保护植物,应及时采取保护措施,移出占地区,异地栽培,以保证其种群的生存和繁衍,保护植物具体影响数量以林勘成果中的统计结果为准。

2.对珍稀濒危和特有植物的保护措施

根据前文工程对珍稀濒危植物红豆树(濒危)、大理茶(易危)、红椿(易危)、千果榄仁(易危)、密花豆(易危)的影响分析,工程施工区域多为经济林、农田等,受人为活动干扰较大,且该植物攀缘其他树木,工程建设多为维修衬砌,工程建设对其影响较小。为避免工程对珍稀濒危野生植物造成不必要的伤害,施工应严格控制施工活动范围,临时场地应就近利用现有道路等进行布置,秉承"维修一段清理一段"的原则,控制施工影响范围和时长。

中国特有植物种类在国内分布范围较多,且在怒江、贡山周边区域类似生境也有分布,工程建设不可避免地会造成植物量的损失。为减少特有植物数量的损失,工程建设和施工应严格控制施工活动的影响范围,制定施工作业制度,加强施工人员环保意识,减少对非征地范围外的植物种类的影响。

3.古树名木

根据灌区的工程布置,对周边 10 m 范围内的古树名木位置关系进行梳理,受工程直接影响的古树有 50 株(其中 1 株已自然死亡),其中位于新建八萝田干管线路上的有 1 株,位于八萝田水库库区的有 1 株,位于维修衬砌渠道旁的有 9 株,主要受渠系施工占用直接破坏的影响;位于临时施工道路或施工区范围内的有 39 株,主要受道路或施工区占用的影响。可能受工程间接影响较明显的古树有 31 株,影响主要来源于距离施工布置区域较近,施工期间人员活动、车辆往来造成的扬尘、人为干扰等对其生长环境产生的间接影响。

考虑对古树影响的工程建设主要为渠道维修衬砌、临时施工区或道路布置,并综合考虑古树本身的生长状况和存活率,建议对古树优先采取避让措施;对位于八萝田干管线路上的 1 株杧果建议施工避绕。具体见表 7-5。

1)就地保护

对受工程间接影响的 31 株古树和不在渠系范围内但在临时道路或施工区占用范围内的 39 株古树,以及位于维修衬砌渠系旁的 9 株古树采取尽量避让、就地保护措施。位于八萝田干管线路上的杧果 1 株,建议八萝田干管在初步设计、施工阶段进行避绕。八萝田干管沿丙瑞线道路方向占用该杧果古树所在地,根据其位置关系图,八萝田干管西侧为山坡果园,线路中心线可向西侧微调约 30 m,将施工作业带和干管占地区均避绕杧果古树。

就地保护措施包括在档案登记、周围修建石砌护墙和挂宣传牌,截排水措施和防火、防烟气措施等。

古树保护责任单位对每棵古树进行档案登记,包括古树的名称、直径、树龄、特点、习性、保护注意事项等,负责浇灌、施肥、防止病虫害,并配备专用工具。

对古树进行圈禁,以古树为中心,设立直径 5 m 的保护区(国家二级保护野生植物红椿 3 株由于靠近施工区域,建议采取 5 m×10 m 的圈禁),采用浆砌石加钢丝围栏进行圈禁,并挂宣传牌和车辆限速警示标志,禁止在该区域开展堆放设备器材、倒土堆渣等施工活动,禁止往来车辆对古树造成不必要的伤害。

表 7-5 工程布置 10 m 范围内古树保护措施情况一览

序号	树种名称	工程占用情况	与工程的位置关系	影响	影响方式	保护措施
1	木棉(Bombax ceiba)	否	距离芒宽坝单元临时施工道路 8 m	间接	人员往来、车辆增加造成扬尘、干扰	就地保护
2	胡桃(Juglans regia)	是	距离新建八萝田干渠 3 m,位于芒宽坝单元临时施工道路范围内	直接	临时道路占用	道路微调避让、控制施工范围
3	木棉(Bombax ceiba)	是	距离新建芒柳干管 10 m,位于芒宽坝单元临时施工道路范围内	直接	临时道路占用	道路微调避让、控制施工范围
4	杧果(Mmangifera indica)	是	距离新建芒柳干管 7 m,位于芒宽坝单元临时施工道路范围内	直接	临时道路占用	道路微调避让、控制施工范围
5	杧果(Mmangifera indica)	是	距离新建芒柳干管 11 m,位于芒宽坝单元临时施工道路范围内	直接	临时道路占用	道路微调避让、控制施工范围
6	木棉(Bombax ceiba)	是	位于芒宽坝单元临时施工道路范围内	直接	临时道路占用	道路微调避让、控制施工范围
7	木棉(Bombax ceiba)	是	距离新建芒柳干管 2 m,位于芒宽坝单元临时施工道路范围内	直接	临时道路占用	道路微调避让、控制施工范围
8	木棉(Bombax ceiba)	是	距离新建芒柳干管 2 m,位于芒宽坝单元临时施工道路范围内	直接	临时道路占用	道路微调避让、控制施工范围
9	菩提树(Ficus religiosa)	是	距离新建芒柳干管 2 m,位于芒宽坝单元临时施工道路范围内	直接	临时道路占用	道路微调避让、控制施工范围
10	木棉(Bombax ceiba)	是	距离新建芒柳干管 2 m,位于芒宽坝单元临时施工道路范围内	直接	临时道路占用	道路微调避让、控制施工范围
11	榕树(Ficus microcarpa)	否	距离新建芒柳干管 17 m,距离芒宽坝单元临时施工道路 5 m	间接	人员往来、车辆增加造成扬尘、干扰	就地保护

续表 7-5

序号	树种名称	工程占用情况	与工程的位置关系	影响	影响方式	保护措施
12	榕树(Ficus microcarpa)	否	距离新建芒柳干管 17 m,距离芒宽坝单元临时施工道路 5 m	间接	人员往来、车辆增加造成扬尘、干扰	就地保护
13	高山榕(Ficus altissima)	是	距离新建芒柳干管 8 m,位于芒宽坝单元临时施工道路范围内	直接	临时道路占用	道路微调避让、控制施工范围
14	木棉(Bombax ceiba)	是	距离新建八萝田干渠 10 m,位于芒宽坝单元临时施工道路范围内	直接	临时道路占用	道路微调避让、控制施工范围
15	高山榕(Ficus altissima)	是	距离新建芒柳干管 3 m,位于芒宽坝单元临时施工道路范围内	直接	临时道路占用	道路微调避让、控制施工范围
16	高山榕(Ficus altissima)	否	距离新建芒柳干管 23 m,距离芒宽坝单元临时施工道路 10 m	间接	人员往来、车辆增加造成扬尘、干扰	就地保护
17	楝(Melia azedarach)	是	距离新建芒柳干管 10 m,距离维修村砌芒掌沟 7 m,位于芒宽坝单元临时施工道路范围内	直接	临时道路占用	道路微调避让、控制施工范围
18	杧果(Mmangifera indica)	否	距离新建芒柳干管 14 m,距离芒宽坝临时施工道路 2 m	间接	人员往来、车辆增加造成扬尘、干扰	就地保护
19	杧果(Mmangifera indica)	否	距离新建芒柳干管 14 m,距离芒宽坝临时施工道路 2 m	间接	人员往来、车辆增加造成扬尘、干扰	就地保护
20	杧果(Mmangifera indica)	否	距离新建芒柳干管 16 m,距离芒宽坝单元临时施工道路 3 m	间接	人员往来、车辆增加造成扬尘、干扰	就地保护

续表 7-5

序号	树种名称	工程占用情况	与工程的位置关系	影响	影响方式	保护措施
21	杧果（Mmangifera indica）	否	距离新建芒柳干管 18 m，距离芒宽坝单元临时施工道路 6 m	间接	人员往来、车辆增加造成扬尘、干扰	就地保护
22	杧果（Mmangifera indica）	否	位于路旁，距离维修衬砌芒掌沟 5 m	间接	人员往来、车辆增加造成扬尘、干扰	就地保护
23	杧果（Mmangifera indica）	否	位于路旁，距离维修衬砌芒掌沟 5 m	间接	人员往来、车辆增加造成扬尘、干扰	就地保护
24	杧果（Mmangifera indica）	否	位于路旁，距离维修衬砌芒掌沟 5 m	间接	人员往来、车辆增加造成扬尘、干扰	就地保护
25	楝（Melia azedarach）	否	距离新建芒柳干管 14 m，距离芒宽坝临时施工道路 2 m	间接	人员往来、车辆增加造成扬尘、干扰	就地保护
26	杧果（Mmangifera indica）	是	距离新建芒柳干管 5 m，位于芒宽坝单元临时施工道路范围内	直接	临时道路占用	道路微调避让、控制施工范围
27	杧果（Mmangifera indica）	是	距离新建芒柳干管 7 m，位于芒宽坝单元临时施工道路范围内	直接	临时道路占用	道路微调避让、控制施工范围
28	木棉（Bombax ceiba）	是	距离新建芒柳干管 5 m，位于芒宽坝单元临时施工道路范围内	直接	临时道路占用	道路微调避让、控制施工范围
29	木棉（Bombax ceiba）	是	距离新建芒柳干管 13 m，位于芒宽坝单元临时施工道路范围内	直接	临时道路占用	道路微调避让、控制施工范围

续表7-5

序号	树种名称	工程占用情况	与工程的位置关系	影响	影响方式	保护措施
30	木棉（*Bombax ceiba*）	否	距离新建芒柳干管15 m,距离芒宽坝单元临时施工道路2 m	间接	人员往来、车辆增加造成扬尘、干扰	就地保护
31	木棉（*Bombax ceiba*）	是	距离新建芒柳干管9 m,位于芒宽坝单元临时施工道路范围内	直接	临时道路占用	道路微调避让、控制施工范围
32	高山榕（*Ficus altissima*）	否	位于乡路旁,距离维修村硐芒掌沟5 m	间接	人员往来、车辆增加造成扬尘、干扰	就地保护
33	小叶榕（*Ficus concinna*）	否	位于乡路旁,距离维修村硐芒掌沟5 m	间接	人员往来、车辆增加造成扬尘、干扰	就地保护
34	木棉（*Bombax ceiba*）	是	距离新建芒柳干管13 m,靠近芒宽坝单元临时施工道路范围	直接	临时道路占用	道路微调避让、控制施工范围
35	高山榕（*Ficus altissima*）	是	距离八罗田干管8 m,位于芒宽坝单元临时施工道路范围内	直接	临时道路占用	道路微调避让、控制施工范围
36	木棉（*Bombax ceiba*）	否	距离新建芒柳干管17 m,距离芒宽坝单元临时施工道路4 m	间接	人员往来、车辆增加造成扬尘、干扰	就地保护
37	木棉（*Bombax ceiba*）	否	距离新建芒柳干管20 m,距离芒宽坝单元临时施工道路7 m	间接	人员往来、车辆增加造成扬尘、干扰	就地保护
38	木棉（*Bombax ceiba*）	是	距离新建芒柳干管7 m,位于芒宽坝单元临时施工道路范围内	直接	临时道路占用	已自然死亡

续表 7-5

序号	树种名称	工程占用情况	与工程的位置关系	影响	影响方式	保护措施
39	杧果 (Mmangifera indica)	是	位于新建入萝田干管线路上	直接	干管施工占用	施工避绕
40	木棉 (Bombax ceiba)	否	距离新建芒柳干管 16 m，距离芒宽坝单元临时施工道路 3 m	间接	人员往来、车辆增加造成扬尘，干扰	就地保护
41	杧果 (Mmangifera indica)	是	位于 6# 工区临时道路旁	直接	临时道路占用	道路微调避让、控制施工范围
42	木棉 (Bombax ceiba)	是	位于 6# 工区临时道路旁	直接	临时道路占用	道路微调避让、控制施工范围
43	木棉 (Bombax ceiba)	是	距离新建芒柳干管 2 m，位于芒宽坝单元临时施工道路范围内	直接	临时道路占用	道路微调避让、控制施工范围
44	木棉 (Bombax ceiba)	否	距离新建芒柳干管 20 m，距离芒宽坝单元临时施工道路 8 m	间接	人员往来、车辆增加造成扬尘，干扰	就地保护
45	木棉 (Bombax ceiba)	是	距离新建芒柳干管 3 m，位于芒宽坝单元临时施工道路范围内	直接	临时道路占用	道路微调避让、控制施工范围
46	木棉 (Bombax ceiba)	是	距离新建芒柳干管 2 m，位于芒宽坝单元临时施工道路范围内	直接	临时道路占用	道路微调避让、控制施工范围
47	木棉 (Bombax ceiba)	是	距离新建芒柳干管 10 m，位于芒宽坝单元临时施工道路范围内	直接	临时道路占用	道路微调避让、控制施工范围

续表 7-5

序号	树种名称	工程占用情况	与工程的位置关系	影响	影响方式	保护措施
48	杧果（Mmangifera indica）	是	距离新建芒柳干管 10 m，位于芒宽坝单元临时施工道路范围内	直接	临时道路占用	道路微调避让、控制施工范围
49	木棉（Bombax ceiba）	是	距离新建芒柳干管 7 m，位于芒宽坝单元临时施工道路范围内	直接	临时道路占用	道路微调避让、控制施工范围
50	木棉（Bombax ceiba）	否	距离新建芒柳干管 18 m，距离芒宽坝单元临时施工道路 6 m	间接	人员往来、车辆增加造成扬尘、干扰	就地保护
51	木棉（Bombax ceiba）	否	距离新建芒柳干管 15 m，距离芒宽坝单元临时施工道路 2 m	间接	人员往来、车辆增加造成扬尘、干扰	就地保护
52	杧果（Mmangifera indica）	否	距离维修衬砌西亚线家渠灌溉渠 5 m	间接	人员往来、车辆增加造成扬尘、干扰	就地保护
53	木棉（Bombax ceiba）	否	距离新建人萝田干渠 26 m，距离芒宽坝单元临时施工道路 8 m	间接	人员往来、车辆增加造成扬尘、干扰	就地保护
54	杧果（Mmangifera indica）	是	位于芒宽坝单元临时施工道路旁	直接	临时道路占用	道路微调避让、控制施工范围
55	木棉（Bombax ceiba）	是	距离新建芒柳干管 8 m，位于芒宽坝单元临时施工道路范围内	直接	临时道路占用	道路微调避让、控制施工范围
56	木棉（Bombax ceiba）	是	位于潞江坝单元 3# 工区范围	直接	临时道路占用	工区布置避让

续表 7-5

序号	树种名称	工程占用情况	与工程的位置关系	影响	影响方式	保护措施
57	木棉(Bombax ceiba)	否	距离新建芒柳干管 18 m,距离芒宽坝单元临时施工道路 6 m	间接	人员往来、车辆增加造成扬尘、干扰	就地保护
58	木棉(Bombax ceiba)	是	距离新建芒柳干管 10 m,位于芒宽坝单元临时施工道路范围内	直接	临时道路占用	道路微调避让、控制施工范围
59	木棉(Bombax ceiba)	否	距离新建芒柳干管 21 m,距离芒宽坝单元临时施工道路 10 m	间接	人员往来、车辆增加造成扬尘、干扰	就地保护
60	木棉(Bombax ceiba)	是	位于维修衬砌芒林大沟南支旁	直接	施工临时占用	渠系微调避让、控制施工范围
61	木棉(Bombax ceiba)	否	距离维修衬砌芒林大沟南支 7 m	间接	人员往来、车辆增加造成扬尘、干扰	就地保护
62	臭椿(Ailanthus altissima)	否	距离新建芒柳干管 17 m,距离芒宽坝单元临时施工道路 4 m	间接	人员往来、车辆增加造成扬尘、干扰	就地保护
63	滇朴(Celtis tetrandra)	是	距离新建芒柳干管 8 m,位于芒宽坝单元临时施工道路范围内	直接	临时道路占用	道路微调避让、控制施工范围
64	木棉(Bombax ceiba)	是	距离新建芒柳干管 2 m,位于芒宽坝单元临时施工道路范围内	直接	临时道路占用	道路微调避让、控制施工范围

续表7-5

序号	树种名称	工程占用情况	与工程的位置关系	影响	影响方式	保护措施
65	木棉(Bombax ceiba)	是	距离新建芒宽坝干管2 m,位于芒宽坝单元临时施工道路范围内	直接	临时道路占用	道路微调避让、控制施工范围
66	高山榕(Ficus altissima)	否	距离维修衬砌楼田子沟10 m	间接	人员往来、车辆增加造成扬尘、干扰	就地保护
67	木棉(Bombax ceiba)	否	距离新建芒宽坝干管17 m,距离施工道路4 m	间接	人员往来、车辆增加造成扬尘、干扰	就地保护
68	木棉(Bombax ceiba)	是	距离新建芒宽坝干管12 m,位于芒宽坝单元临时施工道路范围内	直接	临时道路占用	渠系微调避让、控制施工范围
69	木棉(Bombax ceiba)	否	距离新建芒宽坝干管16 m,距离施工道路3 m	间接	人员往来、车辆增加造成扬尘、干扰	已自然死亡
70	臭椿(Ailanthus altissima)	否	距离新建芒宽坝干管16 m,距离施工道路3 m	间接	人员往来、车辆增加造成扬尘、干扰	就地保护
71	桤木(Alnus cremastogyne)	是	距离新建芒宽坝干管3 m,位于芒宽坝单元临时施工道路范围内	直接	临时道路占用	渠系微调避让、控制施工范围
72	木棉(Bombax ceiba)	是	距离新建芒宽坝干管2 m,位于芒宽坝单元临时施工道路范围内	直接	临时道路占用	渠系微调避让、控制施工范围

续表 7-5

序号	树种名称	工程占用情况	与工程的位置关系	影响	影响方式	保护措施
73	黄连木（*Pistacia chinensis*）	是	位于维修村砌鱼洞东干渠旁	直接	施工临时占用	渠系微调避让，控制施工范围
74	黄连木（*Pistacia chinensis*）	是	位于维修村砌鱼洞东干渠旁	直接	施工临时占用	渠系微调避让，控制施工范围
75	黄连木（*Pistacia chinensis*）	是	位于维修村砌鱼洞西干渠旁	直接	施工临时占用	渠系微调避让，控制施工范围
76	黄连木（*Pistacia chinensis*）	是	位于维修村砌鱼洞西干渠旁	直接	施工临时占用	渠系微调避让，控制施工范围
77	黄连木（*Pistacia chinensis*）	是	位于维修村砌鱼洞西干渠旁	直接	施工临时占用	渠系微调避让，控制施工范围
78	红椿（*Toona ciliata*）	否	位于蒋家寨水库西干渠旁	直接	人员往来、车辆增加造成扬尘、干扰	渠系微调避让，控制施工范围
79	红椿（*Toona ciliata*）	否	位于蒋家寨水库西干渠旁	直接	人员往来、车辆增加造成扬尘、干扰	渠系微调避让，控制施工范围
80	红椿（*Toona ciliata*）	否	位于蒋家寨水库西干渠旁	直接	人员往来、车辆增加造成扬尘、干扰	渠系微调避让，控制施工范围
81	聚果榕（*Ficus race mosa*）	是	八萝田库区	直接	水库库区	靠后移栽

对于古树圈禁区外的场地平整和堆渣等施工活动,采取截排水措施,自古树至东北侧出口必须保证排水顺畅,保证古树及周边不出现渍水现象。

在涉及古树的施工合同中,明确施工单位对古树的保护责任及保护措施;古树周边场平,施工单位要做好设计,施工中要进行监督,一旦发现问题,及时进行处置。建议施工避绕杜果及周边环境(见图7-5)。

图 7-5　建议施工避绕杜果及周边环境

2)迁地保护

对位于八萝田水库淹没范围的编号81号古树聚果榕,应采取迁地保护。

迁地保护技术要求:移栽时应委托专业技术单位进行作业,并由专业技术人员现场监督执行,并制订古树抢救移栽技术方案。

古树移栽可行性分析:

(1)古树基本情况:①树龄200年;②树高19 m;③胸径120 cm;④生长状况良好;⑤受干扰状况,位于八萝田村落道路旁,背靠山坡,种植杜果、咖啡等。

(2)立地条件:坡度5°,坡向东北,土壤为红壤,无沟渠水系,周边伴生种有竹类、木棉等。

(3)靠后场地:靠后场地与现状立地条件相似,为杜果园地。

(4)聚果榕为潞江坝地区常见的古大树、绿化种类,区域内该树种古树众多,区域气候适宜,外界环境相似,为聚果榕古树的移栽奠定了基础条件,见图7-6、图7-7。

图 7-6　建议靠后移栽的聚果榕及周边环境

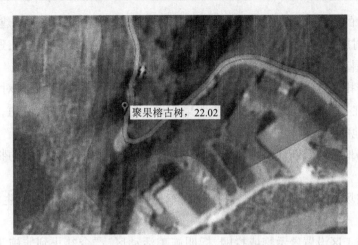

图 7-7　聚果榕位于八萝田水库淹没区

3）保障措施

组织保障：为保障古树移栽的顺利开展和有序进行，应成立古树移栽领导小组，对古树移植工程的每个时段进行管理、指导和监督，项目组织管理单位移栽前制订出详细的、切实可行的迁地保护实施计划。

建设单位在项目实施过程中，选择资质等级高、技术力量强的施工单位和监理单位。在古树的挖、装、运、栽以及管护工作的每一道工序和每一个环节中，科学合理地采用先进设备和技术，以确保古树迁地移植成功。对参加移植工作和移植后进行管护的人员进行必要技术培训。

资金保障：在环保措施投资概算中针对库区淹没范围内古树移植有专项预算，因此该工程建设所需要的资金是有保障的。

管理保障：古树移植好后前 3 年最为关键，古树移植后的精心养护和管理是确保移植成活和移植后正常生长的重要环节。

7.3.2　陆生动物保护措施

7.3.2.1　避让措施

（1）提高施工人员的保护意识，严禁捕猎野生动物。施工人员必须遵守《中华人民共和国野生动物保护法》。施工前对施工人员进行宣传教育，严禁捕杀野生动物，特别是国家级和云南省级重点保护野生动物，施工过程中如遇到要优先保护。在进场施工前，组织施工人员学习有关国家法律和法规，学习识别国家保护动物，在植被较好区域，即野生动物经常出入的地方要加强巡护，对故意捕获野生动物的个人和组织要加大打击力度，确保野生动物的保护落实到每一个环节。

（2）本工程的永久占地和临时占地相对分散，工程应严格控制在征地范围内，减少对动物生境的破坏。

（3）施工区、弃渣场、堆土场、临时道路等临时占地，优先避让评价区内植被较好的区域，严禁越界施工，尽量少破坏动物生境。

(4)施工时的废水严禁不经处理直接排放,建筑物及其他材料堆放好,建议采取临时防风、防雨设施;对施工运输车辆应采取遮挡措施,尤其是运输水泥等材料时,避免废水、废渣及废弃物对周围动物生境的破坏。

(5)合理安排倒虹吸和渡槽等渠系交叉建筑物的布局,尽量减少渠道对动物的通行产生阻隔影响。在丘陵林地段,应尽量减少明渠布设,多采用管道、渡槽、隧道,减少对生活于山间溪流和林地的野生动物的阻隔效应。

(6)施工场地平整及新建水库蓄水前采取鸣笛敲鼓等办法驱逐野生动物,保证其顺利迁移。

(7)车辆在场内道路上行驶时,严格控制车速,在车辆行驶时如遇野生动物需减速缓行,以免伤及。

(8)在各施工区设置警示牌或拦网,标明施工活动区,严令禁止到非施工区域活动,非施工区严禁烟火、狩猎等活动。

7.3.2.2　减缓措施

(1)工程施工过程中,在各施工区布置基坑废水处理系统和含油废水处理系统,使工程产生的油污、废水、弃渣及施工人员生活污水等污染物得到有效的处理,严禁直接排入附近水域,避免污染两栖爬行类、涉禽以及傍水型鸟类的生境。施工期间的废水达标处理后回用或排放。生活污水不外排。

(2)鉴于鸟类对噪声、振动和施工灯光的特殊要求,施工尽可能在白天进行,晚上做到少施工或不施工;严禁高噪声设备在夜间施工,尽量减少鸣笛。根据实际情况采取爆破方式,采用乳化炸药,进行无声爆破,防止爆破噪声对野生动物的惊扰,并对相关装备安装消声器。

(3)对施工期产生的扬尘污染,需严格执行以下措施加以削减,减缓扬尘对鸟类的影响。配备洒水车,定期在易产生扬尘污染的土石路面和多粉尘施工区洒水降尘;选用燃油效率高、尾气排放量小的施工机械和车辆;爆破前向预爆体表面洒水,湿润表面,以便减少爆破时产生的粉尘;爆破后马上进行洒水喷雾,控制粉尘蔓延,最大限度地减少粉尘的产生量;散装水泥采用罐装封闭运输,避免运输期间的漏洒现象。

7.3.2.3　恢复及补偿措施

(1)施工区、弃渣场、堆土场、临时道路等临时占地通过水土保持植物措施及时进行绿化,为鸟类和其他动物提供栖息环境。

(2)工程结束后,对临时占地区要及时进行植被恢复,对永久占地区进行绿化,尽快恢复占地区的植被,以有利于动物栖息繁殖。

7.3.2.4　管理措施

(1)加强施工监控和管理。业主必须配备包括保护动物和生态环境在内的专职或兼职巡护人员,加强生态环境的监控和管理,防止人类开发活动加剧造成的诸如动植物资源的破坏、水环境污染和森林火灾等对当地生物多样性的破坏。

(2)加强工程区的生态环境的监控和管理。加强工程区的生态环境的监控和管理,防止施工活动加剧造成的诸如动植物资源的破坏、水环境污染和森林火灾等对当地生物多样性的破坏。

（3）新建水库蓄水后，库区新增水域生境，可能会逐步吸引一些静水型的两栖类、林栖傍水的爬行类以及鸟类中的游禽、涉禽等，因此要加强对水库的管理，减少污染，保护动物栖息环境。

（4）施工期间和运行期一定时间内，在评价区内进行生态监测，以及时评估工程对生态环境的影响。

（5）施工期间加强施工场地、业主营地等处的各类卫生管理（如个人卫生、粪便和生活污水），避免生活污水的直接排放，减少水体污染，保护动物的生境。生活垃圾及时清运，避免蚊蝇滋生、鼠类聚集。

（6）山烙铁头蛇、孟加拉眼镜蛇、白唇竹叶青蛇是剧毒蛇类；部分啮齿目鼠类等是自然疫源性疾病的传播者。在水源工程区蓄水后，它们将向淹没区外转移，其密度将有所增加，在这种情况下，既要维护自然生态系统的食物链关系，又要重视对非工程区的人、畜和工程施工人员毒蛇咬伤防治和防疫工作。建议业主单位联合地方防疫部门对芒柳水库和八萝田水库淹没区及周边村落进行一次彻底的消毒工作。

7.3.2.5　对重要野生动物保护措施

1.对重点保护野生动物的保护措施

评价范围内陆生野生脊椎动物中，有国家一级保护动物 3 种，为黑鹳、乌雕和黄胸鹀，有国家二级保护动物 29 种，分别为红瘰疣螈、白鹇、白腹锦鸡、褐翅鸦鹃、凤头蜂鹰、黑翅鸢、黑鸢、红隼、斑头鸺鹠、黄喉貂和豹猫等。具体保护措施详见表 7-6。

表 7-6　评价区重点保护野生动物保护措施

序号	物种名称	保护等级	栖息环境	保护措施
1	黑鹳（*Ciconia nigra*）	国家一级	河流、沼泽	设立野生动物保护宣传栏；严禁施工人员的猎捕；加强施工监理和生态监测；对生境破坏的临时占地区域进行植被恢复
2	乌雕（*Aquila clanga*）	国家一级	草原、湿地附近林地	
3	黄胸鹀（*Emberiza aureola*）	国家一级	农田、灌丛	
4	红瘰疣螈（*Tylototriton shanjing*）	国家二级	杂草丛、水稻田	严禁施工人员的猎捕；严格管理废水、废渣的排放；加强施工监理和生态监测
5	黑颈鸊鷉（*Podiceps nigricollis*）	国家二级	湖泊、水库	
6	水雉（*Hydrophasianus chirurgus*）	国家二级	湖泊、池塘、沼泽	
7	白腰杓鹬（*Numenius arquata*）	国家二级	湖泊、河流、沼泽等湿地	

续表 7-6

序号	物种名称	保护等级	栖息环境	保护措施
8	白鹇（*Lophura nycthemera*）	国家二级	常绿阔叶林和沟谷雨林	
9	红腹锦鸡（*Chrysolophus amherstiae*）	国家二级	山地常绿阔叶林、针阔叶混交林和针叶林中	
10	楔尾绿鸠（*Treron sphenurus*）	国家二级	常绿阔叶林和针、阔叶混交林地带	
11	褐翅鸦鹃（*Centropus sinensis*）	国家二级	林缘灌丛等	
12	灰鹤（*Grus grus*）	国家二级	湖泊、农田、沼泽等	
13	黑翅鸢（*Elanus caeruleus*）	国家二级	疏林地、农田	
14	凤头蜂鹰（*Pernis ptilorhyncus*）	国家二级	阔叶林、针叶林和混交林中	
15	松雀鹰（*Accipiter virgatus*）	国家二级	山林、水域	设立野生动物保护宣传栏；严禁施工人员猎杀、上树破坏鸟巢，施工区夜晚停止施工，减少噪声、施工灯光对鸟类的影响；尽量避免在晨昏鸟类活动时段和正午鸟类休息时段施工；加强周边监测；对生境破坏的临时占地区域进行植被恢复
16	黑鸢（*Milvus migrans*）	国家二级	开阔平原、草地、低山丘陵地带	
17	普通鵟（*Buteo buteo*）	国家二级	林地、林缘等	
18	白尾鹞（*Circus cyaneus*）	国家二级	山地林间及水域附近	
19	领角鸮（*Glaucidium brodiei*）	国家二级	林地	
20	领鸺鹠（*Otus sunia*）	国家二级	林地	
21	斑头鸺鹠（*Glaucidium cuculoides*）	国家二级	林地	
22	草鸮（*Tyto longimembris*）	国家二级	灌丛、草地	
23	红隼（*Falco tinnunculus*）	国家二级	山地森林、河谷、农田等	
24	燕隼（*Falco subbuteo*）	国家二级	林缘及林地	
25	游隼（*Falco peregrinus*）	国家二级	山地、林缘及湖泊水源附近	
26	红嘴相思鸟（*Leiothrix lutea*）	国家二级	林区、林缘	
27	银耳相思鸟（*Leiothrix argentauris*）	国家二级	林区、林缘、灌丛	
28	绿喉蜂虎（*Merops orientalis*）	国家二级	林缘疏林、竹林、稀树草坡	
29	红喉歌鸲（*Luscinia calliope*）	国家二级	水域附近的阴湿疏林、林缘、沼泽等	
30	白胸翡翠（*Halcyon smyrnensis*）	国家二级	河流岸边、水域附近的树上	

续表 7-6

序号	物种名称	保护等级	栖息环境	保护措施
31	黄喉貂(*Martes flavigula*)	国家二级	山地森林、丘陵地带	设立野生动物保护宣传栏; 尽量使用低噪声设备; 加强周边监测; 对生境破坏的临时占地区域进行植被恢复。
32	豹猫(*Prionailurus bengalensis*)	国家二级	山地林区、沿河灌丛	

2.对珍稀濒危和特有动物的保护措施

根据《中国脊椎动物红色名录》,评价区野生动物中,被列为濒危(EN)的有 4 种,为双团棘胸蛙、孟加拉眼镜蛇、黑眉锦蛇、王锦蛇;易危(VU)级别的有 5 种,为云南臭蛙、灰鼠蛇、栗树鸭、白尾鹮和喜马拉雅水麝鼩。评价区有中国特有动物 4 种,包括华西雨蛙、滇蛙、云南攀蜥和黄腹山雀。具体保护措施详见表 7-7。

表 7-7　评价区珍稀濒危和中国特有动物保护措施(除国家保护动物外)

物种名称	评估等级	栖息生境	保护措施
双团棘胸蛙 (*Gynandropaa yunnanensis*)	EN	水沟或山间溪流内	严禁施工人员的猎捕; 施工及生活污水经处理达标后排放
云南臭蛙 (*Odorrana andersonii*)	VU	溪流	
华西雨蛙 (*Hyla chinensis*)	特有种	山区稻田、水塘	
滇蛙 (*Dianrana pleuraden*)	特有种	水塘、水沟、稻田等	
栗树鸭 (*Dendrocygna javanica*)	VU	池塘、湖泊、水库	严禁施工人员的猎捕; 严格管理废水、废渣的排放; 加强施工监理和生态监测
孟加拉眼镜蛇 (*Naja kaouthia*)	EN	耕作区、路边、竹林	设立野生动物保护宣传栏; 严禁施工人员的猎捕; 施工区及施工道路进行洒水降尘,减小对其生境的污染
黑眉晨蛇 (*Orthriophis taeniurus*)	EN	林地、草地、灌丛、河边等	
王锦蛇 (*Elaphe carinata*)	EN	山地灌丛、田野沟边、山溪旁	
灰鼠蛇 (*Podiceps nigricollis*)	VU	山区林地、沟边或山地草丛中	
云南攀蜥 (*Japalura yunnanensis*)	特有种	山坡、路边、田边、荒地乱石间	

续表 7-7

物种名称	评估等级	栖息生境	保护措施
白尾鼹 （*Parascaptor leucura*）	VU	荒坡草丛、弃耕旱地、稀树草坡及次生灌丛林内	水库蓄水前对其进行驱赶；禁止施工人员捕杀
喜马拉雅水麝鼩 （*Chimarrogale himalayica*）	VU	山地森林，树丛、灌木丛、草丛中活动，在溪水边、耕地旁	
黄腹山雀 （*Parus venustulus*）	特有种	山地林区、次生林、人工林和林缘疏林灌丛地带	尽量避免在晨昏鸟类活动时段和正午鸟类休息时段施工

7.4　水生生态保护措施

7.4.1　保护对象

确定保护对象从重要性的角度考虑，通常按照以下顺序进行选择，列入国家级或者省级保护动物名录的鱼类，列入濒危动物红皮书的鱼类，地域性特有鱼类，水域生态系统中关键物种、重要经济鱼类；依鱼类资源现状考虑，可按濒危、易危、稀有、依赖保护、接近受胁的顺序选择；从鱼类生活史考虑，生活史复杂、洄游距离长、繁殖条件要求高，生长繁育缓慢、性成熟年龄和繁殖周期、繁殖力低的鱼类优先考虑。

根据《国家重点保护野生动物名录》（2021）、《云南省重点保护野生动物名录》《中国生物多样性红色名录》，评价区分布有国家二级保护野生鱼类 4 种，分别为长丝黑鮡、角鱼、后背鲈鲤和巨魾；有云南省级保护鱼类 1 种，为云纹鳗鲡；被收录在《中国生物多样性红色名录》中的鱼类有 7 种，分别为半刺结鱼（CR）、角鱼（VU）、后背鲈鲤（VU）、长丝黑鮡（VU）、巨魾（VU）、怒江裂腹鱼（VU）和云纹鳗鲡（NT）。怒江-萨尔温江水系特有鱼类：保山裂腹鱼、怒江间吸鳅、布朗鱼丹、掸邦鱼丹、后鳍吻孔鲃、怒江墨头鱼、缺须盆唇鱼、云南鲱鲇、长鳍褶鮡等。但主要分布区在怒江干流和支流汇入干流河口处，灌区范围内支流不发育，流量较小，河长较短，只有少数支流下游能满足鱼类完成生活史，本工程主要在支流上游，对水生生态影响较小，工程对怒江水生生态几乎无影响。

7.4.2　避让和减缓措施

（1）优化施工时间。避免在鱼类繁殖期 3—6 月进行水下施工。

（2）防止水体污染。落实文明施工原则，不乱排施工废水；施工废水需经隔油池、沉淀池处理后，上清液回用，不外排；沿水施工时，应设立有效的废水拦挡措施，防止施工废水进入附近的水体。

（3）施工管理。严禁在施工水域进行捕鱼或从事其他有碍生态环境保护的活动，一旦发现珍稀濒危及重点保护野生鱼类，应及时进行保护。

（4）控制退水水质。推广科学合理化肥使用技术；严格遵守《化肥使用环境安全技术导则》(HJ 555—2010)和《农药使用环境安全技术导则》(HJ 556—2010)提出的化肥和农药污染控制措施。推广测土配方施肥技术。控制施肥量、调整肥料结构,施肥量与土壤中的氮、磷含量密切相关,应根据土壤的状况、土壤肥力、农作物的生长特点合理确定施肥量;此外,调整肥料结构,减少化学肥料的施用量,将化学肥料和有机肥料配合使用,增加土壤速效养分。避免退水水质恶化,威胁到灌区河道内鱼类正常生存。

7.4.3 生态流量下泄措施

7.4.3.1 生态流量下放要求

1.2 座新建水库

为满足下游生态需水要求,本次评价对于 2 座新建水库要求汛期(6—10 月)生态流量下泄不低于多年平均流量的 30%,非汛期(11 月至次年 5 月)生态流量下泄按照多年平均流量的 10% 和 90% 保证率最枯月平均流量取外包后下泄,根据工程调算,非汛期生态流量取 90% 保证率最枯月流量。2 座新建水库生态流量下泄要求见表 7-8。

表 7-8　2 座新建水库生态流量下泄要求

水库名称	汛期(6—10 月)		非汛期(11 月至次年 5 月)	
	下泄生态流量/ (m³/s)	占多年平均径流量百分比/ %	下泄生态流量/ (m³/s)	占多年平均径流量百分比/ %
芒柳水库	0.60	30	0.24	12.0
八萝田水库	0.39	30	0.18	13.8

2.新建重建取水坝

同时要求 5 座新建取水坝和 3 座重建取水坝下泄生态流量,根据工程调算,5 座新建取水坝和 3 座重建取水坝按照多年平均的 10% 下泄生态流量,见表 7-9。

表 7-9　取水坝生态流量下泄要求

序号	取水坝工程	所在河流或水源	生态流量下泄值/(m³/s)
1	雷山坝	麻河	0.007
2	水长坝	水长河	0.010
3	道街坝	烂枣河	0.017
4	登高坝	烂枣河	0.013
5	溶洞灌溉渠溶洞坝	白胡子溶洞	0.010
		小寨子溶洞	0.002
		水井溶洞	0.004
6	橄榄坝	罗明坝河	0.046
7	瘦马坝	麻河	0.007
8	楼子坝	吾来河	0.087

3.已建水库

对于灌区内参与调蓄的已建水库,有环评批复的大海坝水库、阿贡田水库、小地方水库、景康水库按照环评批复预留,年代久远无环评批复的中型水库红岩水库、明子山水库、鱼洞水库、红谷田水库、三岔河水库、八〇八水库按照多年平均汛期30%、非汛期10%预留生态流量,小型水库按照多年平均流量10%预留生态流量。

本次评价建议各水库主管部门结合国家政策要求和除险加固等工程建设,积极采取相应措施,保障下游生态环境用水。

7.4.3.2　生态流量泄放措施

1.2座新建水库生态流量泄放措施

1)八萝田水库

(1)工程实施期间生态流量泄放措施。为尽量减少工程投资,隧洞采用一洞三用,兼有导流、输水、生态放水功能。大坝工程实施期间八萝田水库由导流隧洞下放生态用水。

(2)初期蓄水阶段生态流量泄放措施。根据蓄水计算,导流隧洞下闸后约5 d水库蓄水至死水位912.5 m,约217 d达到正常蓄水位956 m。当蓄水位在死水位912.5 m以下时,采取水泵抽水措施来保证生态流量正常下泄;当蓄水位超过死水位912.5 m时,通过生态放流管下泄生态流量。

(3)运行期生态流量泄放措施。八萝田水库运行期通过生态放流管下泄生态流量。八萝田水库施工完成后,封堵隧洞进口,堵头内埋DN1 500输水钢管,管壁12 mm,管道总长391.4 m。经调流调压阀后接下游灌溉取水管道,在DN1 500主管道上通过"卜型"岔管分别连接放空管(DN1 000)和生态流量管道(DN600),通过调流调压阀控制下泄流量,由钢管接入泄槽经消力池消能后流入下游河道。

根据水工专业水力计算,因导流输水放空隧洞在枢纽左岸布置,灌溉渠道需从枢纽右岸取水,输水钢管从导流洞出洞后需采用埋管方式跨河,再接入下游管道及渠道。结合灌区供水管径,为减少水头损失,输水管径为DN1 500,壁厚12 mm。钢管糙率系数取0.012,死水位为912.5 m,输水钢管进水口高程901.5 m,取水流量2.00 m³/s,生态流量0.387 m³/s。计算结果见表7-10。

表7-10　DN1 500输水钢管过流能力计算

参数	符号	单位	数值
沿程损失	h_f	m	0.54
糙率	n		0.012
管道长度	L	m	875
管道流量	Q	m³/s	2.387
流速	v	m/s	1.352
谢才系数	C	$m^{\frac{1}{2}}/s$	70.0
水力半径	R	m	0.35
管道内径	d	m	1.5

2）芒柳水库

（1）工程实施期间生态流量泄放措施。为尽量减少工程投资，隧洞采用一洞三用，兼有导流、输水、生态放水功能。大坝工程实施期间芒柳水库由导流隧洞下放生态用水。

（2）初期蓄水阶段生态流量泄放措施。根据蓄水计算，导流隧洞下闸后约 21 d 水库蓄水至死水位 950 m，约 161 d 达到正常蓄水位 984 m。当蓄水位在死水位 950 m 以下时，采取水泵抽水措施来保证生态流量正常下泄；当蓄水位超过死水位 950 m 时，通过生态放流管下泄生态流量。

（3）运行期生态流量泄放措施。芒柳水库运行期通过生态放流管下泄生态流量。为尽量减少工程投资，隧洞导流结束后，进行隧洞改造，进行前段封堵（封堵长度 20 m），竖井后埋设取水放空管后，再进行自密实混凝土浇筑封堵，取水放空管经导流洞出后接调流阀室，主管道为 DN1 200 钢管经调流调压阀后接下游灌溉取水管道，在 DN1 200 主管道上通过三通型岔管分别连接放空管（DN1 200）、生态流量管道（DN600）和人饮管道（DN300），并通过调流阀控制下泄流量，由钢管接入泄槽经消力池消能后流入下游河道，保证输水、生态、人饮、放空时使用。

根据水工专业水力计算，导流输水隧洞布置在拦河坝右岸，灌溉也是从枢纽右岸取水，所以输水钢管从导流洞出洞后直接接后面输水管道。结合灌区供水管径，为减少水头损失，输水管径为 DN1 200，壁厚 10 mm。钢管糙率系数取 0.012，死水位为 950 m，输水管道进水口底高程为 940 m。取水流量 2.60 m³/s，生态流量 0.6 m³/s，人饮 0.03 m³/s。计算结果见表7-11。

表 7-11　DN1 200 输水钢管过流能力计算

参数	符号	单位	数值
沿程损失	h_f	m	0.46
糙率	n		0.012
管道长度	L	m	340
管道流量	Q	m³/s	3.23
流速	v	m/s	2.857
谢才系数	C	$m^{\frac{1}{2}}/s$	70.0
水力半径	R	m	0.35
管道内径	d	m	1.2

2.取水坝生态流量下放措施

工程实施期间生态流量下放措施：工程施工期间通过导流明渠下放生态流量。

运行期生态流量泄放措施：取水坝运行期通过坝顶溢流下泄生态流量。

7.4.3.3　生态流量在线监测系统

工程在新建八萝田水库和芒柳水库坝下各设置生态流量监控措施，生态流量监控由流量计、视频摄像头等组成，相关监测数据通过无线网络传输至灌区管理中心。综合比较目前较常用的流量测量方法，初拟采用插入式电磁流量计进行生态流量在线监控，数据传输与终端接收纳入水情自动测报系统。为满足初期蓄水阶段生态流量的监控要求，生态流量监测系统需在水库蓄水前安装完成。

新建及改建的 8 座取水坝不再设置在线监控,生态流量由坝顶溢流实现泄放。

7.4.4　渔政管理

7.4.4.1　加强渔政队伍建设

鱼类是水生生态系统中的主体,具有流动性和共有性的特点,资源养护是一项社会公益事业,要发挥政府保护公共资源的主导作用,业主应积极支持和配合当地渔政部门,提高渔政部门的执法能力和力度,依法管理。做好资源保护宣传,禁止在禁渔区内开展任何渔业生产活动,特别是要禁止电鱼、炸鱼、毒鱼等违法行为。同时应加强水污染防治工作,杜绝水污染事件的发生,保证鱼类良好的生活环境。

7.4.4.2　严格执行禁渔期与禁渔区制度

为了自然资源的稳定发展和可持续利用,须对相关水域制定禁渔期和禁渔区,在鱼类集群产卵容易捕捞的时段和河段禁止捕鱼,以维护库区正常的渔业秩序,将鱼类重要栖息地划定为禁渔区,禁渔期间整个库区、库尾或坝下水域均可设为禁渔区。

7.4.4.3　加强环保宣传

加强宣传,制定规章制度,设置水生生物保护警示牌,增强施工人员的环保意识,严禁施工人员下河捕捞鱼类。

7.4.4.4　加强鱼类监测

通过对鱼类种群动态、鱼类群落结构、鱼类产卵场等进行监测,及时反映项目建设运行后的生态环境变化趋势,为水生生物多样性的保护、水库渔业管理提供科学的依据。对当前实施的保护效果做出评估以及对保护措施的有效性提出补充或调整建议。

7.4.5　生态监测与科学研究

科学研究是开发与保护的基础,目前关于河流生态学、鱼类生物学和生态学等方面的研究基础还较为薄弱,严重制约了河流的开发与保护。因此,应积极开展相关监测与研究,主要包括以下方面:河流常规生态监测,通过对浮游生物、底栖动物、固着类生物、周丛生物、水生维管束植物、鱼类集合和种群动态、鱼类种质与遗传多样性、水域生态健康状况效果等方面的监测,及时反映工程运行前后水生生态变化趋势,为环境保护措施的制定和调整提供科学依据。生态监测需在工程完成后由专业团队定期进行监测,间隔为 3 年一次。

7.5　环境敏感区

工程不涉及自然保护区、风景名胜区等环境敏感区,下一阶段应继续优化施工布置,减少植被破坏。同时应加强环保宣传教育,规范施工行为。

7.5.1　生态保护红线保护措施

根据云南省保山市生态保护红线与本工程区域进行叠图分析,潞江坝灌区工程周边有

"怒江下游水土保持生态红线区"和"滇西北高山峡谷生物多样性维护与水源涵养生态红线区"。本灌区灌面均不涉及生态保护红线,新建水库工程、干渠工程、提水泵站工程、取水坝工程等永久工程均不涉及生态保护红线。施工营区和渣场、料场等临时工程不涉及生态保护红线。部分新建地下埋管工程涉及生态保护红线。施工过程中对周围生态保护红线区域应严格遵守以下要求:

(1)履行相应征地手续,开工后对红线范围内临时占用土地履行相应审批手续,保证生态保护红线面积不减少。

(2)划定施工活动范围,严格控制施工用地,严禁越界施工。施工前,建设单位应在各主要施工区、临近生态保护红线界等位置设置生态保护警示牌,标明工程施工区范围,禁止越界施工、破坏保护区植物及植被。

(3)对生态保护红线附近的临时施工道路,应设置告示牌,提醒施工人员依法保护和维护区域景观和生态环境。

(4)施工车辆应保持车辆外观整洁,运输时要用遮雨棚遮盖,减少落土、碎石;同时,应减少鸣笛、减缓车速。

(5)为减少对生态的影响,禁止在红线内设置施工生产生活区,施工结束后尽快对埋管进行填埋,对临时施工道路进行迹地恢复。

(6)施工废弃物、建设材料等对景观有影响的构筑物应及时处理,不得在红线范围内长期堆放。

(7)做好水土保持和防护措施。堆场砂石料堆放、余水处理等若不做好防护措施,很可能发生水土流失,进而影响红线范围内动植物栖息环境。

7.5.2 集中式饮用水水源地保护措施

潞江坝灌区工程周边分布有2个"千吨万人"饮用水水源地和12个乡镇水源地。所有工程均不涉及饮用水水源保护区,新增灌面不涉及饮用水水源保护区。环评提出禁止在水源保护区范围内设置施工临时区,且水源保护区附近工程的施工生产及生活废水禁止外排,全部收集回用,严禁乱排入饮用水水源保护区。

7.6 环境空气保护措施

7.6.1 设计目标

评价区环境空气质量执行《环境空气质量标准》(GB 3095—1996)二级标准,施工期废气排放达到《大气污染物综合排放标准》(GB 16297—1996)无组织排放标准。

7.6.2 粉尘防治措施

7.6.2.1 施工工艺技术要求

在工程施工过程中优先选择先进、低尘施工工艺和设备。钻孔、爆破尽量采用凿裂法施工,不仅生产率高于钻爆法,而且节省费用、安全且产尘率低;凿裂和钻孔尽量采用湿法作业,减少粉尘量;正确运用预裂爆破、光面爆破、缓冲爆破技术、深孔微差挤压爆破技术等,以减少粉尘产生量;采用带有捕尘罩的浅孔钻进行钻孔,禁止把岩粉作为炮孔的堵塞炮泥,以防止岩粉在炮堆的鼓包运动过程中被扬起;砂石加工及混凝土拌和选择湿法作业。

7.6.2.2 土石方开挖

工程土石方开挖爆破应优先选择预裂爆破、光面爆破、缓冲爆破、深孔微差挤压爆破等爆破技术,以减少粉尘产生量。

在开挖、爆破高度集中的坝肩、料场等开挖区,非雨日采取洒水措施(主要针对开挖弃渣装载场地),以加速粉尘沉降,缩小粉尘影响时间域范围;料场开采、爆破过程中,采用洒水、覆盖草袋等降尘、控制爆破飞石措施,控制粉尘产生量。洒水次数及用水量根据天气情况和场地粉尘产生情况确定。

7.6.2.3 砂石及混凝土系统

在砂石加工场区及混凝土拌和场区强化洒水降尘,砂石骨料加工系统采用湿法破碎的低尘工艺,与干法破碎工艺相比,粉尘减少量将达到60%以上。

混凝土拌和系统在加装水泥时,尽量靠近搅拌机进料口,进料速度不宜过快,减少水泥粉尘外溢。

7.6.2.4 场内交通

交通车辆扬尘主要来自公路路面尘土和道路的损坏,只要有效控制来源,就可减少扬尘。应加强道路管理和维护,保持路面平坦清洁,无雨日要勤洒水;配备公路养护、维修、清扫队伍,使道路常年处于良好的运用状态,削减车辆运输产生的扬尘。

在物资运输过程中注意防止环境空气污染。水泥、石灰等细颗粒材料运输采用密封罐车;若采用敞篷车运输,应用篷布遮盖;装卸、堆放中应防止物料散落;水泥临时备料场宜建在有排浆引流的混凝土搅拌场或预制场内,就近使用。

在施工区控制车速,在靠近村寨居民点、学校、生活营地、施工营地及辅助企业行驶的车辆,车速不得超过 20 km/h。

7.6.2.5 配置洒水车

根据本工程实际情况,在施工区域内配置洒水车,由专人负责洒水,在开挖、爆破以及道路(包括对外公路和对内公路)等区域产生粉尘较多的地方,非雨日早、中、晚在工区来回洒水,洒水次数不少于 6 次,以减少扬尘,缩短粉尘扩散距离和控制粉尘污染范围。

7.6.3 废气控制措施

选用符合国家有关标准的施工机械和运输车辆,对排烟量大的车辆安装尾气净化器,使用符合标准的油料或清洁能源,使其排放的废气能够达到国家标准。

各类机动车辆严格执行《在用汽车报废标准》,推行强制更新报废制度,特别是发动机耗油多、效率低、排放尾气严重超标的老旧车辆,应予以更新;参照《汽车排污监管办法》和《汽车排放尾气监测制度》,制定施工区运输车辆尾气监测和管理细则,并将其落到实处;加强对燃油机械设备的维护和保养,使发动机处于正常、良好的工作状态。

7.6.4 劳动保护措施

由于施工人员身处施工前线,受大气污染物影响较严重,应该加强施工人员的劳动保护,按照国家有关劳动保护的规定,对施工人员发放防尘口罩等进行劳动保护。

7.7　声环境保护措施

7.7.1　施工期噪声防治措施

7.7.1.1　设立警示牌

为提醒进入施工区的外来人员及当地居民注意交通安全和自我防护,拟在对外公路及主要公路的交叉口处设置警示牌,限制车速,禁止鸣笛,提醒来往车辆减速慢行,可降噪 3~5 dB。

7.7.1.2　固定点源控制

选用符合国家有关标准的施工机具,如打桩机、混凝土振捣器等符合《建筑施工场界环境噪声排放标准》(GB 12523—2011)的施工机具。加强设备的维护和保养,保持机械润滑,降低运行噪声。对砂石加工系统及混凝土拌和系统等振动大的设备使用减噪槽、减振机座等。

7.7.1.3　交通噪声控制

做好施工区道路规划,在主要交通干道上实行汽车、人行道分流。

加强管理,结合施工区环境状况制定道路交通管理办法,在危险路段、降噪路段设执勤人员;车辆在本段应适当减速行驶,车速最好控制在 20 km/h 以内,并禁鸣高音喇叭。

加强道路养护和车辆的维修保养,禁止使用高噪声车辆,在学校、居民点周围控制机动车辆行驶速度,并且禁止鸣笛。

施工单位必须选用符合国家有关环保标准的运输车辆,其噪声符合《汽车定置噪声限值》(GB 16170—1996)等。

7.7.1.4　设置声屏障

根据声环境敏感点预测结果,八萝田村、窑洞坝、西山村等距离工程较近的敏感目标存在昼间超标情况;八萝田村、香树村、团坡、登高村等距离工程较近的敏感目标存在夜间超标情况;施工期固定点声源对周围敏感居民点的影响较大。施工时应在交通沿线的八萝田村、窑洞坝、西山村等沿线设置移动声屏障,经初步估计共计需在约 12 个沿线村镇附近设置声屏障,共计约需 4 800 延米移动声屏障,同时应避开昼间午休(12:00—2:00)和夜间(22:00 至次日 6:00)时段施工。

7.7.1.5　施工、爆破噪声控制

施工中通过一次起爆的总导爆索量、总炸药量和起爆方式,降低振动及噪声,控制爆破抛头方向,避免正面爆破噪声指向敏感点。

严格控制爆破时间,非爆破时间禁止爆破,爆破时间宜选择早上 7:00—7:30、下午 17:00—17:30,以保障施工区及其周围地区居民有良好的生活和工作环境。爆破时间应事先告知周围居民。

优先采用先进爆破技术,如采用微差松动爆破可降低噪声 3~10 dB。

7.7.2　运行期噪声防治措施

运行期本项目噪声源较少,主要为泵站等设备运行产生的噪声。泵站等设备运行噪声

源强为 80~90 dB(A),经厂房、山体阻隔及距离衰减后,对外界影响较小,且周围 100 m 以内均无声环境敏感保护目标。因此,本工程运行期噪声对外环境影响不大。本项目运行期间复用施工期间设置的警示牌,限制车速,禁止鸣笛,提醒来往车辆减速慢行。

7.7.3 传播途径控制措施

(1)风钻、炸药爆破等强噪声源,由于其声级大都在 100 dB(A)以上,对这类加工场建立隔声屏障。

(2)空压机等噪声值较高的施工机械尽量在室内或洞内作业。

(3)针对混凝土拌和系统噪声强度较高、占地面积较小的特点以及噪声传播的方向性,在混凝土拌和系统设置屏障进行隔声封闭作业。

7.7.4 主要敏感对象保护措施

在采取上述噪声控制措施的基础上,提出如下环境保护措施:

(1)应该从源头控制污染源,选择符合噪声标准的机械设备、优先采取先进低噪声施工技术,加强噪声源控制。

(2)在施工区进出路段设置限速禁鸣标志牌,对进入工区的运输车辆采取限制车速(经过学校、居民点时车速低于 20 km/h)、禁止鸣笛等措施;严格控制施工时间,在午休时间 11:30—14:30,禁止爆破等源强大的施工活动,禁止夜间 22:00 至次日 6:00 施工。

(3)采用工程防护措施:在施工场界设置移动式声屏障,可降低噪声值 5~20 dB(A)。

(4)加强与敏感点人群的沟通工作,施工前应在敏感点张贴公示,争取获得其谅解。公示内容包括:工程名称、施工时间安排、施工单位、建设单位及主要联系人名称与联系方式。对公众提出的环境影响投诉应及时予以反馈与解决,对受噪声影响严重的居民采取适当的经济补偿。

7.8 固体废弃物处理处置措施

7.8.1 施工期

7.8.1.1 生活垃圾处理措施

(1)施工场地不得随意抛扔垃圾,为防止施工时乱扔垃圾,同时做好垃圾分类,在 2 个水库工程区分别设置可回收垃圾、厨余垃圾、其他垃圾和有害垃圾 4 个类别垃圾桶,两个水库工程区分别配备 1 台 3 m³ 勾臂式垃圾装卸车,每天对垃圾进行回收运至城区垃圾中转站处理。线路区配备可回收垃圾、厨余垃圾、其他垃圾和有害垃圾 4 个类别垃圾桶,定期由周边乡镇垃圾清运车清运。

每个水库工区设置垃圾桶 4 组,每个线路区设置垃圾桶 1 组,经计算,水库工程区需垃圾桶 32 个。2 个水库工区设垃圾车 2 台,46 个线路工区需垃圾桶 184 个。

(2)在施工营区经常喷洒灭害灵等药水,防止苍蝇等传染媒介滋生,并设专人定时进行卫生清理工作。

(3)施工过程中产生的弃土弃渣等建筑废料和生产废料送至选定的弃渣场,并做好拦挡、排水和植树绿化等措施。

（4）工程结束后，拆除施工区的临建设施，消除建筑垃圾及各种杂物，对其周围的生活垃圾、厕所、污水坑必须清理平整，并用石炭酸、生石灰进行消毒，做好施工迹地的恢复工作。

（5）环境影响评价建议开工后施工营地可租用工程周边民房，生活垃圾由周边村镇定期清运。

7.8.1.2　建筑垃圾

针对渠道修复重建过程中产生的少量建筑垃圾，由施工单位负责处理各自责任范围内产生的建筑垃圾，尽可能回收利用，对不可回收利用的砖块、混凝土块等统一运送至建筑垃圾堆放场，以免影响交通及临时用地的生态恢复。

7.8.1.3　弃渣处置

本工程共产生弃渣 72.78 万 m^3，产生的弃渣应做到随挖、随运，及时运往本工程规划的 13 个弃渣场进行堆放，避免临时堆放，弃渣场应按水土保持设计要求设置渣场挡护、截排水等措施，并采取工程、植物及临时措施，防止弃渣过程中产生水土流失。

7.8.2　运行期

本工程运行期产生的固体废物主要为管理单位工作人员的生活垃圾。

本工程拟在每个管理分局集中堆放生活垃圾，每天定时交与当地环卫部门统一处理。

7.9　土壤环境保护措施

为了维持云南省潞江坝灌区工程的土壤和农业生态环境，提高区域的农业生产水平，针对本工程实施后对土壤和农业生态可能带来的不利影响，提出如下措施建议：

（1）优化化肥施用，化肥的施用必须根据地力条件进行，尽量做到"测土施肥"；科学施用化肥，尽可能使用高效低残留的牲畜厩肥、家禽粪、堆肥、土杂肥、农作物秸秆等有机肥料，增加土壤有机质、丰富土壤氮素，改善土壤物理性质，尽量减少化肥施用过量或不当造成土壤板结和肥力退化，降低农业面源污染危害。

（2）合理耕作制度，采取间作、套作、轮作可有效降低病虫害发生概率，抑制杂草生长，并合理控制杀虫剂和除草剂等农药的使用量，有条件的应采取生物防治，即"生物防治为主，化学防治为辅"，以降低农药施用对土壤环境的影响。

（3）科学施用农药，尽量施用生物农药或高效、低毒、低残留农药，推广作物病、虫、草害综合防治和生物防治，减少农药对农业生态系统的不利影响以及污染危害。

（4）加大农业塑料薄膜的回收和综合利用，推广使用可降解的农业塑料薄膜制品，降低对土壤理化性能的破坏及农业生态环境的污染影响。

（5）加强灌区范围内沟谷低洼地带地下水的排水，防止地下水位上升和滞洪等导致低洼区出现渍涝现象，进而引发土壤次生浅育化等问题。

（6）采用先进的灌溉技术，国内外关于灌溉技术对土壤盐渍化的影响已做了大量研究，土壤盐分累积一般以漫灌、串灌最重，畦灌、沟灌等次之，喷、滴灌最低。膜下滴灌技术由于生育期灌溉用水较常规灌溉节省 20% ~ 30%，并且有良好的压盐效果，可有效避免土壤盐渍化。

（7）制订灌溉用水计划，实现优化管理，科学调度。保持水利工程完好，及时维修保养灌溉设施，提高用水效率，节水灌溉。

7.10　水土保持措施

7.10.1　水土流失防治分区

本工程水土流失防治责任范围包括业主管辖的永久占地、临时占地等建设占地面积。经统计，本工程水土流失防治责任范围总面积 620.45 hm²。

根据工程的施工特点和水土流失的特性可将工程区划分为水源工程区、灌溉渠（管）道工程区等 2 个一级防治分区。其中水源工程区分为水库工程区、提水及引水坝工程区、工程永久办公区、水库淹没区、料场区、弃渣场区、施工生产生活区、交通道路区、移民安置及专项设施复建区等 9 个二级分区；灌溉渠（管）道工程区分为渠道工程区、管道工程区、穿跨（越）工程区、施工生产生活区、弃渣场区、交通道路区等 6 个二级分区。

7.10.2　水土流失防治目标及总体布局

7.10.2.1　水土流失防治目标、防治标准等级及防治指标值

工程涉及云南省保山市隆阳区、龙陵县、施甸县，根据《全国水土保持规划（2015—2030年）》和《云南省水土保持规划（2016—2030 年）》，项目区属西南诸河高山峡谷国家级水土流失重点治理区。依据《生产建设项目水土保持技术标准》（GB 50434—2018），执行西南岩溶区水土流失防治一级标准。根据项目区自然条件对防治目标进行修正。项目区以轻度水力侵蚀为主，土壤流失控制比不应小于 1，因此提高 0.15；工程位于国家级水土流失重点治理区，林草覆盖率在基准值的基础上提高 2%，修正至 23%。工程水土流失综合防治目标计算见表 7-12。

表 7-12　工程水土流失防治目标

防治指标	西南岩溶区一级标准		位于水土流失重点治理区	按土壤侵蚀强度修正	采用标准	
	施工期	设计水平年			施工期	设计水平年
水土流失治理度/%	—	97			—	97
土壤流失控制比	—	0.85		+0.15	—	1.0
渣土防护率/%	90	92			90	92
表土保护率/%	95	95			95	95
林草植被恢复率/%	—	96			—	96
林草覆盖率/%		21	+2			23

7.10.2.2　水土保持措施总体布局及措施体系

根据潞江坝灌区工程的水土流失预测结果和划定的防治责任范围,以及水土流失防治分区和防治内容,确定不同的防治区采用不同的防治措施及布局,形成水土流失防治体系。在不同类型的防治措施布局中,突出针对性,以达到防护效果为前提,按照"三同时"原则,采取工程措施、植物措施、临时措施,合理布局,有效防治因工程建设所产生的水土流失。在发挥工程措施控制性和速效性的同时,充分发挥植物措施的长效性和景观效果,形成工程措施和植物措施结合互补的防治形式,把工程建设与水土流失治理、改善工程区域的生态环境结合起来,达到主体工程建设顺利进行、水库建成后安全运营、周边生态环境明显改善的目的。

水土保持措施布局见表 7-13。

表 7-13　水土保持措施布局

水源工程区	水库工程区	工程措施	截水沟、排水沟、网格梁植生袋护坡、表土剥离、表土回覆、种植槽、土地整治
		植物措施	栽植乔灌草、藤本植物
		临时措施	临时排水、袋装土拦挡、密目网苫盖
	提水及引水坝工程区	植物措施	栽植灌草
		临时措施	临时排水、袋装土拦挡、密目网苫盖
	管理区	植物措施	栽植灌草
	工程永久办公区	植物措施	栽植灌草
	弃渣场区	工程措施	表土剥离、回填、土地平整、挡渣墙、截排水沟、沉沙池、复耕、土地平整
		植物措施	栽植灌木,撒播草籽
		临时措施	袋装土拦挡、临时绿化、临时排水沟
	料场区	工程措施	表土回覆、种植槽、土地平整、复耕
		植物措施	栽植乔灌草、藤本植物
		临时措施	袋装土拦挡、密目网苫盖、临时排水沟
	施工生产生活区	工程措施	表土剥离、回填、土地平整、复耕
		植物措施	栽植乔灌草,撒播草籽
		临时措施	袋装土拦挡、密目网苫盖、临时排水沟

续表 7-13

水源工程区	交通道路区	工程措施	排水沟、表土剥离、回填、土地平整、复耕
		植物措施	栽植乔灌草
		临时措施	袋装土拦挡、密目网苫盖、临时排水沟
灌溉渠（管）道工程	管道工程区	工程措施	表土剥离、回填、土地平整、复耕
		植物措施	栽植乔灌草、藤本植物
		临时措施	袋装土拦挡、密目网苫盖、临时排水沟
	渠首工程区	工程措施	表土剥离、回填、土地平整、复耕
		植物措施	栽植灌木、撒播草籽
		临时措施	袋装土拦挡、密目网苫盖、临时排水沟
	穿(跨)越工程区	临时措施	浆砌石护坡、沉淀池
	弃渣场区	工程措施	表土剥离、回填、土地平整、挡渣墙、截排水沟、沉沙池、复耕
		植物措施	栽植乔灌木、撒播草籽
		临时措施	袋装土拦挡、密目网苫盖、临时排水沟
	施工生产生活区	工程措施	表土剥离、回填、土地平整、复耕
		植物措施	栽植乔灌草
		临时措施	袋装土拦挡、密目网苫盖、临时排水沟
	交通道路区	工程措施	表土剥离、回填、土地平整、复耕
		植物措施	栽植乔灌草
		临时措施	袋装土拦挡、密目网苫盖、临时排水沟

7.11 保护措施汇总

本工程拟采用的各项环境保护措施见表 7-14。

表 7-14　潞江坝灌区工程环境保护措施一览

实施时间	环境要素		保护目标	措施内容
施工期	生态环境	陆生生态	评价区内植物植被资源、自然景观、森林生态系统及野生动植物，重点为评价区内多种珍稀濒危保护动植物	1.加强施工管理，施工区标桩划界，施工区外严禁烟火，禁止扩大施工迹地，严禁捕猎野生动物。 2.合理规划施工方式及时间计划，避免在晨昏和正午爆破施工。 3.施工过程中，若发现有珍稀、保护野生动物进入施工区或邻近区域，应立即停止周围 200 m 范围内的所有施工活动；若在施工区及营地区发现珍稀保护动物，应及时上报工区负责人，并通知当地林业部门进行处理。 4.受工程间接影响的 31 株古树和不在渠系范围内但在临时道路或施工区占用范围内的 39 株古树，位于维修衬砌渠系旁的 9 株古树采取尽量避让就地保护措施，就地保护措施包括在档案登记、周围修建石砌护墙和挂宣传牌，截排水措施和防火、防烟气措施；位于新建八萝田干管线路上 1 株杧果，建议施工时避绕。 5.受工程直接影响的为金荞麦约 5 丛，位于八〇八单元临时施工道路占地范围内，为减轻工程建设对金荞麦的影响，建议当金荞麦种子成熟时（8—10 月）采集金荞麦的种子，就近撒播于附近山坡道路旁，恢复因该项目的建设所破坏的金荞麦种群。红椿 3 株（古树），均已挂牌，位于蒋家寨西干渠旁，建议在维修衬砌过程中，避免在红椿古树路段（长约 10 m）范围内堆放工程物资，控制施工活动范围
		水生生态	评价区内鱼类资源	施工期间禁止捕捞鱼类，施工生产生活废污水经处理后回用或达标外排
	生态保护红线		面积不减少，功能不降低	1.开工后对红线范围内临时占用土地履行相应审批手续，保证生态保护红线面积不减少。 2.划定施工活动范围，严格控制施工用地，严禁越界施工。 3.对生态保护红线附近的临时施工道路设置告示牌，提醒施工人员依法保护和维护区域生态环境。 4.施工车辆保持车辆外观整洁，运输时用遮雨棚遮盖，减少落土、碎石；减少鸣笛、减缓车速。 5.施工结束后尽快对埋管进行填埋，对临时施工道路进行迹地恢复。 6.施工废弃物、建设材料等对景观有影响的构筑物及时处理，不在红线范围内长期堆放。 7.做好水土保持和防护措施

续表 7-14

实施时间	环境要素	保护目标	措施内容
施工期	地表水环境	生产生活废污水尽可能回用，不可回用部分应处理达《污水综合排放标准》(GB 8978—1996)一级、二级标准要求。其中，灌区范围内参与的饮用水水源保护区径流区施工废污水外排生产生活废污水田禁止外排生产生活废污水	1. 八萝田水库和芒柳水库混凝土拌和站设置2座中和沉淀池和2座清水池，98台移动混凝土拌和机附近各设置1个移动式铁槽作为沉淀池和回用水池。 2. 在机修配保养厂四周布置排水沟，收集含油废水至隔油池沉淀池，机修含油废水经沉淀池，上层清水回用于机械车辆的冲洗用水，废油和油泥委托有资质的单位进行处置。 3. 基坑排水无需采取特殊处理设施，静置一段时间后可抽出回用于降尘。 4. 在施工围堰内投加絮凝剂，基坑排水静置2 h后抽出用于降尘，浇灌附近耕地或作为水保植物措施用水。 5. 2个水库工区设置环保厕所5套(4坑位)；线路每个工区设置1套2坑位环保厕所(4坑位)，施工生活污水经化粪池收集处理后上清液用于周边农田灌溉，清掏粪渣适用于周边农田施肥
	地下水环境	《地下水质量标准》(GB/T 14848—2017) Ⅲ类标准	1. 施工期废水处理池基础采用混凝土+防渗材料涂层的防渗方案，防止废水渗漏对地下水环境造成污染。 2. 避免施工过程中建筑废渣滑落落河道，造成污染。 3. 加强综合仓库的安全管理，放置油料处，采取地面硬化措施，加强监控。 4. 导流隧洞施工过程中注意：施工前加强地质勘查，查明地表水和地下水水力联系情况；建立专门的地质超前预报机制。隧洞施工采用"短进尺、快循环、弱爆破、少扰动、紧封闭"的施工工方法。施工中加强支护，做到边采掘、边衬砌，在初期村砌后及时铺设防水板，并进行二次复合式村砌；在水平施工缝或环形施工缝处使用橡胶止水带止水工艺
	环境空气	《大气污染物综合排放标准》(GB 16297—1996)、《环境空气质量标准》(GB 3095—2012)二级标准	1. 优化施工工艺，并对场区进行洒水降尘。 2. 定期维护、保养施工机械及设备。 3. 对隧洞施工区，混凝土拌和区和系统等高粉尘浓度场布置空压站所供风，增加空气流通。 4. 对距离工程区50 m以内的敏感保护目标加强施工管理，适当增加洒水降尘次数。 5. 及时清扫堰内施工道路，进场道路，并进行洒水降尘作业

续表 7-14

实施时间	环境要素	保护目标	措施内容
施工期	声环境	执行《声环境质量标准》（GB 3096—2008）1 类标准	1. 严格选择噪声值符合国家环境保护标准的施工机械，选用低噪声的施工机械，优化施工工艺。 2. 优化施工布置，施工生产产生高噪声源设备布置在远离居民点的背风场所。 3. 在声环境敏感目标周边施工时应避开施工居民中午休息时间（12:00—14:00），夜间（22:00 至次日 8:00）禁止施工。 4. 对续建配套渠系、排水工程沿线的声环境敏感保护目标，结合实地情况设置临时围挡，并通过合理安排作业时间避开休息时段，施工期避免多机械联合作业等方式减免噪声影响，严格按工程工期尽快完成标段施工
	土壤环境	《土壤环境质量 农用地土壤污染风险管控标准（试行）》（GB 15618—2018）	1. 制定合理耕作制度，采取同作、套作，轮作可有效降低病虫害发生概率，即"生物防治为主，化学防治为辅"，降低农药施用对土壤环境的影响。 2. 科学施用农药，尽量施用生物农药或高效、低毒、低残留农药。 3. 加大农业塑料薄膜的回收和综合利用，推广使用可降解的农业塑料薄膜制品。 4. 加强灌区范围内沟谷低洼地带地下水的排水，防止地下水位上升和滞洪等导致洼注区出现渍涝现象。 5. 采用先进的灌溉技术，如喷灌、滴灌等。 6. 制定灌溉用水计划，实现优化管理，科学调度
	固体废弃物	《一般工业固体废物贮存和填埋污染控制标准》（GB 18599—2020）	1. 2 个水库工程区设置垃圾桶 32 个，并配备 2 台 3 m³ 勾臂式垃圾装卸车，每天对垃圾进行回收转运。 2. 46 个线路工区配备垃圾桶 184 个。 3. 施工营区经常喷洒灭害灵等药水，防止苍蝇等传染媒介滋生。 4. 施工过程中产生的弃土弃渣等建筑废料运送至建筑垃圾场。 5. 工程结束后，拆除施工区的临建设施，消除建筑垃圾及各种杂物，做好施工迹地的恢复工作
	水土保持		严格按照《云南省潇江坝灌区工程水土保持方案报告书》对水源工程区开展水土流失防治

续表 7-14

实施时间	环境要素		保护目标	措施内容
	生态环境	陆生生态	评价区内植物植被资源、自然景观、森林生态系统及野生动植物，重点为评价区内多种珍稀濒危保护动植物	1. 加强森林植被的保护和培育，建立良好的森林生态环境。 2. 对工程涉及的地段进行人工植树造林，对输水线路沿线坡度较缓的群落实施封山育林，促进植被恢复。植被恢复过程中减少使用外来物种。 3. 拆除各种临时设施，清除碎石、砖块，施工残留物等影响美观的杂物，恢复斑块间的连通性，恢复区域生态系统的完整性。 4. 对于永久性占用的林地，应根据有关规定采取异地补偿的方法恢复，原则上应"占一补一"，并采取人工抚育至少 5 年的措施，使每公顷生物补偿量不低于原有水平
		水生生态	评价区内鱼类资源	加强渔政监管与宣传，严格按照生态流量下放措施要求下放生态流量
运行期	地表水环境		水质分别达《地表水环境质量标准》（GB 3838—2002）中Ⅱ、Ⅲ类水体标准要求	1. 工程建成后将八萝田水库和芒柳水库划定为饮用水水源保护区，并对八萝田水库上游养鸡场进行搬迁。 2. 八萝田水库和芒柳水库蓄水前进行库底清理。 3. 两座新建水库采取分层取水措施。 4. 强化水质保护管理，设立专门机构同各乡镇对干渠水质保护进行统一管理，制定应急预案；规划输水线路经过的跨河交叉河流的水质。 5. 遵循"三先三后"原则，实行最严格的水资源管理制度；提高节水水平，扩大高效节水灌溉面积，严格用水定额。 6. 在仁和中排水渠—保场排水渠设置具有生态拦截功能的生态沟渠系统
	地下水环境		《地下水质量标准》（GB/T 14848—2017）Ⅲ类标准	1. 提倡节水灌溉，减少灌区退水量。 2. 合理施用化肥、农药，推广病虫害综合防治，生物防治和精准施药等技术，防治污染物入渗。 3. 水源地附近及其上游区应严格限制使用剧毒农药，城镇及村庄分布区及其周围应限制使用剧毒农药，以保护地下水水质，保障居民饮水安全。 4. 水源地及其周围 50 m 范围应禁止使用化肥、农药，城镇及村庄分布区及其周围应限量使用化肥、农药，在井泉及其周围 50 m 范围内应禁止使用化肥、农药，水源区内部分地下水质、水量进行监测。 5. 运行期对灌区范围内部分地下水质、水量进行监测

第 8 章 环境监测与管理

8.1 环境监测

8.1.1 目的与任务

结合工程建设和运行特点,环境监测拟实现以下目的:

(1)掌握工程施工期及运行期间环境的动态变化过程,为工程施工期和运行期环境污染控制和环境管理提供科学依据。

(2)在工程施工期间,对施工区水质、环境空气、噪声和人群健康以及生态影响进行监测,及时掌握各施工段的环境污染程度和范围,消除环境污染隐患。

(3)及时了解施工人员的健康状况,以便及时进行疫病预防和治疗,确保施工顺利进行。

(4)及时掌握环保措施的实施效果,预防突发事故对环境的危害,为工程竣工环境保护验收提供依据。

(5)验证环境影响预测评价结果。

(6)为环境举证提供依据。

结合监测的目的、监测的环境因子及本工程的环境影响评价结论和措施,潞江坝灌区工程环境监测任务包括水质监测、大气监测、噪声监测、生态调查、人群健康监测和水土保持监测等。

8.1.2 监测机构

工程环境监测应充分利用地方环境保护、水土保持等部门的现有技术人员和设备,具体监测方式可由建设单位以委托或招标的方式选择监测单位,承担本工程的环境监测任务。

8.1.3 监测计划

8.1.3.1 地表水监测

1.施工生产废水、生活废污水

1)监测目的

对混凝土拌和系统冲洗废水、车辆冲洗废水、隧洞排水和施工生活污水进行监测,监测的目的是验证废污水处理系统运行效果。

2)监测项目

废污水处理系统进出口水质监测项目:隧洞排水、混凝土拌和系统冲洗废水监测 pH 和 SS,车辆冲洗废水监测 SS 和石油类,施工生活污水监测 SS、COD、BOD_5、TP、NH_3-N、粪大肠菌群等 6 项。

3）监测计划

施工废污水监测地点、项目、时间、方法见表 8-1。

表 8-1　施工期废污水水质监测一览

监测对象	监测因子	监测时间及频率	监测方法
混凝土拌和冲洗废水处理系统进出口（2 处水库工区）	水量、pH、SS	施工期每半年监测 1 d，选择混凝土拌和冲洗废水排放时间（交班时段、每天 1 次）进行监测	《污水监测技术规范》（HJ 91.1—2019）和《地表水环境质量监测技术规范》（HJ 91.2—2022）
车辆冲洗废水处理系统进出口（2 处水库工区）	水量、SS、石油类	选择正常生产时间进行监测，施工期每半年监测 1 d，每天监测 1 次	
隧洞排水处理系统进出口（2 处）	水量、pH、SS	施工期每年监测 1 d，选择系统正常运行时段监测 1 次	
生活污水处理系统进出口（2 处水库工区）	水量、SS、COD、BOD_5、TP、NH_3-N、粪大肠菌群	施工期每半年监测 1 d，每天监测 1 次	

2. 施工期地表水质监测

1）监测目的

对水库、取水坝、涉水工程所在河道水质进行地表水的监测，以分析和评价施工废水对环境保护目标的影响。

2）监测项目

河流水环境质量监测 pH、SS、石油类、COD、BOD_5、TP、NH_3-N 等 7 项。

3）监测计划

施工期地表水监测地点、项目、时间、方法详见表 8-2。

表 8-2　施工期地表水水质监测一览

序号	监测对象	监测断面	监测因子	监测时间及频率	监测方法
1	老街子河	八萝田水库坝址上游 100 m	pH、SS、石油类、COD、BOD_5、TP、NH_3-N	每季度监测 1 次，每期监测 3 d	环境监测技术规范、《地表水环境质量标准》（GB 3838—2002）
2		八萝田水库坝址下游 500 m			
3	芒牛河	芒柳水库坝址上游 100 m			
4		芒柳水库坝址下游 500 m			
5	麻河	雷山坝工工程上游 100 m			
6		雷山坝工工程下游 500 m			

续表 8-2

序号	监测对象	监测断面	监测因子	监测时间及频率	监测方法
7	烂枣河	登高坝工程上游 100 m	pH、SS、石油类、COD、BOD₅、TP、NH₃-N	每季度监测 1 次,每期监测 3 d	环境监测技术规范,《地表水环境质量标准》(GB 3838—2002)
8		登高坝工程下游 500 m			
9	镇安河	团结坝工程上游 100 m			
10		团结坝工程下游 500 m			
11	芒勒河	芒柳干管与芒勒河穿河建筑物处上游 100 m			
12		芒柳干管与芒勒河穿河建筑物处下游 500 m			
13	敢顶河	八萝田干管与敢顶河穿河建筑物处上游 100 m			
14		八萝田干管与敢顶河穿河建筑物处下游 500 m			
15	施甸河	施甸坝干管与施甸河穿河建筑物处上游 100 m			
16		施甸坝干管与施甸河穿河建筑物处下游 500 m			

3.运行期地表水质监测

1) 监测站点布设

在八萝田水库和芒柳水库各设置 1 个监测断面;施甸河、水长河、勐梅河汇入怒江前100 m 各设置 1 个监测断面;施甸坝干排渠尾设置 1 个监测断面。

2) 监测项目

监测参数按照《地表水环境质量标准》(GB 3838—2002)要求的分析项目进行。主要监测项目包括水位、流量和水温、pH、溶解氧、高锰酸盐指数、五日生化需氧量、氨氮、总磷、总氮、铜、锌、氟化物、硒、砷、汞、镉、铬(六价)、铅、氰化物、挥发酚、石油类、阴离子表面活性剂、硫化物、粪大肠杆菌群等 24 项。八萝田水库和芒柳水库除监测上述 24 项外,还需监测硫酸盐、氯化物、硝酸盐、铁、锰 5 项。

3) 监测计划

运行期地表水水质监测计划见表 8-3。

表 8-3　运行期地表水水质监测一览

监测区域	监测断面	监测项目	监测时间及频次	监测方法
水源水库	八萝田水库、芒柳水库	水位、流量和水温、pH、溶解氧、高锰酸盐指数、五日生化需氧量、氨氮、总磷、总氮、铜、锌、氟化物、硒、砷、汞、镉、铬（六价）、铅、氰化物、挥发酚、石油类、阴离子表面活性剂、硫化物、粪大肠杆菌群、硫酸盐、氯化物、硝酸盐、铁、锰等 29 项	每半年监测 1 次	环境监测技术规范、《地表水环境质量标准》（GB 3838—2002）
河流	施甸河、水长河、勐梅河汇入怒江前 100 m	水位、流量和水温、pH、溶解氧、高锰酸盐指数、五日生化需氧量、氨氮、总磷、总氮、铜、锌、氟化物、硒、砷、汞、镉、铬（六价）、铅、氰化物、挥发酚、石油类、阴离子表面活性剂、硫化物、粪大肠杆菌群等 24 项		
骨干排水渠	仁和–保场排水渠			

8.1.3.2　地下水监测

施工期对工程周边的地下水位、水质进行监测。

1.地下水监测点

选取工程周边的猪头山龙洞和岔河龙洞作为地下水监测点，见表 8-4。

表 8-4　施工期地下水环境点位

序号	名称	监测项目	监测时间及频次	监测方法
1	猪头山龙洞	地下水水位、$K^+ + Na^+$、Ca^{2+}、Mg^{2+}、CO_3^{2-}、HCO_3^-、Cl^-、pH、氨氮、硝酸盐、亚硝酸盐、总硬度、挥发性酚类、氰化物、氟化物、砷、汞、六价铬、硒、铅、镉、铁、锰、铜、溶解性总固体、高锰酸盐指数、硫酸盐、总大肠菌群、细菌总数	施工期每年丰、枯水期各监测 1 次	环境监测技术规范、《地下水环境质量标准》（GB 3838—2002）
2	岔河龙洞			

2.监测项目

地下水水位、水质。水质监测项目包括 $K^+ + Na^+$、Ca^{2+}、Mg^{2+}、CO_3^{2-}、HCO_3^-、Cl^-、pH、氨氮、硝酸盐、亚硝酸盐、总硬度、挥发性酚类、氰化物、氟化物、砷、汞、六价铬、硒、铅、镉、铁、锰、铜、溶解性总固体、高锰酸盐指数、硫酸盐、总大肠菌群、细菌总数，共 29 项指标。

3.监测频次

施工期每年丰、枯水期各监测 1 次。

8.1.3.3　土壤环境监测

施工期及运行期土壤监测点位:按照现状调查点位中的点位，分别在八萝田水库占地范围内、八萝田水库占地范围外、芒柳水库占地范围内、芒柳水库占地范围外、芒柳水库渣场占地内、八萝田干渠占地内、八萝田干渠占地外、芒柳干管占地范围内、南大沟占地范围内、南大沟渣场占地内、南大沟占地范围外、团结大沟占地内设置监测点位,共 12 个监测点位。

监测项目:pH、含盐量、砷、镉、铬(六价)、铜、铅、汞、镍、锌、铍、钡、总银、硒、六六六、滴滴涕。

监测频率:施工期监测 1 次;运行期每年监测 1 次,农作物收获后监测,连续 3 年监测。

监测方法:按照《土壤环境监测技术规范》(HJ/T 166—2004)中的要求进行。

8.1.3.4　环境空气和声环境质量监测

为了解工程施工对环境空气和声环境的影响,结合工程施工总布置及敏感点分布,大气设置 5 个点位、声环境设 10 个监测点位,见表 8-5。

表 8-5　施工期大气和声环境监测计划

监测对象	监测点位	监测参数	监测频率及时间
环境空气	八萝田、芒棒小学、团坡、大坟墓、躲安村	TSP	每年高峰期监测一次,每次连续监测 7 d,每天按照《环境空气质量标准》(GB 3095—1996)具体要求,监测日均值
噪声	八萝田、窑洞坝、芒柳、河尾、团坡、大坟墓、平安寨、墩子地、横水塘、风鸡寨上寨	等效 A 声级	每年高峰期监测一次,每次连续监测 2 d,每天监测时段 8:00—10:00、14:00—16:00、20:00—22:00

8.1.3.5　生态环境监测

1.陆生生态监测

1)监测目的

施工期,主要对区域动植物、植被等进行监测,重点监测施工区及周边生态环境及生物资源的变化等,在施工过程中若发现有重点保护对象,及时上报主管部门,实行保护。

运营期,主要监测区域生境变化、植被的变化以及生态系统整体性变化等,包括主要物种组成和数量。

通过监测了解工程施工和运行对区域生态的影响,掌握生态保护措施的实际效果,加强对景观、生态环境的管理。

2)监测内容

陆生植物监测:种类及组成、种群密度、覆盖度、外来种等。

陆生动物监测:种类、分布、密度和季节动态变化,重点保护野生动物的种类、数量、栖息地、觅食地等。

3)监测时间

陆生植物:水库工程蓄水前监测 1 次,运营期监测 1 次,监测时期为每年 4—6 月。

陆生动物:水库工程蓄水前监测 1 次,运营期监测 1 次。监测时期为每年 4—7 月,开展两栖类、爬行类、兽类监测;鸟类监测每次分 2 个时期(繁殖期、越冬期),繁殖期一般为每年 3—7 月,越冬期一般为 10 月至次年 3 月。

4)监测布点

(1)监测点布设原则。

①有代表性的原则,即具有明显特点的代表性区域,如重点保护动植物分布区、生态敏感区、重点施工区域进行重点监测。

②均匀分布的原则,即监测点尽可能均匀,所有的工程直接影响区域应该是监测点的主要分布区。

③方便监测的原则,监测点布设应做到交通方便,便于管理。

④排除干扰的原则,监测点布设应尽量避开人为活动干扰。

⑤分时段布设的原则,施工期布设临时观测点,运行期布设永久、临时结合的观测点。

(2)监测点分布:遵循代表性、合理性、可行性等原则,在新建水库工程设置 2 处监测点、引水工程设置 3 处监测点、泵站所在红岩水库周边设置 1 处监测点,灌溉渠系和排水渠系工程根据建设规模、新建、维修等,并结合自然植被分布情况,布置 8 处监测点,见表 8-6。

表 8-6　陆生生态监测点位

序号	监测点位	布设缘由
1	八萝田水库	新建水库、淹没
2	芒柳水库	新建水库、淹没
3	新建溶洞灌溉渠取水坝	新建拦河坝、新建渠系
4	新建登高双沟取水坝	新建拦河坝
5	维修芒林大沟取水坝	新建取水坝
6	新建杨三寨泵站	新建泵站、维修渠系
7	八萝田干渠-芒林大沟附近	新建干渠、维修灌溉渠系及周边古树
8	八萝田干渠吾来村附近	新建干渠、附近古树
9	芒柳干管-古榕树群附近	新建干管,附近古树
10	芒柳干管-芒掌沟附近	新建干管、维修渠系、附近古树
11	香树沟	维修渠系
12	团结大沟	维修渠系、植被较好
13	三块石引水管	新建引水管、保护植物(喜树)
14	蒋家寨水库西干渠	维修渠系、红椿古树

2.水生生态监测

1)监测目的

针对潞江坝灌区工程建设,灌区内新建的小(1)型水库等,拦水坝建成蓄水后,将改变支流原有的急流型自然河段水文环境。因此,为避免引水渠以及水库运行所带来的一系列变化,水生生态的持续监测就变得更加重要。同时,监测可以为重大环境事件和生物多样性丧失提供预警,为政府及相关决策层统筹安排经济发展与环境保护时提供参考。

2)监测内容

水环境要素监测:水温、透明度、pH、悬浮物、COD、BOD_5、叶绿素、溶氧、电导率等水化学项目。

饵料水生生物:浮游植物、浮游动物、着生藻类、底栖动物的种类组成、生物量、分布密度、优势种等。水生高等植物的种类组成、生物量、优势种及其季节变化等。

鱼类:鱼类资源监测包括特有鱼类、主要经济鱼类的种类组成、资源量、优势种、种群动态、鱼类群落构成的变化趋势以及主要经济鱼类的年龄、生长、食性、繁殖习性、鱼类"三场"变化等。

统计各河段渔获物的种类组成、数量组成、长度组成、重量组成。

3) 监测时段

因新建芒柳水库、八萝田水库为小(1)型水库,无需开展全生命周期监测,对工程影响区域开展常规监测。建议每年春季和秋季开展 2 次水生生物监测,施工期监测 1 年;运营期连续监测 1 年,共监测 4 次。

4) 监测断面

监测断面覆盖潞江坝灌区工程涉及的怒江支流主要水域。

水生生态监测点位见表 8-7。

表 8-7 水生生态监测点位

序号	位置	监测内容
1	小海坝水库	水生态要素、浮游植物、浮游动物、鱼类资源
2	烂枣河	
3	沙摩河	
4	芒牛河	
5	老街子河	
6	芒宽河	
7	芒龙河	
8	施甸河	
9	蛮英河	
10	老街子河与怒江汇口	
11	水长河	
12	罗明坝河	
13	红岩水库	

8.1.3.6 生态流量在线监测

1. 监测断面布设

为监控八萝田水库运行期生态流量下泄,在坝下约 300 m 处,布置生态流量在线监控装置,并与相关监管部门联网,以加强对工程生态流量下泄的监管。

为监控芒柳水库运行期生态流量下泄,在坝下约 200 m 处,布置生态流量在线监控装置,并与相关监管部门联网,以加强对工程生态流量下泄的监管。

2.监测方案与技术要求

综合目前常用的流量测量方法,初拟采用生态流量监测系统——插入式电磁流量计进行在线监测。

3.监测时间

为满足水库初期蓄水阶段的生态流量下泄要求,生态流量在线监测系统需在水库初期蓄水前安装完毕,并确保能够正常运行。

8.2　环境管理

8.2.1　管理的目的和意义

环境管理是工程管理的一部分,是工程环境保护工作有效实施的重要环节。潞江坝灌区工程环境管理的目的在于保证工程各项环境保护措施的顺利实施,使工程的兴建对环境的不利影响得以减免,维护区域生态稳定,保证工程区环保工作的顺利进行,以实现工程建设与生态环境保护、经济发展相协调。

8.2.2　管理的原则

8.2.2.1　预防为主、防治结合的原则

在施工和运行过程中,环境管理要预先采取防范措施,防止环境污染和生态破坏的现象发生,并把预防作为环境管理的重要原则。

8.2.2.2　分级管理原则

工程建设和运行应接受各级环境保护行政主管部门的监督,内部则实行分级管理制,层层负责,责任明确。

8.2.2.3　相对独立性原则

环境管理是工程管理的一部分,需要满足整个工程管理的要求。但同时环境管理又具有一定的独立性,必须依据我国的环境保护法律法规体系,从环境保护的角度对工程进行监督管理,协调工程建设与环境保护的关系。

8.2.2.4　针对性原则

工程建设的不同时期和不同区域可能会出现不同的环境问题,应通过建立合理的环境管理结构和管理制度,针对性地解决出现的问题。

8.2.3　环境管理的目标

根据有关的环保法规及工程的特点,环境管理的总目标如下:

(1)确保本工程建设符合环境保护法规的要求,保证各项环境保护措施按照环境影响报告书及其批复、环境保护设计的要求实施,使各项环境保护设施正常、有效运行。

(2)预防污染事故的发生,保证各类污染物合理回用,以适当的环境保护投资充分发挥本工程潜在的效益。

(3)水土流失和生态破坏得到有效控制,并通过采取措施恢复原有的水土保持功能和

生态环境质量。

(4)做好施工区卫生防疫工作,完善疫情管理体系,控制施工人群传染病发病率,避免传染病暴发和蔓延。实现工程建设的环境效益、社会效益与经济效益的统一。

8.2.4　环境管理机构及职责

8.2.4.1　工程建设单位

工程建设单位具体负责潞江坝灌区工程前期列项审批的相关环境保护工作以及从开始施工至投产运行后的一系列有关环境保护管理工作,落实环境保护工作经费,对施工期和运行期环境保护工作进行管理和监督,并负责与政府环境主管部门联系和协调落实环境管理事宜。其具体工作内容如下。

1.施工期环境管理工作内容

(1)工程环境保护设计内容和招标内容的审核;

(2)委托工程设计单位编制《工程施工环保手册》,对工程监理单位有关监理工程师进行环境保护工程监理培训;

(3)制订年度环境保护工作计划;

(4)环境保护工作审核和安排;

(5)监督承包商的环境保护对策措施执行情况;

(6)安排环境监测工作;

(7)监督移民安置工程有关环境保护措施实施情况;

(8)编写年度环境影响阶段报告;

(9)其他事务。

2.运行期环境管理工作内容

(1)制订年度环境保护工作计划;

(2)落实环境保护工作经费;

(3)监督生物资源(包括陆生、水生)保护措施的实施情况;

(4)同其他部门协调工作关系,安排环境监测工作;

(5)编写年度环境保护工作阶段报告;

(6)其他事务。

潞江坝灌区环境管理办公室与潞江坝灌区建设管理单位同时成立,是建设单位或运行管理单位的下属机构,代表工程建设单位行使环境管理的有关职权。此机构应长期存在。

8.2.4.2　工程施工单位

工程施工单位内部设立环境保护办公室,具体负责实施招标文件中规定的环境保护对策和措施,接受工程建设单位环境管理办公室的监督和管理。它的主要工作内容如下:

(1)制订年度环境保护工作计划;

(2)实施工程环境保护的措施,处理实施过程中的有关问题;

(3)核算年度环境保护费用使用情况;

(4)检查环境保护设施的建设进度、质量、运行状况;

(5)处理日常事务。

工程施工单位环境保护办公室在承包商进场时成立,待工程竣工并经验收合格后撤销。

8.2.4.3 工程监理单位

受工程建设单位委托,对工程施工质量进行现场监理,其中应有专职监理工程师负责对施工单位环境保护、水土保持工程措施实施情况进行现场监理,配合建设单位做好工程的环境保护管理工作。

8.2.4.4 工程设计单位

工程设计单位负责潞江坝灌区工程有关环评和环境保护措施设计文件。

在工程施工阶段或运行阶段,工程设计单位可为建设单位环境管理办公室和施工单位(承包商)环境保护办公室提供技术咨询;也可帮助建设单位环境管理办公室编制工程环境影响阶段报告。

8.2.5 环境管理制度

8.2.5.1 环境保护责任制

在环境保护管理体系中,建立环境保护责任制,明确各环境管理机构的环保责任。

8.2.5.2 分级管理制度

在施工招标文件、承包合同中,明确污染防治设施与措施条款,由各施工承包单位负责组织实施。本工程环保管理中心负责定期检查,并将检查结果上报。环境监理单位受业主委托,在授权范围内实施环境管理,监督施工承包单位的各项环境保护工作。

8.2.5.3 "三同时"验收制度

根据《建设项目环境保护"三同时"管理办法》,工程建设过程中的污染防治措施必须与建设项目同时设计、同时施工、同时投入运行。有关"三同时"项目必须按合同规定经有关部门验收合格后才能正式投入运行。防治污染的设施不得擅自拆除或闲置。

8.2.5.4 书面制度

日常环境管理中所有要求、通报、整改通知及评议等,均采取书面文件或函件形式。

8.2.5.5 报告制度

施工承包商定期向工程建设管理局环保管理中心和环境监理部提交环境月、半年及年报,涉及环境保护各项内容的实施执行情况及所发生问题的改正方案和处理结果、阶段性总结。环境监理部定期向工程建设管理局环保管理中心报告施工区环境保护状况和监理工作进展,提交监理月、半年及年报。环境监测单位定期向工程建设管理局环保管理中心提交环境监测报告,环保管理中心应委托有关技术单位对工程施工期进行环境评估,提出评估季报和年报。

8.2.5.6 污染事故预防和处理措施

工程施工期间,如发生污染事故或其他突发性事件,造成污染事故的单位除立即采取补救措施外,要及时通报可能受到污染的地区和居民,并报告建设单位环保部门与当地环境保护行政主管部门接受调查处理。建设单位接到事故通报后,会同地方环保部门采取应急措施,及时组织对污染事故的处理。与此同时,要调查事故原因、责任单位和责任人,对有关单位和个人给予经济处罚。

8.3　环境监理

8.3.1　环境监理目的

在工程施工期间,应根据环境保护设计要求,开展施工期环境监理,全面监督和检查各施工单位环境保护措施的实施和效果,及时处理和解决临时出现的环境污染事件。同时施工期监理成果将作为开发项目实施验收工作的基础和验收报告必备的专项报告。

8.3.2　环境监理目标

(1)进度目标:环保措施制定与执行进度保持与工程进度同步。

(2)质量目标:环保工程措施质量满足设计要求。

(3)投资目标:工程措施的费用控制在施工合同规定的相应额度内,环保措施费的使用按业主的有关规定执行。

(4)环境保护目标:污染治理、生态保护、环境质量达到经批准的环境影响报告书的相关要求。

8.3.3　环境监理内容

遵循国家及当地政府关于环境保护的方针、政策、法令、法规,监督承包商落实工程承包合同中有关环保条款。

8.3.3.1　筹建期内容

(1)审查施工单位编报的《工程施工组织计划》中的环境保护条款;

(2)编制环境监理计划,拟定环境监理项目和内容,负责审核施工招投标文件中环保条款内容;

(3)检查施工单位所建立环境保护体系是否合理、参与审批提交申请《单位工程开工报告》。

8.3.3.2　施工期内容

(1)审查各标段编制的《环境保护工作重点》,向施工单位进行环境保护工作宣传,为施工单位指出环境保护目标。

(2)针对施工过程中的主要污染物提出具体的环境保护措施;审查施工单位提交的《工程施工环境保护方案》;检查施工单位的环境保护体系运转是否正常,检查环境保护措施落实情况;对水土保持措施的建设以及移民安置点环保设施建设落实情况进行检查,调查移民迁建过程中存在的环境问题等。

8.3.3.3　验收阶段工作内容

(1)审查施工单位编报的《工程施工环境保护工作总结报告》和环境保护竣工预验收文件,主持环境保护措施竣工预验收;

(2)编写《环境监理工作总结报告》并参与工程竣工验收等。

8.3.4　环境监理工作制度

8.3.4.1　工作记录制度

环境监理工程师根据工程建设情况进行工作记录（监理日记），重点描述现场环境保护工作的巡视检查情况，指出存在的环境问题、问题发生的责任单位，分析产生问题的主要原因，提出处理意见并记录处理结果。

8.3.4.2　监理报告制度

监理工程师应组织编写环境监理月报、季报、半年报告、年度监理报告以及承包商的环境月报，报建设单位环境管理办公室。

8.3.4.3　函件往来制度

监理工程师在现场检查过程中发现的环境问题，应下发通知单，通知承包商及时纠正或处理。监理工程师对承包商某些方面的规定或要求，一定要通过书面的形式通知对方。有时因情况紧急需口头通知，随后须以书面函件形式予以确认。

8.3.4.4　环境例会制度和会议纪要签发制度

每月召开一次环保会议。在环境例会期间，承包商对本合同阶段该月工作进行回顾总结，监理工程师对该月各标段的环境保护工作进行全面评议，会后编写会议纪要并发给与会各方，并督促有关单位遵照执行。

重大环境污染及环境影响事故发生后，由环境监理工程师组织环保事故的调查，会同建设单位、地方环境保护部门共同研究处理方案，下发给承包商实施。

8.3.4.5　管理机构与工作方式

环境监理既是环境管理的重要组成部分，又具有相对的独立性，因此应成立独立的环境监理机构。由具有监理资质的单位承担，依照合同条款、监理规范、监理实施细则及国家环境保护法律、法规、政策要求，根据环境监测数据及巡查结果，监督、审查和评估施工单位各项环保措施执行情况；及时发现、纠正违反合同环保条款及国家环保要求的施工行为。

工作机构设置及工作程序见图 8-1。施工期环境监理内容见表 8-8。

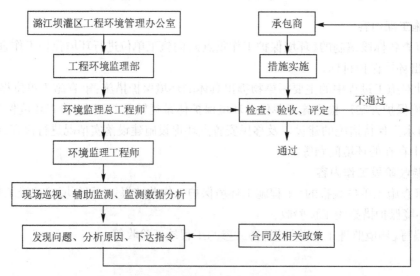

图 8-1　环境监理机构设置及工作程序

表 8-8 施工期环境监理内容一览

项目	内容
监理目的与任务	潞江坝灌区工程环境监理任务由业主委托有资质单位承担，监理单位成立工程项目监理部，在业主授权范围内，依据合同条款对工程活动中的环境保护工作进行监理，全面监督和检查各各施工单位环保措施落实情况和工程质量。本工程环境监理的任务包括：①质量控制：依照合同条款及国家环境保护法律、法规、政策要求，监督、审查和评估施工单位各项环保措施执行情况，及时发现，纠正违反国家环保条款及合同环保要求的施工行为；②信息管理：及时掌握工程影响区各类环保信息，并对信息息进行分类、反馈，处理和储存管理，便于监理保存管理，处理各有关部门之间的关系；③组织协调：协调业主与当地环保部门，承包商，设计单位与工程建设各有关部门之间的关系
监理范围	包括水库工程，输水工程施工区，施工营地，施工道路，渣场，料场等区域
岗位职责	在监理期间，环境监理工程师要到现场巡视，实行旁站式监理，一旦发现施工单位有乱砍伐植被，不按照环保设施设计要求施工，乱堆放弃渣等现象，立即下令整改停工，并督查对环境保护工作，水环境保护措施和水土保持措施进行验收，质量评定。监理工程主要履行以下职责： (1) 制订环境监理计划，监督检查生态环境保护措施，水环境保护措施和水土保持措施实施等情况，对工程中不利于环境保护的行为及时制止并提出相应的解决措施，监督施工期污染物处理建设施运转情况，对各环境要素的监测结果进行分析研究，提出环保改善方案； (2) 参加承包商提出的施工技术方案和施工计划时的审查会议，就环保问题提出改进意见，审查承包商提出的可能污染的施工材料，设备清单及其所列的环保指标； (3) 监督承包商合同条款的执行情况，并负责解释环保条款，对与工程施工关系较大的环境问题，由环境监理工程师提出解决意见，工程施工合同意见后执行，一般环境问题由环境监理工程师决定； (4) 每日对现场出现的环境问题及处理结果做记录，每月向环境管理机构提交月报表，积累资料并整理环境监理档案，每半年提交 1 份环境监理评估报告； (5) 全面检查施工单位负责的弃渣场，公路及料场的裸露场地，公路及料场的裸露地，施工迹地等的处理和恢复情况，尽量减少工程施工对环境带来的不利影响； (6) 协调业主和承包商之间的关系，处理好合同中与环保有关的违约事件，按照合同规定，索赔程序做到公平、公正、公开处理； (7) 环境监理工程师有权反对承包商确认的不胜任环保工作或玩忽职守的环境管理人员

续表 8-8

项目	内容
监理内容	环境监理的内容一般包括： (1)对污染源强进行控制，并要求达标排放，使施工区及其影响区达到规定的环境质量标准。 (2)生产废水和生活污水的处理： 混凝土拌和系统冲洗废水，入萝甘水库和芒柳水库配置2座中和沉淀池和2座清水池，98台移动混凝土拌和机附近各设置1个移动式铁槽作为沉淀池和回用水池，循环回用于混凝土拌和用水，不外排。 车辆冲洗废水：机械修配保养厂四周布置排水沟，收集含油废水至隔油沉淀池，机修含油废水经沉淀池，隔油池处理达标后回用或用于洒水降尘，不外排。 基坑排水：静置沉淀一段时间后可抽出回用于施工区洒水降尘，不外排。 隧洞施工废水：处理达标后回用或用于施工区洒水降尘，不外排。 生活污水：2个水库工区设置环保厕所9套（4坑位）；线路每个工区设置1套4坑位环保厕所（线路分类计46套环保厕所），施工生活污水经化粪池收集处理后上清液用于周边农田灌溉，清掏粪渣用于周边农田施肥。 (3)大气污染防治： 施工粉尘：设置洒水车，防尘围挡（结合声屏障布置），排放场界小于1.0 mg/m³，低于《大气污染物综合排放标准》（GB 16297—1996）颗粒物无组织排放限值。 爆破粉尘：采用先进爆破技术。 运输车辆：密闭运输或篷布遮盖。 车辆及机械尾气：采用符合标准的施工机械，运输车辆；使用清洁燃料。 (4)噪声控制： 施工期噪声：采用移动式隔声挡板，设置车辆限速标志，选用符合国家有关标准的施工机具，合理选择爆破时间，高噪声作业时，距离居民点较近时应先征得居民认可后施工，保证场界达标，敏感点达标。 (5)固体废弃物处理： 施工期弃渣场13处，共处理弃渣72.78万m³，建筑垃圾回收利用或堆置弃渣场；施工期生活垃圾采用垃圾桶收集，垃圾点集中的方式处理，不随意丢弃。 (6)生态保护和恢复措施：植被恢复及复耕。 (7)人群健康：保证生活饮用水洁净，安全可靠，预防传染病，为劳动者提供必要的劳动保护及卫生条件。 (8)预防各类污染事故的发生，保证各类污染物达标排放，加强废水的综合利用，使工程区及其附近的水环境、声环境达到环境质量要求。 (9)污染治理设施"三同时"落实情况：保证对各项污染治理工程的工艺、设备、能力、进度等按照环境保护设计文件要求得到有效实施或优化实施，确保环保工程"三同时"工作在各阶段落实到位
监理工作制度	工作记录制度，监理报告制度，函件往来制度，环境例会和会议纪要签发制度。 定期巡查，通过及时收集有关资料和填报的报表获取信息，对重点环境问题进行跟踪监理，直至解决问题

第 9 章　环境保护投资估算与环境经济损益分析

9.1　编制依据

（1）《水利水电工程环境保护概估算编制规程》（SL 359—2006）。

（2）关于发布《水利建筑工程预算定额》《水利建筑工程概算定额》《水利工程施工机械台时费定额》及《水利工程设计概（估）算编制规定》的通知（水利部水总〔2002〕116 号）。

（3）国家计委、建设部关于发布《工程勘察设计收费管理规定》的通知（计价格〔2002〕10 号）。

（4）《水利水电工程设计概（估）算费用构成及计算标准》，2002 年。

（5）国家环保局第 253 号令《建设项目环境保护管理条例》。

（6）《云南省环境监测专业服务收费标准》。

（7）单价采用国家现行有关政策与现行物价。

（8）环保设备采用市场现行价。

9.2　编制原则

（1）环境保护作为工程建设的一项重要内容，其费用构成、估算依据、价格水平年与主体工程一致。

（2）工程本身具有的环境保护措施，其费用列入主体工程，本投资估算不再重复计列。

（3）建筑工程基础单价，包括人工单价、主要材料价格及建筑工程单价，与主体工程一致。

（4）材料、苗木价格采用当地市场价格计算。植物措施单价依据当地水土保持植树造林价格确定。

（5）对于受设计深度限制，本阶段无法明确工程量的环境保护措施，参照同类工程单价，采用综合指标法进行估算。

9.3　环保投资估算

按照上述原则计算，潞江坝灌区工程环境保护工程总投资 6 249.37 万元，其中第一部分环境保护措施 1 000.40 万元，第二部分环境监测措施 722.10 万元，第三部分环境保护仪器设备及安装 319.20 万元，第四部分环境保护临时措施 886.60 万元，第五部分环境保护独立费用 2 752.94 万元，基本预备费 568.13 万元，见表 9-1。

表 9-1　潞江坝灌区工程环境保护投资估算

工程和费用名称	单位	数量	单价/元	投资/万元	备注
第一部分　环保措施费				1 000.40	
一　生态保护				240.00	
1　渔政管理	项	1	800 000	80.00	
2　陆生生态保护				160.00	
2.1　古树保护	项	1	1 490 000	149.00	
2.2　金荞麦种质资源保护	项	1	50 000	5.00	金荞麦种子成熟时采集种子,就近撒播于附近山坡道路旁
2.3　红椿	项	1	60 000	6.00	对 3 株红椿沿其分布坡地地形,采取 5 m×10 m 的围栏进行圈禁
二　水环境保护措施				760.40	
1　仁和中排水渠-保场排水渠生态沟渠				390.00	
1.1　渠首段	处	1	1 300 000	130.00	
1.2　渠中段	处	1	1 300 000	130.00	
1.3　渠末段	处	1	1 300 000	130.00	
2　水源保护区隔离带				64.00	
2.1　八萝田水库水源保护区隔离带	km	3.2	100 000	32.00	
2.1　芒柳水库水源保护区隔离带	km	3.2	100 000	32.00	
3　水源地警示牌				6.40	
3.1　八萝田水库水源地警示牌	个	16	2 000	3.20	
3.2　芒柳水库水源地警示牌	个	16	2 000	3.20	
4　水库管理站三格化粪池				20.00	
4.1　八萝田水库管理站三格化粪池	个	1	100 000	10.00	
4.2　芒柳水库管理站三格化粪池	个	1	100 000	10.00	
5　八萝田水库右岸养鸡场搬迁	项	1	2 800 000	280.00	

续表 9-1

	工程和费用名称	单位	数量	单价/元	投资/万元	备注
第二部分　环境监测措施					722.10	
1	地表水水质监测	点·次	352	5 000	176.00	共 16 个监测点,每季度监测 1 次,施工期4.5年共监测 288 点·次;运行初期前 2 年每年监测 2 次,计监测 4 次,总计监测 64 点·次
2	生活饮用水监测	点·次	36	11 500	41.40	2 个新建水库生产生活区设 1 个监测点,每季度监测 1 次,施工期4.5年共监测 36 点·次
3	施工废污水监测	点·次	52	4 000	20.80	混凝土拌和冲洗废水处理系统进出口(2 处水库工区)、车辆冲洗废水处理系统进出口(2 处水库工区)4 个监测点每半年监测 1 次,监测 36 点·次;隧洞排水处理系统进出口(2 处)、生活污水处理系统进出口(2 处水库工区)4 个监测点每年监测 1 次,监测 16 点·次。共监测 52 点·次
4	噪声监测	点·次	40	4 000	16.00	监测点位 10 个,施工期内每年监测 1 次,监测 4 次,计40 点·次
5	大气监测	点·次	20	8 000	16.00	监测点位 5 个,施工期内每年监测 1 次,监测 4 次,计20 点·次
6	地下水监测	点·次	18	11 500	20.70	2 个监测点位,每年监测 2 次,共监测 18 点·次
7	土壤监测	点·次	48	9 000	43.20	12 个监测点位,施工期监测 1 次,运行期连续监测 3 次,共监测 48 点·次
8	水生生态	次	4	580 000	232.00	施工期—运行初期内开展 4 次调查
9	陆生生态	次	2	780 000	156.00	施工期—运行初期内开展 2 次调查

续表 9-1

工程和费用名称	单位	数量	单价/元	投资/万元	备注
第三部分 环境保护仪器设备及安装				319.20	
1 八萝田水库生态流量监测	项	1	500 000	50.00	
2 芒柳水库生态流量监测	项	1	500 000	50.00	
3 施工区垃圾桶				12.96	
3.1 八萝田水库工区垃圾桶	个	16	600	0.96	八萝田水库工区 4 组,每组 4 个垃圾桶
3.2 芒柳水库工区垃圾桶	个	16	600	0.96	芒柳水库工区 4 组,每组 4 个垃圾桶
3.3 施工期线路区垃圾桶	个	184	600	11.04	每个线路工区 1 组,每组 4 个
4 垃圾清运车	台	2	100 000	20.00	每个水库工区 1 台
5 车辆限速标志牌	个	96	400	3.84	2 个生产生活区
6 警示牌	个	96	2 000	19.20	2 个生产生活区
7 洒水车辆(租赁费)	月	54	10 000	54.00	
8 施工人员生活污水处理设施				109.20	
8.1 八萝田水库工区环保厕所	套	2	28 000	5.60	4 个坑位/套
8.2 芒柳水库工区环保厕所	套	3	28 000	8.40	4 个坑位/套
8.3 线路区环保厕所	套	46	16 000	73.60	2 个坑位/套
8.4 运行费用(清掏费)				21.60	2 000元/(月·套)
第四部分 环境保护临时措施				886.60	
1 水环境保护措施				312.24	
1.1 水库区混凝土拌和系统废水处理				189.80	每工区 6 m³/d,选用 3 m×2 m×1.5 m,中和沉淀池和清水池各一个
土建工程费	套	2	250 000	50.00	水库工区
运行费用				1.80	2 000元/(年·套)
线路区混凝土搅拌机废水处理	处	46	30 000	138.00	线路工区

续表 9-1

	工程和费用名称	单位	数量	单价/元	投资/万元	备注
1.2	含油废水处理				42.44	水库工区
	土建工程费5.4 m³	套	2	26 200	5.24	
	土建工程费9.6 m³	套	2	58 000	11.60	
	运行费用				5.60	2 000 元/（年·台）（5.4 m³），5 000 元/（年·台）（9.6 m³）
1.3	基坑废水处理	套	2	100 000	20.00	
1.4	施工期生活污水处理				60.00	
	八萝田水库工区化粪池	座	1	150 000	15.00	
	芒柳水库工区化粪池	座	1	150 000	15.00	
	八萝田水库工区隔油池	座	1	150 000	15.00	
	芒柳水库工区隔油池	座	1	150 000	15.00	
2	（大气）洒水降尘人工费	月	54	10 000	54.00	
3	声环境保护措施				230.40	
3.1	移动式声屏障	延米	4 800	400	192.00	
3.2	鸣笛警示牌	个	192	2 000	38.40	每个施工区 2 个
4	生活垃圾处理清运费	t	3 227	500	161.37	每人每天产生 1 kg 垃圾
5	人群健康保护费				128.59	
5.1	施工生活区消毒	m²	110 240	5	55.12	
5.2	劳动人员劳保用品	人·次	2 240	200	44.80	人均 200 元
5.3	杀虫灭鼠药	人·次	1 792	10	1.79	施工高峰人数每 5 人一组，每年灭鼠 1 次
5.4	人群健康	人·次	2 240	120	26.88	水库工区 840 人，线路区 1 400 人，施工高峰人数人均体检 1 次
	（一）~（四）部分合计				2 928.30	

续表 9-1

工程和费用名称		单位	数量	单价/元	投资/万元	备注
第五部分	环境保护独立费用				2 752.94	
1	建设管理费				654.98	
1.1	环境管理人员经常费	按第一~第四部分之和的4%计			117.13	
1.2	环境保护设施竣工验收费				450.00	
1.3	环境保护宣传及技术培训费	按第一~第四部分之和的3%计			87.85	
2	环境监理费	月	54	80 000	432.00	
3	科研勘测设计咨询费				1 665.96	
3.1	科学研究试验费				510.00	
3.1.1	风险应急预案编制	项	1	1 200 000	120.00	
3.1.2	新建水库富营养化应急预案	项	2	800 000	160.00	
3.1.3	富营养化措施研究	项	1	500 000	50.00	
3.1.4	生态沟渠方案研究专题	处	3	600 000	180.00	
3.2	环境影响评价费				550.00	
3.3	前期费				58.57	
3.4	勘测费				117.13	
3.5	设计费				234.26	
3.6	水源保护区划定	项	2	980 000	196.00	
第一~五部分合计					5 681.25	
基本预备费		按第一~五部分之和的10%计			568.12	
环境保护投资					6 249.37	

9.4　环境影响经济效益分析

工程建设由于水库淹没、工程占地和工程施工污染物质排放等方面对工程区域环境质量和环境资源造成一定程度的损失和影响。在工程建设过程中,实施了相应的减免和改善措施,使不利影响可在很大程度上得到减小和避免。

潞江坝灌区工程拟通过新建水源工程、渠系工程,对现有渠系工程、排水工程进行续配套建设,完善区域水利设施建设。工程建成后,可向灌区范围内的隆阳区、龙陵县、施甸县 12 个乡镇提供 23 199 万 m^3 供水量,其中工业供水量 1 820 万 m^3、生活供水量 2 447 万 m^3、农灌供水量 18 932 万 m^3,能够为地方经济发展提供保障,工程建设具有较好的社会效益和经济效益。

本工程为非污染生态工程,具有运行年限长、环境损失补偿大多为一次性投入的特点,建成后,在环境损失方面的补偿随时间的增加基本不需追加投资,随着工程的运行,环境效益将不断增大。因此,在环境费用效益方面,工程具有较优越的经济指标。

第 10 章　研究结论

10.1　工程开发任务

　　潞江坝灌区供水范围包括隆阳区、施甸县、龙陵县 3 个县(区),共涉及 12 个乡镇。灌区设计灌溉面积 63.47 万亩,其中自流灌溉面积 60.66 万亩,提灌面积 2.81 万亩。分为 5 个灌片,分别为干热河谷灌片、三岔灌片、水长灌片、烂枣灌片、施甸灌片。本项目的开发任务为建设潞江坝灌区,保障农业灌溉、村镇供水,为改善区域生态环境,巩固地区脱贫致富创造条件。

　　潞江坝灌区的建设内容为:水源工程 20 座,其中新建小(1)型水库 2 座(八萝田水库和芒柳水库)、取水坝工程 17 座(新建 5 座、重建 3 座、维修加固 9 座),新建泵站工程 1 座;建设骨干输水渠(管)65 条(干渠 18 条,支渠 47 条),渠道总长 528.95 km;新建骨干排水渠 2 条,总长 7.13 km。

10.2　工程环境合理性分析

　　云南省潞江坝灌区工程为新建农田水利工程,是《产业结构调整指导目录(2019 年本)》中的鼓励类项目。

　　工程不涉及自然保护区、风景名胜区、森林公园、饮用水水源保护区等环境敏感区,工程建设后对迹地进行恢复,对环境影响较小。新建水库工程、干渠工程、提水泵站工程、取水坝工程等永久工程均不涉及生态保护红线。施工营区和渣场、料场等临时工程不涉及生态保护红线。部分地埋管及施工道路涉及生态保护红线,工程量较小,施工时间较短,施工结束后尽快对工程区进行植被恢复,对生态保护红线影响较小。

　　根据水资源配置方案成果,2030 年用水总量均低于隆阳区、龙陵县、施甸县最严格水资源管理"三条红线"用水总量控制指标,灌区主要用水效率指标符合云南省最严格水资源管理的要求。

　　本工程新建水源工程为小(1)型水库,无大中型工程,根据收集到的现状水质监测资料及本阶段对各水源点进行的水质现状监测结果,各个水源工程现状水质均能满足《地表水环境质量标准》(GB 3838—2002)Ⅲ类标准要求,供水水质均能满足相应供水任务的水质要求,供水水质有保障。新建水源工程在规划阶段、可研阶段均进行了坝址、坝型的地形地质、枢纽布置、施工条件、移民占地和环境保护等多专业比选,各个水源工程坝址、取水坝方案均是环境相对较优的方案。因此,本工程选取的各个水源工程具有环境合理性。

　　潞江坝灌区输水渠系建筑物多采用管道,隧洞开挖少,且埋深浅,避免大面积扰动对陆生生态的不利影响及对地下水的影响。因此,本工程渠系工程设置具有环境合理性。

　　本工程的渠系工程主要依靠天然河道,对部分行洪不畅、淤积严重或损坏严重段落进行疏浚,采用砂浆抹面或混凝土衬砌使其满足过流要求,保障区域排洪通畅。工程量小且较为分散,施工期间带来的不利影响较小,随着施工结束而消失。因此,本工程的渠系工程布置具有环境合理性。

综合以上分析,本工程总体布局较为合理,具有环境合理性。

10.3 环境质量现状研究结论

10.3.1 地表水环境

根据 2021 年 4 月(枯水期)和 2021 年 9 月(丰水期)对灌区地表水水质监测结果,监测断面的水质均满足《地表水环境质量标准》(GB 3838—2002)水质标准,达到水功能区划水质要求。

10.3.2 地下水环境

2021 年 9 月分别在新建水库、已建水库、取水坝、泵站周边、水源保护区、周边居民饮用水井布设监测点,共计 8 个监测点,所有监测点位均能满足《地下水质量标准》(GB/T 14848—2017)Ⅲ类标准限值。

10.3.3 生态环境

10.3.3.1 陆生生态环境

1.植被现状

评价区主要有维管束植物 702 种(含种下分类等级),隶属于 125 科 449 属,其中野生维管束植物 124 科 425 属 667 种。

评价区内分布有国家二级保护植物红椿(12 株)、大理茶(39 株,古树群 10 处)、千果榄仁(1 株)等,均为古树,除施甸县 3 株红椿外,其他种类均距离工程 50 m 以上,受工程间接影响较小。

各渠系工程和沿线施工布置、新建水库外扩 10 m 范围内有 81 株,工程周边较近古树有 80 株,其中位于新建干管线路上的有 1 株,八萝田库区 1 株,位于维修衬砌渠道旁的有 9 株,位于临时施工道路或施工区范围内的有 39 株,其他 31 株位于临时施工道路布置范围外。

2.动物现状

评价区共有陆生野生脊椎动物 4 纲 28 目 96 科 288 种,两栖类有 2 目 8 科 12 种,爬行类共有 1 目 7 科 19 种,鸟类 18 目 64 科 224 种,兽类 7 目 17 科 33 种。

有国家一级保护动物 3 种,为黑鹳、乌雕和黄胸鹀,有国家二级保护动物 29 种,分别为红瘰疣螈、白鹇、白腹锦鸡、褐翅鸦鹃、凤头蜂鹰、黑翅鸢、黑鸢、红隼、斑头鸺鹠、黄喉貂和豹猫等,有云南省级重点保护野生动物 3 种,为滇蛙、双团棘胸蛙和孟加拉眼镜蛇。

10.3.3.2 水生生态环境

评价区共检出浮游藻类 6 门 100 种(属),浮游动物 4 门 59 种(属),底栖动物 3 大类 21 种(属),鱼类有 7 目 14 科 53 种。调查到的怒江鱼类中有国家二级保护动物 4 种,分别为长丝黑鲱、角鱼、后背鲈鲤和巨魾,有云南省级保护鱼类 1 种,为云纹鳗鲡,被收录在《中国生物多样性红色名录》中的鱼类有 7 种,分别为半刺结鱼(CR)、角鱼(VU)、后背鲈鲤(VU)、长丝黑鲱(VU)、巨魾(VU)、怒江裂腹鱼(VU)和云纹鳗鲡(NT)。该工程项目区有许多怒江-萨尔温江水系特有鱼类:保山裂腹鱼、怒江间吸鳅、布朗鱼丹、掸邦鱼丹、半刺结鱼、后鳍吻孔鲃、角鱼、怒江墨头鱼、缺须盆唇鱼、云南鲱鲇、长丝黑鲱、长鳍褶鲱等。

10.3.4　环境空气

潞江坝灌区工程中除隆阳区、施甸县城区城镇化度较高,有工业企业分布外,其余片区产业结构仍以农业为主,区内环境空气质量较好。2021 年 9 月对八萝田(村)、芒棒小学、团坡、大坟墓、躲安村共 6 个点位进行大气环境监测,根据监测结果可知,本工程评价范围内基本污染物环境质量现状均满足《环境空气质量标准》(GB 3095—2012)中的二级标准,空气质量状况良好。

10.3.5　声环境

保山市潞江坝灌区工程均位于农村地区,声环境质量现状均能满足《声环境质量标准》(GB 3096—2008)1 类区昼间 55 dB(A)、夜间 45 dB(A)标准,区域声环境质量良好。2021年 8 月 26—28 日对项目区周边进行声环境质量现状监测,项目区周边村庄昼间等效连续 A声级在 50~54 dB(A),夜间等效连续 A 声级在 42~44 dB(A),均能满足《声环境质量标准》(GB 3096—2008)中 1 类标准,项目区周边声环境质量状况良好。

10.3.6　土壤环境

2021 年 8 月,对灌区土壤进行监测,现状土壤质量监测结果表明,工程占地范围内各监测点位均可满足《土壤环境质量 建设用地土壤污染风险管控标准》(GB 36600—2018)中第二类用地管制值要求,工程占地范围外各监测点位均可满足《土壤环境质量 农用地土壤污染风险管控标准》(GB 15618—2018)风险筛选值要求,工程评价范围内土壤环境质量现状良好。

10.4　环境影响研究结论

10.4.1　地表水环境影响结论

10.4.1.1　对水资源利用的影响

八萝田水库坝址断面工程实施后多年平均开发利用量为 0.065 8 亿 m³,开发利用率为18.80%;老街子河入怒江河口断面工程实施后多年平均开发利用量为 0.07 亿 m³,开发利用率为 11.29%;芒柳水库坝址断面工程实施后多年平均开发利用量为 0.058 亿 m³,开发利用率为 9.18%;芒牛河入怒江河口断面工程实施后多年平均开发利用量为 0.064 亿 m³,开发利用率为 8.35%。各断面开发利用率均远低于 40%。灌区其他取水坝和已建水库所在河流开发利用率低于 40%。

10.4.1.2　对水文情势的影响

灌区建成后,新建芒柳水库逐月下泄流量由 0.20~8.10 m³/s 变为 0.20~7.99 m³/s,汛期生态流量值为 0.60 m³/s,非汛期生态流量值为 0.24 m³/s,除天然来水不足的月份外,其余各月满足下游河段生态流量要求。新建八萝田水库逐月下泄流量由 0.20~3.83 m³/s 变为 0.16~3.13 m³/s,汛期生态流量值为 0.39 m³/s,非汛期生态流量值为 0.18 m³/s,满足下游河段生态流量要求。

取水坝的修建会导致坝上水位壅高,流速下降,悬移质滞留时间增加,坝下游河段冲淤过程将发生变化。为了减缓取水坝工程对河流水文情势的影响,5 座新建取水坝拟按照多年平均的 10% 下泄生态流量。

10.4.1.3　对水质的影响

通过对新建水库库区水质进行预测,结果表明,水库建成后各项指标均能满足Ⅲ类水质标准。通过对新建水库富营养化趋势的预测,结果表明,2 座新建水库建成后库区总体水质不易发生富营养化,但在营养物来源丰富、富集条件好的回水交流不充分的情况下,不排除出现富营养化的可能。因此,须严格控制水库流域氮、磷的排入量,加强水库上游面源污染控制以及水质监测,以便及时采取应对措施,严防水库向富营养化发展。

10.4.1.4　对水温的影响

经预测,2 座新建水库水温随水深呈现梯度变化,温跃层明显,夏季库表水温明显高于下层水温。八萝田水库下泄水温年均温度比天然水温低 2.6 ℃,芒柳水库下泄水温年均温度比天然水温低 2.3 ℃,水库蓄水将导致下泄水温变化,需采取相应措施减缓低温水对下游环境影响及对灌溉农作物的影响。

10.4.1.5　施工期地表水环境影响

工程施工期产生的混凝土拌和废水、机修含油废水、基坑排水等生产废水和施工人员生活污水处理后基本全部回用,对怒江及其支流水质影响较小。

10.4.1.6　灌区退水水质影响

潞江坝灌区建成后,预测断面的水质均能达到相应水质标准。受干支流入流水质及沿程污染物汇入影响,怒江干流沿程 COD、氨氮、TP 浓度总体呈升高的趋势,但沿程各断面水质增高幅度不大,且均满足Ⅱ类水质标准要求。

10.4.2　地下水环境影响结论

10.4.2.1　施工期对地下水的影响

新建八萝田水库和芒柳水库坝址区坝肩地下水位低于水库正常蓄水位。工程导流洞进口底高程和出口底高程高于地下水位,故导流隧洞施工对局部地段地下水位和地下水流场影响较小。

取水坝工程施工期间坝址处开挖会导致局部区域地下水流向基坑,坝址开挖面总体不大且施工时间不长,故坝址处开挖施工基本不会对地下水位及地下流场造成影响。

渠(管)系工程为线性工程,开挖破坏范围有限,施工时限短,工程施工不会造成大范围的地下水位下降。

本工程施工期生产、生活废污水排放量小,在采取措施处理后回用,不会对区域地下水水质产生污染影响。

10.4.2.2 运行期对地下水的影响

水库建成后,采用水平防渗和垂直防渗等措施后对库区地下水影响较小。

各取水坝工程根据实际情况采取铺设混凝土铺盖、帷幕灌浆、土工膜防渗等措施进行防渗后对地下水影响较小。

灌区建成运行后,干管和支管渗水量较小,田间渠系采取衬砌措施,且有较大比例的高效节水灌片,灌区范围内灌溉水入渗量小,不会破坏区域地下水的补径排关系。因此,潞江坝灌区运行期对区域地下水位和水量的影响较小。

10.4.3 生态环境影响结论

10.4.3.1 对陆生生态的影响

工程占地不可避免地会破坏占地区植物及植被。工程总占地 620.45 hm²,其中征收土地总面积 167.99 hm²,征用土地总面积 452.46 hm²。占地类型包括耕地 246.56 hm²(永久占用 59.24 hm²),园地 154.43 hm²(永久占用 33.55 hm²),林地 182.1 hm²(永久占用 67.23 hm²)、住宅用地 7.14 hm²(永久占用 1.17 hm²)、交通运输用地 9.6 hm²(永久占用 2.15 hm²)、水域及水利设施用地 13.63 hm²(永久占用 4.19 hm²)、其他土地 0.07 hm²。工程建设带状影响范围较小,施工时间较短,且工程为灌溉渠系工程,工程建设后对改善区域植被生长水分条件有利,对改善动物栖息生境有利。

受工程影响较明显的古树主要有 81 株,其中位于新建干管线路上的有 1 株,八萝田库区 1 株,位于维修衬砌渠道旁的有 9 株,位于临时施工道路或施工区范围内的有 39 株,其他 31 株位于临时施工道路布置范围外。

10.4.3.2 对水生生态的影响

工程对水生生态的影响主要是施工期涉水工程施工扰动河床底质,造成施工区水域颗粒悬浮物增加,透明度降低,影响浮游生物、底栖生物的生长,导致浮游生物、底栖生物群落结构发生改变;饵料生物的减少进一步影响鱼类摄食和生长;施工结束后,影响随之消失。运行期水库大坝及取水坝会直接占用河床底质,挤压该河段底栖生物的生存空间;也会对所在河段鱼类产生一定的阻隔作用;坝址下游无大规模鱼群分布,会存在小部分鱼类,如下泄低温水可能对坝址下游鱼类繁殖产卵产生一定推迟作用;坝下受减水河段影响,该河段鱼类栖息空间将受到一定影响。

10.4.4 土壤环境影响结论

工程建设对土壤环境的影响体现在工程施工活动从根本上改变了地表覆盖物的类型和性质,改变了表层土壤的结构和物理性质。

评价区具有天然的地表水排泄通道,且建有排涝、排水设施,无大面积沼泽化、盐碱土。灌区土壤全年中脱盐作用远大于积盐作用,灌溉水源满足灌溉用水标准,引起区内地下水位抬升,影响范围有限,不会发生大面积土壤次生盐碱化影响。此外,工程所在区地形高差使其灌溉时间短而排水快,因此不存在潜育化影响。

10.4.5 环境空气影响结论

工程所在地地形较为开阔,各施工区空气扩散条件较好,施工废气易于扩散,对周围环境造成影响的可能性不大,施工过程中,燃油废气均为近地表排放,强度较小,总体上废气对大环境的影响仅限于施工现场及邻近区域,具有污染范围小、程度轻的特点,不足以产生明显的污染影响。

10.4.6 声环境影响结论

根据声环境敏感点预测结果,部分距离工程较近的敏感目标存在超标情况,建议施工过程中提前张贴施工告知声明,在施工区设置隔声挡板,同时应避开昼间午休和夜间时段施工。

10.4.7 固体废弃物环境影响结论

本工程产生弃渣全部运至指定弃渣场,做好平整、覆土、排水、挡护和绿化等水土保持措施;工程施工期间产生生活垃圾及时收集处置,运至市政垃圾处理场所,固体废弃物对周边环境影响较小。

10.4.8 环境敏感区影响结论

本工程不涉及自然保护区、风景名胜区、森林公园、饮用水水源保护区等环境敏感区。部分新建管道及临时施工道路位于生态保护红线范围内,新建管道为地埋式管道,生态保护红线范围内的工程距离较短,实施时间较短,工程建成后,进行原土回填和临时施工道路迹地恢复,随着区域植被复植,工程对生态保护红线影响将逐步消失,生态保护红线范围内管道工程实施对生态保护红线影响较小。

10.5 主要环境保护措施

10.5.1 生态环境保护措施

10.5.1.1 陆生生态保护措施

施工期间加强施工人员管理,禁止扩大施工迹地,施工区外严禁烟火,严禁捕猎动物。受工程影响较明显的古树有81株,施工时建议绕行位于线路上的1株名木古树,古树就地围栏保护,施工注意避让,控制施工范围;八萝田库区1株聚果榕古树采取靠后移栽措施。金荞麦种子成熟时,采集金荞麦的种子,就近撒播于附近山坡道路旁;对3株红椿沿其分布坡地地形,采取5 m×10 m的围栏进行圈禁。

10.5.1.2 水生生态保护措施

施工期落实文明施工原则,不乱排施工废水,避免污染附近河流水体;施工期和运行期强化渔政监管。施工期下泄生态流量,运行期严格按照要求下泄生态流量。

10.5.2 地表水环境保护措施

10.5.2.1 施工期地表水环境保护措施

混凝土拌和站设置中和沉淀池和清水池,移动混凝土拌和机附近设置移动式铁槽作为沉淀池和回用水池;在机械修配保养厂四周布置排水沟,收集含油废水至隔油沉淀池,机修含油废水经沉淀池、隔油池处理后,上层清水回用于机械车辆的冲洗,废油和油泥委托有资质的单位进行处置;基坑排水静置沉淀后抽出回用于施工区洒水降尘;工区设置环保厕所,施工生活污水经化粪池收集处理后上清液用于周边农田灌溉,清掏粪渣用于周边农田施肥。

10.5.2.2 运行期地表水环境保护措施

工程建成后将八萝田水库和芒柳水库划定为饮用水水源保护区,并对八萝田水库上游养鸡场进行搬迁,水库蓄水前采取库底清理,新建水库采取分层取水措施。新建水库按要求下泄生态流量,安装生态流量在线监控设备;5座新建取水坝下泄生态流量,新建杨三寨泵站所在红岩水库按要求下泄生态流量。在仁和中排水渠–保场排水渠设置具有生态拦截功能的生态沟渠系统。

10.5.3 地下水环境保护措施

施工期废水处理池基础采用防渗混凝土+防渗材料涂层的防渗方案,防止废水渗漏对地下水环境造成污染;避免施工过程中建筑废渣滑落河道,造成污染;加强综合仓库的安全管理,放置油料的地面按相关要求做好防渗,采取地面硬化措施,加强监控。

10.5.4 环境空气保护措施

优化施工工艺,砂石料加工采用湿法作业,并对场区进行洒水降尘;对隧洞施工区、混凝土拌和系统等高粉尘浓度场区布置空压站所供风,增加空气流通;对距离工程区 50 m 以内的敏感保护目标加强施工管理,适当增加洒水次数;及时清扫场区、进场道路,并进行洒水降尘作业。

10.5.5 声环境保护措施

严格选择噪声值符合国家环境保护标准的施工机械,选用低噪声的施工机械,优化施工工艺;优化施工布置,施工生产生活区内高噪声源设备布置在远离居民点的背风场所;在声环境敏感目标周边施工时应避开居民中午休息时间(12:00—14:00),夜间(22:00 至次日8:00)禁止施工;对续建配套渠系、排水工程沿线的声环境敏感保护目标,结合实地情况设置临时围挡。

10.5.6 固体废物处置措施

2 个水库工程区设置垃圾桶并配备垃圾装卸车,每天对垃圾进行回收转运。线路工区配备垃圾桶;施工营区经常喷洒灭害灵等药水,防止苍蝇等传染媒介滋生;施工过程中产生的弃土弃渣等建筑废料和生产废料送至选定的弃渣场,并做好拦挡、排水和植树绿化等工作;工程结束后,拆除施工区的临建设施,消除建筑垃圾及各种杂物,做好施工迹地的恢复工作。

10.5.7 环境敏感区保护措施

加强对施工人员的宣传和监管,避免施工人员破坏环境敏感区内的景观资源和动植物资源。规范施工行为,施工废水全部回收,禁止外排,不能回用的固体废物堆存至弃渣场;水源保护区汇水区域内的生产生活废水通过采取废水处理措施后全部回用,不外排;设置事故水池,收纳全部的事故废污水,禁止污水排入饮用水源;施工尽量避免在雨季进行,防止水土流失进入水体。加强施工管理及水源保护区相关管理规定的宣传教育,树立施工人员的保护意识。按程序履行用地相应审批手续。工程建成后,进行迹地恢复。

10.6 环境保护投资

潞江坝灌区工程环境保护工程总投资 6 249.37 万元,其中第一部分环境保护措施 1 000.40 万元,第二部分环境监测措施 722.10 万元,第三部分环境保护仪器设备及安装 319.20 万元,第四部分环境保护临时措施 886.60 万元,第五部分环境保护独立费用 2 752.94 万元,基本预备费 568.13 万元。

10.7 综合研究结论

通过新建水源工程、泵站工程、引水工程、渠系工程等工程内容,云南省保山市潞江坝灌区工程的建设可充分发挥评价区内各个水利工程及灌溉渠道的灌溉供水效益,改善灌区现有洪涝灾害状况。本工程的建设对促进边境少数民族地区脱贫致富、建设小康社会、保障区域粮食安全和城乡饮水安全及维护边疆稳定具有重要作用。

工程不涉及其他自然保护区、风景名胜区、森林公园、饮用水水源保护区等。因此,工程不存在重大环境制约因素。

工程实施会对老街子河和芒牛河水文情势、水温、受退水区水环境、水生生态、陆生生态及土地资源等带来一定的影响,施工"三废"和噪声对区域环境质量也会带来一定的影响,但在采取保障生态流量、进行受退水区水污染防治等措施,并认真落实环保措施后,工程建设对环境的不利影响可以得到有效控制。

综上所述,潞江坝灌区工程的建设不会对区域生态系统的完整性和稳定性造成严重影响,所产生的影响通过采取保护措施减缓后,在可接受范围内。从环境保护角度来看,工程建设不存在重大的环境制约性因素,工程建设是可行的。